“十三五”普通高等教育本科规划教材
高等院校材料专业“互联网+”创新规划教材

塑料成型模具设计
(第2版)

主　编　江昌勇　沈洪雷
副主编　姜伯军
参　编　赵建平　李丹虹
主　审　屈华昌

内容简介

本书是2012年9月出版的《塑料成型模具设计》一书的第2版，共分7章，分别为塑料概述、塑料成型工艺原理及主要工艺参数、塑料制件的工艺性设计与分析、注射成型模具设计、其他塑料成型模具设计要点、塑料注射模具的计算机辅助设计、注射模具结构图例及分析。在第7章精选了10套来源于生产实践一线的塑料注射成型模具设计方案及结构例图并进行评析。附录中列出了注射模具的装配、安装与试模、塑料模设计相关标准目录、与课程内容相关的部分网络资源站点、注射模具课程设计范例及课题汇编等。

本书设有【本章要点与提示】、【导入案例】、【本章小结】、【关键术语（中英文对照）】、【习题】、【实训项目】等模块。全书提供了较多的案例，采用了大量的插图和表格，图例丰富，图文并茂，同时灵活设置【特别提示】、【要点提示】、【学习建议】、【实用技巧】、【拓展阅读】、【学以致用】等模块，增加了教材的生动性和可读性。

本书适合高分子材料与工程、材料成型及控制工程专业使用，也可供机械类其他专业高职高专模具专业选用，还可供模具企业有关工程技术人员参考，对从事塑料模具设计及研究的技术人员也有较大的实用价值。

图书在版编目(CIP)数据

塑料成型模具设计/江昌勇，沈洪雷主编．—2版．—北京：北京大学出版社，2017.1
（高等院校材料专业“互联网+”创新规划教材）
ISBN 978-7-301-27673-0

Ⅰ.①塑… Ⅱ.①江…②沈… Ⅲ.①塑料模具—塑料成型—设计—高等学校—教材
Ⅳ.①TQ320.66

中国版本图书馆CIP数据核字(2016)第265932号

书　　名　塑料成型模具设计(第2版)
SULIAO CHENGXING MUJU SHEJI
著作责任者　江昌勇　沈洪雷　主编
策划编辑　童君鑫
责任编辑　李婷婷
数字编辑　刘志秀
标准书号　ISBN 978-7-301-27673-0
出版发行　北京大学出版社
地　　址　北京市海淀区成府路205号　100871
网　　址　http://www.pup.cn　http://www.pup6.cn
电　　话　邮购部62752015　发行部62750672　编辑部62750667
电子信箱　pup_6@163.com
印 刷 者　河北滦县鑫华书刊印刷厂
发 行 者　北京大学出版社
经 销 者　新华书店
787毫米×1092毫米　16开本　26印张　614千字
2012年9月第1版
2017年1月第2版　2019年1月第2次印刷
定　　价　57.00元

高等院校材料专业"互联网+"创新规划教材

编审指导与建设委员会

第 2 版前言

“塑料成型模具设计”是应用型本科高分子材料与工程、材料成型及控制工程等相关专业培养方案中一门应用性、实践性很强的专业课，它的主要内容都是在生产实践中逐步积累和丰富起来的。塑料成型加工技术的发展十分迅速，新的塑料成型工艺层出不穷，塑料模具的各种结构也在不断地创新。尽管编者在编写《塑料成型模具设计》第 1 版时，注重理论联系实际，重视实践经验的获取和积累，通过企业调研，书中摒弃了适用价值不高又偏难、偏深的内容，以学生就业所需的专业知识和实践技能为着眼点，在适度基础知识与理论体系覆盖下，着重讲解应用型人才培养所需的内容和关键点。但受教材出版周期的局限，经过几轮使用，第 1 版部分内容落后于知识和技术的更新，同时，随着高等教育形势的发展，课程建设与课程改革面临一些新情况、新问题，课程教学也有一些新要求，经过编写组讨论，为了动态反映塑料成型模具设计领域的最新技术和最新动向，在保持原有体例的基础上，对第 1 版教材进行修订，博采众长，将最新的教学体会补充到本书中，以最大限度地提高教材的适应性，更好地为教学服务。

本书是编者在多年从事科研、教学及塑料模具设计生产实践的基础上，依据应用型本科高分子材料与工程、材料成型及控制工程专业人才培养目标与规格的要求，参考国内外大量有关塑料制件设计及塑料成型工艺与模具设计方面的著作和最新技术资料，借鉴近几年各相关院校高分子材料与工程、材料成型及控制工程专业应用型人才培养经验和教改成果，并根据塑料成型工艺与模具设计的课程教学需要整理编写的。在导论部分介绍了塑料成型模具的概念、功用及分类，塑料成型模具的产业特征及发展趋势，典型塑料成型模具的设计基本要求及设计流程，本课程的学习任务与学习方法等。

本次修订内容主要包括以下几个方面。

(1) 为适应不同学校对该门课程不同的教学时数要求，为更好地体现知识归类，同时也为便于教师对教学内容的选择，将“塑料成型工艺原理及主要工艺参数”单独设章进行编写。

(2) 为突出教材的重要知识点，将课程大纲的非重点要求知识点“模具的装配、安装与试模(第 1 版的 3.12 章节)”调整到附录 1 部分。

(3) 对第 1 版的部分文本和插图作精致化处理：

◆ 适当充实【特别提示】、【知识提醒】、【要点提示】、【学习建议】、【实用技巧】、【应用实例】、【拓展阅读】、【学以致用】等模块，以便更好地说明某些知识点，强化学习效果，使教材的生动性和可读性进一步提高。

◆ 替换部分图例，进一步加深读者对知识点的认识和理解。

◆ 进一步完善某些具体知识、内容，融入最新的知识、最新的技术进展。

◆ 对第 1 版教材中的文字表述及插图的不足、不妥之处进行了修订。

本书的内容及编排体系以既便于教师组织教学又便于学生循序渐进地学习两方面为出发点，可以有助于较大幅度地提高教与学的质量。通过对本书的学习及使用，学生能在掌握塑料成型基本理论知识的基础上，有效地获得设计塑件及相应成型模具的能力。

本书具有以下几个特色。

(1) 基于模具设计流程串联融合教学内容，既利于教又利于学。以塑料模具设计的基本流程为主线，以典型注射模具的设计过程为载体，串联融合教学内容，内容及编排体系较好地反映了工科教育的特点。

(2) 突出实用性和实践性，强化工程观念。精选有实用价值的技术参数、设计方案和实践案例，采用大量的插图和表格，实物图、实景图、示例图等图例丰富，图文并茂，有利于读者从工程实践角度对知识点的理解。

(3) 着眼于对实践情景的模拟，灵活设置多个模块，提升教材的生动性和可读性。【特别提示】、【要点提醒】、【实用技巧】、【拓展阅读】、【学以致用】等模块的灵活设置，既能更好地说明某些知识点，又有助于提升教材的生动性和可读性。

(4) 全面引入最新国家标准及行业标准，吸纳新知识和新型实用技术。全面引入最新国家标准及行业标准，名词术语规范统一，充分利用和筛选各种资源及技术成果，吸纳新知识和新型实用技术，让学生学而有用，学而能用。

(5) 通过评析来源于生产实践一线的设计方案及结构例图，实现理论知识学习与设计实践的有效衔接。

本书具体章节的编写人员是：导论、第4章的第4.1～4.9节及附录2、附录3由常州工学院江昌勇编写，第1章和第2章由南京理工大学紫金学院赵建平编写，第3章、第4章的第4.12节及第6章、附录1由常州工学院沈洪雷编写，第4章的第4.10节～第4.11节由常州工学院李丹虹编写，第5章由沈洪雷和江昌勇共同编写，第7章及附录4由常州明顺电器有限公司姜伯军编写。本书由江昌勇和沈洪雷担任主编，并由江昌勇负责全书的统稿及修改工作。

本书由南京工程学院屈华昌教授担任主审。

在本书的编写过程中，编者得到有关兄弟院校和企业专家的大力支持和帮助，并参考了各类有关书籍、学术论文及网络资料，在此一并表示衷心感谢。由于编者水平有限，书中难免有不当和疏漏之处，恳请使用本书的教师和广大读者批评指正。

编　者

2016年8月

目　　录

导　论

0.1　塑料成型模具的概念

所谓模具，是在一定工艺条件下，把金属或非金属加工成所需形状和尺寸的各类模型的总称。它是一种利用其本身特定形状去成型具有一定形状和尺寸的制品的专用工具。模具是工业生产的基础工艺装备，被称为“工业之母”。75%的粗加工工业产品零件、50%的精加工零件均由模具成型，绝大部分塑料制件也由模具成型。作为国民经济的基础工业，模具涉及汽车、家电、电子、建材、塑料制件等各个行业，应用范围十分广泛。模具又是“效益放大器”，用模具加工产品大大提高了生产效率，而且还具有节约原材料、降低能耗和成本、保持产品高一致性等特点。在国外，模具被称为“金钥匙”“进入富裕社会的原动力”等。据国外统计资料，模具可带动其相关产业的比例大约是1∶100，即模具发展1亿元，可带动相关产业100亿元。

按照对“模具”的一般定义，塑料成型模具即指利用其模腔的特定形状和尺寸成型符合生产图样要求的塑料制件(简称塑件)的一类模具。塑料成型模具作为塑料加工工业中和塑料成型设备配套，赋予塑件以完整构型和精确尺寸的工具。由于塑料品种和加工方法繁多，塑料成型设备和塑件的结构又繁简不一，因此，塑料成型模具的种类和结构也是多种多样的。

0.2　塑料成型模具的功用

在高分子材料加工领域中，塑件主要是靠成型模具获得的。塑料成型模具的功能是双重的：赋予塑化的材料以期望的形状、尺寸、性能和质量；冷却并推出已成型的塑件。在现代塑件的生产中，合理的成型工艺、高效的成型设备、先进的成型模具是必不可少的三项重要因素，尤其是塑料成型模具对实现塑料成型工艺要求、满足塑件的使用要求、降低塑件的成本起着重要的作用。塑件的产品开发和产品更新需以成型模具的开发或更新为前提，对高效自动化的成型设备而言，也只有安装能自动化生产的优质模具才能发挥其应有的效能。

塑件的质量在很大程度上是依靠模具的合理结构和模具成型零件的正确形状、精确尺寸及有效精度来保证的。由于塑料成型工艺的飞速发展，模具的结构也日益趋于多功能化和复杂化，这对塑料成型模具的设计工作提出了更高的要求。虽然塑件的质量与许多因素有关，但合格的塑件首先取决于成型模具的设计与制造的质量，其次取决于合理的成型工艺。为了周而复始地获得符合技术经济要求及质量稳定的塑件，塑料成型模具的优劣是成败的关键，它最能反映出整个塑料成型生产过程的技术含量及经济效益。

虽然在大批量生产塑件时，模具成本仅占10%左右，但不同的模具结构、模具材料、工作条件及由此而产生的模具使用成本等均在很大程度上影响产品的制造成本，尤其是在试制阶段或中小批量生产时。从某种意义上讲，塑料成型模具是提高塑件质量、节约原材料、体现塑件技术经济性的有效手段。要获得满意的塑件，对塑料成型模具而言，有四个关键问题，即正确的模具结构设计、合理的模具材料及热处理方法、高的模具加工质量、良好的模具服役条件，这四个方面实际上决定了模具的功效，并且它们相互影响后的效果是相乘而不是相加，也就意味着只要其中一个环节不恰当而导致模具不起作用，其综合效果也是零。

0.3 塑料成型模具的分类

1. 成型方法分类

模具的类型通常都是按照加工对象和工艺的不同进行分类。塑料最常见的成型方法一般分为熔体成型和固相成型两大类。熔体成型是把塑料加热至熔点以上，使之处于熔融态进行成型加工的方式，属于此种成型方法的有注射成型、压缩成型、传递成型等；固相成型是指塑料在熔融温度以下保持固态的一类成型方法，如一些塑料包装容器生产是真空成型和吹塑成型。此外还有液态成型，如铸塑成型、搪塑成型、蘸浸成型等。

2. 成型模具主要类型

按照上述成型方法的不同，可以划分出对应不同工艺要求的塑料成型模具主要类型：

1) 注射模具

塑料注射成型模具简称注射模具，又称注塑模具、注射模，安装在注射机上使用，这是一类应用广泛且技术较为成熟的塑料成型模具。塑料注射成型是根据金属压铸成型原理发展起来的，首先将粒状或粉状的塑料原料加入到注射机的料筒中，经过加热熔融成粘流态，然后在注射机的柱塞或螺杆的推动下，以一定的流速通过料筒前端的喷嘴和模具的浇注系统注射入闭合的模具型腔中，经过一定时间后，塑料在模腔内硬化定型，然后打开模具，从模内脱出成型的塑件。注射模具主要用于热塑性塑料的成型，近年来，热固性塑料注射成型的应用也在逐渐增加。此外，反应注射成型、双色注射成型等特种注射成型工艺也正在不断开发与应用。

2) 压缩模具

压缩模具又称压塑模具、压缩模。压缩成型是塑件成型方法中较早采用的一种。成型时，首先将预热过的塑料原料直接加入敞开的、经加热的模具型腔(加料腔)内，然后合模，塑料在热和压力的作用下呈熔融流动状态充满型腔，最后由于化学反应(热固性塑料)或物理变化(热塑性塑料)，使塑料逐渐硬化定型。压缩模具多用于热固性塑料的成型，也可用于热塑性塑料的成型。

3) 传递模具

传递模具又称压注模具、传递模。成型时，首先将预热过的塑料原料加入预热的加料腔内，然后通过压柱向加料腔内塑料原料施加压力，塑料在高温高压下熔融并通过模具浇注系统进入型腔，最后发生化学交联反应逐渐硬化定型。传递模具主要用于热固性塑料的成型。

4）挤出模具

挤出模具通常称为挤出机头。挤出成型是利用挤出机的机筒内的螺杆旋转加压的方式，连续地将塑化好的、呈熔融状态的成型物料从挤出机的机筒中挤出，并通过特定断面形状的口模成型，然后借助于牵引装置将挤出后的塑件均匀地拉出，并同时进行冷却定型处理。这类模具能连续不断地生产断面形状相同的热塑性塑料的型材，如塑料管材、棒材、板材、片材及异型材等，也用于中空塑件的型坯成型，是又一大类用途广泛、品种繁多的塑料成型模具。

5）气动成型模具

气动成型模具包括中空吹塑成型模具、真空成型模具和压缩空气成型模具等。

中空吹塑成型是将挤出机挤出或注射机注射出的、处于高弹性状态的空心塑料型坯置于闭合的模腔内，然后向其内部通入压缩空气，使其胀大并贴紧于模具型腔表壁，经冷却定型后成为具有一定形状和尺寸精度的中空塑料容器。

真空成型是将加热的塑料片材与模具型腔表面所构成的封闭空腔内抽真空，使片材在大气压力下发生塑性变形而紧贴于模具型面上成为所需塑件的成型方法。

压缩空气成型是利用压缩空气，使加热软化的塑料片材发生塑性变形并紧贴在模具型面上成为符合要求的塑件的成型方法。在个别塑件深度大形状复杂的情况，也有同时采用真空和压缩空气成型的方法。真空成型和压缩空气成型是使用已成型的片材再进行塑件的生产，因此是属于塑件的二次加工。

与其他模具相比较，气动成型模具结构最为简单，一般只有热塑性塑料才能采用该方法成型。

除了上述介绍的几类塑料成型模具外，还有泡沫塑料成型模具、搪塑模具、浇注成型模具、回转成型模具、聚四氟乙烯冷压成型模具及滚塑模具等。

0.4 塑料成型模具的产业特征及发展趋势

模具生产过程集精密制造、计算机技术、智能控制和绿色制造为一体，因此模具既是高新技术载体，又是高新技术产品。我国是制造大国，也是模具需求大国。目前我国模具行业交易市场非常大，而且每年还呈15%～20%的趋势在增长，这主要得益于我国汽车、家电、IT产业、包装、建材、日用品等模具大用户行业的发展。受国家多种政策的影响和市场空间的持续挖掘，汽车、IT产业、包装等行业近年来的发展势头十分迅猛，不仅在产能方面有了很大的发展，而且在这些产业的高端方面也有着长足的进步，因此，上述产业在高中低端的三个方面都有着强劲的模具需求。近年来我国模具产业发展迅速，世界模具生产中心也正在向我国转移，模具工业已从过去依赖进口的附属产业走向独立的新型产业。我国制造行业已把模具工业列为中国制造业之母，将模具制造业列为支撑中国制造业发展的重要基石。在模具总量中占比最高的塑料成型模具，“十二五”期间以较高的增长速度发展。用成型模具批量生产塑件所具备的高生产效率、高一致性、低耗能耗材，以及有较高的精度和复杂程度，是其他加工制造方法所不能比拟的。随着中国塑料工业，特别是工程塑料的高速发展，可以预见，中国塑料模具的发展速度仍将继续高于模具工业的整体发展速度，未来几年年增长率仍将保持20%左右的水平。

1. 塑料成型模具的产业特征

塑料成型模具中，绝大多数是针对特定用户单件生产的，因此模具企业与一般工业产品企业相比，数量多、规模小，多为中小企业。模具产品技术含量较高，活化劳动比重大，增值率高，生产周期较长，因而模具制造行业就有了技术密集和资金密集、均衡生产和企业管理难度大、对特定用户有特殊的依赖性、增值税负重、企业资金积累慢及投资回收期长等特点。

从生产管理模式来看，由于模具产品品种繁多，大小悬殊，要求各异，因此模具企业发展适于“小而精、小而专、小而特”；行业发展适合于集聚生产和集群式发展，以建立较强的协作配套体系。这也是模具行业的重要特点之一。过去模具的生产加工主要依赖钳工，或以钳工为核心的粗放型作坊式的生产管理模式，现在则逐渐被以技术为依托、以设计为中心的集约型现代化生产管理模式所替代；“模具是一种工艺品”的概念已逐渐被“模具是一种高新技术工业产品”所替代；模具的质量、周期、价格、服务四要素中，已有越来越多的用户将周期放在首位，要求模具尽快交货，这已成为一种趋势。

从产业布局来看，在未来的模具市场中，塑料模具的发展速度将高于其他模具，在模具行业中的比例将逐步提高。与全国塑料加工业区域分布相类似，珠三角、长三角的塑料制品加工业位居前列，浙江、江苏和广东塑料模具产值在全国模具总产值中的比例也占到70%。珠江三角洲和长江三角洲是我国模具工业最为集中的地区，近来环渤海地区也在快速发展。按省、市来说，广东是模具第一大省，浙江次之，上海和江苏的模具工业也相当发达，安徽发展也很快。模具生产集聚地主要有深圳、宁波、台州、苏锡常地区、青岛和胶东地区、珠江下游地区、成渝地区、京津冀(泊头、黄骅)地区、合肥和芜湖地区以及大连、十堰等。各地相继涌现出来的模具城、模具园区等，则是模具集聚生产最为突出的地方，具有一定规模的模具园区(模具城)全国已有20个左右。

从产业技术进步看，在政府政策扶持和引导下，我国塑料模具水平已有较大提高。大型塑料模具已能生产单套重量达50t以上的注射模具，精密塑料模具的精度已可达到2～3μm，制件精度为0.5μm的小模数齿轮模具及达到高光学要求的车灯模具等也已能生产，多腔塑料模具已能生产7800腔的塑封模具，高速模具方面已能生产4m/min以上挤出速度的高速塑料异型材挤出模及主型材双腔共挤、双色共挤、软硬共挤、后共挤、再生料共挤和低发泡钢塑共挤等各种模具。

从生产手段来看，模具企业设备数控化率已有较大提高，CAD/CAE/CAM技术的应用面大为扩大；模具标准件使用覆盖率及模具商品化率都已有较大幅度的提高；热流道技术已得到较好推广；CAPP、PLM、ERP等数字化技术已有一部分企业开始采用，并收到了较好的效果；高速加工、并行工程、逆向工程、虚拟制造、无图生产和标准化生产已在一些重点骨干企业实施。

从模具产需情况看，塑料模具已形成巨大的产业链，近年来，我国塑料模具在高技术驱动和支柱产业应用需求的推动下，形成了一个巨大的产业链条，从上游的原辅材料工业和加工、检测设备到下游的机械、汽车、摩托车、家电、电子通信、建筑建材等几大应用产业，塑料模具发展前景大好。目前，塑料制件的应用日渐广泛，为塑料模具提供了一个广阔的市场，同时对模具也提出了更高的要求。大型化、高精密度、多功能复合型的模具将受到青睐。与此同时，建筑、家电、汽车等行业对塑料的需求量都很大。其中，中低档模具已供过于求，而以大型、精密、复杂、长寿命模具为主要代表的高技术含量模具自给率还较低，只有60%左右，有很大一部分仍依靠进口。目前模具总销售额中塑料模具占比最大，约占45%；冲压模具约占37%；铸造模具约占9%；其他各类模具共计约9%。

2. 与国际先进水平的主要差距及存在的主要问题

1) 主要差距

基于理念、设计、工艺、技术、经验等方面所存在的差距，与国际先进水平相比，目前我们还处于以向先进国家跟踪学习为主的阶段，差距虽然正在不断缩小，但从总体来看，创新不够，尚未到达信息化生产管理和创新发展阶段，只处于世界中等水平，仍有大约10年以上的差距(其中模具加工在线测量和计算机辅助测量及企业管理的差距在15年以上)。管理水平、设计理念、模具结构需要不断创新，设计制造方法、工艺方案、协作条件等需要不断更新、提高和努力创造，经验需要不断积累和沉淀，现代制造服务业需要不断发展，模具制造产业链上各个环节需要环环相扣并互相匹配。

综合水平的差距最终都会反映到模具产品中可以量化和感知的具体指标上，主要表现为：模具使用寿命低30%～50%，生产周期长30%～50%，质量可靠性与稳定性较差，制造精度和标准化程度较低，等等。与此同时，我国在研发能力、人员素质、对模具设计制造的基础理论与技术的研究等方面也存在较大差距，因此造成在模具新领域的开拓和新产品的开发上较慢，高技术含量模具的比例比国外也要低得多(国外约为60%，国内不足40%)，劳动生产率也要低许多。面对差距，我们不但要努力追赶，而且要开创自己的发展道路。

2) 主要问题

(1) 研发及自主创新能力薄弱。基础差、能力不足、投入少、不够重视、缺乏长期可持续发展观念等都是造成模具产品及其生产工艺、工具(包括软件)、装备的设计、研发(包括二次开发)及自主创新能力薄弱的重要原因。

(2) 企业管理落后于技术的进步。管理落后主要体现在生产组织方式及信息化采用方面。国内虽然已经有不少企业完成了从作坊式和承包方式生产向零件化现代生产方式的过渡，但沿用作坊式生产的小企业还有不少；已实行零件化生产的企业中也只有少数企业采用了信息化管理，而且层次还不高。行业和企业的专业化水平都比较低，企业技术特长少。

(3) 数字化信息化水平还较低。国内多数企业数字化信息化大都停留在CAD/CAM的应用上，CAE、CAPP尚未普及，许多企业数据库尚未建立或正在建立；企业标准化生产水平和软件应用水平都低，软件应用开发跟不上生产需要。

(4) 标准和标准件生产供应滞后于模具生产的发展。模具行业现有的国家标准和行业标准中有不少已经落后于生产；生产过程的标准化还刚起步不久；大多数企业缺少企标；标准件品种规格少，应用水平低，高品质标准件还主要依靠进口；这些都影响和制约着模具生产的发展和质量的提高。

(5) 人才与发展不相适应。人才发展的速度跟不上行业发展速度，目前全行业人才缺乏，尤其是高级人才更加匮乏，数量是一个方面，人才素质与水平更加重要。学校与培训机构不足、培养目标不高是问题的一个方面，企业缺乏培养人才积极性也不可忽视。

(6) 以模具为核心的产业链各个环节协同发展不够，尤以模具材料发展滞后最为明显。模具材料对模具质量影响极大，国产模具材料长期以来，不论从品种、质量还是数量上都不能满足模具生产的需要，高档模具和出口模具的材料几乎全部依靠进口。模具上游的各种装备(机床、工夹量刃具、检测、热处理和处理设备等)和生产手段(软件、辅料、损耗件等)以及下游的成型材料和成型装备，甚至包括影响模具发展的物流及金融等产业链的各个环节大都分属于各有关行业，大都联系不够密切，配合不够默契，协同程度较差，这就造成了对模具工业发展的制约。

3. 塑料成型模具的发展趋势

塑料作为一种新的工程材料，由于其不断被开发与应用，加之成型工艺不断成熟、完善与发展，极大地促进了塑料成型方法的研究与应用，促进了塑料成型模具的开发与制造。随着工业塑件和日用塑件的品种与需求量日益增加，塑件主要用户行业近年来都高位运行，发展迅速，而且产品的更新换代周期也越来越短，这对塑料的产量和质量提出了越来越高的要求，也必然要求塑料成型模具随之快速发展，塑料成型模具已成为模具品种中最为诱人的奶酪。

塑料成型模具产业发展趋势呈现“多元化”。模具产品向大型、精密、复杂及集精密加工技术、计算机技术、智能控制和绿色制造为一体的方向发展；模具企业生产向管理信息化、技术集成化、设备精良化、制造数字化、精细化、加工高速化及自动化方向发展；企业经营向品牌化和国际化方向发展；行业向信息化、绿色制造和可持续方向发展。

1) 模具数字化设计制造及企业信息化管理技术的研究与开发

模具数字化设计制造及企业信息化管理技术，是国际上公认的提高模具行业整体水平的有效技术手段，能够极大地提高模具生产效率和产品质量，并提升企业的综合水平和效益。以大型、精密、复杂模具为代表的高技术含量模具，目前大量进口，进口模具占据了国内中高端模具市场的50%左右。这类高技术含量的模具，与国际先进水平相比，我们尚有10～15年差距。差距主要表现在精度、寿命、制造周期及使用稳定性和可靠性等方面，模具数字化设计制造技术的落后是造成产品落后的最主要原因之一。

模具数字化设计制造及企业信息化管理技术的研究与开发，所包含的主要关键技术有：模具优化设计与CAD/CAM/CAE一体化技术，尤其是三维设计和计算机仿真模拟分析技术、模具模块化、集成化、协同化设计技术；模具企业ERP、PDM、PLM、MES等信息化管理技术；快速成型与快速制模技术；虚拟网络技术及公共服务平台的建立等。通过这些关键技术的突破，可极大地提高模具企业自主创新能力和市场竞争力，有效提高高技术含量模具的国内市场满足率，并能大量出口，从而提高我国模具行业的整体水平及企业效益。

模具生产今后将越来越依赖于高性能的装备与软件。目前模具数字化设计制造及企业信息化管理技术在国内虽已有不同程度的应用，但高端软件主要依靠进口，国产软件不但数量少，而且在性能、功能方面与国际先进水平相比尚有许多差距。我们应充分发挥中国人自己的聪明才智，以推广应用为重点，并进行软件集成和二次开发。

2) 发展大型及精密塑料模具设计制造技术

主要包括：热流道技术及其在精密注射模具上的合理应用；多注射头塑料封装模具生

产技术；为1000t以上锁模力注射机和200t以上热压压力机配套的大型塑料模具及精度达到0.01mm以上的精密注射模具生产技术；多色多材质模具生产技术；金属与塑料零件组合模生产技术；不同塑料零件叠层模具生产技术；高光无痕不需再进行塑料件表面加工的注塑模具生产技术；塑料模模内装配及装饰技术和热压快速无痕成型技术；新型塑料和多层复合材料的成型技术及模具技术；气液等辅助注射技术及模具技术；塑料异型材共挤及高速挤出模具生产技术等。发展重点是为电子、信息、光学等产业及精密仪器仪表、医疗器械配套的精密塑料模。

随着社会进步和工业的快速发展，用户对塑料模具的要求已越来越高，塑料模具的比例也在逐年提高，如前所述，其比例已占模具总量的45%左右。作为现代工业基础的模具，不但要满足生产零件的需要，而且要满足生产组件的需要，还要满足产品轻量化和生产的节能降耗及环保等要求。现在，汽车、轻工、机电、电信、建材等行业及航空航天、新能源、医疗等新兴产业对塑料零部件的需求越来越大，要求越来越高。因此，大力发展大型及精密塑料模具生产技术现已成为提高我国模具制造水平的重要环节之一。一些新型的塑料成型技术及相应的模具发展的重要性尤为突出，而且这对于提高工业生产的效率及节能降耗和环保有重要意义。

3）模具零件标准化

近年来，模具标准化和专业化协作生产有了很大进步，除模具工作部分零件以外，其通用零件基本上实现了标准化和专业化生产。

由全国模具标准化技术委员会(SAC/TC33)归口，桂林电器科学研究所、龙记集团、浙江亚轮塑料模架有限公司、昆山市中大模架有限公司修订的28项塑料模国家标准已于2007年4月1日起实施。新版国家标准包括GB/T 4170—2006《塑料注射模零件技术条件》、GB/T 8846—2005《塑料成型模术语》、GB/T 12554—2006《塑料注射模技术条件》、GB/T 12555—2006《塑料注射模模架》、GB/T 12556—2006《塑料注射模模架技术条件》、GB/T 4169.1—2006～GB/T 4169.23—2006《塑料注射模零件》。新版国家标准的最大特点是对模架和零件的尺寸规格作了全面的修改，符合当前国内模具行业的生产实际。

其中，温控能达到±1℃的热流道及系统、精密塑料模具中的无油润滑推杆推管等，属于应予大力发展的高档模具标准件。这些产品生产技术的突破，包括热流道材料及精密温控技术、热流道喷嘴精密加工技术、塑料在模腔内流动的三维计算机模拟分析技术、无油润滑耐磨材料的研发与加工技术等，将有助于提升我国大型精密模具的水平。

从技术经济角度考虑，应大力推进模具的标准化，原因有：

(1) 对模架及通用零部件实行标准化，以减少不必要的品种、规格，实行模架系列化和结构零部件通用化，并使之进入商品流通领域，可以缩短模具生产周期，降低生产成本，以取得最大的技术经济效益。

(2) 在模具技术标准中严格规定模架、通用零部件的品种、规格、性能、试验及检验方法、包装和储运等技术要求，从而保证模具设计质量和制造中必须达到的质量规范，以保证模具的制造质量，使其零件的不合格率减少到最低限度。

(3) 模具的技术名词术语、技术条件的规范化、标准化，与国际模具标准化组织制定的国际通用标准接轨，从而提高我国模具生产技术水平和产品质量，缩短与国际先进水平的差距，逐步达到国际先进生产技术水平，进入国际科技和商业交流的前列和主导地位，以增强国家的技术经济实力和国际竞争能力。

(4) 实行模具技术标准化，是采用现代化模具生产技术和装备，实现模具的CAD/CAM，采用和充分使用高效、精密数控加工机床，建立模具零件柔性成形加工技术的基础。同时可以使模具设计人员将主要精力放在改进模具设计、研究新技术等创造性的劳动方面。

4) 优先发展塑料成型智能模具

所谓智能模具，是指有感知、分析、决策和控制功能的模具。具有温控功能、注塑参数及模内流动状态等智能控制手段制造的注塑模具都是智能模具。智能模具虽然目前总量还不多，但却代表着模具技术新的发展方向，在行业产品结构调整和发展方式转变方面将会起到越来越重要的作用。随着我国低成本人力资源难以为继和科学技术水平的不断发展，自动化和智能化制造必然要成为现代制造业的重要发展方向，智能模具也必将随之快速发展。用智能模具生产产品可使产品质量和生产效率进一步提高，更加节材、实现自动化生产和绿色制造。智能模具发展好了，必然会对促进整个模具行业水平的快速提升起到有力的带动作用，因而，在行业发展中优先发展智能模具尤为必要。

以智能化模具为主要代表的高效、精密、高性能模具的水平，中长期目标是要达到国际先进水平，即具有智能功能的热流道注射模具占全部注射模具的比例达到60%左右。

0.5 典型塑料成型模具的设计基本要求及设计流程

塑料成型模具的设计，一般是根据塑件的图样及技术要求，分析和选择合适的成型工艺方法与成型设备，并结合工厂的实际加工能力，提出模具结构方案，有时还需征求各方面意见，通过研究讨论后确定，必要时可根据模具设计与加工的需要，提出修改塑件图样的要求(须征得用户同意后方可实施)。

现以实践中应用最为普遍的注射模具为例，介绍塑料成型模具的设计基本要求及设计流程。

1. 设计基本要求

1) 模具结构要适应塑料的成型特性

设计模具时，充分了解所用塑料的成型特性，并尽量满足要求，是获得优质塑件的关键措施之一。

2) 模具结构要与成型设备相匹配

塑料成型模具一般都是安装在相应的成型设备上进行生产的，成型设备选用得是否合理，直接影响模具结构的设计，因此，在进行模具设计时，必须对所选用的成型设备的相关技术参数有全面的了解，以满足相互之间的匹配关系。

3) 采用标准化零部件，缩短设计制造周期，降低成本

模具结构零部件和成型零部件的制造属单件或小批量生产，涉及的工序较多，因此周期较长，采用标准化零部件能有效地减少设计和制造工作量，缩短生产准备时间和降低模具制造成本。

4) 结构优化合理，质量可靠，操作方便

设计模具时，尽量做到模具结构优化合理，质量可靠，操作方便，特别是那些比较复

杂的成型零部件，除了正确确定它的形状、尺寸和质量要求，还应综合考虑加工方法的适应性、可行性及经济性。

5）善于利用技术资料，合理选用经验设计数据

模具设计是一项复杂、细致的劳动，从分析总体方案开始到完成全部技术设计，往往要经过计算、绘图、修改等过程逐步完善。为此，要善于掌握和使用各种技术资料和设计手册，合理选用已有的经验设计数据，创造性地进行设计，以加快设计进度并提高设计质量。在设计过程中，应将所考虑的问题及计算过程记录齐全，以便于检查、校核、修改与整理。

2. 一般设计流程

注射模具设计的主要流程如图0.1所示。该流程只是说明注射模具设计过程中考虑问题的先后顺序，而在实际的设计过程中可能并不是完全按此顺序进行设计，并且设计中经常要再返回上步或上几步对已设计的步骤进行修正，直至最终决定设计。

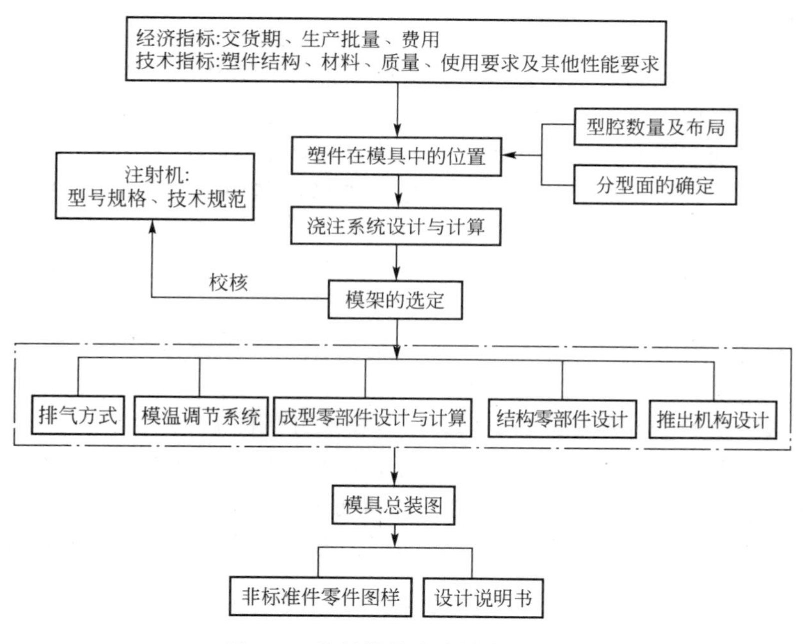

图0.1 注射模具设计的主要流程

0.6 本课程的学习任务与学习方法

目前我国塑料成型模具的设计已由经验设计阶段逐渐向理论计算设计阶段发展，因此，在了解并掌握塑料的成型工艺特性、塑件的结构工艺性及成型设备性能等成型技术的基础上，设计出先进合理的塑料成型模具，是从事模具设计的一名合格技术人员所必须达到的要求。

1. 课程学习任务

本课程学习任务主要包括：

(1) 了解塑料的组成、分类以及常用塑料的主要性能、成型特性。

(2) 了解塑料成型的基本原理和工艺特点，正确分析成型工艺对模具的要求。

(3) 学会基于成型工艺要求进行塑件结构工艺性及尺寸工艺性分析。

(4) 掌握不同类型的塑料成型模具与成型设备之间的相互匹配关系。

(5) 掌握各类成型模具的结构特点及设计计算方法。由于注射模具的应用最广泛，模具的结构也最为复杂，因此，作为塑料成型模具设计的入门，必须重点学会该类模具的设计，能设计中等复杂程度的注射模具。在此基础上，掌握其他塑料成型模具的设计方法就会容易得多。

(6) 获得初步分析、解决成型现场技术问题的能力，包括初步分析成型缺陷产生的原因和提出解决办法的能力。

2. 课程学习方法

本课程是一门综合性和实践性都很强的课程，它的主要内容都是在生产实践中逐步积累和丰富起来的，因此，学习本课程除了重视书本的理论学习外，还特别强调理论联系实际，重视实践经验的获取和积累。除此以外，学习时要注意以下几方面：

(1) 要具备扎实的相关基础知识，注意运用先修课程中已学过的知识，注重于分析、理解与应用，特别是注意前后知识的综合运用。

(2) 通过各章节中的学以致用、实用技巧、实训项目等环节的操练和运用，使所学知识得到巩固与提高，进而真正掌握这方面的知识。

(3) 熟悉相关国家标准和行业标准，熟知各种模具的典型结构及各主要零部件的功用，举一反三，融会贯通。

(4) 广泛涉猎课外参考资料，勤于思考，主动学习、自主学习。

塑料成型加工技术的发展十分迅速，新的塑料成型工艺层出不穷，塑料模具的各种结构也在不断地创新，我们在学习成型模具设计的同时，还应注意了解与之相关的新技术、新工艺和新材料的发展动态，学习和掌握新知识，为使我国的塑料成型模具赶超国际先进水平做出贡献。

第1章 塑料概述

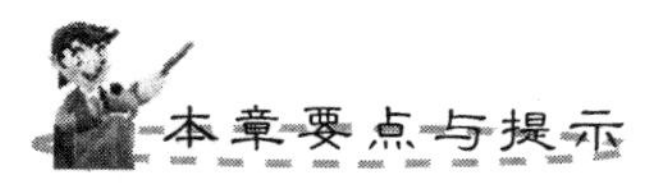

知识要点	目标要求	学习方法
塑料的概念、组成、分类及特点	熟悉	结合老师在教学过程中的讲解及阅读教材相关内容，通过对日常生活中塑料制件的观察，熟悉塑料的组成、分类及特点，通过对不同种类塑料的综合性能和成型工艺性能的分析，熟悉塑料的选择
塑料的成型工艺性能	掌握	
塑料基本特性	了解	

导入案例

【参考图文】

塑料在各行各业中的应用日趋广泛，由于其组成成分不同，因此它的种类有很多。它们常温下的形态、物理力学性能、化学及绝缘性能、机械性能、成型工艺性能、适用范围及场所等都有所区别。

如图1.1所示为塑料的原料及根据塑料本身的特性来成型的产品。

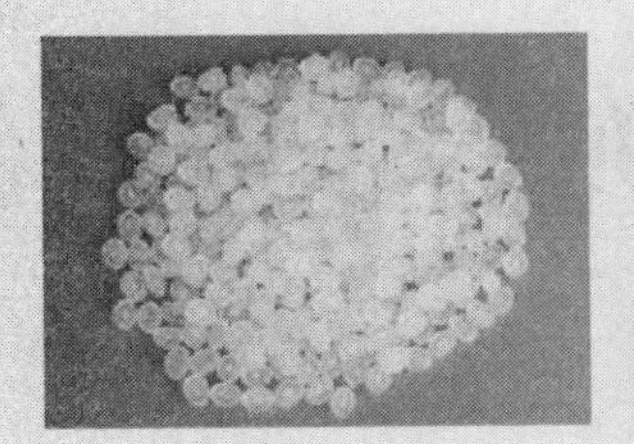

聚乙烯原料

聚氯乙烯原料

聚苯乙烯原料

聚丙烯原料

聚碳酸酯原料

聚酰胺（尼龙）原料

聚甲基丙烯酸甲酯（有机玻璃）

ABS塑件

聚甲醛塑件

聚砜棒材

聚苯醚棒材

氟塑料塑件

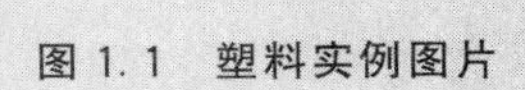

图1.1 塑料实例图片

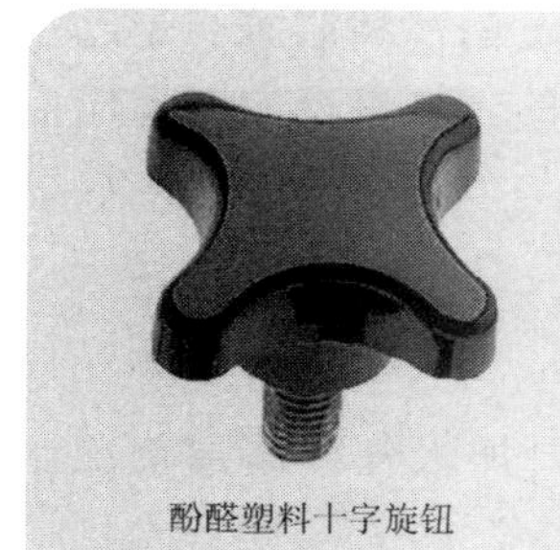

酚醛塑料十字旋钮

氨基塑料灭弧罩

环氧树脂砂浆地坪

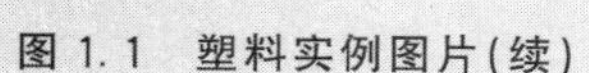

图 1.1 塑料实例图片(续)

1.1 塑料的组成及特点

塑料制件在人们日常生活和工业中的应用日趋普遍，这是由于它具有重量轻、高强度比、优异的电气性能、稳定的化学性质、耐磨等一系列优点。塑料工业的发展历史短，但其是现代化工业中的一个重要新兴行业之一，塑料被广泛应用于包装工业、农业、交通运输、国防尖端工业、医疗卫生和日常生活等领域，并日益显示出其巨大的优越性和发展潜力。

本节着重介绍塑料的组成、分类及特点。

1.1.1 塑料的概念及其组成

1. 塑料的概念

塑料是以高分子合成树脂为主要成分，加入各种添加剂(辅助料)，在一定的温度和压力下具有可塑性和流动性，可被模塑成一定形状，并且在一定条件下保持形状不变的材料。

树脂是指受热时通常有转化或熔融范围，转化时受外力作用具有流动性，常温下呈固态或半固态或液态的有机聚合物，它是塑料的主要成分，分天然树脂和合成树脂两大类。天然树脂是指自然界中动植物分泌物所得的无定形有机物质，如松香就是从松树的乳液状分泌物松脂中分离出来的。还有沥青、虫胶等也属于天然树脂。合成树脂又称聚合物或高聚物，是指由简单有机物经化学合成或某些天然产物经化学反应而得到的树脂产物，简称树脂。

合成树脂最重要的应用是制造塑料。合成树脂的制造方法主要是根据有机化学中的两种反应：加聚反应和缩聚反应。

加聚反应是将两种(或两种以上)低分子单体(如从煤和石油中得到的乙烯、甲醛等的分子)化合成高分子聚合物的化学反应，在此反应过程中没有低分子物质析出。这种反应既可以在同一种物质的分子间进行，如聚乙烯、聚氯乙烯等。也可以在不同物质的分子之间进行，如 ABS(丙烯腈-丁二烯-苯乙烯)。聚乙烯是由许多个乙烯单体分子经过聚合反应后生成的。

缩聚反应是将相同或不同的低分子单体化合成高分子聚合物的化学反应，但是在此反

应过程中有低分子物质(如水、氨、醇、胺等)析出，如聚酰胺树脂、酚醛树脂等。聚己二酰己二胺(尼龙-66)是由单体己二胺和己二酸经过聚合反应而生成的。加聚反应在反应前后分子数相同，反应中分子没有附属产物产生；缩聚反应在反应前后分子个数不同，反应中分子有附属产物产生。

2. 塑料的组成

塑料的成分较复杂，以合成树脂为主要成分，并根据不同需要加入各种添加剂配制而成。

1) 合成树脂

合成树脂是塑料的主要成分，决定了塑料的类型(热塑性或热固性)，塑料的基本性能(如热性能、物理性能、化学性能、力学性能等)取决于树脂的性能。在塑料制件中，合成树脂应成为均匀连续相，其作用在于将各种添加剂粘结成一个整体，使塑料制件具有一定的物理性能、力学性能。由合成树脂与所加的添加剂配制成的塑料还应具有良好的成型工艺性能。

塑料中树脂含量为40%～100%。

2) 添加剂

添加剂又称助剂。塑料中加入添加剂的目的是改善塑料的成型工艺性能和使用性能、改变塑料成分以降低生产成本等。

(1) 填充剂。填充剂又称填料，是塑料中的一种重要但非必要的成分。塑料中加入填充剂后既可以大大降低成本，又能使塑料的性能得到显著改善。例如，酚醛树脂中加入木粉后，不仅克服了它的脆性，而且大大降低了成本，同时显著提高了机械强度。聚乙烯、聚氯乙烯等树脂中加入钙质填充剂能提高刚性和耐热性，成为十分价廉的钙塑料。聚酰胺、聚甲醛等树脂中加入二硫化钼、石墨、聚四氟乙烯后，它们耐磨性、耐热性、抗水性、硬度及力学强度都有所改进。用纤维状填充剂能提高塑料的强度，其中石棉纤维能提高塑料的耐热性；玻璃纤维能提高塑料的力学强度。有的填充剂还可以使塑料具有树脂所没有的性能，如导电性、导磁性、导热性等。

填充剂按其化学性能可分为无机填料和有机填料，前者如金属、石灰石等，后者如木粉和各种织物纤维等；按形状可以分为粉状的、纤维状的和层状(片状)的。粉状填充剂有木粉、纸浆、硅藻土、大理石粉、滑石粉、云母粉、石棉粉、高岭土、石墨和金属粉等；纤维填充剂有棉花、亚麻、石棉纤维、玻璃纤维、碳纤维、硼纤维和金属须等；层状填充剂有纸张、棉布、石棉布、玻璃布和木片等。

加入填充剂后也有缺点，如粉状填充剂常使塑料的抗裂强度、耐低温性降低，大量加入时使成型性能和表面光泽下降，故应合理选择品种、规格和加入量。塑料中填充剂的用量为10%～50%。填充剂要有良好的分散性、浸润性、与树脂有良好的相容性，不会加速大分子的热分解，不会从塑料中迁移出来，对加工性能无严重损害，不严重磨损设备等。

(2) 增塑剂。有些树脂(如硝酸纤维、醋酸纤维、聚氯乙烯等)可塑性很低，柔软性也很差，为了降低树脂的熔融黏度和熔融温度，改善其成型加工性能及改进塑料的柔软性等，通常加入能与树脂相溶的不易挥发的高沸点有机化合物，这类物质称为增塑剂。

树脂中加入增塑剂后，增塑剂分子插入到树脂的高分子链之间，加大了其分子间的距离，因而削弱了大分子间的作用力，使树脂分子容易相对滑移，从而使塑料能在较低的温度下具有良好的可塑性和柔软性。例如，聚氯乙烯分子中加入邻苯二甲酸二丁酯，可变成像橡胶一样的软塑料。塑料中由于增塑剂的加入固然可以使成型工艺性和使用性能得到改善，但也降低了塑料的稳定性、介电性能、硬度和抗拉强度等，塑料的老化现象就是由于增塑剂中某些挥发物逐渐从塑料中逸出而产生的。因此添加增塑剂要适量。大多数塑料一般不添加增塑剂，只有软聚氯乙烯含有大量增塑剂，加入的比例越大，塑料制件越柔软。当加入量小于5%时，塑料制件为硬质；当加入量在15%～25%时，塑料制件为半硬质；当加入量大于25%时，塑料制件为软质；增塑剂加入量为5%～15%时会出现反增塑现象，影响产品质量，在配制时应尽量防止。软质聚氯乙烯的增塑剂加量可达90%以上。

增塑剂要与树脂有良好的相容性；挥发性小，不易从塑件中析出；无毒、无臭味、无色；对光热比较稳定；不吸湿。常用对热和化学药品都很稳定的高沸点液体或低熔点固体的酯类化合物，如邻苯二甲酸酯、己二酸二辛酯、环氧油酸丁酯等。

(3) 稳定剂。塑料在成型、储存和使用过程中，因受热、光、氧、射线和霉菌等外界因素的作用而导致性能发生变化，通常称“老化”。为阻缓、抑制塑料变质或降解(如开裂、起霜、变色、退光、起泡以致完全粉化、性能变劣等)，需在树脂中添加一些能稳定其化学性能的物质，这种物质称为稳定剂。

稳定剂根据作用不同分为热稳定剂(如三盐基性硫酸铅、硬脂酸钡)、光稳定剂(如水杨酸苯酯)和抗氧剂(如游离基抑制剂、氢过氧化物分解剂)等。又因树脂的内部结构不同，“老化”机理不一样，所用的稳定剂也就不同，常用的稳定剂有硬脂酸盐类、铅的化合物和环氧化合物等。

对稳定剂的要求是除对树脂的稳定效果好外，还应耐水、耐油、耐化学药品腐蚀，并与树脂有很好的相容性，在成型过程中不分解、挥发少、无色(塑件有透明要求时)、无毒或低毒。稳定剂的用量根据作用不同而异，少的为千分之几，多的一般在2%～5%。

(4) 润滑剂。为改进塑料熔体的流动性能，防止塑料在成型过程中粘模，减少塑料对模具的摩擦及改进产品表面质量等而加入的一类添加剂称为润滑剂。一般聚苯乙烯、聚酰胺、ABS、聚氯乙烯、醋酸纤维素等在成型过程中需要加润滑剂。

常用的润滑剂有烃类(如石蜡、矿物油)、酯类(如单硬脂酸甘油酯)、金属皂类(如硬脂酸锌)、脂肪酸类(如硬脂酸)及脂肪酸酰胺类(如油酸酰胺、双硬酯酰胺)等。润滑剂用量过多，会在塑件表面析出，即出现“起霜”现象，影响塑件外观，但用量过少又起不到润滑作用，故用量要适当，一般用量在0.05%～0.15%。

(5) 着色剂。合成树脂本色都是白色半透明或无色透明的。为了使塑料具有所需色彩或特殊光学性能，在塑料中加入的物质称为着色剂。有些着色剂不仅能使塑件鲜艳、美观，有时还兼有其他作用，如本色聚甲醛塑料用碳黑着色后能在一定程度上有助于防止光老化；聚氯乙烯塑料用二盐基性亚磷酸铅等颜料着色后，可避免紫外线射入，对树脂有屏蔽作用，因此它们还可以提高塑料的稳定性。

对着色剂一般要求着色力强、性能稳定，不与塑料中其他组织成分起化学反应，成型过程中不因温度、压力变化而分解变色，且在塑件长期使用过程中保持稳定，与树脂有很好的相溶性。着色剂大体上可以分为有机颜料(如原料蓝、碳黑)、无机颜料(如氧化铁)和染料几种类型。其中无机颜料的着色能力、透明性、鲜艳性较差，但耐光性、耐热性、化学稳定性较好，不易褪色；染料的色彩鲜艳、颜色齐全，着色能力、透明性好，性能与无机颜料相反；有机颜料的特性介于无机颜料和染料之间。在塑料工业中着色剂多采用颜料。有些色料会加速树脂老化，使塑件产生收缩变形等现象，因此要慎重选择添加，多采用色料母粒(色母)，一般用量为0.01%～0.02%。

(6) 固化剂。固化剂又称硬化剂、交联剂。热固性塑料成型时，树脂的线性分子结构需交联转变成体型网状结构(称为交联反应或硬化、固化)，使其成为较坚硬和稳定的塑件。添加固化剂的目的是促进交联反应。例如，在酚醛树脂中加入六亚甲基四胺；在环氧树脂中加乙二胺、顺丁烯二酸酐等。

(7) 其他添加剂。塑料的添加剂除上述几类外，还有发泡剂(如氯二乙丁腈、石油醚等)、阻燃剂(如三氧化二锑、氢氧化镁)、防静电剂(如磺酸基、胺盐、多元醇)、防霉剂(如苯酚、五氯酚)、导电剂(如离子型胺盐化合物)、导磁剂等。

特别提示

并非每一种塑料都要加入全部添加剂，而是根据塑料品种和使用要求加入所需的某些添加剂。塑料添加剂种类繁多，每种添加剂常常具有双重或多重作用。有些添加剂在配合使用时可能产生协同效应，有些则产生对抗作用；同时每种添加剂在使用时都有其最佳使用范围。因此进行配方设计时，必须正确选择和使用添加剂。

另外，塑料可制成“合金”，即把不同品种、不同性能的塑料用机械方法均匀掺合在一起或者将不同单体的塑料经过化学处理得到新性能的塑料。例如，ABS塑料就是由苯乙烯、丁二烯、丙烯腈三种成分经共聚和混合而制成的三元“合金”或混合物；苯乙烯-氯化聚乙烯-丙烯腈(ACS)、丁腈-酚醛和聚苯撑氧-苯乙烯等三元或二元复合物都属于这类塑料。

1.1.2 塑料的分类

目前，塑料的品种很多，从不同角度按照不同原则进行分类的方式也各有不同。但常用的塑料分类方法有以下两种。

1. 根据合成树脂的分子结构及其特性分类

根据合成树脂的分子结构及其特性，塑料可以分为热塑性塑料和热固性塑料两类。热塑性塑料主要由加聚树脂制成，热固性塑料大多是以缩聚树脂为主，加入各种添加剂制成。

1) 热塑性塑料

热塑性塑料中的合成树脂分子是线型或带有支链型结构，受热时软化、熔融，成为可流动的稳定黏稠液体。在此状态下具有可塑性，可塑制成一定形状的塑件，冷却后保持已成型的形状；如再加热，又可以软化、熔融，可再次成型为一定形状的塑件，如此可以反复进行多次。在这一过程中一般只有物理变化，因而其变化过程是可逆的。

热塑性塑料是由可以多次反复加热而仍具有可塑性的合成树脂制得的塑料。例如，聚乙烯、聚丙烯、聚苯乙烯、聚氯乙烯、有机玻璃、聚酰胺、聚甲醛、ABS、聚碳酸酯、聚砜等塑料都属于热塑性塑料。

2) 热固性塑料

热固性塑料的合成树脂分子是体型网状结构，在加热之初，它的分子呈线型结构，具有可溶性和可塑性，可塑制成一定形状的塑件；当继续加热，温度达到一定程度后，线型分子间交联形成网状结构，树脂变成不溶解或不熔融的体型结构，使形状固定下来不再变化。如再加热，也不再软化，不再具有可塑性，如果加热温度过高，只能炭化或被分解破坏。在这一变化过程中既有物理变化，又有化学变化，因而其变化过程是不可逆的。

热固性塑料是由加热硬化的合成树脂制得的塑料。例如，酚醛树脂、氨基塑料、环氧塑料、有机硅塑料都属于热固性塑料。

2. 根据塑料的用途分类

根据塑料的用途，塑料可分为通用塑料、工程塑料及特殊塑料。

1）通用塑料

通用塑料是指产量大、用途广、成型性好、价格便宜的一类塑料。主要包括聚乙烯、聚丙烯、聚氯乙烯、聚苯乙烯、酚醛塑料及氨基塑料六大类。它们的产量占塑料总产量的一大半以上，构成了塑料工业的主体。

2）工程塑料

工程塑料指在工程技术中用作结构材料的塑料。它们除具有较高的力学强度之外，还具有很好的耐磨性、耐腐蚀性、自润滑性及尺寸稳定性等，即具有某些金属性能，可以代替金属作某些机械构件。因此，工程塑料在机械、电子、化工、医疗、航天航空及日常用品等方面得到了广泛应用。

目前常用的工程塑料包括聚酰胺、聚甲醛、聚碳酸酯、ABS、聚砜、聚苯醚、聚四氟乙烯及各种增强塑料(塑料中加入玻璃纤维等增强材料，以进一步改善塑料的力学和电学等性能)。

3）特殊塑料

特殊塑料是具有某些特殊功能的塑料。它们具有耐高温、耐烧蚀、耐腐蚀、耐辐射或高的电绝缘性。例如，氟塑料、聚酰亚胺塑料、有机硅塑料、环氧塑料等都属于特殊塑料，还包括为某些专门用途而改性制得的塑料，如导磁塑料、导电塑料及导热塑料等。

1.1.3 塑料的特点

1. 密度小、质量轻

塑料的密度在0.83～2.2g/cm^{3}范围内，大多数为1.0～1.4g/cm^3，是钢铁的1/8～1/4、铜的1/6、铝的1/2左右。在众多材料中，塑料的密度只比木材的密度(0.28～0.98g/cm^3)稍高一些。有些泡沫塑料的密度仅有0.1～0.2g/cm^3，尤其高发泡塑料，它的密度甚至比0.1g/cm^{3}还要低许多。所以质轻是塑料的第一大特点。

2. 比强度和比刚度高

比强度是指按单位体积质量计算的材料强度，即材料的强度与其密度之比；比刚度是指材料的弹性模量与其密度的比值。塑料的强度、刚度虽然不如金属，但因其密度小，在各种材料中具有较高的比强度和比刚度，有些增强塑料的比强度和比刚度甚至接近或超过金属。例如，玻璃纤维增强塑料、碳纤维增强塑料等。对一些既要求质量轻又要强度高的中、低载荷使用条件的制件，塑料是最合适的材料。在汽车工业中，塑料结构件的使用量已达到6%以上，小轿车中塑料质量约占整车质量1/10。在飞机、轮船、航天工具、人造卫星和导弹上，使用塑料减重的意义更大，目前宇宙飞船中塑料体积占飞船总体积的1/2。

3. 化学稳定性好

塑料具有很高的耐腐蚀能力，有些塑料不仅能耐受潮湿空气的影响，而且也能耐受酸、碱、盐、气体和蒸气的化学腐蚀作用，优于金属和木材，仅次于玻璃和陶瓷。一些化工管道、容器都用耐腐蚀塑料(如聚四氟乙烯)制造。

4. 电绝缘性能好

塑料的电导率很低，一般均为绝缘材料。许多塑料对火具有自熄性，塑料优异的电气绝缘性能和极低的介电损耗性能可与陶瓷、橡胶相媲美。除用做绝缘材料，现在又用来制作半导体塑料、导电导磁塑料，被广泛应用于电机、电器及电子工业等行业中。

5. 耐磨性和自润滑性能好

钢与塑料的摩擦因数一般均在0.1以下。由于塑料具有摩擦因数小、耐磨性高、自润滑性好的特点，并具有一定的力学性能，因此常用来制造无法润滑工况下的轴承、齿轮等传动件，如电子设备的传动机构和摩擦机构等。

聚酰胺、聚甲醛、超高分子量聚乙烯和聚酰亚胺等都有良好的自润滑性。为防污染，如食品、纺织和医药等机构的结构零件摩擦接触部位禁用润滑剂，上述问题用自润滑性塑料制造运动型结构零件都能解决。

6. 隔音、隔热和减振性能好

软质塑料和硬质泡沫塑料，具有优良的隔音、隔热和减振性能。在隔音材料中最常用的是聚苯乙烯泡沫塑料。在隔热材料中，常用硬质聚氨酯、聚乙烯、聚苯乙烯和脲醛等泡沫塑料。酚醛、有机硅树脂等热固性硬质泡沫塑料的强度较高，可用于超音速飞机及火箭中的雷达罩和隔热夹心结构材料。在减振材料中，软质聚氨酯、聚乙烯和聚苯乙烯泡沫塑料最为常用，其中软质聚氨酯泡沫塑料常用于体育器材，而聚乙烯和聚苯乙烯泡沫塑料常用于减振包装。

7. 卓越的成型性能

塑料的成型性能优于金属、陶瓷及其他材料，其具有成型方法多、成型设备简单、成型加工周期短、效率高和成本低廉等特点。与金属制件加工相比，加工工序少、加工过程中的边角废料多数可以回收再用。再以单位体积计算，生产塑件的费用仅为有色金属的1/10。因此，塑件的总体经济效益显著。

8. 尺寸精度相对较低

塑料在成型时的收缩特性对塑件的尺寸精度和外观变形有一定的影响，因此塑件的精度不高。对于精度要求高的制件，其材料建议尽可能不选塑料而用金属或高级陶瓷。

9. 力学强度低

与一般工程材料相比，塑料的力学强度较低。用超强纤维增强的工程塑料，虽然强度能大幅度提高，并且比强度高于钢，但在大载荷作用下，如拉伸强度超过300MPa时，塑料仍不能满足要求。此时只好选用高强度的金属材料或高级陶瓷。

10. 耐热性差

塑料耐热性差，强度随温度升高下降较快，塑料的最高使用温度一般不超过400℃，而且大多数在100～260℃范围内。如果工作环境温度短期内超过400℃甚至达到500℃，并且负荷不太大时，有些耐高温塑料可以短时使用。如碳纤维、石墨或玻璃纤维增强的酚醛等热固性塑料，虽然长期耐热温度不到200℃，但其瞬间可耐上千度高温，可做耐烧融的材料，用于导弹外壳及宇宙飞船面层材料。

此外，塑料在低温下易开裂。若长期受载荷作用，即使温度不高，塑料也会渐渐产生塑性流动，即产生“蠕变”现象。若塑料在长期使用或存放过程，由于各种因素作用，其性能会随着时间不断恶化甚至丧失，发生老化现象。所以，选择塑料时要慎重。

1.2 塑料成型工艺性能

塑料与成型工艺、成型质量有关的各种性能统称为塑料的成型工艺性能。有些性能直接影响成型方法和工艺参数的选择，有的只与操作有关，现就热塑性塑料与热固性塑料的成型工艺性能要求分别进行探讨。

1.2.1 热塑性塑料的成型工艺性能

【参考动画】

1. 收缩性

热胀冷缩是许多材料的一种固有特性，而塑料的收缩性正是这一规律在塑料成型时的一种表现。塑件自热的模具中取出并冷却到室温后发生尺寸收缩的特性称为收缩性。由于这种收缩不仅是树脂本身的热胀冷缩造成的，而且与各种成型工艺条件和模具结构等因素有关，因此把成型后塑件的收缩称为成型收缩。

1）成型收缩的形式

（1）线尺寸收缩。由于热胀冷缩、塑件脱模时的弹性恢复、塑性变形等原因，导致塑件脱模冷却到室温后发生尺寸缩小的现象称线尺寸收缩。因此，在设计模具的成型零部件时必须考虑补偿，避免塑件尺寸出现超差。

（2）收缩方向性。塑料在成型时由于各个方向的收缩不同，致使塑件呈现各向异性。如沿料流方向收缩大、强度高；而与料流垂直方向则收缩小、强度低。此外，成型时由于塑料各部位密度及填料分布不均匀，故使各部位的收缩也不均匀。由于收缩方向性而产生的收缩不一致，使塑件易发生翘曲、变形及裂纹，尤其在挤出成型和注射成型时，方向性表现得更为明显。因此，在设计模具时应考虑收缩方向性，按塑件形状及料流方向选取收缩率。

（3）后收缩。塑件成型时，由于受成型压力、剪切应力、各向异性、密度不匀、填料分布不匀、模温不匀及硬化不匀等因素的影响，引起一系列应力的作用，在粘流态时不能全部消失，故塑料在应力状态下成型时存在残余应力。当塑件脱模后，由于应力趋向平衡及储存条件的影响，各种残余应力发生变化产生时效变形，由时效变形引起塑件尺寸再收缩现象称后收缩。一般塑件脱模24h后基本定型，但最后稳定要经30～60天，甚至更长。通常，热塑性塑料的后收缩比热固性塑料大，挤出及注射成型要比压缩成型大。

（4）后处理收缩。塑件按其性能及工艺要求，成型后要进行一些相关的后续处理工序，如浸渍(油水、盐水)、红外线烘烤等，也会导致塑件尺寸发生变化，这种变化称后处

理收缩。因此，在设计模具时，对高精度塑件应考虑后收缩及后处理收缩引起的误差并进行补偿。

2）收缩率

塑料由于收缩而引起的尺寸变化程度常用收缩率来表示，收缩率是研究成型性能和结构工艺特性的重要参数，用符号 S 表示。收缩率分为实际收缩率和计算收缩率，实际收缩率表示模具或塑件在成型温度时的尺寸与塑件在室温时的尺寸之间的差别，而计算收缩率则表示室温时模具尺寸与塑件尺寸的差别。

$$S_s=\frac{a-b}{b}\times 100\% \tag{1-1}$$

$$S_j=\frac{c-b}{b}\times 100\% \tag{1-2}$$

式中：S_s 为实际收缩率；S_j 为计算收缩率；a 为模具或塑件在成型温度时的单向尺寸，mm；b 为塑件在室温时的单向尺寸，mm；c 为模具在室温时的单向尺寸，mm。

由于成型温度下的塑件尺寸不便测量以及实际收缩率与计算收缩率相差很小，因此实际生产中常采用计算收缩率。

3）影响成型收缩的因素

(1) 塑料品种。各种塑料具有各自的收缩率。结晶性塑料比非结晶性塑料收缩率大。同种类型的塑料由于树脂的相对分子量、填料及配比不同，其收缩率及各向异性也不同。

(2) 塑件结构。塑件的形状、尺寸、壁厚、有无嵌件、嵌件数量及其分布对收缩率的大小也有很大影响。如塑件形状简单的比形状复杂的收缩率大；壁厚大则收缩率大；有嵌件、嵌件数量多且对称分布则收缩小等。

(3) 模具结构。模具的分型面、加压方向、浇注系统布局及其尺寸对收缩率及方向有很大影响，尤其是挤出与注射成型时更为明显。如采用直接浇口和大截面的浇口，则收缩小，但方向性明显。距浇口近的或与料流方向平行的部位收缩大。

(4) 成型工艺。挤出和注射成型一般收缩率大，方向性明显。塑料的预热情况、成型温度、成型压力、保压时间及装料形式等对收缩率及方向性都有影响。模具温度高则收缩率大；料温高则收缩率大；成型压力大、保压时间长则收缩率小；模内冷却时间长则收缩率小。

综上所述，影响成型收缩及收缩率的因素有很多，因此，收缩率不是一个固定值，而是在一定范围内变化的，这个波动范围越大，塑件的尺寸精度就越难控制。因此，在设计模具时应根据以上因素综合考虑选择塑料的收缩率，对精度高的塑件应选择收缩率波动范围小的塑料，并留有试模后修整的余量。

2. 流动性

塑料熔体在一定的温度与压力作用下充填模腔的能力，称为塑料的流动性。塑料流动性的好坏，在很大程度上影响成型工艺的许多参数，如成型温度、压力、周期、模具浇注系统的尺寸及其他结构参数。

流动性的产生实质上是分子间相对滑移的结果。聚合物熔体的滑移是通过分子链段运动来实现的。显然，流动性主要取决于分子组成、相对分子质量大小及其结构。只有线型分子结构而没有或很少有交联结构的聚合物流动性好，而体型结构的高分子一般不产生流动。聚合物中加入填料会降低树脂的流动性；加入增塑剂、润滑剂可以提高流动性。

1）热塑性塑料流动性的测定方法

热塑性塑料流动性的测定方法很多，常用的方法有熔融指数测定法和螺旋线长度试验法。

熔融指数测定法是将被测塑料装入如图1.2所示的标准装置内，在一定的温度和压力下，通过测定熔体在每10min内通过标准毛细管（直径为ϕ2.09mm的出料孔）的塑料重量值来确定其流动性的状况，该值称熔融指数。熔融指数越大，流动性越好。熔融指数的单位为g/10min，通常以MI(Melt Index)表示。

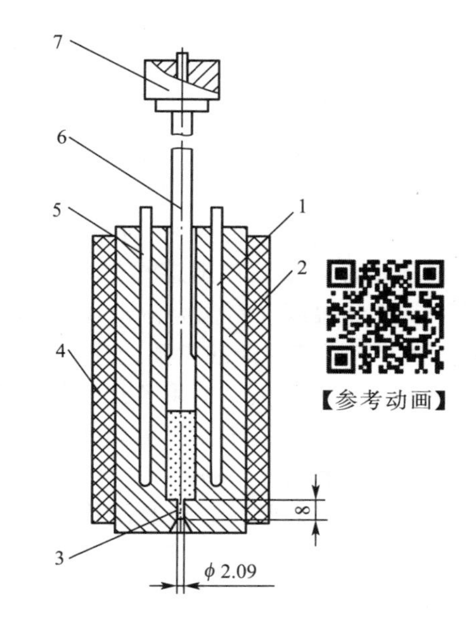

图1.2 熔融指数测定仪结构示意图

1—热电偶测温管；2—料筒；3—出料孔；4—保温层；5—加热棒；6—柱塞；7—重锤（重锤+柱塞共重2.16kg）

螺旋线长度试验法是将被测塑料在一定的温度与压力下注入如图1.3所示的标准的阿基米德螺旋线模具内，用其所能达到的流动长度（图中所示数字，单位为cm）来表示该塑料的流动性。流动长度越长，流动性能就越好。

一般来说，分子量小、分子量分布宽、分子结构规整性差、熔融指数高、螺旋线长度长、表观黏度小及流动比大的塑料则流动性好。

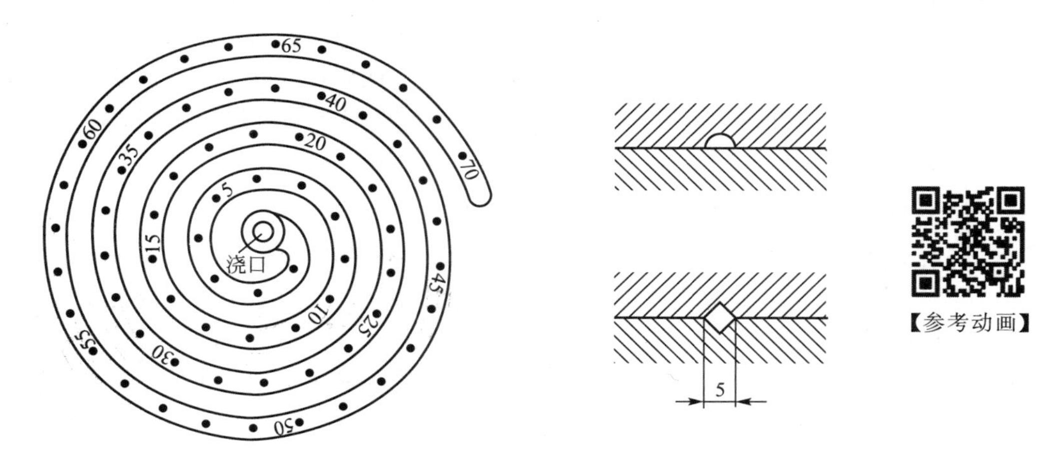

图1.3 螺旋流动试验模具流道示意图

2）热塑性塑料根据流动性的分类

（1）流动性好的塑料，如聚酰胺（尼龙）、聚乙烯、聚丙烯、聚苯乙烯、醋酸纤维素等。

（2）流动性中等的塑料，如改性聚苯乙烯、ABS、聚甲基丙烯酸甲酯（有机玻璃）、聚甲醛、氯化聚醚等。

（3）流动性差的塑料，如聚碳酸酯、硬聚氯乙烯、聚苯醚、聚砜、氟塑料等。

3）影响流动性的因素

（1）分子结构。分子结构不同流动性能也不同，相对分子质量小、分子量分布宽、表观黏度小及流动比大的塑料，其流动性能好，如聚酰胺(尼龙)、聚乙烯及聚丙烯等。与其相反的塑料，则流动性能相对要差一些，如聚碳酸酯、硬聚氯乙烯及聚砜等。流动性差的塑料不易充填模腔，易产生缺料；若塑料流动性太好，注射时容易产生流涎、造成塑件在分型面、活动成型零件、推杆等处的溢料飞边，因此，成型过程中应适当选择与控制塑料的流动性，以获得满意的塑料制件。

（2）温度。料温高流动性大，不同塑料也各有差异。聚苯乙烯、聚丙烯、聚酰胺(尼龙)、聚甲基丙烯酸甲酯(有机玻璃)、ABS、聚碳酸酯及醋酸纤维等塑料的流动性受温度变化的影响较大；而聚乙烯、聚甲醛的流动性受温度变化的影响较小。

（3）压力。注射压力增大，则塑料熔体受剪切作用大，流动性也增大，尤其是聚乙烯、聚甲醛较为敏感。

（4）模具结构。模具结构中，浇注系统的形式、尺寸及布置；型腔的形状及表面粗糙度；排气系统及冷却系统的设计等因素直接影响塑料的流动性。凡使塑料熔体温度降低、流动阻力增加的因素都会导致流动性降低。

因此，塑料的流动性不仅依赖于聚合物的性质，而且还依赖于成型条件。

3. 相容性

两种或两种以上不同品种的塑料，在熔融状态下不产生相分离现象的能力称相容性。如果两种塑料不相容，则混熔时制件会出现分层、脱皮等表面缺陷。不同塑料的相容性与其分子结构有一定关系，分子结构相似者容易相容，如高压聚乙烯、低压聚乙烯、聚丙烯彼此之间的混熔等；分子结构不同时较难相容，如聚乙烯和聚苯乙烯之间的混熔。

塑料的相容性又俗称为共混性。通过塑料的这一性质，可以得到类似共聚物的综合性能，是改进塑料性能的重要途径之一，如聚碳酸酯和ABS塑料相容，就能改善聚碳酸酯的工艺性。

4. 结晶性

所谓结晶现象，即塑料由熔融状态到冷凝时，分子由独立移动、完全处于无次序状态，变成分子停止自由运动、按略微固定的位置、并有一个使分子排列成为正规模型的倾向的一种现象。

热塑性塑料按其冷凝时是否出现结晶现象可分为结晶型塑料与非结晶型塑料。

注射成型时，结晶型塑料有如下特点：

（1）结晶型塑料必须要加热至熔点温度以上才能得到软化状态。由于结晶熔解需要热量，故结晶型塑料达到成型温度时要比非结晶型塑料达到成型温度需要更多的热量，因此，结晶型塑料要使用塑化能力较大的注射机。

（2）塑件在模具内冷却时，结晶型塑料要比非结晶型塑料放出更多的热量，因此，结晶型塑料在冷却时要注意模具的散热问题。

（3）结晶型塑料固态的密度与熔融时的密度相差较大，由此造成结晶型塑料的成型收缩率大，因此，结晶型塑料易产生缩孔与气孔。

（4）结晶型塑料的结晶度与冷却速度有关，冷却速度快结晶度低、透明度高。结晶度还与塑件壁厚有关，壁厚大时冷却慢、结晶度高、透明度低，但物理性能好。因此，应根据塑件要求控制模温。

(5) 结晶型塑料各向异性显著，内应力大。脱模后塑件内未结晶的分子有继续结晶的倾向，能量处于不平衡状态，易使塑件发生变形及翘曲。

(6) 结晶型塑料的熔融温度范围窄，容易使未完全熔融的生料注入模具或堵塞进料口。因此，应注意进料时的温度。

(7) 一般结晶型塑料为不透明或半透明，非结晶型塑料为透明(如有机玻璃等)。当然也有例外：聚4-甲基戊烯为结晶型塑料却有高透明性，ABS为非结晶型塑料既有透明的也有不透明的。

5. 吸湿性

吸湿性是指塑料对水分的亲疏程度。根据这一特性，塑料可分为吸湿性(或粘附水分倾向)的塑料和不吸湿性(或不粘附水分倾向)的塑料两大类。如聚酰胺、聚碳酸酯、聚甲基丙烯酸甲酯、ABS、聚苯醚及聚砜等属于前者；聚乙烯、聚丙烯和聚苯乙烯等属于后者。

具有吸湿性(或粘附水分倾向)的塑料，若水分含量超过一定的限度，则在成型加工过程中较易产生水降解和气泡。因此，塑料在加工成型前，一般要进行干燥预热处理，使水分含量在0.5%～0.2%以下。

6. 热敏性及水敏性

热敏性是指某些热稳定性差的塑料，在高温下受热时间较长或浇口截面过小及剪切作用大时，料温增高就易发生色变、降解、分解的倾向，具有这种特性的塑料称为热敏性塑料，如硬聚氯乙烯、聚甲醛和聚三氟氯乙烯等。

热敏性塑料熔体发生热分解或热降解时，会产生单体、气体和固体等副产物，这些气体中有的会对人体、设备和模具产生刺激或腐蚀，甚至带有一定的毒性。同时，有的分解物往往又是促使塑料分解的催化剂，如聚氯乙烯的分解物为氯化氢。为了防止热敏性塑料在成型过程中出现过热分解现象，可采取在塑料中加入热稳定剂的方式；合理选择设备，对于热敏性塑料制件，通常选用螺杆式注射机；合理设计模具的浇注系统，流道截面宜大一些，尽量不用点浇口以避免过大的摩擦热；流道和模具型腔表面应镀铬；同时要正确控制成型温度和成型周期，及时清理设备中的分解物。

水敏性是指塑料在高温和高压下对水降解的敏感性，具有这种特性的塑料称为水敏性塑料，如聚碳酸酯及聚酰胺等，在成型前必须对它们进行干燥处理，以免在高温和高压成型过程中发生水降解。

7. 热性能

塑料的热性能主要包括比热容、热传导率及热变形温度。塑料的比热容高时，在塑化过程中需要较多热量，因此要选择塑化能力高的注射机；塑料的热传导率低时，其成型后的塑件冷却速度较慢，因此要加强模具对塑件的冷却效果；塑料的热变形温度高时，能在较高的温度下使塑件脱模，这在一定程度上提高了生产率，但脱模后要防止塑件的冷却变形。一般，比热容低及热传导率高的塑件适用于热流道注射模；比热容高、热传导率低及热变形温度低的塑料则不能高速成型，必须用适当的注射机，同时要加强模具的温度控制。

8. 应力开裂及熔体破裂

有些塑料对应力比较敏感，成型时容易产生内应力，质脆易裂，当塑件在外力作用下或在溶剂作用下即发生开裂的现象，被称为应力开裂。

一定熔融指数的聚合物熔体，在恒温下通过喷嘴孔，当流速超过某一数值时，熔体表面即发生横向裂纹，这种现象被称为熔体破裂。

1.2.2 热固性塑料的成型工艺性能

热固性塑料与热塑性塑料相比，具有制件尺寸稳定性好、耐热性好和刚性大等特点，所以在工程上应用十分广泛。热固性塑料在热力学性能上明显不同于热塑性塑料。

1. 收缩性

与热塑性塑料一样，热固性塑料也会受各种成型工艺条件和模具结构等因素的影响，从而引起塑件尺寸收缩的现象。热固性塑料的成型收缩形式、收缩率的计算方法及影响收缩率变化的因素与热塑性塑料基本相同，热固性塑料产生收缩的主要原因如下：

1）热收缩

由于塑料是由高分子化合物为基础组成的物质，其线胀系数比钢材大几倍至十几倍，塑件从成型加工温度冷却到室温时，就会产生远大于模具尺寸的收缩，这是因热胀冷缩而引起的尺寸变化。这种热收缩所引起的尺寸减小是可逆的。

2）结构变化引起的收缩

热固性塑料的成型加工过程是热固性树脂在模腔中进行化学反应的过程，即产生交联结构，分子链间距离缩小，结构紧密，从而引起体积收缩。这种由结构变化而产生的收缩，在进行到一定程度时，就不会继续产生。

3）弹性恢复

塑件固化后并非刚性体，脱模时，成型压力降低，产生弹性恢复，这种现象降低了收缩率。在成型以玻璃纤维和布质为填料的热固性塑料时，这种情况尤为明显。

4）塑性变形

塑件脱模时，成型压力迅速降低，但模具型腔壁紧压塑件的周围，在这种力的作用下致使塑件发生变形，随着塑件完全从模具型腔中脱出后，模具型腔壁对塑件的压力也随之消失，但塑件不能恢复原状，而产生塑性变形。发生变形部分的收缩率比没有发生变形部分的收缩率大，因此，塑件在平行加压方向收缩较小，而垂直加压方向收缩较大。因此，可通过迅速脱模的办法，避免两个方向的收缩率相差过大。

2. 流动性

1）热固性塑料流动性的测定方法

热固性塑料流动性的意义与热塑性塑料相似，但热固性塑料通常以拉西格试验值来表示。其测定原理如图 1.4 所示，将一定重量的欲测塑料预压成圆锭，将圆锭放入压模中，在一定的温度和压力下，测定它从模孔中挤出的长度(毛糙部分不计在内，以 mm 计)，此即拉西格流动性，数值大则流动性好。

2）根据流动性能，热固性塑料的等级划分

每一品种的塑料分为三个不同等级的流动性：拉西格流动值为 100～130mm，适用于压制无嵌件、形状简单、厚度一般的塑件；拉西格流动值为131～150mm，用于压制中等复杂程度的塑件；拉西格流动值为151～180mm，可用于压制结构复杂、型腔很深、嵌件较多的薄壁塑件或用于传递成型。注射成型时，一般要求热固性塑料的拉西格流动值大于200mm。

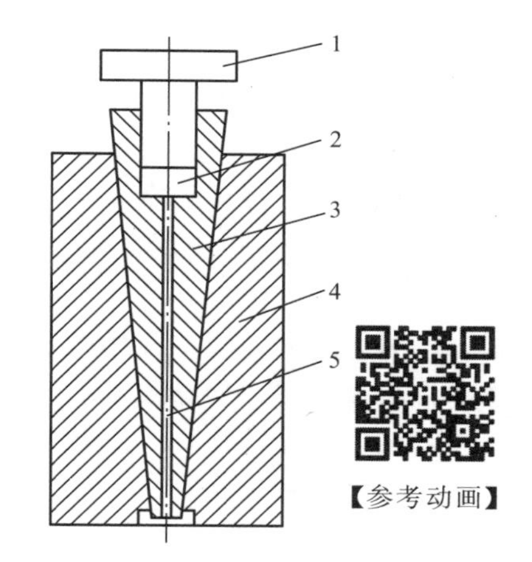

图1.4 拉西格流动性测定模

1—重锤；2—加料腔；3—组合凹模；4—模套；5—流料槽

3）影响流动性的因素

（1）塑料品种。不同品种的塑料，其流动性各不相同。即使同一品种塑料，由于其中相对分子质量的大小、填充剂的形状、水分和挥发物的含量及配方不同，其流动性也不相同。一般树脂分子量小，填充剂颗粒细且呈球状，湿度、增塑剂及润滑剂含量高则流动性大。

（2）模具结构。模具型腔表面光滑，型腔形状简单，采用不溢式压缩模具(与溢式或半溢式压缩模具相比)等都有利于改善流动性。

（3）成型工艺。采用压锭及干燥预热处理，提高成型压力，在低于塑料硬化温度的条件下提高成型温度等都能提高塑料的流动性。

3. 比容及压缩率

比容是单位质量的松散塑料所占的体积，以cm^3/g计；压缩率是塑料的体积与塑件的体积之比，其值恒大于1。比容和压缩率都表示粉状或短纤维状塑料的松散性，它们都可用来确定压缩及传递等模具加料腔的大小。比容和压缩率较大，则模具加料腔尺寸也要大，这样便使模具体积增大，操作不便，浪费钢材，不利于加热。同时，比容和压缩率大，使塑料内充气增多，排气困难，成型周期变长，生产率降低；比容和压缩率小，使压锭、压缩及传递成型容易，而且压锭重量比较准确。但是，比容太小，会影响塑料的松散性，以容积法装料时造成塑料重量不准确。

比容的大小也常因塑料的粒度及颗粒不均匀度不同而有误差。

4. 硬化速度

热固性塑料在成型过程中要完成交联反应，即树脂分子由线型结构变成体型结构，这一变化过程称为硬化。硬化速度通常以塑料试样硬化1mm厚度所需的秒数来表示，此值越小，表示硬化速度越快。硬化速度与塑料品种、塑件形状、壁厚、成型温度及是否预热、预压等有密切关系，例如，采用压锭、预热、提高成型温度及增长加压时间都能显著加快硬化速度。此外，硬化速度还应适合成型方法的要求，例如，在传递或注射成型时，应要求在塑化、填充时化学反应慢且硬化慢，以保持长时间的流动状态；但当充满型腔后，在高温及高压下应快速硬化。硬化速度慢的塑料，会使成型周期变长，生产率降低；硬化速度快的塑料，则不能成型大型复杂的塑件。

5. 水分及挥发物含量

塑料中的水分及挥发物的含量，在很大程度上直接影响塑件的物理、力学和介电性能。塑料中水分及挥发物的含量大，在成型时产生内压，促使气泡产生或以内应力的形式暂存于塑料中，一旦压力除去后便会使塑件变形，力学强度降低。压制时，由于温度和压力的作用，大多数水分及挥发物逸出，但尚未逸出时，它占据着一定的体积，严重地阻碍化学反应的有效发生，当塑件冷却后，则会造成组织疏松。逸出的挥发物气体，会使塑件产生龟裂，降低机械强度和介电性能。这些气体中有的会对人体、设备和模具产生刺激或腐蚀，甚至带有一定的毒性。

此外，塑料中水分及挥发物含量过多时，会促使流动性过大，容易溢料，成型周期增长，收缩率增大，塑件容易产生翘曲、波纹及光泽不好等现象。但是，塑料中水分及挥发物的含量过少时，会导致流动性不良，成型困难，同时也不利于压锭。

因此，在设计模具时应对塑料的这种特性有所了解，并采取相应措施，如预热、模具镀铬、开排气槽等。

1.3 常用塑料的基本特性简介及选择

塑料制件的选材应考虑塑料的综合性能、必要精度及成型工艺。塑料的性能虽然主要取决于合成树脂，但在加入其他成分的合成树脂或添加剂后，其性能可以在较大范围内有所变化，并且同一品种的塑料，因生产厂家、生产日期和生产批量的不同，其技术指标也会有差异。因此，本节将介绍不加入任何添加剂的塑料其本身的基本特性，具体产品应以其检验说明书为准。

1.3.1 热塑性塑料

1. 聚乙烯

聚乙烯(Polyethylene，缩写 PE)是目前产量最大、应用最广的塑料品种之一。它在常温下呈白色、半透明的大理石状颗粒，燃烧时发出似石蜡燃烧时的气味，因而又名“高分子石蜡”。

聚乙烯密度小于水，为 0.91～0.96g/cm^3，所以质量较轻，其无毒、无味。聚乙烯有一定的力学强度，但和其他塑料相比，力学强度低，表面硬度差。聚乙烯的电绝缘性能优异，尤其是高频绝缘性能很好。聚乙烯有较好的化学稳定性，常温下不溶于任何一种已知溶剂，能耐稀硫酸、稀硝酸和任何浓度的其他酸及各种浓度的碱、盐溶液，但当温度高于90℃时，硫酸和硝酸能将其迅速破坏。聚乙烯有较高的耐水性，长期与水接触其性能可保持不变。聚乙烯的透水性能较差，但透气性能好。在热、光、氧气的作用下会产生老化和变脆，因此为提高聚乙烯耐老化性，应加入抗氧剂、紫外线吸收剂或碳黑等。聚乙烯的耐低温性能较好，在－60℃时仍有较好的力学性能，在－70℃时仍有一定的柔软性。聚乙烯的成型收缩率范围为 1.5%～3.5%。

聚乙烯按密度可分为三类：低密度聚乙烯(LDPE)、中密度聚乙烯(MDPE)、高密度聚乙烯(HDPE)。

按聚合时采用的压力不同可分为高压、中压和低压三种。低压聚乙烯的分子链中支链较少，相对分子质量、结晶度和密度较高，故又称高密度聚乙烯。高压聚乙烯的分子带有许多支链，因而相对分子量较小，结晶度和密度较低，故又称低密度聚乙烯。目前，低压法生产低密度聚乙烯(又称线型低密度聚乙烯)的发展迅速，号称为“第三代聚乙烯”。

1）低密度聚乙烯(LDPE)

低密度聚乙烯的密度为0.91～0.925g/cm^3，结晶度较低(55%～65%)，熔点为105～110℃，使用温度在80℃以下；具有良好的柔软性、耐冲击性和透明性，但力学强度、透湿性、耐氧化能力差，易老化；适于制作塑料薄膜、软管、塑料瓶以及电气工业的绝缘零件和包覆电缆等。

2）中密度聚乙烯(MDPE)

中密度聚乙烯的密度为0.926～0.94g/cm^3，结晶度为70%～80%，熔点为126～135℃，使用温度在75℃以下；适用于制作高速自动包装薄膜、电线电缆包覆层、防水材料、水管以及燃气管等。

3）高密度聚乙烯(HDPE)

高密度聚乙烯的密度大于0.94g/cm^3，结晶度较高(80%～90%)，熔点为132～135℃，使用温度在110℃以下；适用于制作塑料管、塑料绳、塑料板、中空塑件以及承载不高的零件，如齿轮、轴承等。

4）线型低密度聚乙烯(LLDPE)

线型低密度聚乙烯的密度为0.91～0.925g/cm^3，这种较高的结晶度也使LLDPE与LDPE相比，熔点提高了10～15℃；具有优良的耐环境应力开裂性能，较高的耐热性能和抗冲击性能等；适用于制作电缆护套料、管材、薄膜、注射制件、编织袋以及打包带等。

5）超高分子量聚乙烯(UHMWPE)

超高分子量聚乙烯的密度大于0.94g/cm^3，使用温度在110℃以下，是一种线型分子结构且具有优异综合性能的热塑性工程塑料；具有极大的韧性和冲击强度，耐疲劳性、耐磨性、抗腐蚀性和自润滑性好；适用于制作减摩、耐磨及传动零件，医疗用品等。

2. 聚氯乙烯

聚氯乙烯(Polyvinyl chloride，缩写PVC)是世界上产量仅次于聚乙烯的塑料，居第二位。

从理论上来说，聚氯乙烯的分子结构为线型直链结构，但研究证明，聚氯乙烯并非单纯的直链结构，在多数的有机溶剂中仍不易溶解，加热后的可塑性较差。这说明聚氯乙烯分子结构中存在有疏松的交联，这就决定了纯聚氯乙烯树脂不能直接用作塑料，以纯聚氯乙烯为基础的聚氯乙烯塑料是加入添加剂品种和数量较多的塑料之一。根据不同的用途可以加入不同的添加剂，使聚氯乙烯塑件呈现不同的物理性能和力学性能。

聚氯乙烯是无毒、无味的白色或微黄色半透明末状固体，纯聚氯乙烯的密度为1.4g/cm^3，加入增塑剂和填充剂的聚氯乙烯塑料的密度一般在1.15～2.00g/cm^3范围内，结晶度约为5%，不溶于水、酒精和汽油，在醚、酮和芳香烃中能溶胀或溶解。聚氯乙烯有较好的电气绝缘性能，可以用作低频绝缘材料；其化学稳定性也较好，耐酸碱，因含氯量较高，故有较好的阻燃性和自熄性。但聚氯乙烯的热稳定性较差，软化点为80℃，于130℃开始分解，长时间加热会导致分解，放出氯化氢气体，使塑料变色。其使用温度较窄，一般在－15～＋55℃之间。聚氯乙烯的成型收缩率范围为0.6%～1.5%(硬质)、0.6%～2.5%(半硬质)和1.5%～3.0%(软质)。

聚氯乙烯塑料有硬质和软质之分：

1）硬聚氯乙烯(Rigid Polyvinyl chloride)

硬聚氯乙烯塑料中不加或少加增塑剂，它的力学强度高、有一定的抗内外压能力、硬度大、印刷及焊接性好但软化点低；适用于制作管材、防腐与排污管道、插座、插头、开关及电缆等。

2）软聚氯乙烯(Soft Polyvinyl chloride)

软聚氯乙烯塑料中含有较多的增塑剂，软聚氯乙烯的柔软程度随增塑剂的加入量增加而增大；其延伸性、耐寒性增加，但力学性能、电绝缘性能及耐腐蚀性均低于硬聚氯乙烯；适用于制作塑料薄膜、软管、密封材料、凉鞋、雨衣、玩具及人造革等。

3. 聚苯乙烯

聚苯乙烯(Polystyrene，缩写PS)是热塑性非结晶塑料，是生产历史最久的塑料材料之一，产量仅次于聚乙烯和聚氯乙烯，居第三位。

聚苯乙烯是无毒、无味及无色的透明状的塑料，透光率仅次于有机玻璃，达88%～92%，落地时发出清脆的金属声，其密度为1.05g/cm^3。聚苯乙烯的力学性能与聚合方法、相对分子质量大小、定向度和杂质量有关，相对分子质量越大，力学强度越高。聚苯乙烯有优良的电绝缘性能，尤其是高频绝缘性能。聚苯乙烯有一定的化学稳定性，能耐矿物油、有机酸、碱、盐、低级醇及其溶液，但能溶于苯、芳香烃、氯代烃、酮类、脂类和一些油类，有些酸、碱和润滑油与聚苯乙烯塑件接触，可造成裂纹和部分溶解。聚苯乙烯着色能力优良，能染成各种鲜艳的色彩。其耐热性差，熔化温度为150～180℃，热分解温度为300℃，热变形温度一般在70～98℃，只能在不高的温度下(低于60～75℃)使用。质地硬而脆，热膨胀系数较大，限制了它在工程上的应用。

聚苯乙烯在工业上适用于制作仪表外壳、灯罩、化学仪器零件及透明模型等；在电气上适用于制作良好的绝缘材料、接线盒及电池盒等；在日常生活上适用于制作包装材料、各种容器及玩具等。

聚苯乙烯常被用来制作泡沫塑料制品。聚苯乙烯还可以和其他橡胶类型高分子材料共聚生成各种不同力学性能的产品。由于聚苯乙烯外观为无色或白色透明，因此可任意着色，其质轻、导热系数低、吸水性小、介电性能优良、能抗振动和冲击，隔声、隔热、防潮等性能好。适用于制作各种一次性塑料餐具、透明CD盒、中空楼板隔音隔热材料以及缓冲、防震包装等。聚苯乙烯的成型收缩率范围为0.6%～0.8%(通用型)、0.2%～0.8%(耐热型)、0.3%～0.6%(增韧型)。

4. 聚丙烯

聚丙烯(Polypropylene，缩写PP)是热塑性结晶塑料，其产量次于聚乙烯、聚氯乙烯和聚苯乙烯，居第四位。

聚丙烯是无毒、无味的白色蜡状透明粒料，它比聚乙烯更透明、更轻，其密度只有0.9g/cm^3，是通用塑料中最轻的一种。它不吸水、光泽好、易着色。聚丙烯的力学强度、刚度和耐应力开裂性能都超过聚乙烯，且有突出的抗弯曲疲劳性能，用它制成的活动铰链能经受7×10^7次弯曲不产生损坏和断裂。聚丙烯有优良的电绝缘性能，不受湿度影响，尤其是高频绝缘性能；其与大多数化学药品不发生作用，除强氧化剂外，化学稳定性好；不溶于水，几乎不吸水，对水的稳定性好。聚丙烯的熔点在164～170℃，耐热性好，热变形温度为150℃，可在110℃以下长期使用，能在水中煮沸，故可用于输送热水的管道。其低温使用温度可达－15℃，低于－35℃时会脆裂，不耐磨、耐光性差、易老化，常需添加紫外线吸收剂、抗氧化剂和氧化锌来提高聚丙烯的耐寒性。

聚丙烯适用于制作各种机械零件如法兰、泵叶轮、汽车零件和自行车零件；作为水、蒸汽以及各种酸碱的输送管道和化工容器；盖和本体合一的箱壳及绝缘零件等。聚丙烯的成型收缩率范围为1.0%～2.5%，若加入玻璃纤维增强，则成型收缩率范围为0.4%～0.8%。

5．丙烯腈-丁二烯-苯乙烯

丙烯腈-丁二烯-苯乙烯(ABS)是丙烯腈(A－acrylonitrile)、丁二烯(B－butadiene)和苯乙烯(S－styrene)三元共聚物。通常三种单体的比例为丙烯腈25%～30%、丁二烯25%～30%和苯乙烯40%～50%，由于这三种成分各自的特性，使ABS具有良好的综合力学性能，丙烯腈使ABS具有耐化学腐蚀性和一定的表面硬度；丁二烯使ABS具有良好的韧性和抗冲击性能；苯乙烯使ABS具有良好的加工性、刚性和染色性能，其也是最早的塑料合金。

ABS是无毒、无味、淡黄色的塑料，成型的塑件有较好的光泽，密度为1.02～1.05g/cm^3。它吸水率低，在室温水中浸泡一年，吸水率也不超过1%，且性能变化甚微，尺寸稳定性好。ABS具有较高的抗冲击强度，即使在低温下也不迅速下降，在－40℃下仍能表现较好的韧性。ABS的耐磨性较好，摩擦因数较低，但没有自润滑作用。ABS的电性能优良，受温度、湿度变化的影响小。ABS耐水、无机盐、酸和碱类，不溶于大部分醇类及烃类溶剂，但长时间与烃接触会软化溶胀，在醛、酮、酯和氯化烃中会溶解或形成乳浊液；ABS表面受冰醋酸、植物油等化学物品侵蚀会引起应力开裂。ABS可燃但缓慢，并会发出特殊的刺激气味，耐热性低，它的熔化温度为210℃，分解温度为250℃以上，热变形温度一般在93℃左右，连续工作温度为70℃左右。耐气候性差，在紫外线作用下易变脆，加入碳黑、紫外线填充剂或涂以不透明涂料可改善这一情况。

ABS中三种组成成分之间的比例不同，其性能也不相同。根据用途不同，可分为超高冲击型、高冲击型、中冲击型、低冲击型和耐热型几种品种。

ABS在机械工业上适用于制作一般机械零件，如齿轮、泵叶轮、轴承、纺织器材及电器零件等；在汽车工业上适用于制作汽车挡泥板、扶手、热空气调节导管、加热器及还可用ABS夹层板制作小轿车车身等；也适用制作各类壳体，如电视机外壳、仪表壳及蓄电池槽等；日常生活上用于制作文教体育用品、食品包装容器、农药喷雾器及家具等。ABS的成型收缩率范围为0.3%～0.8%(抗冲、耐热)、0.3%～0.6%(30%玻璃纤维增强)。

6．聚酰胺

聚酰胺(Polyamide，缩写PA)通称尼龙。其是热塑性结晶塑料，使用最早的工程塑料。尼龙的种类繁多，常见的有尼龙6、尼龙66、尼龙9、尼龙11、尼龙1010、尼龙610及20世纪60年代由美国杜邦公司首先开发成功的耐高温、耐辐射、耐腐蚀的尼龙新品种芳香族尼龙等，目前在工程塑料中产量居首位。

尼龙是无毒、无味、不霉烂、白色或淡黄色结晶颗粒，密度为1.14g/cm^3。尼龙具有优良的力学性能，抗拉、抗压、耐磨，抗冲击强度比一般塑料有显著提高，其中尼龙6较优。尼龙具有良好的耐化学腐蚀性能，能耐弱酸、弱碱和一般溶剂，但强酸和氧化剂能侵蚀尼龙。经拉伸处理的尼龙，具有很高的抗拉强度，耐磨性高于一般用作轴承材料的铜、铜合金。尼龙作为机械零件材料，具有良好的消音效果和自润滑性能。但其吸水性较强，收缩率较大，常因吸水而引起尺寸变化，稳定性较差。因此，成型前原材料应加热干燥。尼龙的熔点在180～230℃，一般在80～100℃之间使用，100℃以上长期接触氧会发生缓慢的热降解，加入碳黑和苯酚型稳定剂可提高其耐热性和耐候性。不同品种的尼龙，它们的性能又有差别。

尼龙6：弹性好，抗冲击强度高，但吸水性大，尺寸稳定性差，成型收缩率范围为0.8%～2.5%；

尼龙66：硬度、刚度最高，耐磨性好，但韧性最差，成型收缩率范围为1.5%～2.2%，若加入30%玻璃纤维增强，则成型收缩率范围为0.4%～0.55%；

尼龙610：与尼龙66相似，吸水性小，刚度小，成型收缩率范围为1.2%～2.0%，若加入30%玻璃纤维增强，则成型收缩率范围为0.35%～0.45%；

尼龙1010：半透明，强度、硬度、耐磨性、自润滑性和消音性较好；吸水小，尺寸较稳定；易溶于极性强的溶剂；成型收缩率范围为0.5%～4.0%；

芳香族尼龙(PA6T、PA9T)：在主链中引入苯环结构，耐高温，耐辐射，耐腐蚀。

尼龙成本较高，适用于制作一般机械、化工和电器零件，如轴承、齿轮、滚子、辊轴、泵叶轮、滑轮、风扇叶片、蜗轮、高压密封扣圈、储油容器、绳索、传动带、电池箱及电器线圈等零件；因其摩擦因数低，做机械零件不用加润滑油，运转时低噪声；尼龙也逐渐用于日常生活用品中，如器皿、梳子及球拍等。

7. 聚甲基丙烯酸甲酯

聚甲基丙烯酸甲酯(Polymethyl methacrylate，缩写PMMA)通称有机玻璃。

聚甲基丙烯酸甲酯是一种质轻而坚韧的物质，密度为1.18g/cm^3，仅为硅玻璃的1/2。聚甲基丙烯酸甲酯具有优良的光学性能，其透光性优于其他透明塑料，透光率达92%，比普通硅玻璃要好，透过范围广阔，可透过大部分紫外线等。聚甲基丙烯酸甲酯在常温下有较高的力学强度，其力学强度及硬度随温度升高而降低，但延伸率则随温度升高而升高，它的力学强度和韧性是硅玻璃的10倍以上。它具有良好的电绝缘性，是仪表工业上适宜的高频绝缘材料。其化学性能稳定，能耐一定的化学腐蚀，但能溶于芳香烃、氯代烃等有机溶剂。在一般条件下尺寸较稳定。其有一定的耐寒、耐热性及耐候性，热分解温度略高于270℃，热变形温度为96℃左右，最高连续使用温度随工作条件不同在65～95℃之间改变。其表面硬度低，容易被硬物擦伤、拉毛。

聚甲基丙烯酸甲酯适用于制作具有一定透明度和强度的防震、防爆和观察等方面的零件，如飞机和汽车的窗玻璃、飞机罩盖、油杯、光学镜片、医学材料、广告橱窗、透明管道及各种仪器零件，也可做绝缘材料。

8. 聚碳酸酯

聚碳酸酯(Polycarbonate，缩写PC)是热塑性非结晶塑料，是一种优良的工程塑料，其产量在工程塑料中仅次于尼龙，居第二位。

聚碳酸酯无毒、无味、轻微淡黄色，而加点淡蓝色后，得到无色透明塑件，可见光的透光率接近90%，其密度为1.2g/cm^{3}左右。聚碳酸酯有良好的刚性、韧性，抗冲击强度在热塑性塑料中最优。聚碳酸酯有很高的抗拉、抗弯、抗压强度，耐磨、抗蠕变性能好。其吸水率低且在很宽的温度变化范围内保持塑件尺寸的稳定性。成型收缩率小(0.5%～

0.8%)而均匀，适合制作高精度塑件。聚碳酸酯在较宽的温度范围和潮湿条件下，具有优异的电学性能，适于制作高级绝缘材料。在室温下，聚碳酸酯耐水、稀酸、氧化剂、还原剂、盐、油、脂肪烃等侵蚀，但易受碱、胺、酮及芳香烃的侵蚀，溶于氯代烃，长期浸入沸水中易引起开裂。聚碳酸酯具有良好的耐热、耐寒性，脆化温度在－100℃以下，可在－60～＋120℃长期使用。它是自熄性材料，但其耐疲劳强度差，易产生应力开裂。

在聚碳酸酯中加入玻璃纤维，可提高其力学性能，显著改善其应力开裂，且可较大幅度提高耐热性、减少成型收缩。但冲击韧性有所下降，塑件失去透明性。玻璃纤维含量以20%～40%为宜，小于10%时增强效果不明显；大于40%时则脆性太大，且流动性差，成型困难。

聚碳酸酯可代替金属和其他材料，并已进入透明材料行列。在机械上适用于制作齿轮、蜗轮、凸轮、轴承、泵叶轮、节流阀、汽车仪表板及聚碳酸酯合金制的保险杠等。在电气上适用于制作绝缘的电动工具外壳、接线板、电器仪表零件和外壳等。在工业医疗上适用于制作防护面罩、医疗包装薄膜和高压注射器、血液分离器等。还可以制作照明灯壳、高温透镜、视孔镜等光学零件等。在航空、航天领域，聚碳酸酯也发挥了很大的作用。

9. 聚甲醛

聚甲醛(Polyoxymethylene，缩写POM)是20世纪60年代合成的一种工程塑料，其性能不亚于尼龙，但价格却比尼龙低廉，其产量在工程塑料中仅次于尼龙和聚碳酸酯，居第三位。

聚甲醛是一种结晶度高的线性聚合物，呈淡黄色或白色的半透明或不透明的粉末或颗粒，密度为1.42g/cm^{3}左右。聚甲醛的强度、刚度和抗冲击性能良好，有较高的耐磨性和较低的摩擦因数，耐蠕变性和耐疲劳性能优异，特别适合于作长时间反复承受外力的齿轮材料。聚甲醛的吸水率低，尺寸稳定性好。其具有突出的回弹能力，耐扭变，可用于制作塑料弹簧制件。聚甲醛的电绝缘性较好，几乎不受湿度影响。其常温下一般不溶于有机溶剂，能耐醛、酯、醚、烃、弱酸及弱碱，但不耐强酸。其使用温度在－40～＋100℃范围内，力学性能变化不大。但其成型收缩率大、热稳定性差、易燃烧、耐紫外线较差。聚甲醛的成型收缩率范围为1.2%～3.0%。

聚甲醛已经广泛应用于电子电气、机械、仪表、日用轻工、汽车、农业等领域，替代有色金属及合金制作减震零件、传动零件、仪器外壳、化工容器、汽车配件等。其优良的耐磨性、自润滑性及尺寸稳定性，特别适合于制作齿轮和轴承。

10. 聚砜

聚砜(Polysulfome，缩写PSU或PSF)是20世纪60年代中期出现的热塑性非结晶工程塑料。

聚砜呈透明而微带琥珀色，也有的是象牙样的不透明体，密度为1.24g/cm^3，其用途广、发展快，有“万用高效能塑料”之称。聚砜具有优异的热稳定性、耐氧化性，其热变形温度为174℃，软化温度接近300℃，在高温下仍能在很大程度上保持室温下所具有的力学性能，这一特性是一般塑料所不能及的，能在－100～＋150℃范围内长期使用。聚砜在整个热塑性工程塑料中具有最高的耐蠕变性。聚砜具有优良的电性能，在水和湿气中或在190℃的高温下，仍保持高的介电性能。聚砜的化学稳定性好，在无机酸、碱的水溶液、醇、脂肪烃中不受影响，但对酮类、氯化烃不稳定，不宜在沸水中长期使用。其尺寸稳定性好，还可以进行一般机械加工和电镀，但其耐候性差。聚砜的成型收缩率范围为0.4%～0.7%。

聚砜适用于制作精度要求高、热稳定性、刚度和电绝缘性好的电器和电子零件，如断路元件、恒温容器、开关、绝缘电刷、电视机元件及线圈骨架等；制作热性能、耐化学性、持久性及刚度好的零件，如电动机罩、飞机导管、电池箱、汽车零件、齿轮、叶轮、轴承保持架及活塞环等；制作透明性和耐热性能好的医疗器械，如防毒面具和注射制件等。

11. 聚苯醚

聚苯醚(Polyphenylene oxide，缩写PPO)是热塑性非结晶塑料。

聚苯醚由2，6-二甲基苯酚聚合而成，全称为聚二甲基苯醚，呈琥珀色透明粒状的热塑性工程塑料，密度为1.07g/cm³。聚苯醚的综合性能良好，拉伸强度、冲击强度、刚度、抗蠕变性较高，韧性、耐磨性好，硬度较尼龙、聚甲醛及聚碳酸酯高。使用温度范围宽，能在-127～+121℃范围内长期使用而性能变化很小，脆化温度低达-170℃，无载荷条件下的间断使用温度达205℃。聚苯醚的电绝缘性能优良，耐稀酸、稀碱及盐性能好，尤其耐水及蒸汽性能突出，可在120℃的蒸汽中使用。吸水率小，在沸水中煮沸仍具有尺寸稳定性，且耐污染、无毒。但塑件内应力大，易开裂，流动性差，疲劳强度低。聚苯醚的成型收缩率范围为0.7%～1.0%，改性聚苯醚的成型收缩率范围为0.5%～0.7%。

聚苯醚适于制作要求尺寸精度高的塑件、绝缘件、耐热元件、耐磨件、传动件、医疗器件及电子设备零件，如精密部件；继电器盒、线圈骨架及绝缘支柱；高温下工作的齿轮、轴承、泵叶轮及紧固件等；耐热水性好的水泵、水表等；高频印制电路板、电机转子及反复高温蒸煮消毒的外科手术用具等。

12. 氯化聚醚

氯化聚醚(Chlorinated polyether，缩写CPT或CPE)是具有突出化学稳定性的热塑性工程塑料，其密度为1.4g/cm³左右。氯化聚醚对多种酸、碱和溶剂有良好的抗腐蚀性，化学稳定性仅次于聚四氟乙烯，而价格上较聚四氟乙烯低廉。氯化聚醚的耐磨、减摩性比尼龙和聚甲醛还好。其吸水率很小，只有0.01%，成型收缩率也小，有很好的尺寸稳定性。氯化聚醚具有良好的电绝缘性，特别在潮湿状态下的介电性能优异。同时它的抗氧化性能比尼龙高。它的耐热性能好，熔点为176℃，熔融温度178～182℃，热变形温度99℃，脆性温度-40℃，分解温度290℃，使用温度高达140℃，能在120℃以下长期使用。它具有较高的机械性能，对金属有很强的粘接力。但氯化聚醚的刚性较差，冲击强度不如聚碳酸酯，低温性差。氯化聚醚的成型收缩率范围为0.4%～0.8%。

氯化聚醚适用于制作化工防腐零件、耐磨零件、传动零件、一般机械及精密机械零件，如化工管道、防腐涂层、耐酸泵件、阀、容器、窥镜、轴承、导轨、齿轮、凸轮及轴套等。

13. 氟塑料

氟塑料是各种含氟塑料的总称，主要包括聚四氟乙烯、聚三氟氯乙烯、聚全氟乙丙烯等。

1) 聚四氟乙烯

聚四氟乙烯(Polytetrafluoroethene，缩写PTFE)是无味、无毒的白色粉末或颗粒，外观蜡状、光滑不粘，密度为2.2g/cm³。聚四氟乙烯的化学稳定性是目前已知塑料中最优越的一种，它几乎对所有的强酸、强碱、强氧化剂、有机溶剂、甚至沸腾的“王水”及原子工业中用的强腐蚀剂五氟化铀都很稳定，其化学稳定性超过金、铂、玻璃、陶瓷及特种钢等，目前在常温下还找不到一种溶剂能溶解它。聚四氟乙烯的摩擦因数低，故有优异的润滑性。聚四氟乙烯是一种高度非极性材料，具有极其优异的介电性能，在0℃以上，介电性能不随温度和频率的变化而变化，也不受湿度和腐蚀性气体的影响。聚四氟乙烯具有优异的耐寒和耐热性，当温度在200℃到熔点间，其分解速度极慢，分解量也极小，可以忽略不计；在－250℃时仍不发脆，在－195～＋250℃范围内长期使用不发生性能变化。聚四氟乙烯的耐老化性优异，长期暴露在大气中，表面也不会产生任何变化。由于它具有卓越的性能，因此有“塑料王”之称，但其力学性能、耐磨性差，热膨胀系数较大。

聚四氟乙烯在防腐化工机械上用于制造管道、容器内衬、阀门及泵等；在电绝缘方面广泛用于要求有良好高频性能并能高度耐热、耐寒及耐腐蚀的场合，如喷气式飞机与雷达的零件等；也可用于制造自润滑减摩轴承、活塞环等；由于它有不粘性，在塑料加工及食品工业中被广泛用做脱模剂。在医学上还用做人体代用血管、内窥镜等。

2）聚三氟氯乙烯

聚三氟氯乙烯(Polychlorotrifluoroethylene，缩写PCTFE)呈乳白色，密度为2.07～2.17g/cm^3，硬度与摩擦因数较大、耐热性及高温下耐腐蚀性稍差，长期使用温度为－200～＋200℃，且具有中等的力学强度和弹性，透过可见光、紫外线、红外线及阻气的性能较优异。

聚三氟氯乙烯可用于制作在腐蚀性介质中的机械零件，如泵、阀门、衬垫、密封件及气门嘴等；利用其透明性制作视镜及防潮、防粘涂层和罐头涂层；也可用于制作医疗的封装膜和药品封装袋。

3）聚全氟乙丙烯

聚全氟乙丙烯(Tetrafluoroethylene－hexafluoropropylene copolymer，缩写FEP)是聚乙烯和六氟丙烯的共聚物，密度为2.14～2.17g/cm^3。其突出的优点是抗冲击性能好。其耐热性能优于聚三氟氯乙烯，但比聚四氟乙烯要差。长期使用温度为－85～＋205℃，高温下流动性比聚三氟氯乙烯好，易加工成型。其他性能与聚四氟乙烯相似。

聚全氟乙丙烯可用来代替聚四氟乙烯，用于化工、电子、机械工业及各尖端科学技术装备元件或涂层等，如化学器具、电缆、电子设备配线、阀门、泵(部件、垫圈及衬里)等。

1.3.2 热固性塑料

1．酚醛塑料

酚醛塑料(Phenol－formaldehyde resin，缩写PF)是酚类和醛类化合物缩聚而成的，俗称电木粉。于1872年发明，1909年投入工业生产，是世界上历史最悠久的塑料。

酚醛塑料本身脆而硬，呈琥珀玻璃态，密度为1.5～2.0g/cm^3。加入木粉和纤维等填料后改善了脆性，才能获得具有一定性能要求的塑料。酚醛塑料与一般热塑性塑料相比，电绝缘性能优良、刚性好、变形小、耐热、耐磨，能在150～200℃的温度范围内长期使用。在水润滑条件下，有极低的摩擦因数。酚醛塑料的成型收缩率为0.5%～1.0%。

酚醛塑料的性能在很大程度上取决于填料品种。布质及玻璃布酚醛层压塑料具有优良的力学性能、耐油性能和一定的介电性能，用于制造齿轮、轴瓦、导向轮、无声齿轮、轴承及电工结构材料和电气绝缘材料；木质层压塑料适用于作水润滑冷却下的轴承及齿轮等；石棉布层压塑料主要用于高温下工作的零件；以玻璃纤维、石英纤维及其织物增强的酚醛塑料，用于制造各种制动器摩擦片和化工防腐蚀塑件；高硅氧玻璃纤维和碳纤维增强的酚醛塑料是航天工业的重要耐烧蚀材料。

2. 氨基塑料

氨基塑料是由氨基化合物与醛基(主要是甲醛)经缩聚反应而得的塑料，主要是指脲-甲醛树脂和三聚氰胺-甲醛树脂制成的塑料。

1) 脲-甲醛塑料

脲-甲醛塑料(Urea - formaldehyde plastic，缩写 UF)是脲-甲醛树脂和漂白纸浆等制成的压塑粉，又称电玉，其密度为 1.35～1.45g/cm^3。外观光亮，部分透明，有较好的物理、力学性能和电性能，表面硬度较高，耐矿物油、耐霉菌等。但其耐热性差，长期使用温度在 70℃以下；耐水性较差，在水中长期浸泡后电气绝缘性能有所下降。脲-甲醛塑料的成型收缩率为 0.6%～1.0%。

脲-甲醛塑料用于压制日用品和装饰品，如纽扣、发夹及餐具等；也可用于制作电气照明用设备的零件，如电话机、收录机、钟表外壳、开关插座及电气绝缘零件等。

2) 三聚氰胺-甲醛塑料

三聚氰胺-甲醛塑料(Melamine - formaldehyde plastic，缩写 MF) 是三聚氰胺-甲醛树脂与石棉滑石粉等制成，又称密胺塑料，其密度为 1.47～1.52g/cm^3。三聚氰胺-甲醛塑料可染上各种色彩，其耐光，耐电弧，硬度高，吸水率小，尺寸稳定性好；能在沸水中长期使用，在－20～＋100℃的温度范围内性能变化小；能像陶瓷一样方便地去除茶、咖啡等一类的污染物。它质量轻，不易碎。三聚氰胺-甲醛塑料成型收缩率为 0.5%～1.5%。

三聚氰胺-甲醛塑料主要适用于制作各种耐热、耐水的餐具用品以及工业零件，如茶杯、电器开关、灭弧罩及防爆电器的配件。

3. 环氧树脂

环氧树脂(Epoxy resin，缩写 EP)是含有环氧基团的高分子化合物，未固化之前，是线型的热塑性树脂，只有在加入固化剂(如胺类)之后，才交联成不熔的体型结构的高聚物。

固化后的环氧树脂具有良好的物理化学性能，力学强度高，电绝缘性优异。它的化学稳定性好，对各种化学药品具有优异的抵抗能力，特别是耐碱性明显优于聚酯树脂和酚醛树脂。它固化时无低分子物质产生，因而固化收缩率低，是热固性塑料中收缩性最小的一种，同时其吸水率也低，室温下吸水率在 0.5% 以下。对金属和非金属材料的表面具有超强粘结力是环氧树脂最为突出的特点，是人们熟悉的“万能胶”的成分。但其耐候性和耐冲击性低，而且质地脆。

环氧树脂适用于制作黏结剂，用于封装各种电子元件；配以石英粉等来浇注各种模具；还可以作为各种产品的防腐涂料。

在学习阶段，要全面掌握以上所介绍的常用塑料的特性及其应用是不现实的，因而只需有一个初步的了解，更多的是在工作实践中有针对性地、有明确目的地进行理解和消化，并且还需要查阅更详细的设计资料或手册，才能真正做到学以致用。

本章小结

塑料是以高分子合成树脂为主要成分，加入各种添加剂(辅助料)，在一定的温度和压力下具有可塑性和流动性，可被模塑成一定形状，且在一定条件下保持形状不变的材料。塑料的种类日趋繁多，其性能也各不相同。塑料在各领域的广泛应用也推动了塑料行业技术的进步与发展。本章对塑料的组成与类别、基本性能、成型工艺特性等基础知识及如何选用塑料进行了介绍。

根据树脂的分子结构及热性能，塑料可分为热塑性塑料和热固性塑料。它们最大区别在于：前者加热可反复成型，其变化过程是可逆的；后者再次加热只能碳化或被分解破坏，只能一次成型，其变化过程是不可逆的。根据用途，塑料可分为通用塑料、工程塑料及特殊塑料。由于塑料有优良的机械性能、电绝缘性能、力学性能、化学性能及成型性能等，因此广泛应用在机械工业、电子工业、航空工业、医疗器械、包装工业及日常用品工业等领域。

塑料与成型工艺、成型质量有关的各种性能统称为塑料的成型工艺性能。有些性能直接影响成型方法和工艺参数的选择，有的只与操作有关。塑料的成型工艺性能主要包括：收缩性、流动性、结晶性、吸湿性、热敏性及水敏性、应力开裂及熔体破裂、热性能、相容性、硬化速度、比容及压缩率、水分及挥发物含量等。设计模具时应对塑料的主要成型工艺性能有所了解，有的性能还需要较深入的分析，才能确保塑件能顺利成型并满足塑件生产图样的技术要求和塑件的使用要求。

关键术语

塑料(plastics)、树脂(resin)、聚合物(polymer)、加聚反应(addition polymerization)、缩聚反应(condensation polymerization)、添加剂(additive)、热塑性塑料(thermoplastic plastic)、热固性塑料(thermosetting plastic)、成型工艺(moulding process)、工艺参数(process parameters)、收缩率(molding shrinkage)、流动性(flowability)、结晶性(crystalline)、比容(specific volume)、压缩率(compression ratio)

习　　题

一、填空题

1. 合成树脂的方法有________反应和________反应两种。

2. 塑料一般由________和________组成。

3. 塑料中加入添加剂的目的是改变塑料的________、________和________。

4. 常用热塑性塑料有________、________和________等；常用热固性塑料有________、________和________等。

5. 热塑性塑料的成型工艺性能主要有________、________、________、________、________、________和________。

6. 热固性塑料的成型工艺性能主要有________、________、________、________和________。

7. 塑料熔体在一定的________和________作用下充填模腔的能力称为塑料的流动性。

二、判断题(正确的画√，错误的画×)

1. 添加剂是塑料中必不可少的成分。(　　)

2. 在塑料中加入增塑剂，可以增加塑料的可塑性、柔韧性，并且可以改善成型性能。(　　)

三、简述题

1. 简述热塑性塑料与热固性塑料的区别。

2. 简述成型收缩的形式及影响因素。

3. 简述塑料流动性的测定方法及表示参数。

实 训 项 目

分别对如图 1.5 和图 1.6 所示的塑件进行分析：

1. 根据塑件的使用要求选取材料

2. 对该材料的成型工艺性能进行分析

图 1.5　食品盒

图 1.6　塑料齿轮

第2章 塑料成型工艺原理及主要工艺参数

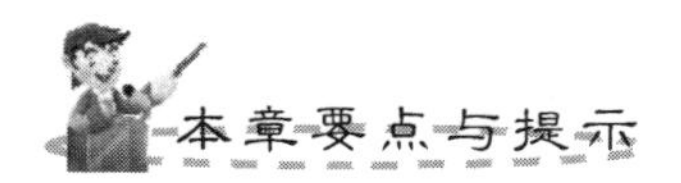

知识要点	目标要求	学习方法
注射成型工艺	熟悉并基本掌握	通过观看多媒体课件演示，结合老师在教学过程中的讲解及阅读教材相关内容，通过塑料多种成型方法相互间的比较，熟悉并基本掌握相应塑料成型方法的工艺原理、过程及工艺参数的选择
压缩成型工艺		
传递成型工艺		
挤出成型工艺		
气动成型工艺		

导入案例

塑料的种类有很多，其成型方法也很多，有注射成型、压缩成型、传递成型、挤出成型、气动成型，及泡沫塑料的成型等。不同的成型工艺对应着不同的成型模具。随着塑料在各行各业中的应用日趋广泛，人们对塑件的使用要求也越来越高，从而推动了塑料成型工艺的不断改善，同时促进了相应模具新技术及新工艺的快速发展。

如图 2.1 所示的塑件一般采用什么成型工艺而得到？

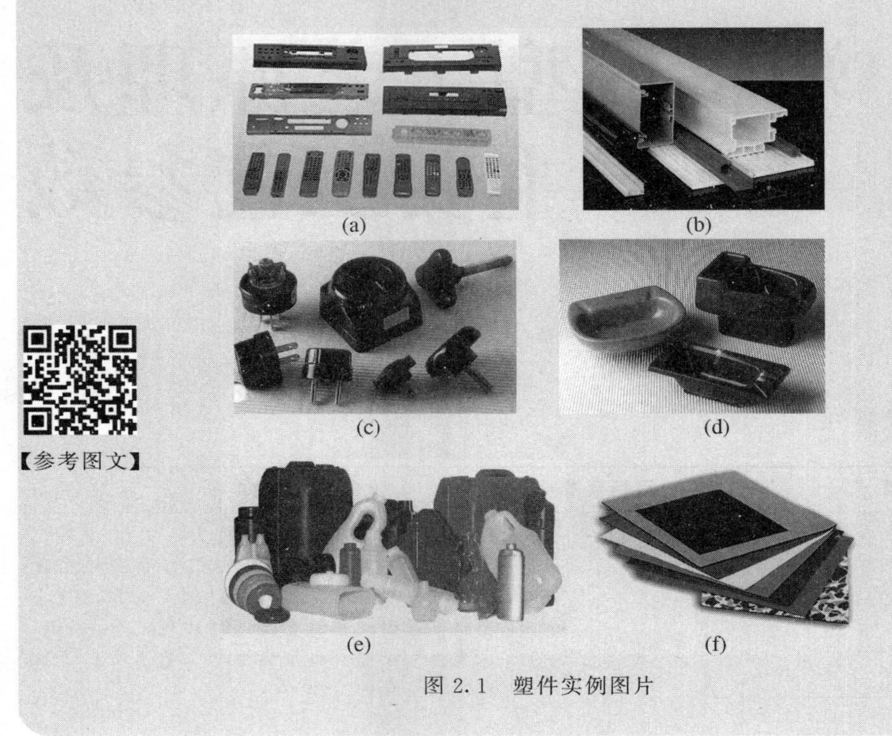

图 2.1　塑件实例图片

2.1　注射成型原理及主要工艺参数

2.1.1　注射成型原理

如图 2.2 所示，塑料注射成型是利用塑料的可挤压性和可模塑性，将颗粒状或粉状塑料加入注射机料斗中，塑料进入加热的料筒后，经过加热熔融塑化成为粘流态熔体，该熔体在螺杆或柱塞的推力作用下，通过料筒端部的喷嘴以较高的压力和较快的流速注入闭合的模具内，如图 2.2(a)所示；充满型腔的熔料在压力作用下，经过一定时间的保压及冷却定型后即可获得模具型腔所赋予的形状，如图 2.2(b)所示；然后开模分型，在推出机构的作用下，将注射成型的塑件推出型腔，如图 2.2(c)所示。

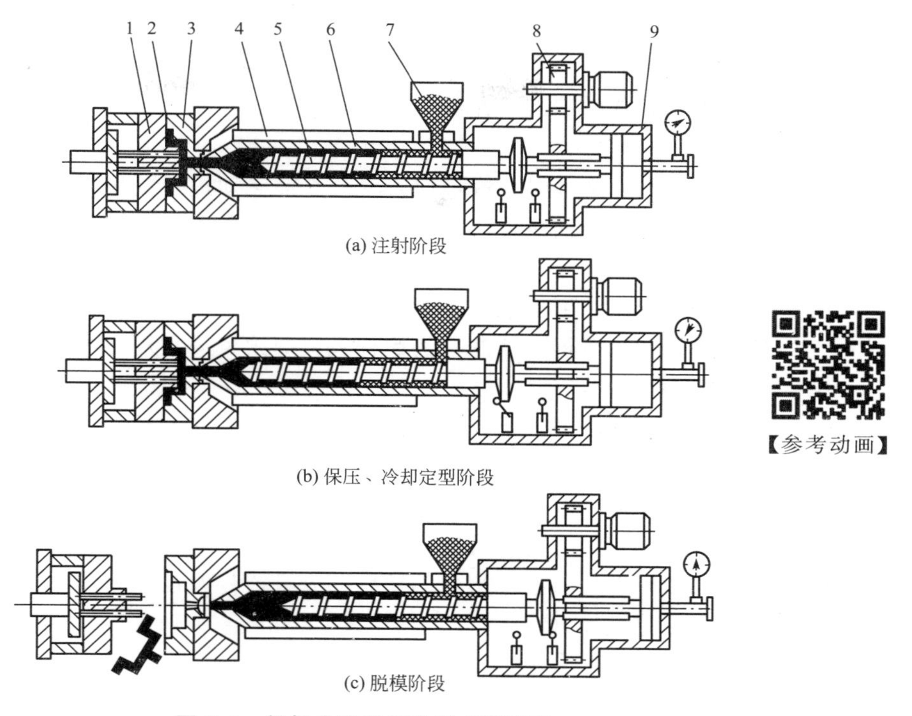

(a) 注射阶段

(b) 保压、冷却定型阶段

(c) 脱模阶段

图 2.2　螺杆式注射机注射成型原理

1—动模；2—塑件；3—定模；4—加热器；5—螺杆；6—料筒；7—料斗；8—传动装置；9—液压缸

2.1.2　注射成型的特点及应用

注射成型是热塑性塑料成型的重要方法之一，目前除了氟塑料，几乎所有的热塑性塑料都可以采用此方法成型。随着注射成型工艺的快速发展，某些热固性塑料(如酚醛塑料)也可注射成型。注射成型生产塑件，成型周期短；可成型形状复杂、尺寸精确且带有嵌件的塑件；对成型各种塑料的适应性很强；生产效率高，易于实现全自动化生产。但注射成型所使用的设备及模具制造费用较高。注射成型方法广泛应用于各种塑件的生产，小到精密仪表的配件，大到工程机械、汽车构件等。日常生活中的许多家用电器及仪器仪表，其外壳、外罩等部件，都可用注射成型方法生产。

2.1.3　注射成型工艺过程

注射成型工艺过程可分为成型前的准备、注射过程、塑件的后处理三个阶段。

1. 成型前的准备

为使注射过程能顺利进行并保证塑料制件的质量，在成型前应进行一些必要的准备工作。

1）注射成型设备的选定

根据注射塑件的重量、所用材料的性能和模具结构大小，来选择注射机的型号。对于初步选定的注射机，要进行注射压力、锁模力、安装模具部分相关尺寸及开模行程等校核。

2）原料外观的检验和工艺性能的测定

检验内容包括对塑料的色泽、颗粒大小均匀性、熔融指数、流动性、热稳定性及收缩率的检验。

3）原料的预热和干燥

若原料含有水分，成型的塑件表面会出现斑纹、气泡及降解，严重影响塑件的质量。对于易吸湿和对水较敏感的塑料，在成型前必须进行充分预热和干燥。

4）嵌件的预热

当塑件成型带有金属嵌件时，嵌件放入模具之前必须进行预热以减少塑料和嵌件的温差，减小嵌件周围塑件的收缩应力，以免由于应力过大导致塑件开裂等缺陷。

5）料筒的清洗

生产中需要改变产品、更换原料、调换颜色或发现塑料中有分解现象时，需对料筒清洗。一般，柱塞式的料筒可拆卸清洗，而螺杆式料筒则可采用对空注射法清洗。

6）脱模剂的选用

由于模具设计和注射成型工艺方面的原因，有些成型后的塑件难以顺利脱模；除此之外，收缩大且与金属亲和力强的塑料也难脱模，因此常要借助于脱模剂对其进行脱模。脱模剂可人工进行涂抹，常用的手工涂抹脱模剂有硬脂酸锌、液态石蜡、硅油等；也可使用雾化脱模剂喷涂模具，喷涂要均匀且适量。

由于注射原料的种类、形态、塑件的结构、有无嵌件及使用要求的不同，各种塑件成型前的准备工作也不完全一样。

2. 注射成型过程

注射成型过程一般包括加料、塑化、注射与冷却定型和脱模几个步骤。

1）加料

由于注射成型是一个间歇过程，因而需定量(定容)加料，以保证操作稳定、塑料塑化均匀，最终获得良好的塑件。加料过多、受热的时间过长等容易引起物料的热降解，同时注射机功率损耗增多；加料过少，料筒内缺少传压介质，型腔中塑料熔体压力降低，难于补缩(即补压)，容易导致塑件出现收缩、凹陷、空洞等缺陷。

2）塑化

加入的粉状或粒状物料在料筒中进行加热，由固体颗粒转换成粘流态并且具有良好的可塑性过程称为塑化。决定塑料塑化质量的主要因素是物料的受热情况和所受到的剪切作用。螺杆式注射机对塑料的塑化比柱塞式注射机要好得多，因为螺杆旋转、搅拌、混合和剪切力作用能使物料中产生更多的摩擦热，使物料在机筒内均匀混料升温，促进了塑料的塑化。由于热力的作用，固体状的物料变成粘流态熔融体，定量好的熔融体被储备在喷嘴和螺杆(或柱塞)顶部之间。总之，对塑料的塑化要求是：塑料熔体在进入型腔之前要充分塑化，既要达到规定的成型温度，又要使塑化料各处的温度尽量均匀一致，还要使热分解物的含量达到最小值；并能提供上述质量的足够的熔融塑料以保证生产连续并顺利地进行，这些要求与塑料的特性、工艺条件的控制及注射机塑化装置的结构等密切相关。

3）注射与冷却定型

在整个注射成型工艺过程中，合理地控制注射充模和冷却定型过程的温度、压力、时间等工艺条件十分重要。根据塑料熔体进入模腔的变化情况将这一过程细分为流动充模、保压补缩、倒流、浇口冻结后的冷却四个阶段。

(1) 充模：塑化好的熔体在注射机柱塞或螺杆的推动作用下，以一定的压力和速度经过喷嘴及模具浇注系统进入并充满型腔，这一阶段称为充模。在流动期内，注射压力要克服机筒、喷嘴、模具浇注系统的摩擦阻力和熔体自身内部产生的粘性内摩擦力。如图2.3所示，这一阶段时间从开始充模到 t_1，压力变化为：熔体快速注入模具型腔的初始阶段，模腔内压力较小，充模所需的压力也较小；当熔体充满型腔时，型腔内的压力急剧上升，压力达到最大值 p_0。

(2) 保压补缩。从熔体充满型腔起至柱塞或螺杆在机筒中开始向后撤为止，这一阶段称为保压补缩，相当于图2.3中时间 $t_1 \sim t_2$ 段。在注射机柱塞或螺杆推动下，熔体仍然保持压力进行补料。保压是指注射压力对型腔内的熔体继续压实的过程，补缩是指在保压过程中，注射机对型腔内因冷却收缩而出现空隙进行补料填充的动作。保压补缩阶段对于提高塑件密度、减少塑件收缩及克服塑件表面缺陷具有重要意义。

(3) 倒流。从柱塞或螺杆开始后退时起至浇口处熔体冻结时为止，这一阶段称为倒流，相当于图2.3中时间 $t_2 \sim t_3$ 段。倒流是由于保压压力的撤除，型腔内的压力大于流道压力，而引起熔体朝流道和浇口方向的反向流动，从而使模腔内压力迅速下降。若出现倒流，则倒流将一直进行到浇口处熔体冻结为止，p 为浇口冻结时的压力。若撤除保压压力时，浇口处熔体已经冻结或喷嘴中装有止逆阀，则不会存在倒流现象，就不会出现 $t_2 \sim t_3$ 压力下降的曲线，而是图2.3中所示的虚线。因此，倒流现象是否发生或倒流程度大小，与保压时间长短有关，保压时间长，倒流现象发生的可能性就小，塑件的收缩状况也会减轻。

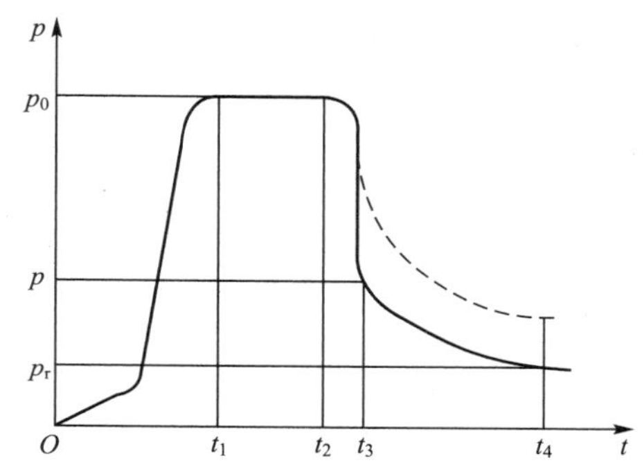

图2.3 注射成型过程型腔内压力随时间周期变化的关系

(4) 浇口冻结后的冷却。从浇口处塑料完全冻结起到塑件脱模取出时为止，相当于图2.3中时间 $t_3 \sim t_4$ 段。这时模腔内的塑料继续冷却凝固定型，脱模后塑件应具有足够的刚度，不至于产生较大的翘曲变形。

在冷却阶段中，由于温度迅速下降，开模时，模腔内压力与外界大气压不一定相等，模腔内压力与外界压力之差称为残余压力 p_r。当残余压力为正值时，脱模较困难，塑件容易被刮伤甚至破裂；当残余压力为负值时，则塑件表面易出现凹陷或内部产生真空气泡；只有当残余压力接近零时，不仅脱模方便，而且塑件质量较好。

(5) 脱模。塑件冷却到一定的温度即可开模，在推出机构的作用下将塑料制件推出模外。

3. 塑件的后处理

注射成型的塑件经脱模或机械加工之后，常需要进行适当的后处理以消除存在的内应力，改善塑件的性能和提高尺寸稳定性。其主要方法是退火和调湿处理。

1) 退火处理

由于塑件在料筒内塑化不一定很均匀，或是塑件形状、壁厚、金属嵌件的存在、模具和冷却系统等因素的影响，塑件各部位在型腔内冷却速度也不相同，便会产生不均匀的结晶和收缩，致使塑件内部产生内应力。内应力的存在会降低塑件的使用寿命。

消除塑件内应力可采用退火处理的方法，即将注射塑件在定温的加热液体介质(如热水、热的矿物油、甘油、乙二醇和液体石蜡等)或热空气循环烘箱中放置一段时间，然后缓慢冷却至室温。对于所用塑料的分子链刚性较大、壁厚并嵌有金属嵌件的塑件及几何精度要求高、内应力较大的塑件，均需进行退火处理。退火温度应控制在塑件使用温度以上10～20℃，或塑料的热变形温度以下10～20℃。退火处理的时间取决于塑料品种、加热介质温度、塑件的形状和成型条件。退火处理后冷却速度不能太快，以避免重新产生内应力。

2）调湿处理

有的塑件脱模时温度还较高，塑件脱模后，若不及时处理，极易氧化而变色、吸湿变形，使塑件的性能及尺寸不稳定。为防止以上现象，可采用调湿处理的方法。调湿处理是将刚脱模的塑件放在一定温度的水中，以隔绝空气，防止塑件的氧化，加快吸湿平衡速度的一种后处理方法。通常吸湿性强的聚酰胺类塑件需进行调湿处理，吸湿处理后的聚酰胺塑件，其韧性得到改善，拉伸和冲击强度都有所提高，处理的时间随聚酰胺塑料的品种、塑件的形状、厚度及结晶度大小而定。

2.1.4 注射成型主要工艺参数

在注射成型生产及其过程中，影响注射成型质量的因素较多，当所选用的塑料原材料、注射机和模具结构都不存在影响注射塑件质量问题的时候，注射成型工艺条件的选择及控制，便是决定塑件成型质量的主要因素。合理的注射成型工艺可以保证塑料熔体良好塑化、有效充模、顺利冷却与定型，从而生产出优良的塑料制件。温度、压力及时间是影响注射成型的重要参数。

1. 温度

温度因素主要表现在料筒、喷嘴及模具三个方面。料筒和喷嘴温度影响塑料的塑化和流动，而模具的温度影响塑料的流动和冷却定型。

1）料筒温度

料筒温度的选择与塑料的特性、注射机的类型、塑件及模具结构特点有关。

由于塑料的特殊性，每一种塑料都具有不同的粘流温度或熔点。在不同的热力条件下，塑料以玻璃态、高弹态和粘流态三种独特的形态存在。在注射机工作时，物料进入料筒至喷嘴经历了由玻璃态到高弹态到粘流态三种形态的转变，塑料只有在粘流状态下，才能实现快速充模。对于非结晶型塑料，料筒末端的最高温度应高于粘流温度；对于结晶型塑料，料筒末端的最高温度应高于熔点，但不论非结晶型或结晶型塑料，料筒温度必须低于塑料本身的分解温度。

柱塞式和螺杆式注射机由于其塑化过程不同，因而选择料筒温度也不同。通常后者选择的温度应低一些(一般比柱塞式的低10～20℃)。

料筒温度的选择还应结合塑件及模具的结构特点。由于薄壁塑件的型腔较窄，熔体注入的阻力大，冷却快，因此为了使塑料熔体顺利充满型腔，料筒温度应选择高一些；相反，注射厚壁塑件时，料筒温度可降低一些。对于形状复杂及带有嵌件的塑件，或者熔体充模流程曲折较多或较长时，料筒温度也应该选择高一些。

2）喷嘴温度

塑化成粘流态的塑料，在螺杆或柱塞推力作用下，通过喷嘴迅速充满型腔。物料快速通过小口径喷嘴时因摩擦作用产生热量使熔体升温，因此，喷嘴温度一般略低于料筒前端最高温度。但喷嘴温度也不能过低，否则将会造成熔料的早凝而堵塞喷嘴，或者早凝料注入模腔而影响塑件的质量。

喷嘴温度的设置还要考虑塑料的黏度及注射工艺条件。例如，选用塑料黏度较高或注射压力较低时，为保证塑料流动，应适当提高温度；反之亦然。

3）模具温度

模具温度对塑料熔体在型腔内的流动、塑件的内在性能和外观质量影响很大。模具温度的高低与塑料品种、塑件的结构形状和尺寸大小、塑件的性能要求、生产效率及注射工艺条件等因素有关。

控制模具温度常用的方法有：向模具冷却通道注入一定温度的循环介质；依靠熔料注入模具自然升温和自然散发出的热量保持一定的模具温度；采用电阻加热圈或电阻加热棒加热模具来维持适宜的模具温度；不管是冷却还是加热，模具温度都应低于注射塑料的热变形温度，同时，对于注入型腔中的塑料熔体来说，它还是一个冷却的过程。

对于模具是否应该加热或冷却的问题，一般原则是：对于小型且薄壁的注射塑件，塑料成型时对模具温度要求不高，可让成型塑件在模具中自然冷却；对于聚丙烯、聚苯乙烯和聚酰胺这类黏度较低且流动性能好的塑料，可用常温水对模具进行冷却；对于硬聚氯乙烯、聚碳酸酯、聚砜及氟塑料这类黏度高且流动性能差的塑料，应加热模具，以改善塑料熔体的流动性能，便于充模。

2. 压力

注射成型过程中的压力，主要表现在合模压力、塑化压力、注射压力、开模压力及推出塑件压力。其中直接影响塑件质量的是塑化压力和注射压力。

1）塑化压力

塑化压力又称背压，是指采用螺杆式注射机时，在螺杆旋转过程中，将料筒中的物料逐步向前端推进、熔化及压缩，逐渐形成一个压力，推动螺杆向后退，此时螺杆端部熔体在螺杆旋转后退时所受到的压力。

塑化压力的大小可以通过液压系统中的溢流阀来调节。塑化压力对注射成型的影响主要表现在螺杆对物料塑化效果和塑化能力方面。

注射成型中，塑化压力的大小是随螺杆的设计、塑化质量的要求以及塑料种类的不同而异的。当这些情况和螺杆的转速都不变时，若增大塑化压力则会提高熔体的温度，使物料塑化较充分，熔体密实，温度均匀，有利于排出熔体中的气体，但会降低塑化能力，延长成型周期，甚至可能导致塑料的降解。在实际操作过程中，塑化压力应在保证塑件质量的前提下越低越好，但必须根据塑料品种来确定适当的塑化压力，一般不超过6MPa。注射热敏性塑料(如聚甲醛、硬聚氯乙烯)时，较高的塑化压力虽然能提高塑件的表面质量，但也可能使塑料变色、塑化能力降低和流动性下降。聚乙烯的热稳定性较高，提高塑化压力虽不会降解并且有利于混料和混色，但是塑化能力会有所降低。对聚酰胺来说，塑化压力必须降低，否则塑化能力将大幅度降低。过小的塑化压力会使塑件产生云状条纹及小气泡，因此，塑化压力选择要适当。

2）注射压力

注射压力是指螺杆或柱塞向前端作轴向移动时，螺杆或柱塞顶部对塑料熔体所施加的压力。此压力是用来克服塑料熔体从料筒通过喷嘴流入型腔的流动阻力，给予熔体一定的充模速率并对熔体进行压实。

注射压力的大小与注射机的类型、塑料的品种、模具浇注系统的结构及尺寸、流道和型腔的表面粗糙度、模具温度、塑件的壁厚及流程的大小等诸多因素有关。一般注射压力设置在40～130MPa之间。在其他条件相同的情况下，柱塞式注射机所用的注射压力要比螺杆式注射机所用的注射压力高，其原因在于塑料在柱塞式注射机料筒内的压力损耗比螺杆式的大；注射熔体黏度高的塑料比熔体黏度低的塑料所用的注射压力要高；注射形状复杂、薄壁及成型时熔体流程长的塑件，所用的注射压力会比较高。

与注射压力相关联的另一重要参数是注射速度。注射速度是指熔融塑料在注射压力作用下从喷嘴处喷出的速度。在其他条件相同的情况下，注射速度较高时，注射成型的塑件密实且均匀，熔接痕处的强度有所提高，在多型腔模中生产出的塑件尺寸误差较小，但容易在型腔中引起喷射流动和排气困难；注射速度较低时，会因为塑件表面冷却快而使继续充模困难，造成塑件缺料、分层和熔接痕等缺陷。

充满型腔后，注射压力的作用是对模腔内熔料进行压实。在生产中，压实时的压力等于或小于注射时所用的注射压力。如果注射和压实时的压力相等，则塑件的收缩率减小，并且提高了塑件的尺寸稳定性及力学性能，但会造成脱模时的残余应力过大、增加塑件脱模困难并延长成型周期。

3. 时间

完成一次注射成型工艺过程所需要的所有时间称成型周期，如图2.4所示。注射成型的整个工艺过程基本是按合模→注射→保压→冷却→开模→推出塑件等动作循环进行。成型周期由注射时间、模内冷却时间及其他时间构成。其中注射时间可细分为充模时间(即柱塞或螺杆前进时间)和保压时间(即柱塞或螺杆停留在前进位置的时间)；模内冷却时间是指柱塞后撤或螺杆转动后退的时间；其他时间包括模具开模、脱模、涂脱模剂、安放嵌件和合模的时间。

成型周期
- 注射时间
  - 充模时间(柱塞或螺杆前进时间)
  - 保压时间(柱塞或螺杆停留在前进位置时间)
- 模内冷却时间(柱塞后退或螺杆转动后退时间包括在此)
- 其他时间(开模、脱模、涂脱模剂、安放嵌件和合模时间)

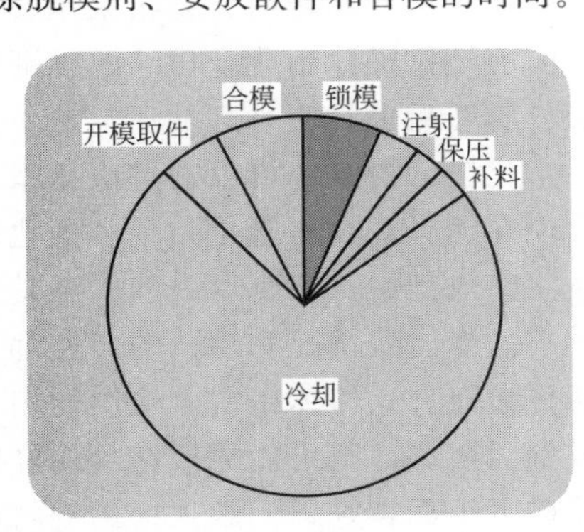

图2.4 注射成型周期的组成

成型周期影响着生产效率、注射机利用率及生产成本。因此，在保证塑件质量的前提下，应尽量缩短成型过程中的各个环节的时间。在整个成型周期中，注射时间和冷却时间最为重要，其直接影响注射塑件的质量。注射时间中的充模时间较短，一般不超过10s；保压时间在整个注射成型周期中占有较大比例，尤其是注射厚壁塑件时，保压时间较长，相应的冷却时间也较长。保压时间与塑件的结构尺寸、材料温度、模具温度、流道和浇口的尺寸有关，一般原则是，以塑件产生最小收缩率为最佳保压时间。冷却时间与塑件的壁厚、模具温度、塑料的热性能及结晶性能有关，冷却时间以保证塑件在脱模时不变形为原则，一般为30～120s，冷却时间过长不仅降低生产效率，而且会造成塑件脱模困难。同时，成型过程中应尽可能缩短开模、脱模及合模等其他时间，以提高生产效率。

常用热塑性塑料注射成型的工艺参数见表2-1。

表2-1 常用热塑性塑料注射成型的工艺参数

塑料名称		LDPE	HDPE	乙丙共聚PP	PP	玻纤增强PP	软PVC	硬PVC	PS	HIPS	ABS	高抗冲ABS	耐热ABS	电镀级ABS	阻燃ABS	透明ABS
注射机类型		柱塞式	螺杆式	柱塞式	螺杆式	螺杆式	柱塞式	螺杆式	柱塞式	螺杆式	螺杆式	螺杆式	螺杆式	螺杆式	螺杆式	螺杆式
螺杆转速/(r/min)		—	30～60	—	30～60	30～60	—	20～30	—	30～60	30～60	30～60	30～60	20～60	20～50	30～60
喷嘴	形式	直通式	直通式	直通式	直通式	直通式	直通式	直通式	直通式	直通式	直通式	直通式	直通式	直通式	直通式	直通式
	温度/℃	150～170	150～180	170～190	170～190	180～190	140～150	150～170	160～170	160～170	180～190	190～200	190～200	190～210	180～190	190～200
料筒温度	前段/℃	170～200	180～190	180～200	180～200	190～200	160～190	170～190	170～190	170～190	200～210	200～210	200～220	210～230	190～200	200～220
	中段/℃	—	180～200	—	200～220	210～220	—	165～180	—	170～190	210～230	210～230	220～240	230～250	200～220	220～240
	后段/℃	140～160	140～160	150～170	160～170	160～170	140～150	160～170	140～160	140～160	180～200	180～200	190～200	200～210	170～190	190～200
模具温度/℃		30～45	30～60	50～70	40～80	70～90	30～40	30～60	20～60	20～50	50～70	50～80	60～85	40～80	50～70	50～70
注射压力/MPa		60～100	70～100	70～100	70～120	90～130	40～80	80～130	60～100	60～100	70～90	70～120	85～120	70～120	60～100	70～100
保压压力/MPa		40～50	40～50	40～50	50～60	40～50	20～30	40～60	30～40	30～40	50～70	50～70	50～80	50～70	30～60	50～60
注射时间/s		2～5	2～5	2～5	2～5	2～5	2～8	2～5	1～3	1～3	3～5	3～5	3～5	2～4	3～5	2～4
保压时间/s		15～60	15～60	15～60	20～60	15～40	15～40	15～40	15～40	15～40	15～30	15～30	15～30	20～50	15～30	15～40
冷却时间/s		15～60	15～60	15～50	15～50	15～40	15～30	15～40	15～30	10～40	15～30	15～30	15～30	15～30	10～30	10～30
成型周期/s		40～140	40～140	40～120	40～120	40～100	40～80	40～90	40～90	40～90	40～70	40～70	40～70	40～90	30～70	30～80

（续）

塑料名称		ACS	A/S (S/AN)	PMMA		PMMA / PC	氯化聚醚	均聚 POM	共聚 POM	PET	PBT	玻纤增强 PBT	PA6	玻纤增强 PA6	PA11	玻纤增强 PA11
注射机类型		螺杆式	螺杆式	螺杆式	柱塞式	螺杆式	螺杆式	螺杆式	螺杆式	螺杆式	螺杆式	螺杆式	螺杆式	螺杆式	螺杆式	螺杆式
螺杆转速/（r/min）		20～30	20～50	20～30	—	20～30	20～40	20～40	20～40	20～40	20～40	20～40	20～50	20～40	20～50	20～40
喷嘴	形式	直通式	直通式	直通式	直通式	直通式	直通式	直通式	直通式	直通式	直通式	直通式	直通式	直通式	直通式	直通式
	温度/℃	160～170	180～190	180～200	180～200	220～240	170～180	170～180	170～180	250～260	200～220	210～230	200～210	200～210	180～190	190～200
料筒温度	前段/℃	170～180	200～210	180～210	210～240	230～250	180～200	170～190	170～190	260～270	230～240	230～240	220～230	220～240	185～200	200～220
	中段/℃	180～190	210～230	190～210	—	240～260	180～200	170～190	180～200	260～280	230～250	240～260	230～240	230～250	190～220	220～250
	后段/℃	160～170	170～180	180～200	180～200	210～230	180～190	170～180	170～190	240～260	200～220	210～220	200～210	200～210	170～180	180～190
模具温度/℃		50～60	50～70	40～80	40～80	60～80	80～110	90～120	90～100	100～140	60～70	65～75	60～100	80～120	60～90	60～90
注射压力/MPa		80～120	80～120	60～120	80～130	80～130	80～110	80～130	80～120	80～120	60～90	80～100	80～110	90～130	90～120	90～130
保压压力/MPa		40～50	40～50	40～60	40～60	40～60	30～40	30～50	30～50	30～50	30～40	40～50	30～50	30～50	30～50	40～50
注射时间/s		2～5	2～5	2～5	2～5	2～5	2～5	2～5	2～5	2～5	1～3	2～5	2～4	2～5	2～4	2～5
保压时间/s		15～30	15～30	20～40	20～40	20～40	15～50	20～80	20～90	20～50	10～30	10～20	15～50	15～40	15～50	15～40
冷却时间/s		15～30	15～30	20～40	20～40	20～40	20～50	20～60	20～60	20～30	15～30	15～30	20～40	20～40	20～40	20～40
成型周期/s		40～70	40～70	50～90	50～90	50～90	40～110	50～150	50～160	50～90	30～70	30～60	40～100	40～90	40～100	40～90

（续）

塑料名称		PA12	PA66	玻纤增强 PA66	PA610	PA612	PA1010		玻纤增强 PA1010		透明 PA	PC		PC/ PE		玻纤增强 PC
注射机类型		螺杆式	螺杆式	螺杆式	螺杆式	螺杆式	螺杆式	柱塞式	螺杆式	柱塞式	螺杆式	螺杆式	柱塞式	螺杆式	柱塞式	螺杆式
螺杆转速/（r/min）		20～50	20～50	20～40	20～50	20～50	20～50	—	20～40	—	20～50	20～40	—	20～40	—	20～30
喷嘴	形式	直通式	自锁式	直通式	自锁式	自锁式	自锁式	自锁式	直通式	直通式	直通式	直通式	直通式	直通式	直通式	直通式
	温度/℃	170～180	250～260	250～260	200～210	200～210	190～200	190～210	180～190	180～190	220～240	230～250	240～250	220～230	230～240	240～260
料筒温度	前段/℃	185～220	255～265	260～270	220～230	210～220	200～210	230～250	210～230	240～260	240～250	240～280	270～300	230～250	250～280	260～290
	中段/℃	190～240	260～280	260～290	230～250	210～230	220～240	—	230～260	—	250～270	260～290	—	240～260	—	270～310
	后段/℃	160～170	240～250	230～260	200～210	200～205	190～200	180～200	190～200	190～200	220～240	240～270	260～290	230～240	240～260	260～280
模具温度/℃		70～110	60～120	100～120	60～90	40～70	40～80	40～80	40～80	40～80	40～60	90～110	90～110	80～100	80～100	90～110
注射压力/MPa		90～130	80～130	80～130	70～110	70～120	70～100	70～120	90～130	100～130	80～130	80～130	110～140	80～120	80～130	100～140
保压压力/MPa		50～60	40～50	40～50	20～40	30～50	20～40	30～40	40～50	40～50	40～50	40～50	40～50	40～50	40～50	40～50
注射时间/s		2～5	2～5	3～5	2～5	2～5	2～5	2～5	2～5	2～5	2～5	2～5	2～5	2～5	2～5	2～5
保压时间/s		20～60	20～50	20～50	20～50	20～50	20～50	20～50	20～40	20～40	20～60	20～80	20～80	20～80	20～80	20～60
冷却时间/s		20～40	20～40	20～40	20～40	20～50	20～40	20～40	20～40	20～40	20～40	20～50	20～50	20～50	20～50	20～50
成型周期/s		50～110	50～100	50～100	50～100	50～110	50～100	50～100	50～90	50～90	50～110	50～130	50～130	50～140	50～140	50～110

(续)

塑料名称		PSU	改性PSU	玻纤增强PSU	聚芳砜	聚醚砜	PPO	改性PPO	聚芳酯	聚氨酯	聚苯硫醚	聚酰亚胺	醋酸纤维素	醋酸丁酸纤维素	醋酸丙酸纤维素	乙基纤维素	F46
注射机类型		螺杆式	螺杆式	螺杆式	螺杆式	螺杆式	螺杆式	螺杆式	螺杆式	螺杆式	螺杆式	螺杆式	柱塞式	柱塞式	柱塞式	柱塞式	螺杆式
螺杆转速/(r/min)		20～30	20～30	20～30	20～30	20～30	20～30	20～50	20～50	20～70	20～30	20～30	—	—	—	—	20～30
喷嘴	直通式	直通式	直通式	直通式	直通式	直通式	直通式	直通式	直通式	直通式	直通式	直通式	直通式	直通式	直通式	直通式	直通式
	温度/℃	280～290	250～260	280～300	380～410	240～270	250～280	220～240	230～250	170～180	280～300	290～300	150～180	150～170	160～180	160～180	290～300
料筒温度	前段/℃	290～310	260～280	300～320	385～420	260～290	260～280	230～250	240～260	175～185	300～310	290～310	170～200	170～200	180～210	180～220	300～330
	中段/℃	300～330	280～300	310～330	345～385	280～310	260～290	240～270	250～280	180～200	320～340	300～330	—	—	—	—	270～290
	后段/℃	280～300	260～270	290～300	320～370	260～290	230～240	230～240	230～240	150～170	260～280	280～300	150～170	150～170	150～170	150～170	170～200
模具温度/℃		130～150	80～100	130～150	230～260	90～120	110～150	60～80	100～130	20～40	120～150	120～150	40～70	40～70	40～70	40～70	110～130
注射压力/MPa		100～140	100～140	100～140	100～200	100～140	100～140	70～110	100～130	80～100	80～130	100～150	60～130	80～130	80～120	80～130	80～130
保压压力/MPa		40～50	40～50	40～50	50～70	50～70	50～70	40～60	50～60	30～40	40～50	40～50	40～50	40～50	40～50	40～50	50～60
注射时间/s		2～5	2～5	2～7	2～5	2～5	2～5	2～8	2～8	2～6	2～5	2～5	1～3	2～5	2～5	2～5	2～8
保压时间/s		20～80	20～70	20～50	15～40	15～40	30～70	30～70	15～40	30～40	10～30	20～60	15～40	15～40	15～40	15～40	20～60
冷却时间/s		20～50	20～50	20～50	15～20	15～30	20～60	20～50	15～40	30～60	20～50	30～60	15～40	15～40	15～40	15～40	20～60
成型周期/s		50～140	50～130	50～110	40～50	40～80	60～140	60～130	40～90	70～110	40～90	60～130	40～90	40～90	40～90	40～90	50～130

2.2 压缩成型原理及主要工艺参数

2.2.1 压缩成型原理

压缩成型是热固性塑料的主要成型方法之一，又称之为模压成型、压制成型、压塑成型。如图2.5所示，压缩成型是将定量的热固性塑料加入高温的压缩模具型腔内，如图2.5(a)所示；然后以一定的速度将模具闭合，在热和压力作用下，型腔内的塑料软化熔融流动，快速充满型腔，树脂与固化剂等作用并发生交联反应，塑料因而固化成型，如图2.5(b)所示；脱模后即成为具有一定形状的塑件，如图2.5(c)所示。

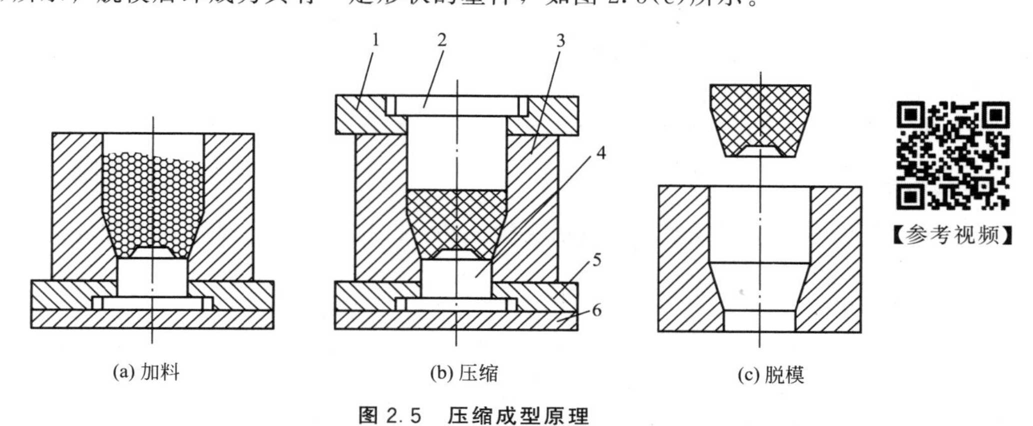

(a) 加料　(b) 压缩　(c) 脱模

图2.5 压缩成型原理

1—上模座板；2—上凸模；3—凹模；4—下凸模；5—下模板；6—下模座板

2.2.2 压缩成型的特点及应用

压缩成型主要应用于热固性塑件的生产。对于热塑性塑料，由于压缩成型的生产周期长、生产率低、易损坏模具，因此在生产中较少采用，仅在塑件较大时或做试验研究时才采用。

与注射成型相比，压缩成型所使用的设备与模具较简单，它没有浇注系统，生产过程易控制，适合成型大型塑件；同时热固性塑料压缩成型的塑件具有较好的耐热性、使用温度范围宽且变形小等特点。但压缩成型生产周期长，效率低，产品常有溢料飞边出现且清理费时费力从而影响塑件尺寸精度及外观质量，不易实现自动化且模具使用寿命短，因此压缩成型不易成型薄壁、形状复杂的塑件。

由于热固性塑料的注射成型及其他成型方法的出现，压缩成型的应用范围受到了一定的限制，但生产某些大型的及特殊的热固性塑件时还需采用这种成型方法。压缩成型所用的塑料主要有：酚醛塑料、氨基塑料、环氧树脂、不饱和聚酯塑料和聚酰亚胺等。压缩成型方法主要应用于机床电器护件、线圈骨架、仪表外壳、机床手柄等塑件的生产。

2.2.3 压缩成型工艺过程

压缩成型工艺过程可分为前期准备、压缩成型和后期处理三个阶段。

1. 前期准备

热固性树脂比较容易吸湿，储存时易受潮，比容也较大，为了使成型过程顺利进行且能保证塑件的质量和产量，应对塑料进行预热处理，有时还要对塑料进行预压处理。

1）预热

热固性塑料在压缩前要进行加热，除去其中的水分和其他挥发物，不仅可以提高料温、缩短压缩成型周期，而且可以防止因潮湿或挥发物的存在使压制品出现困气缺陷。预热的方法有高频预热、红外线辐射预热和电热烘箱预热等。

2）预压

为了加料准确，缩短在压缩成型过程中的加热固化时间，减小物料的体积，降低模具加料腔内物料的高度，从而提高生产效率。通常在室温下将松散的热固性塑料预压成重量、大小、形状一致的片状或条状的型坯。

2. 压缩成型

一般热固性塑料压缩成型过程包括安放嵌件、加料、合模、排气、固化、脱模及清理模具等步骤。

1）安放嵌件

由于塑件设计的需要，常要在压缩成型的塑件中放置金属嵌件。安放前先要对嵌件进行预热，安放的嵌件要求位置正确且牢固定位，否则会造成废品，甚至损坏模具。压缩成型时为防止嵌件周围的塑件出现裂纹，常采用浸胶布做成垫圈进行增强。

2）加料

根据物料的形状(如粉状、粒状、条状、片状)，可分别选用不同的计量方法计量(如重量法、容积法、计数法)。应准确定量地将预热的物料均匀加入模具加料腔内，否则会影响塑件的质量。重量法准确，但操作较麻烦；容积法不及重量法准确，便操作方便；计数法只适用于预压物。

3）合模

加料完成后，应立即合模。合模时，上模自上而下以低压高速下移，以便缩短成型周期和避免塑料过早固化和过多降解；当上、下模快要闭合时，上模改为高压低速下移，防止上、下模撞击破坏型腔，压伤或冲移嵌件，也使模具内的气体得到充分的排除。待模具闭合即可增大压力(15～36MPa)对物料进行加热加压。整个合模时间大约在几秒至数十秒不等。

4）排气

模具闭合后，有时还需卸压，将模具开启一段时间，以便排出其中的气体。开启的时机要掌控好，一定要在塑料尚未塑化时完成。排气不但可以缩短固化时间，而且有利于塑件性能和表面质量的提高。排气的次数和时间要按需要而定，通常排气的次数为 1～2 次，每次时间由几秒到几十秒不等。对于有嵌件的塑件或有深孔且孔径又小的塑件，则不宜采用排气，以免嵌件位移或损坏型芯。对于不宜采用排气的压缩塑件，则可在设计模具时考虑与溢料飞边一起排气。

5）固化

热固性塑料的固化是在压缩成型温度和压力下保持一段时间，以待其性能达到最佳状态。固化时间的长短与塑料的性质、塑件的厚度、预压、预热、成型温度、冷却通道及压力有关。固化程度由保压时间来控制。模内固化时间一般由30s至数分钟不等。为提高生产率，可在成型时加入一些固化剂，缩短固化过程。

6）脱模

脱模是指压缩成型的塑件从型腔中顶出的过程。在压缩成型后，塑件完全固化了，上模上升与下模分开，用推出机构将塑件从下模中推出，完成脱模。对于设置了侧向成型芯杆或嵌件的塑件脱模，应先将它们处理好后，再推出脱模。

7）清理模具

塑件脱模后，模具内可能会有残存物或是掉入的飞边，可再用压缩空气将其清理干净，并涂上脱模剂，以便进行下一次的压缩成型。

3. 后期处理

为了进一步提高塑件的质量，热固性塑料塑件脱模后常在较高的温度下进行后期处理。后处理能使塑料固化更趋完全，同时减少或消除塑件的内应力，减少水分及挥发物等，有利于提高塑件的电性能及强度。后处理方法和注射成型塑件的后处理方法一样，在一定的环境或条件下进行，所不同的是处理温度不同，一般处理温度比成型温度提高10～50℃。必须严格控制后期处理条件，防止因后期处理不当而产生裂纹或变形。

2.2.4 压缩成型主要工艺参数

压缩成型的主要工艺参数是压力、温度及时间。塑料固化完毕后还要在型腔中停留一段时间，若停留(保压)时间不足，会使塑件产生翘曲、变形、开裂、起泡或表面不平、有波纹等缺陷。压缩成型材料中，除热固性塑料树脂外，还有许多填充剂、固化剂及着色剂等，由于这些物料的种类和配比不同，因此压缩成型压力、压缩成型温度及压缩时间也大不相同。

1. 压缩成型压力

压缩成型压力是指成型塑件在垂直于压缩方向上，在分型面上单位投影面积所需要的压力。压缩成型压力可以采用以下公式计算：

$$P=\frac{P_b \pi D^2}{4A} \tag{2-1}$$

式中：P 为成型压力，MPa；P_b 为压力机工作液压缸压力，MPa；D 为压力机主缸活塞直径，m；A 为凸模与塑件接触部分在分型面上的投影面积，m^2。

压缩成型压力的大小与塑料种类、塑件结构及模具温度有关。

2. 压缩成型温度

压缩成型温度是指压缩成型时所需要的模具温度。它是使热固性塑料流动、充模并最后固化成型的主要影响因素，对成型过程中聚合物交联反应的速度起决定性作用，从而影响塑件的最终性能。

在一定范围内提高模具温度，有利于降低成型压力。因为模具温度越高，传热就越快，此时塑料的流动性好，从而减小了成型压力。但模具温度过高，会加快固化速度，使塑料的流动性降低，造成充模不足等缺陷；模具温度过低，会使塑料硬化速度慢，成型周期长，降低生产率，同时会造成塑件物理和力学性能差等缺陷。

选择压缩成型的温度，应根据塑料种类、塑件尺寸形状、成型压力及材料是否预热等情况综合考虑。

3. 压缩时间

压缩时间是指模具从闭合到模具开启的一段时间，即在热力作用下，热固性塑料从熔融体充满型腔，到交联固化完毕，在型腔内停留的时间。

压缩时间与塑料种类、塑件尺寸形状、成型压力和温度等因素有关。塑料的流动性差、固化速度慢、水分和挥发物含量多且壁厚、塑料未经预热或预压时，压缩时间要适当延长。但压缩时间过长，不仅降低生产率，而且会使塑料交联过度，致使塑料收缩过大，塑料树脂与填充剂之间产生应力，严重时导致塑件破裂；压缩时间过短，将导致塑料固化不完全，会降低塑件的力学性能、耐热性能和电性能，脱模后出现翘曲变形。实际生产中，应根据塑件的壁厚来确定压缩时间的长短，一般情况下控制在30s到几分钟不等。表2-2列出了一些热固性塑料压缩成型工艺参数，可供参考。

表2-2 常见塑料压缩成型工艺参数

塑料种类	成型温度/℃	成型压力/MPa	压缩时间/min
酚醛塑料	146～180	25～35	1～2.5
脲甲醛塑料	135～155	25～35	0.5～1.5
三聚氰胺甲醛塑料	140～180	25～35	1.5～2.0
环氧树脂塑料	145～200	1～20	2～5
聚酯塑料	85～150	1～37	0.25～0.33
有机硅塑料	150～190	40～56	1.5～2.5

2.3 传递成型原理及主要工艺参数

2.3.1 传递成型原理

传递成型也是热固性塑料成型的方法之一，又称压注成型。它吸取了压缩成型和注射成型的特点，类似热塑性塑料的注射成型，只是塑料受热熔融的场所不同。传递成型时热固性塑料在模具的加料腔内受热熔化，注射成型是热塑性塑料在注射机的料筒内受热塑化；传递成型的传递模有单独的加料腔，而压缩模的加料腔是型腔，或是型腔的延伸。

传递成型原理如图2.6所示，先闭合模具，将定量的热固性塑料加入模具上部的加料腔，在被加热的加料腔内，塑料树脂受热变成熔融状态，如图2.6(a)所示；在柱塞的压力作用下，熔融料经浇注系统快速充满型腔，在热和力作用下发生交联反应并固化成型，如图2.6(b)所示；然后开模取出塑件，清理加料腔和浇注系统为下一次成型做准备，如图2.6(c)所示。

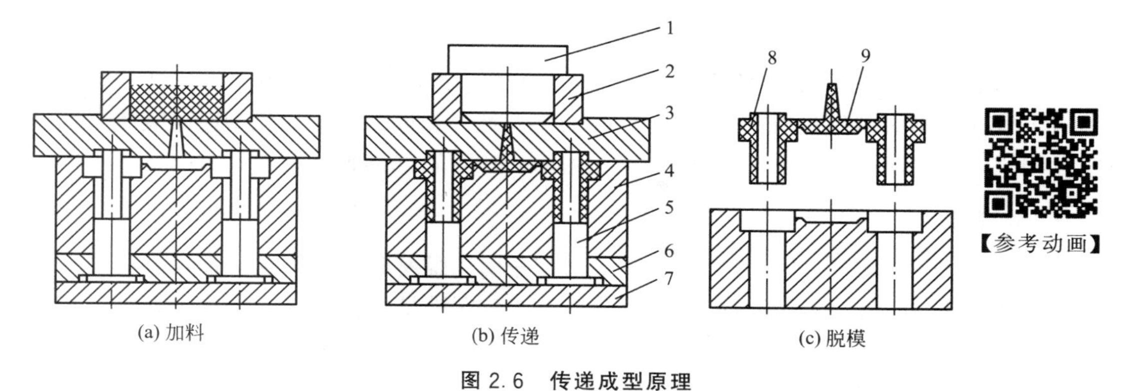

图 2.6 传递成型原理

1—柱塞；2—加料腔；3—上模座；4—凹模；5—凸模；6—凸模固定板；
7—下模座；8—塑件；9—浇注系统凝料

2.3.2 传递成型的特点及应用

与压缩成型相比，传递成型的塑料在外加料腔受热熔融，在压力作用下进入型腔中，在高温高压中完成交联固化反应而定型，由于塑料受热均匀，交联固化充分，因此成型塑件强度高，力学性能好；由于塑料在进入型腔前已塑化熔融，因此能生产外形复杂、带有精细嵌件且较深孔的薄壁塑件；由于塑料成型前模具完全闭合，分型面的飞边很薄，因而提高塑件的尺寸精度，方便修饰；塑料在模具内的保压硬化时间较短，缩短了成型周期，提高了生产率；同时模具的磨损小，使用寿命较长。但传递成型后，残留在料腔中的余料及浇注系统的凝料的清除，使塑料的消耗量增加且较费力费时；传递模具既有外加料腔，又有型腔，其结构复杂且加工成本较高；工艺条件较压缩成型严格，操作难度较大。

传递成型所用的塑料主要有：酚醛塑料、三聚氰胺甲醛和环氧树脂等。传递成型方法主要应用于汽车结构件、机床电器护件、工业护套等塑件的生产。

2.3.3 传递成型工艺过程

传递成型的工艺过程与压缩成型的工艺过程相似。它们的主要区别在于，压缩成型过程中是先加料后闭模，而传递成型则是先闭模后加料；传递成型中所加料的计量与压缩成型有所不同，传递成型中每次所加的料，除保证塑件及浇注系统所需的量外，还要适当多留余料在加料腔中，以保证压力的传递。

2.3.4 传递成型主要工艺参数

传递成型的主要工艺参数是压力、温度和时间。传递成型工艺参数的选定，与塑料品种、模具结构、塑件的重量、形状、结构和几何尺寸等诸多因素有关。

1. 成型压力

传递成型压力是指柱塞对加料腔内塑料熔体施加的压力。由于传递成型时熔体经过浇注系统进入并充满型腔，必然会有压力损失，因此，传递成型的成型压力比压缩成型的成型压力要高得多，是压缩成型时的 2～3 倍。酚醛塑料所需单位压力为 50～80MPa；三聚氰胺塑料所需单位压力为80～160MPa；环氧、硅硐及氨基树脂等所需单位压力为 40～100MPa。

2. 成型温度

传递成型的成型温度指加料腔内塑料温度和模具型腔的温度，塑料温度应适当低于其交联温度10～20℃，可以保证物料具有良好的流动性。相同塑料传递成型时，其模具温度与压缩成型时模具温度相近，一般在130～190℃，也可适当地低一些。

3. 成型时间

传递成型周期包含加料、传递、交联固化、开模、脱模取出塑件及清理模具的所有时间。要提高工作效率，必须提高操作者的熟练程度，在满足合格塑件的前提下，缩短成型工艺过程中某些工序的时间。一般情况下，传递成型的传递(充模)时间为5～50s，交联固化的时间根据塑料品种、塑件的结构形状及几何尺寸大小、预热条件和模具结构等因素确定，可在30～108s范围之间选取。表2-3列出了一些热固性塑料传递成型工艺参数，可供参考。

表2-3 常见热固性塑料传递成型工艺参数

塑料	填料	成型温度/℃	成型压力/MPa	压缩率	成型收缩率
环氧双酚A模塑料	玻璃纤维	138～193	7～34	3～7	0.001～0.008
	矿物填料	121～193	0.7～21	2～3	0.001～0.002
环氧酚醛模塑料	矿物填料	121～193	1.7～21	—	0.004～0.008
	矿物和玻璃纤维	190～196	2～17.2	1.5～2.5	0.003～0.006
	玻璃纤维	143～165	17～34	6～7	0.0002
三聚氰胺	纤维素	149	55～138	2.1～3.1	0.005～0.015
酚醛	织物和回收料	149～182	13.8～138	1～1.5	0.003～0.009
聚酯(BMC、TMC①)	玻璃纤维	138～160	—	—	0.004～0.005
聚酯(SMC、TMC)	导电护套料②	138～160	1.4～3.4	1	0.0002～0.001
聚酯(BMC)	导电护套料	138～160	—	—	0.0005～0.004
醇酸树脂	矿物质	160～182	13.8～138	1.8～2.5	0.003～0.01
聚酰亚胺	50%玻璃纤维	199	20.7～69	2.2～3	0.002
脲醛塑料	纤维素	132～182	13.8～138	—	0.006～0.014

① TMC指粘稠状模塑料。
② 在聚酯中添加导电性填料和增强材料的电子材料，用于工业用护套料。

2.4 挤出成型原理及主要工艺参数

2.4.1 挤出成型原理

挤出成型原理如图2.7所示，将粒状或粉状的塑料加入料斗中，在挤出机旋转螺杆的摩擦力和推动力的作用下，塑料沿螺杆的旋转槽向出口方向输送，在此过程中不断受到外加热、螺杆与物料之间、物料与物料之间、物料与料筒之间及物料与机头零部件之间的剪切摩擦热，逐渐熔融呈粘流态，通过具有特定形状的挤出模具(机头)口模，经定型、冷却、牵引、切断等一系列辅助装置，从而获得一定截面形状和长度的塑料型材。

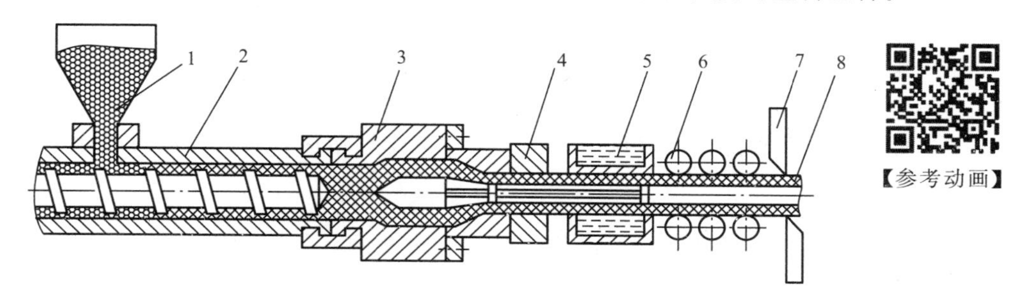

图 2.7 挤出成型原理

1—料斗；2—料筒；3—挤出模具(机头)；4—定型装置；5—冷却装置；6—牵引装置；7—剪切装置；8—塑料管材

2.4.2 挤出成型的特点及应用

与其他成型方法相比，挤出成型能连续成型，生产量大，生产率高且成本低；由于塑件的几何形状简单，截面形状不变，因此挤出模具结构较简单，制造维修方便；塑件的内部组织均匀紧密，尺寸较稳定；适应性强，除氟塑料外，几乎所有的热塑性塑料和部分热固性塑料(如酚醛塑料)可采用挤出成型；同时挤出成型还可以用于塑料的着色、混合和造粒等工作；挤出成型所用设备简单、价格低、操作方便。挤出成型方法广泛应用于管材、薄膜、板材、造粒、电缆包覆物及复合型材等产品的生产中。

2.4.3 挤出成型工艺过程

挤出成型工艺过程可分为塑化、成型和定型三个阶段。

1. 塑化阶段

塑料原料在挤出机内的机筒温度和螺杆的旋转压实及混合作用下，由粒状或粉状转变为粘流态且温度均匀化。

2. 成型阶段

粘流态塑料熔体在挤出机螺杆螺旋力的推挤作用下，通过具有一定形状的口模而得到截面与口模形状相仿的连续型材。

3. 定型阶段

通过适当的处理方法，如定径处理、冷却处理等，使已挤出的塑料连续型材固化为合格的塑料制件。

2.4.4 挤出成型主要工艺参数

1. 温度

挤出成型温度包括料筒温度、熔体温度及螺杆温度。按塑料在螺杆上运转的情况，通常把料筒分为三段：加料段、熔化段(或压缩段)和计量段(或均化段)。在生产中为了检测方便，常用料筒温度近似表示成型温度。一般来说，对挤出成型温度进行控制时，加料段的温度不宜过高，而熔化段和计量段的温度可以高一些，具体数值应根据塑料的特性和工况条件而定。

由于螺杆结构、温度调节系统的稳定性及螺杆转速的变化对熔体温度波动有很大影响，当熔体温度波动和温差较大时，会使塑件产生残余应力，各点强度不均，表面灰暗无光泽，因此必须采用稳定的温度调节系统、均匀的螺杆转速和质量优良的螺杆。

2. 压力

由于螺杆转动、螺杆和料筒的结构、机头和过滤网等的阻力，使塑料内部存在压力。稳定的压力是获得均匀密实塑件的重要条件之一。熔体压力的波动，会产生局部疏松、表面不平、弯曲等。因此，合理控制螺杆转速，提高温度调节装置的控制精度，是减小压力波动的有效方法。

3. 挤出速度

挤出速度是单位时间内从挤出机头和口模中挤出的塑化均匀的物料量或塑件长度。挤出速度高，则挤出生产能力高。影响挤出速度因素有机头阻力、螺杆与料筒结构、螺杆转速、温度调节系统及塑料特性。

挤出速度的波动，会影响产品的形状和尺寸精度。当设备、螺杆与料筒结构、塑料品种都已设定好，为了保证基础速度均匀，必须严格控制螺杆的转速。此外，还要严格控制熔体温度，防止因温度变化而引起挤出压力和熔体黏度变化，从而导致挤出速度波动，影响塑件质量。

4. 牵引速度

在实际生产中挤出成型长度连续的塑件，必须设置牵引装置。通常，牵引速度与挤出速度相当，可略大于挤出速度。牵引比是指牵引速度与挤出速度的比值，其值要等于或大于1。一些塑料管材的挤出成型工艺参数见表2-4，可供参考。

表2-4 几种塑料管材的挤出成型工艺参数

塑料管材		硬聚氯乙烯(HPVC)	软聚氯乙烯(LPVC)	低密度聚乙烯(LDPE)	ABS	聚酰胺-1010(PA-1010)	聚碳酸酯(PC)
管材外径/mm		95	31	24	32.5	31.3	32.8
管材内径/mm		85	25	19	25.5	25	25.5
管材厚度/mm		5±1	3	2±1	3±1	—	—
机筒温度/℃	后段	80～100	90～100	90～100	160～165	250～260	200～240
	中段	140～150	120～130	110～120	170～175	260～270	240～250
	前段	160～170	130～140	120～130	175～180	260～280	230～255
机头温度/℃		160～170	150～160	130～135	175～180	220～240	200～220
口模温度/℃		160～180	170～180	130～140	190～195	200～210	200～210
螺杆转速/(r/min)		12	20	16	10.5	15	10.5

（续）

塑料管材	硬聚氯乙烯（HPVC）	软聚氯乙烯（LPVC）	低密度聚乙烯（LDPE）	ABS	聚酰胺-1010（PA-1010）	聚碳酸酯（PC）
口模内径/mm	90.7	32	24.5	33	44.8	33
芯模外径/mm	79.7	25	19.1	26	38.5	26
稳流定型段长度/mm	120	60	60	50	45	87
牵引比	1.04	1.2	1.1	1.02	1.5	0.97
真空定径套内径/mm	96.5	—	25	33	31.7	33
定径套长度/mm	300	—	160	250	—	250
定径套与口模间距/mm	—	—	—	25	20	20

2.5 气动成型原理及主要工艺参数

气动成型是运用气动原理形成正压或负压来成型塑料瓶、罐等制品的方法，其正压和负压通常分别是借助于压缩空气和抽真空来实现的，气动成型主要包括中空吹塑成型、真空成型和压缩空气成型。

2.5.1 中空吹塑成型

中空吹塑成型是将处于高弹态的塑料型坯置于模具型腔之中，然后闭合模具，使压缩空气注入型坯之中将其吹胀并紧贴于模具型腔壁上，经过冷却、定型得到一定形状的中空塑件的加工方法。

根据成型方法不同，中空吹塑成型可分为挤出吹塑成型、注射吹塑成型、注射拉伸吹塑成型、多层吹塑成型及片材吹塑成型等。

1. 挤出吹塑成型

如图2.8所示，挤出吹塑成型工艺过程是先截取一段从挤出机挤出的管状型坯，如图2.8(a)所示；趁热将其放入模具中，闭合对开式模具同时夹紧型坯上下两端，如图2.8(b)所示；然后用吹管通入压缩空气，使型坯吹胀并紧贴于型腔表壁成型，如图2.8(c)所示；最后经保压、冷却定型、排气，开模取出塑件，如图2.8(d)所示。

挤出吹塑成型模具结构简单，价格低，操作方便，适用于多种塑料的中空吹塑成型；但挤出吹塑易造成塑件壁厚不匀，塑件需再加工以除去飞边。挤出吹塑主要用于成型化工产品容器、汽车通风管件及汽车油箱等各种工业塑件。

2. 注射吹塑成型

如图2.9所示，注射吹塑成型工艺过程是先将熔融塑料注入注射模具内形成管坯，管坯成型在周壁带有微孔的空心凸模上，如图2.9(a)所示；接着趁热移至吹塑模内，如图2.9(b)所示；通过芯棒的管道压入压缩空气，使型坯吹胀并紧贴于模具的型腔壁上，如图2.9(c)所示；最后经保压、冷却定型、排气，开模取出塑件，如图2.9(d)所示。

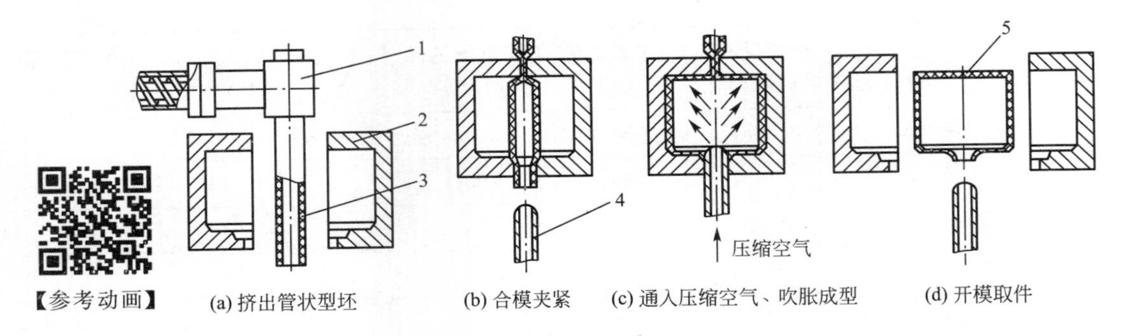

图 2.8 挤出吹塑成型

1—挤出机头；2—吹塑模；3—管状型坯；4—压缩空气吹管；5—塑件

注射吹塑成型的塑件壁厚均匀无飞边，无须再加工；由于注射型坯有底，因此塑件底部没拼合缝，强度高，生产率高；但设备与模具的价格较高，多用于小型塑件的大批量生产。注射吹塑主要用于成型医药食品包装容器、储存罐及塑料大桶等。

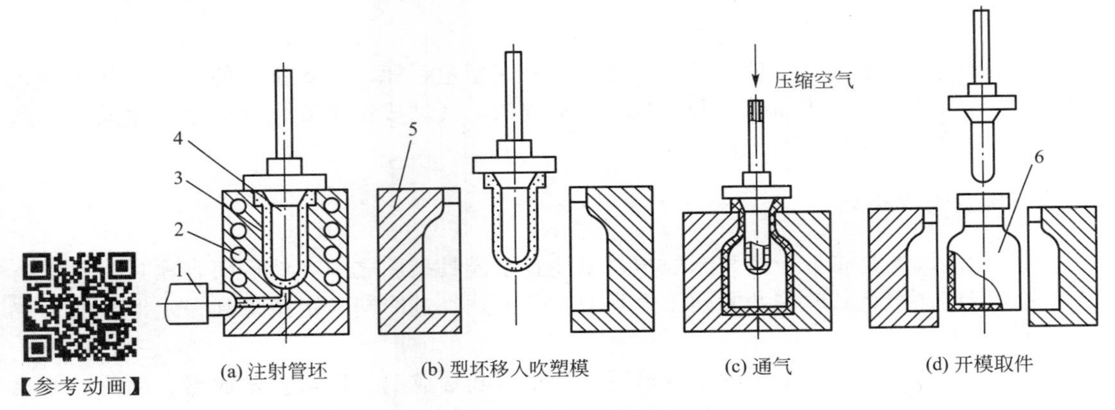

图 2.9 注射吹塑成型

1—注射机喷嘴；2—加热器；3—注射型坯；4—空心凸模；5—吹塑模；6—塑件

实用技巧

实践中，可以查看中空塑件底部去除余料的疤痕来大概判断是挤吹还是注吹成型，一般来讲，挤吹成型需要去除底部的余料。

3. 注射拉伸吹塑成型

注射拉伸吹塑成型工艺过程是将已注射成型的有底型坯加热到熔点以下适当温度后置于模具之中，用拉伸杆进行轴向拉伸后再通入压缩空气进行吹胀，经保压、冷却定型、排气，开模取出塑件。目前生产中已将注塑型坯、型坯加热、拉伸吹塑及开模取件这 4 步工序集中在同一台 4 工位专用设备上进行，每个工位相隔 90°。用此方法成型的塑件，其透明度、抗冲击强度、表面硬度和刚度都有显著提高。注射拉伸吹塑成型的产品有线性聚脂饮料瓶等。

注射拉伸吹塑成型可分为热坯法和冷坯法两种成型方法。

如图2.10所示，热坯法注射拉伸吹塑成型工艺过程是先在注射工位注射成一空心带底型坯，如图2.10(a)所示；然后打开注射模具将型坯迅速移到拉伸和吹塑工位，进行拉伸和吹塑成型，如图2.10(b)和图2.10(c)所示；最后经保压、冷却后开模取出塑件，如图2.10(d)所示。这种成型方法省去了冷型坯的再加热，所以节省能量，同时由于型坯的制取和拉伸吹塑在同一台设备上进行，占地面积小，生产易于连续进行，自动化程度高。

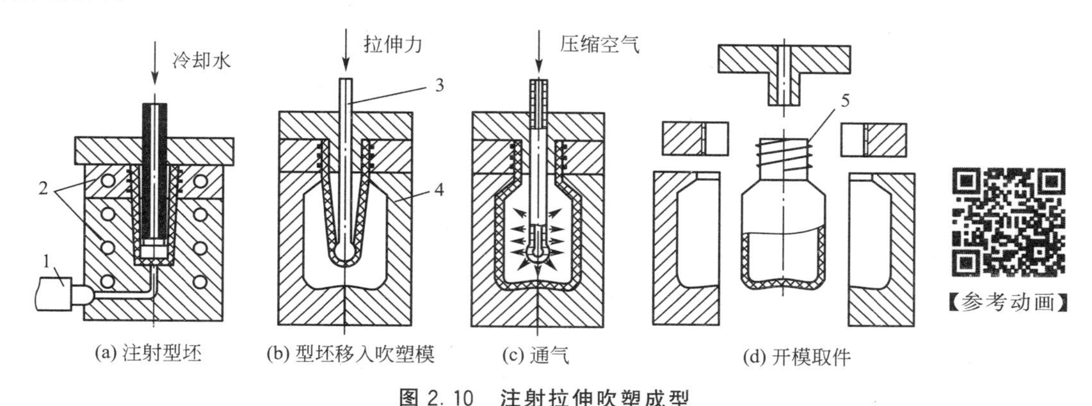

图2.10 注射拉伸吹塑成型

1—注射机喷嘴；2—注射模；3—拉伸芯棒(吹管)；4—吹塑模；5—塑件

冷坯法是将注射好的型坯加热到合适的温度后再将其置于吹塑模中进行拉伸吹塑的成型方法。采用冷坯成型法时，型坯的注射和塑件的拉伸吹塑成型分别在不同设备上进行，在拉伸吹塑之前，为了补偿型坯冷却散发的热量，需要进行二次加热，以确保型坯的拉伸吹塑成型温度，这种方法的主要特点是设备结构相对简单。

4. 多层吹塑成型

多层吹塑成型是指由不同种类的塑料，经特定的挤出机头形成一个坯壁分层而又粘接在一起的型坯，再经吹塑成型机制得多层中空塑件的成型方法。

应用多层吹塑一般是为了改善容器的性能，提高气密性、着色装饰、回料应用、遮光性、绝热性等，因此，分别采用了气体低透过率与高透过率材料的复合；发泡层与非发泡层的复合；着色层与本色层的复合；回料层与新料层及透明层与非透明层的复合。

发展多层吹塑的主要目的是解决单独使用一种塑料不能满足使用要求的问题。例如单独使用聚乙烯虽然无毒，但它的气密性较差，所以其容器不能盛装带有气味的食品，而聚氯乙烯的气密性优于聚乙烯，可以采用外层为聚氯乙烯、内层为聚乙烯的容器，气密性好且无毒。

多层吹塑成型的塑件无飞边，塑件底部没拼合缝，不需要热熔或化学作用。但多层吹塑成型的塑件容易产生层间的熔接与接缝的强度问题，因此除了要合理选择塑料品种，还需要严格的工艺条件和挤出型坯的质量技术；由于是多种塑料的复合，塑料的回收利用较困难；机头结构复杂，设备成本高。主要用于化妆品、食品及药品的包装容器，汽车燃油箱等的生产。

5. 片材吹塑成型

如图 2.11 所示，片材吹塑成型工艺过程是将压延或挤出的片材再加热，使之软化，放入型腔，如图 2.11(a)所示；闭模后在片材之间吹入压缩空气而成型中空塑件，然后开模取出塑件，如图 2.11(b)所示。片材吹塑主要用于成型大型且形状奇特的水箱及汽油箱等。

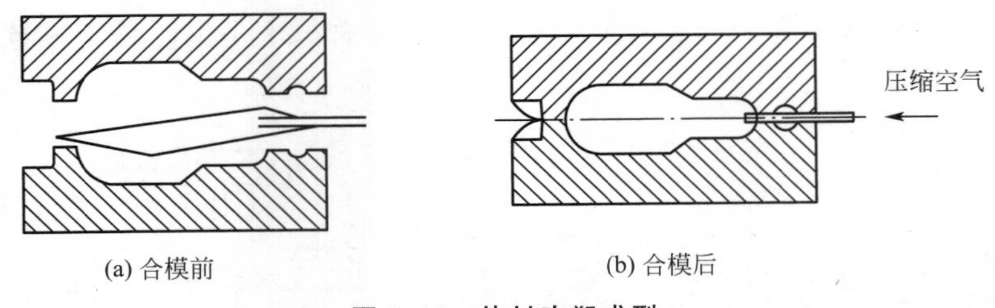

(a) 合模前　　(b) 合模后

图 2.11　片材吹塑成型

6. 吹塑成型的工艺参数

吹塑成型的工艺参数主要有温度、吹胀空气压力及速率、吹胀比、冷却方式及时间，对于拉伸吹塑还有拉伸比和速率等。

1) 温度

温度是影响吹塑产品质量的重要工艺参数之一，包括型坯温度和模具温度。对于挤出型坯，温度一般控制在树脂的 $T_g \sim T_f$①(或 T_m)之间，并略偏 T_f(或 T_m)一侧。对于注塑型坯，由于其内外温差较大，更难控制型坯温度的均匀一致，为此，应使用温度调节装置。

吹塑模具的模温一般控制在 20～50℃，并要求均匀一致。模温过低，型坯过早冷却，吹胀困难，轮廓不清，甚至出现橘皮状；模温过高，冷却时间延长，生产率低，易引起塑件脱模困难、收缩率大及导致表面无光泽等缺陷。

2) 吹胀压力和充气速率

吹胀压力指吹塑成型所用的压缩空气压力。在具有壁厚均匀、温度一致的良好型坯的前提下，吹胀压力和充气速率将影响到塑件质量。吹胀压力与选用材料的种类及型坯的温度有关，一般为 0.2～0.7MPa。对于黏度低、易变形的树脂(如聚酰胺、纤维素塑料等)可取低值；对于黏度高的树脂(如聚碳酸酯、聚乙烯、聚氯乙烯等)可取较高值。吹胀压力还与塑件大小、型坯壁厚、温度有关，一般薄壁、大容积塑件及型坯温度低时，宜用较高压力；反之则用较低压力。吹胀压力应以塑件成型后外形、花纹、文字等清晰为准。充气速率应尽量大一些，这样可使吹胀时间短。但充气速率也不能过快，以免产生其他缺陷。

3) 吹胀比(BR)

吹胀比是塑件直径与型坯直径之比，即型坯吹胀的倍数。其大小应根据材料种类、塑件形状及尺寸来确定。一般吹胀比控制在 2～4，生产工艺和塑件质量容易控制，在生产细口塑件时吹胀比可达到 5～7。吹胀比过大易使塑件壁厚不匀，加工工艺条件不易掌握。

型坯截面形状一般要求与塑件外形轮廓形状大体一致，如吹塑圆形截面瓶子，型坯截面应为圆形，若吹塑方形截面塑料桶，则型坯最好为方形截面，以获得壁厚均匀的方形截

① T_g、T_f、T_m 的含义详见图 2.19 所述。

面桶。

4）拉伸比(SR)

在注射拉伸吹塑中，受到拉伸部分的塑件长度与型坯长度之比称为拉伸比。一般情况下，拉伸比大的塑件，其纵向和横向强度较高，为保证塑件的刚度和壁厚，生产中一般取SR＝4～6。

除了上述工艺参数外，吹塑件的冷却和模腔的排气也应充分注意。型坯在模具内吹胀后，冷却是不可忽视的环节。如果冷却不好，树脂会产生弹性恢复进而引起塑件变形。冷却时间的长短视树脂品种和塑件形状而定，通常占成型周期的60%以上。采用的冷却方法有模内通水冷却和模外冷却。吹塑过程中，型坯外壁与模腔间的大量空气需要排除。排气不良最常见的后果是塑件表面起“橘皮”，它可发生在中空塑件表面的任何一处但多以模腔的凹陷处、波沟处及角部为常见。

2.5.2 真空成型

真空成型是把热塑性塑料板、片材固定在模具型腔之上，用加热器加热至软化温度，然后用真空泵将塑料与模具之间的空气抽掉，从而使塑料紧贴在模腔上而成型，冷却后借助于压缩空气将塑件脱模的加工方法。真空成型方法主要有凹模真空成型、凸模真空成型、凹凸模先后抽真空成型、吹泡真空成型、柱塞推下真空成型及带有气体缓冲装置的真空成型等方法。

1. 凹模真空成型

如图2.12所示，凹模真空成型是把塑料板材固定并密封在模具型腔上方，将加热器移到板材上方将板材加热至软，如图2.12(a)所示；移开加热器，模具型腔内被抽成真空，板材便紧贴于模具型腔下，如图2.12(b)所示；经冷却定型后从抽气孔通入压缩空气将已成型好的塑件吹出，如图2.12(c)所示。

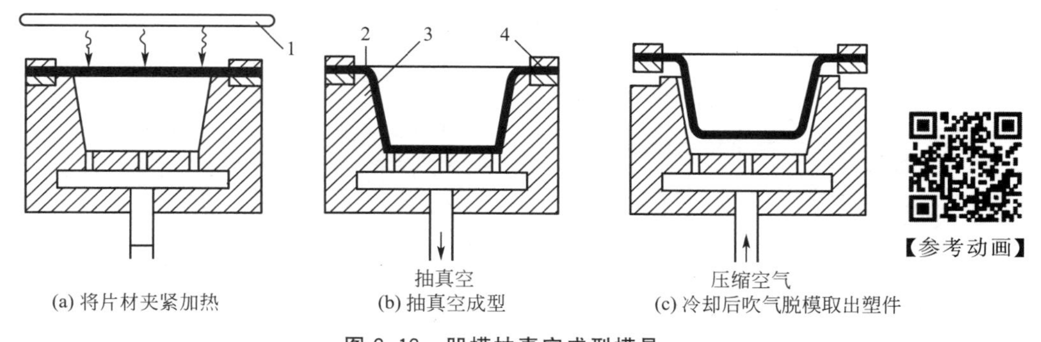

(a) 将片材夹紧加热　(b) 抽真空成型　(c) 冷却后吹气脱模取出塑件

图2.12　凹模抽真空成型模具

1—加热板；2—塑料片材；3—凹模；4—夹具

该成型方法适用于成型深度不大且塑件外表面尺寸精度较高的塑件。如果塑件深度很大时，特别是小型塑件，其底部拐角处会明显变薄。由于凹模型腔间的距离可以制作得较接近，因此采用多型腔凹模真空成型比单型腔凹模成型的经济性要好。

2. 凸模真空成型

如图2.13所示，凸模真空成型是将被夹紧的塑料板在加热器下加热至软化，如

图 2.13(a)所示；接着将软化的塑料板下移并使之覆盖在凸模之上，将凸模与塑料板之间抽成真空，塑料板便紧贴在凸模上成型，如图 2.13(b) 和图 2.13(c)所示；经冷却定型后从抽气孔通入压缩空气将已成型好的塑件吹出。

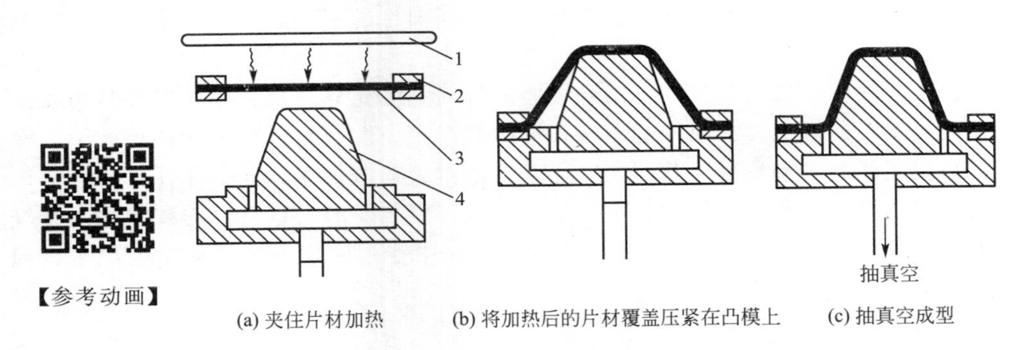

(a) 夹住片材加热　(b) 将加热后的片材覆盖压紧在凸模上　(c) 抽真空成型

图 2.13　凸模抽真空成型模具

1—加热板；2—夹具；3—塑料片材；4—凸模

该成型方法适用于有凸起形状的且内表面尺寸精度较高的塑件。

3. 凹凸模先后抽真空成型

如图 2.14 所示，凹凸模先后抽真空成型是先将塑料板紧固在凹模上加热，如图 2.14(a)所示；塑料板软化后将加热器移开，位于凸模边沿的压力圈压住塑料板，然后通过凸模吹入压缩空气且凹模抽真空使塑料板鼓起，最后凸模向下插入鼓起的塑料板中，如图 2.14(b)所示；从凸模与塑料板之间抽真空且凹模通入压缩空气，使塑料板紧贴于凸模外表面而成型，如图 2.14(c)所示。

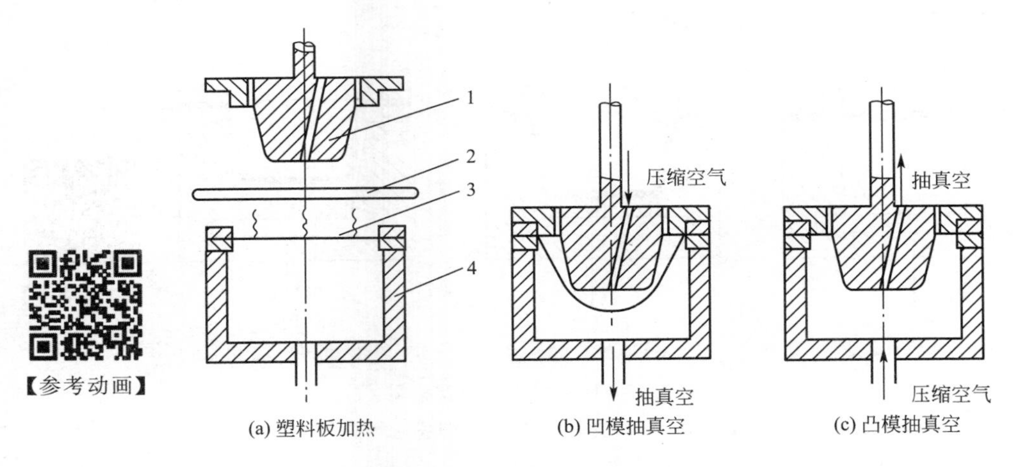

(a) 塑料板加热　(b) 凹模抽真空　(c) 凸模抽真空

图 2.14　凹凸模先后抽真空成型

1—凸模；2—加热器；3—塑料板；4—凹模

该成型方法适用于型腔较深且壁厚要求均匀的塑件。

4. 吹泡真空成型

如图 2.15 所示，吹泡真空成型是先把塑料板紧固在模框上，并用加热器对其加热，如图 2.15(a)所示；待塑料板加热软化后移开加热器，然后通过模框下面的凸模吹入压缩空气，使塑料板向上方鼓起，同时凸模上移，凸模向上插入鼓起的塑料板中，如图 2.15(b)所示；停止吹气，从凸模与塑料板之间抽真空，使塑料板紧贴凸模外表面成型，如图 2.15(c)所示。

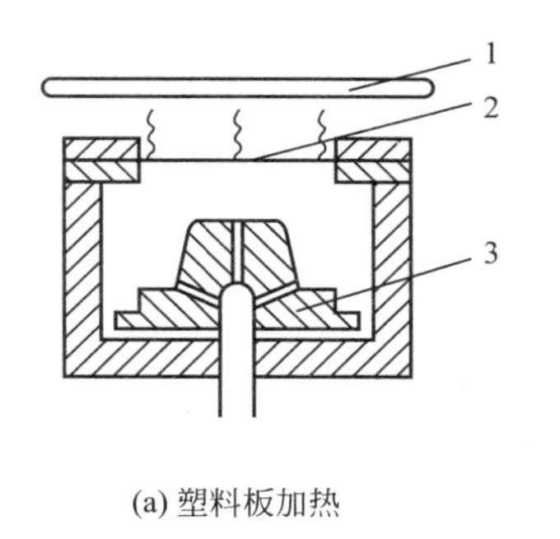

(a) 塑料板加热

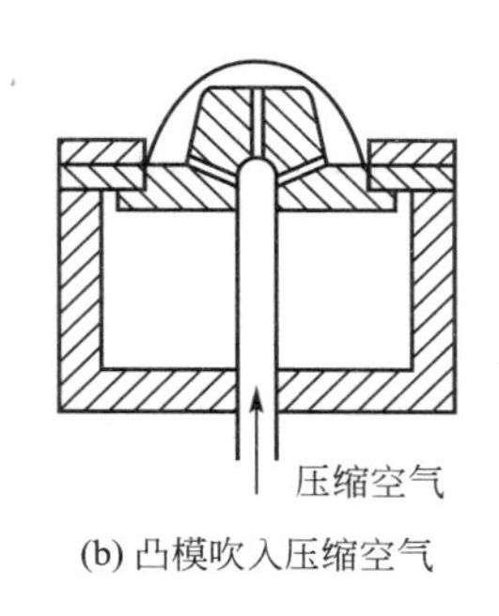

(b) 凸模吹入压缩空气

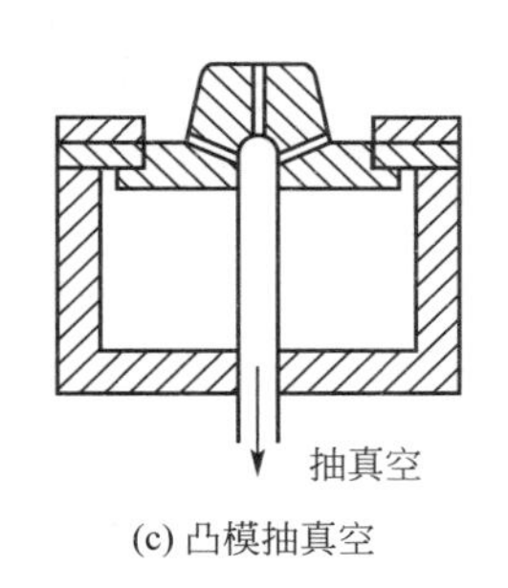

(c) 凸模抽真空

图 2.15 吹泡真空成型

1—加热器；2—塑料板；3—凸模

该成型方法适用于型腔较深且壁厚要求均匀的塑件。

5. 柱塞推下真空成型

如图 2.16 所示，柱塞推下真空成型是先将塑料板固定在凹模上端面，用加热器对其进行加热至软化，如图 2.16(a)所示；移开加热器，用柱塞将塑料板推下，此时，凹模里的空气被压缩，软化的塑料板由于柱塞推力作用而延伸，如图 2.16(b)所示；然后凹模抽真空，使塑料板紧贴凹模成型，如图 2.16(c)所示。该成型方法适用于型腔较深且壁厚要求均匀的塑件，同时允许塑件上残留柱塞的痕迹。

6. 带有气体缓冲装置的真空成型

如图 2.17 所示，带有气体缓冲装置的真空成型是先把塑料板固定在模框上，模框下面是凹模，用加热器对其进行加热至软化，如图 2.17(a)所示；移开加热器，往下移动模框，轻轻压住凹模，然后向凹模型腔内吹入压缩空气，将塑料板向上吹鼓，多余的气体从塑料板与凹模之间逸出，同时，从位于塑料板上方的柱塞上的孔中吹出已加热的气体，如图 2.17(b)所示；此时，塑料板位于两个空气缓冲层之间，柱塞逐渐下降，如图 2.17(c)和图 2.17(d)所示；最后，柱塞内停吹热压缩空气，凹模抽真空使塑料板紧贴凹模型腔成型，同时柱塞上升，如图 2.17(e)所示。该成型方法适用于型腔较深且壁厚要求均匀的塑件。

真空成型广泛用来生产天花板装饰材料、洗衣机和电冰箱壳体、电冰箱内胆塑件、电机外壳及灯饰等。

2.5.3 压缩空气成型

压缩空气成型原理如图 2.18 所示，先将加热板加热，如图 2.18(a)所示；在合

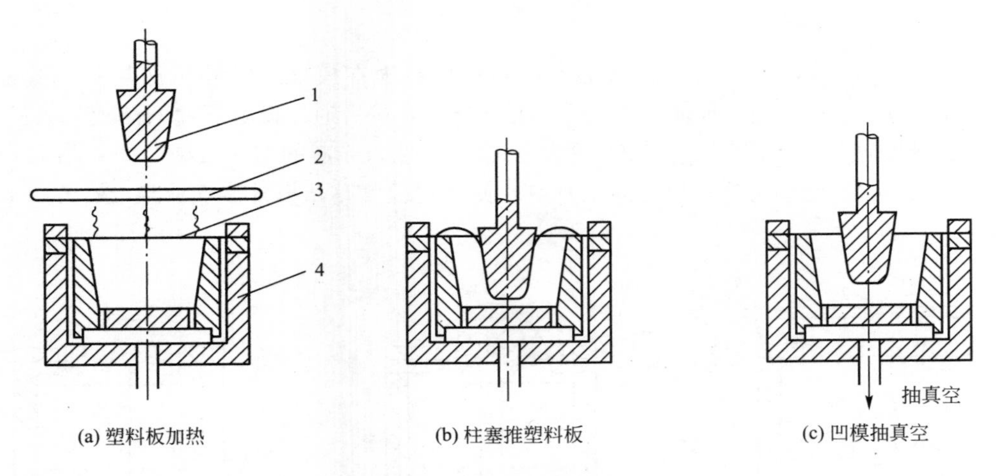

图 2.16　柱塞推下真空成型

1—柱塞；2—加热器；3—塑料板；4—凹模

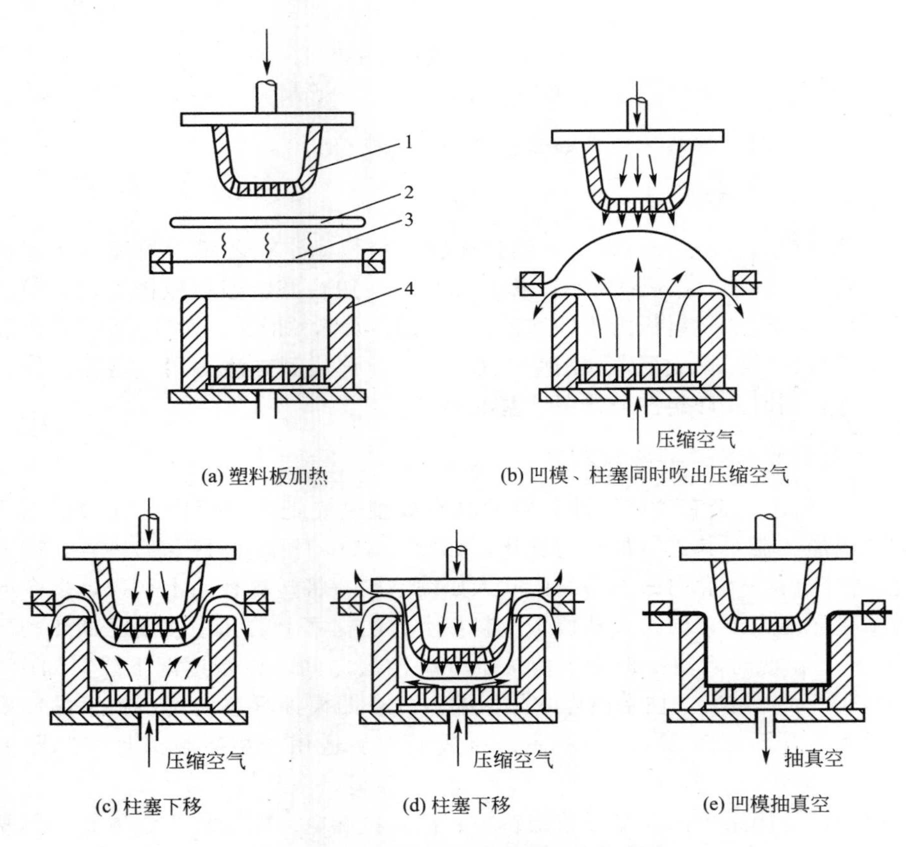

图 2.17　带有气体缓冲装置的真空成型

1—柱塞；2—加热器；3—塑料板；4—凹模

模时从下面的型腔通入微压空气，使塑料板直接接触加热板而被快速加热，如

图 2.18(b)所示；塑料板软化后，由模具上方通入预热的压缩空气，使已软化的塑料板紧贴模具型腔内表面成型，如图 2.18(c)所示；经冷却、定型后，加热板下降一小段距离，利用模具型刃切除余料，如图 2.18(d)所示；然后加热板上升，从型腔下面和模具侧面吹出压缩空气，将塑件脱模、吹离，如图 2.18(e)所示。

【参考动画】

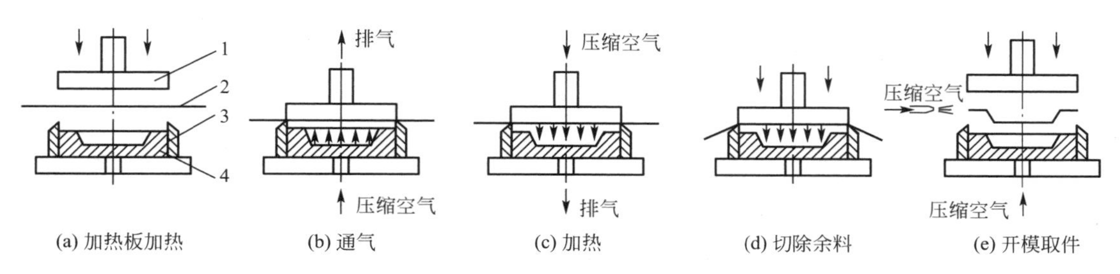

(a) 加热板加热　(b) 通气　(c) 加热　(d) 切除余料　(e) 开模取件

图 2.18　压缩空气成型原理

1—加热板；2—塑料板；3—型刃；4—凹模

热塑性塑料的物理状态、力学状态及加工适应性

在自然界对于一般低分子化合物而言，在常温下其聚集状态可呈三态，即气态、液态和固态。然而，由于聚合物(塑料)分子量巨大且分子结构的连续性，所以它们的聚集状态是在不同的热力条件下呈现出独特的三态，如对于非结晶型塑料而言，分别是玻璃态、高弹态和粘流态。对于结晶型塑料而言，分别是结晶态、高弹态和粘流态(具体与结晶程度有关)。图 2.19 所示为热塑性塑料的温度、力学状态及加工适应性。

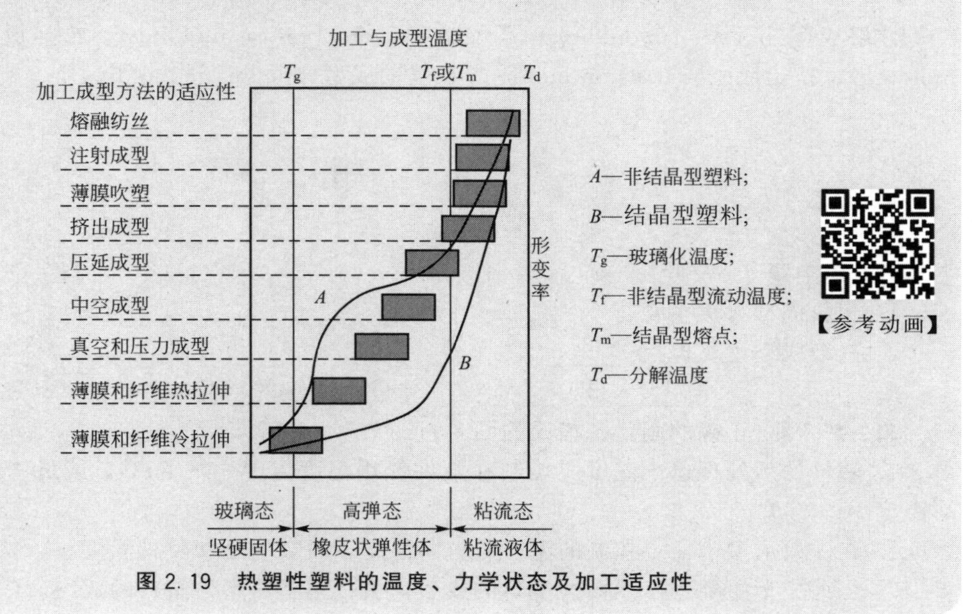

A—非结晶型塑料；

B—结晶型塑料；

T_g—玻璃化温度；

T_f—非结晶型流动温度；

T_m—结晶型熔点；

T_d—分解温度

【参考动画】

图 2.19　热塑性塑料的温度、力学状态及加工适应性

本章小结

塑件质量的好坏与合理的成型工艺有着密切的联系，应根据塑料的特性来选择相应的成型方法。注射成型适用于几乎所有热塑性塑料(除氟塑料外)和部分热固性塑料(如酚醛塑料)的成型，其设备复杂，成型周期短，成型塑件精度高，易于实现全自动化生产；压缩成型主要应用于热固性塑件的成型，其设备与模具较简单，但成型周期长，塑件外观质量较差，模具使用寿命短；传递成型也是热固性塑料成型的方法之一，其与注射成型及压缩成型的主要区别在于：传递成型时热固性塑料在模具的料腔内受热熔化，注射成型是热塑性塑料在注射机的料筒内受热塑化，传递成型的传递模有单独的加料腔，而压缩模的加料腔是型腔或是型腔的延伸，传递成型则是先闭模后加料，而压缩成型过程中是先加料后闭模；挤出成型能连续成型，生产率高且成本低，挤出模具结构较简单，除氟塑料外，几乎所有的热塑性塑料和部分热固性塑料(如酚醛塑料)可采用挤出成型，挤出成型方法广泛应用于管材、薄膜、板材、造粒、电缆包覆物及复合型材等产品的生产中；气动成型主要包括中空吹塑成型、真空成型和压缩空气成型，与其他成型相比，气动成型压力较低，利用较简单的成型设备就可获得大尺寸的塑件，对模具材料要求不高，模具结构简单，成本低，寿命长。

关键术语

注射成型(injection moulding)、压缩成型(compression molding)、传递成型(transfer molding)、挤出成型(extrusion molding)、气动成型(pneumatic molding)

习　　题

一、填空题

1. 塑料成型方法主要有________、________、________、________和________。

2. 气动成型主要包括________、________和________。

3. ________、________和________是影响注射成型的重要工艺参数。

二、判断题(正确的画√，错误的画×)

1. 塑件的后处理退火温度应控制在塑件使用温度以上10～20℃，或低于塑料的热变形温度10～20℃。(　　)

2. 在注射成型中需要控制的温度有料筒温度、喷嘴温度和模具温度。(　　)

3. 压缩成型主要用于热固性塑料的成型，也可用于热塑性塑料的成型。(　　)

4. 热固性塑料传递成型过程中，塑料在加料腔内不加热，而是在型腔部分将塑料加

热到成型温度产生交联反应，使塑料固化成型。(　　)

5. 挤出成型不仅适用于所有热塑性塑料的成型，也适合各种热固性塑料的成型。(　　)

6. 中空吹塑成型是熔融态的塑料型坯置于模具型腔内，然后闭模，借助压缩空气把塑料型坯吹胀，经冷却定型而得到一定形状中空塑件的一种成型方法。(　　)

7. 凹模真空成型的塑件内表面尺寸精度较高，适用于型腔较深的塑件。(　　)

8. 压缩空气成型过程中，要将塑料板与型腔之间的空气抽掉形成真空状态，便于塑料板的成型。(　　)

三、思考题

1. 注射成型工艺过程分为几个阶段？

2. 挤出成型工艺过程包括哪些内容？

实 训 项 目

1. 观察生活中所见各种不同的塑件，结合课程内容和老师讲授知识，了解不同塑件的成型方法和特点，慢慢熟悉不同成型工艺过程。

2. 若条件许可，可以参观一些塑料成型生产现场，以获得较直观的感性认识。

第3章 塑料制件的工艺性设计与分析

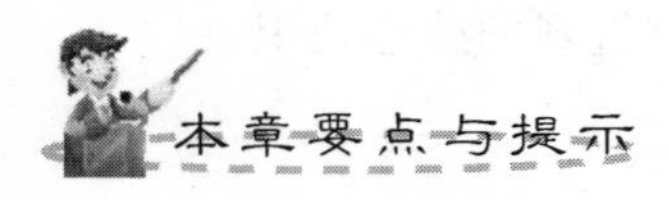

知 识 要 点	目标要求	学 习 方 法
塑料制件结构工艺性	掌握	通过课程讲解及多媒体课件演示、结合老师在教学过程中的实例分析，观察现实生活中实际常见塑料制件，熟悉和掌握塑料制件的结构工艺性及设计要求，能准确进行塑件结构工艺分析
塑料制件结构设计	掌握	在熟练掌握塑料制件结构工艺性要求的基础上，进行实训练习以强化独立思考和具体分析能力。能具备一定独立进行塑料制件工艺性设计的能力

导入案例

塑料制件(简称塑件)的工艺性是指塑件对成型加工的适应性。塑件的形状、结构和尺寸等都直接决定着塑料成型模具的具体结构和复杂程度。对模具的设计我们应尽可能做到简单、合理和可行，因此相对于塑件而言，就要求在不影响塑件结构功能、美观及使用性能的前提下，结合塑料模具结构的需要，力求做到结构合理、造型美观、便于制造。作为模具设计人员，在了解并掌握塑件使用性能和特性基础上，合理地设计塑件的结构及对其进行正确的工艺性分析，是设计出先进合理的成型模具的前提。

如图3.1所示的一塑件结构图，塑件要求：外表面要求光洁美观，无瑕疵凹痕等缺陷，同时表面喷漆处理；材料选用：ABS。现需要采用注射成型工艺进行大批量生产，分析该塑件工艺性并合理设计该塑件结构。对图示塑件，重点需要解决以下几方面问题：塑件形状与结构的合理性；各部位的壁厚设计和选择；转角过渡圆角；塑件的脱模斜度；凸台加强筋的设置；侧壁加强筋的厚度设计；塑件外表面的喷漆等。

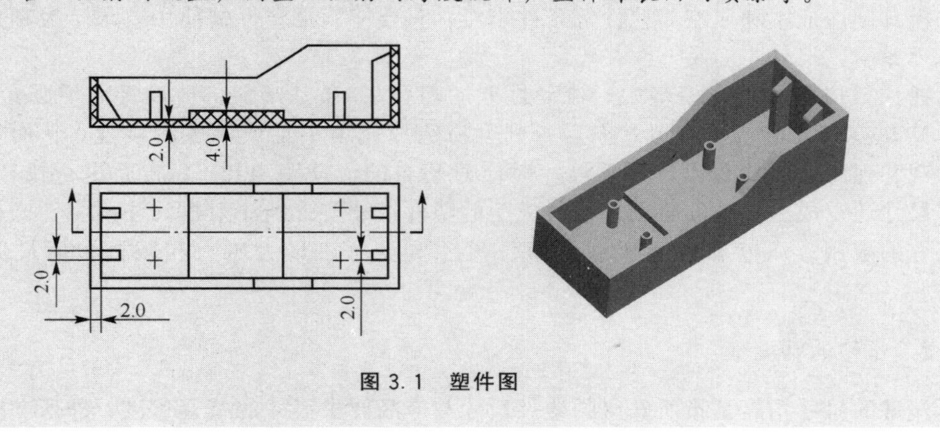

图3.1 塑件图

3.1 塑件设计的基本原则

塑件主要根据使用要求进行设计，要想获得合格的塑件，除考虑充分发挥所用塑料的性能特点外，还应考虑塑件的结构工艺性。在满足使用要求的前提下，塑件的结构、形状尽可能地做到简化模具结构，并且符合成型工艺特点，从而降低成本，提高生产效率。

在塑件的工艺性设计时，应考虑以下几方面的因素：

(1) 塑料的各项性能特点，如物理性能、力学性能、电性能、耐化学腐蚀和耐热性能、成型工艺性能(流动性、收缩率)等。

(2) 在保证各项使用性能的前提下，塑件的结构形状力求简单、壁厚均匀。

(3) 塑件的结构应有利于充模流动、排气、补缩和高效冷却硬化(热塑性塑料制件)或快速受热固化(热固性塑料制件)。

(4) 模具的总体结构，应使模具零件易于制造，特别是抽芯和脱模机构的复杂程度。

(5) 应减少塑件成型前后的辅助工作量，尽量避免成型后的后续机械加工工序。

合理的塑件工艺性是保证塑件符合使用要求和满足成型条件的一个关键问题。塑件工艺性设计的主要内容包括塑料材料选择、尺寸精度和表面粗糙度、塑件结构(形状、壁厚、斜度、加强筋、支承面、圆角、孔、螺纹、齿轮、嵌件、铰链)及表面文字标记、图案符号、纹理、丝印和喷漆、电镀等。

3.2 塑件的尺寸、精度和表面质量

3.2.1 塑件的尺寸

塑件的尺寸是指塑件的总体外形尺寸，而不是壁厚、孔径等结构尺寸。塑件尺寸应根据使用要求进行设计，但要受到塑料的流动性的制约，在一定的设备和工艺条件下，流动性好的塑料可以成型较大尺寸的塑件，反之能成型的塑件尺寸就较小。因此，从原材料性能、模具制造成本和成型工艺性等条件出发，只要能满足塑件的使用要求，应尽量将塑件设计得紧凑、尺寸小巧一些。

在注射成型和传递模塑中，流动性差的塑料(如布基塑料、玻璃纤维增强塑料等)和壁薄的塑件尺寸不能设计得过大，否则容易造成充填不足或形成冷接缝，从而影响塑件的外观和强度，因此在设计塑件尺寸时应对塑料的流动距离比①等方面进行校核。另外，塑件尺寸还受成型设备的限制，注射成型的塑件尺寸要受到注射机的注射量、锁模力和模板尺寸的限制；压缩和传递成型的塑件尺寸要受压机最大压力和压机台面最大尺寸的限制。

3.2.2 塑件的精度

塑件的尺寸精度是指所获得的塑件尺寸与产品要求尺寸的符合程度，即所获塑件尺寸的准确度。基于模具成型的塑件在制造过程中会不可避免地产生尺寸误差，其原因主要如下：

1. 材料方面

(1) 模塑材料的非均一性；
(2) 塑料收缩率的波动和偏差；
(3) 塑件成型后的时效变化。

2. 成型工艺方面

(1) 操作工艺条件发生变化；
(2) 成型设备的控制精度误差。

3. 模具状态方面

(1) 模具成型零件的制造公差；

---

① 流动距离比简称流动比，详见第4.5节的流动比。

(2) 模具的磨损；

(3) 模具可动零件间的配合位置误差；

(4) 模具的温度波动；

(5) 模具在成型压力下发生的弹性变形。

综合考虑上述影响塑件尺寸精度的因素，应合理确定塑件的尺寸精度。为了降低模具的加工难度和模具制造成本，在满足塑件使用要求的前提下应尽可能把塑件尺寸精度设计得低一些，即尽可能选用低精度等级。

一般而言，对于小尺寸塑件，模具成型零件的制造公差对塑件尺寸精度影响相对要大一些，而对于大尺寸塑件，收缩率波动则是影响塑件尺寸精度的主要因素。

根据我国目前塑件的成型水平，塑件的尺寸公差可依据表 3-1 所示的塑料模塑件尺寸公差(国家标准 GB/T 14486—2008)确定。该标准将塑件分成 MT1～MT7[①] 等七个精度等级，并分别给出了不受模具活动部分影响的尺寸公差值(a 类)和受模具活动部分影响的尺寸公差值(b 类)，如图 3.2 所示，具体的上、下极限偏差可根据塑件的配合性质进行分配。一般地，对塑件上孔类尺寸的公差取表中数值冠以(＋)号，对塑件上轴类尺寸的公差取表中数值冠以(－)号，对塑件上中心距尺寸可取表中数值之半冠以(±)号；对未注公差的尺寸，通常可直接取表中偏差值，并冠以(±)号使用。

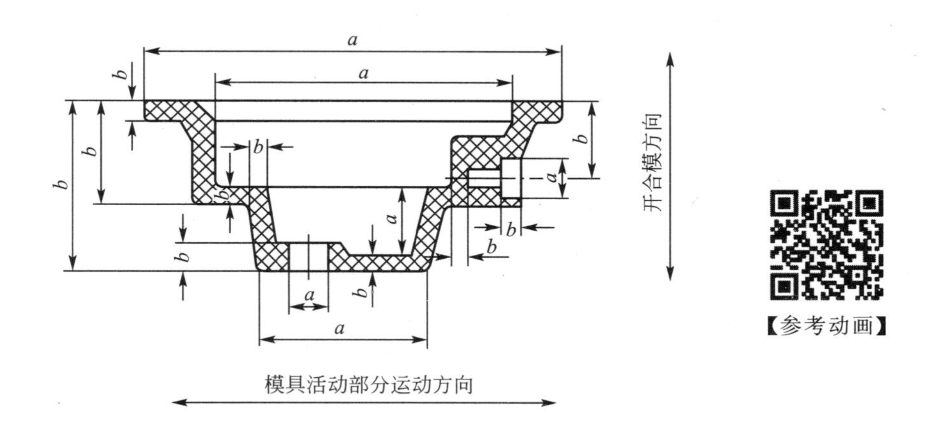

图 3.2　不受模具活动部分影响的尺寸 a 和受模具活动部分影响的尺寸 b

塑件公差等级的选用与塑料品种有关，每种塑料可选用其中高精度、一般精度和未注公差尺寸精度三个等级，见表 3-2。未列入表 3-2 的塑料模塑件选用公差等级按模塑材料的收缩特性值$\overline{S}_v$确定，具体方法参见表 3-3。

$$\overline{S}_v = S_{Mp} + |S_{Mp} - S_{Mn}| \qquad (3-1)$$

式中：$\overline{S}_v$为收缩特性值；S_{Mp}为塑料成型时沿料流方向的收缩率，称为流向收缩率；S_{Mn}为塑料成型时垂直于料流方向的收缩率，称为横向收缩率。

① MT1 级精度为精密级，只有采用严密的工艺控制措施和高精度的模具、设备、原料时才有可能选用。

表 3-1　塑料模塑件尺寸公差（摘自 GB/T 14486—2008）

（单位：mm）

公差等级	公差种类	基本尺寸																											
		>0 ~3	>3 ~6	>6 ~10	>10 ~14	>14 ~18	>18 ~24	>24 ~30	>30 ~40	>40 ~50	>50 ~65	>65 ~80	>80 ~100	>100 ~120	>120 ~140	>140 ~160	>160 ~180	>180 ~200	>200 ~225	>225 ~250	>250 ~280	>280 ~315	>315 ~355	>355 ~400	>400 ~450	>450 ~500	>500 ~630	>630 ~800	>800 ~1000
标注公差的尺寸公差值																													
MT1	*a*	0.07	0.08	0.09	0.10	0.11	0.12	0.14	0.16	0.18	0.20	0.23	0.26	0.29	0.32	0.36	0.40	0.44	0.48	0.52	0.56	0.60	0.64	0.70	0.78	0.86	0.97	1.16	1.39
	b	0.14	0.16	0.18	0.20	0.21	0.22	0.24	0.26	0.28	0.30	0.33	0.36	0.39	0.42	0.46	0.50	0.54	0.58	0.62	0.66	0.70	0.74	0.80	0.88	0.96	1.07	1.26	1.49
MT2	*a*	0.10	0.12	0.14	0.16	0.18	0.20	0.22	0.24	0.26	0.30	0.34	0.38	0.42	0.46	0.50	0.54	0.60	0.66	0.72	0.76	0.84	0.92	1.00	1.10	1.20	1.40	1.70	2.10
	b	0.20	0.22	0.24	0.26	0.28	0.30	0.32	0.34	0.36	0.40	0.44	0.48	0.52	0.56	0.60	0.64	0.70	0.76	0.82	0.86	0.94	1.02	1.10	1.20	1.30	1.50	1.80	2.20
MT3	*a*	0.12	0.14	0.16	0.18	0.20	0.22	0.26	0.30	0.34	0.40	0.46	0.52	0.58	0.64	0.70	0.78	0.86	0.92	1.00	1.10	1.20	1.30	1.44	1.60	1.74	2.00	2.40	3.00
	b	0.32	0.34	0.36	0.38	0.40	0.42	0.46	0.50	0.54	0.60	0.66	0.72	0.78	0.84	0.90	0.98	1.06	1.12	1.20	1.30	1.40	1.50	1.64	1.80	1.94	2.20	2.60	3.20
MT4	*a*	0.16	0.18	0.20	0.24	0.28	0.32	0.36	0.42	0.48	0.56	0.64	0.72	0.82	0.92	1.02	1.12	1.24	1.36	1.48	1.62	1.80	2.00	2.20	2.40	2.60	3.10	3.80	4.60
	b	0.36	0.38	0.40	0.44	0.48	0.52	0.56	0.62	0.68	0.76	0.84	0.92	1.02	1.12	1.22	1.32	1.44	1.56	1.68	1.82	2.00	2.20	2.40	2.60	2.80	3.30	4.00	4.80
MT5	*a*	0.20	0.24	0.28	0.32	0.38	0.44	0.50	0.56	0.64	0.74	0.86	1.00	1.14	1.28	1.44	1.60	1.76	1.92	2.10	2.30	2.50	2.80	3.10	3.50	3.90	4.50	5.60	6.90
	b	0.40	0.44	0.48	0.52	0.58	0.64	0.70	0.76	0.84	0.94	1.06	1.20	1.34	1.48	1.64	1.80	1.96	2.12	2.30	2.50	2.70	3.00	3.30	3.70	4.10	4.70	5.80	7.10
MT6	*a*	0.26	0.32	0.38	0.46	0.52	0.60	0.70	0.80	0.94	1.10	1.28	1.48	1.72	2.00	2.20	2.40	2.60	2.90	3.20	3.50	3.90	4.30	4.80	5.30	5.90	6.90	8.50	10.60
	b	0.46	0.52	0.58	0.66	0.72	0.80	0.90	1.00	1.14	1.30	1.48	1.68	1.92	2.20	2.40	2.60	2.80	3.10	3.40	3.70	4.10	4.50	5.00	5.50	6.10	7.10	8.70	10.80
MT7	*a*	0.38	0.46	0.56	0.66	0.76	0.86	0.98	1.12	1.32	1.54	1.80	2.10	2.40	2.70	3.00	3.30	3.70	4.10	4.50	4.90	5.40	6.00	6.70	7.40	8.20	9.60	11.90	14.80
	b	0.58	0.66	0.76	0.86	0.96	1.06	1.18	1.32	1.52	1.74	2.00	2.30	2.60	2.90	3.20	3.50	3.90	4.30	4.70	5.10	5.60	6.20	6.90	7.60	8.40	9.80	12.10	15.00
未注公差的尺寸允许偏差(偏差值前通常冠以“±”号)																													
MT5	*a*	0.10	0.12	0.14	0.16	0.19	0.22	0.25	0.28	0.32	0.37	0.43	0.50	0.57	0.64	0.72	0.80	0.88	0.96	1.05	1.15	1.25	1.40	1.55	1.75	1.95	2.25	2.80	3.45
	b	0.20	0.22	0.24	0.26	0.29	0.32	0.35	0.38	0.42	0.47	0.53	0.60	0.67	0.74	0.82	0.90	0.98	1.06	1.15	1.25	1.35	1.50	1.65	1.85	2.05	2.35	2.90	3.55
MT6	*a*	0.13	0.16	0.19	0.23	0.26	0.30	0.35	0.40	0.47	0.55	0.64	0.74	0.86	1.00	1.10	1.20	1.30	1.45	1.60	1.75	1.95	2.15	2.40	2.65	2.95	3.45	4.25	5.30
	b	0.23	0.26	0.29	0.33	0.36	0.40	0.45	0.50	0.57	0.65	0.74	0.84	0.96	1.10	1.20	1.30	1.40	1.55	1.70	1.85	2.05	2.25	2.50	2.75	3.05	3.55	4.35	5.40
MT7	*a*	0.19	0.23	0.28	0.33	0.38	0.43	0.49	0.56	0.66	0.77	0.90	1.05	1.20	1.35	1.50	1.65	1.85	2.05	2.25	2.45	2.70	3.00	3.35	3.70	4.10	4.80	5.95	7.40
	b	0.29	0.33	0.38	0.43	0.48	0.53	0.59	0.66	0.76	0.87	1.00	1.15	1.30	1.45	1.60	1.75	1.95	2.15	2.35	2.55	2.80	3.10	3.45	3.80	4.20	4.90	6.05	7.50

表 3-2 常用材料模塑件尺寸公差等级的选用(摘自 GB/T 14486—2008)

<table>
<tr><th rowspan="3">材料代号</th><th rowspan="3" colspan="2">模塑材料</th><th colspan="3">公差等级</th></tr>
<tr><th colspan="2">标注公差尺寸</th><th rowspan="2">未注公差尺寸</th></tr>
<tr><th>高精度</th><th>一般精度</th></tr>
<tr><td>ABS</td><td colspan="2">(丙烯腈-丁二烯-苯乙烯)共聚物</td><td>MT2</td><td>MT3</td><td>MT5</td></tr>
<tr><td>CA</td><td colspan="2">乙酸纤维素</td><td>MT3</td><td>MT4</td><td>MT6</td></tr>
<tr><td>EP</td><td colspan="2">环氧树脂</td><td>MT2</td><td>MT3</td><td>MT5</td></tr>
<tr><td rowspan="2">PA</td><td rowspan="2">聚酰胺</td><td>无填料填充</td><td>MT3</td><td>MT4</td><td>MT6</td></tr>
<tr><td>30%玻璃纤维填充</td><td>MT2</td><td>MT3</td><td>MT5</td></tr>
<tr><td rowspan="2">PBT</td><td rowspan="2">聚对苯二甲酸丁二酯</td><td>无填料填充</td><td>MT3</td><td>MT4</td><td>MT6</td></tr>
<tr><td>30%玻璃纤维填充</td><td rowspan="4">MT2</td><td rowspan="4">MT3</td><td rowspan="4">MT5</td></tr>
<tr><td>PC</td><td colspan="2">聚碳酸酯</td></tr>
<tr><td>PDAP</td><td colspan="2">聚邻苯二甲酸二烯丙酯</td></tr>
<tr><td>PEEK</td><td colspan="2">聚醚醚酮</td></tr>
<tr><td>PE-HD</td><td colspan="2">高密度聚乙烯</td><td>MT4</td><td>MT5</td><td>MT7</td></tr>
<tr><td>PE-LD</td><td colspan="2">低密度聚乙烯</td><td>MT5</td><td>MT6</td><td>MT7</td></tr>
<tr><td>PESU</td><td colspan="2">聚醚砜</td><td>MT2</td><td>MT3</td><td>MT5</td></tr>
<tr><td rowspan="2">PET</td><td rowspan="2">聚对苯二甲酸乙二酯</td><td>无填料填充</td><td>MT3</td><td>MT4</td><td>MT6</td></tr>
<tr><td>30%玻璃纤维填充</td><td rowspan="2">MT2</td><td rowspan="2">MT3</td><td rowspan="2">MT5</td></tr>
<tr><td rowspan="2">PF</td><td rowspan="2">苯酚-甲醛树脂</td><td>无机填料填充</td></tr>
<tr><td>有机填料填充</td><td>MT3</td><td>MT4</td><td>MT6</td></tr>
<tr><td>PMMA</td><td colspan="2">聚甲基丙烯酸甲酯</td><td>MT2</td><td>MT3</td><td>MT5</td></tr>
<tr><td rowspan="2">POM</td><td rowspan="2">聚甲醛</td><td>≤150mm</td><td>MT3</td><td>MT4</td><td>MT6</td></tr>
<tr><td>>150mm</td><td rowspan="2">MT4</td><td rowspan="2">MT5</td><td rowspan="2">MT7</td></tr>
<tr><td rowspan="2">PP</td><td rowspan="2">聚丙烯</td><td>无填料填充</td></tr>
<tr><td>30%无机填料填充</td><td rowspan="5">MT2</td><td rowspan="5">MT3</td><td rowspan="5">MT5</td></tr>
<tr><td>PPE</td><td colspan="2">聚苯醚；聚亚苯醚</td></tr>
<tr><td>PPS</td><td colspan="2">聚苯硫醚</td></tr>
<tr><td>PS</td><td colspan="2">聚苯乙烯</td></tr>
<tr><td>PSU</td><td colspan="2">聚砜</td></tr>
<tr><td>PUR-P</td><td colspan="2">热塑性聚氨酯</td><td>MT4</td><td>MT5</td><td>MT7</td></tr>
<tr><td>PVC-P</td><td colspan="2">软质聚氯乙烯</td><td>MT5</td><td>MT6</td><td>MT7</td></tr>
</table>

(续)

<table>
<tr><th rowspan="3">材料代号</th><th rowspan="3" colspan="2">模塑材料</th><th colspan="3">公差等级</th></tr>
<tr><th colspan="2">标注公差尺寸</th><th rowspan="2">未注公差尺寸</th></tr>
<tr><th>高精度</th><th>一般精度</th></tr>
<tr><td>PVC-U</td><td colspan="2">未增塑聚氯乙烯</td><td rowspan="2">MT2</td><td rowspan="2">MT3</td><td rowspan="2">MT5</td></tr>
<tr><td>SAN</td><td colspan="2">(丙烯腈-苯乙烯)共聚物</td></tr>
<tr><td rowspan="2">UF</td><td rowspan="2">脲-甲醛树脂</td><td>无机填料填充</td><td>MT2</td><td>MT3</td><td>MT5</td></tr>
<tr><td>有机填料填充</td><td>MT3</td><td>MT4</td><td>MT6</td></tr>
<tr><td>UP</td><td>不饱和聚酯</td><td>30%玻璃纤维填充</td><td>MT2</td><td>MT3</td><td>MT5</td></tr>
</table>

表 3-3 模塑材料收缩特性值和选用的公差等级(摘自 GB/T 14486—2008)

<table>
<tr><th rowspan="3">收缩特性值$\overline{S}_v$/(%)</th><th colspan="3">公差等级</th></tr>
<tr><th colspan="2">标注公差尺寸</th><th rowspan="2">未注公差尺寸</th></tr>
<tr><th>高精度</th><th>一般精度</th></tr>
<tr><td>>0～1</td><td>MT2</td><td>MT3</td><td>MT5</td></tr>
<tr><td>>1～2</td><td>MT3</td><td>MT4</td><td>MT6</td></tr>
<tr><td>>2～3</td><td>MT4</td><td>MT5</td><td>MT7</td></tr>
<tr><td>>3</td><td>MT5</td><td>MT6</td><td>MT7</td></tr>
</table>

3.2.3 塑件的表面质量

塑件的表面质量包括表面粗糙度、光亮程度和表观质量等。

1. 塑件的表面粗糙度

塑件的表面粗糙度是决定塑件表面质量的主要因素。在成型时从工艺上尽可能避免冷疤、云纹等疵点。塑件的表面粗糙度除了与塑料的品种有关外，主要取决于模具成型零件的表面粗糙度。一般模具表面粗糙度要比塑件的低 1～2 级，塑件的表面粗糙度一般为 $Ra1.6 \sim 0.2\mu m$。模具使用中，由于型腔磨损而使表面粗糙度不断加大，应随时给以抛光复原。

一般情况下，塑件的表面粗糙度选择原则：

(1) 透明塑件要求型腔和型芯的表面粗糙度相同；

(2) 不透明塑件则根据使用情况而定，非配合表面和隐蔽面可取较大的表面粗糙度；

(3) 一般塑件型腔的表面粗糙度要低于型芯的(除塑件外表面有特殊要求)。

塑件的表面粗糙度可参照 GB/T 14234—1993《塑料件表面粗糙度标准——不同加工方法和不同材料所能达到的表面粗糙度》选取，见表 3-4。

表 3-4 不同加工方法和不同材料所能达到的表面粗糙度(摘自 GB/T 14234—1993)

加工方法	材料		Ra 参数值范围/μm											
			0.012	0.025	0.050	0.100	0.200	0.40	0.80	1.60	3.20	6.30	12.50	25
注射成型	热塑性塑料	PMMA												
		ABS												
		AS												
		PC												
		PS												
		PP												
		PA												
		PE												
		POM												
		PSU												
		PVC												
		PPO												
		CPT												
		PBT												
	热固性塑料	氨基塑料												
		酚醛塑料												
		硅酮塑料												
压制和挤胶成型		氨基塑料												
		酚醛塑料												
		密胺塑料												
		硅酮塑料												
		不饱和聚酯												
		环氧塑料												
机械加工		PMMA												
		PA												
		PTFE												
		PVC												
		增强塑料												

2. 塑件的表观质量

塑件的表观质量指的是塑件成型后的表观缺陷状态，如常见的溢料、飞边、毛刺、缺料、缩孔凹陷、气孔、熔接痕、对拼缝、银纹、翘曲与收缩、尺寸不稳定、色彩不均匀等。这些表观缺陷的产生，除了由于塑件成型工艺条件、塑件成型原材料选择及模具总体

结构设计等多种因素所造成，塑件的结构工艺性也是不容忽视的影响因素之一。

3.3 塑件的几何形状与结构

3.3.1 塑件壁厚

塑件壁厚的设计与塑料原料的性能、塑件结构、成型时的工艺要求、塑件的质量及其使用要求(强度、刚度、重量、尺寸稳定性、与其他零件的装配关系)等都有密切的联系。

塑件壁厚设计的基本原则：

(1) 力求同一塑件上各部位的壁厚尽可能均匀一致；

(2) 满足塑件结构和使用性能要求下取小壁厚；

(3) 能承受推出机构等的冲击和振动；

(4) 塑件连接紧固处、嵌件埋入处等具有足够的厚度；

(5) 保证储存、搬运过程中强度所需的壁厚；

(6) 满足成型时熔体充模所需的壁厚；

(7) 优先考虑加强筋加强，再考虑通过增加壁厚来提高塑件强度。

知识提醒

壁厚过大，一是浪费原料；二是延长了成型冷却时间(塑件壁厚增加一倍，冷却时间将增加四倍)；三是容易产生表面凹陷、内部缩孔等缺陷。

壁厚过小，会造成充填阻力的增大，特别对于大型、复杂塑件就难于成型。

塑件壁厚设计规定有最小壁厚值。表3-5为热塑性塑件最小壁厚及常用壁厚推荐值。通常，塑件壁厚的不均匀容许在一定范围内变化(一般不应超过1∶3)。为了消除壁厚的不均匀，设计时可考虑将壁厚部分局部挖空或在壁面交界处采用适当的半径过渡以减缓厚薄部分的突然变化，见表3-6。

表3-5 热塑性塑料制件的最小壁厚及常用壁厚推荐值 (单位：mm)

塑料名称	50mm流程最小壁厚	小型塑件推荐壁厚	中型塑件推荐壁厚	大型塑件推荐壁厚
聚乙烯(PE)	0.6	1.25	1.6	2.4～3.2
聚丙烯(PP)	0.85	1.45	1.75	2.4～3.2
硬聚氯乙烯(HPVC)	1.2	1.6	1.8	3.2～5.8
聚苯乙烯(PS)	0.75	1.25	1.6	3.2～5.4
改性聚苯乙烯	0.75	1.25	1.6	3.2～5.4
尼龙(PA)	0.45	0.76	1.5	2.4～3.2
聚甲醛(POM)	0.8	1.4	1.6	3.2～5.4
聚碳酸酯(PC)	0.95	1.8	2.3	3.0～4.5

（续）

塑料名称	50mm流程最小壁厚	小型塑件推荐壁厚	中型塑件推荐壁厚	大型塑件推荐壁厚
氯化聚醚(CPT)	0.9	1.35	1.8	2.5～3.4
有机玻璃(PMMA)	0.8	1.5	2.2	4.0～6.5
丙烯酸类	0.7	0.9	2.4	3.0～6.0
聚苯醚(PPO)	1.2	1.75	2.5	3.5～6.4
醋酸纤维素(CA)	0.7	1.25	1.9	3.2～4.8
乙基纤维素(EC)	0.9	1.25	1.6	2.4～3.2
聚砜(PSU)	0.95	1.8	2.3	3.0～4.5

表3-6 壁厚的改善

不合理	合 理	说 明
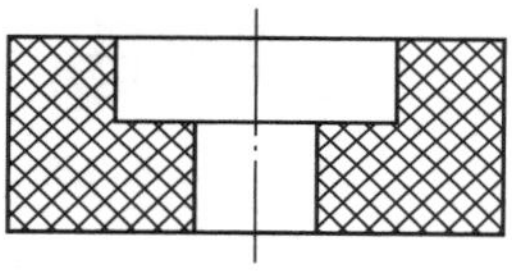	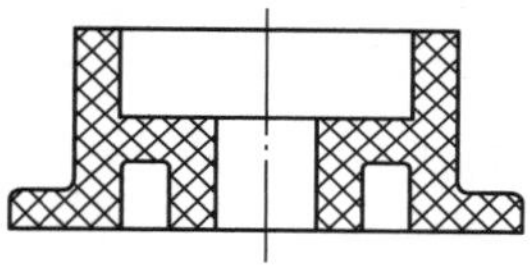	将壁厚部分局部挖空
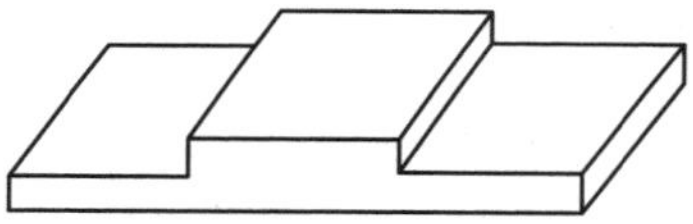	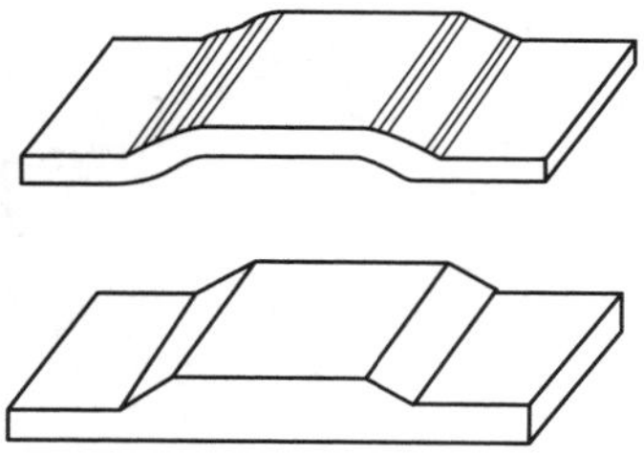	在壁面交界处采用适当的斜面(或半径)过渡以减缓厚薄部分的突然变化

从壁厚设计原则考虑，如图3.3所示塑件的工艺性如何，并作适当修改。

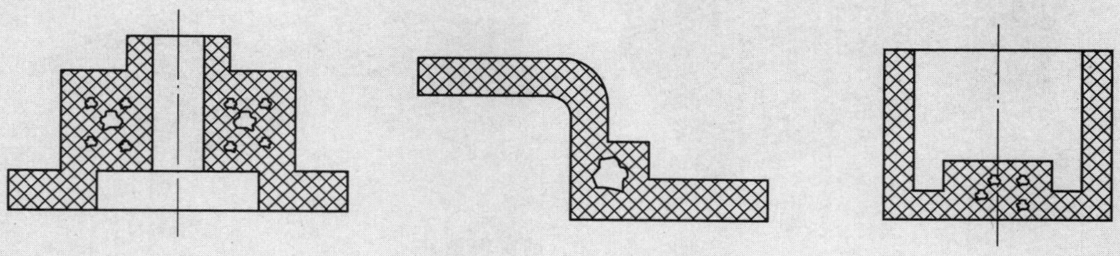

(a) (b) (c)

图3.3 壁厚不均导致塑件产生缩孔和缩松

3.3.2 加强筋(肋)

由于多数塑料的弹性模量和强度较低，受力后容易变形甚至破坏，单纯采用增加塑件壁厚的方法来提高其刚度和强度是不合理也不经济的。所以通常在塑件的相应位置设置加强筋，从而在不增加壁厚的情况下，达到提高塑件刚度和强度、防止塑件变形和翘曲的目的。如图 3.4 所示为加强筋改善壁厚实例。另外，沿着料流方向的加强筋还能改善成型时塑料熔体的流动性，避免气泡、缩孔和凹陷等缺陷的形成。如图 3.5 所示为加强筋实例图片。

(a) (b) (c) (d)

图 3.4 加强筋改善壁厚实例

(a)

(b) (c)

图 3.5 加强筋实例图片

1. 加强筋的典型结构

加强筋的典型结构如图 3.6 所示，在其尺寸设计时应注意以下几点：

（1）加强筋不宜过厚，$b \leqslant (0.4 \sim 0.8)t$，否则其对应壁上会容易产生凹陷。

（2）加强筋设计不应过高，$h \leqslant 3t$，否则，在较大弯矩或冲击负荷作用下受力破坏。

（3）加强筋必须有足够的斜度，$\alpha = 2° \sim 5°$，筋的顶部应为圆角，底部也应呈圆弧过渡 $R \geqslant (0.25 \sim 0.4)t$。

图 3.6 加强筋尺寸

2. 加强筋的设计要点

（1）应布置在塑件受力较大之处，以改善塑件的强度，从而减少塑件的壁厚；

（2）作对称性布置，使壁厚均匀，以减少塑料局部集中，否则会产生缩孔、气泡等缺陷；

（3）矮一些、多一些为好，筋间中心距大于两倍壁厚，以提高塑件的强度和刚度；

（4）加强筋的方向尽量与熔体充模时料流方向一致，否则会使料流受到搅乱，降低塑件的韧性；

（5）尽量避免在加强筋上装置任何零部件；

（6）加强筋的底部与壁连接应圆弧过渡，以防外力作用时，产生应力集中而被破坏。

3. 加强筋设计改进实例

表 3-7 所列为加强筋设计改进的一些实例。如图 3.7 所示为容器的底、盖及边缘的加强结构。

表 3-7 加强筋设计改进实例

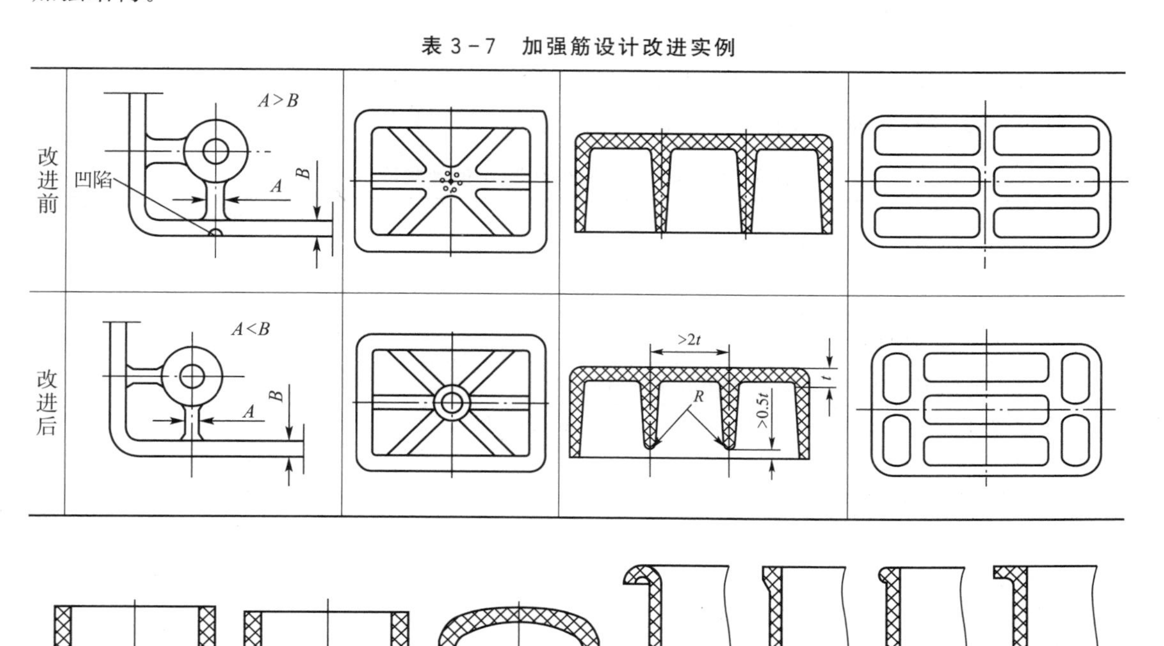

图 3.7 容器的底、盖及边缘的加强结构

3.3.3 脱模斜度

塑件在模具型腔中的冷却收缩会使它紧紧包裹住模具的型芯或其他凸起部分，为了便于从成型零件上顺利脱出塑件，防止在脱模时擦伤或拉断塑件，必须在塑件内、外表面沿脱模方向设计有足够的斜度，即脱模斜度 α，如图 3.8(a)所示。

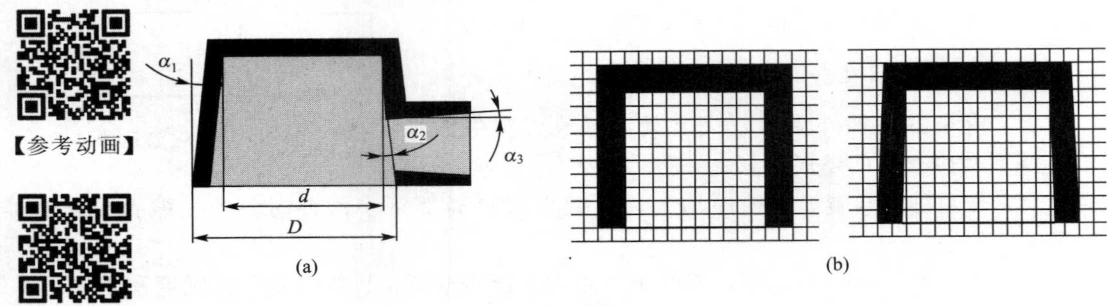

图 3.8 脱模斜度

1. 脱模斜度的选取原则

塑件脱模斜度的选取一般应遵循以下基本原则：

1）斜度的方向

在未经特殊说明的情况下，斜度的方向一般遵循塑件质量减少的原则，即塑件内孔(型芯)尺寸以小端为基准，符合生产图样，斜度由扩大方向选取；塑件外形(型腔)尺寸以大端为基准，符合生产图样，斜度由缩小方向选取。如图 3.8(b)所示。

2）具体取值

塑件脱模斜度的大小与塑料的性质、收缩率的大小、摩擦因数的大小、成型工艺条件、塑件的壁厚及几何形状有关。表 3-8 所列为常用塑料的脱模斜度 α 的经验取值。

表 3-8 常用塑料脱模斜度 α 的经验取值

塑料名称	脱模斜度 α	
	型腔	型芯
聚乙烯(PE)、聚丙烯(PP)、软聚氯乙烯(LPVC)、聚酰胺(PA)、氯化聚醚(CPT)	25′～45′	20′～45′
硬聚氯乙烯(HPVC)、聚碳酸酯(PC)、聚砜(PSU)	35′～40′	30′～50′
聚苯乙烯(PS)、有机玻璃(PMMA)、ABS、聚甲醛(POM)	35′～1°30′	30′～40′
热固性塑料	25′～40′	20′～50′

(1) 一般在保证塑件精度要求的前提下，应尽量取大些，并且内孔脱模斜度大于外形脱模斜度，以便于脱模；

(2) 当塑件的结构不允许有较大斜度或塑件为精密级精度时，α 只能在其公差范围内选取；

(3) 当塑件为中级精度要求时，斜度的选择应保证在配合面的 2/3 长度内满足塑件公差要求，一般取 10′～20′；

(4) 当塑件为粗级精度时，可按 α = 20′、30′、1°、1°30′、2°、3°等取值；

(5) 其他：

①硬性塑料的 α 一般大于软性塑料的 α 值；②塑料的收缩率大，α 应取偏大值；③塑件结构复杂及壁厚较厚时，α 值应偏大些；④对于高度不大的塑件，可不取 α；⑤塑件上凸起或加强肋单边应有 4°～5°的斜度；⑥有时为了让塑件留在动模或定模上，而有意将 α 减小或放大。

强制脱模

塑件内外侧凸凹较浅并允许带有圆角(或梯形斜面)时，则可以用整体凹凸模采取强制脱模的方法使塑件从模具上脱下，如图 3.9 所示。但此时塑件在脱模温度下应具有足够的弹性，以使塑件在强制脱出时不会发生变形或损坏，如聚乙烯、聚丙烯、聚甲醛等塑料成型时能适应这种情况；同时在模具结构上还应有弹性变形空间。但是在多数情况下塑件的侧向凹凸不可能强制脱模，此时应采用侧向分型抽芯结构的模具，具体详见第 4.10 节侧向分型与抽芯机构设计。

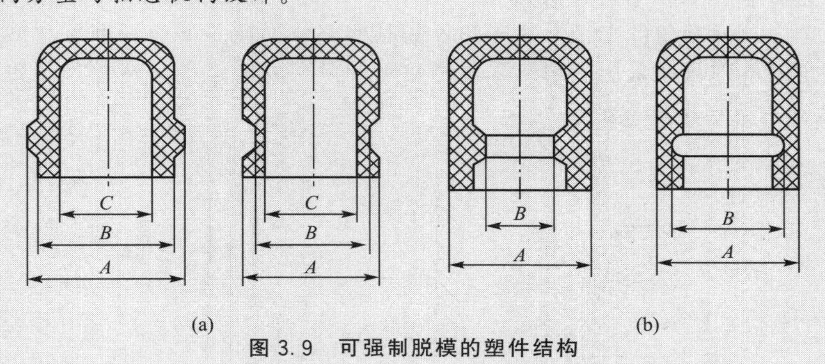

图 3.9 可强制脱模的塑件结构

对于如图 3.9(a)所示塑件结构，可进行强制脱模的条件为：$\frac{A-B}{C}\leqslant 5\%$；对于如图 3.9(b)所示塑件结构，可进行强制脱模的条件为：$\frac{A-B}{B}\leqslant 5\%$。

3.3.4 塑件的支承面

塑件的支承面应保证其稳定性，以塑件的整个底面作为支承是不合理的，因为塑件稍许的翘曲或变形就会使底面不平。通常采用的是以凸出的边框支承或底脚(三点或四点)支承，如图 3.10(b)和图 3.10(c)所示。当塑件底部有加强筋时，应使加强筋与支承面相差 0.5mm 的高度，如图 3.10(d)所示。

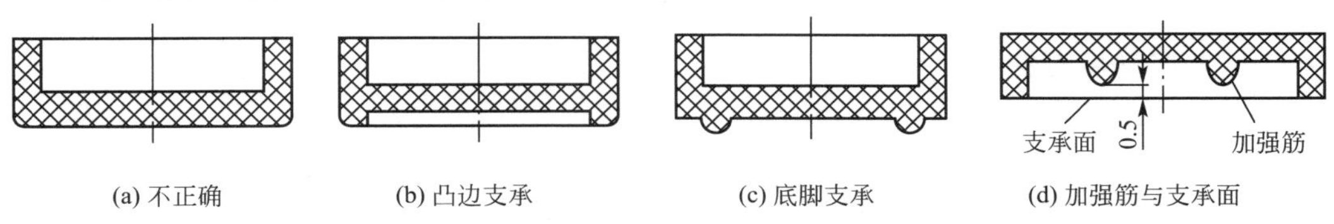

图 3.10 用底脚或凸边作支承面

3.3.5 圆角

带有尖角的塑件在成型时，往往会在尖角处产生局部应力集中，在受力或冲击震动下会发生开裂或破裂。所以，为避免这种情况的出现，在满足使用要求的前提下，塑件的所有的转角尽可能设计成圆角，或者用圆弧过渡。

1. 圆角或圆弧过渡的作用

采用圆角或圆弧过渡不仅增加了塑件的强度，还增加塑件的美观程度，同时也大大改善了充模流动特性；另外，塑件的圆角对应于模具也呈圆角，这样有利于模具制造，既增加了模具的强度，在一定程度上也减少了模具热处理或使用时因应力集中而导致开裂情况的出现。

2. 圆角的确定

如图 3.11 所示为塑件受力时应力集中系数与圆角半径的关系，由图中可以看出，理想的内圆角半径应为壁厚的 1/3 以上。通常，塑件内壁圆角半径应是壁厚的一半，而外壁圆角半径可为壁厚的 1.5 倍，一般圆角半径不应小于 0.5mm，壁厚不等的两壁转角可按平均壁厚确定内、外圆角的半径。对于塑件的某些部位如在分型面、型芯与型腔配合等处不便制成圆角的，则只能采用尖角。采用圆角对凹模型腔加工带来麻烦，使钳工劳动量增大，一般 R 应大于 0.5～1mm；

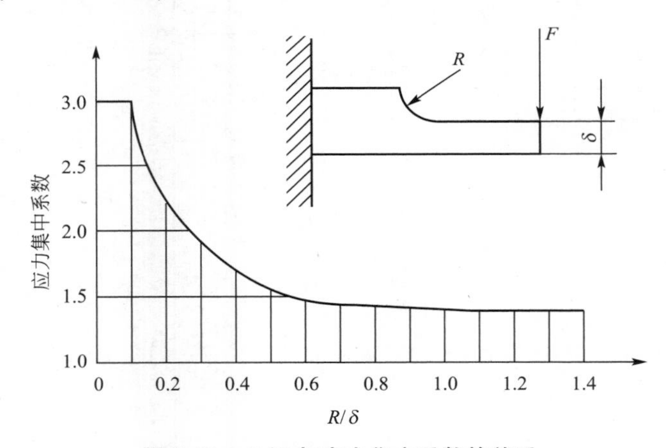

图 3.11 R/δ 与应力集中系数的关系

R—内圆角半径；δ—塑件厚度；F—外加负荷

3.3.6 塑件上的孔(槽)

塑件上常见的孔有通孔、盲孔两类，孔的断面形状有圆孔、矩形孔、螺纹孔及特殊形状的孔等。塑件上的孔可采取三种成型加工方法：①直接模塑出来；②模塑成盲孔再钻通孔；③塑件成型后再钻孔。

常见孔的设计要求：

(1) 塑件上的孔通常采用模具的型芯成型，因此应设计工艺上易于加工的孔；模塑通孔要求孔径比(长度与孔径的比值)要小些，当通孔孔径小于 1.5mm，由于型芯易弯曲折断，不适于模塑成型；盲孔的深度 $h<(3\sim5)d$，$d<1.5$mm 时，$h<3d$ 。

(2) 各种形式的孔都应尽量短些、孔径大些；设计孔的位置应不致影响塑件的强度，并应尽量不增加模具制造的复杂性；在孔之间和孔与边缘之间应留有足够的距离，一般孔与孔的边缘或孔边缘与塑件外壁的距离应不小于孔径，如图 3.12 所示。

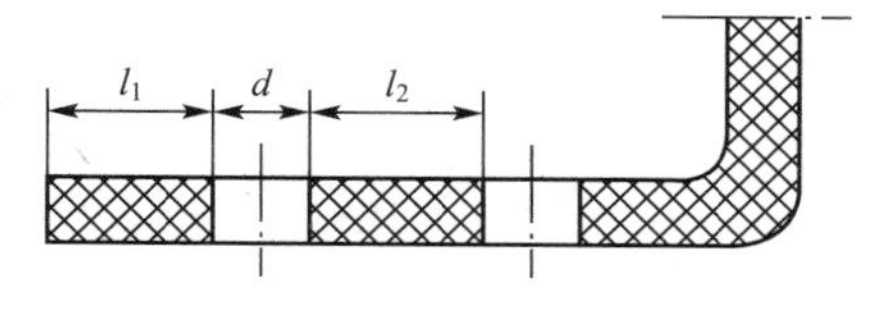

图 3.12 塑件上孔的位置设计

(3) 塑件上的固定用孔和其他受力孔的周围可设计一凸边予以加强，如图 3.13 所示。

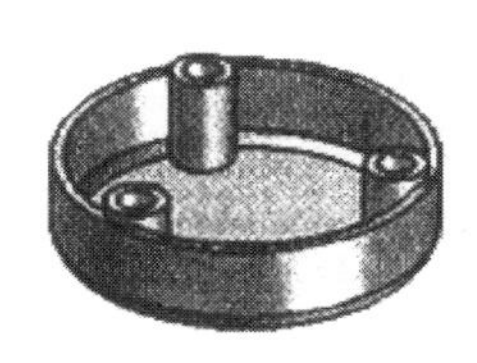
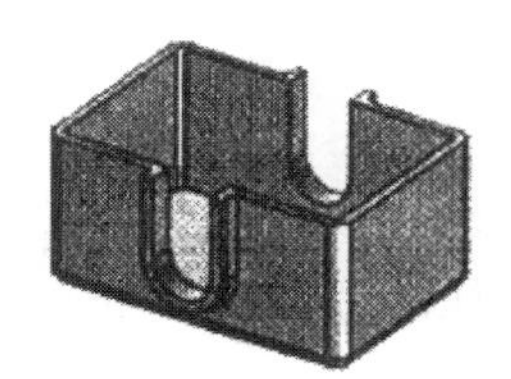
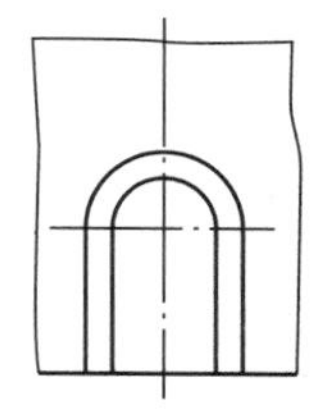
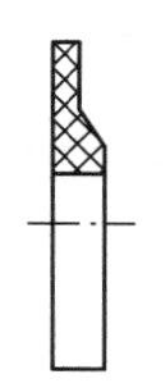
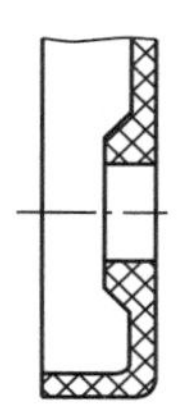
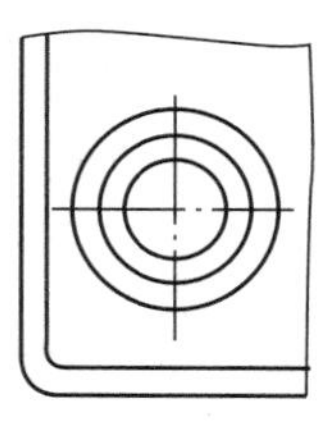

图 3.13 孔的加强

(4) 成型孔所用的型芯应设法提高其刚性和稳定性，以保证塑件孔的位置精度和形状要求。

(5) 不应盲目提高孔的尺寸精度和表面粗糙度要求。

(6) 异型孔、斜孔、侧孔可采用拼合型芯来成型。

各种孔的模塑型芯设计见表 3-9。塑件上的槽与孔的设计要求类似。

【参考动画】

表 3-9 各种孔的模塑型芯设计

类型	简图	特点	适用
通孔		型芯相当悬臂梁的单支点，固定孔的一端容易产生横向飞边	一般用于成型较浅的通孔
		为了满足安装和使用上的要求，常常将两个型芯直径尺寸设计成相差 0.5～1mm，两型芯接合处容易产生横向飞边	可用于成型较深，但轴向精度要求不高的通孔
		一端固定，另一端导向支撑的双支点结构，当导向部分磨损后，会在导向口处出现纵向飞边	可用于成型较深且有轴向精度要求的通孔

（续）

类型	简图	特点	适用
盲孔	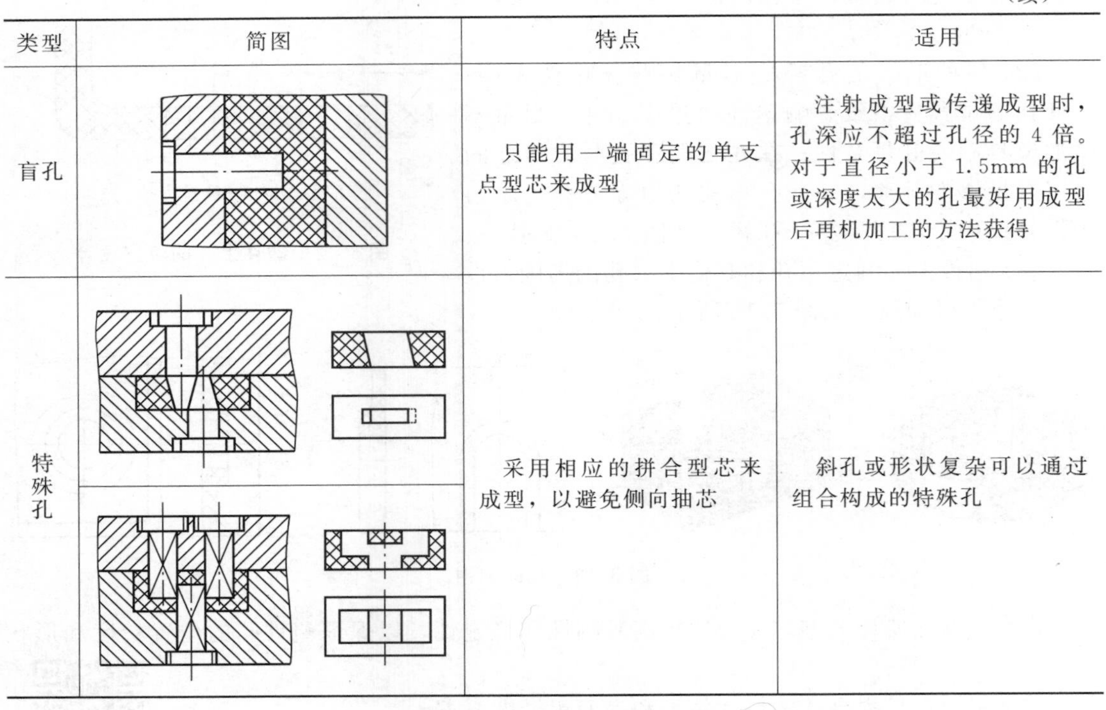	只能用一端固定的单支点型芯来成型	注射成型或传递成型时，孔深应不超过孔径的 4 倍。对于直径小于 1.5mm 的孔或深度太大的孔最好用成型后再机加工的方法获得
特殊孔		采用相应的拼合型芯来成型，以避免侧向抽芯	斜孔或形状复杂可以通过组合构成的特殊孔

3.3.7 塑件上螺纹的设计

塑件上的螺纹可以直接用模具成型，也可以用后续的机械切削加工成型，在经常装拆和受力较大的地方，则通常采用金属螺纹嵌件。如图 3.14 所示为塑料螺纹实例图片。

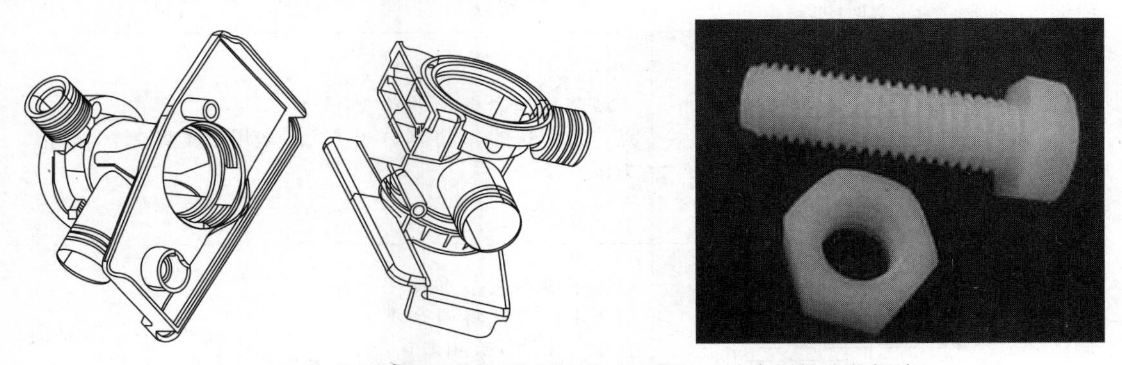

图 3.14　塑料螺纹实例图片(外螺纹是连续螺纹，孔内侧是分段螺纹)

塑件上螺纹的设计要点：

(1) 由于成型收缩的影响，塑料螺纹的精度不能要求太高，一般低于 MT3 级；同时，塑料螺纹在成型过程中，螺距尺寸容易变化。因此，一般塑料螺纹的螺距不应小于 0.7mm，注射成型螺纹直径不得小于 2mm，压制成型螺纹直径不得小于 3mm。

(2) 由于塑料螺纹的强度仅为金属螺纹强度的 1/10～1/5，所以，塑件上螺纹应选用螺牙尺寸较大者，螺纹直径小时就不宜采用细牙螺纹(表 3－10)，否则会影响其使用强度。

表 3-10 塑件螺纹选用范围

螺纹公称直径/mm	螺纹种类				
	公制标准螺纹	1 级细牙螺纹	2 级细牙螺纹	3 级细牙螺纹	4 级细牙螺纹
<3	+	—	—	—	—
3～6	+	—	—	—	—
6～10	+	+	—	—	—
10～18	+	+	+	—	—
18～30	+	+	+	+	—
30～50	+	+	+	+	+

注：表中“+”号表示能选用螺纹。

(3) 如果不考虑模具螺纹螺距的收缩，则塑件螺纹与金属螺纹的配合长度不能太长，一般不大于螺纹直径的 1.5 倍(或 7～8 牙)，否则会降低与之相旋合螺纹间的可旋入性，还会产生附加应力，导致塑件螺纹的损坏及连接强度的降低。

(4) 为增加塑件螺纹的强度，防止最外圈螺纹可能产生的崩裂或变形，在其始末端设置过渡段和保护台阶，如图 3.15 所示。过渡段的数值按表 3-11 选取。

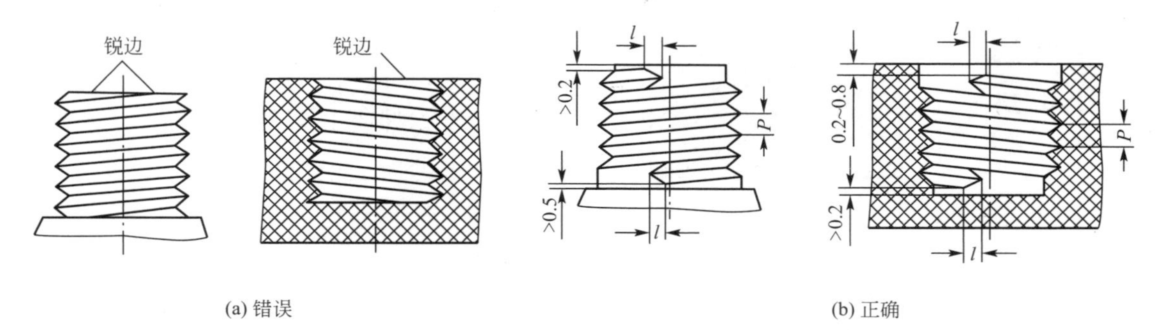

(a) 错误　　(b) 正确

图 3.15 塑件螺纹的正误形状

表 3-11 塑件螺纹始末端的过渡长度 (单位：mm)

螺纹直径	螺距 P		
	<0.5	0.5～1.0	>1.0
	始末端的过渡长度 l		
≤10	1	2	3
10～20	2	3	4
20～34	2	4	6
34～52	3	6	8
>52	3	8	10

注：始末端长度相当于车制金属螺纹型芯或型腔时的退刀长度。

(5) 如果塑件上的螺纹在使用时不经常拆卸且紧固力不大时，可采用自攻螺钉的结构固定，塑件上自攻螺钉的底孔见表 3-12。

表 3-12　自攻螺钉底孔　　（单位：mm）

自攻螺纹规格	底孔 d	凸台外径规格 D
M3	$2.4^{+0.1}$	6.5
M4	$3.5^{+0.1}$	7.5
M5	$4.4^{+0.1}$	8.5

（6）在同一螺纹型芯或型环上有前后两段螺纹时，应使两段螺纹的旋向相同，螺距相等，以简化脱模，如图 3.16(a)所示。否则需采用两段型芯或型环组合在一起的形式，成型后再分段旋下，如图 3.16(b)所示。

【参考动画】

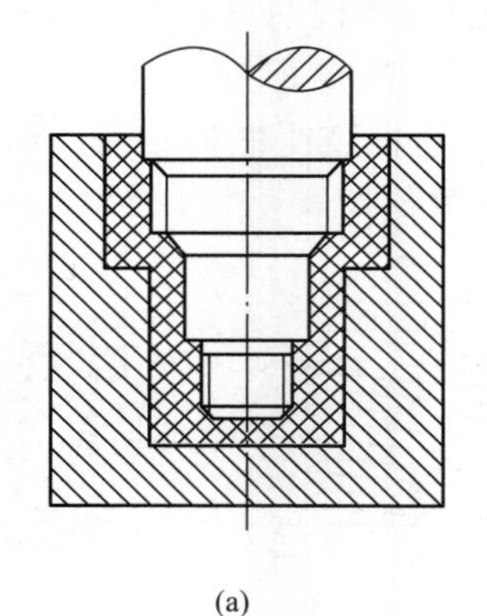
(a)

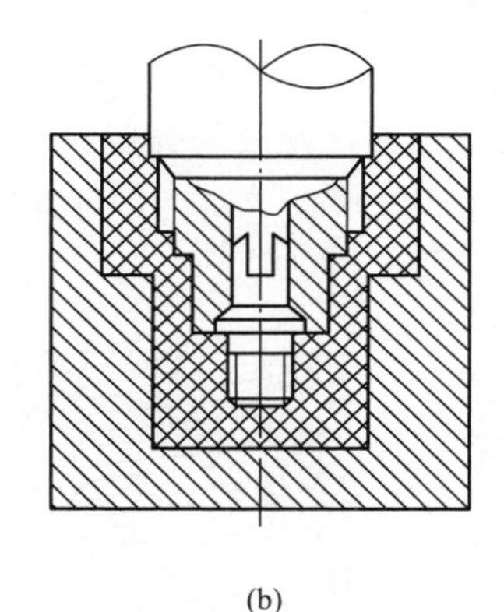
(b)

图 3.16　两端同轴螺纹的设计

知识提醒

螺纹直接成型的方法有：①螺纹成型零件(型芯或螺纹型环)成型，该法在模具结构上需配有旋转驱动装置。多见于成型内螺纹。对于软塑料且呈圆形或梯形断面的浅螺牙，也可强制脱模。②瓣合模成型，生产效率高，但常带有飞边。多见于外螺纹或分段内螺纹的成型。

3.3.8　塑料齿轮的设计

塑料齿轮由于噪声低、惯性小、耐腐蚀、成型工艺好、成本低，并且具有自润滑性能，因此广泛应用于仪器仪表和各种家用电器的机械传动中。如图 3.17 所示为塑料齿轮实例图片。

为了使塑料齿轮适应注射成型工艺，保证轮辐、辐板和轮毂有相应的厚度，应对齿轮的各部尺寸作相应规定，见表 3-13。

相同结构的齿轮应该使用相同的塑料，以防止因收缩率不同而引起的啮合不佳的情况发生。

图 3.17　塑料齿轮实例图片

表 3-13　塑料齿轮的各部分尺寸关系

	齿轮的各部尺寸关系
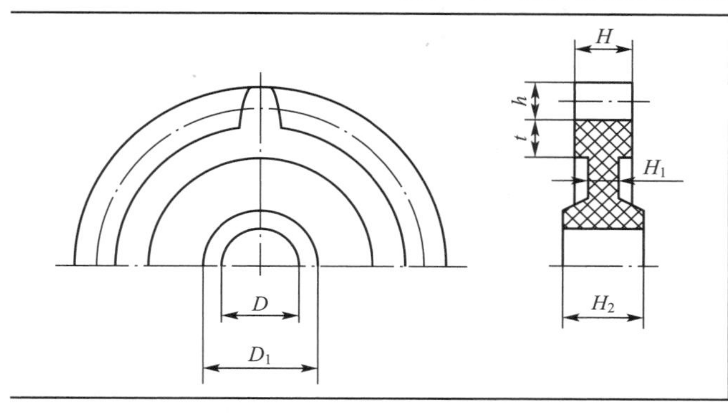	1. 轮缘宽度 t 至少为全齿高 h 的 3 倍 2. 辐板厚度 H_1 应等于或小于齿宽厚度 H 3. 轮毂厚度 H_2 应大于或等于齿宽厚度 H，并相当于轴孔直径 D 4. 轮毂外径 D_1 最小应为轴孔直径 D 的 1.5～3 倍

为减少塑料齿轮尖角处的应力集中和成型时应力的影响，应尽量避免截面尺寸的突然变化或出现尖角，尽可能加大各表面相接或转折处的圆角及过渡圆弧的半径；同时，为避免装配时产生应力，轴与孔应尽可能不采用过盈配合，而采用销钉或半月形孔配合的形式，如图 3.18 所示。

对于薄壁齿轮，壁厚不均会引起齿型歪斜，对此可采用无轮毂无轮缘的结构可以很好地改善这种情况。但如在辐板上有大孔时，如图 3.19(a)所示，因孔在成型冷却时很少向中心收缩，会使齿轮歪斜，对此可采用如图 3.19(b)所示的辐板结构，则可得到改善。

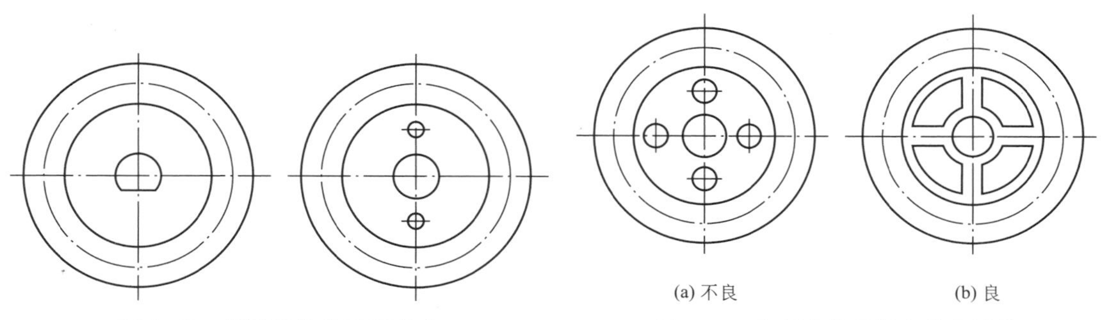

图 3.18　塑料齿轮的固定形式

图 3.19　塑料齿轮辐板和轮辐结构

要点提示

塑料齿轮目前用于多种传动机构中。尼龙、聚碳酸酯、聚甲醛和聚砜等塑料均具有优良的耐磨性和力学性能，因此常被用来制作塑料齿轮。

3.3.9 嵌件

在塑件内压入其他的零件形成不可拆卸的连接，此压入零件称为嵌件。嵌件可以是金属、玻璃、木材或已成型的塑件。如图 3.20 所示为带嵌件的塑件实例图片。

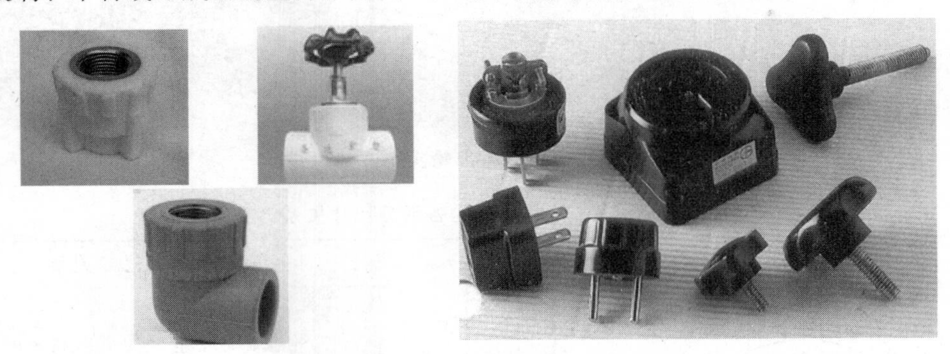

图 3.20 带嵌件的塑件实例图片

1）嵌件的作用

镶入嵌件的目的主要是为了提高塑件的局部强度、力学性能和磨损寿命，满足某些特殊的使用要求(如导电、导磁、抗耐磨和装配连接等)及保证塑件的精度、尺寸形状的稳定性等。但是，采用嵌件往往会增加塑件的成本，使模具结构复杂，并带来成型时间延长，且难以实现生产自动化等问题。因此，塑件设计时应慎重合理地选择嵌件，并尽可能地避免嵌件的使用。

2）常见的嵌件形式

常见的嵌件形式如图 3.21 所示。图 3.21(a)和图 3.21(b)所示为圆筒形嵌件，有通孔和不通孔两种，带螺纹孔的嵌件最为常见，它常用于经常拆卸或受力较大的场合以及导电部位的螺纹连接；图 3.21(c)所示为带台阶圆柱形嵌件；图 3.21(d)所示为片状嵌件，常用作塑件内导体、焊片等；图 3.21(e)所示为细杆状贯穿嵌件，汽车转向盘即为特例。

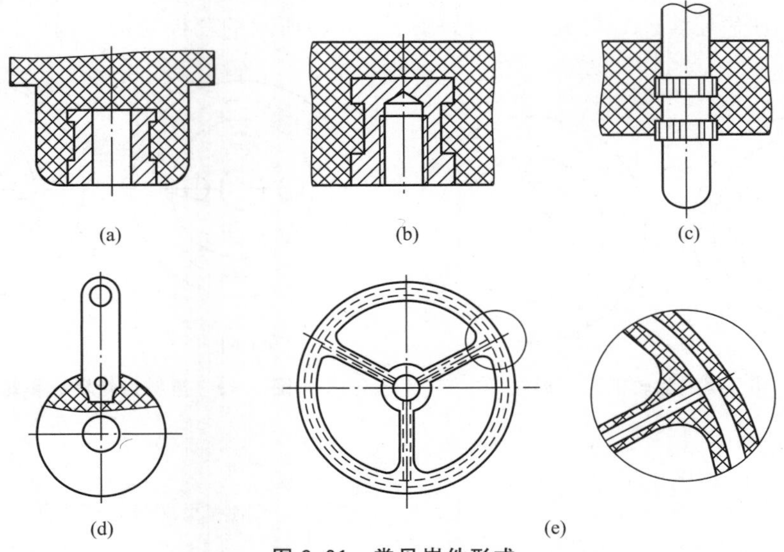

图 3.21 常见嵌件形式

3）嵌件的设计要点

（1）嵌件与塑件应牢固连接。为了使嵌件牢固地固定在塑件中，防止嵌件受力时在塑件内转动或轴向移动，嵌件表面必须设计成适当的伏陷状，见表3-14。嵌件无尖角、圆形或对称，保证收缩均匀，避免应力集中。

表3-14 嵌件在塑件内的固定形式

图例	说明
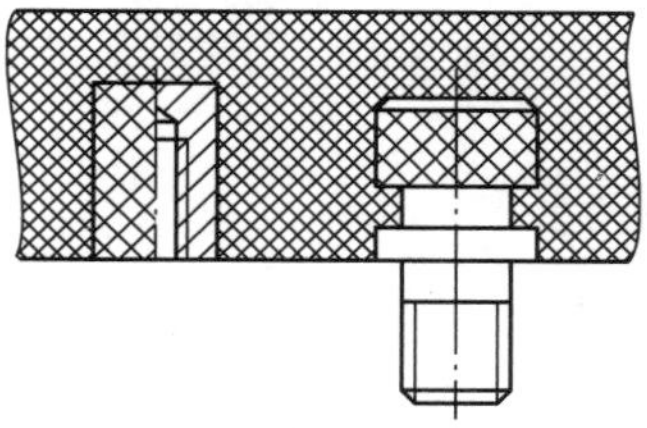	菱形滚花是最常用的，其抗拉和抗扭的力比较大；在受力大的场合可以在嵌件上开设环状沟槽，小型嵌件上的沟槽，其宽度应不小于2mm，深度为1～2mm
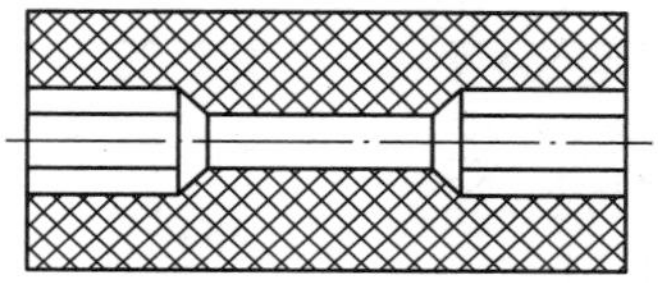	采用直纹滚花，可降低轴向的内应力，但必须开设环形沟槽，以免受力轴向移动
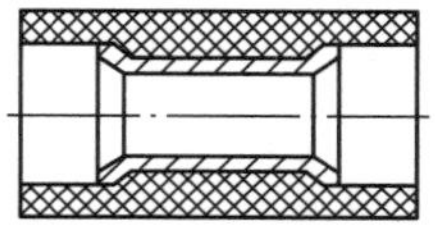	薄壁管状嵌件可采用边缘翻边固定
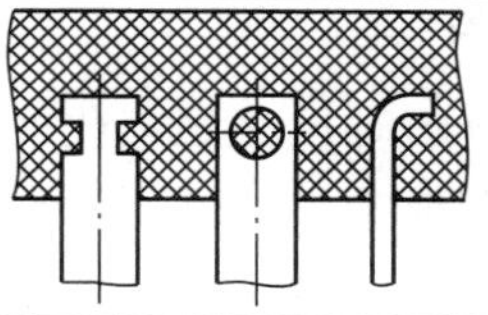	片状嵌件可以用切口、孔眼或局部折弯来固定
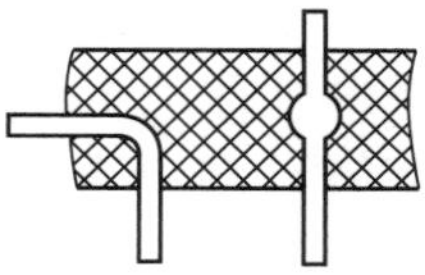	针状嵌件可砸扁其中一段或折弯等办法来固定

（2）嵌件应在模具内定位可靠。为避免嵌件在成型过程中受高压高速的塑料流冲击而可能发生位移或变形，同时，也防止塑料挤入嵌件上预留的孔或螺纹中影响其使用，安放在模具内的嵌件必须定位可靠。嵌件的轴线应尽可能与分型面、料流方向一致。

如图3.22所示为外螺纹嵌件在模内的固定形式。图3.22(a)利用嵌件上的光杆部分和模具配合；图3.22(b)利用凸肩的形式与之配合，既增加了嵌件的稳定性，又可以阻止塑料流入螺纹中；图3.22(c)采用的凸出圆环，可在成型时被压紧在模具上形成密封环，阻止了塑料的溢入。

如图3.23所示为内螺纹嵌件在模内的固定形式。图3.23(a)为嵌件直接插在模内的光杆上；图3.23(b)和图3.23(c)为以一凸出的台阶与模具上的孔相配合，增加了定位的稳定性和密封性；图3.23(d)采用内部台阶与模具上的插入杆配合。对于通孔螺纹嵌件，多采用将嵌件拧在具有外螺纹的杆件上再插入模具，当注射压力不大，且螺牙很细小时

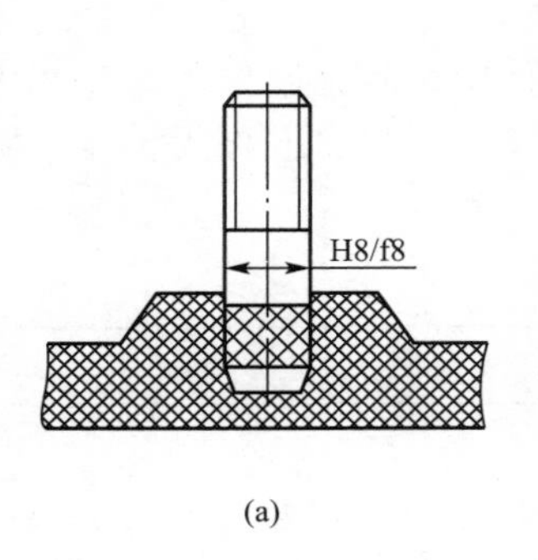

(a)

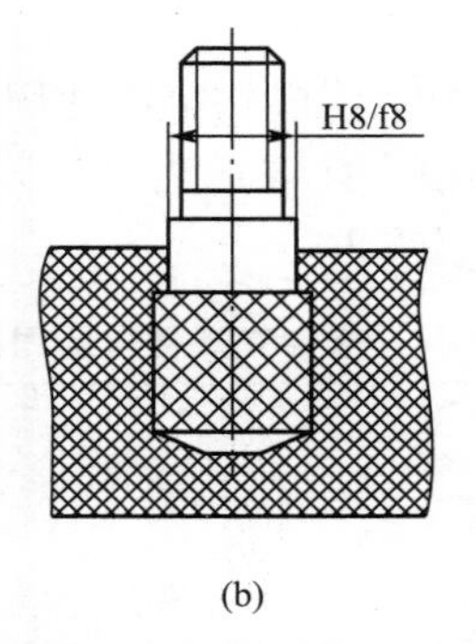

(b)

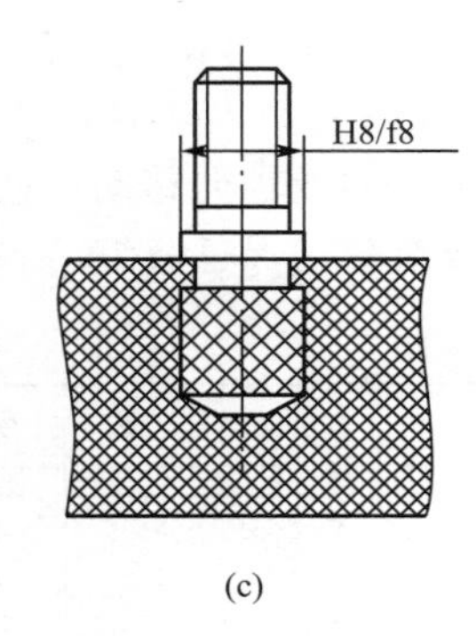

(c)

图 3.22　外螺纹嵌件在模内的固定形式

(M3.5mm 以下)也可直接插在模具的光杆上，此时，塑料可能挤入一小段螺纹牙缝内，但不会妨碍多数螺纹牙。

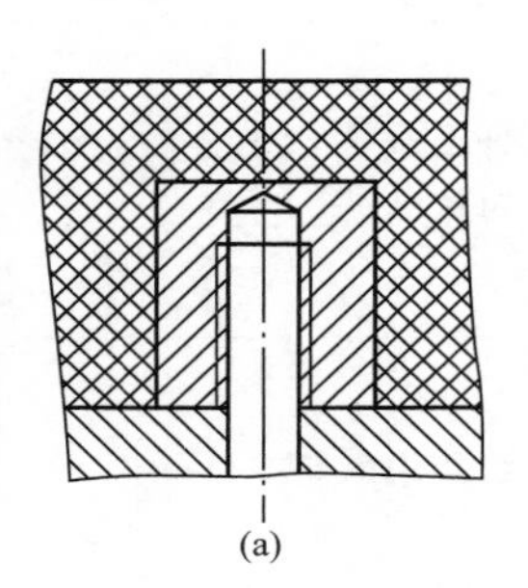

(a)

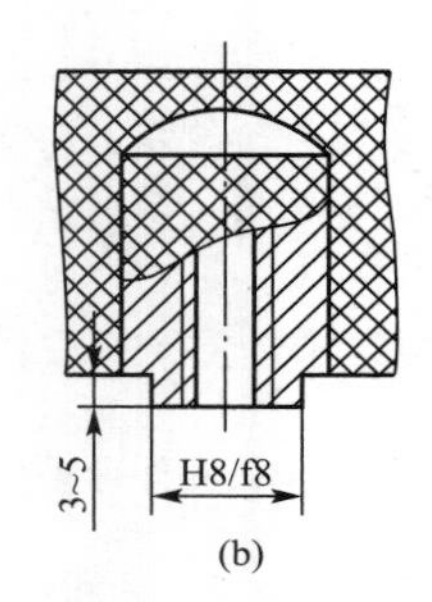

(b)

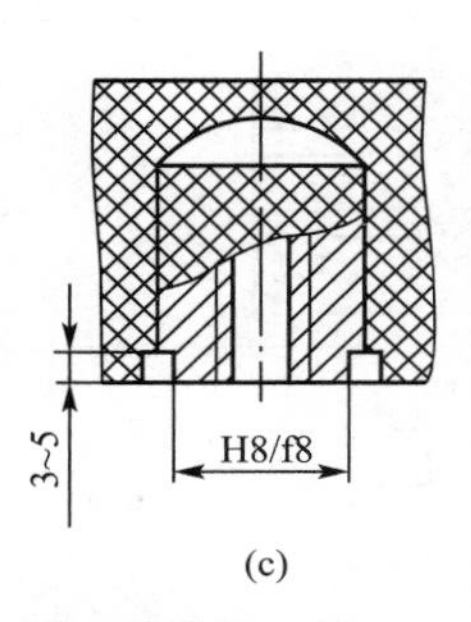

(c)

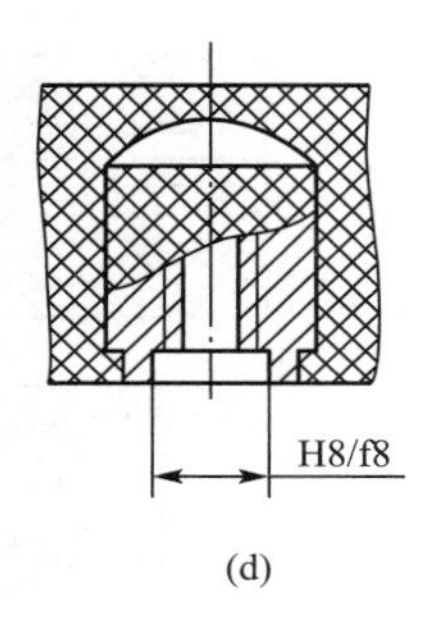

(d)

图 3.23　内螺纹嵌件在模内的固定形式

(3) 嵌件的周围有足够的塑料层厚度。由于金属嵌件冷却时尺寸的变化值与塑料的热收缩值相差很大，致使嵌件周围产生较大的内应力，甚至造成塑件的开裂。对某些刚性强的工程塑料更明显，而对于弹性和冷流动性大的塑料则应力值较低。因此：①尽量选用与塑料线膨胀系数相近的金属作嵌件。②应使嵌件的周围塑料层具有足够的厚度。可参见表 3-15选取。表中数值适用于酚醛及相类似的热固性塑料及对应力开裂不太敏感的热塑性塑料，对应力开裂敏感的热塑性塑料，如聚苯乙烯、聚碳酸酯、聚砜等，$C \geqslant D$。③热塑性塑料注射成型时，应将大型嵌件预热到接近于物料温度。④对于内应力难以消除的塑料，可先在嵌件周围被覆一层高聚物弹性体或在成型后通过退火处理来降低内应力。嵌件的顶部也应有足够厚的塑料层，否则嵌件顶部塑件表面会出现鼓包或裂纹。

表 3-15　金属嵌件周围的塑料层厚度　　(单位：mm)

图　例	金属嵌件直径 D	周围塑料层最小厚度 C	顶部塑料层最小厚度 H
	≤4	1.5	0.8
	4～8	2.0	1.5
	8～12	3.0	2.0
	12～16	4.0	2.5
	16～25	5.0	3.0

为了提高生产效率，减小嵌件造成的内应力，也可采用成型后再装配入嵌件的方法。这种嵌件的嵌入应在脱模后趁热进行，以利用塑件后收缩来增加紧固性。当然也可以利用超声波等其他方法使嵌件周围的热塑性塑料层软化而压入嵌件。

3.3.10 铰链的设计

利用某些塑料(如聚丙烯)的分子高度取向的特性，可将带盖容器的盖子和容器通过铰链结构直接成型为一个整体，这样既省去了装配工序，又可避免金属铰链的生锈。常见塑料铰链截面形式如图 3.24 所示。

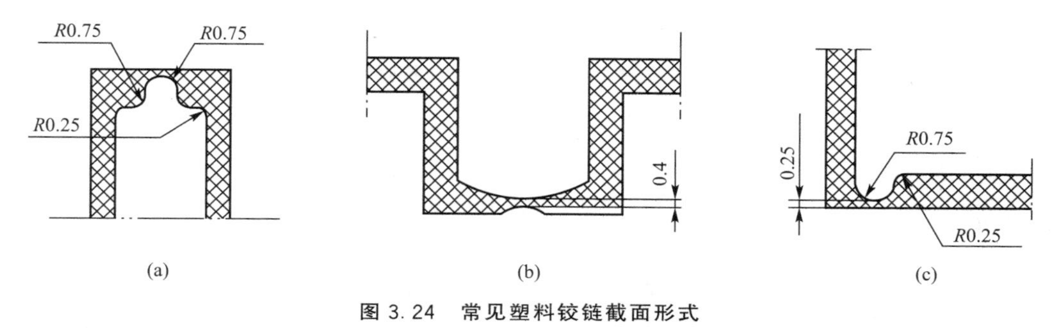

图 3.24 常见塑料铰链截面形式

铰链的设计要点如下：

(1) 铰链的曲率半径部分尽可能地采用薄壁，一般为 0.2～0.4mm，并且其厚度必须均匀一致，壁厚的减薄处应以圆弧过渡。

(2) 铰链部分的长度不宜过长，否则折弯线不在一处，影响闭合效果。

(3) 铰链剖面形状应该对称，当铰链要转折时，应预留铰链部位空间，即增大铰接部分的尺寸。

(4) 在成型过程中，熔体流向必须垂直于铰链轴线方向，以使大分子沿流动方向取向，脱模后立即折弯数次。

3.3.11 塑件表面文字、标记、图案及表面彩饰

1. 塑件上表面文字、标记、图案

有凸形和凹形两种，当塑件上的文字、标记、图案为凸形时，模具上就相应地为凹形，如图 3.25(a)所示，它在制模时比较方便，可直接在成型零件上用机械或手工雕刻或电加工等方法成型；当塑件上的文字、标记、图案为凹形时，模具上就相应地为凸形，如图 3.25(b)所示，它在制模时要将文字、标记、图案周围的金属去掉，是很不经济的。所以，为了便于成型零件表面的抛光及避免文字、标记、图案的损坏，一般尽量在有文字、标记、图案的部位，于对应的模具位置上，采用镶块的形式，为避免镶嵌的痕迹，可将镶块周围的结合线作为边框，如图 3.25(c)所示。塑件上标记的凸出高度不小于 0.2mm，线条宽度一般不小于 0.3mm，通常以 0.8mm 为宜。两条线的间距不小于 0.4mm，边框可比文字高出0.3mm以上，标记的脱模斜度可大于 10°。

2. 塑件的表面彩饰

塑件的表面彩饰可以改善塑件外观的美感，同时还有利于隐藏塑件表面在成型过程中所产

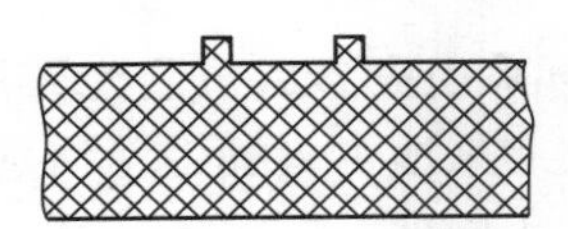
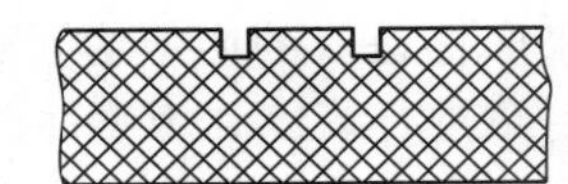
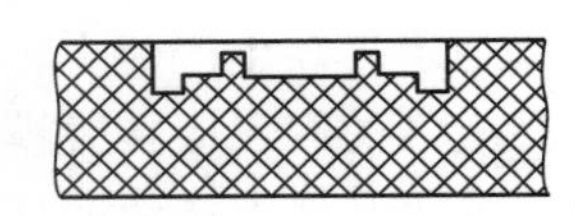

【参考动画】

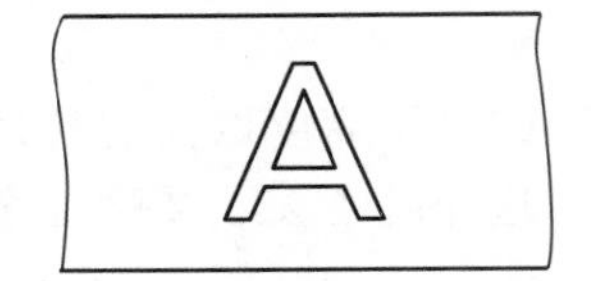

(a) 凸字　(b) 凹字　(c) 凹底凸字

图 3.25　塑件上的文字、标记、符号等形式

生的疵点、银纹等缺陷，通过喷漆增加塑件质感，使色彩鲜艳多样化，也可使塑件耐一定腐蚀、防止塑料老化。目前对塑件表面常采用纹理、丝印、喷漆等方法进行表面彩饰。如图 3.26 所示为收音机外壳的纹理装饰、头盔 PC 外壳的图案采用丝网印刷、手机外壳的喷漆等。

(a) 收音机外壳纹理

(b) 头盔图案

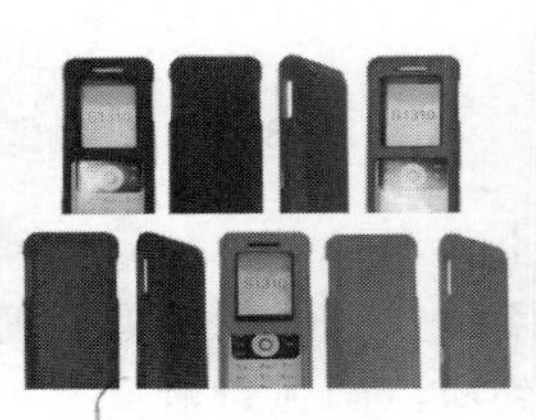
(c) 手机外壳

(d) PP保险杆

图 3.26　塑件的表面彩饰

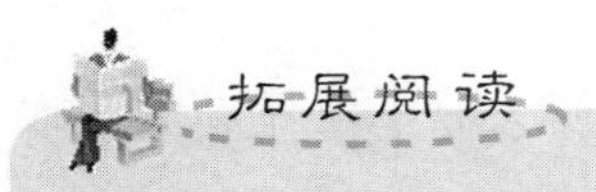
拓展阅读

塑件表面彩饰的常用方法

1. 塑件表面的纹理

如皮革纹、橘皮纹、木纹、雨花纹、亚光面等装饰花纹，可以隐蔽产品表面在成型过程中产生的缺点，使产品外观美观，迎合视觉的需要，防滑、防转、有良好的手感。制成麻面或亚光面，还可防止光线反射、消除眼部疲劳等。成型塑件表面纹理的模具型腔面常用加工方法有以下几种。

1) 电火花纹(EDM Texture)

电火花加工时，因电流产生的瞬时高温腐蚀工件而留下的砂纹。其优点是放电加工时即可保留砂纹，调节电流大小可获得不同粗细的砂纹，缺点是纹路单一。

2) 喷砂纹(Short Blast Texture)

采用压缩空气为动力，以形成高速喷射束将喷料(铜矿砂、石英砂、金刚砂、铁砂、海南砂)高速喷射到需要处理的工件表面，使工件表面的外表面的外表或形状发生变化，由于磨料对工件表面的冲击和切削作用，使工件的表面获得一定的清洁度和不同的粗糙度。其优点是工艺简单成本低，缺点是纹路单一，而且不均匀。

3）晒纹（Texture）

采用抗蚀转印油墨，在贴花纸上丝印装饰纹，用贴膜法把装饰纹油墨转印到模具上，经干燥修整后，进行化学腐蚀，在模具上获得所需纹路和文字。其优点是晒制不同图案的胶片可获得很多种装饰纹路：如皮革纹、橘皮纹、木纹、雨花纹、亚光面。同一种花纹，如调节药水比例和腐蚀时间可获得亚光亮光两种效果。其缺点是加工成本高，工艺复杂，对胶片和油墨印刷要求高，而且要求严格控制药水比例，否则纹路会不均匀。

4）电镀镀覆

从20世纪70年代起，塑件的表面镀层（电的铬、金、银）等广泛采用。

2. 塑件的丝网印刷

塑件的二次机工（或称再加工）中的一种。丝网印刷的基本原理是：丝网印版的部分网孔能够透过油墨，漏印至承印物上；印版上其余部分的网孔堵死，不能透过油墨，在承印物上形成空白。传统的制版方法是手工的，现代普遍使用的是光化学制版法。这种制版方法，以丝网为支撑体，将丝网绷紧在网框上，然后在网上涂布感光胶，形成感光版膜，再将阳图底版密合在版膜上晒版，经曝光、显影，印版上不需过墨的部分受光形成固化版膜，将网孔封住，印刷时不透墨；印版上要过墨的部分的网孔不封闭，印刷时油墨透过，在承印物上形成墨迹，印刷时在丝网印版的一端倒入油墨，油墨在无外力的作用下不会自行通过网孔漏在承印物上，当用刮墨板以一定的倾斜角度及压力刮动油墨时，油墨通过网版转移到网版下的承印物上，从而实现图像复制。丝网印刷的特点很多，最根本的一点是印刷适应性很强。在所有不同材料和表面形状不同的承印物上都能进行印刷，而且不受印刷面积大小的限制。因此，近年来广泛应用于家电、电子仪器及标牌等塑件上。

3. 塑料喷漆

就是将涂料涂覆到塑件的表面上，并通过产生物理或化学的变化，使涂料的被覆层转变为具有一定附着力和机械强度的涂膜。塑料喷漆涂装为目前电子产品最为广泛应用技术，可以遮蔽塑件表面上轻微的缺陷，增加塑件质感美观及色彩鲜艳多样化，也可防止塑料老化、耐一定腐蚀。塑件喷漆主要流程如下：退火、除油、除静电及除尘、喷涂（底漆、面漆等，2～3道）烘干。涂料一般由树脂、溶剂、颜料及其他添加剂等组成。

搜索一些生活中的塑件实例，根据教材并结合老师的课堂讲授、介绍，选择一典型的塑件，对其工艺性逐项分析，慢慢理解并熟悉塑件的结构工艺要求，掌握塑件结构工艺性设计。

本章小结

塑料制件的工艺性设计是否合理直接影响着塑料成型模具的结构设计和制造方法，合理的工艺设计会大大降低模具结构设计的复杂程度和制造成本。不同的使用要求和环境对塑件的工艺性有着不同的要求，我们在模具设计中不仅要充分了解和熟悉塑件的结构工艺性要求，而且要考虑到模具设计和制造的合理可行性。本章介绍了塑件工艺性设计的基本原则和工艺性设计的主要内容，基于符合使用要求和满足成型条件的角度，对塑件的尺寸精度和表面粗糙度、塑件结构(形状、壁厚、斜度、加强筋、支承面、圆角、孔、螺纹、齿轮、嵌件、铰链)及表面文字标记、图案符号、表面彩饰等设计要求作了较为详尽的阐述。

关键术语

结构工艺性(processability of structure)、脱模斜度(draft)、壁厚(wall thickness)、圆角(rounded corner)、加强筋(reinforcing rib)、螺纹(thread)、齿轮(gear)、嵌件(insert)、铰链(hinge)

习　　题

一、填空题

1. 塑件上加强筋的作用是在不增加________的情况下，达到提高塑件________，避免________的目的。

2. 塑料制件转角处设计成圆弧过渡的原因有__________、__________、__________。

3. 设计塑件嵌件时应考虑____________、________、____________等几方面。

4. 塑料铰链是利用高分子链的塑料在成型时的________作用，所以塑料的流向要________于铰链轴线。

二、判断题(正确的画√，错误的画×)

1. 只能通过增加塑件厚度来提高其刚(强)度。(　　)

2. 模具型腔内表面的粗糙度应和塑件外表面要求一致。(　　)

3. 塑件加强筋设置的方向应尽可能与物料流动的方向一致，以避免熔体流动干扰。(　　)

4. 塑件中镶入嵌件的目的是为了提高塑件的强度。(　　)

5. 由于金属嵌件和塑料的收缩不一致，所以成型后在嵌件周围容易引起内应力。(　　)

三、简述题

1. 从模具设计和成型方面考虑，对塑件的结构工艺性有何要求?

2. 塑件设计对壁厚有什么要求?

3. 影响塑件的尺寸精度的因素主要有哪些?

4. 简述脱模斜度的选取原则。

5. 简述嵌件的作用及设计注意事项。

实 训 项 目

根据本章所学内容，分析如图 3.27 所示塑件的结构工艺性是否合理，如有不合理的地方，请改正。

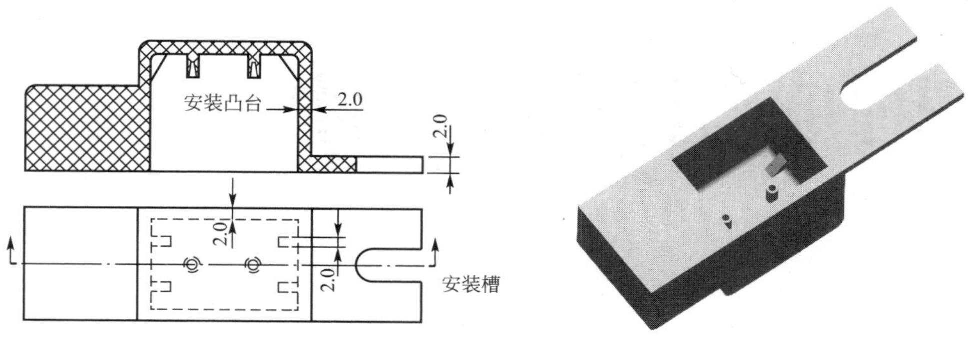

图 3.27 塑件

第4章 注射成型模具设计

知识要点	目标要求	学习方法
注射模具的结构	熟悉	通过观看多媒体课件演示、现场拆装模具实体以获得感性认识，结合老师在教学过程中的讲解及阅读教材相关内容，从而了解典型注射模具的基本结构组成及工作原理，具有读懂不同类型注射模结构图的能力
注射模具与注射机的匹配关系	理解	首先要熟悉注射机的主要技术规范及工艺参数，再理清需要校核的内容，进行实训练习以强化具体分析能力
塑料制件在模具中的位置	掌握	学会运用型腔数目的确定方法，理解消化分型面选择的基本原则，结合实例进行交流探讨
浇注系统的设计	重点掌握	这是注射模设计的核心内容，结合教师所提供的普通流道浇注系统凝料实物，分析对比各种常用浇口的特性、设计要点及适用范围
成型零件的基本结构与设计	重点掌握	首先要理解相关的设计要点，然后结合典型实例举一反三，融会贯通，尤其注意领会实践中的一些技巧
基本结构零部件的设计	掌握	
塑件推出机构设计	掌握	
侧向抽芯机构设计	掌握	
模具温度调节系统	掌握	关键是冷却(加热)水道的设计要点
注射成型新技术	了解	可以选择自己感兴趣的领域进行拓展学习

导入案例

注射成型模具是提高注塑件质量、节约原材料、体现注塑件技术经济性的有效手段。要获得满意的注塑件，对模具而言，有三个关键问题，即正确的模具结构设计、合理的模具材料及热处理方法、高的模具加工质量。目前我国注射成型模具的设计已由经验设计阶段逐渐向理论计算设计阶段发展，因此，在了解并掌握塑料的成型工艺特性、塑料制件的结构工艺性及注射机性能等成型技术的基础上，设计出先进合理的注射成型模具，是一名合格的模具设计技术人员所必须达到的要求。

如图 4.1 所示为塑料传动轮，是一传动结构部件中的电机带轮，塑件原材料选用：POM(聚甲醛)，现需要采用注射成型工艺进行大批量生产，如何设计满足塑件技术要求及生产要求的注射成型模具？重点需要解决以下问题[①]。

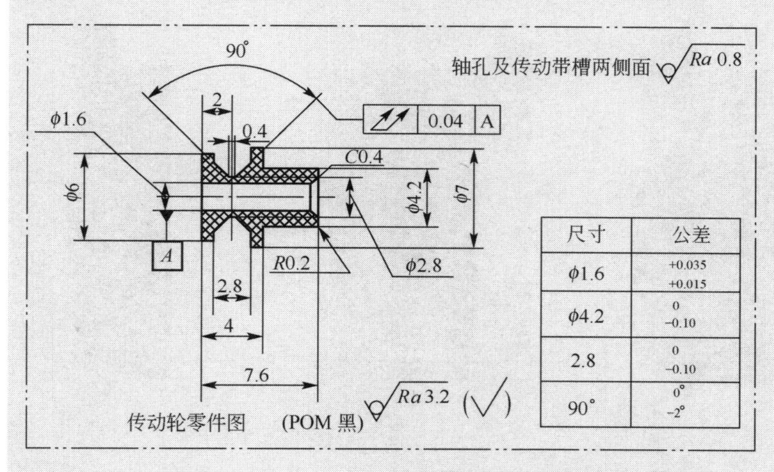

尺寸	公差
φ1.6	$^{+0.035}_{+0.015}$
φ4.2	$^{0}_{-0.10}$
2.8	$^{0}_{-0.10}$
90°	$^{0°}_{-2°}$

(1) 选用注射机；
(2) 确定塑件在模具中的位置；
(3) 模具总体结构；
(4) 浇注系统的设计；
(5) 成型零部件设计；
(6) 塑件的推出机构；
(7) 模具温度调节系统。

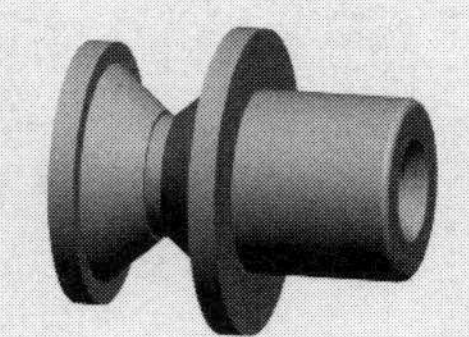

图 4.1 传动轮塑件图

4.1 注射成型模具的基本结构及工作原理

生产实践中，由于涉及成型塑料的品种、塑件的结构形状及尺寸精度、生产批量、注射机类型和注射工艺条件等诸多因素，注射成型模具(以下简称注射模)的结构形式多种多样。如图 4.2 所示为一般结构的注射模实例，如图 4.3 所示为注射模开、闭模状态下的结构剖切示意图。通过归纳、分析，各种注射模结构之间虽然差别明显，但在基本结构和工作原理方面都有一些共同之处，对这些普遍的规律及共同点加以提炼总结，将有助于我们更好地认识并掌握注射模的基本设计规律及设计方法。如图 4.4 所示的注射模结构最具有代表性，下面以该典型结构为例，分析注射模的基本结构组成和工作原理。

---

① 该案例需要解决的问题在附录 4“注射模课程设计范例及课题汇编”中有详细介绍。

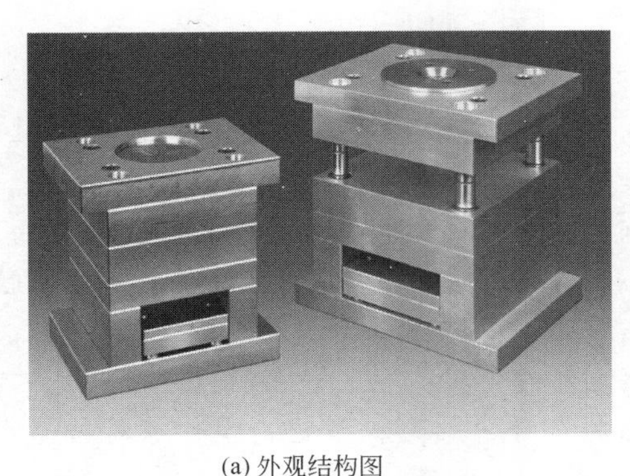

(a) 外观结构图

(b) 打开后的模具内部结构

图 4.2 注射模实例图片

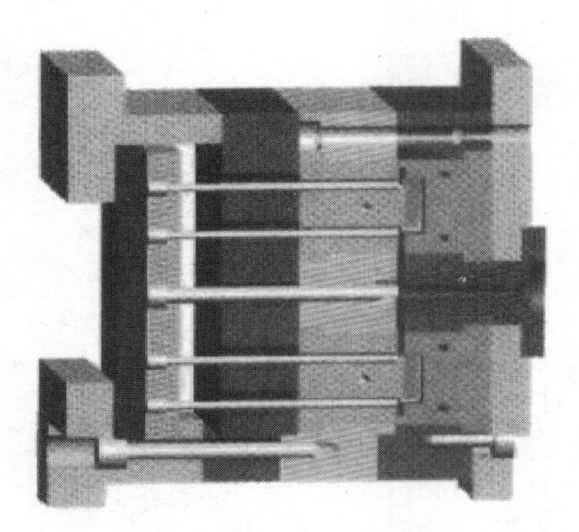

(a) 闭模状态剖面图

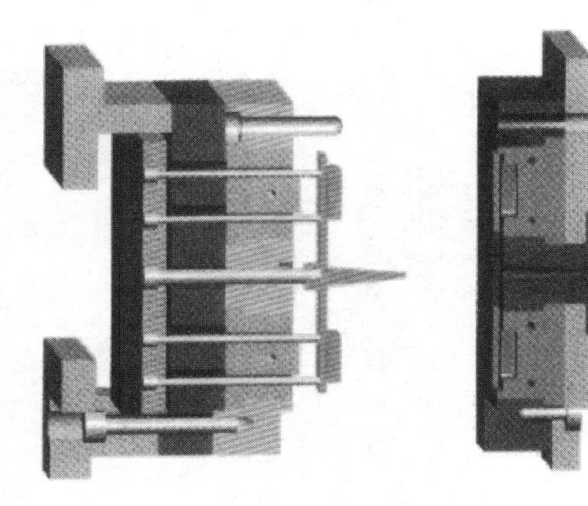

(b) 开模状态剖面图

图 4.3 注射模结构剖切示意图

4.1.1 注射模的基本结构组成

注射模的结构由塑件的结构形状及尺寸精度、注射机类型等诸多因素决定。

不论是简单的还是复杂的注射模，其基本结构都是由动模和定模两大部分组成的。动模部分安装在注射机的移动模板(动模固定板)上，在注射成型过程中它随注射机上的合模系统运动；定模部分安装在注射机的固定模板(定模固定板)上。注射时动模部分与定模部分闭合构成浇注系统和型腔，以便于注射成型，开模时动模和定模分离，一般情况下塑件留在动模上以便于取出塑件。

按照模具上各部分所起的作用，注射模的总体结构组成见表 4-1。

表 4-1 注射模的总体结构组成(以图 4.4 为例)

序号	功能结构	说 明	零件构成
1	成型零部件	与塑件直接接触、成型塑件内表面和外表面的模具部分，它由凸模(型芯)、凹模(型腔)及嵌件和镶块等组成。凸模(型芯)形成塑件的内表面形状，凹模形成塑件的外表面形状，合模后凸模和凹模便构成了模具模腔	动模板 1、定模板 2 和型芯 7

（续）

序号	功能结构	说　明	零件构成
2	浇注系统	熔融塑料在压力作用下充填模具型腔的通道(熔融塑料从注射机喷嘴进入模具型腔所流经的通道)。浇注系统由主流道、分流道、浇口及冷料穴等组成。浇注系统对塑料熔体在模内流动的方向与状态、排气溢流、模具的压力传递等起到重要的作用	浇口套6、拉料杆16、动模板1和定模板2
3	导向机构	为了保证动模、定模在合模时的准确定位，模具必须设计有导向机构。导向机构分为导柱、导套（导向孔）导向机构与内外锥面定位导向机构两种形式。此外，大中型模具还要采用推出机构导向	导柱8和导套9、推板导柱13和推板导套14
4	推出机构	将成型后的塑件及浇注系统凝料从模具中推出的装置	推板15、推杆固定板17、拉料杆16、推板导柱13、推板导套14、推杆18和复位杆19
5	侧向分型与抽芯机构	塑件上的侧向如有凹凸形状及孔或凸台，就需要有侧向的型芯或成型块来成型。在塑件被推出之前，必须先抽出侧向型芯或侧向成型块，然后才能顶离脱模。带动侧向型芯或侧向成型块移动的机构称为侧向分型与抽芯机构	参见图4.12——斜导柱10、侧型芯滑块11、楔紧块9、限位块5，滑块拉杆8、弹簧7、螺母6
6	温度调节系统	为了满足注射工艺对模具的温度要求，必须对模具的温度进行控制，模具结构中一般都设有对模具进行冷却或加热的温度调节系统。模具的冷却方式是在模具上开设冷却水道；加热方式是在模具内部或四周安装加热元件，也可利用水道通入热水实现模具的加热	水道3
7	排气系统	在注射成型过程中，为了将型腔内的气体排出模外，常常需要开设排气系统。排气系统通常是在分型面上有目的地开设几条排气沟槽，另外许多模具的推杆或活动型芯与模板之间的配合间隙可起排气作用。小型塑件的排气量不大，因此可直接利用分型面排气	—
8	支承零部件	用来安装固定或支承成型零部件及前述各部分机构的零部件均称为支承零部件。支承零部件组装在一起，构成注射模具的基本骨架	定模座板4、动模座板10、支承板11和垫块20

根据注射模中各零部件的作用以及与塑料的接触情况，上述八大部分的功能结构可以分为成型零部件和结构零部件两大类。在结构零部件中，合模导向机构与支承零部件合称为基本结构零部件，因为二者组装起来可以构成注射模模架(GB/T 1255—2006《塑料注射模模架》已作出具体的标准化规定)。任何注射模均可以以这种模架为基础再添加成型零部件和其他必要的功能结构件来形成。

4.1.2 注射模的工作原理

以如图4.4所示模具为例，定模部分安装固定在注射机的固定模板(定模固定板)上，在注射成型过程中始终保持静止不动；动模部分则安装固定在注射机的移动模板(动模固定板)上，在注射成型过程中可随注射机上的合模系统运动。

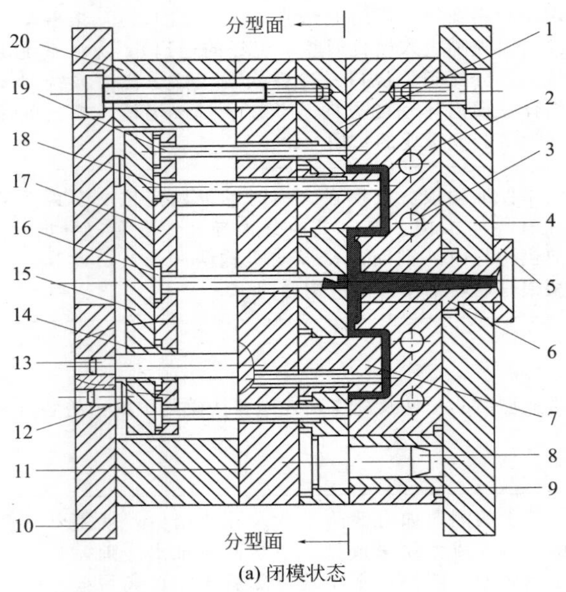

(a) 闭模状态

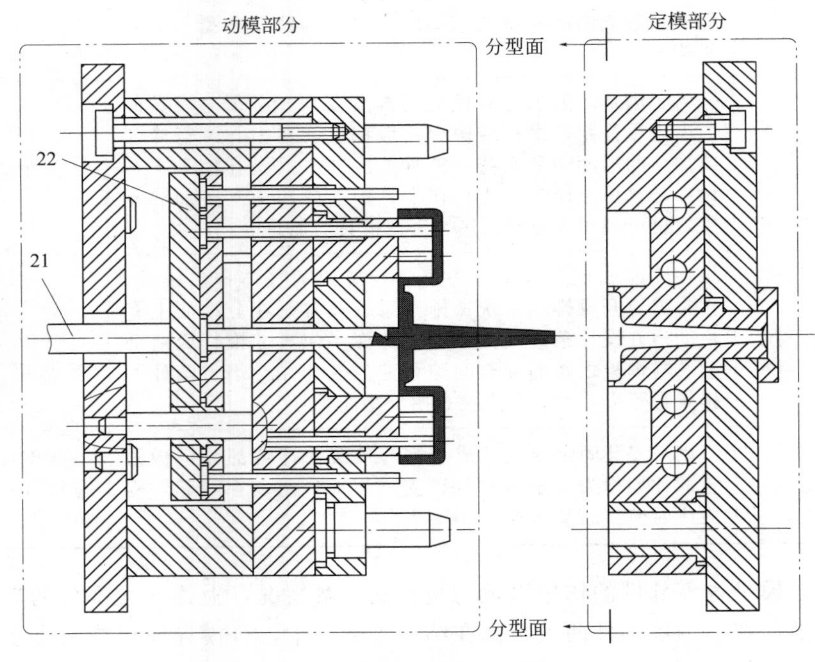

【参考动画】

(b) 开模状态

图 4.4　注射模的典型结构

1—动模板；2—定模板；3—水道；4—定模座板；5—定位圈；6—浇口套；7—型芯；8—导柱；9—导套；10—动模座板；11—支承板；12—限位钉；13—推板导柱；14—推板导套；15—推板；16—拉料杆；17—推杆固定板；18—推杆；19—复位杆；20—垫块；21—注射机液压顶杆；22—内六角螺钉

开始注射成型时，合模系统带动动模部分朝着定模方向移动，并在分型面处与定模部分对合，其对合的精确度由合模导向机构，即由导柱 8 和固定在定模板 2 上的导套 9 来保证。动模和定模对合之后，加工在定模板中的凹模型腔与固定在动模板 1 上的型芯 7 构成与塑件形状和尺寸一致的闭合模腔，模腔由合模系统提供的合模力锁紧，以避免它在塑料熔体的压力下涨开。

注射机从喷嘴中注射出的塑料熔体经由开设在浇口套 6 中的主流道进入模具，再经由分流道和浇口进入模腔。

待熔体充满模腔并经过保压、补缩和冷却定型之后，合模系统便带动动模后撤复位，从而使动模和定模两部分从分型面处开启。

当动模后撤到一定位置时，安装在其内部的推出机构将会在注射机顶杆 21 的推顶作用下与动模其他部分产生相对运动，于是塑件和浇口及流道中的凝料将会被它们从型芯 7 上及从动模一侧的分流道中顶出脱落，就此完成一次注射成型过程。

看懂图 4.4 是学习和掌握塑料注射模具设计的基础。熟悉图 4.4 并能依样画出，对完成本章内容的学习将至关重要，必须加以消化。建议尝试默画，时间控制在两节课之内。

4.2 注射成型模具的典型结构

针对千变万化、种类繁多的注射模结构形式，可以采取不同的分类方法，如图 4.5 所示。

- 注射模分类
  - 按成型塑料的性质
    - 热塑性塑料注射模
    - 热固性塑料注射模
  - 按所用注射机的类型
    - 卧式注射机用注射模
    - 立式注射机用注射模
    - 角式注射机用注射模
  - 按浇注系统的结构形式
    - 普通流道注射模
    - 热流道注射模
  - 按模具的型腔数量
    - 单型腔注射模
    - 多型腔注射膜
  - 按模具的安装方式
    - 移动式注射模(仅用于立式注射机)
    - 固定式注射模(卧式、立式、角式注射机)
  - 按注射成型技术
    - 低发泡注射模
    - 精密注射模
    - 气体辅助注射成型注射模
    - 双色注射模
    - 多色注射模
  - 按模具的典型结构特征
    - 单分型面注射模
    - 双分型面注射模
    - 斜导柱(弯销、斜导槽、斜滑块、齿轮齿条)侧向分型与抽芯注射模
    - 定模带有推出装置的注射模
    - 自动卸螺纹的注射模
    - 带有活动镶件的注射模

图 4.5 注射模的分类

4.2.1 单分型面注射模

单分型面注射模是注射模中最简单、最常见的一种结构形式，也称二板式注射模。单分型面注射模只有一个分型面，其典型结构如图 4.4 所示。单分型面注射模具根据结构需要，既可以设计成单型腔注射模，也可以设计成多型腔注射模，应用十分广泛。

1. 工作原理

合模时，在导柱 8 和导套 9 的导向和定位作用下，注射机的合模系统带动动模部分向前移动，使模具闭合，并提供足够的锁模力锁紧模具。

在注射液压缸的作用下，塑料熔体通过注射机喷嘴经模具浇注系统进入型腔，待熔体充满型腔并经保压、补缩和冷却定型后开模，如图 4.4(a)所示。

开模时，注射机合模系统带动动模向后移动，模具从动模和定模分型面分开，塑件包在型芯 7 上随动模一起后移，同时拉料杆 16 将浇注系统主流道凝料从浇口套 6 中拉出。

开模行程结束，注射机液压顶杆 21 推动推板 15，推出机构开始工作，推杆 18 和拉料杆 16 分别将塑件及浇注系统凝料从型芯 7 和冷料穴中推出，如图 4.4(b)所示，至此完成一次注射过程。

合模时，复位杆 19 使推出机构复位，模具准备下一次注射。

2. 设计注意事项

1）分流道位置的选择

分流道开设在分型面上，它可单独开设在动模一侧或定模一侧，也可以开设在动、定模分型面的两侧。

2）塑件的留模方式

由于注射机的推出机构一般设置在动模一侧，为了便于塑件推出，塑件在分型后应尽量留在动模一侧。为此，一般将受塑件包紧力大的凸模或型芯设在动模一侧，受塑件包紧力小的凸模或型芯设置在定模一侧。

3）拉料杆的设置

为了将主流道浇注系统凝料从模具浇口套中拉出，避免下一次成型时堵塞流道，动模一侧必须设有拉料杆。

4）导柱的设置

单分型面注射模的合模导柱既可设置在动模一侧，也可设置在定模一侧，根据模具结构的具体情况而定，通常设置在型芯凸出分型面最长的那一侧。需要指出的是，标准模架的导柱一般都设置在动模一侧。

5）推杆的复位

推杆有多种复位方法，常用的机构有复位杆复位和弹簧复位两种形式。

单分型面注射模作为一种最基本的注射模结构，可以根据具体塑件的实际要求，增添其他的部件，如嵌件、螺纹型芯或活动型芯等，以此基本形式为基础，可演变出其他各种复杂的结构。如图 4.6 所示为单分型面注射模实例。

4.2.2 双分型面注射模

双分型面注射模具的结构特征是有两个分型面，常常用于点浇口浇注系统的模具，又

(a) 实例1【成型双缸洗衣机壳体】

(b) 实例2【成型光盘】

图 4.6　单分型面注射模实例图片

称三板式(动模板、中间板、定模座板)注射模具，如图 4.7 所示。在定模部分增加一个分型面(*A* 分型面)，分型的目的是为取出浇注系统凝料，便于下一次注射成型；*B* 分型面为主分型面，分型的目的是开模推出塑件。双分型面注射模具与单分型面注射模具比较，结构较复杂。

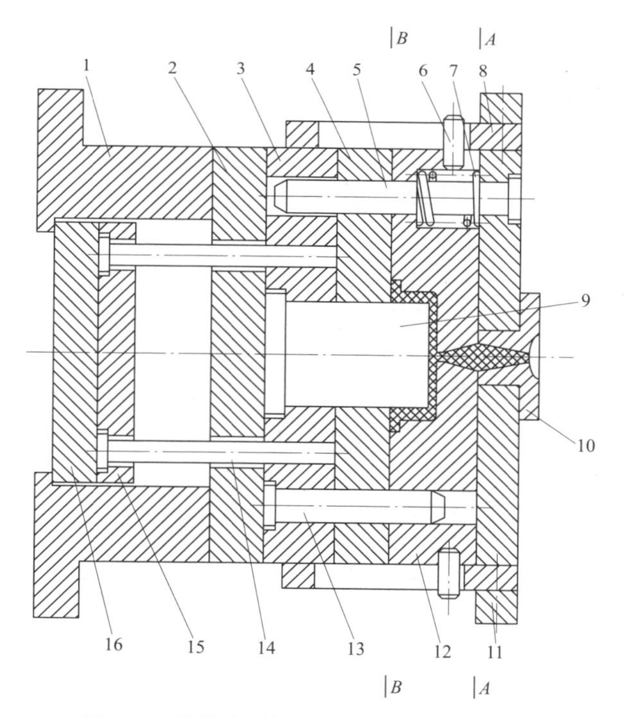

【参考视频】

图 4.7　弹簧分型拉板定距双分型面注射模

1—支架(模脚)；2—支承板；3—型芯固定板；4—推件板；5—导柱；
6—限位销；7—压缩弹簧；8—定距拉板；9—型芯；10—浇口套；11—定模座板；
12—中间板(定模板)；13—导柱；14—推杆；15—推杆固定板；16—推板

1. 工作原理

开模时，动模部分向后移动，由于压缩弹簧 7 的作用，模具首先在 *A* 分型面分型，中间板(定模板)12随动模一起后退，主流道凝料从浇口套10中随之拉出。当动模部分移动一定距离后，固定在定模板12上的限位销6与定距拉板8左端接触，使中间板停止移动，A分型面分型结束。

动模继续后移，B分型面分型。因塑件包紧在型芯9上，这时浇注系统凝料在浇口处拉断，然后在A分型面之间自行脱落或由人工取出。

动模部分继续后移，当注射机的顶杆接触推板16时，推出机构开始工作，推件板4在推杆14的推动下将塑件从型芯9上推出，塑件在B分型面自行落下。

2. 设计注意事项

1）浇口的形式

三板式点浇口注射模具的点浇口截面积较小，直径只有0.5～1.5mm。由于浇口截面积太小，熔体流动阻力较大。

2）导柱的设置

三板式点浇口注射模具，在定模一侧一定要设置导柱，用于对中间板的导向和支承，加长该导柱的长度，也可以对动模部分进行导向，因此动模部分就可以不设置导柱。如果是推件板推出机构，动模部分也一定要设置导柱。

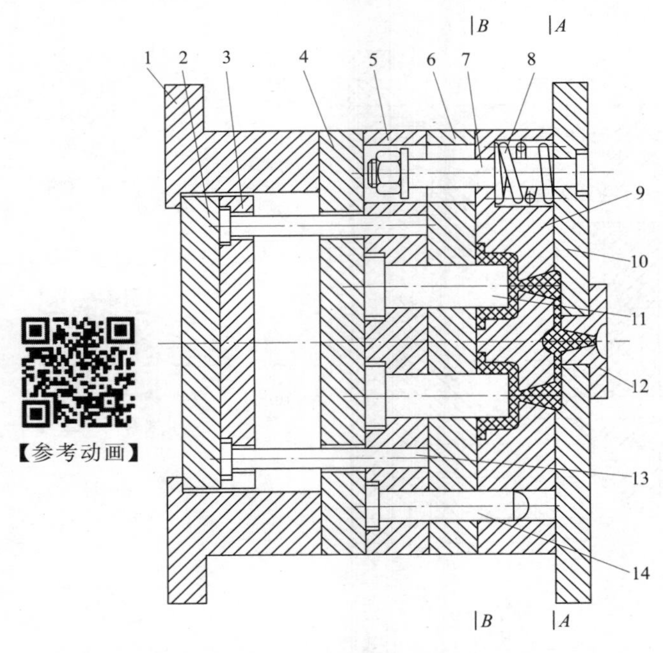

图4.8 弹簧分型拉杆定距双分型面注射模

1—支架(模脚)；2—推板；3—推杆固定板；4—支承板；5—型芯固定板；6—推件板；7—限位拉杆；8—弹簧；9—中间板(定模板)；10—定模座板；11—型芯；12—浇口套；13—推杆；14—导柱

3. 双分型面注射模的分型形式

由于双分型面注射模在开模过程中要进行两次分型，必须采取顺序定距分型机构，即定模板与定模座板先分开一定距离，然后定、动模间的主分型面B分型。一般A分型面分型距离为

$$S = S' + (3\sim5) \quad (4-1)$$

式中：S为A分型面分型距离，mm；S'为浇注系统凝料的空间对角线的长度，mm。

双分型面注射模顺序定距分型的方法较多，如图4.7所示为弹簧分型拉板定距两次分型机构，适合于一些中小型的模具。在分型机构中，弹簧应至少四个，弹簧的两端应并紧且磨平，弹簧的高度应一致，并对称布置于分型面上模板的四周，以保证分型时中间板受到的弹压力均匀，移动时不被卡死。定距拉板一般采用两块，对称布置于模具两侧。

如图4.8所示为弹簧分型拉杆定距双分型面注射模。其工作原理与弹簧分型拉板定距式双分型面注射模基本相同，只是定距方式不同，即采用拉杆端部的螺母来限定中间板的移动距离。限位拉杆还常兼作定模导柱，此时它与中间板应按导向机构的要求进行配合导向。

如图 4.9 所示为导柱定距双分型面注射模。开模时，由于弹簧 16 的作用使顶销 14 压紧在导柱 13 的半圆槽内，以便模具在 A 分型面分型，当定距导柱 8 上的凹槽尾部与定距螺钉 7 相碰时，中间板停止移动，强迫顶销 14 退出导柱 13 的半圆槽。接着，模具在 B 分型面分型。这种定距导柱既是中间板的支承和导向，又是动、定模的导向，减少了模板面上的杆孔数量。对模具分型面比较紧凑的小型模具来说，这种结构是经济合理的。

如图 4.10 所示为摆钩分型螺钉定距双分型面注射模。两次分型的机构由挡块 1、摆钩 2、拉钩 4、弹簧 5 和限位螺钉 12 等组成。开模时，由于固定在中间板 7 上的摆钩拉住支承板 9 上的挡块，模具从 B 分型面先分型。分型到一定距离后，摆钩 2 在拉钩 4 的作用下产生摆动，与固定在支承板 9 上的挡块 1 分离，同时中间板 7 在限位螺钉的限制下停止移动，A 分型面分型。设计时摆钩和拉钩等零件应对称布置在模具的两侧，摆钩 2 拉住动模上挡块 1 的角度取 3°～5°为宜。如图 4.11 所示为双分型面注射模实例。

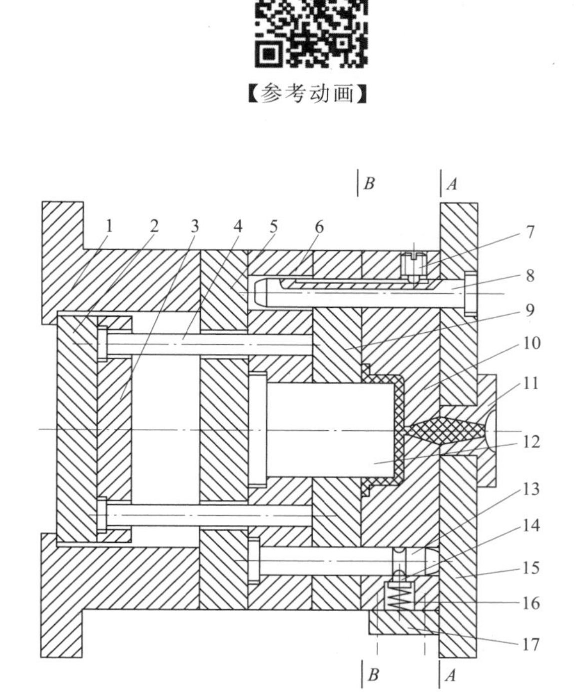

图 4.9　导柱定距双分型面注射模

1—支架(模脚)；2—推板；3—推杆固定板；4—推杆；5—支承板；6—型芯固定板；7—定距螺钉；8—定距导柱；9—推件板；10—中间板(定模板)；11—浇口套；12—型芯；13—导柱；14—顶销；15—定模座板；16—弹簧；17—压块

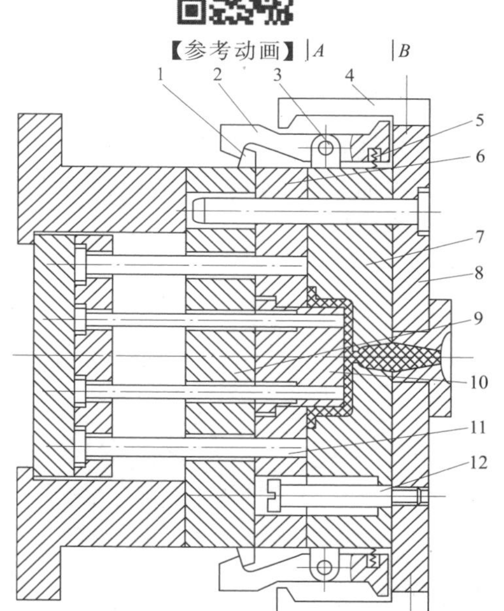

图 4.10　摆钩分型螺钉定距双分型面注射模

1—挡块；2—摆钩；3—转轴；4—拉钩；5—弹簧；6—动模板；7—中间板(定模板)；8—定模座板；9—支承板；10—型芯；11—复位杆；12—限位螺钉

4.2.3　带有侧向分型与抽芯机构的注射模

当塑件侧壁有孔、凹槽或凸起时，其成型零件必须制成可侧向移动的，否则塑件无法

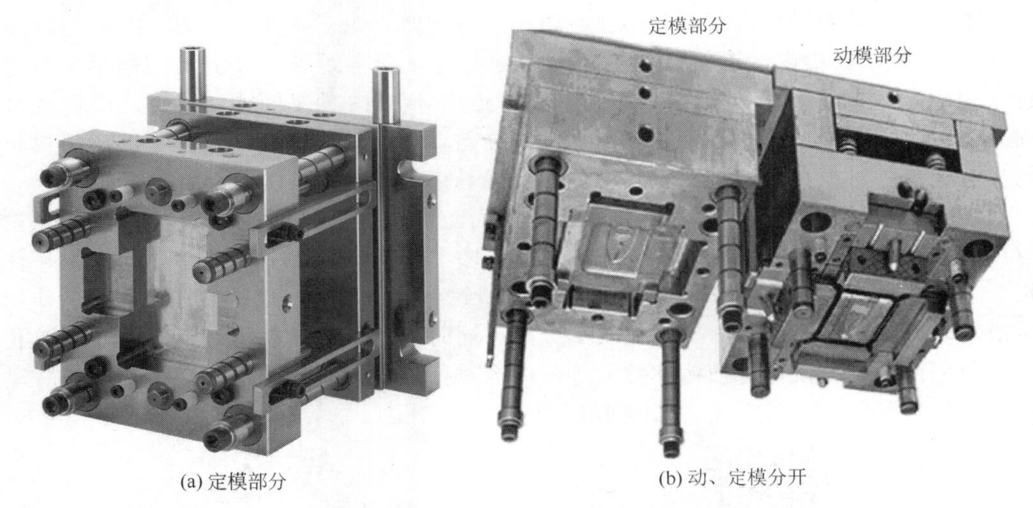

(a) 定模部分　　(b) 动、定模分开

图 4.11　双分型面注射模实例图片

脱模。带动侧向成型零件进行侧向移动的整个机构称为侧向分型与抽芯机构。

1. 斜导柱侧向分型与抽芯注射模

斜导柱侧向分型与抽芯注射模是一种比较常用的侧向分型与抽芯结构形式，如图 4.12 所示。侧向抽芯机构由斜导柱 10、侧型芯滑块 11、楔紧块 9、挡块 5、滑块拉杆 8、弹簧 7 和螺母 6 等零件组成。

【参考动画】

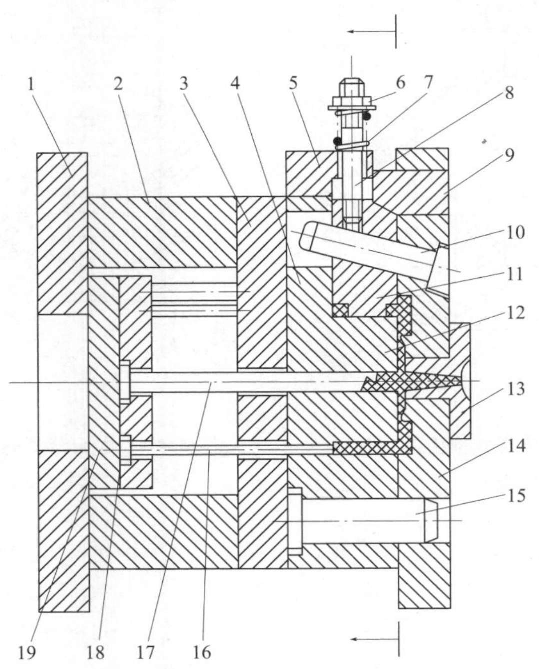

图 4.12　斜导柱侧向分型与抽芯注射模

1—动模座板；2—垫块；3—支承板；4—动模板；5—限位块；6—螺母；7—弹簧；8—滑块拉杆；9—楔紧块；10—斜导柱；11—侧型芯滑块；12—型芯；13—浇口套；14—定模座板；15—导柱；16—推杆；17—拉料杆；18—推杆固定板；19—推板

开模时，动模部分向后移动，开模力通过斜导柱带动侧型芯滑块，使其在动模板4的导滑槽内向外滑动，直至侧型芯滑块与塑件完全脱开，完成侧向抽芯动作。塑件包在型芯12上，随动模继续后移，直到注射机顶杆与模具推板19接触，推出机构开始工作，推杆16将塑件从型芯上推出。合模时，复位杆(图中未画出)使推出机构复位，斜导柱使侧型芯滑块向内移动复位，最后侧型芯滑块由楔紧块9锁紧。

斜导柱侧向抽芯结束后，为了保证滑块不侧向移动，合模时斜导柱能顺利地插入滑块的斜导孔中使滑块复位，侧型芯滑块应有准确的定位。图4.12中的定位装置由挡块5、滑块拉杆8、螺母6、弹簧7和垫片等组成。楔紧块的作用是防止注射时熔体压力使侧型芯滑块产生位移，楔紧块的斜面应与侧型芯滑块上斜面的斜度一致。

2. 斜滑块侧向分型与抽芯注射模

斜滑块侧向分型与抽芯注射模是一种比较典型的模具结构形式，它与斜导柱侧向分型与抽芯注射模作用相同，是用来成型塑件上带有侧向凹槽或凸起的侧向分型与抽芯的注射模具。斜滑块侧向分型与抽芯的作用力由推出机构提供，动作是由可斜向移动的斜滑块来完成的，一般用于侧向分型面积较大、抽芯距离较短的场合。

如图4.13所示为斜滑块侧向分型与抽芯注射模。开模时，动模部分向左移动，塑件包在型芯5上一起随动模后移，拉料杆9将主流道凝料从浇口套4中拉出。当注射机顶杆与推板13接触时，推杆7推动斜滑块3沿动模板6的斜向导滑槽滑动，塑件在斜滑块带动下从型芯5上脱模的同时，斜滑块从塑件中抽出。合模时，动模部分向前移动，当斜滑块与定模座板2接触时，定模座板迫使斜滑块推动推出机构复位。

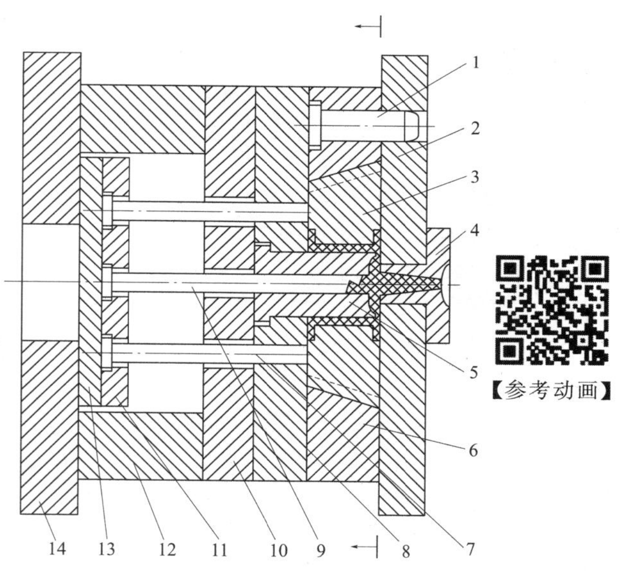

【参考动画】

图4.13 斜滑块侧向分型与抽芯注射模

1—导柱；2—定模座板；3—斜滑块；4—浇口套；5—型芯；6—动模板；7—推杆；8—型芯固定板；9—拉料杆；10—支承板；11—推杆固定板；12—垫块；13—推板；14—动模座板

也有斜滑块安装在定模板斜向导滑槽内的斜滑块侧向分型与抽芯机构，不过这时斜滑块侧向分型与抽芯的动力一般由固定在定模的液压缸或气缸提供。

斜滑块侧向分型与抽芯机构的特点是，斜滑块进行侧向分型抽芯的同时塑件从型芯上脱出，即侧抽芯与脱模同时进行。但侧抽芯的距离比斜导柱侧抽芯机构的短。在设计、制造斜滑块侧向分型与抽芯机构注射模时，要求斜滑块移动可靠、灵活，不能出现停顿及卡死现象，否则侧抽芯将不能顺利进行，甚至会将塑件或模具损坏。

4.2.4 带有活动成型零部件的注射模

塑件上除了有侧向的孔及凹、凸形状外，一些特殊的塑件上还有螺纹孔及外螺纹表面等。这样的塑件成型时，即使采用侧向抽芯机构也无法实现侧向抽芯的要求，在设计中为了简化模具结构，可以将局部的成型零件设置成活动成型零部件，而不采用斜导柱、斜滑块等机构。开模时，这些活动成型零部件在塑件脱模时连同塑件一起被推出模外，然后通过手工或用专门的工具将活动成型零部件与塑件分离，在下一次合模注射之前再重新将活动成型零部件放入模具内。采用带有活动成型零部件结构形式的模具，其特点是省去了斜导柱、斜滑块等复杂结构的设计与制造，模具结构简单，外形缩小，模具的制造成本降低。另外，在某些无法安排斜导柱、斜滑块结构的场合，使用活动成型零部件这种形式更为灵活。带有活动成型零部件注射模的缺点是生产效率较低，操作时安全性差，无法实现自动化生产。

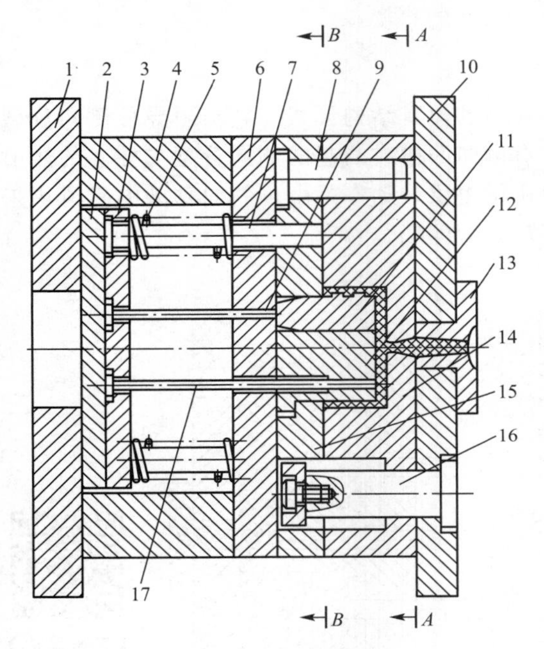

图 4.14　带有活动成型零部件的点浇口双分型面注射模

1—动模座板；2—推板；3—推杆固定板；4—垫块；5—弹簧；6—支承板；7—复位杆；8—导柱；9—推杆；10—定模座板；11—活动镶件；12—型芯；13—浇口套；14—定模板；15—动模板；16—定距导柱；17—推杆

如图 4.14 所示为带有活动成型零部件的点浇口双分型面注射模。由于塑件的内侧有一局部凹槽，所以无法设置斜导柱或斜滑块，故采用活动成型零部件的机构。合模前人工将活动镶件 11 定位于动模板 15 的对应孔中。为了便于安装镶件，应使推出机构先复位，为此在四只复位杆上安装了四个弹簧。开模时，动模部分向后移动，*A* 分型面首先分型，点浇口凝料从浇口套中脱出，定距导柱 16 左端限位挡圈接触定模板 14 时，*A* 分型面分型结束，*B* 分型面分型，塑件包在型芯 12 和活动镶件 11 上随动模一起后移，分型结束，推出机构开始工作，推杆 17 和 9 将塑件及活动镶件 11 一起推出模外。合模时，弹簧 5 使推杆先复位后，人工将与塑件分离后的活动成型零部件重新放入模具内合模，然后进行下一次注射成型。

对于成型带螺纹塑件的注射模，可以采用螺纹型芯或螺纹型环。螺纹型芯或螺纹型环实质上也是活动镶件。开模时，活动螺纹型芯或型环随塑件一起被推出机构推出模具外，然后用手工或专用工具将螺纹型芯或型环从塑件中旋出，再将其放入模具中进行下一次注射成型。

设计带有活动成型零部件的注射模时应注意：活动成型零部件在模具中应有可靠的定位和正确的配合。除了和安放孔有一段(5～10mm)H8/f8 的配合外，其余长度应设计成3°～5°的斜面以保证配合间隙；由于脱模工艺的需要，有些模具在活动成型零部件的后面需要设置推杆，开模时将活动成型零部件推出模外后，为了下一次安放活动成型零部件推杆必须预先复位，否则活动成型零部件将无法放入安装孔内。图 4.14 中的弹簧 5 便能起到使推出机构先复位的作用。弹簧一般为四个，安装在复位杆上。此外，也可以将活动成型零部件设计成在合模时部分与定模分型面接触，在推杆将其推出时并不全部推出安装孔，还保留一部分(但应方便取件)，以便安装活动成型零部件，合模时由定模分型面将活动成型零部件全部压入所安放的孔内。这种设计方法往往将推杆与活动成型零部件用螺纹连接。活动成型零部件放在模具中容易滑落的位置(如立式注射机的上模或受冲击振动较大的卧式注射机的动模一侧)时，活动镶件插入时应有弹性连接装置加以稳定，以免合模时活动成型零部件落下或移位造成塑件报废或模具损坏。

4.2.5 热流道注射模

在成型过程中，模具浇注系统中的塑料始终保持熔融状态，如图4.15所示，塑料从二级喷嘴21进入模具后，在流道中加热保温，使其仍保持熔融状态，每一次注射完毕，只有型腔中的塑料冷凝成型，取出塑件后又可继续注射，大大节省塑料耗量，提高生产效率，保证塑件质量。但模具结构复杂，模温控制要求严格，否则很容易在塑件的浇口处出现疤痕。如图4.16所示为热流道注射模实例。

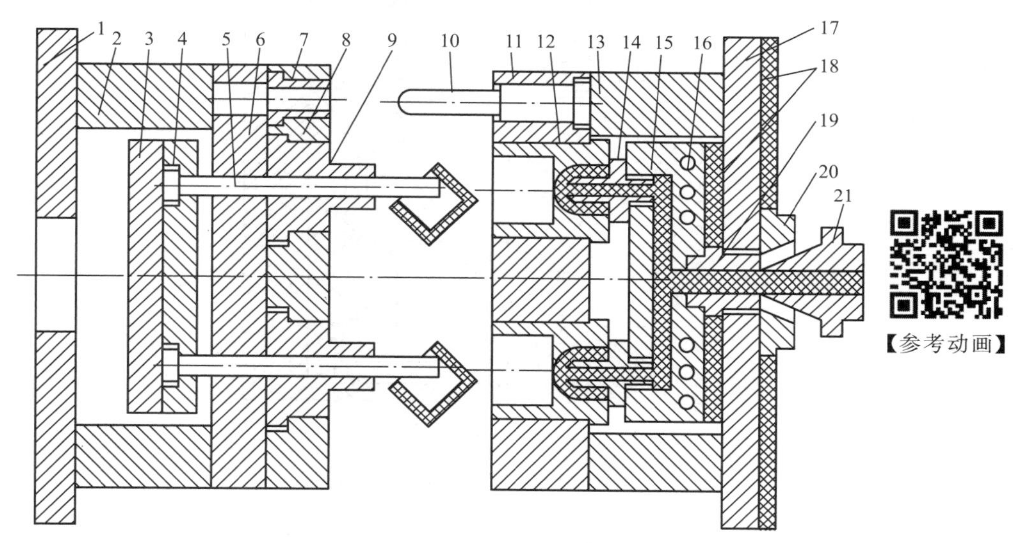

【参考动画】

图4.15 热流道注射模

1—动模座板；2—垫块；3—推板；4—推杆固定板；5—推杆；6—支承板；7—导套；8—动模板；9—型芯；10—导柱；11—定模板；12—型腔；13—垫块；14—喷嘴；15—热流道板；16—加热器孔；17—定模座板；18—绝热层；19—浇口套；20—定位圈；21—二级喷嘴

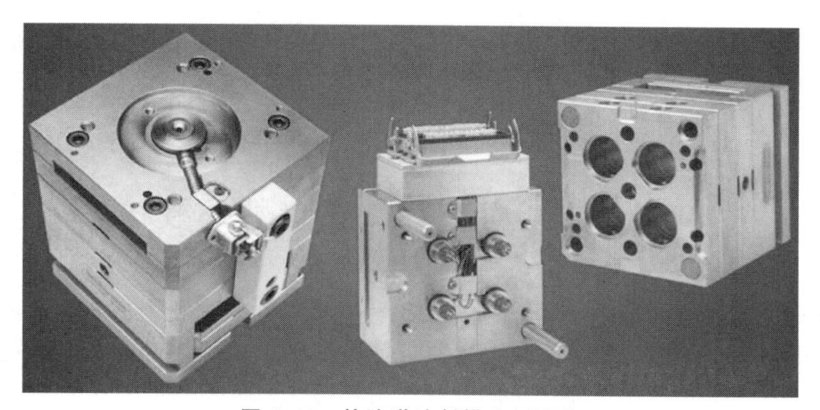

图4.16 热流道注射模实例图片

4.2.6 角式注射机用注射模

角式注射机用注射模是一种特殊形式的注射模，又称直角式注射模。这类模具的结构特点是主流道、分流道开设在分型面上，而且主流道截面的形状一般为圆形或扁圆形，注射方向与合模方向垂直，特别适合于一模多腔、塑件尺寸较小的注射模，模具结构如图 4.17 所示。开模时塑件包紧在型芯 10 上，与主流道凝料一起留在动模一侧，并向后移动，经过一定距离以后，推出机构开始工作，推件板 11 将塑件从型芯 10 上脱下。为防止注射机喷嘴与主流道端部的磨损和变形，主流道的端部一般镶有淬火块，图 4.17 中的浇道镶块 7 就是为了这一原因设计的。

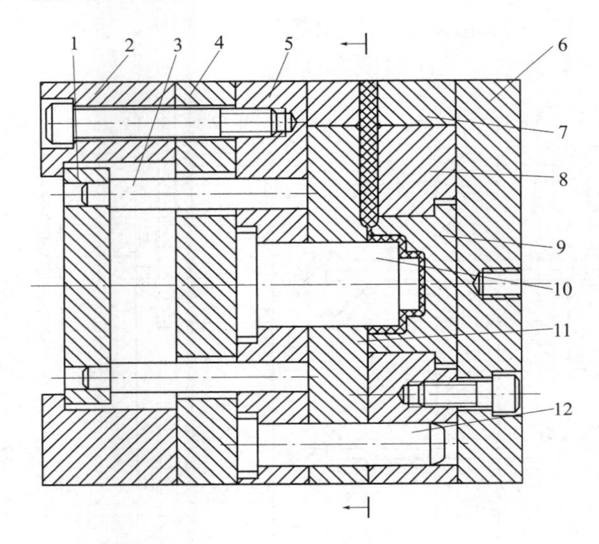

图 4.17 角式注射机用注射模

1—推板；2—支架(模脚)；3—推杆；4—支承板；5—型芯固定板；6—定模座板；
7—浇道镶块；8—定模板；9—型腔；10—型芯；11—推件板；12—导柱

搜索一些注射模的实物或图片，增加感性认识。结合老师的课堂讲授、介绍，选择一典型的注射模装配图，从成型零件、浇注系统、排气系统、模架及结构零件、抽芯机构，到加热与冷却系统逐步分析，一步一步地读懂整幅注射模图。

4.3 注射机有关工艺参数的校核

注射机是注射成型的设备(图 4.18)，注射模是安装在注射机上进行生产的，二者在注射成型生产中是一个不能分割的整体。模具设计人员必须了解注射成型工艺规程，熟悉有关注射机的技术规范及使用性能，正确处理注射模与注射机之间的关系，使设计出的模具能够在注射机上安装及使用。注射模在注射机上的安装关系如图 4.19 所示。一方面，注

(a) 卧式注射机实例图片

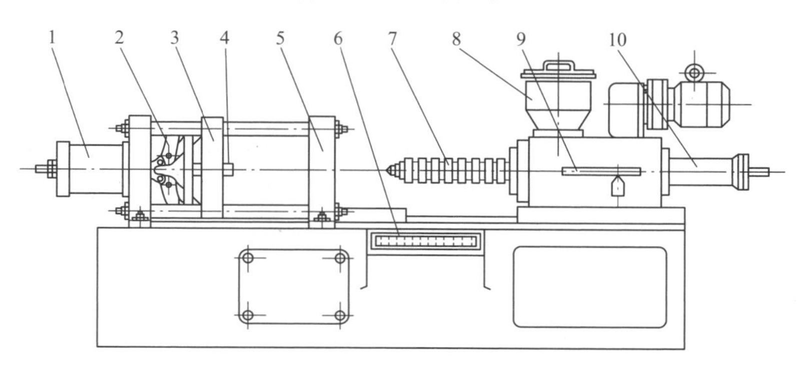

(b) 卧式注射机外形示意图

【参考图文】

图 4.18　卧式注射机实例图片及外形示意图

1—锁模液压缸；2—锁模机构；3—移动模板；4—顶杆；5—固定模板；6—控制台；7—料筒及加热器；8—料斗；9—定料供应装置；10—注射液压缸

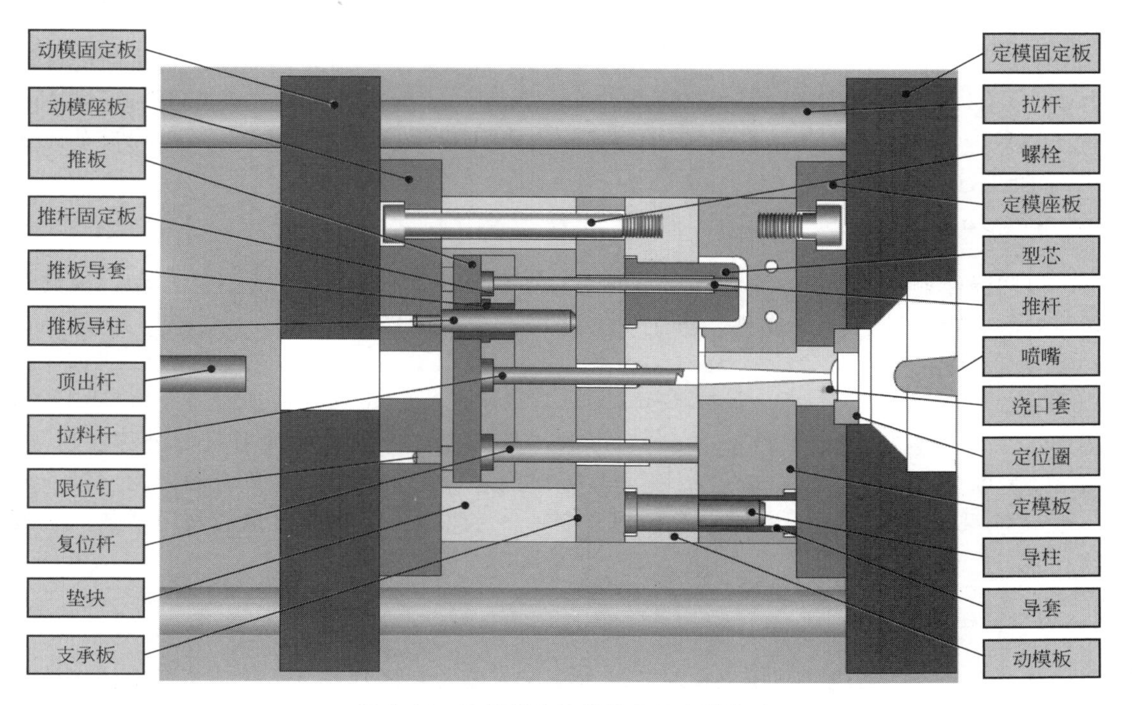

图 4.19　注射模在注射机上的安装关系

射机选用得是否合理，直接影响模具结构的设计，另一方面，在进行模具设计时，必须对所选用注射机的相关技术参数有全面的了解，并参照注射机的类型及相关尺寸进行设计。从模具设计角度考虑，需要了解注射机的主要技术规范有额定注射量、额定注射压力、额定锁模力、模具安装尺寸及开模行程等。选用注射机时，通常是以某塑件(或模具)实际需要的注射量初选某一公称注射量的注射机型号，然后依次对该机型的公称注射压力、公称锁模力、模板行程及模具安装部分的尺寸一一进行校核。

4.3.1 注射量的校核

1. 公称注射量

注射机的公称注射量有容量(单位为 cm^3)和质量(单位为 g)两种表示方法。

1) 公称注射容量

公称注射容量是指注射机对空注射时，螺杆一次最大行程所注射的塑料体积，以 cm^3（立方厘米）表示。注射容量是选择注射机的重要参数，在一定程度上反映了注射机的注射能力，标志着注射机能成型最大体积的塑料制件。

2) 公称注射质量

注射机对空注射时，螺杆作一次最大注射行程所能注射的聚苯乙烯塑料质量，以 g（克)表示。由于聚苯乙烯的密度是 $1.04 \sim 1.06 g/cm^3$，即它的单位容量与单位质量相近，所以在目前实际中为便于计算，有时还沿用过去的习惯，通常也用其质量(g)作粗略计量。由于各种塑料的密度及压缩比不同，在使用其他塑料时，实际最大注射量与聚苯乙烯塑料的公称量可进行如下换算：

$$m_{max} = m_n \frac{\rho_1 f_2}{\rho_2 f_1} \tag{4-2}$$

式中：m_{max} 为实际用塑料时的最大注射量，g；m_n 为以聚苯乙烯为标准的注射机的公称注射量，g；ρ_1 为实际用塑料在常温下的密度，g/cm^3；ρ_2 为聚苯乙烯在常温下的密度，g/cm^3(通常为 $1.06 g/cm^3$)；f_1 为实际使用塑料的体积压缩比，由实验测定；f_2 为聚苯乙烯的压缩比，通常可取 2.0。

2. 注射量的校核

以实际注射量初选某一公称注射量的注射机型号，为了保证正常的注射成型，模具每次需要的实际注射量(包括塑件、浇注系统和飞边)应该满足：

$$(1-k)V_n \leqslant nV_p + V_f \leqslant kV_n \tag{4-3}$$

$$(1-k)m_n \leqslant nm_p + m_f \leqslant km_n \tag{4-4}$$

式中：V_n 为注射机公称注射量，cm^3；m_n 为以聚苯乙烯为标准的注射机的公称注射量，g；V_p 为单个塑件的容积，cm^3；V_f 为浇注系统的容积，cm^3；m_p 为单个塑件的质量，g；m_f 为浇注系统的质量，g；n 为型腔数目，个；k 为注射机公称注射量的利用系数，一般取 0.8。

4.3.2 锁模力的校核

锁模力是指注射机的锁模机构对模具所施加的最大夹紧力。当高压的塑料熔体充填型腔时，沿锁模方向产生一个很大的胀型力，如图 4.20(a)所示。

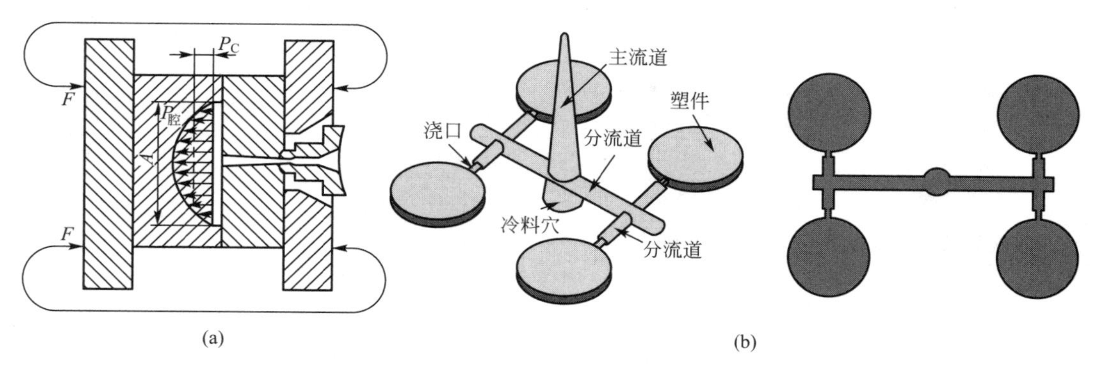

图 4.20 锁模力、型腔压力、投影面积分布示意图

为此，注射机的额定锁模力必须大于该胀型力，否则容易产生锁模不紧而发生溢料的现象，即：

$$F_z = Ap_c = (nA_p + A_f)p_c < F_n \tag{4-5}$$

式中：F_n 为注射机的额定锁模力，N；F_z 为型腔的胀型力，N；p_c 为模具型腔内塑料熔体平均压力，MPa(一般为注射压力的 0.3～0.65 倍，通常为 20～40MPa，也可参考表 4-2)；A 为塑件和浇注系统在分型面上投影面积之和［图 4.20(b)］，mm^2；A_p 为塑件在分型面上投影面积，mm^2；A_f 为浇注系统在分型面上投影面积，mm^2；n 为型腔数目，个。

表 4-2 常用塑料注射时型腔的平均压力 (单位：MPa)

塑件特点	举 例	型腔平均压力 p_c
容易成型塑件	PE、PP、PS 等薄厚均匀的日用品、容器类	25
一般塑件	模温较高下，成型壁薄容器类	30
中等黏度塑料及有精度要求的塑件	ABS、POM 等有精度要求的零件，如壳体等	35
高黏度塑料及高精度、难充型塑料	高精度的机械零件，如齿轮、凸轮等	40

4.3.3 成型面积的校核

注射成型时，塑件(包括浇注系统)在模具分型面上的投影面积是影响锁模力的主要因素，其数值越大，需要的锁模力也就越大。如果这一数值超过了注射机允许使用的最大成型面积，则成型过程中将会出现涨模溢料现象。故应满足：

$$A < A_n \tag{4-6}$$

式中：A_n 为注射机允许使用的最大成型面积，mm^2；A 为塑件和浇注系统在分型面上的投影面积之和，mm^2。

4.3.4 注射压力的校核

校核所选注射机的公称压力 p_n 能否满足塑件成型时所需要的注射压力 p，塑件成型时所需要的压力一般由塑料流动性、塑件结构和壁厚以及浇注系统类型等因素决定，其值一般为 70～150MPa，具体可参考表 4-3。通常要求：

$$p \leqslant p_n \tag{4-7}$$

表 4-3　部分塑料所需的注射压力 p　　(单位：MPa)

塑　料	注射条件		
	厚壁件(易流动)	中等壁厚件	难流动的薄壁窄浇口件
聚乙烯	70～100	100～120	120～150
聚氯乙烯	100～120	120～150	>150
聚苯乙烯	80～100	100～120	120～150
ABS	80～110	100～130	130～150
聚甲醛	85～100	100～120	120～150
聚酰胺	90～101	101～140	>140
聚碳酸酯	100～120	120～150	>150
有机玻璃	100～120	110～150	>150

4.3.5　与模具连接部分相关尺寸的校核

模具与注射机安装部分的相关尺寸主要有喷嘴尺寸、定位圈尺寸、拉杆间距、最大模具厚度与最小模具厚度、安装尺寸等。注射机的型号不同其相应的尺寸也不同，注射机的一些尺寸决定了模具上相应的尺寸，如图 4.21 所示为国产 XS-ZY-125 卧式注射机的有关尺寸。

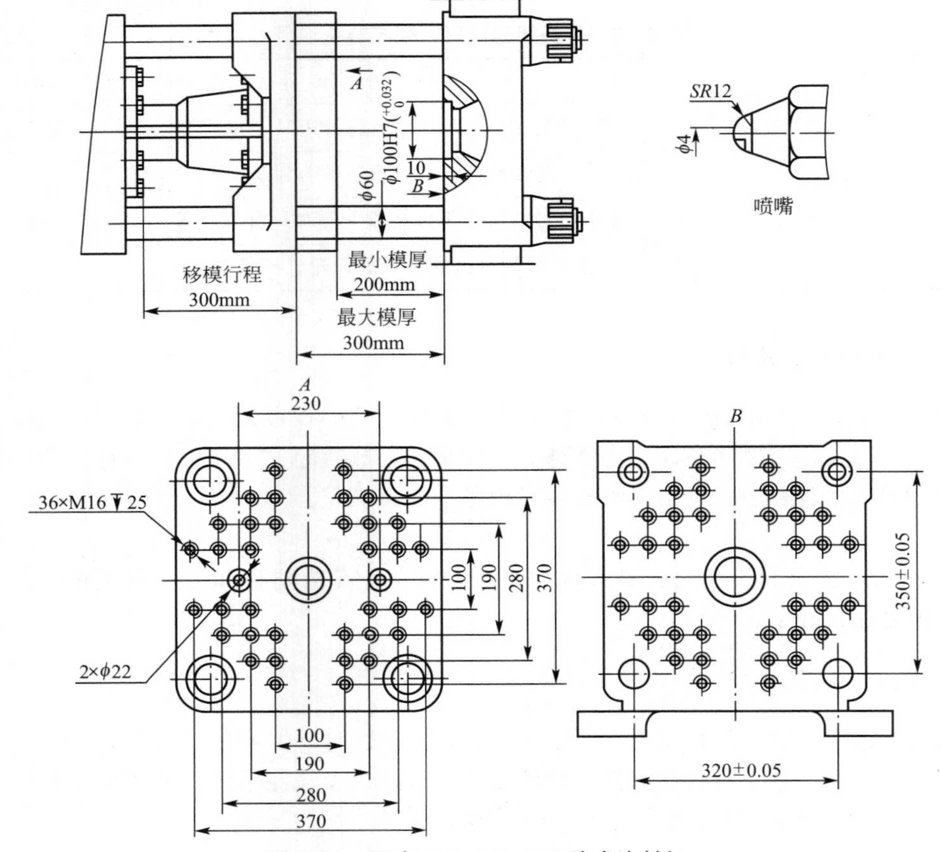

图 4.21　国产 XS-ZY-125 卧式注射机

学以致用

"国产 XS-ZY-125 卧式注射机"中的"125"表示什么意思？它限制了模具设计过程中的哪一个指标参数？

1. 模板规格与拉杆间距的关系

模具的安装有两种方式，从注射机上方直接吊装入机内进行安装，或先吊到侧面再由侧面推入机内安装。例如，根据图 4.21 所示，从 XS-ZY-125 卧式注射机上方直接吊装入机内进行安装，如图 4.22(a)所示，模具的尺寸要小于 320mm－60mm＝260mm；由侧面推入机内安装，如图 4.22(b)所示，模具的尺寸要小于 350mm－60mm＝290mm。如图 4.23 所示为注射机上的拉杆实例图片。

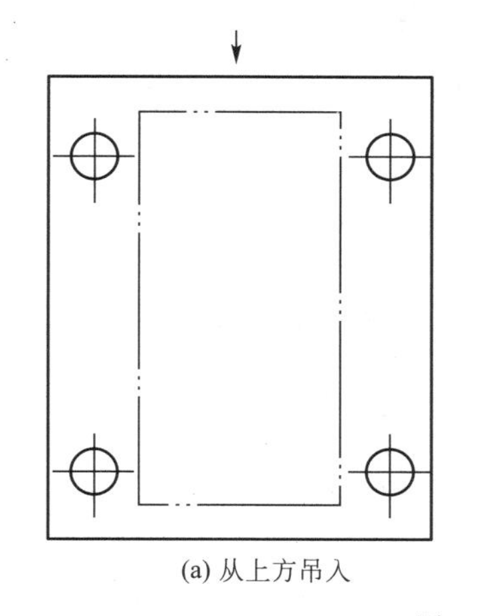
(a) 从上方吊入

(b) 从旁侧送入

图 4.22 模具的装机方式

【参考图文】

图 4.23 注射机上的拉杆实例图片

2. 定位圈与注射机固定板的关系

模具定模座板上的定位圈要求与主流道同心，并与注射机固定模板上的定位孔基本尺寸相等，如图 4.24 所示，并呈间隙配合。例如，在图 4.21 所示的 XS-ZY-125 卧式注射机上安装模具，因为该注射机模具定模安装板上的定位圈安装孔的直径的基本尺寸是 ϕ100mm，与模具定位圈的装配采用 H7/g6 的间隙配合。

对小型模具定位圈的高度为 8～10mm，对大模具定位圈的高度为 10～15mm。此外，对中、小型模具一般只在定模座板上设定位圈，而对大型模具，可在动模座板、定模座板上同时设定位圈。如图 4.25 所示为定位圈实例图片。GB/T 4169.18—2006 规定了塑料注射模用定位圈的尺寸规格和公差，同时还给出了材料指南、硬度要求和标记方法。GB/T 4169.18—2006 规定的标准定位圈参见表 4-4。

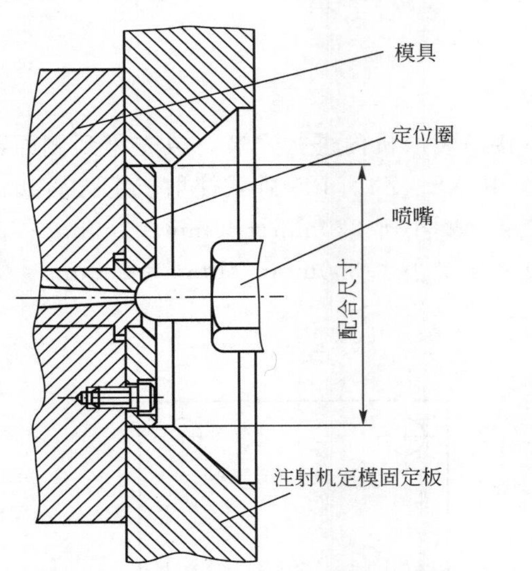

图 4.24　装机时模具以定位圈与定位孔的配合来定位

图 4.25　定位圈实例图片

表 4-4　标准定位圈示例(摘自 GB/T 4169.18—2006)　　(单位：mm)

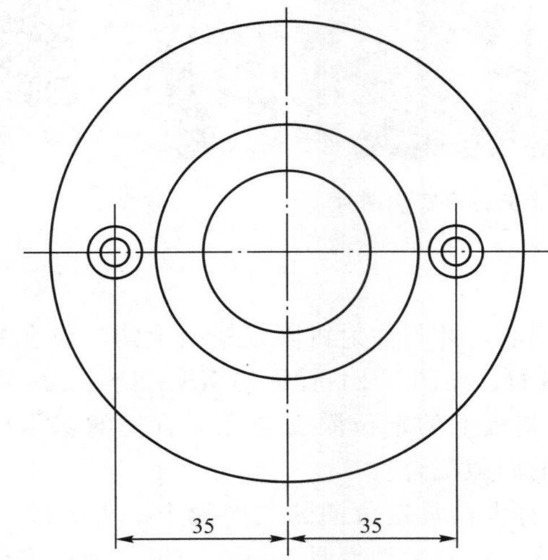

标注示例：

直径 D=100mm 的定位圈：

定位圈 100GB/T 4169.18—2006

注：

1. 表面粗糙度以微米为单位。
2. 未注表面粗糙度为 $Ra6.3\mu m$。
3. 未注倒角为 C1。
4. 材料由制造者选定，推荐采用 45 钢。
5. 硬度为 28～32HRC。
6. 其余应符合 GB/T 4169.18—2006 的规定

D	D_1	h
100	35	15
120		
150		

3. 注射机的喷嘴与模具的浇口套(主流道衬套)的关系

如图4.26所示，主流道始端的球面半径 SR 应比注射机喷嘴头球面半径 SR_0 大1～2mm；主流道小端直径 d 应比喷嘴直径 d_0 大0.5～1mm，以防止主流道口部积存凝料而影响脱模。例如，图4.21所示的XS-ZY-125卧式注射机允许的主流道小端直径 $d=4+(0.5\sim1)$mm，允许的主流道始端的球面半径 $SR=12+(1\sim2)$mm。如图4.27所示为注射机喷嘴和模具浇口套(主流道衬套)的实例图片。

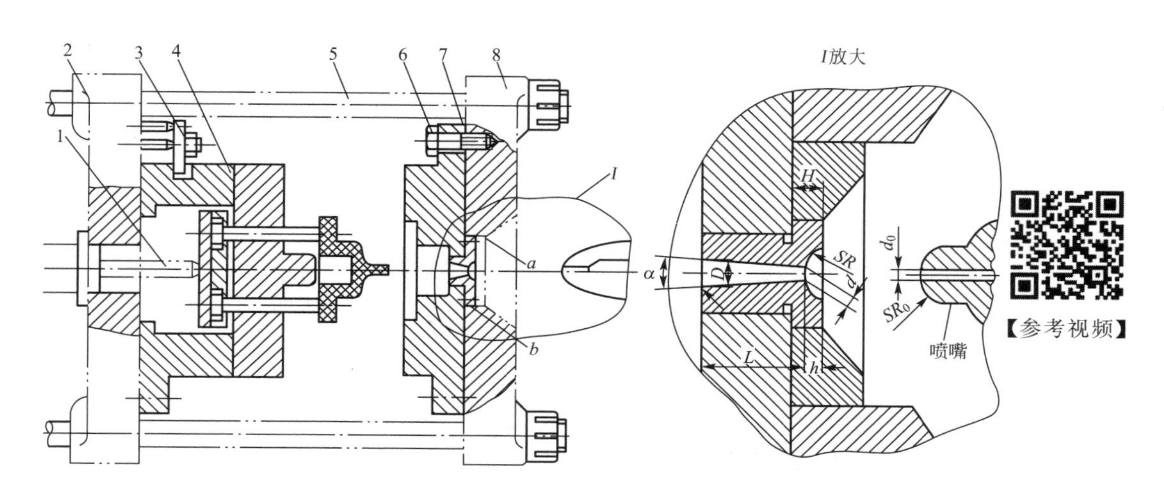

图4.26 注射机喷嘴与模具浇口套的(主流道衬套)配合关系

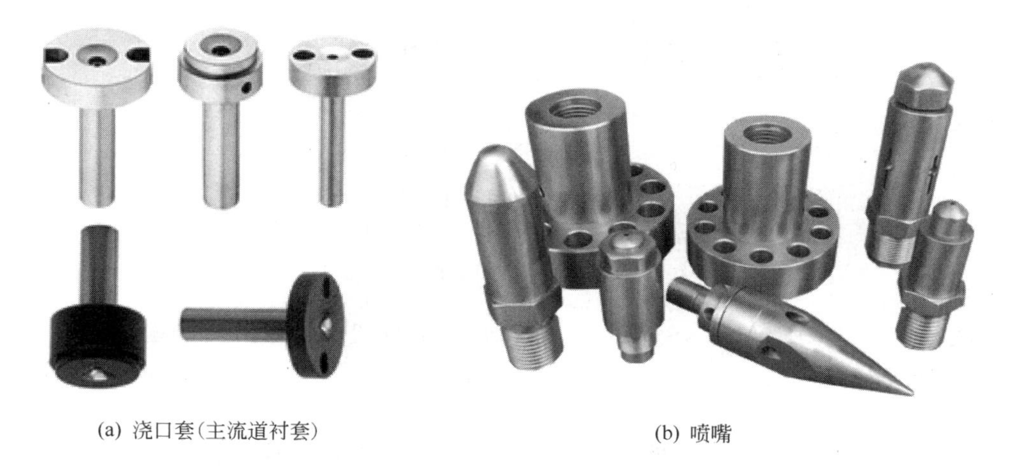

(a) 浇口套(主流道衬套)　　(b) 喷嘴

图4.27 注射机喷嘴与模具浇口套(主流道衬套)实例图片

学以致用

把正确的尺寸数据填入下面的浇口套(主流道衬套)图形中。

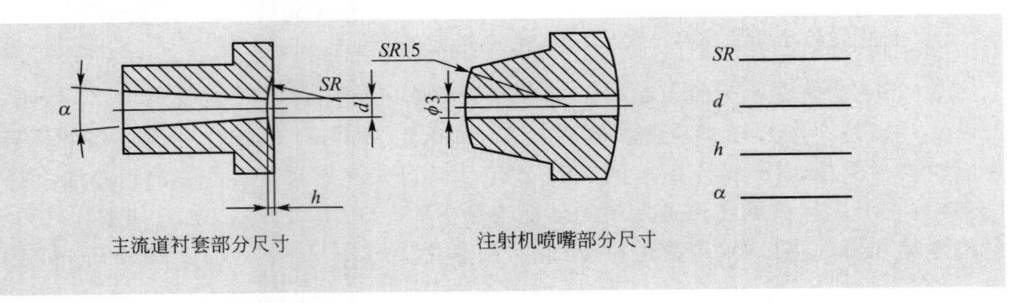

4. 模具总厚度与注射机模板闭合厚度的关系

如图 4.28 所示，模具总厚度与注射机允许的模具厚度之关系应满足：

$$H_{min} \leqslant H_m \leqslant H_{max} \tag{4-8}$$

$$H_{max} = H_{min} + \Delta H \tag{4-9}$$

式中：H_m 为模具闭合后总厚度，mm；H_{max}为注射机允许的最大模具厚度，mm；H_{min}为注射机允许的最小模具厚度，mm；ΔH 为注射机在模具厚度方向的调节量，mm。

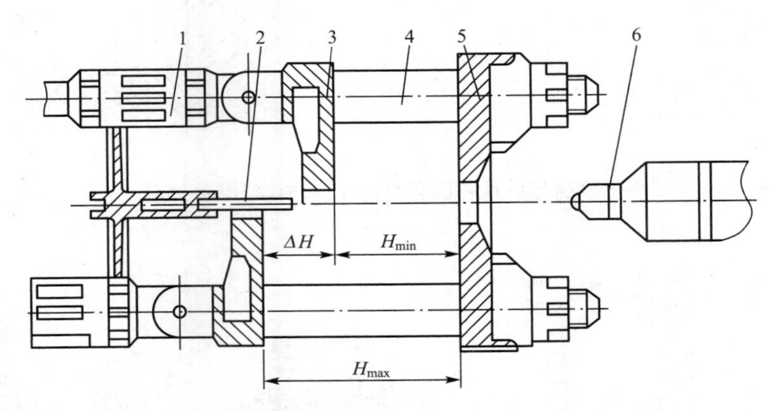

图 4.28　模具总厚度与注射机模板闭合厚度的关系

1—调节螺母；2—注射机推杆；3—动模安装板；
4—拉杆；5—定模固定板；6—喷嘴

例如，图 4.21 所示的 XS－ZY－125 卧式注射机允许的最大模具厚度 $H_{max}=300$mm、最小模具厚度为 $H_{min}=200$mm，注射机在模具厚度方向的调节量 $\Delta H = H_{max} - H_{min}=100$mm。

当 $H_m < H_{min}$时，可以增加模具垫块高度；但当 $H_m > H_{max}$时，则模具无法闭合，尤其是机械-液压式锁模的注射机，因其肘杆无法撑直。

5. 模具的安装孔与注射机固定板上螺纹孔的关系

模具的安装固定形式有压板式与螺栓式两种。当用压板固定时，只要模具定、动模座板以外的注射机安装板附近有螺孔就能固定，非常灵活方便，如图 4.29(a)所示；当用螺栓直接固定时，如图 4.29(b)所示，模具定、动模座板上必须设安装孔，同时还要与注射机安装板上的安装孔完全吻合，一般用于较大型的模具安装。

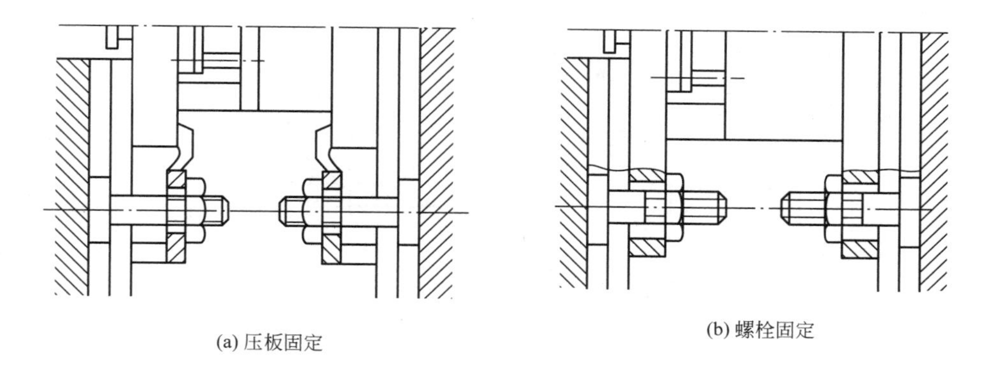
(a) 压板固定　　(b) 螺栓固定

图 4.29　模具的固定方式

4.3.6　开模行程的校核

开模行程是指从模具中取出塑件所需要的最小开模距离，用 H 表示，它必须小于注射机移动模板的最大行程 S。由于注射机的锁模机构不同，开模行程可按以下两种情况进行校核。

1. 开模行程与模具厚度无关

这种情况主要是指锁模机构为液压-机械联合作用的注射机，其模板行程是由连杆机构的最大冲程决定的，而与模具厚度无关。当模具厚度发生变化时，可由相应的调模装置进行调整(图 4.30)，例如，图 4.21 所示的 XS－ZY－125 卧式注射机调模装置的调节为 $\Delta H = H_{max} - H_{min} = 100\text{mm}$。

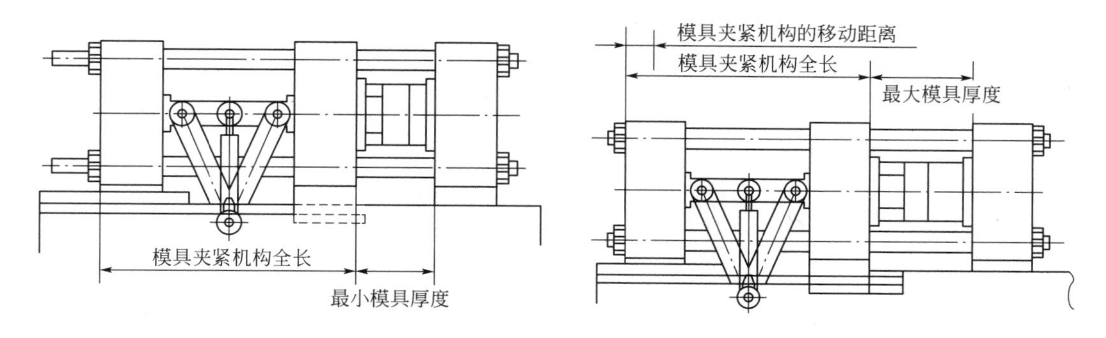

图 4.30　注射机调模装置的调节示意图

(1) 对单分型面注射模，如图 4.31(a)所示，所需开模行程为 $H_1 + H_2 + (5\sim10)\text{mm}$，则只需使注射机的最大开模距离大于模具所需的开模距离，即：

$$S_{max} \geqslant H_1 + H_2 + (5\sim10)\text{mm} \tag{4-10}$$

式中：H_1 为塑件脱模所需要的推出距离，mm；H_2 为包括浇注系统在内的塑件高度，mm；S_{max} 为注射机移动板最大行程，mm。

(2) 对双分型面注射模，如图 4.31(b)所示，可按式(4－11)进行校核：

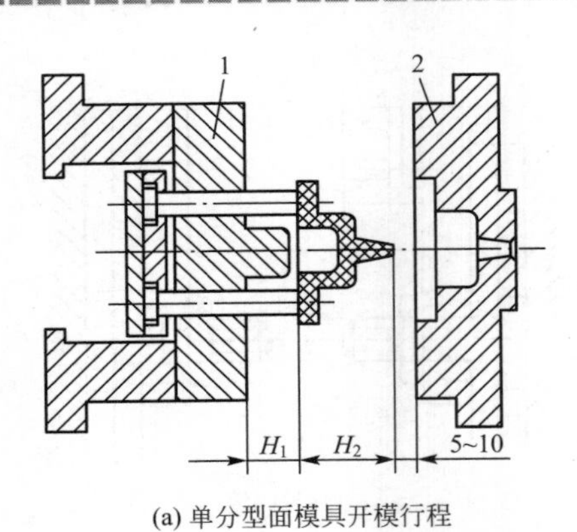

(a) 单分型面模具开模行程

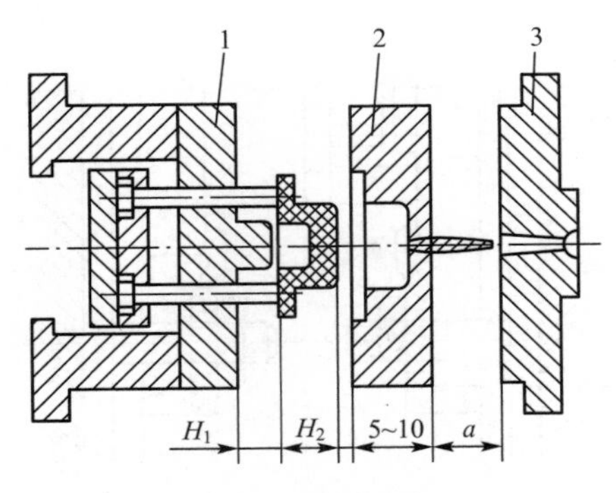

(b) 双分型面模具开模行程

图 4.31 模具的开模行程

1—动模板；2—定模板；3—定模座板

$$S_{max} \geqslant H_1 + H_2 + a + (5 \sim 10)\text{mm} \tag{4-11}$$

式中：a 为浇注系统的高度，mm。

2. 开模行程与模具厚度有关

这种情况主要是指全液压式锁模机构的注射机(如 XS-ZY-250)和机械锁模机构的直角式注射机(如 SYS-45，SYS-60 等)。其最大开模行程等于注射机移动模板与固定模板之间的最大开距 S_k 减去模具的闭合高度 H_m。

(1) 对单分型面注射模具，可按下式进行校核：

$$S_k - H_m \geqslant H_1 + H_2 + (5 \sim 10)\text{mm} \tag{4-12}$$

(2) 对双分型面注射模具，可按下式进行校核：

$$S_k - H_m \geqslant H_1 + H_2 + a + (5 \sim 10)\text{mm} \tag{4-13}$$

3. 模具有侧向抽芯时的开模行程校核

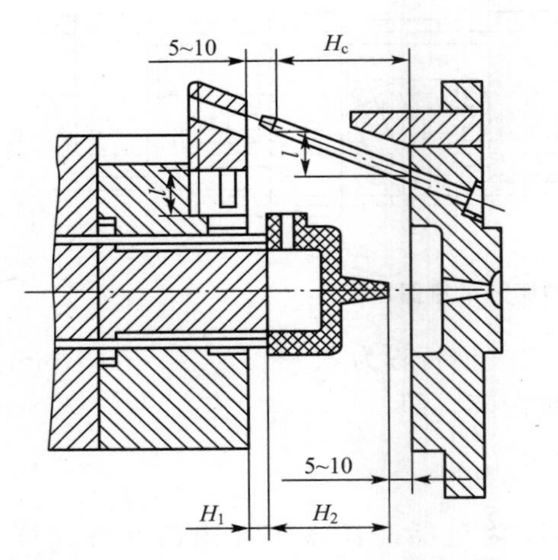

图 4.32 有侧向抽芯时开模行程的校核

此时应考虑抽芯距离所增加的开模行程，如图 4.32所示。

为完成侧向抽芯距离 S_c(图 4.32 中所标注的 l)所需的开模行程为 H_c。这时根据 H_c 的大小可分为下列两种情况：

(1) 当 $H_c > H_1 + H_2$ 时，可按式(4-14)校核：

$$S_{max} \geqslant H_c + (5 \sim 10)\text{mm} \tag{4-14}$$

(2) 当 $H_c \leqslant H_1 + H_2$，仍按(4-10)式校核，即

$$S_{max} \geqslant H_1 + H_2 + (5 \sim 10)\text{mm}$$

生产带螺纹的塑件时，还应考虑旋出螺纹型芯或型环所需的开模距离。

实践中，以模具打开的空间保证塑件及浇注系统凝料能够顺利脱模作为判断开模行程是否符合要求的依据。

4.3.7 推顶装置的校核

各种型号注射机的推出装置和最大推出距离各不相同，国产注射机的推出装置大致可分为以下四种形式：

(1) 中心推出杆机械推出，如卧式 XS-ZY-60、XS-ZY-250、立式 SYS-30、直角式 SYS-45 及 SYS-60 等型号注射机。

(2) 两侧双推杆机械推出，如卧式 XS-ZY-30、XS-ZY-125 、XS-ZY-500 等型号注射机。

(3) 中心推杆液压推出与两侧双推杆机械推出联合作用，如卧式 XS-ZY-250、XS-ZY-500 等型号注射机。

(4) 中心推出杆液压推出与其他开模辅助油缸联合作用，如卧式 XS-ZY-1000 注射机。

模具设计时需根据注射机推出装置的推出形式、推出杆直径、推出杆间距和推出距离，校核其与模具的推出装置是否相适应。

4.4 塑料制件在模具中的位置

塑料制件在模具中的成型位置由型腔数目及排列方式、分型面的位置等决定。对于一模一腔的模具，塑件在模具中的位置如图 4.33 所示。图 4.33(a)为塑件全部在定模中的结构；图 4.33(b)为塑件全部在动模中的结构；图 4.33(c)和图 4.33(d)为塑件同时在定模和动模中的结构。对于一模多腔的模具，由于型腔的排布与浇注系统密切相关，在模具设计时应综合加以考虑。型腔的排布应使每个型腔都能通过浇注系统从总压力中均等地分得所需足够压力，以保证塑料熔体能同时均匀地充填每一个型腔，从而使各个型腔的塑件内在质量均一稳定。如图 4.34 所示为多型腔模具的型腔在模具分型面上的排布形式示例。

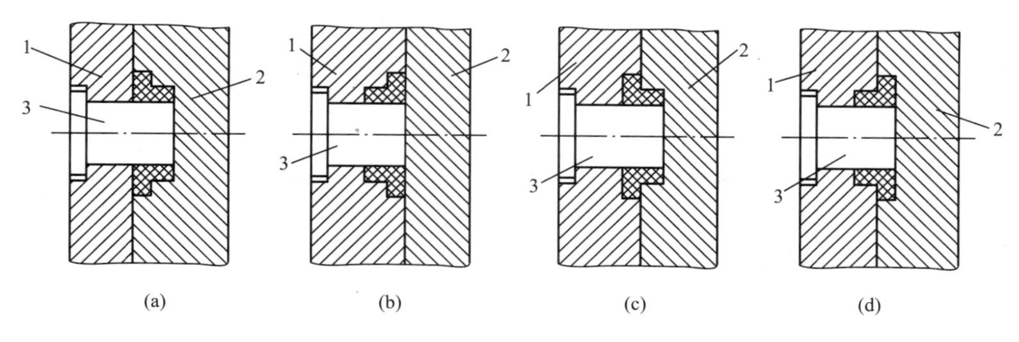

图 4.33 塑件在模具中的位置

1—动模；2—定模；3—型芯

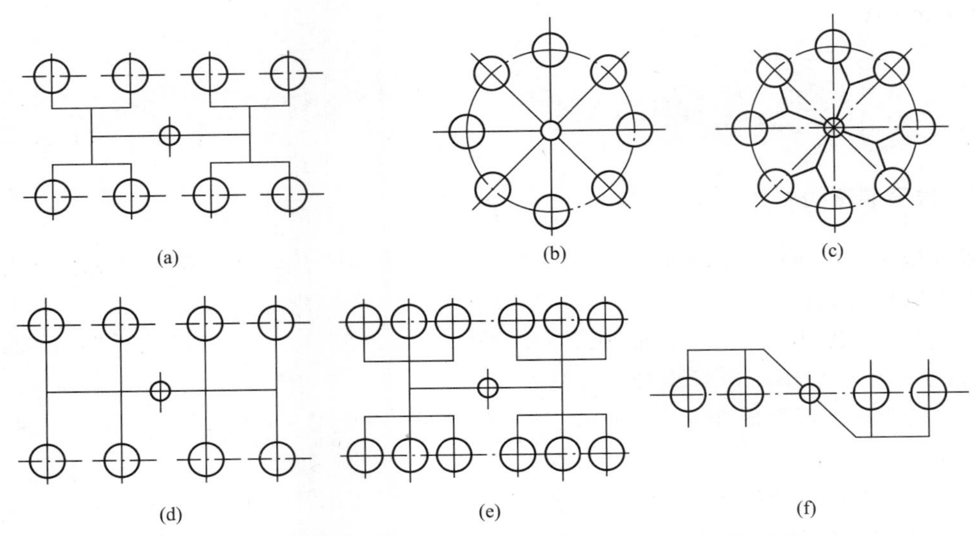

图 4.34　多型腔模具的型腔在模具分型面上的排布形式示例

4.4.1　分型面及其选择

1. 分型面的定义

模具上用以取出塑件和浇注系统凝料的可分离的接触表面称为分型面，又称合模面。

分型面将模具适当地分成两个或几个可以分离的主要部分，分开时能够取出塑件及浇注系统凝料，当成型时又必须接触封闭。分型面是决定模具结构形式的重要因素，它与模具的整体结构、浇注系统的设计及模具的制造工艺等密切相关，并且直接影响着塑料熔体的流动充填特性及塑件的脱模。因此，分型面的选择是注射模设计中的一个关键。

2. 分型面的形式及表示方法

一副模具根据需要可能有一个或两个以上的分型面，在多个分型面的模具中，将脱模时取出塑件的那个分型面称为主分型面，其他的分型面称为辅助分型面。分型面可以是垂直于合模方向，也可以与合模方向平行或倾斜，分型面的形式与塑件几何形状、脱模方法、模具类型、排气条件及浇口形式等有关，常见分型面的位置及形状如图 4.35 所示。

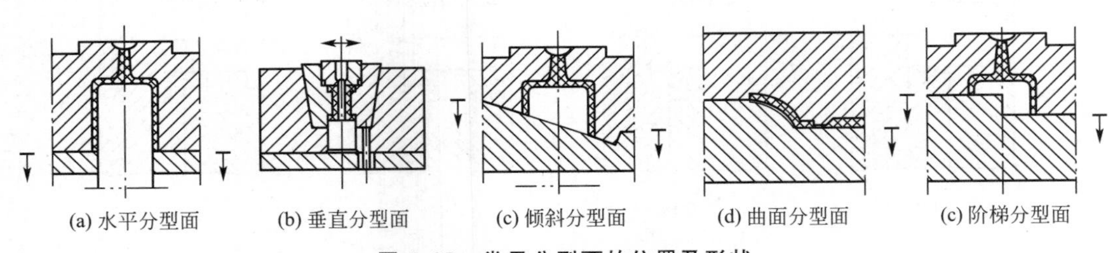

图 4.35　常见分型面的位置及形状

在模具总装图上分型面的标识一般采用如下方法：当模具分开时，若分型面两边的模

板都作移动，用“←|→”表示；若其中一方不动，另一方作移动，用“|→”表示，箭头指向移动的方向；多个分型面，应按打开的先后次序，标示出“A”“B”“C”或“Ⅰ”“Ⅱ”“Ⅲ”等。

3. 分型面的选择

如何确定分型面，需要考虑的因素比较复杂。由于分型面受到塑件在模具中的成型位置、浇注系统设计、塑件的结构工艺性及精度、塑件形状以及推出方法、嵌件位置、模具的制造、排气、操作工艺等多种因素的影响，合理的分型面是塑件能否完好成型的先决条件，因此在选择分型面时应综合分析比较，从几种方案中优选出较为合理的方案。

1）基本原则

(1) 分型面应选在塑件外形最大轮廓处。当已经初步确定塑件的分型方向后分型面应选在塑件外形最大轮廓处(通过该方向上塑件的截面积最大)，即分型面位置应设在塑件脱模方向最大的投影边缘部位，否则塑件无法从型腔中脱出。

(2) 符合塑件脱模的基本要求，确定有利的留模方式，便于塑件顺利脱模。通常分型面的选择应尽可能使塑件在开模后留在动模一侧，这样有助于动模内设置的推出机构动作，否则在定模内设置推出机构往往会增加模具整体的复杂性。

(3) 保证塑件的精度要求。与分型面垂直方向的高度尺寸，若精度要求较高，或同轴度要求较高的外形或内孔，为保证其精度，应尽可能设置在同一部分的模具型腔内。如果塑件上精度要求较高的成型表面被分型面分割，就有可能由于合模精度的影响引起形状和尺寸上不允许的偏差，导致塑件因达不到所需的精度要求而成为废品。

(4) 满足塑件的外观质量要求。选择分型面时应避免对塑件的外观质量产生不利的影响，同时需考虑分型面处所产生的飞边是否容易修整清除，当然，在可能的情况下，应避免分型面处产生飞边。

(5) 便于模具加工制造。为了便于模具加工制造，应尽量选择平直分型面或易于加工的分型面。

(6) 考虑对成型面积的影响，满足模具的锁紧要求。注射机一般都规定其相应模具所允许使用的最大成型面积及额定锁模力，注射成型过程中，当塑件(包括浇注系统)在合模分型面上的投影面积超过允许的最大成型面积时，将会出现胀模溢料现象，这时注射成型所需的合模力也会超过额定锁模力，因此为了可靠地锁模以避免胀模溢料现象的发生，选择分型面时应尽量减少塑件(型腔)在合模分型面上的投影面积。

(7) 有利于排气。分型面应尽量与型腔充填时塑料熔体的料流末端所在的型腔内壁表面重合，提高排气效果。

(8) 满足侧向抽芯的要求。分型面选择应尽量避免形成侧孔、侧凹，当塑件需侧向抽芯时，为保证侧向型芯的放置容易及抽芯机构的动作顺利，选定分型面时，应以浅的侧向凹孔或短的侧向凸台作为抽芯方向，将较深的凹孔或较高的凸台放置在开合模方向，并尽量把侧向抽芯机构设置在动模一侧。

2）分型面选择示例

以上阐述了选择分型面的一般原则，在实际设计中，不可能全部满足上述原则，也很难有一个固定的模式，一般应抓住主要矛盾，在此前提下确定合理的分型面。表4-5中对一些典型示例进行了分析，设计时可以参考。

表 4-5 分型面选择的典型示例

序号	简图		说明
	不妥形式	推荐形式	
1	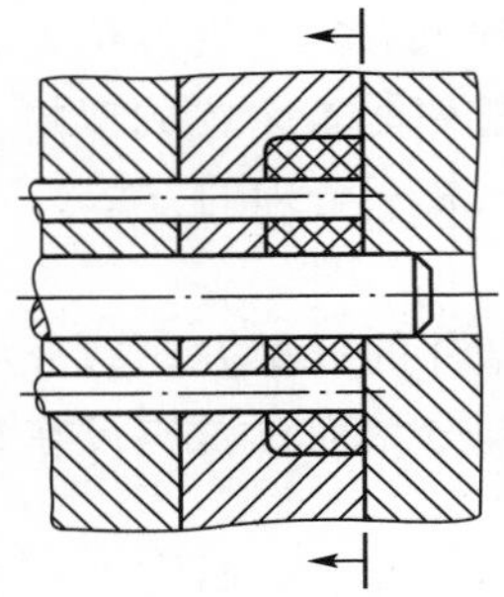 (a)	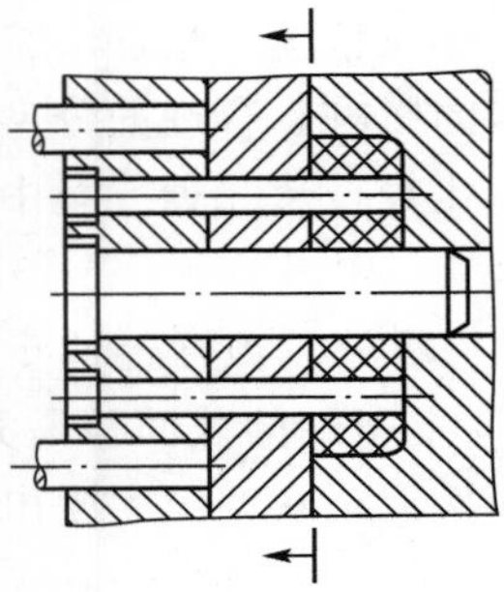 (b)	有时即使分型面的选择可以保证塑件留在动模一侧，但不同的位置仍然会对模具结构的复杂程度及推出塑件的难易程度产生影响。按图(a)设置时，虽然模具分型后塑件留于动模，但当孔间距较小时，难以设置有效的推出机构，即使可以设置，所需脱模力大，会增加模具结构的复杂性，也很容易产生不良效果，如塑件翘曲变形等；若按图(b)设置，因只需在动模上设置一个简单的推件板作为脱模机构，故推荐采用 【参考动画】
2	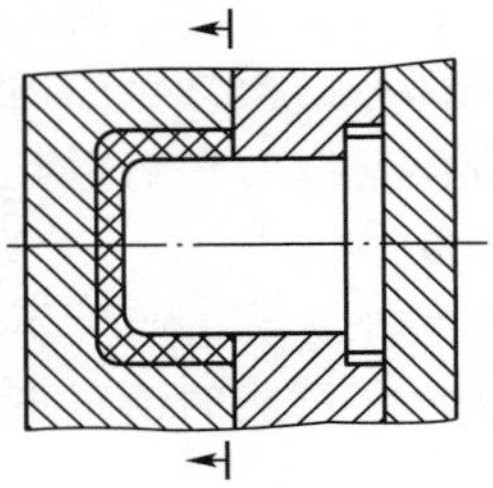 (a)	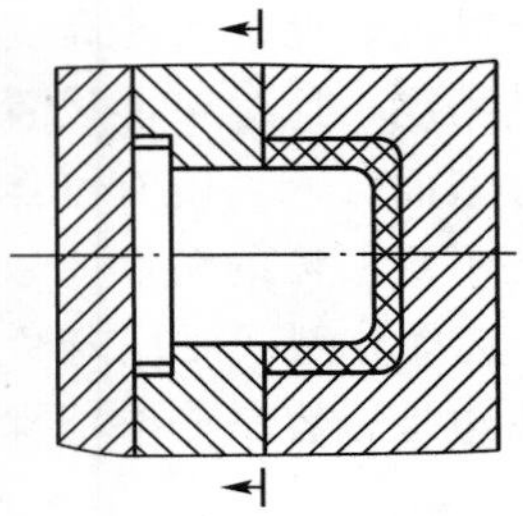 (b)	按图(a)设置，塑件收缩后包在定模型芯上，分型后会留在定模一侧，这样就必须在定模部分设置推出机构，增加了模具结构的复杂性；若按图(b)设置，分型后，塑件会留在动模，依靠注射机的顶出装置和模具的推出机构推出塑件 【参考动画】
3	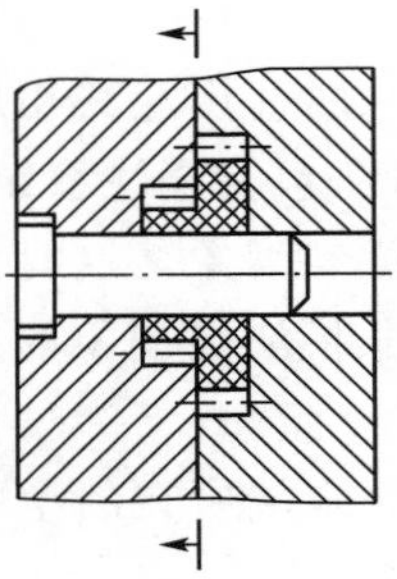 (a)	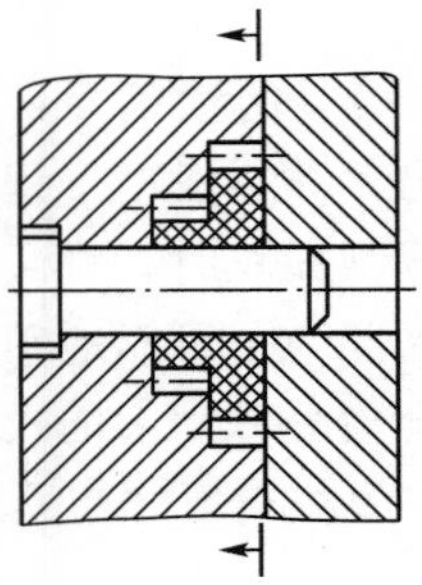 (b)	简图所示为双联塑料齿轮的成型，按图(a)分型，两部分齿轮分别在动、定模内成型，则因合模精度影响导致塑件的同轴度不能满足要求；若按图(b)分型，则能保证两部分齿轮的同轴度要求 【参考动画】
4	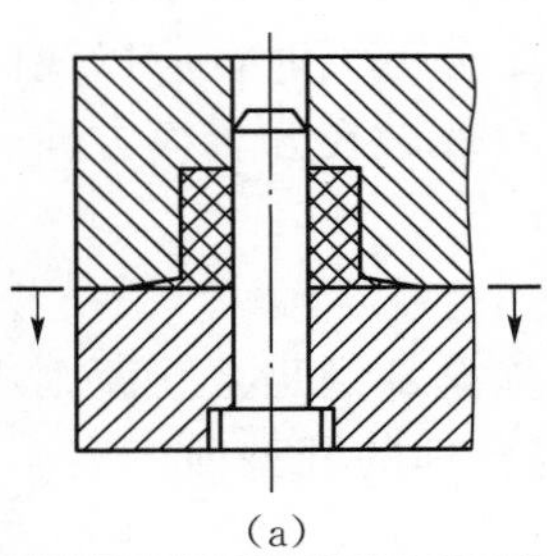 (a)	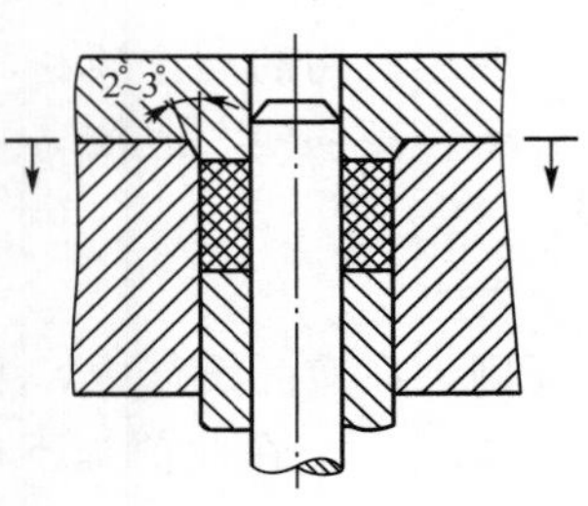 2°~3° (b)	按图(a)设置，则容易产生飞边；若按(b)分型，虽然配合处要制出2°～3°的斜度，但没有飞边产生

（续）

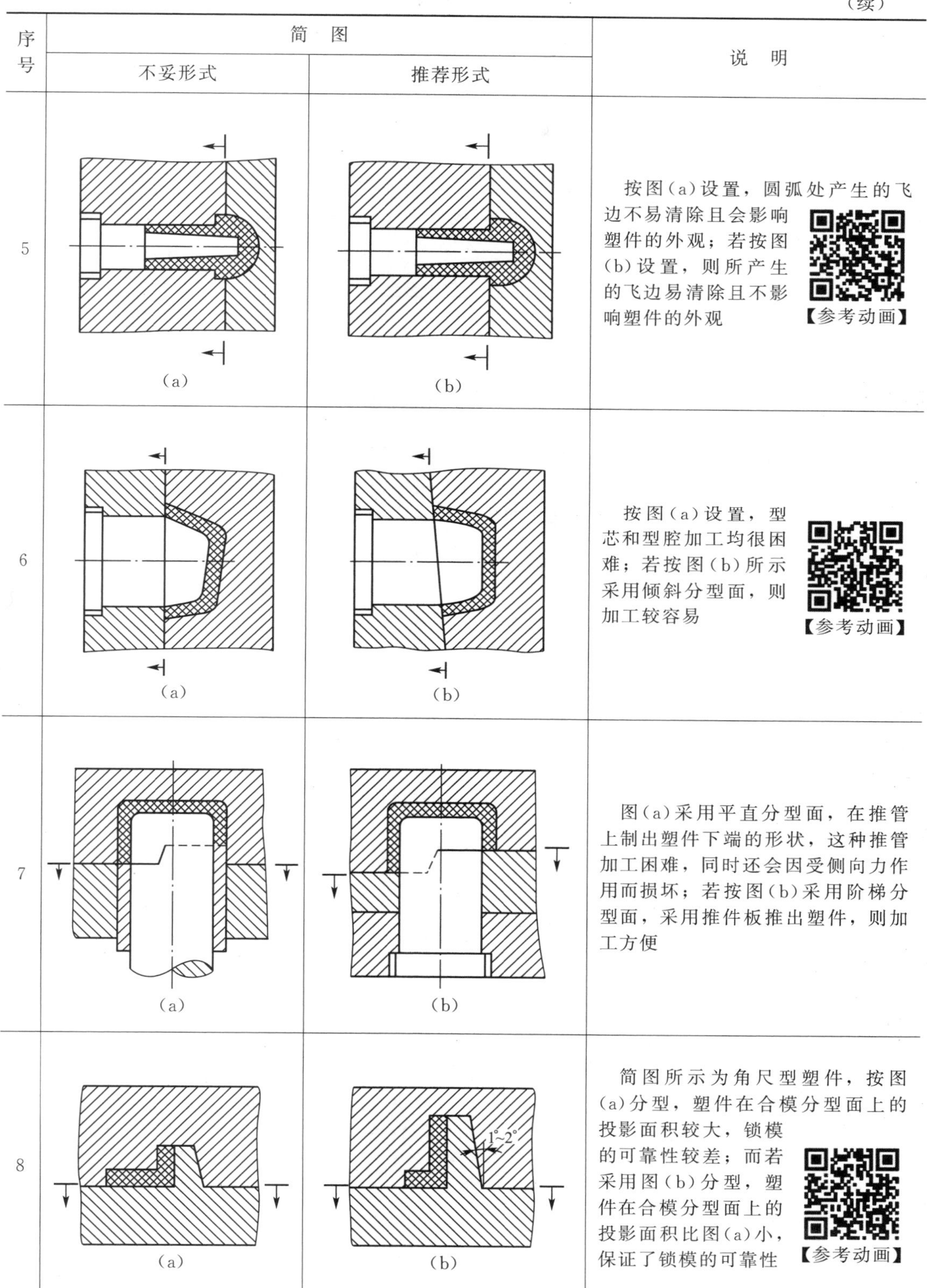

序号	简图		说明
	不妥形式	推荐形式	
5	(a)	(b)	按图(a)设置，圆弧处产生的飞边不易清除且会影响塑件的外观；若按图(b)设置，则所产生的飞边易清除且不影响塑件的外观 【参考动画】
6	(a)	(b)	按图(a)设置，型芯和型腔加工均很困难；若按图(b)所示采用倾斜分型面，则加工较容易 【参考动画】
7	(a)	(b)	图(a)采用平直分型面，在推管上制出塑件下端的形状，这种推管加工困难，同时还会因受侧向力作用而损坏；若按图(b)采用阶梯分型面，采用推件板推出塑件，则加工方便
8	(a)	(b) 1°~2°	简图所示为角尺型塑件，按图(a)分型，塑件在合模分型面上的投影面积较大，锁模的可靠性较差；而若采用图(b)分型，塑件在合模分型面上的投影面积比图(a)小，保证了锁模的可靠性 【参考动画】

（续）

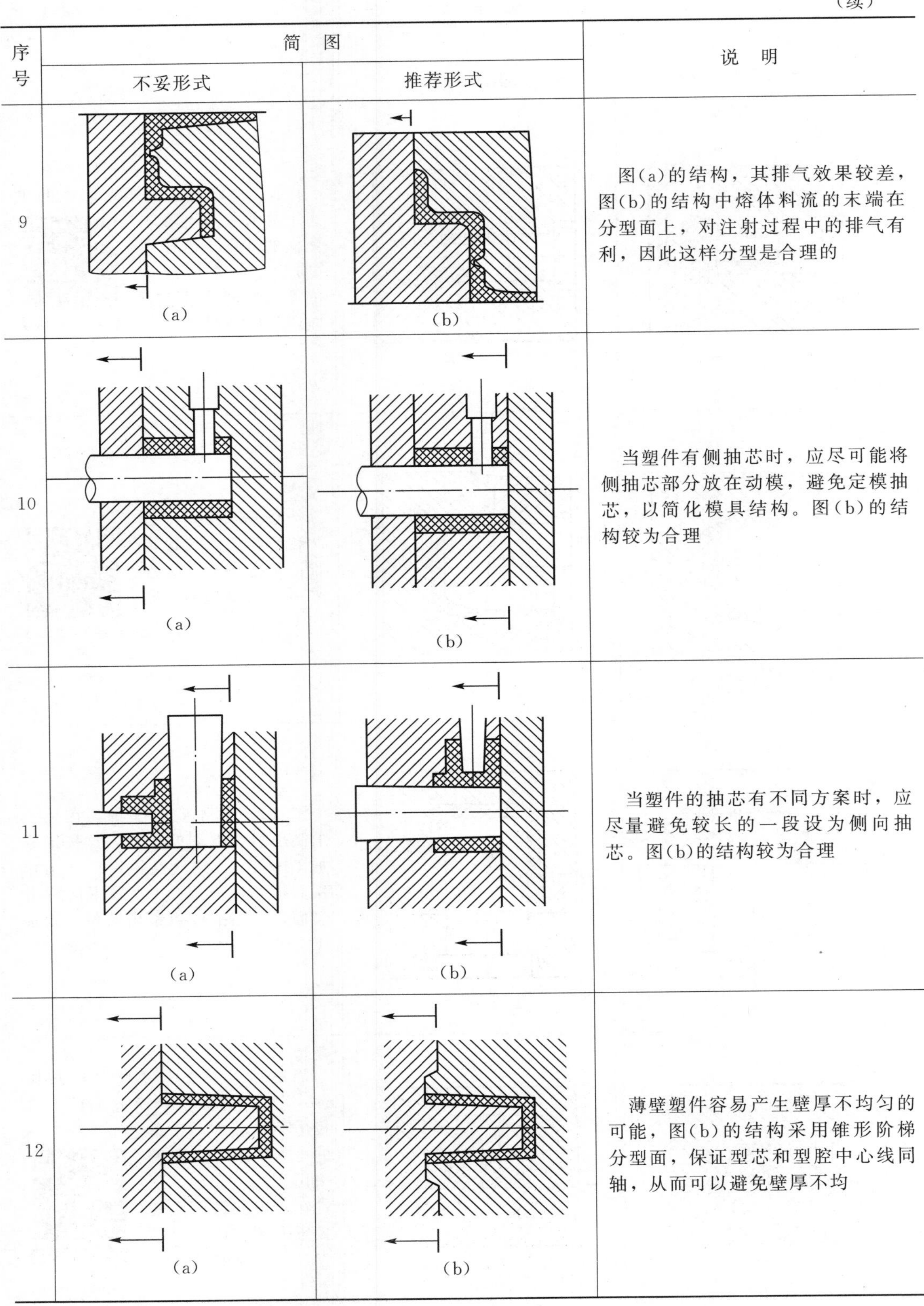

序号	简图		说明
	不妥形式	推荐形式	
9	(a)	(b)	图(a)的结构，其排气效果较差，图(b)的结构中熔体料流的末端在分型面上，对注射过程中的排气有利，因此这样分型是合理的
10	(a)	(b)	当塑件有侧抽芯时，应尽可能将侧抽芯部分放在动模，避免定模抽芯，以简化模具结构。图(b)的结构较为合理
11	(a)	(b)	当塑件的抽芯有不同方案时，应尽量避免较长的一段设为侧向抽芯。图(b)的结构较为合理
12	(a)	(b)	薄壁塑件容易产生壁厚不均匀的可能，图(b)的结构采用锥形阶梯分型面，保证型芯和型腔中心线同轴，从而可以避免壁厚不均

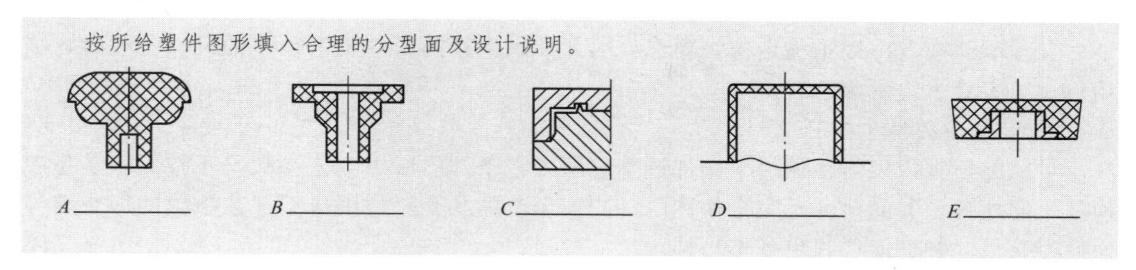

4.4.2 型腔数目的确定

注射模每一次注射循环所能成型的塑件数量是由模具的型腔数目决定的。当塑料制件的设计已经完成，并选定所用材料后，就需要考虑是采用单型腔模具还是多型腔模具。

1. 基本原则

在保证成品率在98%以上的前提下，以每件塑件的成本最低为准。确定模具型腔数目时，应从以下几个方面考虑：

1）塑件大小与设备的关系

成型大或中型塑件时，一般采用单型腔。这一方面是考虑塑料的充模流动性，要保证塑料充满型腔；另一方面，设计多个型腔则模具体积大而重，加工难度增大。中、小型塑件的成型模具设计多个型腔可以较好地发挥设备和模具能力，提高生产效率，实现经济化生产。

2）充分利用现有设备

应优先考虑利用企业自己的生产资源，如成型设备，使生产更加经济。

3）使塑件精度比较容易得到满足

一般情况下，塑件精度要求不高时，对模具制造及制件成型工艺的控制要求也较低。此时可以根据设备的能力计算、确定型腔数目。当塑件精度较高时，型腔过多会使制件质量难以保证，模具加工费过高，型腔数目愈多，对各个型腔的成型工艺条件控制的一致性也就愈差。

4）不使模具结构复杂化

对形状较复杂或精度较高的塑件，有时为了增加一个型腔，模具结构会变得复杂得多，模具制造精度也提高了许多，所以考虑型腔数目要注意经济效益，不合算则予以避免。

5）考虑塑件生产批量大小

当塑件生产批量不大时，为了降低成本，常常设计单型腔模具。塑件生产批量较大或很大时，模具需达到完成相应任务的能力，所以常常设计多个型腔。

6）降低模具制造费用

模具费用是构成塑件成本的因素之一，为了降低塑件成本，常常对模具费用作一定限制。对于复杂、精密塑件，其模具每增加一型腔，加工成本也会增加很多。

总之，影响型腔数目因素较多且错综复杂，应统筹兼顾，切忌犯片面性错误。

2. 单腔模具与多腔模具的比较

与多型腔模具相比，单型腔模具有如下优点：

1）塑料制件的形状和尺寸能最大程度达到一致

在多型腔模具中很难满足这一要求，因此如果生产的塑件要求很小的尺寸公差时，采用单型腔模具也许更为适宜。

2）工艺参数易于控制

单型腔模具因仅需根据一个塑件调整成型工艺条件，所以工艺参数易于控制。多型腔模具，即使各型腔的尺寸是完全相同的，同模生产的几个塑件因成型工艺参数的微小差异而使得其尺寸和性能往往也各不一样。

3）模具的结构简单紧凑，设计自由度大

单型腔模具的推出机构、冷却系统和模具分型面的技术要求，在大多数情况下都能满足而不必综合考虑。

此外，单型腔模具还具有制造成本低、制造周期短等优点。

当然，对于长期大批量生产而言，多型腔模具是更为有益的形式，它可以提高生产效益，降低塑件的生产成本。如果注射的塑件非常小而又没有与其相适应的设备，则采用多型腔模具是最佳选择。现代注射成型生产中，大多数小型塑件的成型模具是多型腔的。

3. 型腔数目的确定方法

1）根据订货批量确定型腔数目 N_j

对于技术要求不严格的一般塑件，根据订货批量(件数)求得经验的型腔数目 N_j。

一般小于 1 万件，$N_j=1$；1 万～3 万件，$N_j=2$；3 万～5 万件，$N_j=4$；5 万～10 万件，$N_j=6$；大于 10 万件，$N_j=8\sim10$

2）由塑件的技术要求而限定 N_a

(1) 精度(尺寸精度与形位精度)。根据经验，每增加一个型腔，塑件的尺寸精度要降低 4%～8%。这是由于型腔的制造误差、成型工艺误差等引起的。计算式为

$$N_a=\frac{(\delta-0.01\times\delta_d l)}{0.01\times\delta_d l\times4\%}+1=\frac{2500\times\delta}{\delta_d l}-24 \quad (4-15)$$

式中：δ 为 $\delta=\Delta/2$，Δ 是塑件的尺寸公差，mm；l 为塑件的基本尺寸(精度方向)，mm；δ_d 为 $\delta_d=\Delta d/2$，Δd 是单型腔时各种塑料可能达到的尺寸公差(由成型时工艺条件的微异变化造成的)。

一般情况下，PE、PS、PC、ABS 等非结晶塑料的 Δd 为 ±0.05%；POM、PA-66 的 Δd 分别为 ±0.2% 和 ±0.3%(δ、δ_d 均取绝对值)。

成型高精度塑件时，推荐使用一模四腔的结构。

(2) 特定要求。光学透明件，$N_a=1\sim4$。

3）由交货期决定 N_t

计算式为

$$N_t=\frac{snt_2}{3600\times m(T_1-T_2)} \quad (4-16)$$

式中：s 为1+废品率；n 为每一副模具所承担的塑件个数；t_2 为注射成型周期，s；m 为注射机每月的开机时间，h；T_1 为合同规定的交货期间限止，月；T_2 为模具设计制造时间，月。

4）由经济效益决定 N_e

$$C_t=\frac{t\Sigma Y}{60\times N_e}+C_1+N_eC_2+C_0 \tag{4-17}$$

式中：C_t 为总费用，元；Σ为塑件的生产总量，个；C_1 为与模腔数无关的费用，元；C_2 为与模腔数成比例的费用中单个模腔分摊的费用，元；C_0 为前期准备费用，元；t 成型周期，min；Y 每小时的工资和经营费，元。

$$C_t\rightarrow\min\rightarrow\frac{dC_t}{dC_e}=0\rightarrow N_e=\sqrt{\frac{tY\Sigma}{60\times C_2}} \tag{4-18}$$

按模具制造成本估测，每增加一个型腔成本提高约10%。

5）由注射机技术条件决定 N_i

（1）按注射机的额定锁模力确定 N_{i1}。

$$N_{i1}\leqslant\frac{F_n-p_cA_f}{p_cA_i} \tag{4-19}$$

式中：F_n 为注射机的额定锁模力，N；p_c 为模具型腔内塑料熔体平均压力，MPa，一般为注射压力的0.3～0.65倍，通常为20～40MPa，也可参考表4-2；A_i为单个塑件型腔在分型面上的投影面积，mm²；A_f为浇注系统在分型面上的投影面积，mm²。

（2）按注射机的塑化能力确定 N_{i2}。

$$N_{i2}\leqslant\left(\frac{KMT}{3600}-m_2\right)/m_1 \tag{4-20}$$

式中：m_1 为单个塑件的质量或体积，g或cm³；m_2 为浇注系统凝料的塑料质量或体积，g或cm³；K 为注射机最大注射量的利用系数，视设备的新旧而取值，一般取0.8左右；M 为注射机的额定塑化量，g/h或cm³/h；T 为成型周期，s。

（3）按注射机的最大注射量和最小注射量确定 N_{i3}。

$$\frac{0.2\times m_n-m_2}{m_1}\leqslant N_{i3}\leqslant\frac{0.8\times m_n-m_2}{m_1} \tag{4-21}$$

式中：m_n 为注射机的公称注射量，g或cm³。

根据上述要点所确定的型腔数目，既要保证最佳的生产经济性，技术上又要充分保证产品的质量，也就是应保证塑料制件最佳的技术经济性。

实用技巧

在设计实践中，有先确定注射机的型号，再根据所选用的注射机的技术规范及塑件的技术经济要求，计算能够选取的型腔的数目；也有根据经验或生产效率以及塑件精度等要求先确出型腔数目，然后根据生产条件，选择注射机或对现有注射机进行有关技术参数的校核，看所选定的型腔数目是否满足要求。

4.5 普通浇注系统的设计

浇注系统是承载塑料熔体的通道，是将从注射机喷嘴射出的熔融塑料输送到模具型腔内的通道，如图4.36和图4.37所示。通过浇注系统，塑料熔体将模具型腔充填满并且使注射压力有效传递到型腔的各个部位，使塑件组织密实及防止成型缺陷的产生。浇注系统的设计是注射模具设计的一个重要环节，对能否获得优良性能和理想外观的塑料制件及最佳的成型效率有直接的影响，是模具设计工作者应十分重视的技术问题。

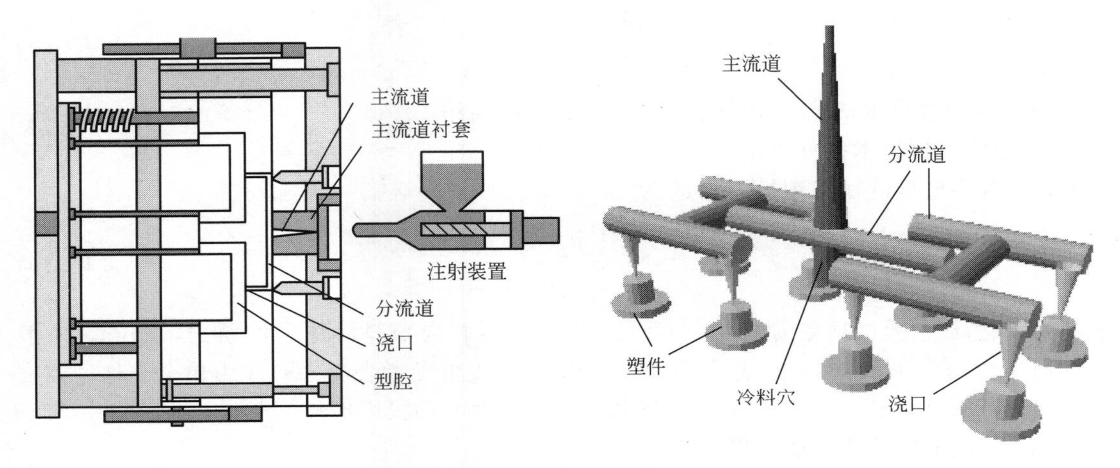

图4.36 普通浇注系统示意图

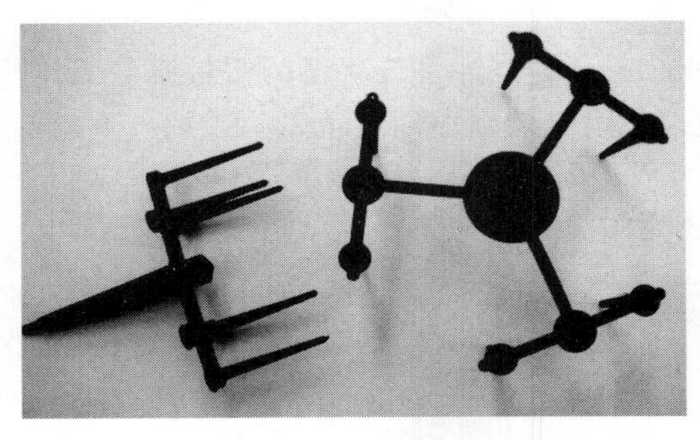

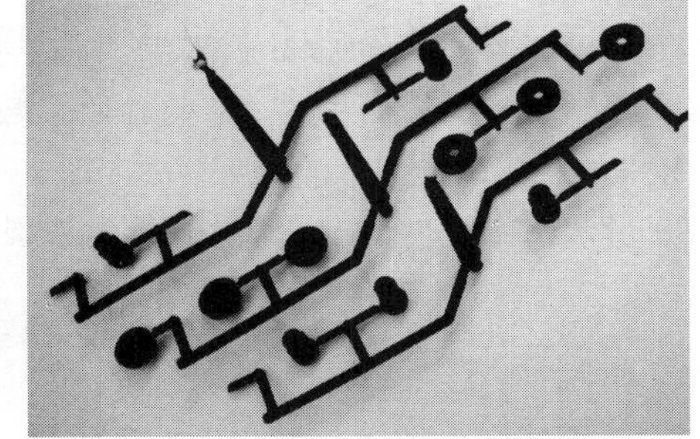

图4.37 普通浇注系统凝料的实物图片

4.5.1 概述

1. 普通浇注系统的组成

普通浇注系统一般由主流道、分流道、浇口、冷料穴四部分组成。如图4.38(a)所示为安装在卧式或立式注射机上的注射模具所用的浇注系统，因其主流道垂直于模具分型面，可称为直浇口式浇注系统。如图4.38(b)所示为安装在角式注射机上的注射模具所用的浇注系统，因其主流道平行于模具分型面且对称开设在分型面的两侧，可称为横浇口式浇注系统。本节及后述的相关部分只重点介绍卧式或立式模具中的流道和浇口的有关内容。

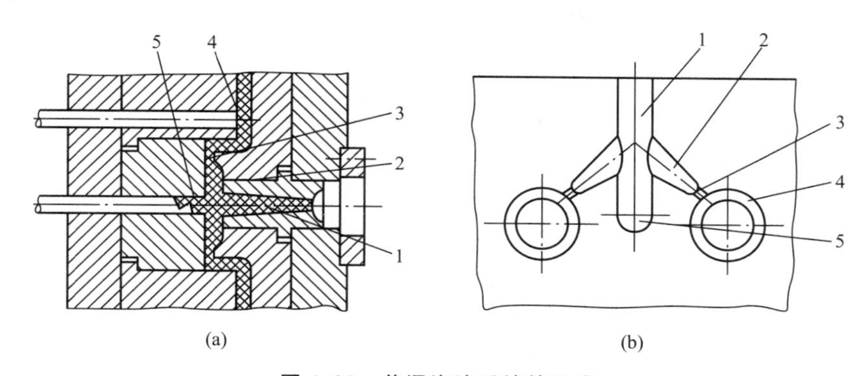

图 4.38 普通浇注系统的组成

1—主流道；2—分流道；3—浇口；4—塑件；5—冷料穴

2. 普通浇注系统的作用

普通流道浇注系统从总体来看，其作用可概述如下：

(1) 将来自注射机喷嘴的塑料熔体均匀而平稳地输送到型腔，同时使型腔内的气体能及时顺利排出。

(2) 在塑料熔体填充及凝固的过程中，将注射压力有效地传递到型腔的各个部位，以获得形状完整、内外质量优良的塑料制件。

至于普通浇注系统中各组成部分具体的作用将在以下的有关章节阐述。

3. 普通浇注系统的设计原则

一般在设计普通浇注系统时应考虑以下基本原则：

1) 了解塑料的成型性能

了解被成型的塑料熔体的流动特性、温度、剪切速率对黏度的影响等十分重要，设计的浇注系统一定要适应于所用塑料原材料的成型性能，保证成型塑件的质量。

2) 尽量避免或减少产生熔接痕

在选择塑料熔体初始进入型腔的位置时，应注意避免熔接痕的产生。熔体流动时应尽量减少分流的次数，因为分流熔体的汇合之处必然会产生熔接痕，尤其是在流程长、温度低时对塑件熔接强度的影响更大。

3) 有利于型腔中气体的排出

浇注系统应能顺利地引导塑料熔体充满型腔的各个部位，使浇注系统及型腔中原有的气体能有序地排出，避免因气体不能顺序排除而产生成型缺陷。

4) 防止细小型芯的变形和嵌件的位移

浇注系统设计时应尽量避免塑料熔体直冲细小型芯和嵌件，以防止熔体的冲击力使细小型芯变形或嵌件位移。

5) 尽量采用较短的流程充满型腔

在选择进料位置的时候，对于较大的模具型腔，要力求以较短的流程充满型腔，使塑料熔体的压力损失和热量损失减小到最低限，以保持较理想的流动状态和有效的传递最终压力，保证塑件良好的成型质量。

6）便于修整浇口以保证塑件外观质量

脱模后，浇注系统凝料要与成型后的塑件分离，为保证塑件的美观和使用性能等，应该使浇注系统凝料与塑件易于分离，并且浇口痕迹易于清除修整。如一些家用电器的塑料外壳、带花纹的旋钮和包装装饰品塑件，它们的外观具有一定造型设计质量要求，浇口就不允许开设在对外观有严重影响的部位，而应开设在次要隐蔽的地方。

7）浇注系统应结合型腔布局同时考虑

浇注系统的分布形式与型腔的排布密切相关，应在设计时尽可能保证在同一时间内塑料熔体充满各型腔，并且使型腔及浇注系统在分型面上的投影面积总重心与注射机锁模机构的锁模力作用中心相重合，这对于锁模的可靠性及锁模机构受力的均匀性都是有利的。

8）流动距离比的校核

对于大型或薄壁塑件，塑料熔体有可能因其流动距离过长或流动阻力太大而无法充满整个型腔。为此，在浇注系统设计过程中除了考虑采用较短的流程外，还应对其注射成型时的流动距离比进行校核，这样可以避免型腔充填不足现象的发生。

流动距离比简称流动比，是指塑料熔体在模具中进行最长距离的流动时，其截面厚度相同的各段料流通道及各段模腔的长度与其对应截面厚度之比值的总和，即

$$\Phi=\sum\frac{L_i}{t_i} \tag{4-22}$$

式中：Φ 为流动距离比；L_i 为模具中各段料流通道及各段模腔的长度，mm；t_i 为模具中各段料流通道及各段模腔的截面厚度，mm。

应用实例

分别计算如图 4.39 所示塑料流动距离比。

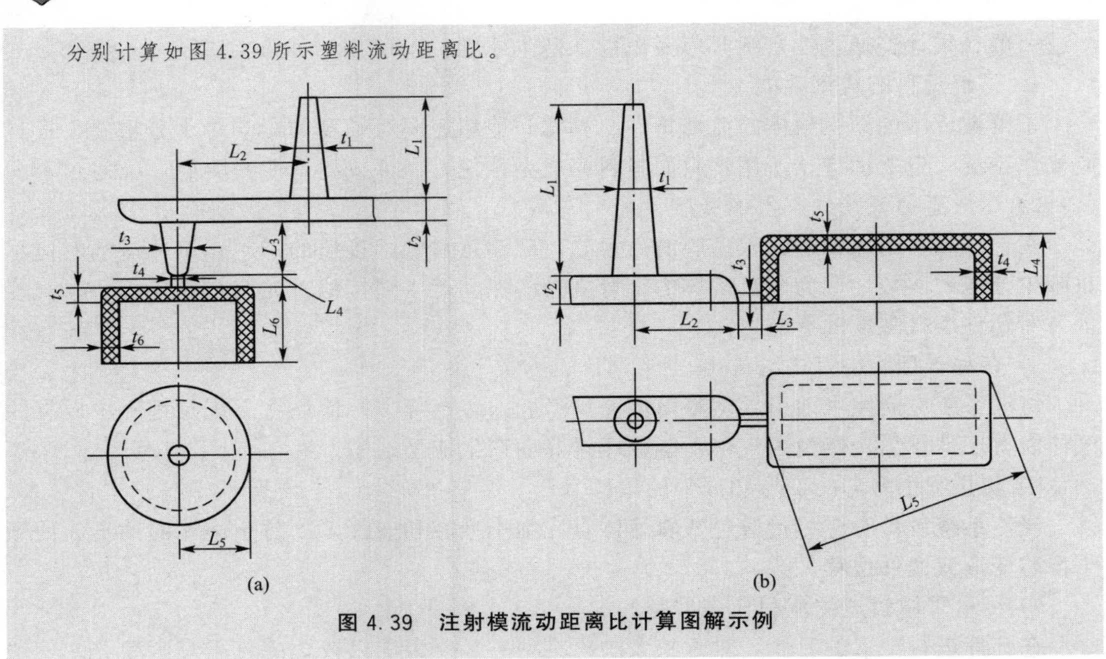

图 4.39 注射模流动距离比计算图解示例

如图 4.39(a)所示为点浇口进料的塑件，其流动距离比为

$$\Phi=\sum\frac{L_i}{t_i}=\frac{L_1}{t_1}+\frac{L_2}{t_2}+\frac{L_3}{t_3}+\frac{L_4}{t_4}+\frac{L_5}{t_5}+\frac{L_6}{t_6}$$

如图 4.39(b)所示为侧浇口进料的塑件，其流动距离比为

$$\Phi=\sum\frac{L_i}{t_i}=\frac{L_1}{t_1}+\frac{L_2}{t_2}+\frac{L_3}{t_3}+\frac{2L_4}{t_4}$$

实用技巧

在生产中影响流动比的因素较多，其中主要影响因素是塑料的品种和注射压力，此外还有熔体的温度、模具的温度和流道及型腔的粗糙度等，需要经大量实验才能确定。

表 4-6 所列为部分塑料的注射压力与对应的流动距离比，可供设计模具时参考。如果设计时计算出的流动距离比大于表内数值，则注射成型时，在同样的压力条件下模具型腔有可能产生充填不足的现象。

表 4-6 部分塑料的注射压力与流动距离比 L/t 的关系

塑料品种	注射压力/MPa	流动距离比	塑料品种	注射压力/MPa	流动距离比
聚乙烯(PE)	147 68.6 49	280～250 240～200 140～100	聚碳酸酯(PC)	127.4 117.6 88.2	160～120 150～120 130～90
聚丙烯(PP)	117.6 68.6 49	280～240 240～200 140～100	聚甲醛(POM)	98	210～110
硬聚氯乙烯(HPVC)	127.4 117.6 88.2 68.6	170～130 160～120 140～100 110～70	聚苯乙烯(PS)	88.2	320～260
			尼龙 66	127.4 88.2	160～130 130～90
尼龙 6	88.2	320～200	软聚氯乙烯(SPVC)	88.2 68.6	280～200 240～160

4.5.2 主流道设计

主流道是指浇注系统中从注射机喷嘴与模具相接触的部位开始，到分流道为止的熔融塑料的流动通道。它是连接注射机喷嘴和模具的桥梁，是熔料进入型腔前须最先经过的部位，属于从热的塑料熔体到相对较冷的模具的一段过渡的流动长度，因此它的形状和尺寸最先影响着塑料熔体的流动速度及填充时间，必须使熔体的温度降和压力降最小，而且不损害其把塑料熔体输送到最“远”位置的能力。

在卧式或立式注射机上使用的模具中，主流道垂直于分型面，应设置在模具的对称中心位置上，并尽可能保证与相联接的注射机喷嘴为同一轴心线，为使凝料能从其中顺利拔出，需设计成圆锥形；主流道部分在成型过程中，其小端入口处与注射机喷嘴及一定温度、压力的塑料熔体要冷热交替地反复接触，属于易损部位，对零件材料的要求较高，因而模具的主流道部分常设计成可拆卸更换的主流道衬套式(俗称浇口套)，以便有效地选用

优质钢材单独进行加工和热处理。

在直角式注射机上使用的模具中，主流道开设在分型面上，因其不需沿轴线上拔出凝料，一般设计成圆柱形，其中心轴线就在动定模的合模面上。

1. 主流道的尺寸

主流道部分的主要尺寸及技术要求见表4-7。

表4-7 主流道部分的主要尺寸及技术要求 （单位：mm）

符号	名称	尺寸或技术要求
d	主流道小端直径	注射机喷嘴孔径 $d_0+(0.5\sim1)$
D	主流道大端直径	$d+2L\tan\frac{\alpha}{2}$
SR	主流道始端球面半径	喷嘴球面半径 $SR_0+(1\sim2)$
h	球面配合高度	3～5
α	主流道锥角	2°～6°（塑料流动性差时取大值）
L	主流道长度	尽量≤60
r	转角半径	1～3

2. 浇口套

浇口套又称主流道衬套，常采用标准件，浇口套的形式如图4.40所示。图4.40(a)为浇口套的实物图片；图4.40(b)为浇口套与定位圈设计成一体的形式，一般用于小型模具；图4.40(c)为将浇口套和定位圈设计成两个零件，然后配合固定在模板上，这种结构便于拆卸。一般采用碳素工具钢如T8A、T10A或45钢等材料制造，热处理要求淬火硬度53～57HRC。

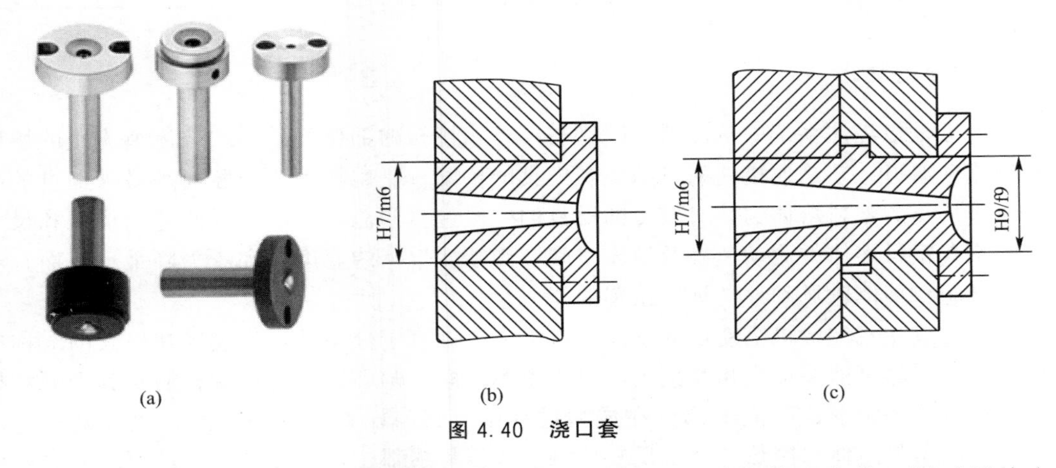

(a) (b) (c)

图4.40 浇口套

GB/T 4169.19—2006规定了塑料注射模用浇口套的尺寸规格和公差，同时还给出了材料指南、硬度要求和标记方法。GB/T 4169.19—2006 规定的标准浇口套参见表 4-8。

表 4-8 标准浇口套示例(摘自 GB/T 4169.19—2006) (单位：mm)

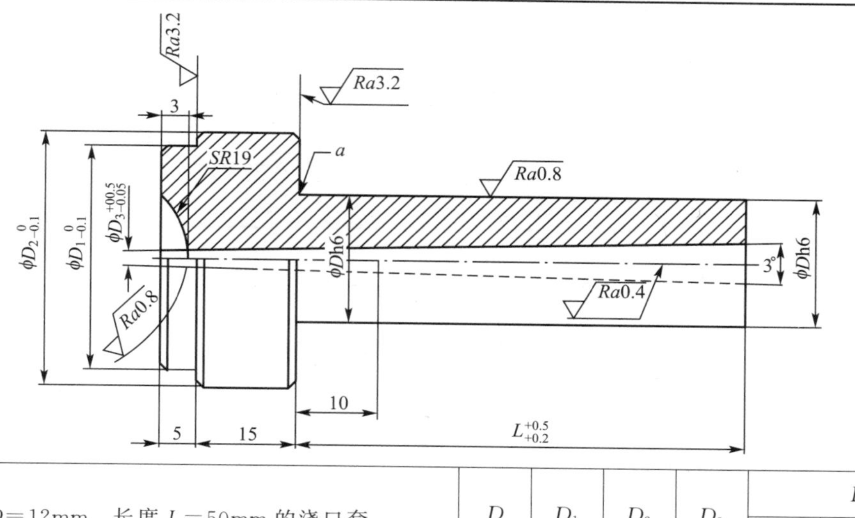

标注示例： 直径 D=12mm、长度 L=50mm 的浇口套： 浇口套 12×50GB/T 4169.19—2006	D	D_1	D_2	D_3	L		
					50	80	100
注： (1) 表面粗糙度以微米为单位。 (2) 未注表面粗糙度为 $Ra6.3\mu m$。未注倒角为 $C1$。 (3) a 可选砂轮越程槽或 $R0.5\sim R1$mm 圆角。 (4) 材料由制造者选定，推荐采用 45 钢。 (5) 局部热处理，$SR19$mm 球面硬度为 38～45 HRC。 (6) 其余应符合 GB/T 4169.19—2006 的规定	12	35	40	2.8	×		
	16			2.8	×	×	
	20			3.2	×	×	×
	25			4.2	×	×	×

4.5.3 分流道设计

分流道是指主流道末端与浇口之间的一段塑料熔体的流动通道。分流道作用是改变熔体流向，使其以平稳的流态均衡地分配到各个型腔。多型腔模具必定设置分流道，单型腔大型塑件在使用多个浇口进料时也要设置分流道。分流道是塑料熔体进入型腔前的通道，可通过优化设置分流道的横截面形状、尺寸大小及方向，使塑料熔体平稳充型，从而保证最佳的成型效果。

1. 设计原则

(1) 塑料熔体流经分流道时的压力损失及温度损失要小。

(2) 分流道的固化时间应稍后于塑件的固化时间，以利于压力的传递及保压。

(3) 保证塑料熔体迅速而均匀地进入各个型腔。

(4) 分流道的长度应尽可能短且容积要小。

(5) 要便于加工及刀具选择。

2. 分流道的截面形状与尺寸

分流道开设在动、定模分型面的两侧或任意一侧，其截面形状应尽量使其比表面积

(流道表面积与其体积之比)小。常用的分流道截面形式有圆形、梯形、U形、半圆形及矩形等，如图4.41所示。梯形及U形截面分流道加工较容易，而且热量损失与压力损失均不大，是最常用的形式，其尺寸可参考表4-9设计。

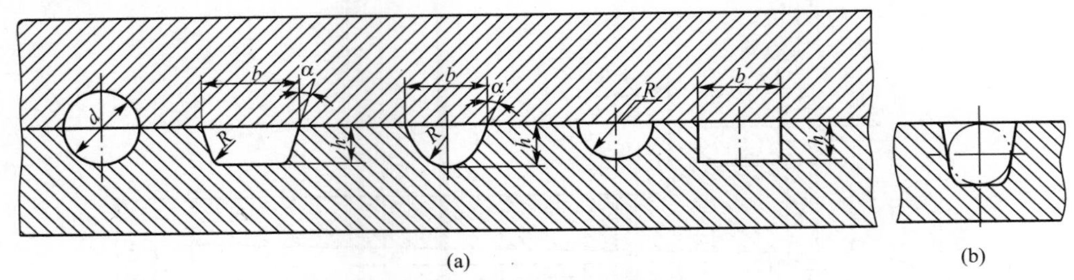

图4.41 常用的分流道截面形式

表4-9 梯形和U形截面的推荐尺寸 (单位：mm)

截面形状	截面尺寸							
梯形截面	b	4	6	(7)	8	(9)	10	12
	h	$2b/3$						
	R	一般取3						
	α	5°～15°						
U形截面	b	4	6	(7)	8	(9)	10	12
	R	$0.5\,b$						
	h	$1.25\,R$						
	α	5°～15°						

注：括号内尺寸不推荐采用。

图4.41中的梯形截面分流道的尺寸b也可按下面经验公式确定：

$$b=0.2654\sqrt{m}\sqrt[4]{L} \tag{4-23}$$

式中：b为梯形大底边宽度，mm；m为塑件的质量，g；L为分流道的长度，mm。

式(4-23)有一定的适用范围，即塑件壁厚在3.2mm以下，塑件质量小于200g，且计算结果b在3.2～9.5mm范围内才合理。

实用技巧

从流动性、传热性等方面考虑，圆形截面是分流道比较理想的形状，但因其要以分型面为界分成两半进行加工才利于凝料脱出，这种加工的工艺性不佳，且模具闭合后难以精确保证两半圆对准，故生产实际中不常采用。在设计实践中可以这样考虑，如果加工成的梯形截面恰巧可能容纳一个所需直径的圆，且其侧边与垂直于分型面的方向成5°～15°的夹角，如图4.41(b)所示，那么其效果就与圆形截面流道一样好。

3. 分流道的长度

根据型腔在分型面上的排布情况，分流道可分为一次分流道、两次分流道甚至三次分流道。分流道的长度要尽可能短，且弯折少，以便减少压力损失和热量损失，节约塑料的原材料和能耗。如图 4.42 所示为分流道长度的设计参数尺寸，其中 $L_1=6\sim10\text{mm}$，$L_2=3\sim6\text{mm}$，$L_3=6\sim10\text{mm}$。L 的尺寸根据型腔的多少和型腔的大小来确定。

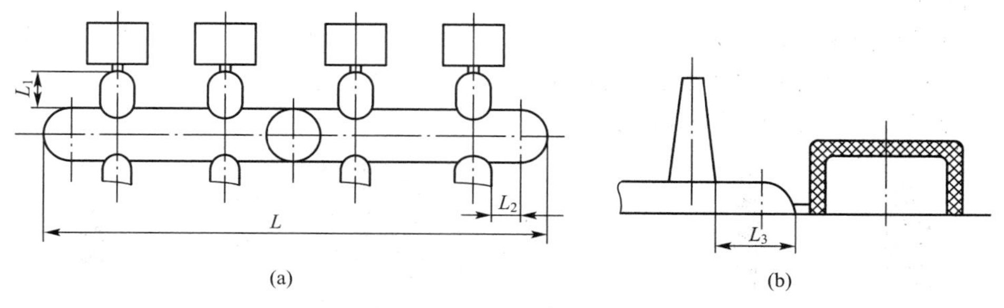

图 4.42 分流道的长度

4. 分流道的表面粗糙度

由于分流道中与模具接触的外层塑料迅速冷却，只有内部的熔体流动状态比较理想，因此分流道表面粗糙度数值不能太小，一般要求达到 $Ra1.6\mu\text{m}$ 即可，这可增加对外层塑料熔体的流动阻力，保证熔体流动时具有合适的剪切速率和剪切热，并可使外层塑料冷却皮层固定，形成绝热层。

5. 分流道的布置形式

在多型腔的模具中，分流道的布局形式很多，应遵循两个原则，其一是排列应尽量紧凑，缩小模板尺寸，其二是尽量使流程短，对称布置，使胀模力的中心与注射机锁模力的中心一致。研究分流道的布局，实质上就是研究型腔的布局问题。分流道的布局是围绕型腔的布局而设置的，即分流道的布局形式取决于型腔的布局，两者应统一协调，相互制约。分流道和型腔的分布有平衡式和非平衡式两种，将在本章的第 4.5.6 节做详细介绍。

4.5.4 浇口设计

浇口是连接分流道与型腔之间的一段细短通道，又称进料口，是注射模浇注系统的最后一部分。浇口的形状、位置和尺寸对塑件的质量影响很大。注射成型时许多缺陷都是由于浇口设计不合理而造成的，所以要特别重视浇口的设计。

1. 浇口的作用

浇口可分成限制性浇口和非限制性浇口两类。限制性浇口是整个浇注系统中截面尺寸最小的部位，其基本作用如下：

(1) 通过截面积的突然变化，使分流道送来的塑料熔体提高注射压力，塑料熔体通过浇口的流速有一突变性增加，从而提高塑料熔体的剪切速率，降低黏度，改善流动性，使塑料熔体以较理想的流动状态迅速均衡地充满型腔。

(2) 能迅速冷却封闭，防止型腔中熔体倒流。

(3) 有利于塑件与浇口凝料的分离。

(4) 对于多型腔模具，调节浇口的尺寸，还可以使非平衡布置的型腔达到同时进料的目的。

非限制性浇口是整个浇注系统中截面尺寸最大的部位，主要是对中大型筒类、壳类塑

件型腔起引料和进料后的施压作用。

2. 浇口的常见类型

1) 直浇口

直浇口是熔融塑料从主流道直接注入型腔的最普通的浇口，又称主流道型浇口或直接浇口，由于料流经过浇口时不受任何限制，故属于非限制性浇口。一般设在塑件的底部，直浇口的形式如图 4.43 和图 4.44 所示。

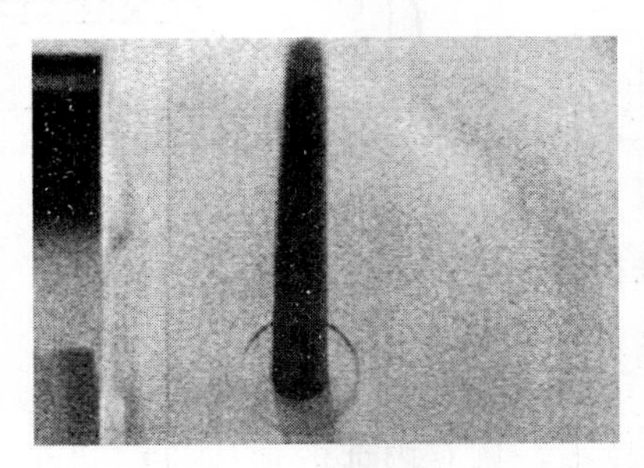

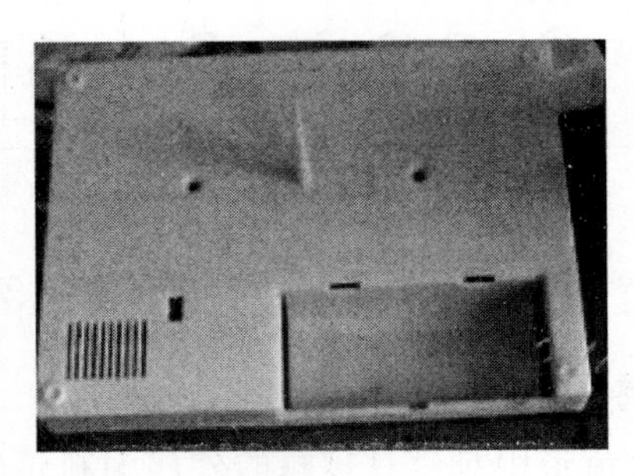

图 4.43 带有直浇口凝料的塑件实物图片

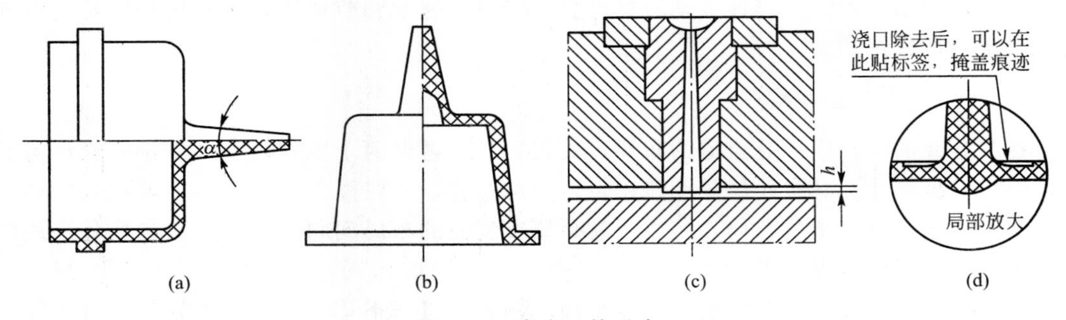

图 4.44 直浇口的形式

(1) 主要特性。

① 流动阻力小，流动路程短，注射压力损失小，保压补缩作用强，易于塑件完整成型；

② 有利于消除深型腔处气体不易排出的缺点；

③ 塑件和浇注系统在分型面上的投影面积最小，模具结构紧凑，注射机受力均匀；

④ 浇口截面大，凝料去除困难，塑件有明显的浇口痕迹(修整费时)，影响美观；

⑤ 容易产生内应力，引起塑件变形、浇口裂纹，或产生气泡、开裂、缩孔等缺陷。

当筒类或壳类塑件的底部中心或接近于中心部位有通孔时，直浇口就开设在该孔处，同时中心设置分流锥，这种类型的浇口又称中心浇口，是直浇口的一种特殊形式，如图 4.44(b)所示。它具有直浇口的一系列优点，而克服了直浇口易产生的缩孔、变形等缺陷。在设计时，环形的厚度一般不小于 0.5mm。

(2) 应用。

① 大多数用于注射成型大型厚壁、长流程、深型腔的筒形或壳形塑件；

② 尤其适合于一些如聚碳酸酯、聚砜、聚苯醚等高黏度、热敏性及流动性差的塑料；

③ 对纵向和横向成型收缩率有较大差异的塑料所成型的塑件不适宜(聚乙烯、聚丙烯等)，易产生内应力和变形；

④ 一般用于单型腔模具。

(3) 尺寸。

一般仿主流道尺寸设计。选用较小的主流道锥角 $\alpha(\alpha=2^\circ\sim4^\circ)$，且尽量减少定模板和定模座板的厚度。实践中常将浇口套突出型腔底面一小段距离 h，如图 4.44(c)、图 4.44(d)所示。

2) 点浇口

点浇口是一种截面尺寸很小的浇口，因此又称针点浇口、小浇口、针浇口、橄榄形或菱形浇口。如图 4.45 所示为点浇口凝料的实物图片。

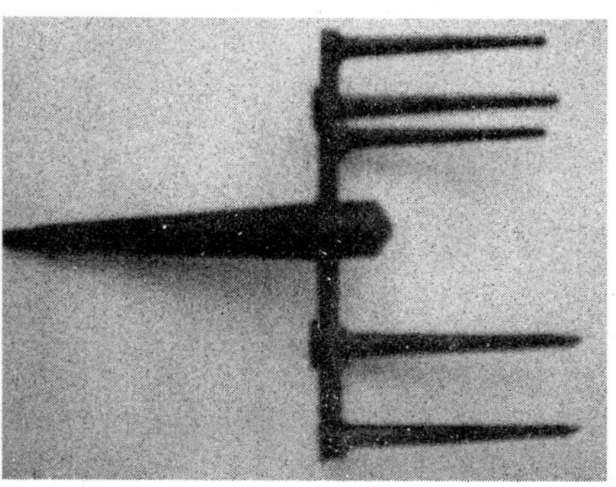

图 4.45 点浇口凝料的实物图片

(1) 形式。

点浇口的形式有很多种，见表 4-10。

表 4-10 点浇口的形式

点浇口形式	直接式点浇口	圆锥过渡式点浇口	带圆角的圆锥过渡式的点浇口	圆锥过渡凸台式的点浇口
示意图例	0.2 α d	α l d	α l d	α l_0 l_1 d β
说明	直径为 d 的圆锥形小端直接与塑件相连。这种结构加工方便，但模具浇口处的强度差，而且在拉断浇口时容易使塑件表面损伤	其圆锥形的小端有一段直径为 d，长度为 l 的浇口与塑件相连，但 d 不能太小，l 不能太长，否则脱模时浇口凝料会因断裂而堵塞浇口，影响注射的正常进行	其结构为圆锥形的小端带有圆角的形式，因此小端的截面积相应增大，塑料冷却减慢，有利于熔料充满模腔	点浇口底部增加了一个小凸台，作用是保证脱模时浇口断裂在凸台小端处，使塑件表面不受损伤，但塑件表面留有凸台，影响表面质量，为了防止这种缺陷，可在设计时让小凸台低于塑件表面

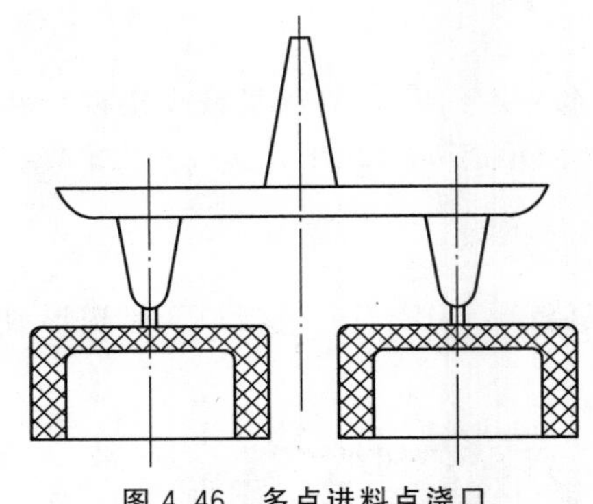

图 4.46 多点进料点浇口

表 4－10 所列的点浇口与主流道直接接通，这种类型的浇口也称为菱形浇口或橄榄形浇口。由于熔体由注射机喷嘴很快进入型腔，只能用于对温度稳定的物料，如聚乙烯、聚丙烯等。使用较多的是经分流道的多点进料的点浇口，如图 4.46 所示，该形式适用于一模多件或一个较大塑件采用多个点浇口进料。

(2) 主要特性。

① 料流通过时，压力差加大，较大地提高了剪切速率并产生较大的剪切热，从而降低黏度，提高流动性，利于填充；

② 去除容易，且痕迹小，可自动拉断，利于自动化操作；

③ 压力损失大，收缩大，塑件易变形。

(3) 应用。

① 适用于黏度随剪切速率变化而明显改变的塑料(PE、PP、PS 等)，对成型流动性差及热敏性塑料不利；

② 适用于薄壁塑件，对平薄易变形及形状复杂的塑件不利；

③ 须采用三板式双分型面(定模部分)，以便浇口凝料脱模，须设置流道凝料取出装置，对于注射机的最大开模距离及流道板的流道凝料取出空间应加大；

④ 对投影面积大或易变形的塑件，采用多针点式浇口能取得理想的结果(可以缩短流程，加快进料速度，降低流动阻力，减少翘曲变形)。

(4) 尺寸。

d＝0.5～1.6mm(最大不超过 2.0mm)，l＝0.5～2.0mm(一般取 1.0～1.5mm)，l_0＝0.5～1.5mm，l_1＝0.5～1.5mm，α＝6°～30°，β＝60°～90°。

点浇口的直径也可以用经验公式计算：

$$d=(0.14\sim0.20)\sqrt[4]{\delta^2 A} \quad (4-24)$$

式中：d 为点浇口直径，mm；δ 为塑件在浇口处的壁厚，mm；A 为型腔表面积，mm^2。

表 4－11 列出了不同塑料按照平均壁厚确定的点浇口直径，可参考选择。

表 4－11 不同塑料按照平均壁厚确定的点浇口直径 (单位：mm)

塑料种类	塑件壁厚＜1.5	塑件壁厚＝1.5～3	塑件壁厚＞3
PE、PS	0.5～0.7	0.6～0.9	0.8～1.2
PP	0.6～0.8	0.7～1.0	0.8～1.2
ABS、PMMA	0.8～1.0	0.9～1.8	1.0～2.0
PC、POM、PPO	0.9～1.2	1.0～1.2	1.2～1.6
PA	0.8～1.2	1.0～1.5	1.2～1.8

3) 潜伏浇口

潜伏浇口又称剪切浇口、隧道浇口，是由点浇口变异而来的，这种浇口具备点浇口的一切优点，因而已获得广泛应用。如图 4.47 所示为潜伏浇口凝料的实物图片。

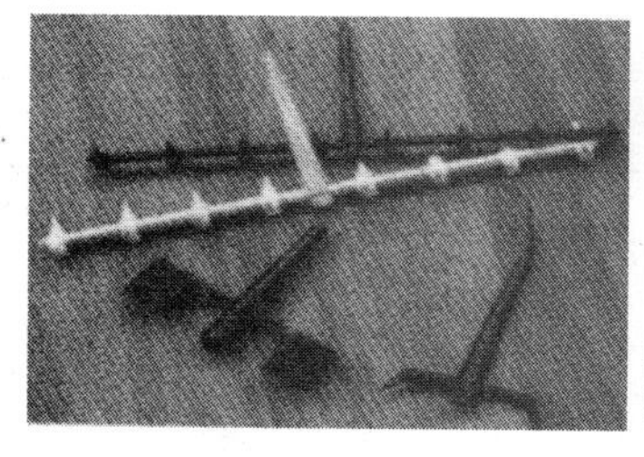
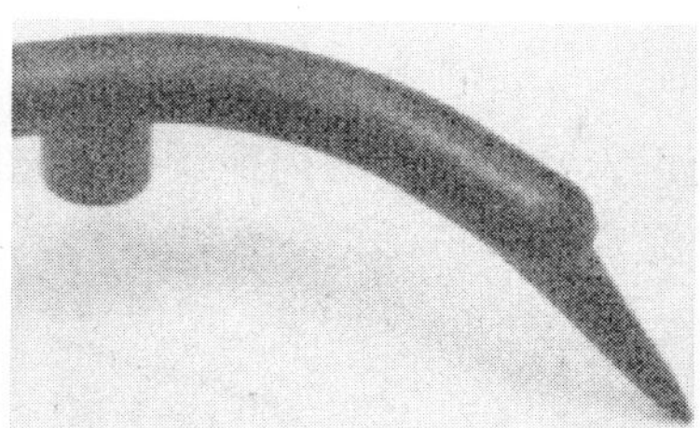

图 4.47 潜伏浇口凝料的实物图片

(1) 形式。

潜伏浇口的形式见表 4－12。

表 4－12 潜伏浇口的形式

潜伏浇口形式	浇口 开设在定模部分	浇口 开设在动模部分	浇口开设在推杆上部，而进料口在推杆上端	圆弧形潜伏式浇口
示意图例	β α 2~3	2~3 α β	0.8~2	
说明			浇口在塑件内部，因此其外观质量好	用于高度比较小的制件，其浇口加工比较困难

(2) 主要特性。

① 由点浇口演变而来，具备点浇口的特点；

② 分流道位于分型面，而其本身设在模具内的隐蔽处，料流通过型腔侧面斜向注入；

③ 其位置可设在塑件的侧面、端面或背面等隐蔽处，塑件外表面不受损伤，不致影响其美观效果(浇口痕迹)及表面质量；

④ 浇口与型腔相连时有一定角度，形成斜切刃口，脱模或分型时利用其剪切力自动切断浇口，塑件不需进行浇口处理；

⑤ 推出时需用较强的冲击力；

⑥ 能采用二板式单分型面模具。

(3) 应用。

应用较广泛，但对于过于强韧的塑料不宜采用(如聚苯乙烯)，对 PMMA 等脆性塑料也不适宜。

(4) 尺寸。

外形为锥面，截面为圆形或椭圆形，尺寸设计可参考点浇口。表 4－12 中潜伏浇口的引导锥角 β 应取 10°～20°，对硬质脆性塑料 β 取大值，反之取小值。潜伏浇口的方向角 α 一般取 30°～45°，对硬质脆性塑料 α 取小值。推杆上的进料口宽度为 0.8～2.0mm，具体数值应根据塑件的尺寸确定。

4）侧浇口

（1）形式。

侧浇口一般开设在分型面上，塑料熔体从内侧或外侧充填模具型腔，其截面形状多为矩形(扁槽)，是限制性浇口。是应用较广泛的一种浇口形式，如图4.48和图4.49所示。

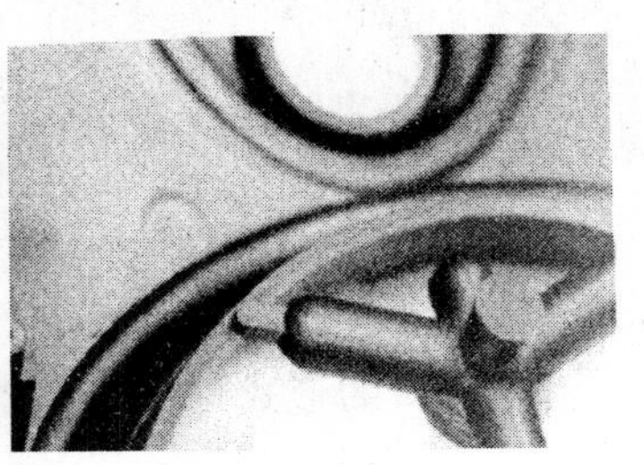

图4.48 带有侧浇口凝料的实物图片

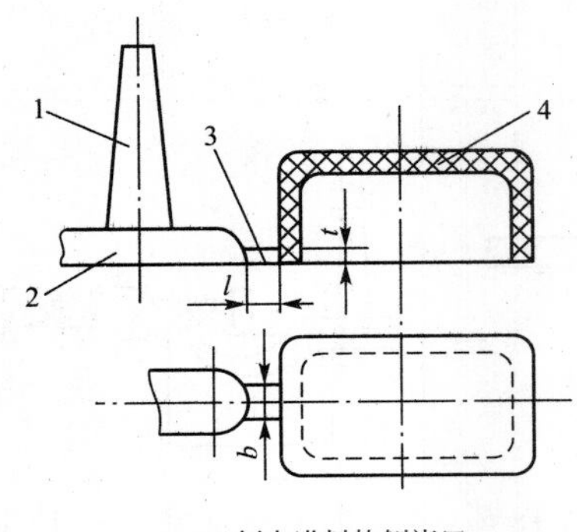

(a) 侧向进料的侧浇口

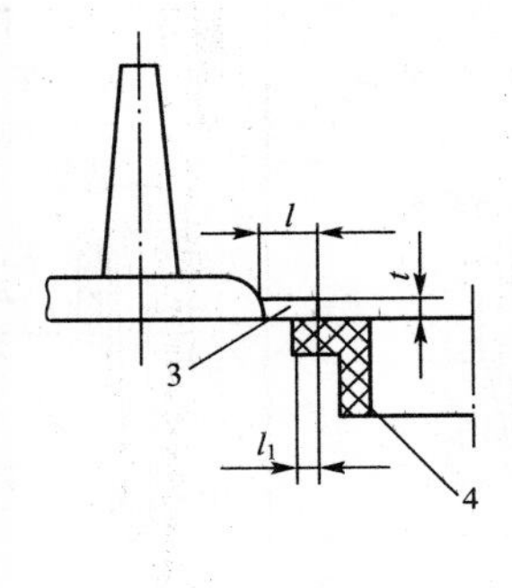

(b) 端面进料的搭接式浇口

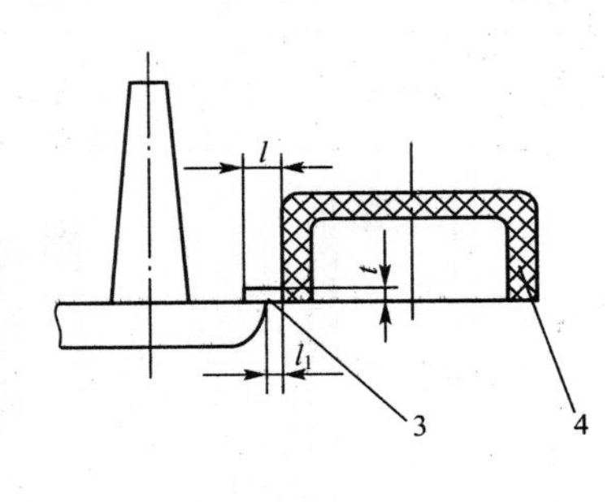

(c) 侧面进料的搭接式浇口

图4.49 侧浇口的形式

1—主流道；2—分流道；3—侧浇口；4—塑件

（2）主要特性。

① 于塑件的侧面开设矩形或半圆形限制注入口，又称边缘浇口；

② 可根据塑件的形状特点灵活地选择浇口的位置，以改善填充条件，加工容易，修整方便；

③ 能方便地调整充模时的剪切速率和浇口封闭时间，即通过浇口(b、t)限制填充量，使浇口急速固化，防止注射压力损失，在国外称其为标准浇口；

④ 适用于一模多件，提高生产率；

⑤ 浇口截面小，去除方便，减少了浇注系统塑料的消耗量；

⑥ 可以看到塑件外表部位留有浇口痕迹；

⑦ 易形成熔接痕、缩孔、气孔等缺陷，壳形塑件排气不便；

⑧ 注射压力损失大，对深型腔塑件排气不利。

（3）应用。

侧浇口对各种塑料故适应，普遍使用于中小型塑件的多型腔单分型面注射模具。

（4）尺寸。

矩形浇口的尺寸大小，根据参数 l、b、t 而决定，可参考表4-13。

经验公式如下。

$$b=k\sqrt{A}/30 \tag{4-25}$$

$$t=kh \tag{4-26}$$

式中：b 为侧浇口的宽度，mm；A 为塑件的外侧表面积(型腔表面积)，mm^2；t 为侧浇口的厚度，mm 中；h 为浇口处塑件的壁厚，mm；k 为系数，参考表 4－14。

表 4－13　矩形截面侧浇口的参考尺寸　　　(单位：mm)

	侧向进料的侧浇口	端面进料的搭接式浇口	侧面进料的搭接式浇口
长度 l	0.7～2.0	2.0～3.0	
宽度 b	1.5～5.0		
厚度 t	0.5～2.0 或取塑件壁厚的 1/3～2/3		
长度 l_1		$b/2+(0.6\sim0.9)$	

表 4－14　系数 k 的值

塑料品种	PE、PS	PP、PC	POM	PA	PVC	PMMA
k 值	0.6	0.7	0.7	0.8	0.9	0.8

**特别提示**

参数 l、b、t 对成型工艺的影响各不相同，其中 l 影响压力下降程度，大致成正比；b、t 两者的乘积影响流动性能(填充速度)，当 b 增加时，填充速度下降，流动阻力降低；t 影响浇口的冷凝封结时间，t 越大，浇口的冷凝封结时间就越长；b 与 t 两者首先决定 t，$b/t\approx3$。

(5) 分流道与侧浇口的连接：

分流道与侧浇口的连接处应加工成斜面，并用圆弧过渡，有利于塑料熔体的流动及充填，如图 4.50 所示，图中 $r=0.5\sim2$mm。

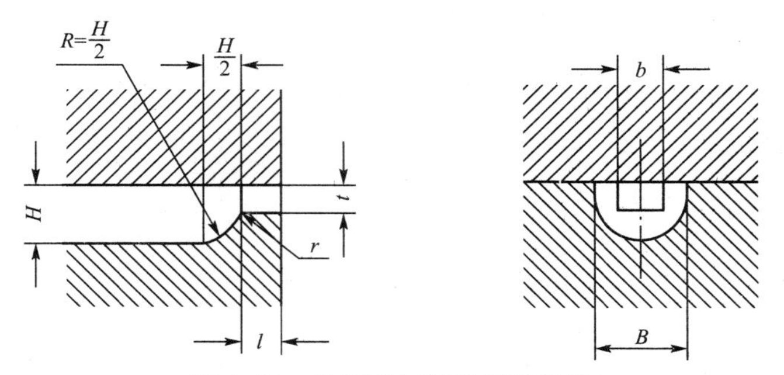

图 4.50　分流道与侧浇口的连接

5) 扇形浇口

扇形浇口是一种沿浇口方向宽度逐渐增加、厚度逐渐减少的呈扇形的侧浇口，如图 4.51 和图 4.52 所示。

(1) 主要特性。

① 侧浇口的变异形式(当浇口宽度 b 大于分流道宽度 B 时)；

② 面向型腔，沿进料方向截面宽度逐渐加大，在与型腔接合处形成一矩形台阶，熔料经台阶平稳进入型腔；

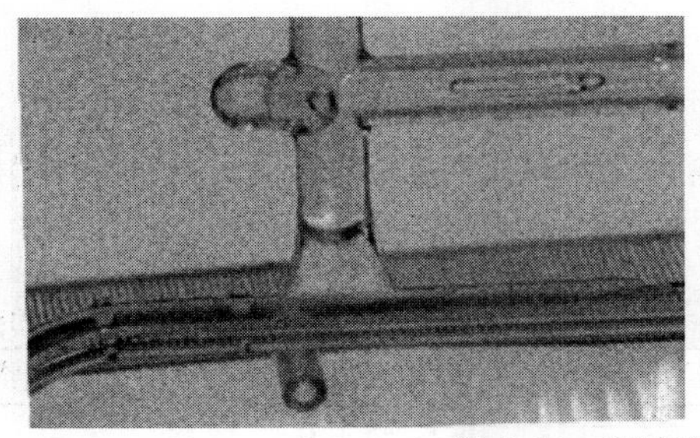

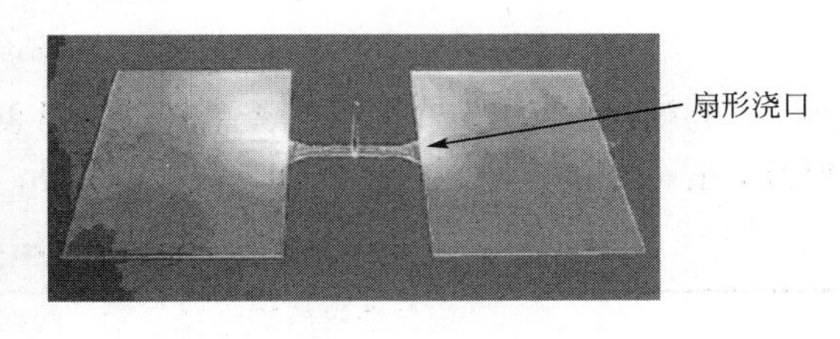

图 4.51　带有扇形浇口凝料的实物图片

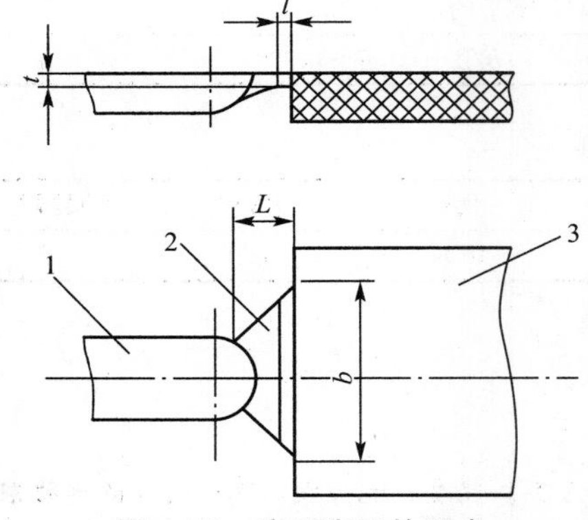

图 4.52　扇形浇口的形式

1—分流道；2—扇形浇口；3—塑件

③ 进料在宽度方向得到更均匀的分配，降低了塑件的内应力，克服了流纹及定向效应，减少带入空气的可能性，从而最大限度地消除浇口附近的缺陷；

④ 去除困难，痕迹明显。

(2)应用。

① 适用于成型横向尺寸较大的薄片状塑件及平面面积较大的扁平塑件，如盖板、标卡和托盘类等；

② 适用于注射除硬 PVC 以外的普通塑料。

(3) 尺寸。

与型腔接合处矩形台阶的长度 $l=1.0\sim1.3$mm，厚度 $t=0.25\sim1.0$mm，进料口的宽度 b 视塑件大小而定，一般取 6mm 至浇口处 1/4 型腔侧壁的长度，整个扇形的长度 L 可取 6mm 左右。

实用技巧

(1) 浇口的截面积不大于流道的截面积，以保证料流的对接、连续；

(2) 由于浇口的中心部分与浇口边缘部分的通道长度不同，因而熔体在其中的压力降与填充速度也不一致，可作一定的结构改进(适当加深浇口两边缘部分的深度)。

图(a)所示为改进前的截面形状，图(b)所示为改进后的浇口截面形状。

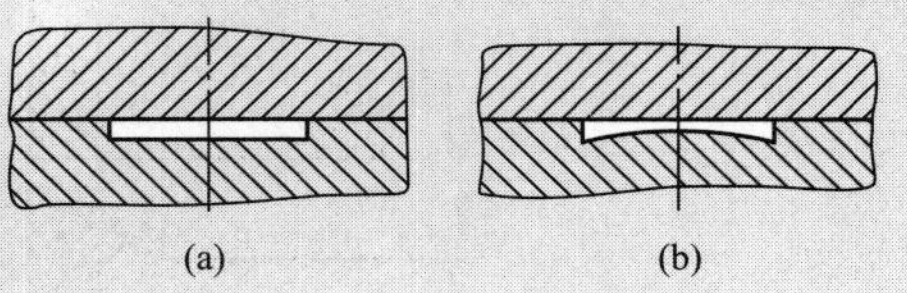

6) 平缝浇口

平缝浇口又称薄膜浇口、薄片浇口、平板浇口、宽薄浇口、膜状浇口等，如图 4.53 所示。

(1) 主要特性。

① 侧浇口的变异形式；

② 料流通过特别开设的分流道(平行流道)得到均匀分配；

③ 以较低的线速度呈平行流均匀而平稳地进入型腔，降低了塑件的内应力，避免因定向而产生的翘曲变形，减少了气孔及缺料等缺陷；

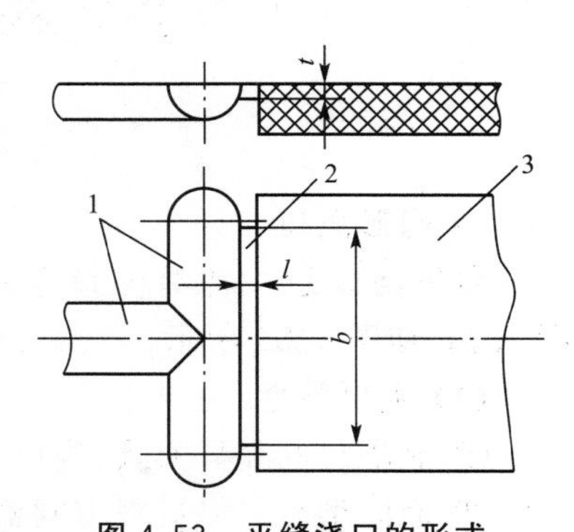

图 4.53　平缝浇口的形式

1—分流道；2—平缝浇口；3—塑件

④ 浇口痕迹明显，成型后去浇口的后加工量大，增加成本。

(2) 应用。

① 成型大面积的扁平塑件；

② 能最有效地把聚乙烯(PE)等一类平板状塑件的变形控制到最小限度；

③ 适用于注射除硬 PVC 以外的普通塑料。

(3) 尺寸。

浇口厚度 $t=0.25\sim1.5$mm，浇口长度 $l=0.65\sim1.2$mm，其长度应尽量短，浇口宽度 b 为对应型腔侧壁宽度的 25%～100%。

7) 环形浇口与盘形浇口

对型腔填充采用外侧圆环形进料形式的浇口称环形浇口。盘形浇口类似于环形浇口，它与环形浇口的区别在于开设位置为塑件的内侧，其特点与环形浇口基本相同，如图 4.54 和图 4.55 所示。

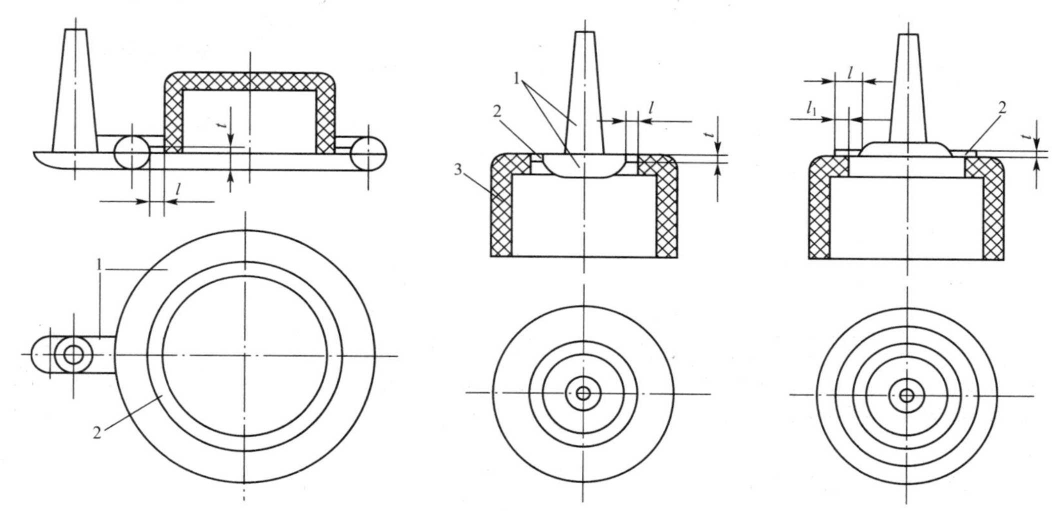

图 4.54 环形浇口的形式

1—分流道；2—环形浇口

图 4.55 盘形浇口的形式

1—流道；2—盘形浇口；3—塑件

(1) 主要特性。

① 进料均匀，圆周上各处流速大致相等，熔体流动状态好，型腔中的空气容易排出；

② 可基本避免使用侧浇口时容易在塑件上产生的熔接痕；

③ 浇注系统耗料较多，浇口去除较难。

(2) 应用。

经常用于成型圆筒形塑件。适用于壁厚要求严格或不容许有熔接痕生成的塑件。

(3) 尺寸。

尺寸设计可参考侧浇口。

8) 轮辐浇口

轮辐浇口是在盘形浇口基础上改进而成的，由原来的圆周进料改为数小段圆弧进料，轮辐浇口的形式如图 4.56、图 4.57 所示。这种形式的浇口耗料比盘形浇口少得多，且去除浇口容易。这类浇口在生产中比环形浇口应用广泛，多用于管状塑件及底部有大孔的圆筒形或壳形塑件。轮辐浇口的缺点是易增加熔接痕，这会影响塑件的强度，而且在形状上

不可能制造出完善的真圆。浇口尺寸可参考侧浇口尺寸取值。

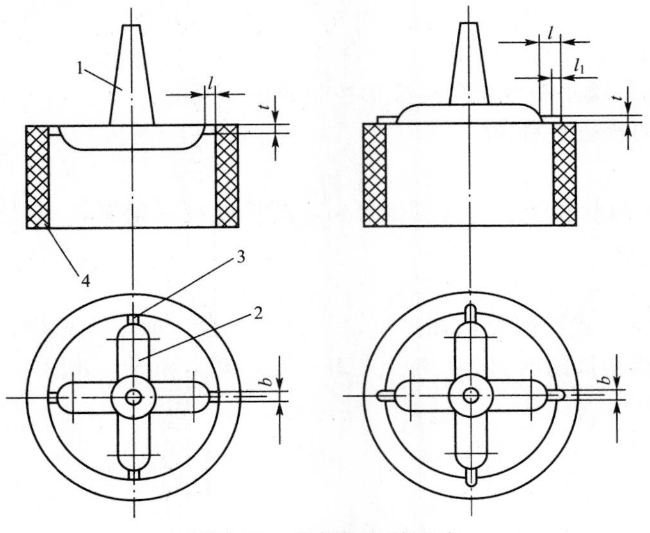

图 4.56 轮辐浇口的形式

1—主流道；2—分流道；3—轮辐浇口；4—塑件

图 4.57 带有轮辐浇口凝料的实物图片

9）爪形浇口

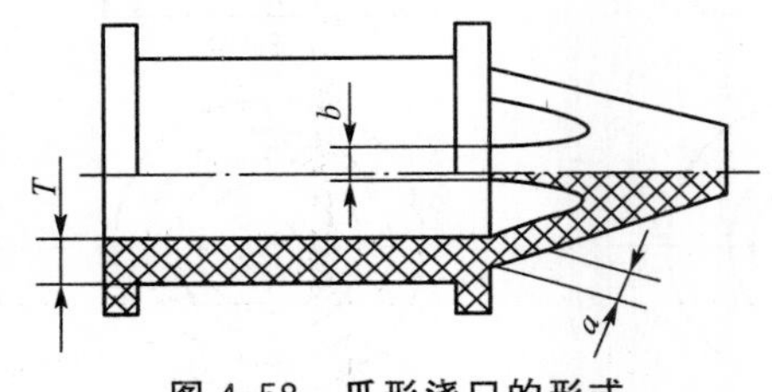

图 4.58 爪形浇口的形式

爪形浇口如图 4.58 所示。爪形浇口加工较困难，通常用电火花成形。型芯可用做分流锥，其头部与主流道有自动定心的作用(型芯头部有一端与主流道下端大小一致)，从而避免了塑件弯曲变形或同轴度差等成型缺陷。爪形浇口的缺点与轮辐浇口类似，主要适用于成型内孔较小且同轴度要求较高的细长管状塑件。

10）护耳浇口

塑料熔体充模时易产生喷射流动而引起塑件缺陷，同时浇口附近有较大的内应力而导致塑件强度降低及翘曲变形，在浇口附近形成脆弱点。为避免在浇口附近的应力集中而影响塑件质量，在浇口和型腔之间增设护耳式的小凹槽，使凹槽进入型腔处的槽口截面充分大于浇口截面，从而改变流向，均匀进料的浇口称为护耳浇口，如图 4.59 所示。护耳浇口又称翼状浇口、耳式浇口、调整片式浇口、分接式浇口。

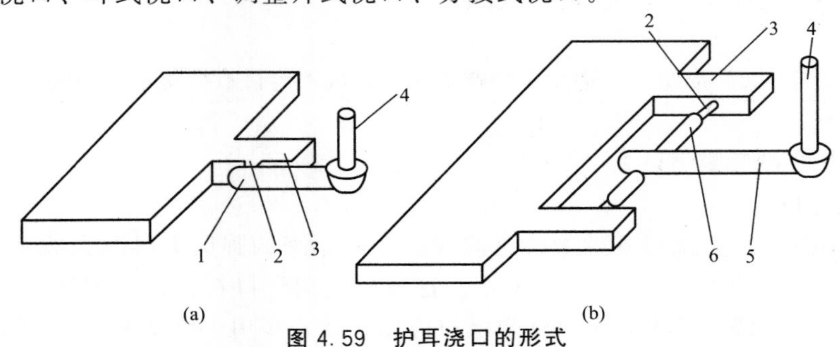

图 4.59 护耳浇口的形式

1—分流道；2—侧浇口；3—护耳；4—主流道；5——次分流道；6—二次分流道

(1) 主要特性。

从分流道来的塑料熔体，通过浇口的挤压、摩擦，再次被加热，从而改善了塑料熔体的流动性。离开浇口的高速喷射料流冲击在耳槽内壁，熔体的线速度因耳槽的阻挡而减小，并且流向也改变，有助于其均匀地进入型腔，同时，依靠护耳还弥补了浇口周边收缩所产生的变形，而护耳可在塑件成型后去除。

(2) 应用。

主要适用于聚碳酸酯、ABS、聚氯乙烯、有机玻璃等类热稳定性差及熔融黏度高的塑料，注射压力应为其他浇口形式的两倍左右。一般在不影响塑件使用要求时可将护耳保留在塑件上，从而减少了去除浇口的工作量，当塑件宽度很大时，可用多个护耳。

(3) 尺寸。

护耳浇口一般为矩形截面，护耳长度一般取 15～20mm，宽度约为长度的一半，厚度可为浇口处模腔厚度的 75%～80%，护耳纵向中心线与塑件边缘的间距不大于 150mm，护耳与护耳的间距不大于 300mm；侧浇口位于护耳侧面的中央，其长度和宽度按常规选取，但厚度可等于护耳厚度的 80%或完全相等。

3. 浇口形式与塑料品种的相互适应性

由前所述，不同的浇口形式对塑料熔体的充模特性、成型质量及塑件的性能会产生不同的影响。有时在生产实践中，有些与浇口有直接影响关系的缺陷并不是在塑件脱模后立即发生，而是经过一定的时间(时效作用)后出现的，这就需要试模时考虑这方面的因素，尽量减少或消除浇口所引起的时效变形。各种塑料因其性能的差异而对于不同的浇口形式会有不同的适应性，设计模具时可参考表 4－15 所列部分塑料较适应的浇口形式。

表 4－15 常用塑料所适应的浇口形式

塑料种类 \ 浇口形式	直浇口	点浇口	潜伏浇口	侧浇口	平缝浇口	环形浇口	盘形浇口	护耳浇口
硬聚氯乙烯	☆			☆				☆
聚乙烯		☆		☆	☆			
聚丙烯		☆		☆				
聚碳酸酯	☆	☆		☆				☆
聚苯乙烯	☆	☆	☆	☆			☆	
橡胶改性聚乙烯			☆					
聚酰胺	☆	☆	☆	☆			☆	
聚甲醛	☆	☆	☆	☆	☆	☆		☆
丙烯腈-苯乙烯	☆	☆		☆			☆	☆
ABS	☆	☆	☆	☆	☆	☆	☆	☆
丙烯酸酯	☆			☆				☆

注：“☆”表示塑料较适用的浇口形式。

特别提示

表 4－15 只是生产经验的总结，如果能针对具体生产实际，处理好塑料性能、成型工艺条件及塑件的使用要求，即使采用表中所列的不适应的浇口形式，仍有可能取得注射成型的成功。

4.5.5 浇口位置的选择

无论采用什么形式的浇口，其开设的位置将对塑件的成型性能及成型质量产生较大影响，同时浇口位置的不同还影响到模具结构，因此合理选择浇口的开设位置是提高塑件质量的重要环节。总之，模具设计时，浇口的位置及尺寸要求比较严格，初步试模之后有时还需修改浇口尺寸。要使塑件具有良好的性能与外表，要使塑件的成型在技术上可行、经济上合理，就必须认真考虑浇口位置的选择。一般在选择浇口位置时，需要考虑塑件的结构工艺及特征、成型质量和技术要求，并综合分析塑料熔体在模内的流动特性、成型条件等因素。通常下述几项原则在设计实践中可供参考。

1. 浇口开设在塑件截面最厚的部位

理想的塑件结构应是壁厚均匀的，但有时由于特殊要求，当塑件的壁厚相差较大时，若将浇口开设在塑件的薄壁处，这时塑料熔体进入型腔后，不但流动阻力大，而且还易冷却，以致影响了熔体的流动距离，难以保证其充满整个型腔。另外从补料的角度考虑，塑件截面最厚的部位经常是塑料熔体最后固化的地方，若浇口开在薄壁处，则厚壁处极易因液态体积收缩得不到补缩而形成表面凹陷或真空泡。因此为保证塑料熔体的充模流动性，也为了有利于压力有效地传递和较易进行因液态体积收缩时所需的补料，一般浇口的位置应开设在塑件截面最厚的部位。

2. 避免产生喷射和蠕动(蛇形流)

塑料熔体的流动主要受塑件的形状和尺寸以及浇口的位置和尺寸的支配，良好的流动将保证模具型腔的均匀充填并防止形成分层。塑料溅射进入型腔可能增加表面缺陷、流涎、熔体破裂及夹气，如果通过一个狭窄的浇口充填一个相对较大的型腔，这种流动影响便可能出现，如图 4.60 所示。特别是在使用低黏度塑料熔体时更应注意。通过扩大浇口尺寸、采用冲击型浇口(如图 4.61)或护耳浇口，使料流直接流向型腔壁或粗大型芯，可防止因浇口处产生喷射现象而在充填过程中产生波纹状痕迹。

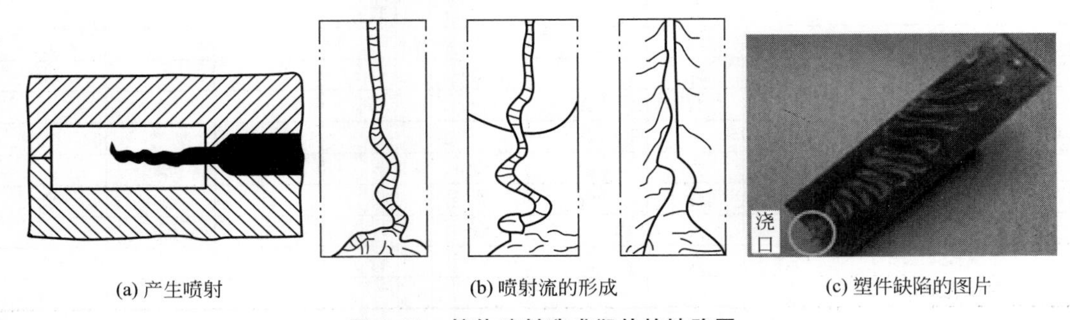

(a) 产生喷射　　(b) 喷射流的形成　　(c) 塑件缺陷的图片

图 4.60　熔体喷射造成塑件的缺陷图

3. 尽量缩短熔体的流动距离

浇口位置的安排应保证塑料熔体迅速和均匀地充填模具型腔，尽量缩短熔体的流动距离，这对大型塑件更为重要。有时需要校核流动距离比(详见第 4.5.1 节)，流动比不够时，需考虑多个浇口进料。

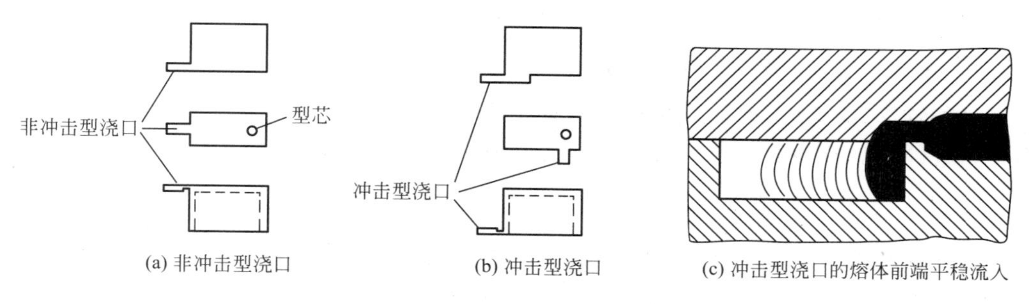

(a) 非冲击型浇口　　(b) 冲击型浇口　　(c) 冲击型浇口的熔体前端平稳流入

图 4.61　非冲击型浇口与冲击型浇口示例图

4. 尽可能减少或避免熔接痕，提高熔接强度

由于成型零件或浇口位置的原因，有时塑料充填型腔时会造成两股或多股熔体的汇合，汇合之处，在塑件上就形成熔接痕，如图 4.62 所示。

熔接痕降低塑件的强度，并有损于外观质量，这在成型玻璃纤维增强塑料的制件时尤其严重。一般采用直浇口、点浇口、环形浇口等可避免熔接痕的产生。有时为了增加熔体汇合处的熔接牢度，可以在熔接处外侧设一冷料穴，如图 4.63 所示，将前锋冷料引入其内，以提高熔接强度。在选择浇口位置时，还应考虑熔接痕的方位对塑件质量及强度的不同影响。如果实在无法避免，应使熔接痕不处于塑件的功能区、负载区及外观区。

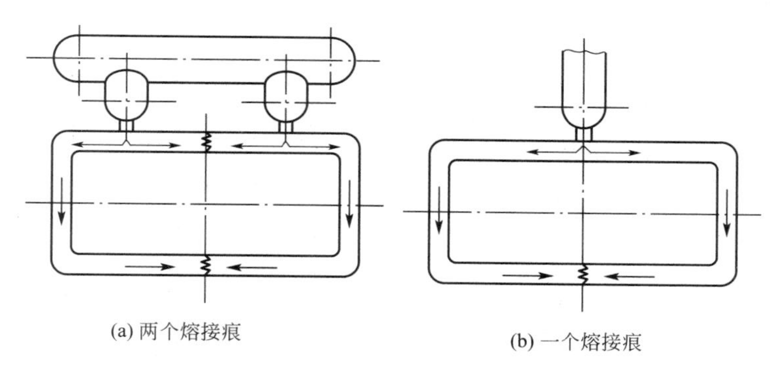
(a) 两个熔接痕　　(b) 一个熔接痕

图 4.62　减少熔接痕的数量

5. 应有利于型腔中气体的排出

要避免从容易造成气体滞留的方向开设浇口。如果这一要求不能充分满足，在塑件上不是出现缺料、气泡就是出现焦斑，同时熔体充填时也不顺畅．虽然有时可用排气系统来解决，但在选择浇口位置时应先行加以考虑。

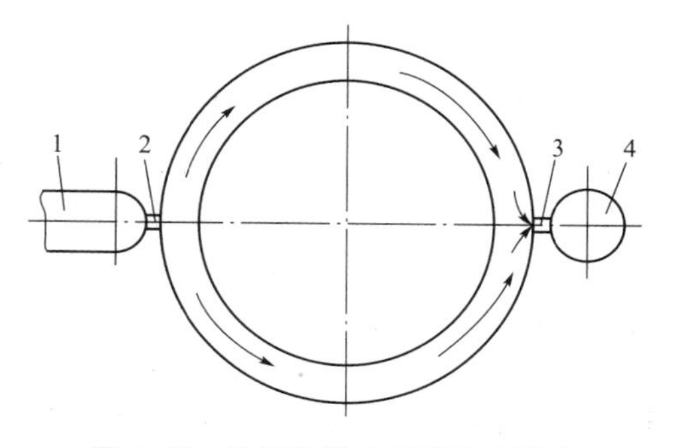

图 4.63　开设冷料穴提高熔接强度

1—分流道；2—浇口；3—溢流口；4—冷料穴

6. 不在承受载荷的部位设置浇口

一般塑件的浇口附近强度最弱。产生残余应力或残余变形的附近只能承受一般的拉

伸力，而无法承受弯曲和冲击力。

7. 考虑对塑件外观质量的影响

浇口的位置选择除了保证成型性能和塑件的使用性能外，还应注意外观质量，即选择在不影响塑件商品价值的部位或容易处理浇口痕迹的部位开设浇口。

8. 考虑高分子定向对塑件性能的影响

热塑性塑料在充填模具型腔期间，会在熔体流动方向上呈现一定的分子取向，这将影响塑件的性能。对某一塑件而言，垂直于流向和平行于流向的强度、应力开裂倾向等都是有差别的，一般在垂直于流向的方位上强度降低，容易产生应力开裂。如图 4.64(a)所示为一开口处带有金属嵌件的聚苯乙烯塑件，由于如果浇口开设在 A 处(直浇口或点浇口)，则此塑件使用不久就会断裂，因为塑料与金属环形嵌件的线收缩系数不同，嵌件周围的塑料层有很大的周向应力。若浇口开设在 B 处(侧浇口)，由于聚合物分子沿塑件圆周方向定向，应力开裂的机会就会大为减少。

有时也可利用分子高度取向来改善塑件的某些性能。如图 4.64(b)所示为一聚丙烯盒，盒体与盒盖之间靠铰链连接，为使铰链经无数次弯折而不会断裂，就要求其具有高度的分子定向性能，在盒体的底部 A 处设置两个点浇口，熔融塑料通过很薄的铰链通道(约 0.25mm 厚)充满盒盖的型腔，在铰链处分子产生高度定向，脱模时又立即将其弯曲几次，从而获得较好的拉伸取向。

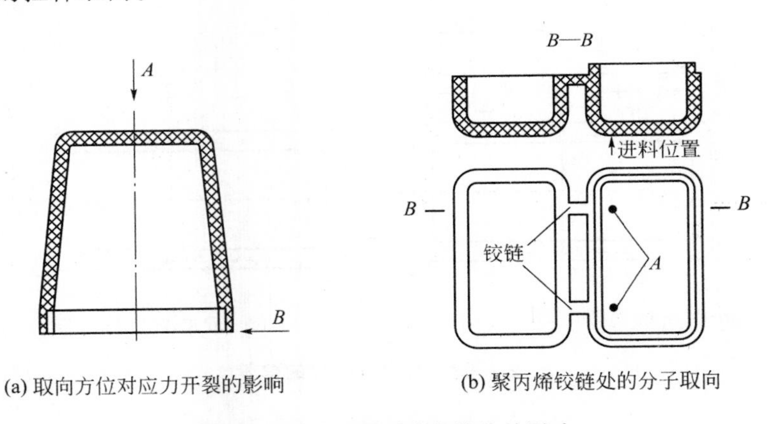

(a) 取向方位对应力开裂的影响

(b) 聚丙烯铰链处的分子取向

图 4.64 浇口位置对定向性能的影响

9. 防止料流将细小型芯或嵌件挤压变形

对于筒形塑件来说，应避免偏心进料以防止型芯(特别是细小细长的型芯)弯曲。如图 4.65(a)所示为单侧进料，料流单边冲击型芯，使型芯偏斜导致塑件壁厚不均；图 4.65(b)所示为两侧对称进料，可防止型芯弯曲，但与图 4.65(a)一样，排气不良，采用如图 4.65(c)所示的中心进料，可取得较好的成型效果。

需要指出的是，上述这些原则在应用时常常会产生某些不同程度的相互矛盾，应综合分析权衡，分清主次因素，根据具体情况确定出比较合理的浇口位置，以保证成型性能及成型质量。

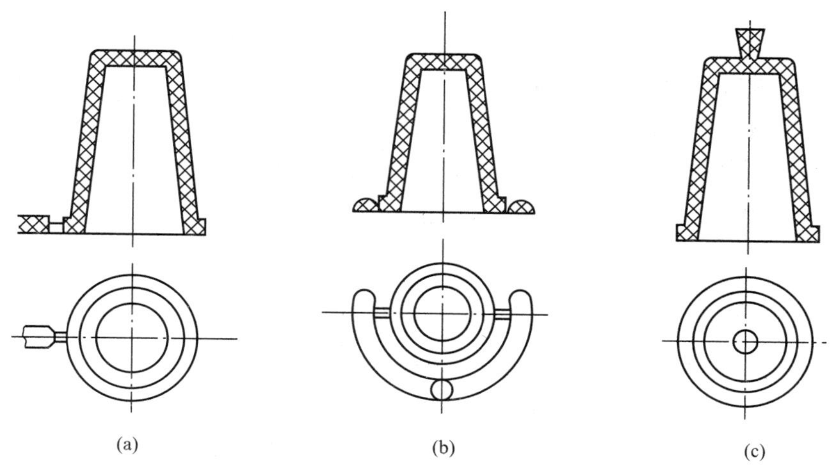

图 4.65 改变浇口位置防止型芯的变形

试对如图 4.66 所示的塑件进行浇口形式及浇口位置的选择与评析。

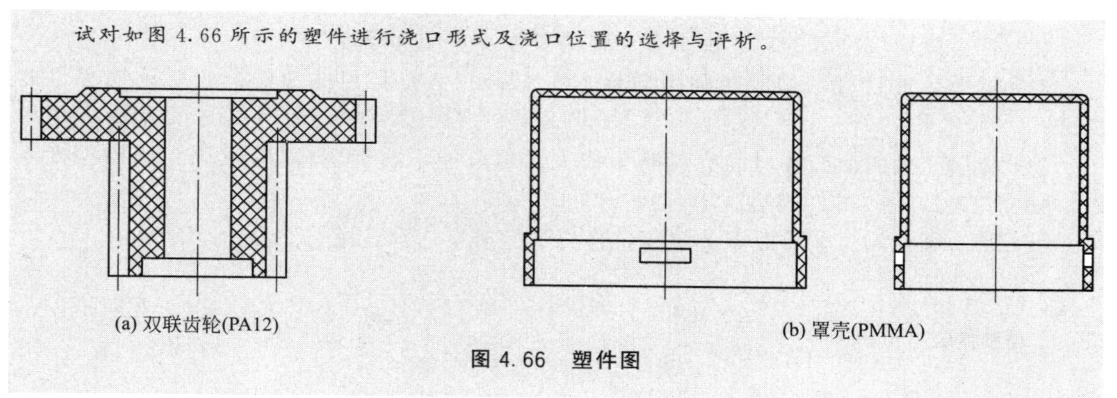

图 4.66 塑件图

4.5.6 浇注系统的流动平衡

对于中小型塑件的注射模具已广泛使用一模多腔的形式，设计时应尽量保证所有的型腔同时得到均一的充填和成型。一般在塑件形状及模具结构允许的情况下，应将从主流道到各个型腔的分流道设计成长度相等、形状及截面尺寸相同(这时型腔布局为对称平衡式)的形式，否则就需要通过调节浇口尺寸使各浇口的流量及成型工艺条件达到一致，这就是浇注系统的流动平衡。

1. 型腔布局与分流道的平衡

分流道的布置形式分平衡式和非平衡式两大类。平衡式是指从主流道到各个型腔的分流道，其长度、截面形状和尺寸均对应相等，如图 4.67(a)所示，这种设计可直接达到各个型腔均衡进料的目的，在加工时，应保证各对应部位的尺寸误差控制在1%以内；非平衡式是指由主流道到各个型腔的分流道的长度可能不是全部对应相等，如图 4.67(b)所示；为了达到各个型腔均衡进料同时充满的目的，就需要将浇口开成不同的尺寸，如图 4.67(c)所示，采用这类分流道，在多型腔时可缩短流道的总长度，但对于要求精度和性能较高的塑件不宜采用，因成型工艺不能很恰当很完善地得到控制。

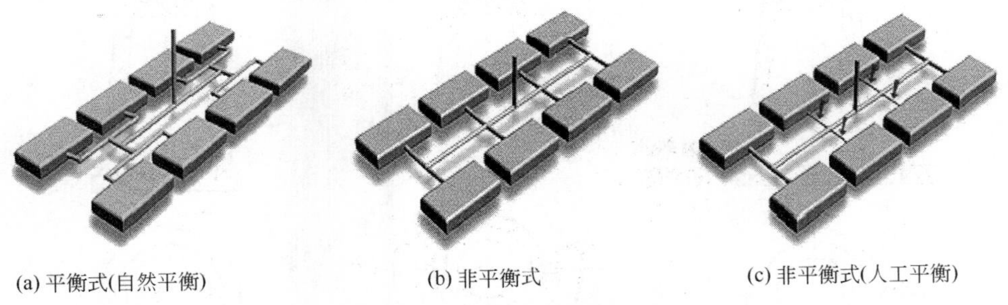

(a) 平衡式(自然平衡)　　(b) 非平衡式　　(c) 非平衡式(人工平衡)

图 4.67　分流道的布置形式

2. 浇口平衡

当采用非平衡式布置的浇注系统或者同模生产不同塑件时，需对浇口的尺寸加以调整，以达到浇注系统的平衡，即保证所有的型腔同时得到均一的充填和成型。

浇口尺寸的平衡调整可以通过试模或粗略估算来完成。

1）浇口平衡的试模基本步骤(以矩形截面的侧浇口为例)

(1) 首先以对应相等的尺寸加工各浇口的长度、宽度和厚度；

(2) 试模后查验每个型腔的塑件质量，先充满的型腔其塑件端部会产生补缩不足的微凹；

(3) 将后充满的型腔浇口的宽度略为修大，尽可能不改变浇口厚度(因为浇口厚度不一，则浇口冷凝封固的时间也就不一)；

(4) 基于同样的工艺重复上述步骤，直至塑件质量达到满意为止。

特别提示

在浇口平衡的试模过程中，注射压力、温度、时间等成型工艺条件应与正式批量生产时相一致。

2）浇口平衡的计算思路

通过计算各个浇口的 BGV 值(Balanced Gate value)来判断或设计。

$$BGV=\frac{A_g}{l_g\sqrt{L_r}} \tag{4-27}$$

式中：A_g 为浇口的截面积，mm^2；L_r 为从主流道中心至浇口的流动通道的长度，mm；l_g 为浇口的长度，mm。

一般情况下，无论是相同塑件还是不同塑件的多型腔成型，采用较多的是矩形侧浇口或圆形点浇口，浇口截面积 A_g 取分流道截面积 A_r 的 0.07 ～ 0.09，以此为前提进行浇口的平衡计算。

浇口平衡时，BGV 值应符合下述要求：

相同塑件多型腔时，各浇口计算的 BGV 值必须相等；不同塑件多型腔时，各浇口计算的 BGV 值必须与其对应型腔(塑件)的充填量成正比。

应用实例

如图4.68所示为相同塑件10个型腔的模具流道分布简图，采用矩形截面侧浇口，各段分流道截面形状相同、尺寸相等，取分流道截面积为28mm²，各浇口的长度 $l_g=1.2\text{mm}$，为保证浇口平衡进料，确定各浇口截面的尺寸。

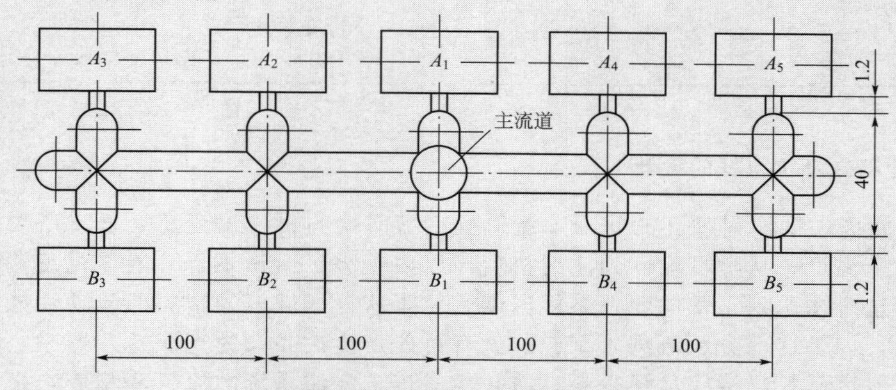

图4.68 浇口平衡计算实例

解：1）选基准浇口

由图4.68所示的型腔排列形式可知，A_2、A_4、B_2、B_4 四个型腔对称布置，流道的长度相同；A_3、A_5、B_3、B_5 对称相同；A_1、B_1 对称相同。为了避免浇口间的截面相差过大，选取 A_2、A_4、B_2、B_4 的浇口为基准，先求出这组浇口的截面尺寸，再求另外两组浇口的截面尺寸。

2）求基准浇口截面尺寸

取 $A_g=0.07A_r$，即

$$A_g=0.07\times 28=1.96(\text{mm}^2)$$

矩形浇口的截面宽度 b 为其厚度 t 的3倍，即

$$b=3t$$

从而有

$$A_g=bt=3t^2=1.96(\text{mm}^2)$$

求得 $t=0.81\text{mm}$，$b=2.43\text{mm}$

3）求基准浇口的BGV值

$$\text{BGV}=\frac{A_g}{l_g\sqrt{L_r}}=\frac{1.96}{1.2\sqrt{100+20}}=0.15$$

4）求另外两组浇口的截面尺寸

$$\text{BGV}=\frac{A_{g1}}{l_{g1}\sqrt{L_{r1}}}=\frac{A_{g3}}{l_{g3}\sqrt{L_{r3}}}=\frac{A_{g5}}{l_{g5}\sqrt{L_{r5}}}=0.15$$

即

$$\text{BGV}=\frac{3t_1^2}{1.2\sqrt{20}}=\frac{3t_3^2}{1.2\sqrt{2\times 100+20}}=\frac{3t_5^2}{1.2\sqrt{2\times 100+20}}=0.15$$

求得：$t_1=0.52\text{mm}$，$t_3=t_5=0.94\text{mm}$，$b_1=3t_1=1.56\text{mm}$，$b_3=b_5=3t_3=3t_5=2.82\text{mm}$。

将上述计算结果列于表4-16。

表 4-16　经平衡计算后的各浇口截面尺寸　　　　(单位：mm)

浇口尺寸 \ 型腔	A_2、A_4、B_2、B_4	A_1、B_1	A_3、A_5、B_3、B_5
长度 l_g	1.2	1.2	1.2
宽度 b	2.43	1.56	2.82
厚度 t	0.81	0.52	0.94

4.5.7　冷料穴及拉料杆的设计

在每完成一次注射循环的间隔，注射机喷嘴前端的料流温度总会低于所要求的塑料熔体充填温度，从喷嘴端部到注射机料筒以内 10～25mm 的深度有个温度逐渐升高的区域，这时才达到正常的塑料熔体温度。位于这一区域内的塑料的流动性能及成型性能不佳，如果这部分料流进入型腔，就有可能产生次品。为克服这一影响，用一个井穴将主流道延长以接收前锋冷料，防止冷料进入浇注系统的流道和型腔，把这一用来容纳注射间隔所产生的冷料的井穴称为冷料穴。冷料穴是浇注系统的组成结构之一。

冷料穴一般开设在主流道对面的动模板上(也即塑料流动的转向处)，其标称直径与主流道大端直径相同或略大一些，深度为直径的 1～1.5 倍，最终要保证足够储存冷料。表 4-17所示为常用冷料穴和拉料杆的形式。

表 4-17　常用冷料穴和拉料杆的形式

形式	带 z 形拉料杆的冷料穴	带推杆的倒锥形冷料穴	带推杆的圆环槽冷料穴
图例	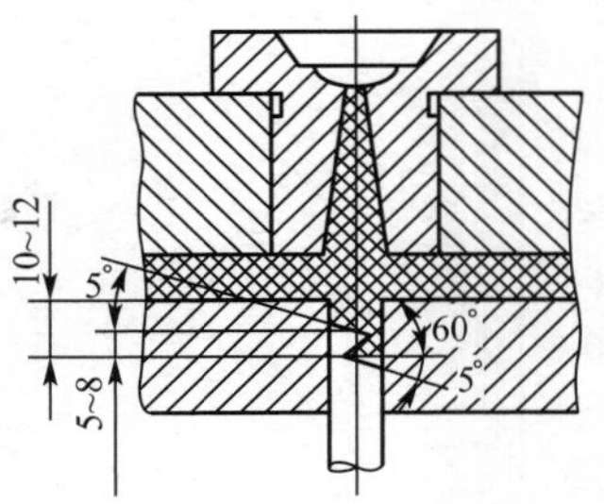	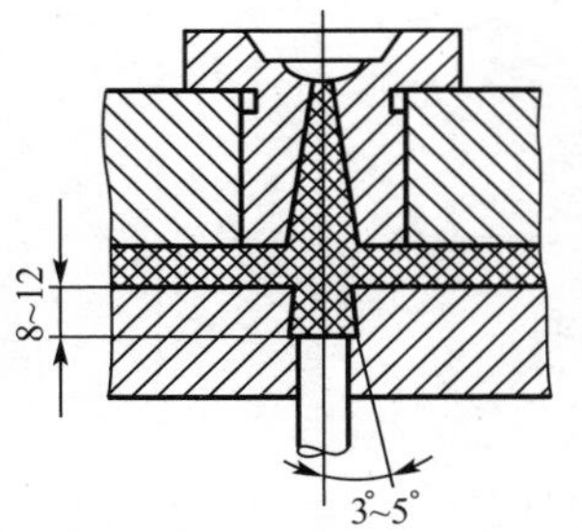	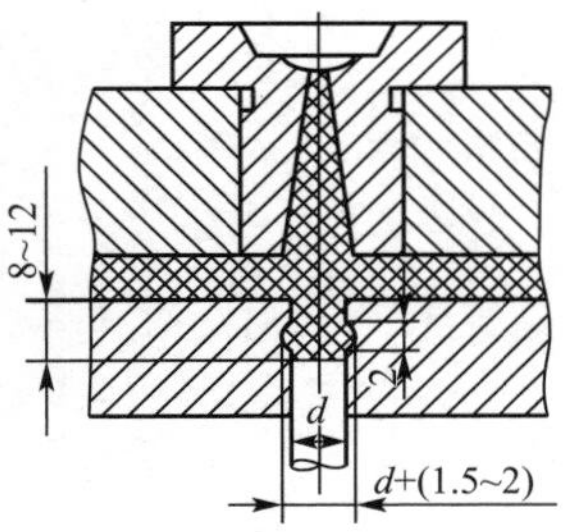
说明	最常用的一种形式，开模时主流道凝料被拉料杆拉出，推出后常常需用人工取出而不能自动脱落。拉料杆安装在推出元件的固定板上，与推出元件的运动是同步的	适于弹性较好的软质塑料，能实现自动化脱模。推杆安装在塑件推出元件的固定板上，与推出机构的运动是同步的。适用于推杆、推管推出机构	

（续）

形式	带球形头拉料杆的冷料穴	带菌形头拉料杆的冷料穴	带分流锥形式拉料杆的冷料穴
图例			
说明	与推件板推出机构配合使用，拉料杆固定于动模板（型芯固定板）上，而不是推出元件的固定板上，与推出元件的运动不同步。这两种形式也适于弹性较好的塑料		适用于中间有孔的塑件而又采用中心浇口（中间有孔的直浇口）或爪形浇口形式的场合，适合各种塑料

有时因分流道较长，塑料熔体充模的温降较大时，也要求在其延伸端开设较小的冷料穴，以防止分流道末端的冷料进入型腔。

冷料穴除了具有容纳冷料的作用以外，同时还具有在开模时将主流道和分流道的冷凝料勾住，使其保留在动模一侧，便于脱模的功能。在脱模过程中，固定在推杆固定板上同时也形成冷料穴底部的推杆，随推出动作推出浇注系统凝料（球形头和菌形头拉料杆例外）。并不是所有注射模都需开设冷料穴，有时由于塑料性能或工艺控制较好，很少产生冷料或塑件要求不高时，可不必设置冷料穴。如果初始设计阶段对是否需要开设冷料穴尚无把握，可留适当空间，以便增设。

4.5.8 排气和引气

1. 模具的排气

注射成型过程中，模具的型腔及浇注系统内积存了一定量的空气及塑料受热或凝固产生的低分子挥发气体。如果这些气体不被排除干净，一方面将会在塑件上形成气泡、冷接缝、表面轮廓不清及充填缺料等成型缺陷，另一方面气体受压，体积缩小而产生高温会导致塑件局部炭化或烧焦（褐色斑纹），同时积存的气体还会产生反向压力而降低充模速度，因此设计浇注系统时必须考虑排气问题。有时为保证型腔充填量的均匀合适及增加塑料熔体汇合处的熔接强度，还需在塑料最后充填到的型腔部位开设溢流槽以容纳余料，也可容纳一定量的气体。

1）排气方式

通常采取以下四种排气方式：

（1）利用配合间隙自然排气。通常中小型模具的简单型腔，可利用分型面之间、推杆与模板之间的配合间隙以及组合式型芯或型腔的镶拼缝隙等进行排气，排气间隙以不产生溢料为限，一般为0.03～0.05mm。

（2）在分型面上开设排气槽排气。分型面上开设排气槽的形式与尺寸如图4.69所示。图4.69(a)所示是排气槽在离开型腔5～8mm后设计成开放的燕尾式，以使排气顺利、通畅；

图4.69(b)所示的形式是为了防止在排气槽对着操作工人的情况注射时，熔料从排气槽喷出而发生人身事故，因此将排气槽设计成弯折的形式，这样还能降低熔料溢出时的动能。分型面上排气槽的深度 h 见表4-18。

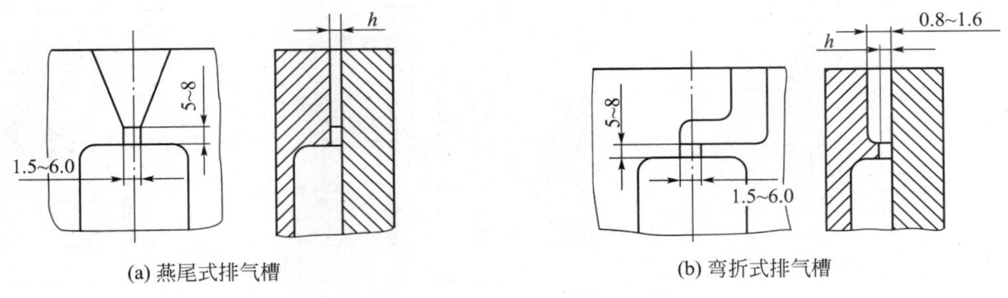

(a) 燕尾式排气槽　　(b) 弯折式排气槽

图4.69　分型面上的排气槽

表4-18　常用塑料排气槽深度 h　　(单位：mm)

塑料	聚乙烯	聚丙烯	聚苯乙烯	ABS	聚酰胺	聚碳酸酯	聚甲醛	丙烯酸共聚物
h	0.02	0.01～0.02	0.02	0.03	0.01	0.01～0.03	0.01～0.02	0.03

(3) 利用排气塞排气。如果型腔最后充填的部位不在分型面上，其附近又无可供排气的推杆或活动型芯时，可在型腔深处镶排气塞。排气塞可用粉末烧结金属块(多孔性合金块)制成，如图4.70所示。但应注意的是金属块外侧的通气孔直径 D 不宜过大，以免金属块受力后变形。

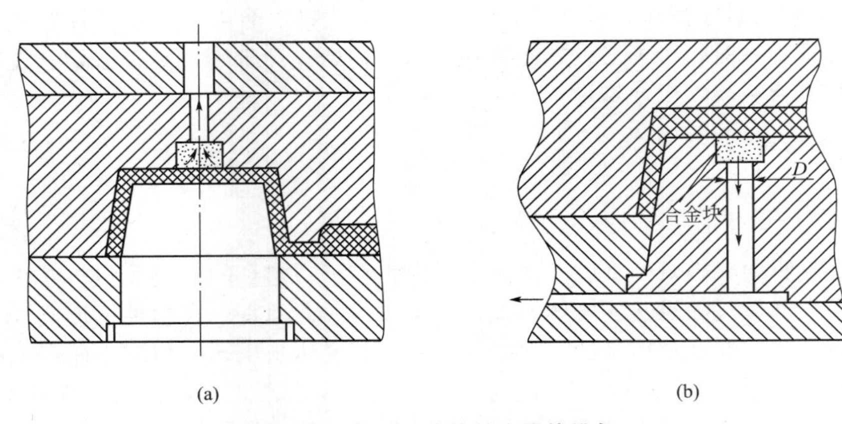

(a)　　(b)

图4.70　利用粉末烧结金属块排气

(4) 强制性排气。在气体滞留区设置排气杆或利用真空泵抽气，这种方法很有效，只是会在塑件上留有杆件等痕迹，因此排气杆应设置在塑件内侧。

2) 排气槽(或孔)设计要点

排气槽(或孔)位置和大小的选定，主要依靠经验。通常将排气槽(或孔)先开设在比较明显的部位，经过试模后再修改或增加，其基本设计要点归纳如下：

(1) 排气槽尽量设在分型面上，但排气槽溢料产生的毛边应不妨碍塑件脱模。

(2) 排气槽尽量设在料流的末端，如流道、冷料穴的尽头。

(3) 排气槽(孔)尽量设在塑件较厚的成型部位。

(4) 排气槽(孔)不留死角，以免积存冷料。

(5) 排气槽排气方向不应朝向操作面，防止注射时漏料烫伤操作工人。

(6) 为了模具制造和清模的方便，排气槽应尽量设在凹模的一面。

(7) 排气速度要与充模速度相适应，排气要迅速、完全。

2. 模具的引气

大型深壳形塑件成型后会包紧型芯而形成真空，难以顺利脱模，需要引气装置。常见的引气形式如下：

1) 镶拼式侧隙引气

利用成型零件分型面配合间隙排气时，其排气间隙可为引气的间隙，但在镶块或型芯与其他成型零件的配合间隙较小的情况下，空气可能无法被引入型腔。若将配合间隙放大，又会影响镶块的位置精度，所以只能在镶块侧面的局部位置开设引气槽，如图 4.71 所示。采用镶拼式引气方式虽然结构简单，但引气槽容易堵塞。

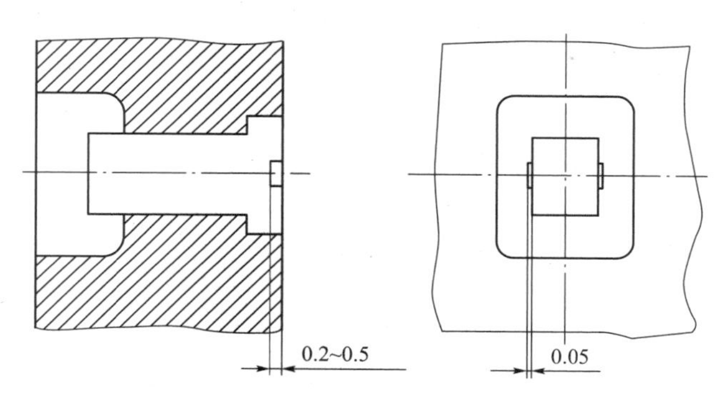

图 4.71 镶拼式引气结构

2) 气阀式引气

常用的气阀式引气装置如图 4.72 所示。图 4.72(a)所示是在中心推杆的端部设置一个密封的圆锥面。当推杆开始推动塑件时，密封的圆锥阀体被打开，空气从推杆底部进入。推杆靠复位杆的联动复位。在用推件板推出塑件时，在塑件底部设置浮动的圆锥阀杆，如图 4.72(b)所示，在推件板推动塑件的瞬间，依靠塑件和型芯之间的真空开启浮动阀杆，气阀被打开，空气进入，浮动阀杆靠被压缩的弹簧的弹力作用复位。气阀式引气虽然结构比镶拼式引气方式要复杂，但是一般不会出现引气通道堵塞的现象。

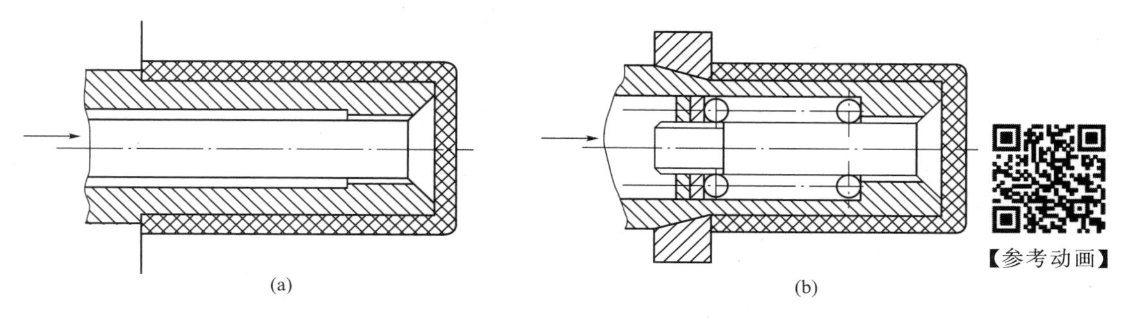

图 4.72 气阀式引气结构

4.6 热流道浇注系统概述

由主流道、分流道、浇口等构成的浇注系统，在注射成型时会消耗注射压力，使型腔内的压力降低。并且浇注系统凝料在一次注射成型的熔料中占有很大的比例，这些凝料经过再回收利用，性能必然下降，不能生产高品质的塑件，从而造成浪费。为解决这一问题，人们创造了热流道技术。“热流道”这一术语是指在注射成型的整个过程中，模具浇注系统内的塑料一直保持在熔融状态，即在注射、成型、开模、脱模等各个阶段浇注系统内的塑料熔体并不冷却和固化。这种形式的模具1940年就开始应用，20世纪60年代初得到发展。现今的热流道模具效率高、故障少，是注射模具的重要发展方向之一。

4.6.1 热流道浇注系统的特点

热流道浇注系统与普通浇注系统的区别在于：在整个生产过程中浇注系统内的塑料始终处于熔融状态。热流道浇注系统也称无流道浇注系统。

热流道浇注系统具有如下特点：

(1) 由于热流道内的熔体温度与注射机喷嘴温度基本相同，因而流道内的压力损耗小。在使用相同的注射压力下，型腔内的压力比一般注射方式要高，熔体的流动性好，密度容易均匀，因此成型塑件的变形程度大为减小。

(2) 浇注系统中无凝料，实现了无废料加工，提高了材料的有效利用率。同时省去了去除浇口的工序，可节省人力、物力，降低了生产成本。

(3) 热流道均为自动切断浇口，可以提高自动化程度，提高生产效率。热流道元件多为标准件，可以直接选用，减少了模具加工制造周期。

(4) 但是热流道系统也存在一些问题，如热流道使定模部分温度偏高；热流道板受热膨胀，产生热应力等，在模具设计时必须加以注意。

4.6.2 热流道浇注系统对塑料的要求

基于热流道浇注系统成型的塑料，在性能上有特殊的要求：

(1) 塑料的熔融温度范围宽，黏度变化小，热稳定性好，能较容易进行温度控制。即在较低的温度下有较好的流动性，不固化；在较高的温度下，不流涎，不分解。

(2) 对压力敏感。不施加注射压力时熔体不流动，但施加较低的注射压力熔体就会流动。在低温、低压下也能有效地控制流动。

(3) 固化温度和热变形温度较高。塑件在比较高的温度下即可固化，缩短了成型周期。

(4) 比热容小，导热性能好，既能快速冷凝，又能快速熔融。熔体的热量能快速传给模具而冷却固化，提高生产效率。

目前在热流道注射模中应用最多的塑料有聚乙烯、聚丙烯、聚苯乙烯、聚丙烯腈、聚氯乙烯和ABS等。

4.6.3 热流道浇注系统的形式

热流道可以分为绝热流道和加热流道。

1. 绝热流道

绝热流道的流道截面相当粗大，这样，就可以利用塑料比金属导热性差的特性，让靠近流道内壁的塑料冷凝成一个完全或半熔化的固化层，起到绝热作用，而流道中心部位的塑料在连续注射时仍然保持熔融状态，熔融的塑料通过流道的中心部分顺利充填型腔。由于不对流道进行辅助加热，其中的熔料容易固化，要求注射成型周期短。

1）井坑式喷嘴

井坑式喷嘴又称绝热主流道，是一种结构最简单的适用于单型腔的绝热流道。如图4.73(a)所示为井坑式喷嘴，它在注射机喷嘴与模具入口之间装有一个主流道杯，杯外采用空气隙绝热，杯内有截面较大的储料井，其容积约取塑件体积的1/3～1/2。在注射过程中，与井壁接触的熔体很快固化而形成一个绝热层，使位于中心部位的熔体保持良好的流动状态，在注射压力的作用下，熔体通过点浇口充填型腔。

采用井坑式喷嘴注射成型时，一般注射成型周期不大于20s。主流道杯的主要尺寸如图4.73(b)所示，其具体尺寸可查表4-19。

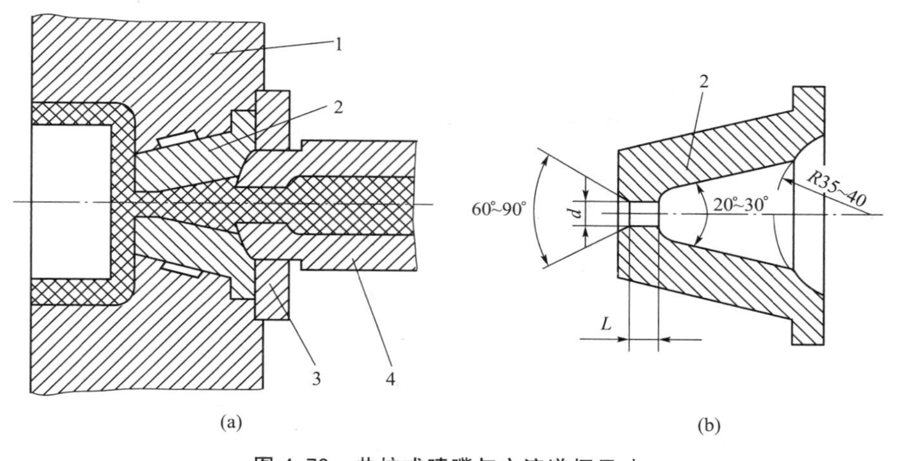

图4.73 井坑式喷嘴与主流道杯尺寸

1—定模板；2—主流道杯；3—定位圈；4—注射机喷嘴

表4-19 主流道杯的推荐尺寸

塑件质量/g	成型周期/s	d/mm	R/mm	L/mm
3～6	6～7.5	0.8～1.0	35	0.5
6～15	9～10	1.0～1.2	40	0.6
15～40	12～15	1.2～1.6	45	0.7
40～150	20～30	1.5～2.5	55	0.8

注射机的喷嘴工作时伸进主流道杯中，其长度由杯口的凹球坑半径决定，二者应很好贴合。储料井直径不能太大，要防止熔体反压使喷嘴后退产生漏料。图4.74所示为改进的井坑喷嘴形式。图4.74(a)是一种浮动式主流道杯，压缩弹簧4使主流道杯3压在注射机喷嘴5上，主流道杯3又可随之后退，保证储料井中的塑料得到喷嘴的供热，也使主流道杯3与定模板1间产生空气间隙，防止主流道杯3中的热量外流。图4.74(b)是一种注

射机喷嘴伸入主流道杯的形式，增加了对主流道杯传导热量。注射机喷嘴伸入主流道部分可以做成倒锥的形式，这样在注射结束后，可以使主流道杯中的凝料随注射机喷嘴一起拉出模外，便于清理流道。

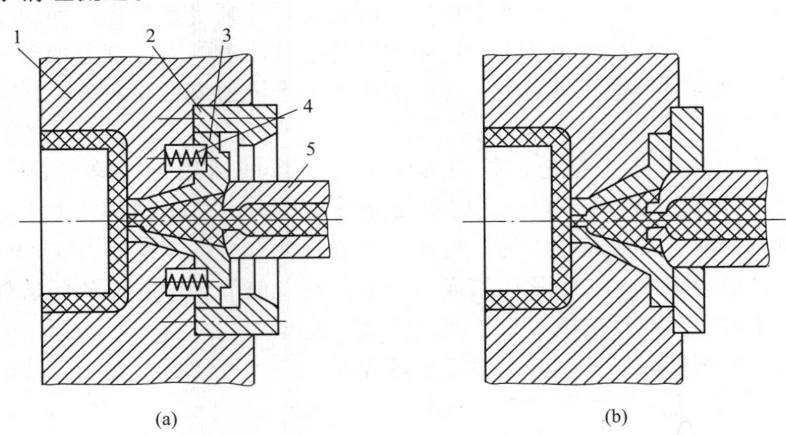

图 4.74　改进型井坑式喷嘴

1—定模板；2—定位圈；3—主流道杯；4—压缩弹簧；5—注射机喷嘴

2）多型腔绝热流道

多型腔绝热流道可分为直接浇口式和点浇口式两种类型。其分流道为圆截面，直径常取 16～32mm，成型周期越长，直径越大。在分流道板与定模板之间设置气隙，并且减小二者的接触面积，以防止分流道板的热量传给定模板，影响塑件的冷却定型。

如图 4.75(a)所示为直接浇口式绝热流道，浇口的始端突入分流道中，使部分直浇口处于分流道绝热层的保温之下。采用直接浇口式绝热流道的塑件脱模后，塑件上带有一小段浇口凝料，必须用后加工的方法去除。如图 4.75(b)所示为点浇口式绝热流道。点浇口成型的塑件不带浇口凝料，但浇口容易冻结，仅适用于成型周期短的塑件。

多型腔绝热流道在停止生产后，其内的塑料会全部冻结，所以应在分流道中心线上设置能启闭的分型面，以便下次注射时彻底清理流道凝料。流道的转弯和交会处都应该是圆滑过渡，可减少流动阻力。

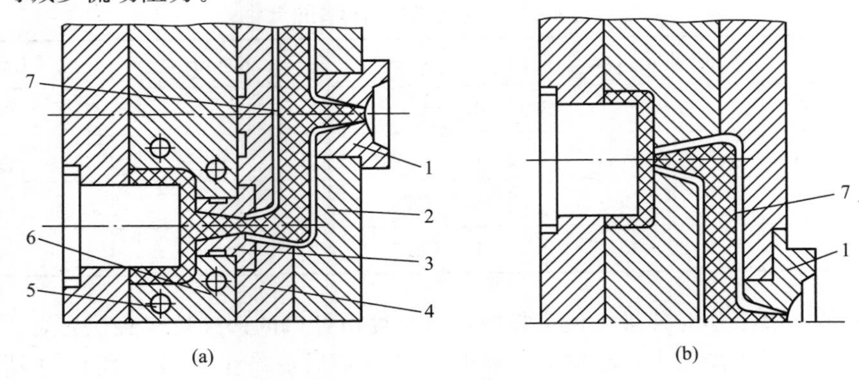

图 4.75　多型腔绝热流道

1—浇口套；2—定模座板；3—二级浇口套；4—分流道板；
5—冷却水孔；6—定模型腔板；7—固化绝热层

2. 加热流道

加热流道是指设置加热器使浇注系统内塑料保持熔融状态，以保证注射成型正常进行的一种热流道形式。由于能有效地维持流道温度恒定，使流道中的压力能良好传递，压力损失小，这样就可适当降低注射温度和压力，减少了塑件内残余应力；同时，加热流道不像绝热流道使用前、后必须清理流道凝料。与绝热流道相比，加热流道的适用性更广。

加热流道模具在生产前只要把浇注系统加热到规定的温度，分流道中的凝料就会熔融。但是，由于加热流道模具同时具有加热、测温、绝热和冷却等装置，模具结构更复杂，模具厚度增加，并且成本高。加热流道模具对加热温度控制精度要求高。

1）单型腔加热流道

单型腔加热流道采用延伸式喷嘴结构，它是将普通注射机喷嘴加长后与模具上浇口部位直接接触的一种喷嘴，喷嘴自身装有加热器，型腔采用点浇口进料。喷嘴与模具间要采取有效的绝热措施，防止将喷嘴的热量传给模具。

如图4.76(a)所示为塑料层绝热的延伸式喷嘴。喷嘴的球面与模具留有不大的间隙，在第一次注射时该间隙就被塑料所充满，固化后起绝热作用。间隙最薄处在浇口附近，厚度约0.5mm，太厚则容易凝固。浇口以外的间隙以不超过1.5mm为宜。浇口的直径一般为0.75～1.2mm。与井坑式喷嘴相比，浇口不易堵塞，应用范围较广。由于绝热间隙存料，故不宜用于热稳定性差、容易分解的塑料。

如图4.76(b)所示为空气绝热的延伸式喷嘴。喷嘴与模具之间、浇口套与型腔模板之间，除了必要的定位接触之外，都留有厚约1mm的间隙，此间隙被空气充满，起绝热作用。由于与喷嘴接触的浇口附近型腔很薄，为了防止被喷嘴顶坏或变形，故喷嘴与浇口套之间也应设置环形支承面。

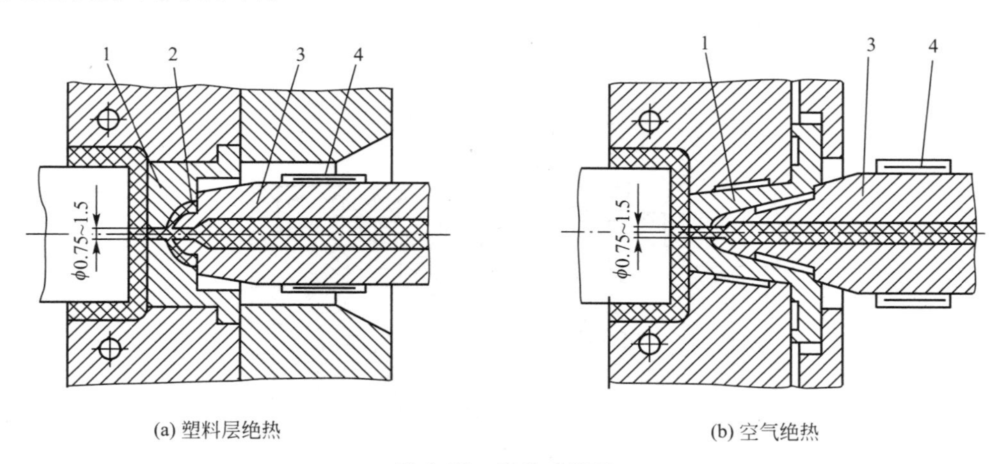

(a) 塑料层绝热　　(b) 空气绝热

图4.76　延伸式喷嘴

1—浇口套；2—塑料绝热层；3—延伸式喷嘴；4—加热圈

2）多型腔加热流道

根据对分流道加热方法的不同，多型腔加热流道可分为外加热式和内加热式。

(1) 外加热式加热流道。如图4.77(a)所示为喷嘴前端用塑料层绝热的点浇口加热流道，喷嘴采用铍青铜制造；如图4.77(b)所示为主流道型浇口加热流道，主流道型浇口在塑件上会残留一段料把，需脱模后去除。外加热式加热流道比较常用的是点浇口型，为了防止注射生产中浇口固化，必须对浇口部分进行绝热。

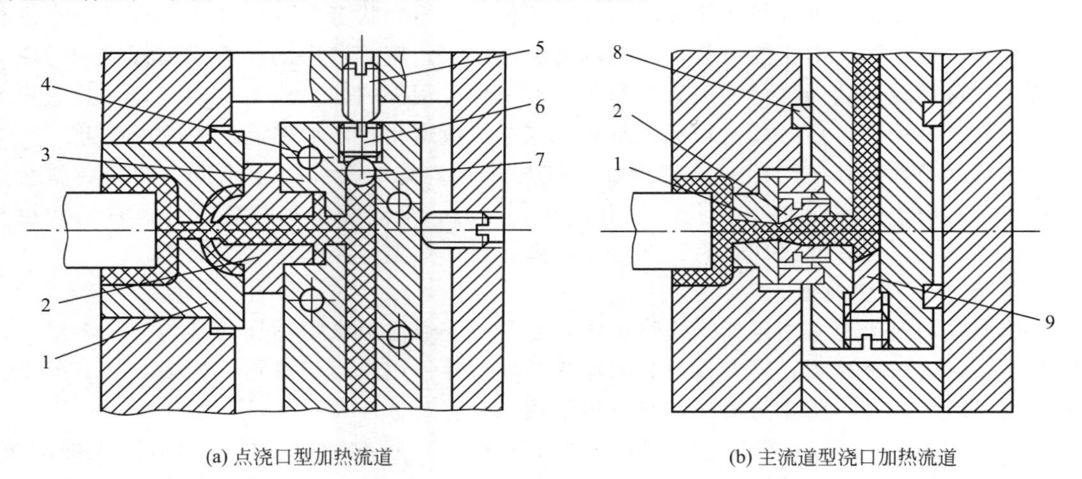

图 4.77　外加热式多型腔加热流道

1—二级浇口套；2—二级喷嘴；3—热流道板；4—加热器孔；
5—限位螺钉；6—螺塞；7—钢球；8—垫块；9—堵头

若注射成型熔融黏度很低的塑料，为了避免浇口的流涎和拉丝现象，可采用阀式浇口热流道，如图 4.78 所示。在注射与保压阶段，浇口处的针阀 9 在熔体压力作用下打开，塑料熔体通过喷嘴进入型腔。保压结束后，由于弹簧的作用，针阀将浇口关闭，型腔内的塑料就不能倒流，喷嘴内的塑料也不会流涎。

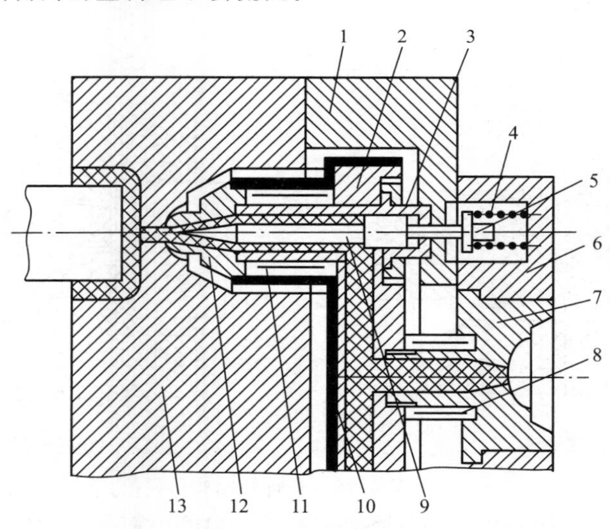

图 4.78　多型腔阀式浇口热流道

1—定模座板；2—热流道板；3—喷嘴体；4—弹簧；5—活塞杆；6—定位圈；
7—浇口套；8、11—加热器；9—针阀；10—绝热外壳；12—二级喷嘴；13—定模型腔板

(2) 内加热式加热流道。内加热式加热流道是在喷嘴与整个流道中都设有内加热器。如图 4.79 所示为喷嘴内部安装棒状加热器的设计，加热器延伸到浇口的中心易冻结处，

这样即使注射生产周期较长，仍能达到稳定的连续操作。圆锥形的喷嘴头部与型腔之间留有0.5mm为塑料充填的绝热层，加热器的尖端从喷嘴前端伸入浇口中部，离型腔约0.5mm。与外加热器相比，由于加热器安装在流道的中央部位，流道中的塑料熔体可以阻止加热器直接向分流道板或模板散热，因此其热量损失小；缺点是塑料易产生局部过热现象。如图4.80所示为各类喷嘴实物图片。

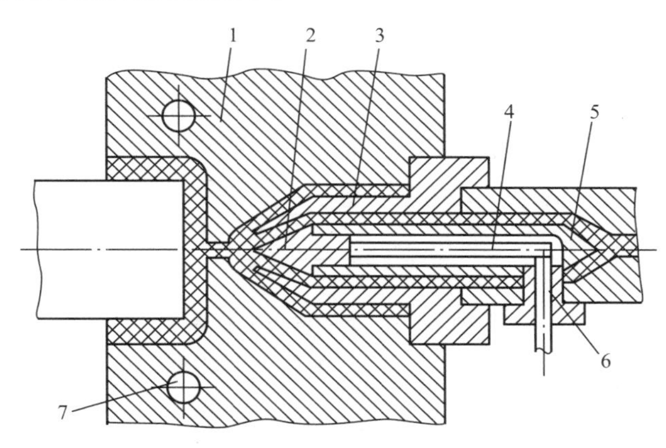

图4.79 内加热式加热流道

1—定模板；2—锥形头；3—喷嘴；4—加热器；5—鱼雷体；
6—电源引线接头；7—冷却水孔

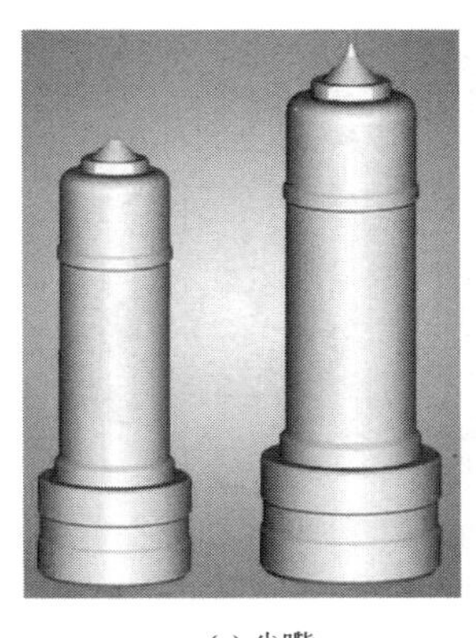

(a) 尖嘴

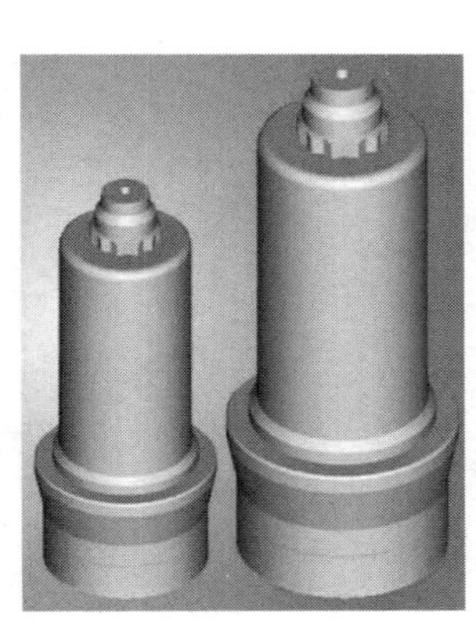

(b) 通嘴

(c) 针阀嘴

(d) 多头嘴

图4.80 热流道喷嘴实物图片

(3) 热流道板。热流道板是多腔加热流道的核心部分，热流道板上设有分流道和喷嘴，热流道板上接主流道，下接型腔浇口，本身带有加热器。图4.81所示为热流道板的结构。

常用的热流道板为一平板，其外形轮廓有矩形、一字形、H形、X形、十字形等，热流道板分为内加热式和外加热式。内加热式其加热器在分流道之内；外加热式其加热器在分流道之外。热流道板上的分流道截面多为圆形，其直径为5～15mm，分流道内壁应光滑，转角处应圆滑过渡防止塑料熔体滞留。分流道端孔需采用孔径较大的细牙管螺纹管塞和密封垫圈堵住，以免塑料熔体泄漏。热流道板采用管式加热器加热。热流道板安装在定模座板与定模板之间，为防止热量散失，应采用隔热方式使热流道板与模具的基体部分绝热，目前常采用空气间隙或隔热石棉垫板绝热，空气间隙通常取为3～8mm。

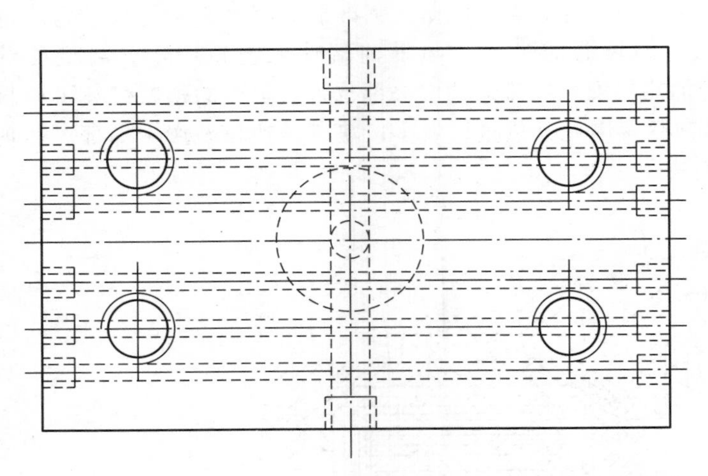

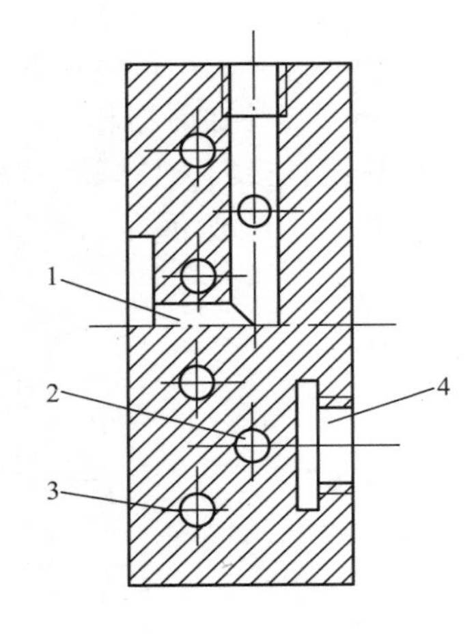

图 4.81　热流道板的结构

1—浇口套安装孔；2—分流道；3—加热器孔；4—二级浇口喷嘴安装孔

由于热流道板悬架在定模部分中，主流道和多个浇口中高压熔体的作用力和板的热变形，要求热流道板有足够的强度和刚度，因此热流道板应选用中碳钢或中碳合金钢制造，也可以采用高强度铜合金。流道板应有足够的厚度和强固的支承，支承螺钉或垫块也应有足够的刚度，为有利于绝热，其支承作用面应尽量小。

如图 4.82 所示为热流道板的实例。

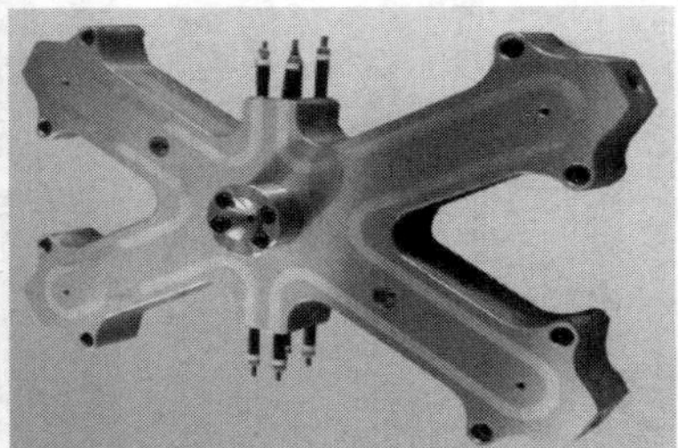

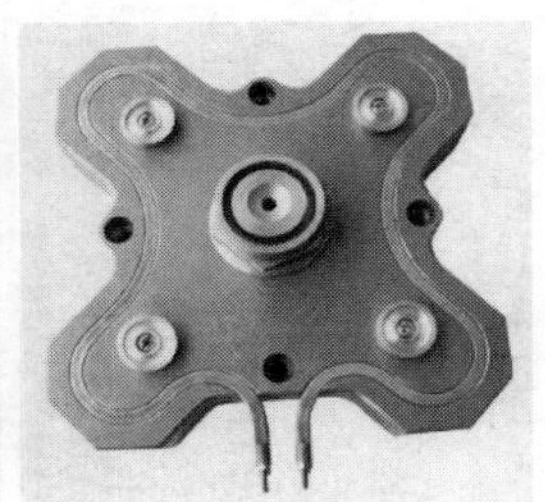

图 4.82　热流道板实例

4.7　成型零部件的设计

模具闭合后，构成了浇注系统和模腔，塑料熔体将在一定的成型工艺条件下充满由浇注系统和模腔组成的空间，最终成型塑件，塑件的几何形状和尺寸由模腔的几何形状和尺寸决定。与塑料直接接触并构成模腔的所有零部件统称为成型零部件，包括型腔(凹模)、型芯(凸模)、镶拼件、成型杆和成型环等。成型零部件工作时，直接与塑料接触，承受塑料熔体的高压及料流的冲刷，脱模时与塑件间还发生摩擦。因此成型零部件要求有正确的几何形状、较高的尺寸精度和表面质量，同时，成型零部件还要求结构合理，有较高的强度、刚度及较好的耐磨性能。设计成型零部件时，应根据塑料的特性和塑件的结构及使用要求，选择分型面，确定模腔的总体结构，选择浇口形式及进料位置，确定脱模方式、排气位置等，然后根据成型零部件的加工工艺性、热处理、装配等要求，选取零件材料，设计零件结构，计算工作尺寸，并对关键的部位进行强度和刚度校核。

4.7.1 成型零部件的结构设计

1. 型腔

型腔是成型塑件外表面的主要零件，按其结构特征的不同，可分为整体式和组合式两大类，如图 4.83 所示。

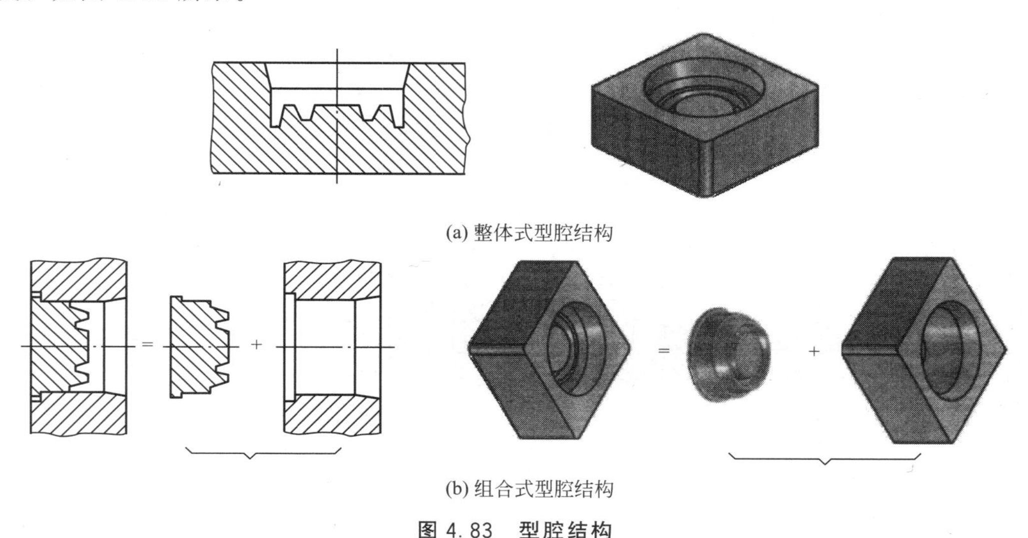

(a) 整体式型腔结构

(b) 组合式型腔结构

图 4.83 型腔结构

1）整体式型腔

由一整块金属材料(也称定模板或型腔板)直接加工而成，如图 4.84 所示。其特点是为非穿通式模体，强度好，使用中不易变形。但由于热处理变形大，浪费贵重材料，故只适用于小型且形状简单的塑件成型。其中图 4.84(a)的结构是型腔板和定模座板为一个整体；图 4.84(b)的结构是型腔板和定模座板分开加工；图 4.84(c)的结构是型腔板和动模板为一个整体。

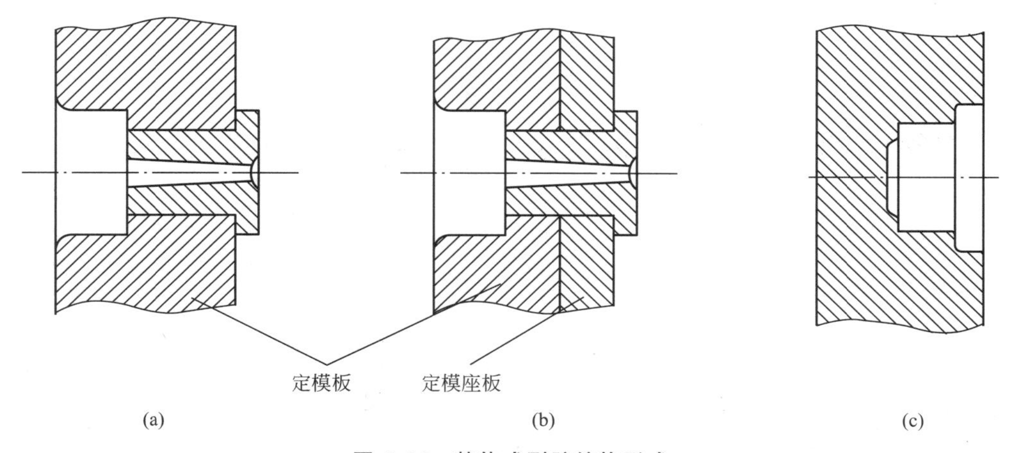

图 4.84 整体式型腔结构形式

2）组合式型腔

组合式型腔结构是指型腔由两个以上的零部件镶拼组合而成。采用组合式型腔，可简化复杂型腔的加工工艺，减少热处理变形，便于模具的维修，便于零件的更换，节省贵重的模具钢，拼合处有间隙，利于排气。为了保证组合后型腔尺寸的精度和装配的牢固，减少塑件上的镶拼痕迹，对镶块的尺寸、形位公差等级要求较高。因此，需要优化镶拼结构，使组合结构牢固，镶块具有优良的机械加工工艺性。

按组合方式不同，组合式型腔结构可分为整体嵌入式、局部镶嵌组合式、底部镶拼式、侧壁镶嵌式、四壁拼合式及瓣合式等形式。

(1) 整体嵌入式型腔。整体嵌入式型腔结构如图 4.85 所示。它主要用于成型小型塑件，而且是多型腔的模具，各单个型腔采用机加工、冷挤压、电加工等方法加工制成，然后压入模板中。这种结构加工效率高，拆装方便，可以保证各个型腔的形状尺寸一致。

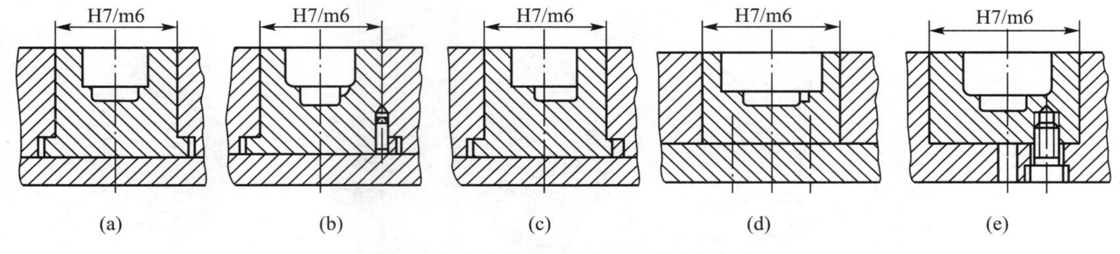

图 4.85　整体嵌入式型腔结构形式

图 4.85(a)、图 4.85(b)和图 4.85(c)称为通孔台肩式，即型腔带有台肩，从下面嵌入模板，再用垫板与螺钉紧固。如果型腔嵌件是回转体，而型腔是非回转体，则需要用销钉或键止转定位。图 4.85(b)采用销钉定位，结构简单，装拆方便；图 4.85(c)是键定位，接触面积大，止转可靠；图 4.85(d)是通孔无台肩式，型腔嵌入模板内，用螺钉与垫板固定；图 4.85(e)是盲孔式，型腔嵌入固定板，直接用螺钉固定，在固定板下部设计有装拆型腔用的工艺通孔，这种结构可省去垫板。

(2) 局部镶嵌组合式型腔。对于型腔的某些部位，为了加工上的方便，或对特别容易磨损、需要经常更换的，可将该局部作成镶件，再嵌入型腔，如图 4.86 所示。

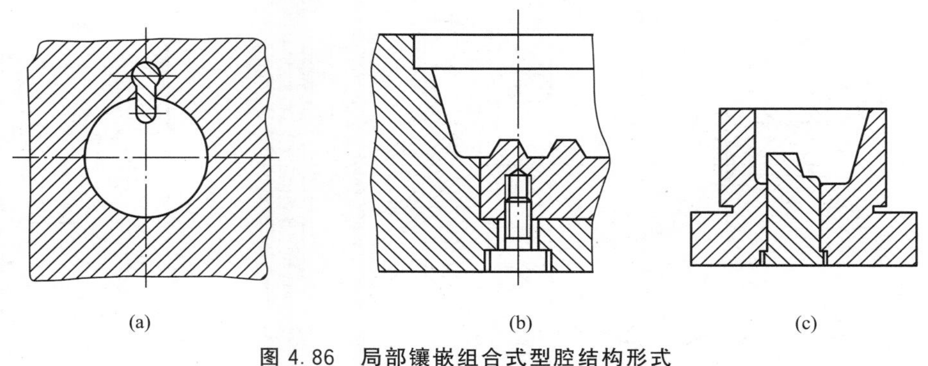

图 4.86　局部镶嵌组合式型腔结构形式

如图 4.86(a)所示的型腔内有局部凸起，可将此凸起部分单独加工，再把加工好的镶块利用圆形槽(也可用 T 形槽、燕尾槽等)镶在圆形型腔内；图 4.86(b)和图 4.86(c)为在型腔底部局部镶嵌的形式。以上镶嵌均采用 H7/m6 的过渡配合。

(3) 底部镶拼式型腔。底部镶拼式型腔的结构如图 4.87 所示。为了机械加工、研磨、抛光、热处理方便，形状复杂的型腔底部可以设计成镶拼式结构。选用这种结构时应注意平磨结合面，抛光时应仔细，以保证结合处锐棱(不能带圆角)不影响脱模。此外，底板还应有足够的厚度以免变形而进入塑料。

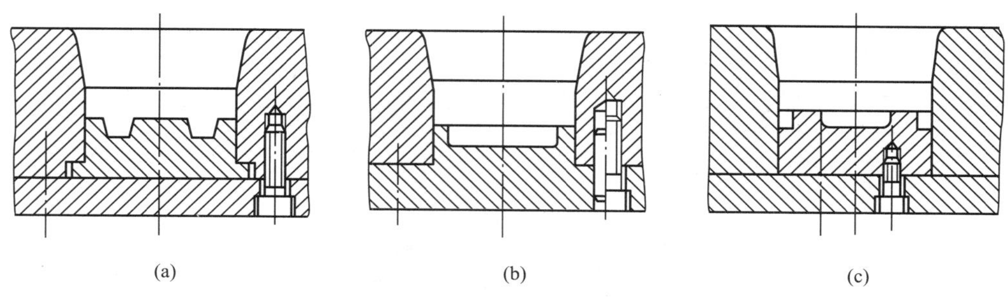

图 4.87　底部镶拼式型腔结构形式

(4) 侧壁镶拼式型腔。侧壁镶拼式型腔如图 4.88 所示。这种方式便于加工和抛光，但是一般很少采用，这是因为在成型时，熔融的塑料成型压力使螺钉和销钉产生变形，从而达不到产品的技术要求指标。图 4.88(a)中的螺钉在塑件成型时将受到拉伸载荷作用，图 4.88(b)中的螺钉和销钉在塑件成型时将受到剪切力的作用。

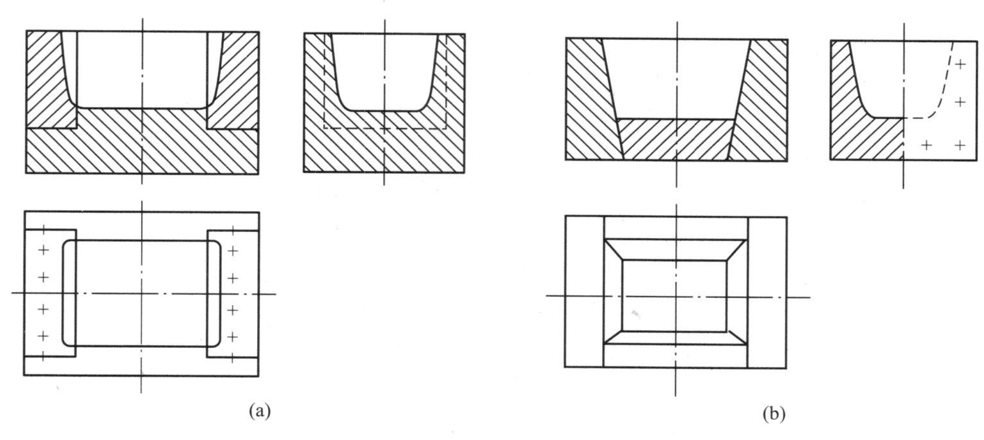

图 4.88　侧壁镶拼式型腔结构形式

(5) 四壁拼合式型腔。四壁拼合式型腔如图 4.89 所示。适用于大型和形状复杂的型腔，可以把它的四壁和底板分别加工经研磨后压入模架中。为了保证装配的准确性，侧壁之间采用锁扣连接，连接处外壁留有 0.3～0.4mm 的间隙，以使内侧接缝紧密，减少塑料的挤入。

(6) 瓣合式型腔。组成型腔的每一个镶块都是活动的，它们在塑件的成型过程中被模套或其他锁合装置箍合在一起，确切地讲，瓣合式型腔也属于镶拼式型腔结构。塑件脱模时，镶块从模套或其他锁合装置中脱出并向侧面打开，从而将带有侧凹或侧孔的塑件可靠地从模具中脱出。图 4.90 是一个瓣合式型腔结构的示意图。瓣合式型腔结构中的瓣合镶块数量一般取决于塑件的几何形状。当瓣合镶块数量等于 2 时，组成的型腔称为哈夫型腔。

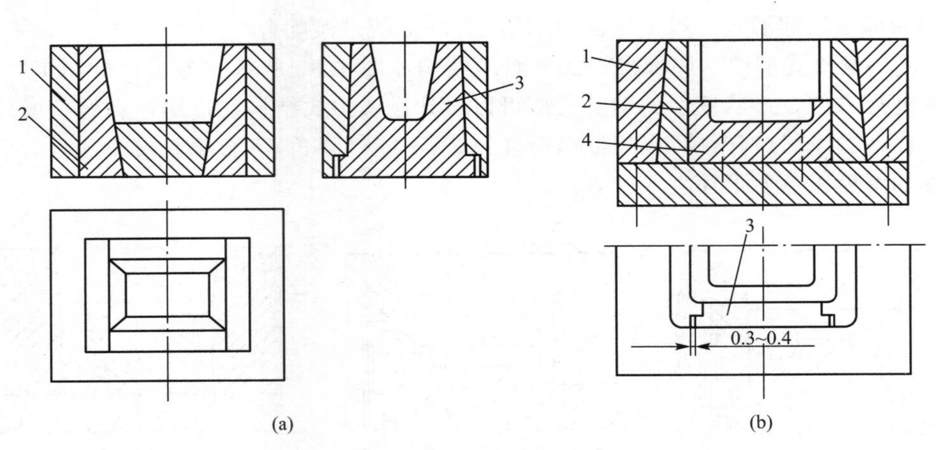

图 4.89　四壁拼合式型腔结构形式

1—模套；2、3—侧壁拼块；4—底部拼块

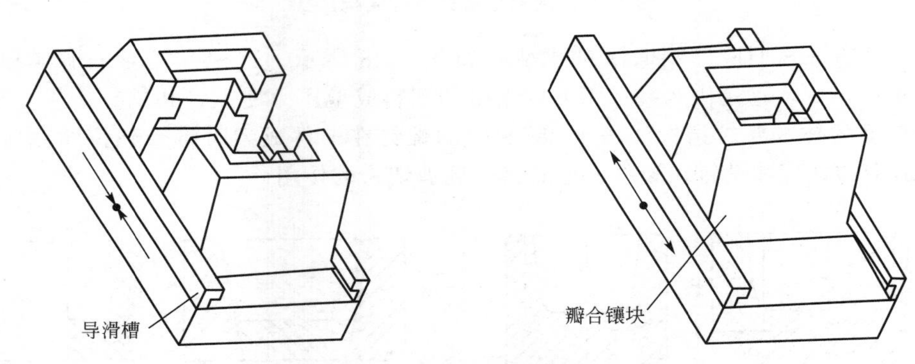

图 4.90　瓣合式型腔结构形式示意图

在型腔的结构设计中，采用组合式镶拼结构具有以下优点：

(1) 可将复杂的型腔内形体的加工变成镶拼件的外形加工，降低了型腔整体的加工难度，型腔加工工艺和加工过程得到简化，型腔的形状尺寸精度易保证。

(2) 型腔中使用镶件的局部具有较高的精度和耐磨性。

(3) 尺寸较大或形状比较复杂的型腔采用镶拼结构后，由于各部分成型镶块尺寸较小，热处理工艺将变得比较容易，热处理变形也会减小。

(4) 便于维修更换。

(5) 可节约优质塑料模具钢，尤其对于大型模具更是如此。

(6) 可利用镶拼间隙排气(间隙值应小于成型塑料的最大不溢料间隙值)。

组合式型腔结构设计的注意事项如下：

(1) 型腔的强度和刚度会有所降低，因此模框板应有足够的强度和刚度。

(2) 由于镶拼结构会使塑件表面出现拼缝痕迹，应恰当地选择镶拼部位并尽量减少镶块数量。

(3) 镶拼件必须准确定位，并有可靠紧固。镶件之间及其与模框之间尽量采用凹凸槽相互扣锁，以减小整体型腔在高压下的变形和镶件的位移。

(4) 镶拼联接缝应配合紧密。转角和曲面处不能设置拼缝。为了避免出现横向飞边而影响塑件的脱模，成型镶块的拼缝应尽量与塑件的脱模方向一致。

(5) 分割型腔时，应尽量把各镶块设计成容易进行机械加工而又不易发生热处理变形的几何形状。

(6) 镶拼件的结构应有利于加工、装配和调换。镶拼件的形状和尺寸精度应有利于型腔总体精度，并确保动模和定模的对中性，还应有避免误差累积的措施。

2. 型芯

型芯是成型塑件内表面的成型零件，通常可分为整体式和组合式两种类型。对于简单的容器，如壳、罩、盖之类的塑件，一般将成型其主要部分内表面的零件称为主型芯，将成型其他小孔的型芯称为小型芯或成型杆。

1) 整体式

一般是将型芯与模板使用整块模具材料直接加工而成。如图 4.91 所示为整体式型芯结构，其结构牢固，不易变形，成型塑件不会带有镶拼缝隙的溢料痕迹，但不便加工，消耗较多的优质的模具钢，主要用于工艺实验或小型模具上的简单型芯。

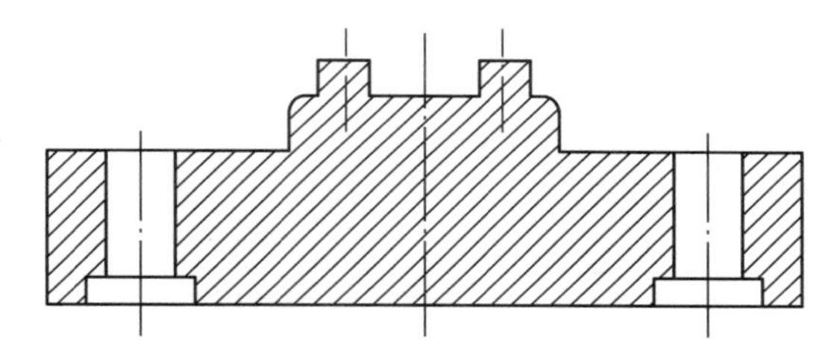

图 4.91 整体式型芯结构形式

对于一些大中型塑件采用整体式型芯结构时，为节省优质钢材，便于加工和热处理，将型芯单独加工后，再与模板的装配孔采用过渡配合(H7/m6)紧固连接，如图 4.92 所示。图 4.92(a)为通孔台肩式，型芯用台肩和模板连接，再用垫板、螺钉紧固，连接牢固，是最常用的方法。对于固定部分是圆柱面，而型芯又有方向性的场合，可采用销钉或键定位。图 4.92(b)为通孔无台肩式结构。图 4.92(c)为盲孔式的结构。

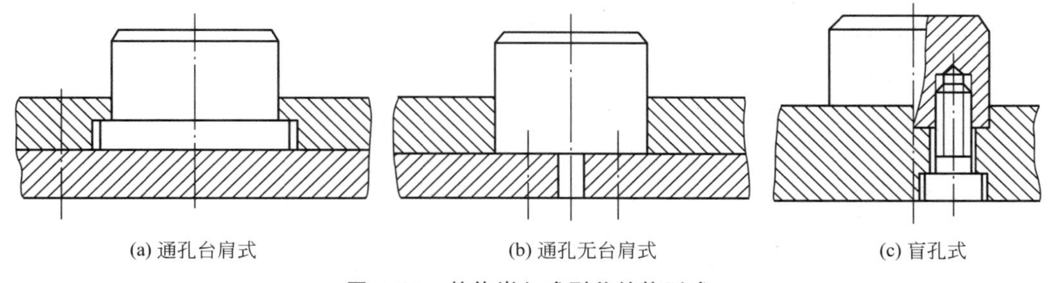

(a) 通孔台肩式　(b) 通孔无台肩式　(c) 盲孔式

图 4.92 整体嵌入式型芯结构形式

2) 组合式

为便于加工，形状复杂的型芯往往采用镶拼组合式结构，如图 4.93 所示。

镶拼组合式型芯的优缺点和组合式型腔的优缺点基本相同。设计和制造这类型芯时，必须注意结构合理，应保证型芯和镶块的强度，防止热处理时变形且应避免尖角与壁厚突变。注意：

(1) 避免薄壁部位的热处理开裂。如图 4.94(a)所示，当小型芯距大型芯太近，热处理

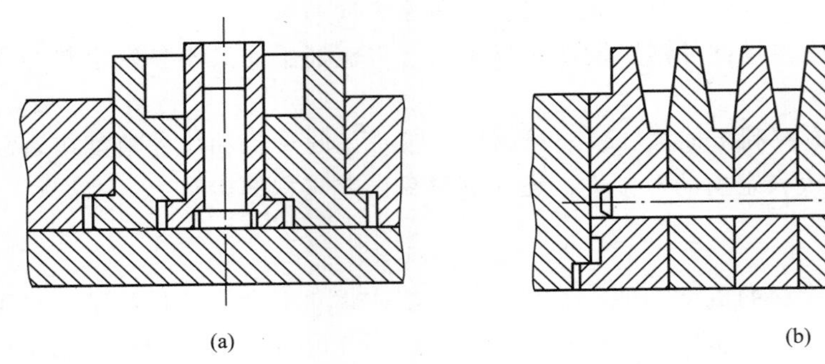

图 4.93　组合式型芯结构形式

时薄壁部位易开裂，故应采用图 4.94(b)的结构，将大的型芯制成整体式，再镶入小型芯。

(2) 考虑飞边对脱模的影响。在设计型芯结构时，应注意塑料的飞边不致影响脱模取件。如图 4.95(a)所示结构的溢料飞边的方向与塑料脱模方向相垂直，影响塑件的取出；而采用图 4.95(b)的结构，其溢料飞边的方向与脱模方向一致，便于脱模。

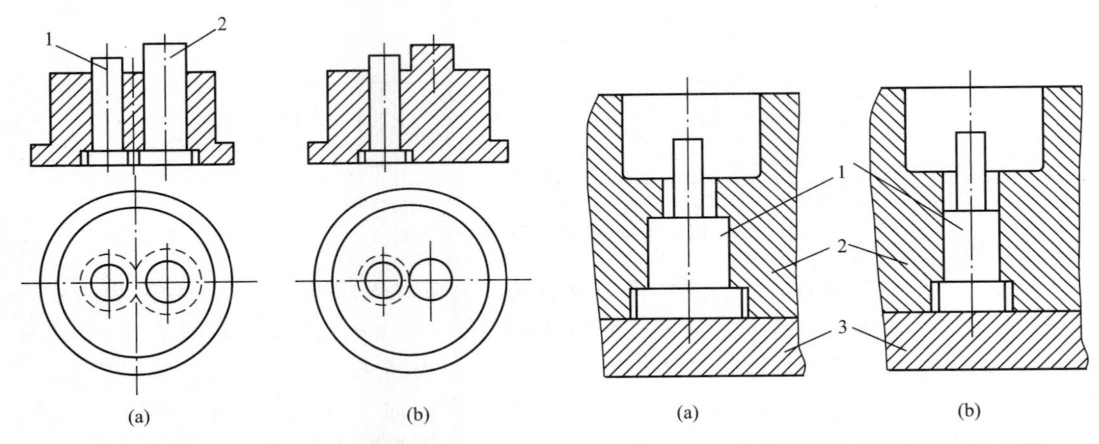

图 4.94　相近小型芯的镶拼组合结构

1—小型芯；2—大型芯

图 4.95　便于脱模的镶拼型芯组合结构

1—型芯；2—型腔零件；3—垫板

3) 小型芯的装配

小型芯用来成型塑件上的小孔或槽。一般是将小型芯单独制造后，再嵌入模板中。

(1) 圆形小型芯的几种装配方法。圆形小型芯采用如图 4.96 所示的几种装配方法。图 4.96(a)使用台肩固定的形式，下面有垫板压紧；图 4.96(b)中的固定板太厚，可在固定板上减小配合长度，同时细小的型芯制成台阶的形式；图 4.96(c)是型芯细小而固定板太厚的形式，型芯镶入后，在下端用圆柱垫垫平；图 4.96(d)适用于固定板较厚且无垫板的场合，在型芯的下端用螺塞紧固；图 4.96(e)是型芯镶入后，在另一端采用铆接固定的形式。

如图 4.97 所示为圆形小型芯的安装实例。圆形小型芯从固定板背面压入，故称为反嵌法。它采用台阶与垫板的固定方法，定位配合部分的长度是 3～5mm，用小间隙或过渡配合。在非配合长度上扩孔，以利于装配和排气，台阶的高度至少要大于 3mm，台阶侧面与沉孔内侧面的间隙为 0.5～1mm。

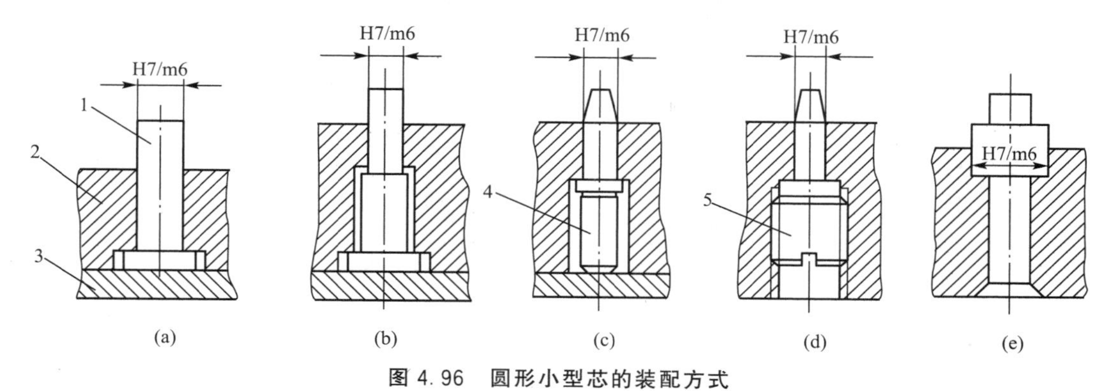

图 4.96 圆形小型芯的装配方式

1—圆形小型芯；2—固定板；3—垫板；4—圆柱垫；5—螺塞

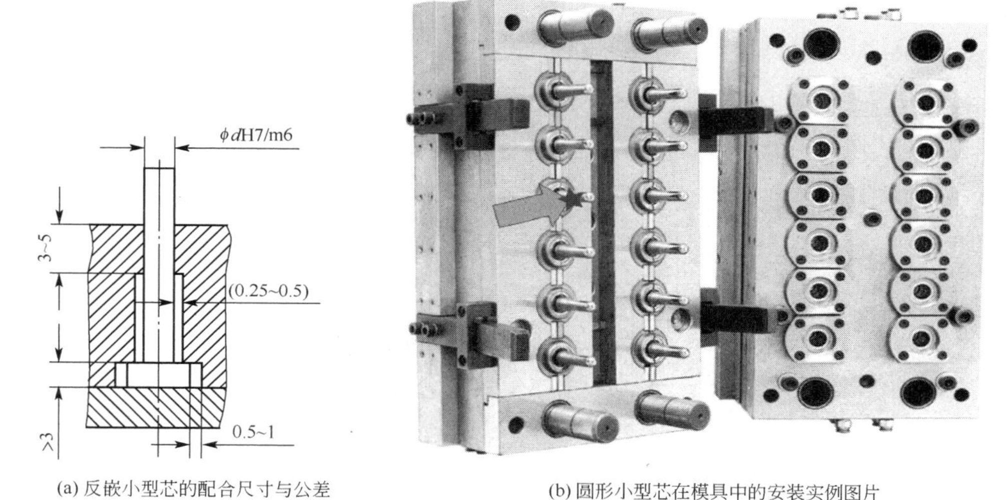

(a) 反嵌小型芯的配合尺寸与公差　　(b) 圆形小型芯在模具中的安装实例图片

图 4.97 圆形小型芯的安装实例

实用技巧

在如图 4.97 所示结构的安装中，为了保证所有的型芯装配后在轴向无间隙，型芯台阶的高度在嵌入后部必须高出模板装配平面，经磨削成同一平面后再与垫板连接。

(2) 异形小型芯的几种装配方法。对于异形型芯，如图 4.98 所示，为了制造方便，常将型芯设计成两段。型芯的连接固定段制成圆形台肩和模板连接，如图 4.98(b)所示；也可以用螺纹连接紧固，如图 4.98(c)和图 4.98(d)所示。

(3) 相互靠近的小型芯的装配。如图 4.99 所示的多个相互靠近的小型芯，如果采用台肩固定时，台肩将会发生重叠干涉，可先将台肩相碰的一面磨去，再将型芯固定板的台阶孔加工成大圆台阶孔或长腰圆形台阶孔，然后将小型芯镶入。

3. 螺纹型芯和螺纹型环

螺纹型芯用来成型塑件内螺纹或固定带螺纹孔的嵌件；螺纹型环用来成型塑件外螺纹或固定螺杆嵌件。成型后，螺纹型芯和螺纹型环的脱卸方法有两种，一种是模内自动脱

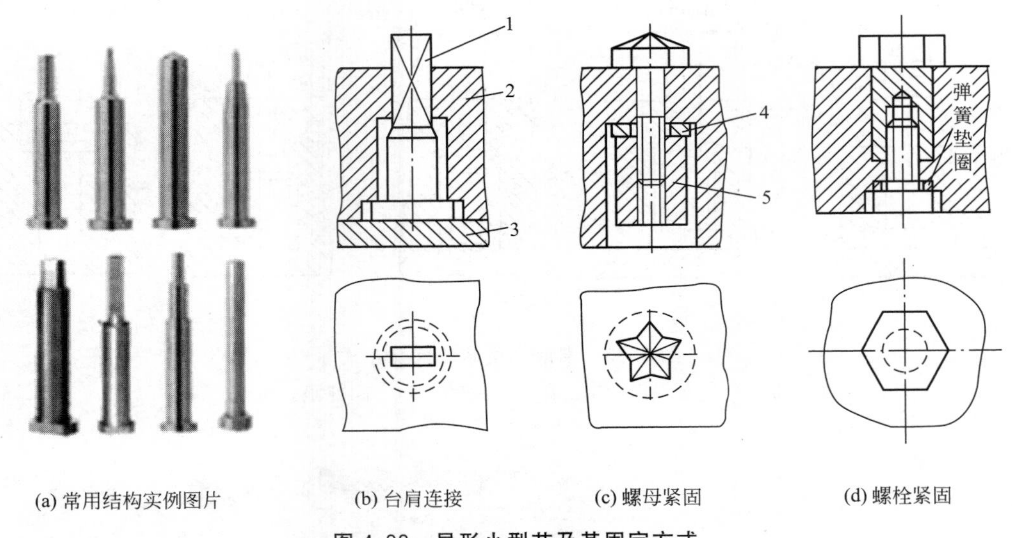

图 4.98 异形小型芯及其固定方式

1—异形小型芯；2—固定板；3—垫板；4—弹簧垫圈；5—螺母

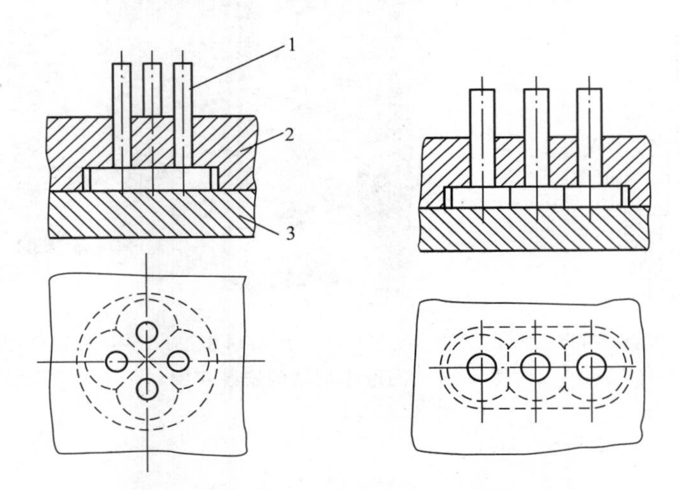

图 4.99 多个互相靠近型芯的固定

1—小型芯；2—固定板；3—垫板

卸，另一种是模外手动脱卸，下面仅介绍模外手动脱卸螺纹型芯和螺纹型环的结构及固定方法。

1）螺纹型芯

(1) 用于成型塑件内螺纹的螺纹型芯(图 4.100)和用于固定带螺纹孔嵌件的螺纹型芯(图 4.101)，基本结构相似，没有原则上的区别。

(2) 成型用的螺纹型芯，在设计时必须考虑塑料收缩率，其表面粗糙度值要小($Ra<0.4\mu m$)，一般应有 $\alpha=0.5°$的脱模斜度。螺纹始端和末端按塑料螺纹结构要求设计，以防止从塑件上拧下时拉毛塑料螺纹。

(3) 用来固定螺纹嵌件的螺纹型芯，在设计时不用考虑收缩率，按普通螺纹制造即可。

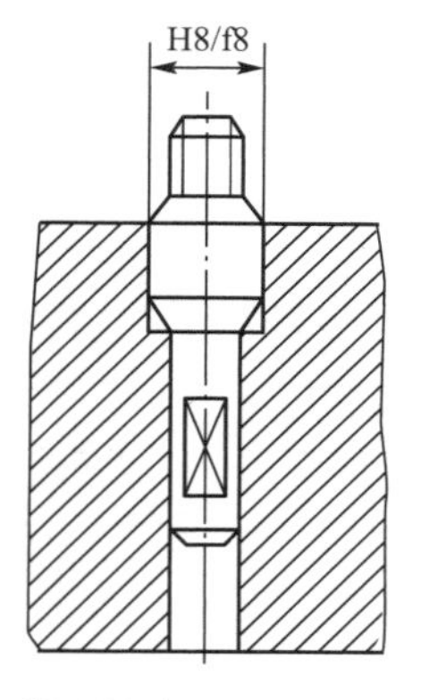

(a) 利用大圆柱面定位和台阶支撑

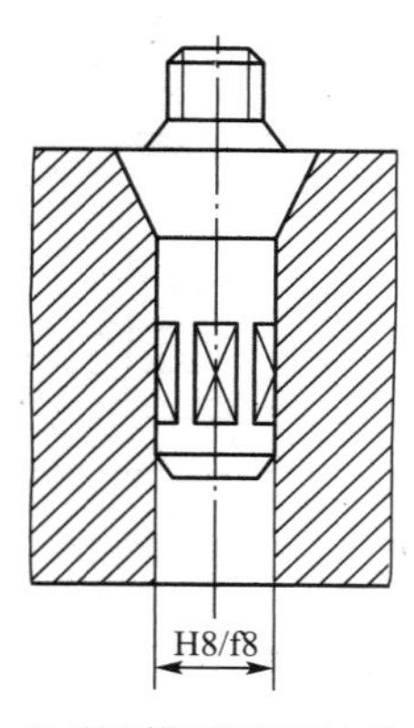

(b) 利用锥面定位和支撑

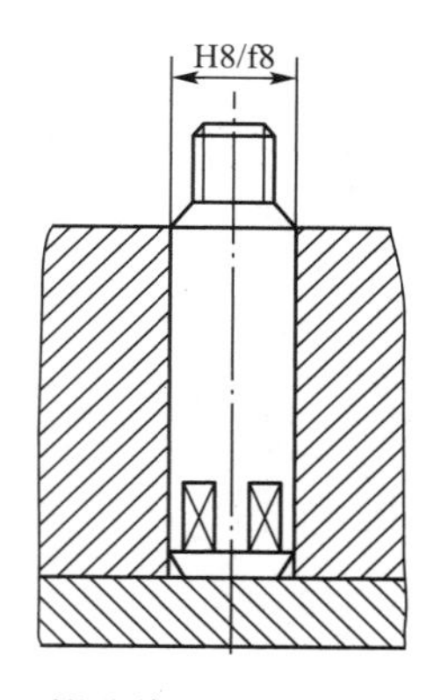

(c) 利用圆柱面定位和垫板支撑

图 4.100　成型塑料内螺纹的螺纹型芯及其在模板上的安装形式

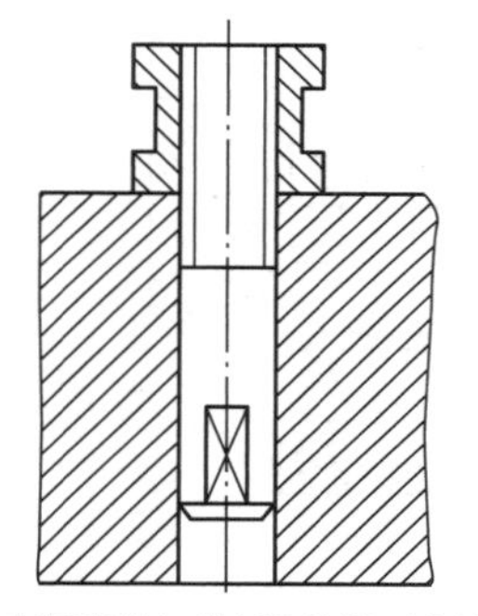
(a) 利用嵌件与模板的接触面支撑

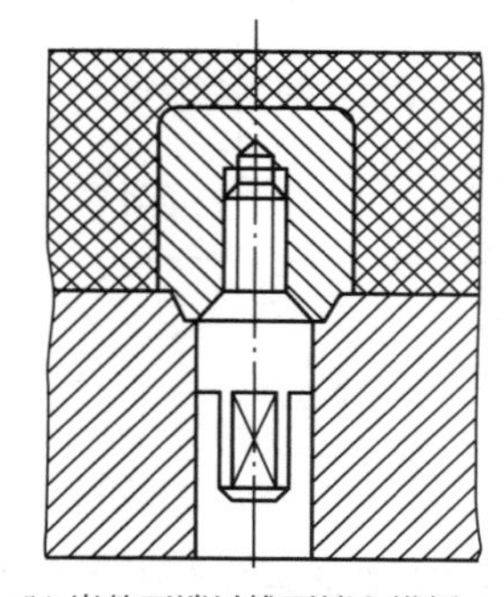
(b) 嵌件下端以锥面镶入模板

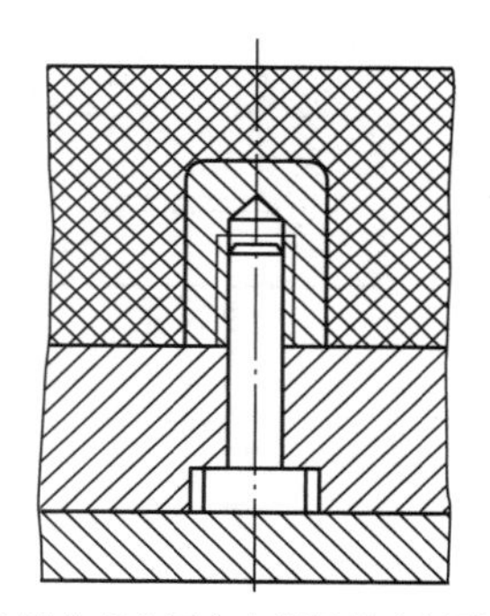
(c) 嵌件套入固定在模具的光杆型芯上

图 4.101　固定带螺纹孔嵌件的螺纹型芯及其在模板上的安装形式

(4) 螺纹型芯与模板内安装孔的配合采用 H8/f8，螺纹型芯安装在模具上，成型时要可靠定位，不能因合模振动或料流冲击而移动，开模时应能与塑件一起取出且便于装卸。

如图 4.100 和图 4.101 所示的螺纹型芯的安装方式主要用于立式注射机的下模或卧式注射机的定模，而对于上模或合模时冲击振动较大的卧式注射机模具的动模，则应设置防止型芯自动脱落的结构，如图 4.102 所示。

图 4.102(a)是带豁口柄的结构，豁口柄的弹力将型芯支承在模具内，适用于直径小于 8mm 的型芯；图 4.102(b)台阶起定位作用，并能防止成型螺纹时挤入塑料；图 4.102(c)、图 4.102(d)是用弹簧钢丝定位，常用于直径为 5～10mm 的型芯上；当螺纹型芯直径大于 10mm 时，可采用图 4.102(e)的结构，用钢球弹簧固定；而当螺纹型芯直径大于 15mm 时，则可反过来将钢球和弹簧装置在型芯杆内；图 4.102(f)是利用弹簧卡圈固定型芯；图 4.102(g)是用弹簧夹头固定型芯的结构。

2) 螺纹型环

螺纹型环常见的结构如图 4.103 所示。图 4.103(a)是整体式的螺纹型环，型环与模板的配合用 H8/f8，配合段长 3～5mm，为了安装方便，配合段以外制出 3°～5°的斜度，型环下端可铣削成方形，以便用扳手从塑件上拧下；图 4.103(b)是组合式型环，型环由两半瓣拼合而成，两半瓣中间用导向销定位。成型后，可用尖劈状卸模器楔入型环两边的楔

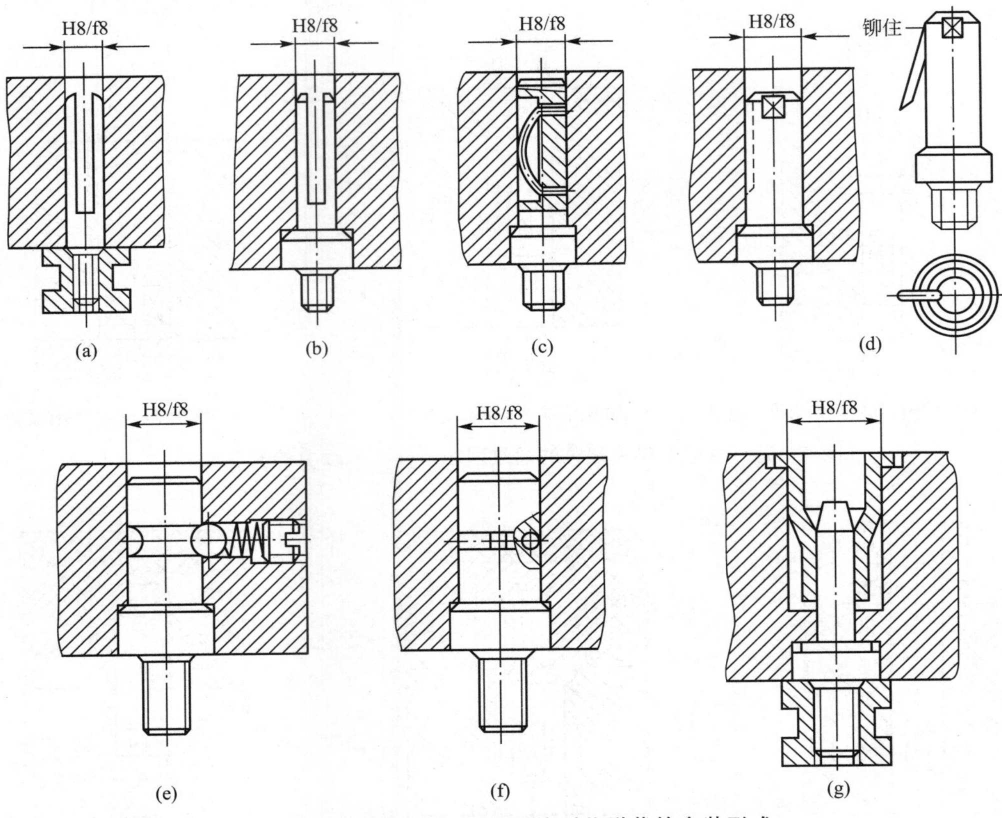

图 4.102 弹性连接防止螺纹型芯脱落的安装形式

形槽撬口内，使螺纹型环分开，这种方法快而省力，但该方法会在成型的塑料外螺纹上留下难以修整的拼合痕迹，因此这种结构只适用于精度要求不高的粗牙螺纹的成型。

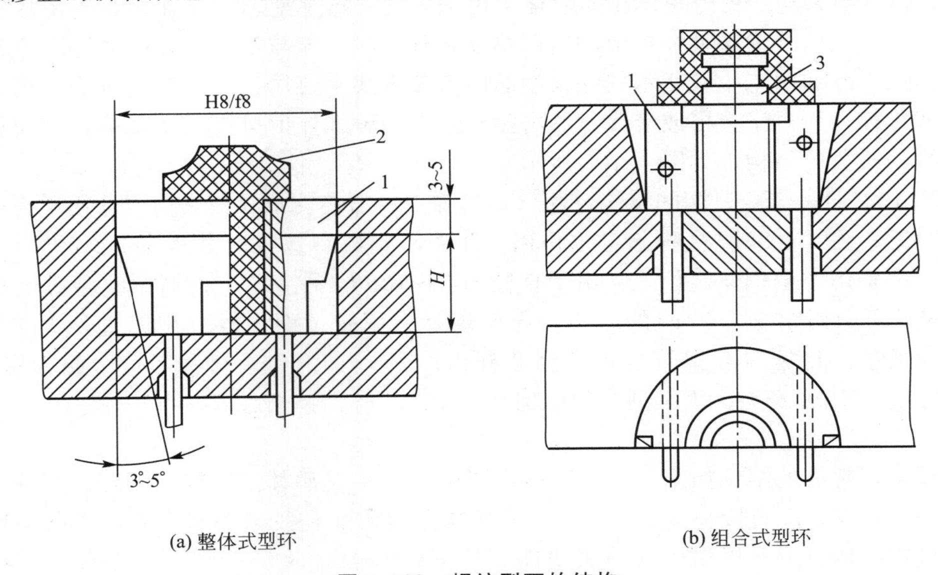

(a) 整体式型环　　(b) 组合式型环

图 4.103 螺纹型环的结构

1—螺纹型环；2—带外螺纹塑件；3—螺纹嵌件

4.7.2 成型零部件的工作尺寸计算

成型零部件工作尺寸是指成型零部件上直接用来决定塑件形状与大小的尺寸，主要有型腔和型芯的径向尺寸(包括矩形和异形零件的长和宽)，型腔的深度尺寸和型芯的高度尺寸，型芯和型芯之间的位置尺寸等。任何塑料制件都有一定的几何形状和尺寸的要求，如在使用中有配合要求的尺寸，则精度要求较高。塑件的尺寸和精度主要取决于成型零件的尺寸和精度，而成型零件的尺寸和公差必须以塑件的尺寸和精度及塑料的收缩率为依据。在模具设计时，应根据塑件的尺寸及精度等级确定模具成型零件的工作尺寸及精度等级。

1. 影响塑件尺寸精度的主要因素

影响塑件尺寸精度的因素相当复杂，这些影响因素应作为确定成型零部件工作尺寸的依据。

1）收缩率的影响(δ_s、δ_s')

塑件成型后的收缩率与塑料的品种，塑件的形状、尺寸、壁厚，模具的结构和成型的工艺条件等因素有关。在模具设计时，很难准确地确定塑件收缩率，一方面所选取的计算收缩率和实际收缩率有偏差；另一方面，在生产塑件时由于工艺条件、塑料批号发生变化也会造成收缩率的波动。收缩率的偏差和波动，都会引起塑件尺寸误差，其尺寸变化值为：

$$\delta_s=(S_{max}-S_{min})L_s \tag{4-28}$$

$$\delta_s'=(S_s-S_j)L_s \tag{4-29}$$

式中：δ_s 为收缩率波动所引起的塑件尺寸误差，mm；δ_s'为收缩率偏差所引起的塑件尺寸误差，mm；S_{max}为塑料的最大收缩率；S_{min}为塑料的最小收缩率；S_s 为实际收缩率；S_j 为计算收缩率；L_s 为塑件的基本尺寸，mm。

按照一般的要求，塑料收缩率波动所引起的误差应小于塑件公差的1/3。

2）模具成型零件的制造误差 δ_z

模具成型零件的制造误差是影响塑件尺寸精度的重要因素之一。成型零件加工精度愈低，成型塑件的尺寸精度也愈低。实践表明，成型零件的制造误差占塑件总公差的1/4～1/3，因此在确定成型零件工作尺寸公差值时可取塑件公差的1/4～1/3，或取IT7～IT8级作为模具制造公差。

组合式型腔或型芯的制造误差应根据尺寸链来确定。

3）模具成型零件的磨损 δ_c

模具在使用过程中，由于塑料熔体流动的冲刷、脱模时与塑件的摩擦、成型过程中可能产生的腐蚀性气体的锈蚀，以及出于上述原因造成的成型零件表面粗糙度加大而重新打磨抛光等，均造成了成型零件尺寸的变化。这种变化称为成型零件的磨损，磨损的结果是型腔尺寸变大，型芯尺寸变小。磨损大小还与塑料的品种和模具材料及热处理有关。上述诸因素中脱模时塑件对成型零件的摩擦磨损是主要的，为简化计算起见，凡与脱模方向垂直的成型零件表面，可以不考虑磨损；与脱模方向平行的成型零件表面应考虑磨损。

计算成型零件工作尺寸时，磨损量应根据塑件的产量、塑料品种、模具材料等因素来确定。对生产批量小的，磨损量取小值，甚至可以不考虑磨损量；玻璃纤维等增强塑料对成型零件磨损严重，磨损量可取大值；摩擦因数较小的热塑性塑料对成型零件磨损小，磨损量可取小值；模具材料耐磨性好，表面进行镀铬、氮化处理的，磨损量可取小值。

对于中小型塑件，最大磨损量可取塑件公差的 1/6，对于大型塑件应取 1/6 以下。

4）模具安装配合的误差 δ_j

模具成型零件装配误差以及在成型过程中成型零件配合间隙的变化，都会引起塑件尺寸的变化。例如，由于成型压力使模具分型面有胀开的趋势，同时由于分型面上的残渣或模板加工平面度的影响，动定模分型面上有一定的间隙，它对塑件高度方向的尺寸有影响；活动型芯与模板配合间隙过大，将影响塑件上孔的位置精度。

综上所述，塑件在成型过程中产生的最大尺寸误差 δ 应该是上述各种误差的总和，即

$$\delta=\delta_s+\delta_s'+\delta_z+\delta_c+\delta_j \tag{4-30}$$

由此可见，由于影响因素多，累积误差较大，因此塑件的尺寸精度往往较低。设计塑件时，其尺寸精度的选择不仅要考虑塑件的使用和装配要求，而且要考虑塑件在成型过程中可能产生的误差，使塑件规定的公差值 Δ 大于或等于以上各项因素所引起的累积误差，即在设计时，应考虑使以上各项因素所引起的累积误差不超过塑件规定的公差值，即：

$$\delta\leqslant\Delta \tag{4-31}$$

在一般情况下，收缩率的波动和偏差、模具制造公差和成型零件的磨损是影响塑件尺寸精度的主要原因。而且并不是塑件的任何尺寸都与以上几个因素有关，例如用整体式凹模成型塑件时，其径向(或长和宽)只受 δ_s、δ_s'、δ_z、δ_c 的影响，而高度尺寸则受 δ_s、δ_s'、δ_z 和 δ_j 的影响。另外所有的误差同时偏向最大值或同时偏向最小值的可能性是非常小的。

从式(4-28)、式(4-29)可以看出，收缩率的波动和偏差引起的塑件尺寸误差随塑件尺寸的增大而增大。因此，生产大型塑件时，因收缩率波动和偏差对塑件尺寸公差影响较大，若单靠提高模具制造精度等级来提高塑件精度是困难和不经济的，应稳定成型工艺条件和选择收缩率波动较小的塑料。

生产小型塑件时，模具制造公差和成型零件的磨损，是影响塑件尺寸精度的主要因素。因此，应提高模具精度等级和减少磨损以满足塑件的成型精度要求。

2. 成型零件工作尺寸与塑件尺寸的标注规定

基于实践中常用的按平均收缩率、平均磨损量和平均制造公差为基准的计算方法，规定成型零件工作尺寸与塑件尺寸的取值及偏差标注要求，凡孔类尺寸都是按基孔制，公差下限为零，公差等于上偏差；凡轴类尺寸都是按基轴制，公差上限为零，公差等于下偏差；中心距尺寸按双向等值偏差选取，如图 4.104 所示。

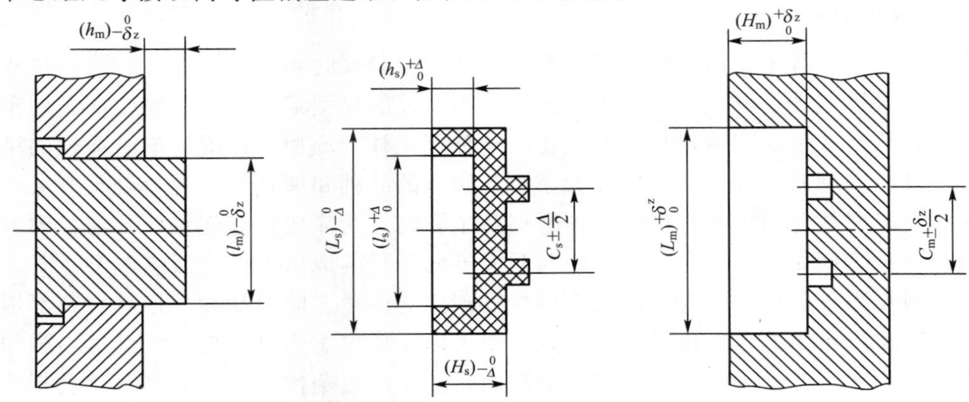

图 4.104 成型零件工作尺寸与塑件尺寸的标注

3．计算公式

1）一般型芯型腔工作尺寸

一般型芯型腔工作尺寸的计算，采用平均收缩率法，具体公式见表4-20。

表4-20　一般型芯型腔工作尺寸的计算

尺寸类别		计算公式	说　明
径向尺寸	型腔的径向尺寸 $(L_m)^{+\delta_z}_{0}$	$(L_m)^{+\delta_z}_{0}=[(1+S_p)L_s-x\Delta]^{+\delta_z}_{0}$ 式中：S_p——塑料的平均收缩率； L_s——塑件外表面的径向基本尺寸； L_m——模具型腔的径向基本尺寸； Δ——塑件外表面径向基本尺寸的公差； x——修正系数； δ_z——模具制造公差	（1）当塑件尺寸较大、精度要求低时，$x=0.5$；当塑件尺寸较小、精度要求高时，$x=0.75$。 （2）径向尺寸仅考虑 δ_s、δ_s'、δ_z、δ_c 的影响。 （3）为了保证塑件实际尺寸在规定的公差范围内，对成型尺寸需进行校核： $(S_{max}-S_{min})L_s+\delta_z+\delta_c\leqslant\Delta$ $(S_{max}-S_{min})l_s+\delta_z+\delta_c\leqslant\Delta$
	型芯的径向尺寸 $(l_m)^{0}_{-\delta_z}$	$(l_m)^{0}_{-\delta_z}=[(1+S_p)l_s+x\Delta]^{0}_{-\delta_z}$ 式中：l_s——塑件内表面的径向基本尺寸； l_m——模具型芯的径向基本尺寸； 其他各符号意义同上	
深度及高度尺寸	型腔的深度尺寸 $(H_m)^{+\delta_z}_{0}$	$(H_m)^{+\delta_z}_{0}=[(1+S_p)H_s-x\Delta]^{+\delta_z}_{0}$ 式中：S_p——塑料的平均收缩率； H_s——塑件外形高度基本尺寸； H_m——模具型腔的深度基本尺寸； Δ——塑件外形高度基本尺寸的公差； x——系数，取值范围在1/2～1/3之间； δ_z——模具制造公差。	（1）当塑件尺寸较大、精度要求低时，x 取小值；当塑件尺寸较小、精度要求高时，x 取大值。 （2）深（高）度尺寸仅考虑 δ_s、δ_s'、δ_z 的影响。 （3）深（高）度成型尺寸校核： $(S_{max}-S_{min})H_s+\delta_z+\delta_c\leqslant\Delta$ $(S_{max}-S_{min})h_s+\delta_z+\delta_c\leqslant\Delta$
	型芯的高度尺寸 $(h_m)^{0}_{-\delta_z}$	$(h_m)^{0}_{-\delta_z}=[(1+S_p)h_s+x\Delta]^{0}_{-\delta_z}$ 式中：h_s——塑件内孔深度基本尺寸； h_m——模具型芯的高度基本尺寸； 其他各符号意义同上	
中心距尺寸 $(C_m)\pm\frac{\delta_z}{2}$		$(C_m)\pm\frac{\delta_z}{2}=(1+S_p)C_s\pm\frac{\delta_z}{2}$ 式中：C_s——塑件中心距基本尺寸； C_m——模具中心距基本尺寸； 其他各符号意义同上	中心距尺寸的校核： $(S_{max}-S_{min})C_s\leqslant\Delta$

2）模内中心线到某一成型面的距离尺寸

这类尺寸一般均属单边磨损性质，故其允许使用磨损量 δ_c 要比一般情况下小一倍。如图4.105(a)所示，小型芯（或凹槽）中心线到型腔侧壁的距离尺寸为

$$(L_m)\pm\frac{\delta_z}{2}=\left[(1+S_p)L_s-\frac{1}{24}\Delta\right]\pm\frac{\delta_z}{2} \tag{4-32}$$

如图 4.105(b)所示，小型芯(或凹槽)中心线到大型芯侧壁的距离尺寸为

$$(L_m)\pm\frac{\delta_z}{2}=\left[(1+S_p)L_s+\frac{1}{24}\Delta\right]\pm\frac{\delta_z}{2} \tag{4-33}$$

式中：S_p 为塑料的平均收缩率；L_s 为塑件孔(凸台)中心线到边缘或侧壁的距离基本尺寸，mm；L_m 为模具小型芯(或凹槽)中心线到侧壁的距离基本尺寸，mm；Δ 为塑件尺寸的公差，mm；δ_z 为模具制造公差，mm。

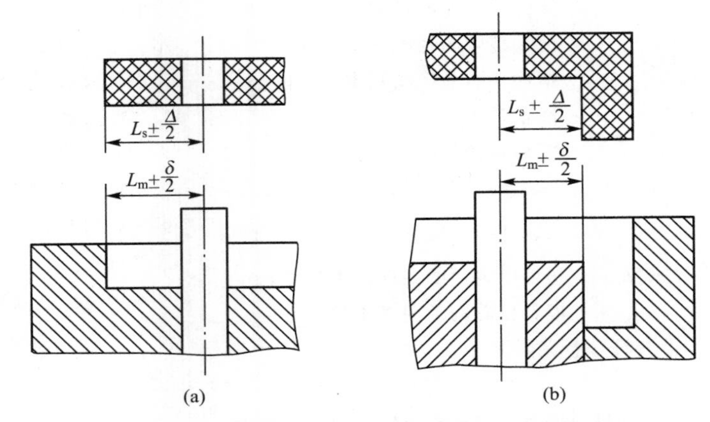

图 4.105 模内中心线到某一成型面的距离尺寸

3) 螺纹型环和螺纹型芯的工作尺寸

螺纹连接的种类很多，配合性质也各不相同，影响塑件螺纹连接的因素比较复杂，目前尚无塑料螺纹的统一标准，也没有成熟的计算方法，因此要满足塑料螺纹配合的准确要求是比较难的。螺纹型环的工作尺寸属于型腔类尺寸，而螺纹型芯的工作尺寸属于型芯类尺寸。由于螺纹中径是决定螺纹配合性质的最重要参数，它决定着螺纹的可旋入性和连接的可靠性，所以计算中的模具螺纹大、中、小径的尺寸，均以塑件螺纹中径公差 $\Delta_{中}$ 为依据。表 4-21 列出了普通螺纹型环和型芯工作尺寸的计算公式。

表 4-21 螺纹型环和螺纹型芯工作尺寸的计算

图示
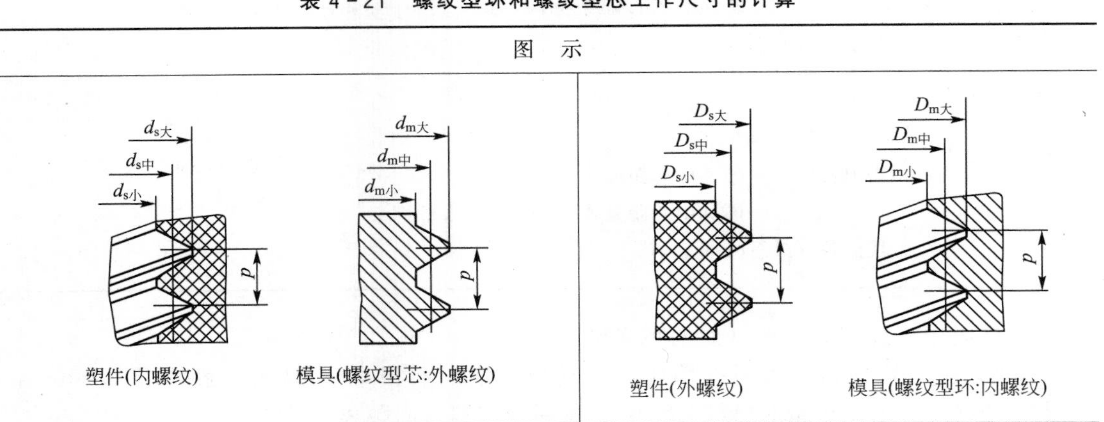

（续）

<table>
<tr><th>尺寸类别</th><th colspan="2">计 算 公 式</th></tr>
<tr><td rowspan="2">螺纹大径
螺纹中径
螺纹小径</td><td>$(d_{m大})_{-\delta_z}^{0}=[(1+S_p)d_{s大}+\Delta_{中}]_{-\delta_z}^{0}$
$(d_{m中})_{-\delta_z}^{0}=[(1+S_p)d_{s中}+\Delta_{中}]_{-\delta_z}^{0}$
$(d_{m小})_{-\delta_z}^{0}=[(1+S_p)d_{s小}+\Delta_{中}]_{-\delta_z}^{0}$</td><td>$(D_{m大})_{0}^{+\delta_z}=[(1+S_p)D_{s大}-\Delta_{中}]_{0}^{+\delta_z}$
$(D_{m中})_{0}^{+\delta_z}=[(1+S_p)D_{s中}-\Delta_{中}]_{0}^{+\delta_z}$
$(D_{m小})_{0}^{+\delta_z}=[(1+S_p)D_{s小}-\Delta_{中}]_{0}^{+\delta_z}$</td></tr>
<tr><td colspan="2">式中：$D_{m大}$、$D_{m中}$、$D_{m小}$——螺纹型环的大、中、小径基本尺寸；
$d_{m大}$、$d_{m中}$、$d_{m小}$——螺纹型芯的大、中、小径基本尺寸；
$D_{s大}$、$D_{s中}$、$D_{s小}$——塑件外螺纹大、中、小径基本尺寸；
$d_{s大}$、$d_{s中}$、$d_{s小}$——塑件内螺纹大、中、小径基本尺寸；
S_p——塑料的平均收缩率；
$\Delta_{中}$——塑件螺纹中径公差，目前我国尚无专门的塑件螺纹公差标准，可参照GB/T 197—2003的金属螺纹公差标准中精度最低者选用；
δ_z——螺纹型环、螺纹型芯中径制造公差，其值可取$\Delta/5$或查表4-22</td></tr>
<tr><td>螺距</td><td colspan="2">$(P_m)\pm\frac{\delta_z}{2}=(1+S_p)P_s\pm\frac{\delta_z}{2}$
式中：P_m——螺纹型环或螺纹型芯螺距基本尺寸；
P_s——塑件外螺纹或内螺纹螺距的基本尺寸；
δ_z——螺纹型环、螺纹型芯螺距制造公差，查表4-23</td></tr>
<tr><td>牙型角</td><td colspan="2">如果塑料均匀地收缩，则不会改变牙型角的度数，螺纹型环、螺纹型芯的牙型角应尽量制成接近标准值，公制螺纹的牙型角为60°，英制螺纹的牙型角为55°</td></tr>
</table>

表4-22 螺纹型环、螺纹型芯直径制造公差 （单位：mm）

<table>
<tr><th rowspan="2">螺纹类型</th><th rowspan="2">螺纹直径</th><th colspan="3">制造公差</th><th rowspan="2">螺纹类型</th><th rowspan="2">螺纹直径</th><th colspan="3">制造公差</th></tr>
<tr><th>大径</th><th>中径</th><th>小径</th><th>大径</th><th>中径</th><th>小径</th></tr>
<tr><td rowspan="4">粗牙</td><td>M3～M12</td><td>0.03</td><td>0.02</td><td>0.03</td><td rowspan="3">细牙</td><td>M4～M22</td><td>0.03</td><td>0.02</td><td>0.03</td></tr>
<tr><td>M14～M33</td><td>0.04</td><td>0.03</td><td>0.04</td><td>M24～M52</td><td>0.04</td><td>0.03</td><td>0.04</td></tr>
<tr><td>M36～M45</td><td>0.05</td><td>0.04</td><td>0.05</td><td>M56～M68</td><td>0.05</td><td>0.04</td><td>0.05</td></tr>
<tr><td>M48～M68</td><td>0.06</td><td>0.05</td><td>0.06</td><td></td><td></td><td></td><td></td><td></td></tr>
</table>

表4-23 螺纹型环、螺纹型芯螺距制造公差 （单位：mm）

螺纹直径	配合长度 L	制造公差 δ_z
M3～M10	<12	0.01～0.03
M12～M22	12～20	0.02～0.04
M24～M68	>20	0.03～0.05

在塑料螺纹成型时，由于收缩的不均匀性和收缩率的波动，使螺纹牙型和尺寸有较大的偏差，从而影响了螺纹的连接。因此，在螺纹型环径向尺寸计算公式中是减去$\Delta_{中}$，而

不是减去 $0.75\Delta_{中}$，即减小了塑件外螺纹的径向尺寸；在螺纹型芯径向尺寸计算公式中是加上 $\Delta_{中}$，而不是加上 $0.75\Delta_{中}$，即增加了塑件内螺纹的径向尺寸，通过增加螺纹径向配合间隙来补偿因收缩而引起的尺寸偏差，提高了塑料螺纹的可旋入性能。在螺纹大径和小径计算公式中，螺纹型环或螺纹型芯都采用了塑件中径的公差 $\Delta_{中}$，制造公差都采用了中径制造公差 δ_z。其目的是提高模具制造精度，因为螺纹中径的公差值总是小于大径和小径的公差值。

在螺纹型环或螺纹型芯螺距计算中，由于考虑到塑料的收缩率，计算所得到的螺距带有不规则的小数，加工这样特殊螺距很困难，因此用收缩率相同或相近的塑件外螺纹与塑件内螺纹相配合时，计算螺距尺寸可以不考虑收缩率；当塑料螺纹与金属螺纹相配合时，如果螺纹配合长度 $L\leqslant\dfrac{0.432\Delta_{中}}{S_p}$，一般在小于7～8牙的情况下，也可以不计算螺距的收缩率，因为在螺纹型环或螺纹型芯中径尺寸中已考虑到了增加中径间隙来补偿塑件螺距的累计误差；当螺纹配合牙数较多，螺纹螺距收缩累计误差很大，必须计算螺距的收缩率时，可以采用在车床上配置特殊齿数的变速挂轮等方法来加工带有不规则小数的特殊螺距的螺纹型环或型芯。

4.7.3 成型零部件的强度与刚度计算

塑料成型模具的型腔在塑件成型过程中承受塑料熔体的高压，须具有足够的强度和刚度。如果型腔侧壁和底板厚度过小，可能因强度不足而产生塑性变形甚至破坏，也可能因刚度不足而产生挠曲变形，导致溢料和产生飞边，降低塑件尺寸精度并影响顺利脱模。因此，应通过强度和刚度计算来确定型腔的厚度(侧壁厚度和底板厚度)，尤其对于重要的精度要求高的或大型模具的型腔，更不能单纯凭经验来确定型腔的厚度。

1. 计算依据

塑件的成型过程中，型腔一般经历充填、补料、倒流(泄料)、浇口封闭后塑件冷却等四个阶段的压力变化，型腔厚度的计算，应以最大压力为准。而最大压力是在注射时，熔体充满型腔的瞬间产生的，随着塑料的冷却和浇口的冻结，型腔内的压力逐渐降低，在开模时接近常压。

理论分析和生产实践表明，大尺寸的模具型腔，刚度不足是主要矛盾，型腔厚度应以满足刚度条件为准；而对于小尺寸的模具型腔，在发生大的弹性变形前，其内应力往往超过了模具材料的许用应力，因此强度不足是主要矛盾，设计型腔厚度应以强度条件为准。

型腔厚度按强度计算的条件是型腔在各种受力形式下的应力值不得超过模具材料的许用应力，即 $\sigma_{max}\leqslant[\sigma]$。按刚度计算的条件是型腔在各种受力形式下的弹性变形的最大量不超过允许的变形量，即 $\delta_{max}\leqslant[\delta]$，由于塑料成型的特殊性，应从以下三个方面来考虑：

1）成型过程中不发生溢料

当高压塑料熔体注入型腔时，模具型腔的某些配合面因受压而产生间隙，间隙过大则出现溢料，如图4.106所示。这时应根据塑料的黏度特性，在不产生溢料的前提下，将允许的最大间隙值作为型腔刚度计算的条件 $[\delta]$。常用塑料的最大不溢料间隙值见表4-24。

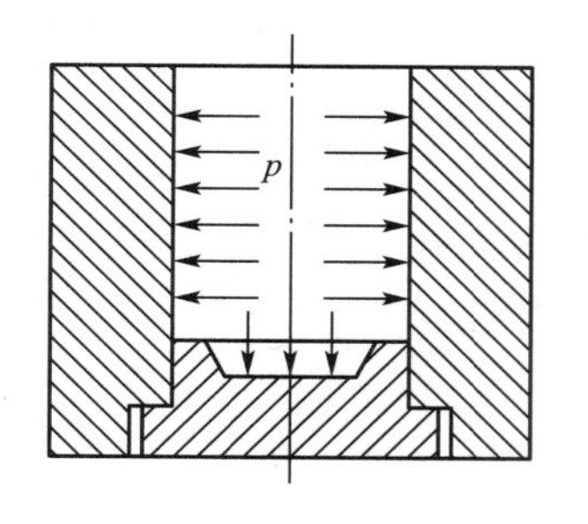

(a) 塑料熔体充填时型腔受力

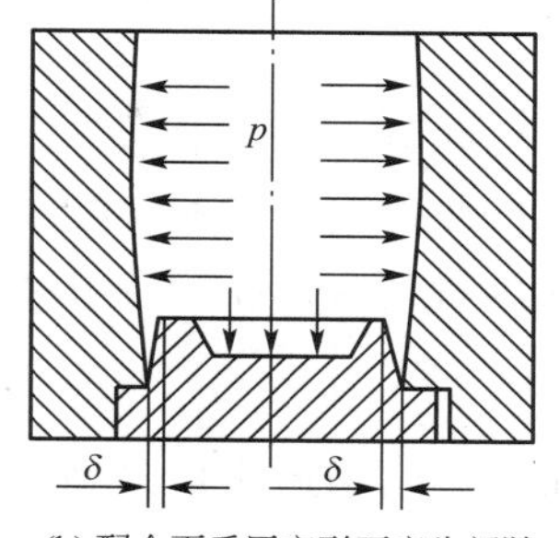

(b) 配合面受压变形而产生间隙

图 4.106　型腔弹性变形产生间隙

表 4-24　不发生溢料的 [δ] 值　　　（单位：mm）

黏度特性	塑料品种举例	允许变形值 [δ]
低黏度塑料	尼龙(PA)、聚乙烯(PE)、聚丙烯(PP)、聚甲醛(POM)	≤0.025～0.04
中黏度塑料	聚苯乙烯(PS)、ABS、聚甲基丙烯酸甲酯(PMMA)	≤0.05
高黏度塑料	聚碳酸酯(PC)、聚砜(PSF)、聚苯醚(PPO)	≤0.06～0.08

2）保证塑件尺寸精度

某些塑件或塑件的某些部位尺寸常要求较高的精度，这就要求模具型腔应具有很好的刚性，以保证塑料熔体注入型腔时不产生过大的弹性变形。此时，型腔的允许变形量由塑件尺寸和公差值来确定。由塑件尺寸精度确定的刚度条件 [δ] 可用表 4-25 所列的经验公式计算。

表 4-25　保证塑件尺寸精度 [δ] 值　　　（单位：mm）

塑件尺寸	经验 [δ] 值
<10	$\Delta_i/3$
10～50	$\Delta_i/[3(1+\Delta_i)]$
50～200	$\Delta_i/[5(1+\Delta_i)]$
200～500	$\Delta_i/[10(1+\Delta_i)]$
500～1000	$\Delta_i/[15(1+\Delta_i)]$
1000～2000	$\Delta_i/[20(1+\Delta_i)]$
例如，塑件尺寸在 200～500mm 范围内，其 MT3 级精度的公差分别为 0.92～1.74mm，因此其刚度条件分别为 [δ] =0.048～0.064	

注：i 为塑件精度等级，Δ_i 为塑件尺寸公差。

3）保证塑件顺利脱模

如果型腔刚度不足，在熔体高压作用下会产生过大的弹性变形，当变形量超过塑件的收缩量时，塑件周边将被型腔紧紧包住而难以脱模，若强制顶出则易使塑件划伤或破裂，因此型腔的允许弹性变形量应小于塑件壁厚的收缩值，即

$$[\delta]\leqslant tS \tag{4-34}$$

式中：$[\delta]$ 为保证塑件顺利脱模的型腔允许弹性变形量，mm；t 为塑件壁厚，mm；S 为塑料的收缩率。

一般情况下，因塑料的收缩率较大，型腔的弹性变形量不会超过塑料冷却时的收缩值。因此型腔的刚度要求主要由不溢料和塑件精度来决定。当塑件某一尺寸同时有几项要求时，应以其中最为苛刻的条件作为刚度设计的依据。

2. 计算公式

由于型腔的形状、结构形式是多种多样的，同时在成型过程中模具受力状态也很复杂，一些参数难以确定，因此对型腔厚度作精确的力学计算几乎是不可能的。只能从实用观点出发，对具体情况作具体分析，建立接近实际的力学模型，确定较为接近实际的计算参数，采用工程上常用的近似计算方法，以满足设计上的需要。

表 4-26 和表 4-27 所列为常见规则型腔的侧壁壁厚和底板厚度的计算方法。对于不规则的型腔，可简化为规则型腔进行近似计算。

表 4-26　圆形型腔的厚度的计算

类别	图　示	部位	按强度计算	按刚度计算
整体式	S, h_1, t, r, R	侧壁	$s \geqslant r\left[\left(\frac{[\sigma]}{[\sigma]-2p}\right)^{\frac{1}{2}}-1\right]$	$s \geqslant 1.15\left(\frac{ph_1^4}{E[\delta]}\right)^{\frac{1}{3}}$
		说明	当 $p=50$MPa、$[\delta]=0.05$mm、$[\sigma]=160$MPa 时，强度与刚度计算的分界尺寸 $r=86$mm。即内径 $r>86$mm 时按刚度条件计算，反之按强度条件计算	
		底板	$t \geqslant 0.87\left(\frac{pr^2}{[\sigma]}\right)^{\frac{1}{2}}$	$t \geqslant 0.56\left(\frac{pr^4}{E[\delta]}\right)^{\frac{1}{3}}$
		说明	当 $p=50$MPa、$[\delta]=0.05$mm、$[\sigma]=160$MPa 时，强度与刚度计算的分界尺寸 $r=136$mm。即 $r>136$mm 时按刚度条件计算，反之按强度条件计算	
组合式	S, t, r, R	侧壁	$s \geqslant r\left[\left(\frac{[\sigma]}{[\sigma]-2p}\right)^{\frac{1}{2}}-1\right]$	$s \geqslant r\left[\left(\frac{1-\mu+\frac{E[\delta]}{rp}}{\frac{E[\delta]}{rp}-\mu-1}\right)^{\frac{1}{2}}-1\right]$
		说明	当 $p=50$MPa、$[\delta]=0.05$mm、$[\sigma]=160$MPa 时，强度与刚度计算的分界尺寸 $r=86$mm。即内径 $r>86$mm 时按刚度条件计算，反之按强度条件计算	
		底板	$t \geqslant \left(\frac{1.22pr^2}{[\sigma]}\right)^{\frac{1}{2}}$	$t \geqslant \left(\frac{0.74pr^4}{E[\delta]}\right)^{\frac{1}{3}}$
		说明	当 $p=50$MPa、$[\delta]=0.05$mm、$[\sigma]=160$MPa 时，强度与刚度计算的分界尺寸 $r=66$mm。即 $r>66$mm 时按刚度条件计算，反之按强度条件计算	

式中：s——型腔侧壁厚度，mm；　t——型腔底板厚度，mm；
h_1——型腔承受熔体压力的侧壁高度，mm；　r——型腔内壁半径，mm；
E——型腔材料的弹性模量，钢材取 2.06×10^5 MPa；　P——型腔内塑料熔体的压力，MPa；
μ——型腔材料的泊桑比，碳钢取 0.25；　$[\delta]$——允许变形量，mm；
$[\sigma]$——型腔材料的许用应力，MPa

表 4－27　矩形型腔的厚度的计算

类别	图　　示	部位	按强度计算	按刚度计算
整体式	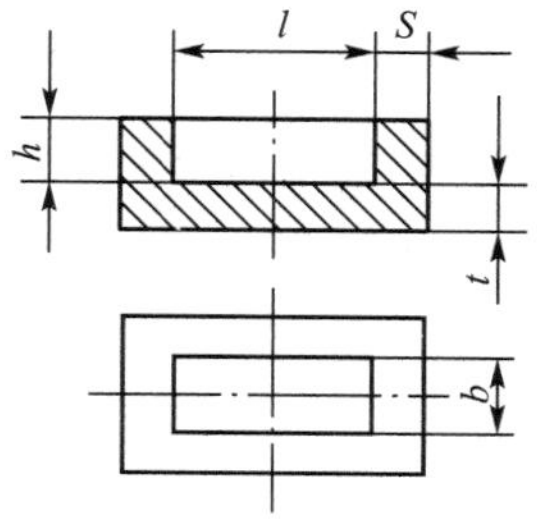	侧壁	当 $h/l\geqslant 0.41$ 时， $s\geqslant\left(\frac{pl^2(1+Wb/l)}{2[\sigma]}\right)^{\frac{1}{2}}$ 当 $h/l<0.41$ 时， $s\geqslant\left(\frac{3ph^2(1+Wb/l)}{[\sigma]}\right)^{\frac{1}{2}}$	$s\geqslant\left(\frac{cph^4}{E[\delta]}\right)^{\frac{1}{3}}$
		底板	$t\geqslant\left(\frac{a'pb^2}{[\sigma]}\right)^{\frac{1}{2}}$	$t\geqslant\left(\frac{c'ph^4}{E[\delta]}\right)^{\frac{1}{3}}$
		说明	大型模具按刚度计算，小型模具按强度计算，也可按强度和刚度同时计算，取其结果的较大值	
组合式	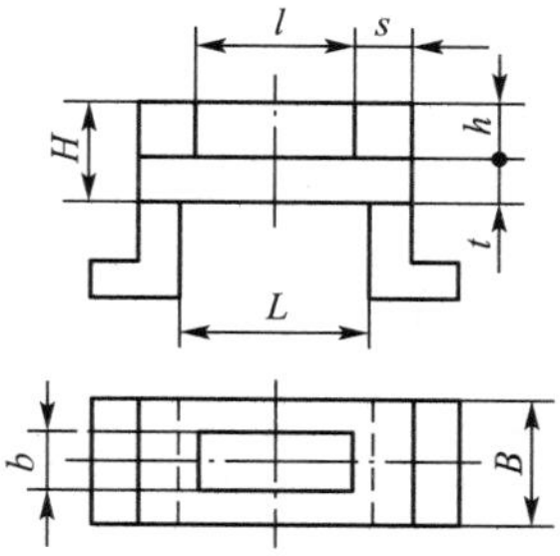	侧壁	$s\geqslant\left(\frac{phl^2}{2H[\sigma]}\right)^{\frac{1}{2}}$	$s\geqslant\left(\frac{phl^4}{32EH[\delta]}\right)^{\frac{1}{3}}$
		说明	当 $p=50$MPa、$h/H=4/5$、$[\delta]=0.05$mm、$[\sigma]=160$MPa 时，强度与刚度计算的分界尺寸 $l=370$mm。即 $l>370$mm 时按刚度条件计算，反之按强度条件计算	
		底板	$t\geqslant\left(\frac{3pbL^2}{4B[\sigma]}\right)^{\frac{1}{2}}$	$t\geqslant\left(\frac{5pbL^4}{32EB[\delta]}\right)^{\frac{1}{3}}$
		说明	当 $p=50$MPa、$b/B=1/2$、$[\delta]=0.05$mm、$[\sigma]=160$MPa 时，强度与刚度计算的分界尺寸 $L=108$mm。即 $L>108$mm 时按刚度条件计算，反之按强度条件计算	

式中：s——型腔侧壁厚度，mm；
h——型腔承受熔体压力的侧壁高度，mm；
b——矩形型腔侧壁短边长，mm；
E——型腔材料的弹性模量，钢材取 2.06×10^5 MPa；
P——型腔内塑料熔体的压力，MPa；
μ——型腔材料的泊桑比，碳钢取 0.25；
W——抗弯截面系数，见表 4－28；
c'——由 l/b 决定的系数，见表 4－29；
t——型腔底板厚度，mm；
l——矩形型腔侧壁长边长，mm；
L——支承间距，mm；
B——底板短边宽度，mm；
$[\sigma]$——型腔材料的许用应力，MPa；
$[\delta]$——允许变形量，mm；
c——由 h/l 决定的系数，见表 4－28；
a'——由 L/b 决定的系数，见表 4－30。

表 4－28　系数 c、W 的值

h/l	0.3	0.4	0.5	0.6	0.7	0.8	0.9	1.0	1.2	1.5	2.0
c	0.930	0.570	0.330	0.188	0.117	0.073	0.045	0.031	0.015	0.006	0.002
W	0.108	0.130	0.148	0.163	0.176	0.187	0.197	0.205	0.210	0.235	0.254

表 4-29　系数 c'的值

l/b	1.0	1.1	1.2	1.3	1.4	1.5	1.6	1.7	1.8	1.9	2.0
c'	0.0138	0.0164	0.0188	0.0209	0.0226	0.0240	0.0251	0.0260	0.0267	0.0272	0.0277

表 4-30　系数 α'的值

L/b	1.0	1.2	1.4	1.6	1.8	2.8	>2.8
a'	0.3078	0.3834	0.4256	0.4680	0.4872	0.4974	0.5000

3. 经验数据

成型零部件的强度与刚度计算比较复杂、烦琐，而且计算结果与经验数据比较接近。因此，实践中的模具成型零部件设计，一般可以采用经验数据。

1）圆形型腔的壁厚经验数据

圆形型腔的壁厚经验数据见表 4-31。

表 4-31　圆形型腔的壁厚经验数据　　(单位：mm)

型腔内壁直径 d	整体式型腔	镶拼式型腔	
	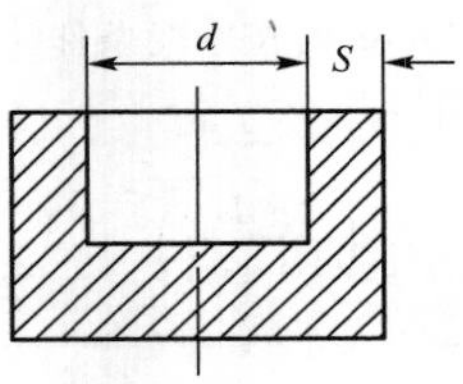	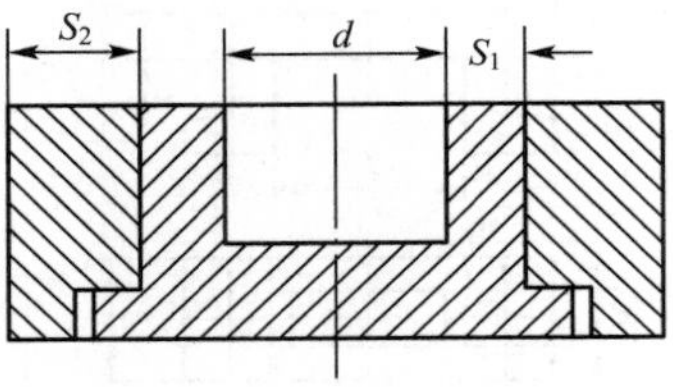	
	型腔壁厚 S	型腔壁厚 S_1	模套壁厚 S_2
40	20	7	18
40～50	20～22	7～8	18～20
50～60	22～28	8～9	20～22
60～70	28～32	9～10	22～25
70～80	32～38	10～11	25～30
80～90	38～40	11～12	30～32
90～100	40～45	12～13	32～35
100～120	45～52	13～16	35～40
120～140	52～58	16～17	40～45
140～160	58～65	17～19	45～50

2）矩形型腔的壁厚经验数据

矩形型腔的壁厚经验数据见表 4-32。

表 4-32 矩形型腔的壁厚经验数据 (单位：mm)

型腔内壁短边 b	整体式型腔	镶拼式型腔	
	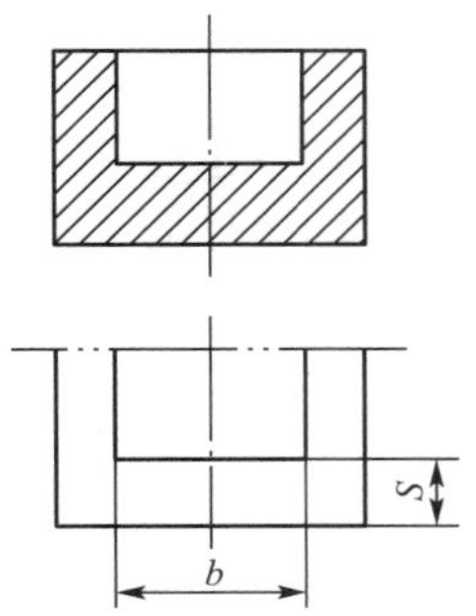	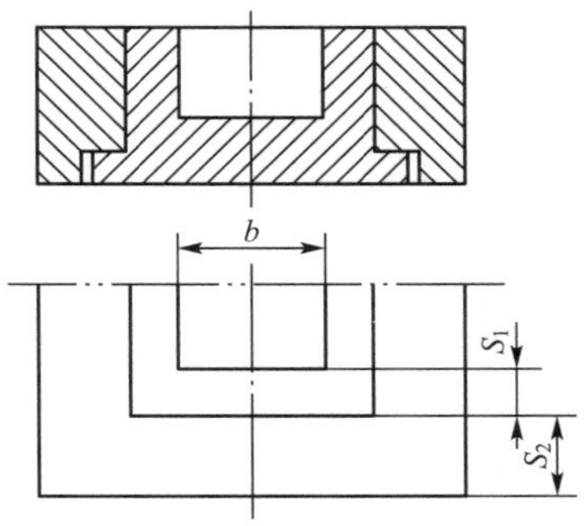	
	型腔壁厚 S	型腔壁厚 S_1	模套壁厚 S_2
40	25	9	22
40～50	25～30	9～10	22～25
50～60	30～35	10～11	25～28
60～70	35～42	11～12	28～35
70～80	42～48	12～13	35～40
80～90	48～55	13～14	40～45
90～100	55～60	14～15	45～50
100～120	60～72	15～17	50～60
120～140	72～85	17～19	60～70
140～160	85～95	19～21	70～78

4.8 基本结构零部件的设计

注射模由成型零部件和结构零部件组成，其中基本结构零部件主要包括导向机构组成零件、模板及相关支承与固定零件等。设计模具时应对有关结构零部件进行合理的布局，对主要承载件进行必要的强度和刚度计算或校核。

4.8.1 注射模的模架

如图 4.107 所示为注射模的基本框架(即模架)，如图 4.108 所示为常见注射模的模架实例图片。模架是注射模的骨架和基体，通过基本结构零部件将浇注系统、成型零件、推出机构、侧抽芯机构及模具冷却与加热系统等按设计要求加以组合和固定，使之成为模具并能安装在注射机上进行生产。

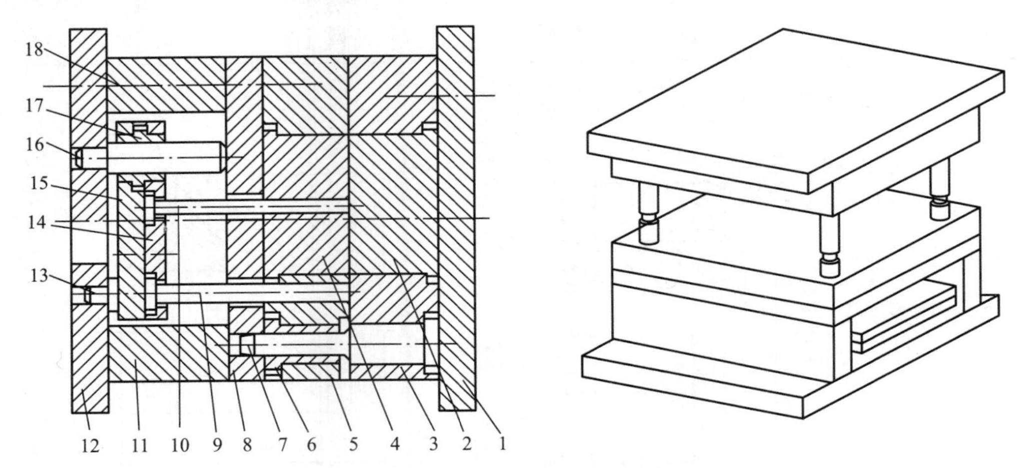

图 4.107 注射模模架的基本结构

1—定模座板；2—定模镶块；3—定模板；4—动模镶块；5—动模板；6—导套；7—导柱；8—支承板；9—复位杆；10—推杆；11—垫块；12—动模座板；13—限位钉；14—推杆固定板；15—推板；16—推板导柱；17—推板导套；18—内六角螺钉

图 4.108 注射模的模架实例

GB/T 12555—2006《塑料注射模模架》规定了塑料注射模模架的组合型式、尺寸与标记。塑料注射模模架按结构特征分为36种主要结构，其中直浇口模架为12种，点浇口模架为16种，简化点浇口模架为8种。标准模架的实施和采用是实现模具CAD/CAM的基础，可大大缩短生产周期，降低模具制造成本，提高模具性能和质量。

选用标准模架的程序及要点如下：

1. 比较模架厚度 H_m 和注射机的闭合距离 L

对于不同型号及规格的注射机，不同结构形式的锁模机构具有不同的闭合距离。模架厚度与闭合距离的关系为

$$L_{min} \leqslant H_m \leqslant L_{max} \qquad (4-35)$$

2. 核算开模行程及定、动模分开的间距与推出塑件所需行程之间的尺寸关系

设计时须计算确定，注射机的开模行程应大于取出塑件所需的定、动模分开的间距，

而模具推出塑件距离须小于注射机顶出液压缸的额定顶出行程。

3. 校核与注射机的安装尺寸

安装时需注意：模架外形尺寸不应受注射机拉杆的间距影响；定位孔径与定位环尺寸需配合良好；注射机顶出杆孔的位置和顶出行程是否合适；喷嘴孔径和球面半径是否与模具的浇口套孔径和凹球面尺寸相配合；模架安装孔的位置和孔径与注射机的移动模板及固定模板上的相应螺孔相配。

4. 模架的规格应符合塑件及其成型工艺的技术要求

为保证塑件质量和模具的使用性能及可靠性，需对模架组合零件的力学性能，特别是它们的强度和刚度进行准确的校核及计算，以确定动、定模板及支承板的长、宽、厚度尺寸，从而正确的选定模架的规格。

三大模架标准简介

1. 英制以美国的“DME”为代表

DME标准是世界模具行业三大标准之一。提到DME标准就不得不提到美国D—M—E公司，该公司诞生于1942年，主要生产供应模具标准配件及热流道，随着生产与销售的不断扩大，成为世界模具行业的最大模具标准配件生产商，该公司的模具标准件产品销售网络遍及全球70多个国家。

2. 欧洲以德国的“HASCO”为代表

HASCO标准作为世界三大模具配件生产标准之一，以其互配性强，设计简洁，容易安装，可换性好，操作可靠，性能稳定，兼容各国国家工业标准等优点屹立于世界各模具标准，是世界覆盖范围最广的模具配件生产标准。HASCO标准的产品涵盖了市面上所有的模具配件，冲压模具配件、塑胶模具配件等HASCO都制定了一整套非常详尽的标准方案。

3. 亚洲以日本的“FUTABA”为代表

FUTABA是指日本双叶电子工业株式会社(Futaba Corp.)，在1962年投入研制出“标准模座组”，提升工业品质及缩短模具开发过程，为业界的先驱。后来带领日本产业迈向标准制模的工业标准。时至今日，日本国内已超过80%使用标准模座，Futaba规格更成为亚洲模具制造的标准。

与HASCO标准和DME标准齐名的还有MISUMI标准，MISUMI标准系日本MISUMI株式会社提供模具用零件、工厂自动化用零件等各种模具配件的制造标准。

我国国内的塑料模架起步较晚，到了20世纪80年代末90年代初模架生产才得到了高速发展，也形成了以珠江三角洲和长江三角洲为主的模架产业化生产两大基地。据不完全统计，国内(包括外资企业)注塑模架的生产厂家已有近五十家。

4.8.2 合模导向机构设计

在注射模中，基本上都是以导柱和导套作为基本导向零件构成模具的合模导向机构，如图4.109所示。合模导向机构主要用来保证动模模体与定模模体两大部分之间准确对合，以保证塑件的形状和尺寸精度，并避免模内各种零部件发生碰撞与干涉。合模导向机构在其工作过程中，经常会受到注射成型时所引发的侧向压力的作用，因此，设计合模导向机构的基本要求是定位准确、导向精确，这就要求导向零件有足够的强度、刚度和耐磨性，保证动、定模在合模时的正确位置。

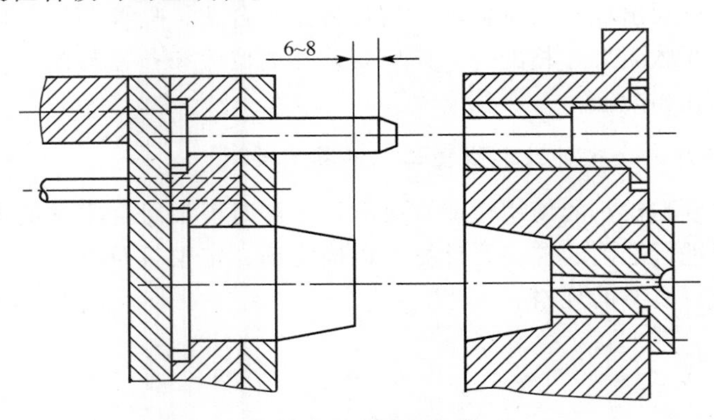

图 4.109 导向机构

1. 导向机构的作用

合模导向机构是保证动、定模或上、下模合模时，正确地定位和导向。合模导向机构主要有导柱导向和锥面定位两种形式，通常采用导柱导向定位。导向机构的作用有以下三点：

1）定位作用

模具闭合后，保证动、定模或上、下模位置正确，保证型腔的形状和尺寸精度。导向机构在模具装配过程中也会起到定位作用，即便于模具的装配和调整。

2）导向作用

合模时，首先是导向零件接触，引导动、定模或上、下模准确闭合，避免型芯先进入型腔造成成型零件的损坏。

3）承受一定的侧向压力

熔融塑料在充模过程中可能产生单向侧向压力或受成型设备精度低的影响，导柱将承受一定的侧向压力，以保证模具的正常工作。若侧向压力很大或精度要求高时，则不能单靠导柱来承担，需增设锥面定位机构来承担侧向压力。

2. 导柱导向机构的设计

导柱导向机构应用最普遍，如图 4.109 所示为导柱的导向机构。其主要零件是导柱和导套。导柱既可以设置在动模一侧，也可以设置在定模一侧，应根据模具结构来确定，标准模架的导柱一般设在动模部分，在不妨碍脱模的条件下，导柱通常设置在型芯高出分型面较多的一侧。导柱的导向长度通常比分型面上的最长型芯长 6～8mm，以免型芯在合模、搬运中损坏。导柱应有良好的韧性和抗弯强度，其工作表面应有较高的硬度且耐磨。

1）导柱

(1) 导柱的结构。注射模导柱的典型结构及有关技术要求见表 4－33、表 4－34。

表 4-33 标准导柱

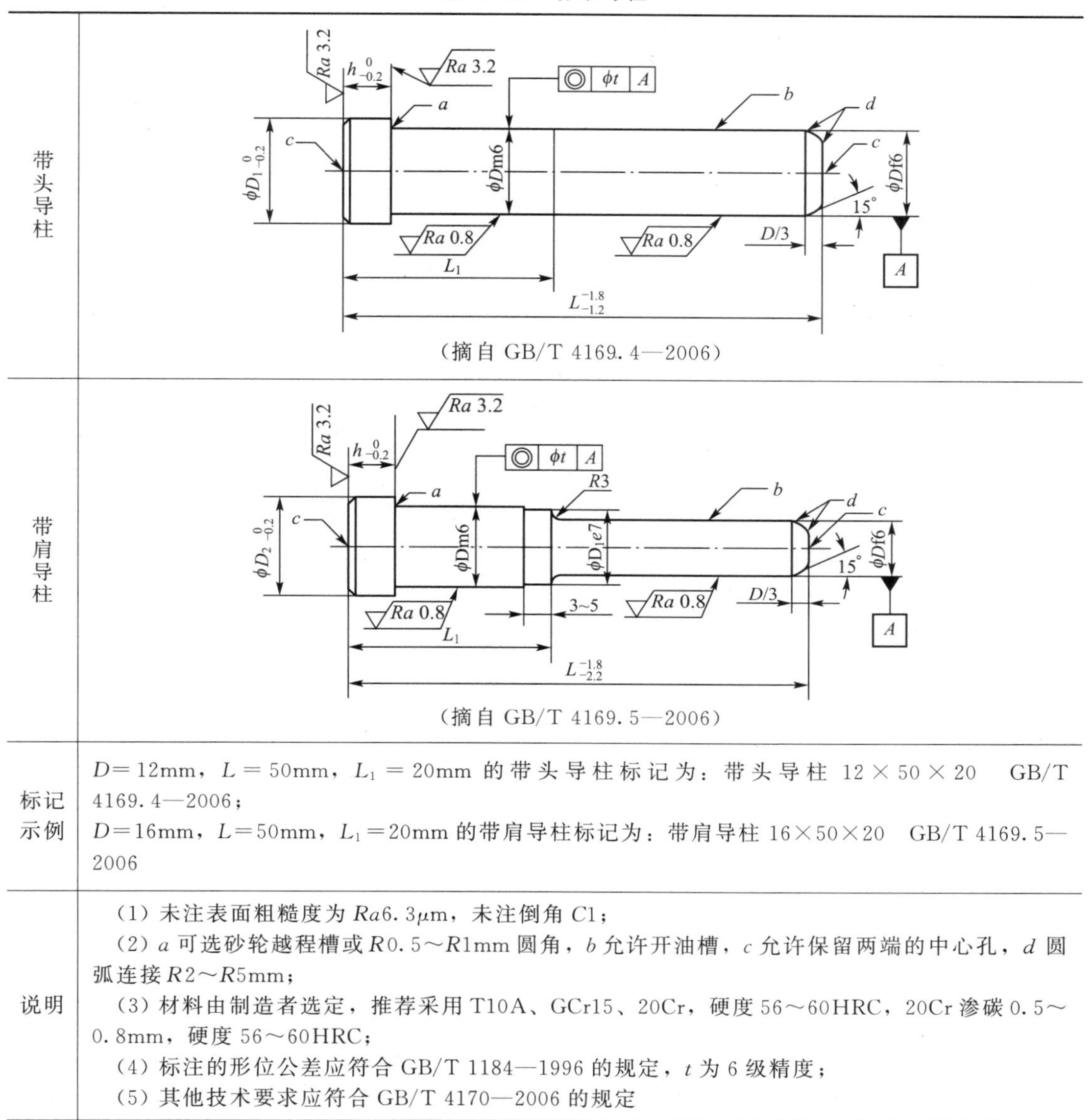

带头导柱	（摘自 GB/T 4169.4—2006）
带肩导柱	（摘自 GB/T 4169.5—2006）
标记示例	D＝12mm，L＝50mm，L_1＝20mm 的带头导柱标记为：带头导柱 12×50×20 GB/T 4169.4—2006； D＝16mm，L＝50mm，L_1＝20mm 的带肩导柱标记为：带肩导柱 16×50×20 GB/T 4169.5—2006
说明	（1）未注表面粗糙度为 Ra6.3μm，未注倒角 C1； （2）a 可选砂轮越程槽或 R0.5～R1mm 圆角，b 允许开油槽，c 允许保留两端的中心孔，d 圆弧连接 R2～R5mm； （3）材料由制造者选定，推荐采用 T10A、GCr15、20Cr，硬度 56～60HRC，20Cr 渗碳 0.5～0.8mm，硬度 56～60HRC； （4）标注的形位公差应符合 GB/T 1184—1996 的规定，t 为 6 级精度； （5）其他技术要求应符合 GB/T 4170—2006 的规定

表 4-34 推板导柱（摘自 GB/T 4169.14—2006）

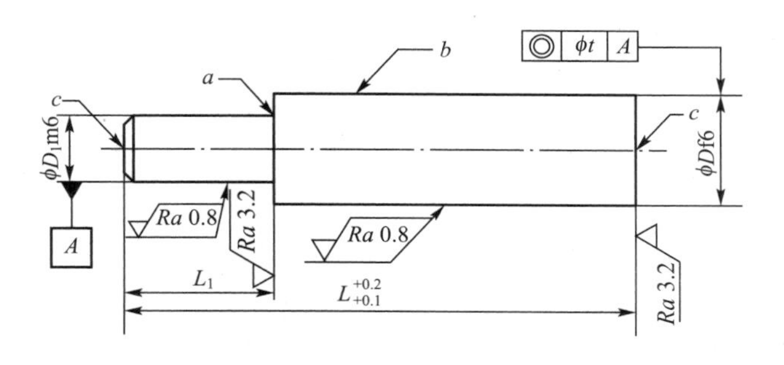

（续）

标记示例	D=30mm，L=100mm 的推板导柱标记为：推板导柱 30×100 GB/T 4169.14—2006
说明	(1) 未注表面粗糙度 Ra=6.3μm，未注倒角 $C1$； (2) a 可选砂轮越程槽或 $R0.5$～$R1$mm 圆角，b 允许开油槽，c 允许保留两端的中心孔； (3) 材料由制造者选定，推荐采用 T10A、GCr15、20Cr，硬度 56～60HRC，20Cr 渗碳 0.5～0.8mm，硬度 56HRC～60HRC； (4) 标注的形位公差应符合 GB/T 1184—1996 的规定，t 为 6 级精度； (5) 其他技术要求应符合 GB/T 4170—2006 的规定

如图 4.110 所示为导柱的实物图片。

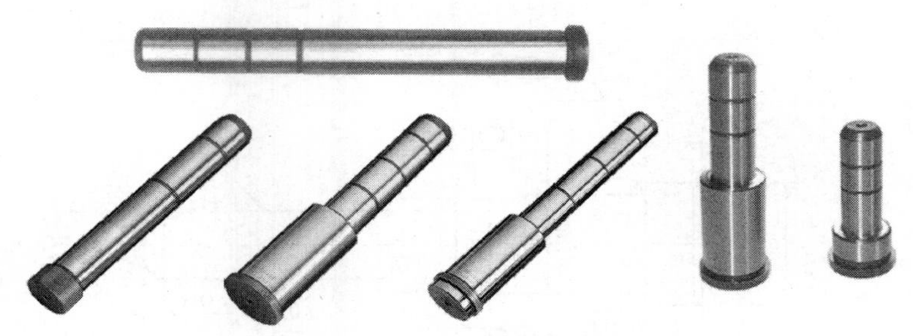

图 4.110 导柱的实物图片

(2) 导柱的布置。只有很小的模具才用两根导柱，一般注射模上均设置四根导柱，对于圆形模板，可采用三根导柱，如图 4.111(b)所示。

矩形模板的导向零件一般都设置在模板的四个角上，导柱安装中心与模板边缘的距离 h 应大于导柱导向部分直径 d 的 1.5 倍，即 $h \geqslant 1.5d$，如图 4.111(a)所示。为了保证模板导向的平稳性及便于取出塑件，应保证导柱之间有最大的开档尺寸。导柱的固定部分与模板的配合常用 H7/m6 的过渡配合。

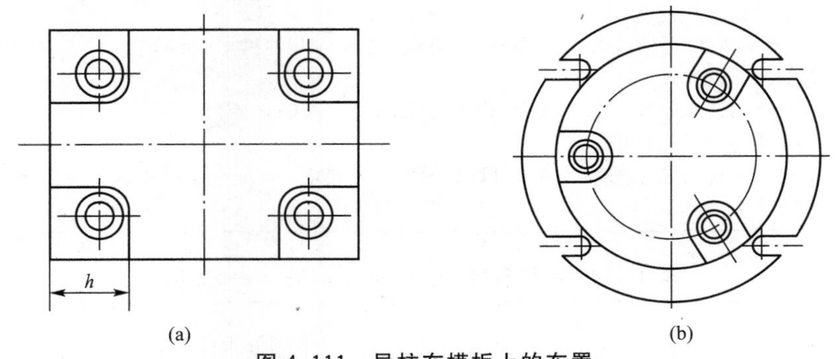

图 4.111 导柱在模板上的布置

实用技巧

为了防止模具在拆卸后再装配或模具合模时出现方向、位置的差错，设计时可将其中的一个导柱的位置按正常的对称分布错开一个尺寸或角度，或选择一根直径不同的导柱，或在模具上做出明显的合模方位标记。即要确保模板和导柱的方向、位置是唯一的。

2）导套

在注射模具中，带头导柱用于塑件生产批量不大的模具，一般可以不用导套；带肩导柱用于大批量生产的模具，或导向精度要求高、必须采用导套的模具，因为导套经热处理淬硬后不易磨损，寿命长。导套的导向部分表面硬度应比导柱略低，便于磨损后更换导套。导套的固定部分与模板的配合常用 H7/m6 的过渡配合。

注射模具导套的典型结构见表 4－35。其中带头导套通常用于动、定模套板后面有动模支承板或定模座板的场合；直导套通常用于动、定模板较厚或用于模板后面无支承板或定模座板的情况；推板导套用于推出机构中的推杆固定板和推板上。

表 4－35　标准导套　　（单位：mm）

类型	结构
带头导套	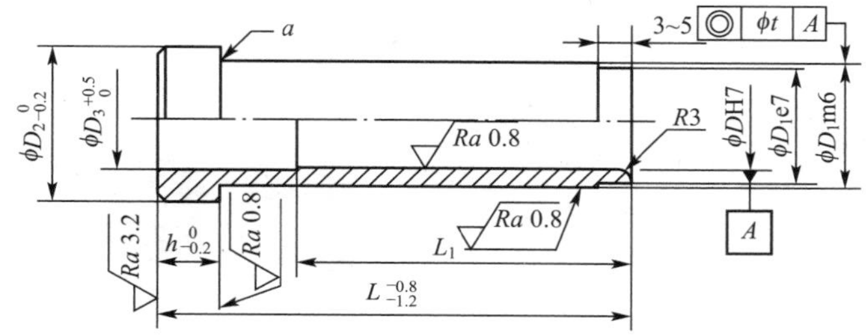 （摘自 GB/T 4169.3—2006）
直导套	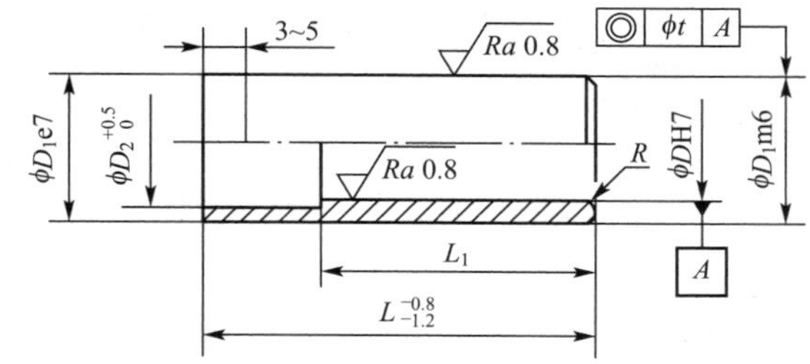 （摘自 GB/T 4169.2—2006）
推板导套	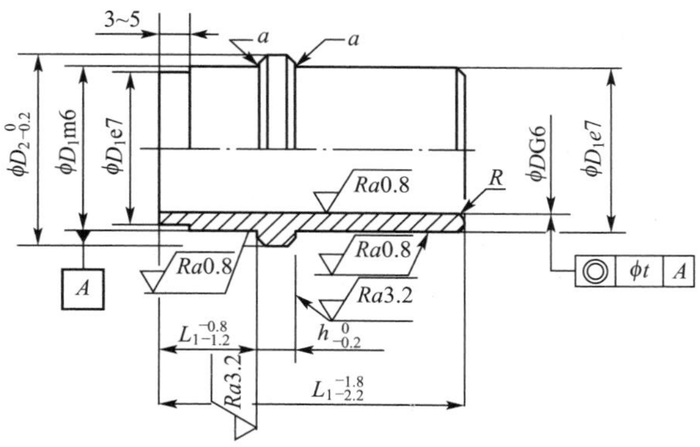 （摘自 GB/T 4169.12—2006）

(续)

标记示例	D=12mm，L=20mm 的带头导套标记为：带头导套 12×20 GB/T 4169.3—2006； D=12mm，L=15mm 的直导套标记为：直导套 12×15 GB/T 4169.2—2006； D=20mm 的推板导套标记为：推板导套 20 GB/T 4169.12—2006
说明	(1) 未注表面粗糙度为 $Ra6.3\mu m$，未注倒角 $C1$； (2) a 可选砂轮越程槽或 $R0.5\sim R1$mm 圆角； (3) 材料由制造者选定，推荐采用 T10A、GCr15、20Cr，硬度 56～60HRC，20Cr 渗碳 0.5～0.8mm，硬度 56～60HRC； (4) 标注的形位公差应符合 GB/T 1184—1996 的规定，t 为 6 级精度； (5) 其他技术要求应符合 GB/T 4170—2006 的规定

图 4.112 所示为导套的实物图片。

图 4.112 导套的实物图片

3）导柱与导套的配合

导柱与导套的配合应保证动、定模在合模时的正确位置，且在开、合模过程中运动灵活无卡死现象。配合形式如图 4.113 所示。图 4.113(c)和图 4.113(d)的形式中，导套安装孔和导柱安装孔采用同一尺寸一次配合加工而成，以保证同轴度要求及导向精度，故推荐采用。

导柱与导套的配合精度，常用 H7/f6 的间隙配合；推板导柱与推板导套采用 G6/f6 的配合精度。

在导套四周应低于分型面 3～5mm，一方面有利于模具分型面的紧密结合，一方面可以作为动、定模分开的撬口。

3. 锥面对合导向机构的设计

导柱导套对合导向，虽然对中性好，但毕竟由于导柱与导套有配合间隙，导向精度不可能很高。当要求对合精度很高或侧压力很大时，必须采用锥面导向定位的方法。

对于小型模具，可以采用带锥面的导柱和导套，如图 4.114 所示。

当模具尺寸较大时，必须采用动、定模模板各自带锥面的导向定位机构与导柱导套联合使用。对于圆形型腔有两种对合设计方案，如图 4.115 所示。图 4.115(a)是型腔模板环抱动模板的结构，成型时，在型腔内塑料的压力下，型腔侧壁向外张开会使对合锥面出现

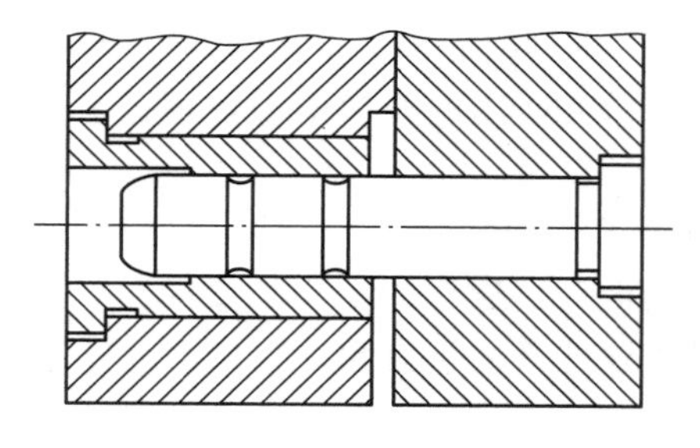

(a) 带头导柱与带头导套的配合

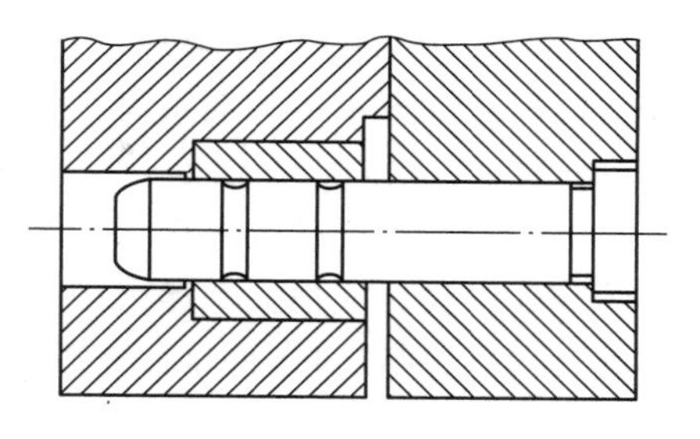

(b) 带头导柱与直导套的配合

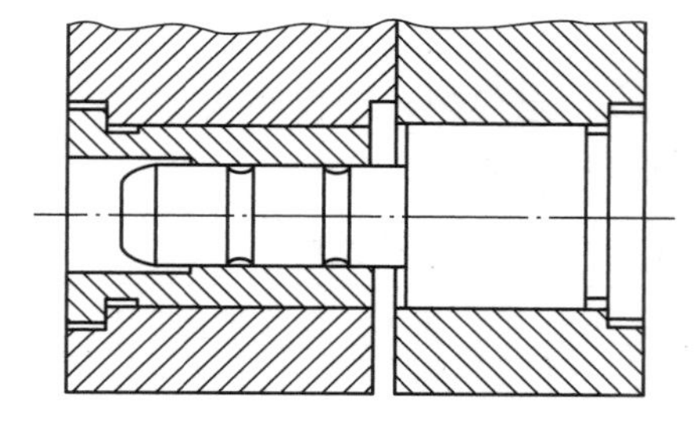

(c) 带肩导柱与带头导套的配合

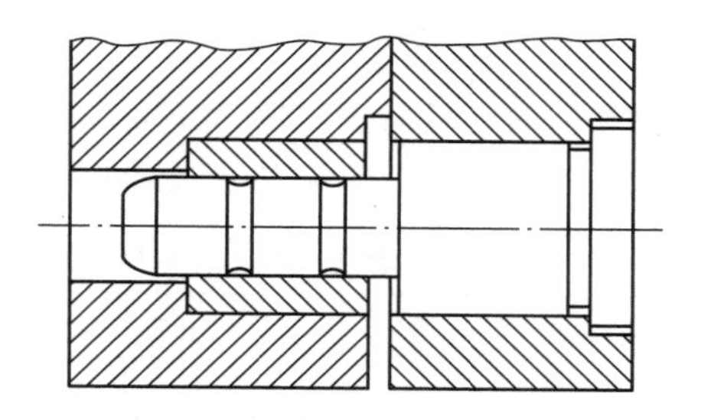

(d) 带肩导柱与直导套的配合

图 4.113　导柱与导套的配合形式

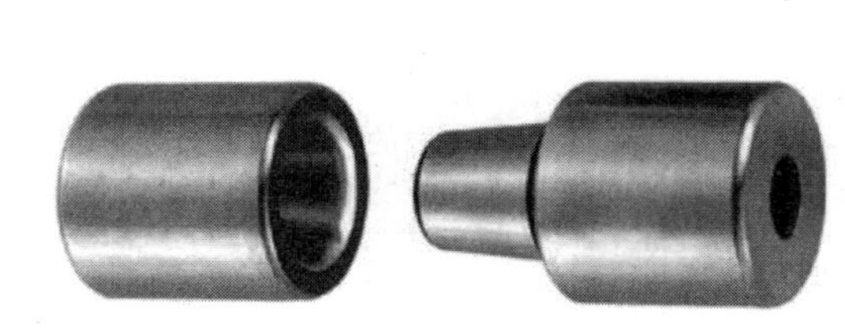

(a) 实物图片

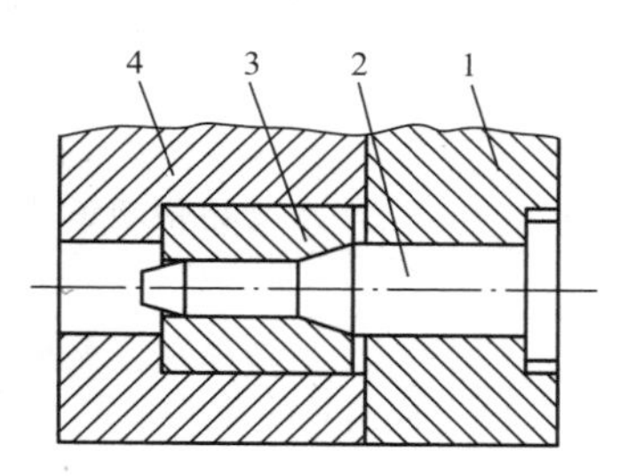

(b) 配合示图

图 4.114　带锥面的导柱导套

1—定模板；2—导柱；3—导套；4—动模板

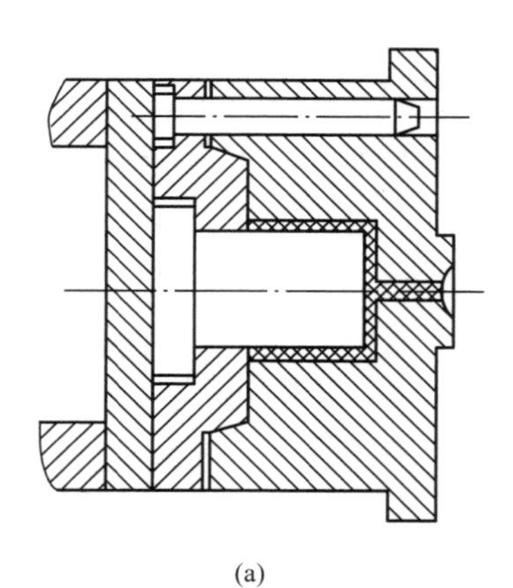

(a)

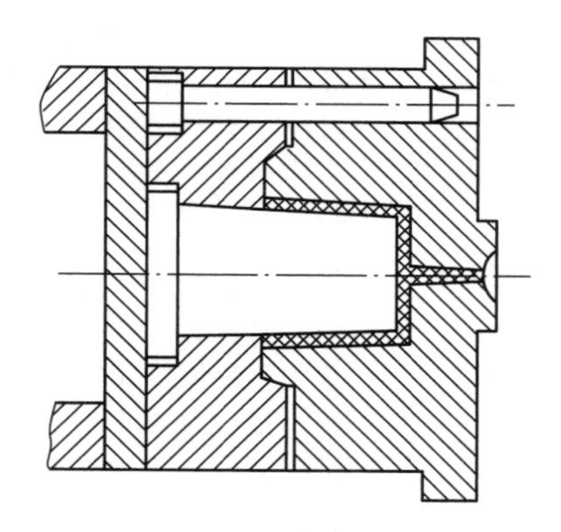

(b)

图 4.115　圆形型腔锥面对合导向机构

间隙；图4.115(b)是动模板环抱型腔模板的结构，成型时，对合锥面会贴得更紧，是理想的选择。锥面角度取小值有利于对合定位，但会增大所需的开模阻力，因此锥面的单面斜度一般可在5°～20°范围内选取。

对于方形(或矩形)型腔的锥面对合，可以将型腔模板的锥面与型腔设计成一个整体。型芯一侧的锥面可设计成独立件淬火镶拼到型芯模板上，这样的结构加工简单，也容易对塑件壁厚进行调整(通过对镶件锥面调整)，磨损后镶件又便于更换。

4.8.3 支承零部件设计

1. 主要作用及设计注意事项

注射模具的支承与固定零件主要包括：定模座板、定模板、动模座板、动模板、支承板、固定板和垫块等。它们的主要作用及设计注意事项见表4-36。

表4-36 支承与固定零件的主要作用及设计注意事项

零件名称	主要作用	设计注意事项
定模座板 (图4.107中1)	① 与定模板连接，将成型零件压紧，共同构成模具的定模部分 ② 直接与注射机的定模固定板接触，并设置定位圈，对准注射机的喷嘴调正位置后，将模具的定模部分紧固在注射机上	定模座板上要根据注射机定模固定板上螺纹孔的位置和尺寸留出紧固螺钉或安装压板的位置
定模板 (图4.107中3)	① 成型零件及导向零件的固定载体 ② 承受熔融塑料填充压力的冲击，确保成型零件不产生变形	在不通孔的模架结构中，它兼起定模座板的作用，这时应满足注射模的定位或安装的要求
动模座板 (图4.107中12)	① 与动模板、支承板、垫块等连接，构成模具的动模部分 ② 与注射机的动模固定板接触，将模具的动模部分紧固在注射机上 ③ 动模座板的底端面在合模时承受注射机的合模力，在开模时承受动模部分的自身重力	① 开设顶出孔，顶出孔的位置与尺寸应与注射机顶出装置相适应 ② 根据注射机动模固定板上螺纹孔的位置和尺寸留出紧固螺钉或安装压板的位置 ③ 应有较强的承载能力
动模板 (图4.107中5)	① 成型零件、导向零件的固定载体 ② 设置塑件脱模的推出机构及侧抽芯机构 ③ 承受塑料熔体充填压力的冲击，确保成型零件不产生变形	在不通孔的模架结构中，它兼起支承板的支承作用，故应对其底部厚度进行强度计算
支承板 (图4.107中8)	① 在通孔的模架结构中，将成型零件压紧在动模板内 ② 承受塑料熔体充填压力的冲击，避免相关零件产生不允许的变形	① 支承板是受力较大的结构件之一，必须对其厚度进行强度计算 ② 必要时，可设置支承柱，以增强支承板的支承作用
垫 块 (图4.107中11)	① 垫块安装在动模座板与支承板之间，形成推出机构工作的动作空间 ② 对于小型模具，还可以利用垫块的厚度来调整模具的总厚度，满足注射机最小合模距离的要求	① 根据注射机的闭合高度或塑件的脱模推出行程来确定垫块的高度 ② 垫块在注射生产过程中承受注射机的锁模力作用，应有足够的受压面积

（续）

零件名称	主要作用	设计注意事项
推板和推出固定板（图 4.107 中 14、15）	① 安装推出元件、推出导向元件和复位杆 ② 承受通过推出元件传递的塑料熔体的冲击力 ③ 承受因塑件包紧力产生的脱模阻力 ④ 推出固定板通常不是受力零件，只是起到安装作用，能满足装配即可	① 推板是模具推出机构的集中受力零件，应有足够的厚度，以保证强度和刚度的需要，防止因塑料熔体的间接冲击或脱模阻力产生的变形 ② 各大平面应相互平行，以保证推出元件运行的稳定性

2．模板的设计要点

模板是注射模具的主要结构零件，模具的各个部分按照一定规律和位置在模板内加以安装和固定。模板按其组合的位置及作用分为座板、固定板和支承板等。GB/T 4169.8—2006 规定了塑料注射模具用模板的尺寸规格和公差，适用于塑料注射模具所用的定模板、动模板、推件板、支承板、定模座板和动模座板。见表 4－37。

1）定模座板、动模座板的设计

（1）定模座板。使定模固定在注射机固定工作台面上的板件（见图 4.107 中 1）。

（2）动模座板。使动模固定在注射机移动工作台面上的板件（见图 4.107 中 12）。

表 4－37　标准模板（摘自 GB/T 4169.8—2006）

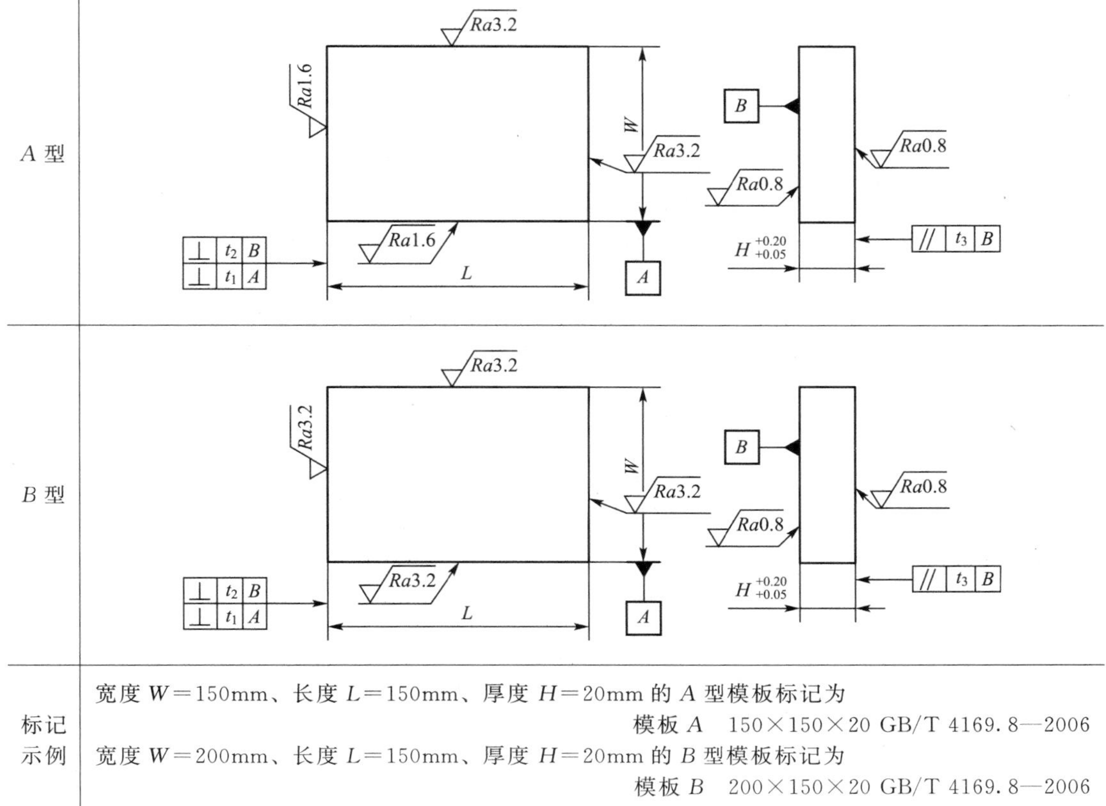

标记示例	
标记示例	宽度 W＝150mm、长度 L＝150mm、厚度 H＝20mm 的 A 型模板标记为 模板 A　150×150×20 GB/T 4169.8—2006 宽度 W＝200mm、长度 L＝150mm、厚度 H＝20mm 的 B 型模板标记为 模板 B　200×150×20 GB/T 4169.8—2006

(续)

说明	(1) 全部棱边倒角 C2； (2) 材料由制造者选定，推荐采用 45 钢，硬度 28～32HRC； (3) 未注尺寸公差等级应符合 GB/T 1801—1999 中 js13 的规定； (4) 未注形位公差等级应符合 GB/T 1184—1996 的规定，对于 A 型模板，t_1、t_3 为 5 级精度，t_2 为 7 级精度；对于 B 型模板，t_1 为 7 级精度，t_3 为 5 级精度，t_2 为 9 级精度； (5) A 型标准模板用于定模板、动模板、推件板、支承板；B 型标准模板用于定模座板、动模座板； (6) 其他技术要求应符合 GB/T 4170—2006 的规定

(3) 设计原则：

① 动、定模座板在注射机上的安装。需注意：座板外形尺寸受注射机拉杆的间距影响；小型模具一般只在定模座板上安装定位圈，大型模具在定、动模座板上均需安装定位圈，注射机的定位孔径与模具的定位圈尺寸需配合良好。定、动模座板安装孔的位置和孔径与注射机的固定模板上的及移动模板的一系列螺孔相匹配，以便安装，压紧模具。有关模具与注射机安装部分的相关尺寸详见第 4.3.5 节。

② 动、定模座板的材料。动、定模座板是分别与注射机的移动工作台面和固定工作台面接触的模板，对刚度与强度要求不高，一般可采用 Q235 或 45 钢材料，也不需要对其进行热处理。

③ 动、定模座板的尺寸。为了把模具固定在注射机上，动、定模座板的两侧均需比动、定模板的外形尺寸加宽 25～30mm。

2) 固定板和支承板的设计

固定板(动模板、定模板(图 4.107 中的 3、5))在模具中起安装和固定成型零件、合模导向机构及推出机构等零部件的作用。为了保证被固定零件的稳定性，固定板应具有一定的厚度和足够的刚度与强度，一般采用碳素结构钢制成，当对工作条件要求较严格或对模具寿命要求较长时，可采用合金结构钢制造。

支承板(图 4.107 中 8)是盖在固定板上面或垫在固定板下面的平板。它的作用是防止固定板固定的零部件脱出固定板，并承受固定部件传递的压力，因此它要具有较高的平行度、刚度和强度。一般采用 45 钢，经热处理调质至 28～32HRC(28～32HBS)。在固定方式不同或只需固定板的情况下，支承板可省去。

支承板与固定板之间通常采用螺栓连接，若两者需要定位，可采用定位销。

3) 垫块的设计

垫块(图 4.107 中 11)的作用主要有二：一是在动模支承板与动模座板之间形成推出机构所需的动作空间；二是调节模具总厚度，以适应注射机模具安装厚度的要求。垫块在注射模锁紧时，承受注射机的锁模力，所以必须有足够的受压面积，一般情况下，锁模力与支承面积之比应控制为 8～12MPa，如果太大，则垫块容易被压塌。GB/T 4169.6—2006 规定了塑料注射模具用垫块的尺寸规格和公差，可参考设计。

中大型注射模，动模座板与垫块组成动模的模座，如图 4.116(a)所示。模座与动模板、动模支承板及推出机构组成动模部分的模体，通过动模座板紧固在注射机的动模固定板上。小型注射模的模座通常设计成所谓的模脚或支架式模座，如图 4.116(b)所示。这种结构制造方便、重量轻、节省材料。

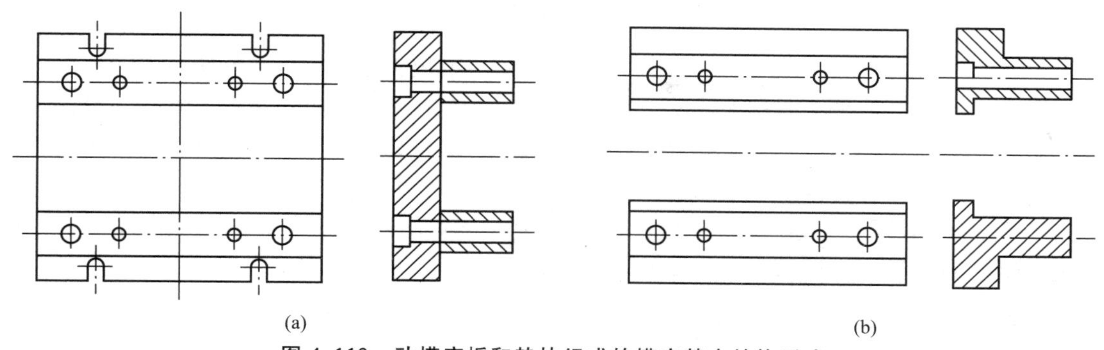

图 4.116　动模座板和垫块组成的模座基本结构形式

在模具组装时，应注意所有垫块高度须一致，否则由于负荷不均匀会造成相关模板的损坏，垫块与动模支承板和动模座板之间一般用螺栓连接，要求高时可用销钉定位。

当塑件及浇注系统在分型面上投影面积较大而垫块的间距 L 较大或动模支承板的厚度 h 较小时，为了提高支承板的刚度，可以在支承板和动模座板之间设置与垫块等高的支柱，也可以借助于推板上的导柱加强对支承板的支撑作用，如图 4.117 所示。

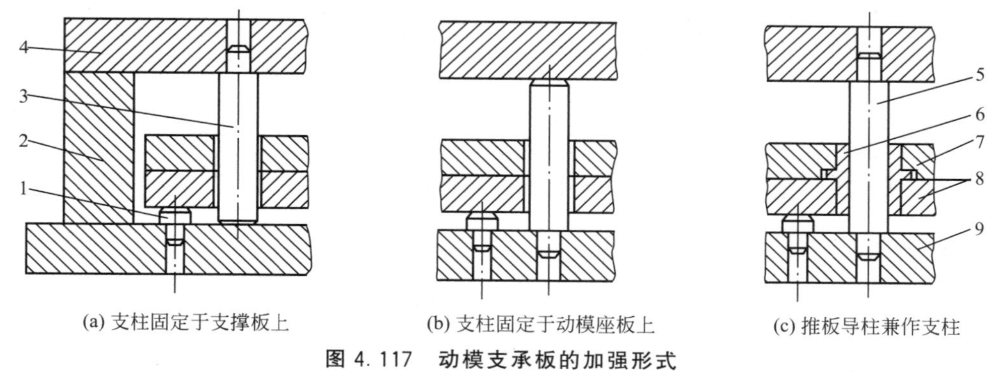

(a) 支柱固定于支撑板上　(b) 支柱固定于动模座板上　(c) 推板导柱兼作支柱

图 4.117　动模支承板的加强形式

1—限位钉；2—垫块；3—支柱；4—支承板；5—推板导柱；
6—推板导套；7—推杆固定板；8—推板；9—动模座板

拆、装一套注射模，观察其基本结构零部件的形状，进行粗略测量后，画出能明确表达各基本结构零部件之间装配关系的模具总装图。

4.9　塑件推出机构设计

在注射成型的每个循环中，都必须经过开模取件的工序，即将模具打开并把塑件从模具型腔中或型芯上脱出的工序，有时还需要将浇注系统凝料推出模具，用于完成这一工序的机构称为推出机构。

推出机构的动作是在开模后由注射机的顶出装置或开模过程的开模力，通过不同形式

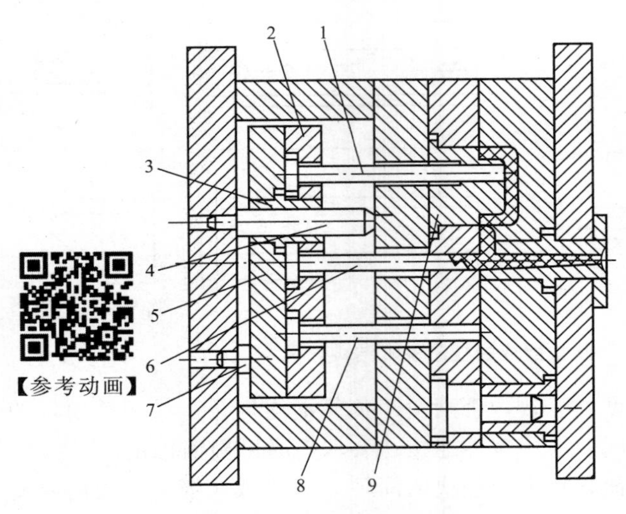

图 4.118　单分型面注射模的推出机构

1—推杆；2—推板固定板；3—推板导套；4—推板导柱；5—推板；6—拉料杆；7—限位钉；8—复位杆；9—型芯

的推出元件，完成相应的推出动作以推出塑件及浇注系统凝料的。如图4.118所示为一单分型面注射模的推出机构，合模成型状态下，熔融塑料在模具型腔内冷却固化成型；成型过程结束后在注射机的开模机构作用下，动、定模部分沿分型面打开，这时，由于成型收缩等原因，塑件会包紧在成型零件(型芯9)的表面，加上拉料杆6对浇注系统凝料的作用，因此塑件及浇注系统凝料留在动模一侧；设置在动模一侧的模具推出机构开始推出塑件及浇注系统凝料的过程，即注射机的顶杆推动推板5向右运动，而安装在推杆固定板2上的推杆1及拉料杆6等元件受到推板5传递过来的力，并且作用于与之相接触的塑件及浇注系统凝料的表面，推动塑件脱出成型零件，同时也将浇注系统凝料推离模具表面，之后塑件及浇注系统凝料因重力而掉落，从而完成开模取件工序。合模时，相关的推出元件应避免与其他模具结构件产生干涉，准确可靠地回复到原始的位置，以便下一次成型。

4.9.1　概述

推出机构用于开模后卸除塑件对成型零件的包紧力，并使塑件处于便于取出的位置。推出机构一般设置在动模一侧。在注射成型的每一工作循环中，推出机构推出塑件及浇注系统凝料后，都必须准确地回到原来的位置，这个动作通常是借助复位机构来实现的，使合模后的推出机构处于准确可靠的位置。推出机构的动作应确保其在相当长的运动周期内，以平稳、顺畅、无卡滞的状态，将塑件及浇注系统凝料推出。被推出的塑件须完整无损，没有不允许的变形，保证产品的技术要求。因此，推出机构的设计是一项既复杂又灵活的工作，是注射模设计的重要环节之一。

1. 推出机构的组成

推出机构的组成元件及其作用见表4-38。

表4-38　推出机构的组成

组成元件	作　　用
推出元件	直接与塑料接触、并将塑件及浇注系统凝料推离模具的元件 主要有推杆、推管及推件板、成型推块、成型推杆、斜滑块等
复位元件	在合模过程中，驱动推出机构准确地回复到原来的位置 主要为复位杆，还包括能兼起复位作用的推杆、斜滑块及推件板等
导向元件	引导推出机构按既定方向平稳可靠地往复运动，并承受推出机构等构件的重量，防止移动时倾斜，如推板导柱、推板导套等

（续）

组成元件	作　　用
限位元件	调整和控制复位装置的位置，起止退限位作用，并保证推出机构在注射过程中，受注射压力作用时不改变位置，如限位钉、挡圈等
结构元件	将推出机构各元件装配并固定成一体，如推杆固定板、推板及其他辅助零件和螺栓等连接件

以图4.118为例，推出部件由推杆1和拉料杆6组成，它们固定在推杆固定板2和推板5之间，两板用螺钉固定连接，注射机上的顶出力作用在推板上。

为了使推出过程平稳，推出零件不至于弯曲或卡死，常设有推出系统的导向机构，即图中的推板导柱4和推板导套3。

为了使推杆回到原来位置，就要设计复位装置，即复位杆8，它的头部设计到动、定模的分型面上，合模时，定模一接触复位杆，就将推杆及顶出装置恢复到原来的位置。

拉料杆6的作用是开模时将浇注系统冷料拉到动模一侧。

限位钉7有两个作用：一是使推板与动模座板之间形成间隙，以保证平面度和清除废料及杂物；另一作用是可以通过调节限位钉的厚度来调整推杆的位置及推出的距离。

2. 推出机构的分类

由于实践中塑件的几何形状、壁厚及结构特点等有诸多不同，依此设计的推出机构也有多种类型。

1）按推出的动力来源分类

推出机构按推出的动力来源(即基本传动形式)分为机动推出机构、液压推出机构和手动推出机构等三种类别。

(1) 机动推出机构。利用开模的动作，由注射机上的顶杆推动模具上的推出机构，完成推出过程。机动推出机构应用较普遍。

(2) 液压推出机构。利用安装在模具上或模座上专门设置的液压缸，在开模时，塑件随动模移至注射机开模的极限位置，然后，由液压缸推动推出机构推出塑件。采用液压推出，液压缸按照推出程序推动推出机构，推出时间、推出行程可调，推出动作平稳。

(3) 手动推出机构。将注射机开模到极限位置，然后由人工操作推出机构实现塑件及浇注系统的脱模。一般用于试制及小批量生产。

2）按推出元件分类

根据不同的推出元件，推出机构的形式可分为推杆推出机构、推管推出机构、推件板推出机构、斜滑块推出机构、齿轮传动推出机构以及多元件复合推出机构等。

3）按模具结构特征分类

根据模具的结构特征，推出机构可分为简单推出机构和复杂推出机构等。其中推杆推出机构、推管推出机构和推件板推出机构等属于简单推出机构；二级推出机构、多次分型顺序推出机构、定模推出机构、浇注系统凝料的推出机构及带螺纹塑件的推出机构等属于复杂推出机构。本节重点介绍简单推出机构。

4）按动作方向分类

推出机构按动作方向分为直线推出机构、旋转推出机构、摆动推出机构。推出机构的动作大多为直线推出，旋转推出用于带有螺纹的塑件，摆动推出用于弯管类塑件。

3. 推出力

1）推出力的估算

推出力是指推出过程中，使塑件脱出成型零件时所需要的力。注射时，熔融塑料在一定的压力作用下迅速充满型腔，冷却收缩后塑件对型芯产生包紧力。当塑件从型腔中推出时，须克服的脱模阻力主要包括因包紧力而产生的摩擦阻力及推出机构的运动时所产生的摩擦阻力。在塑件开始脱模的瞬间，所需的推出力最大，此时需克服塑件收缩产生的包紧力和推出机构运动时的各种阻力。继续脱模时，只需克服推出机构的运动阻力。在注射模中，由包紧力产生的摩擦阻力远大于其他摩擦阻力，所以确定推出力时，主要是考虑塑件开始脱模的瞬时所需克服的阻力。

如图 4.119 所示为塑件在脱模时型芯的受力分析情况。

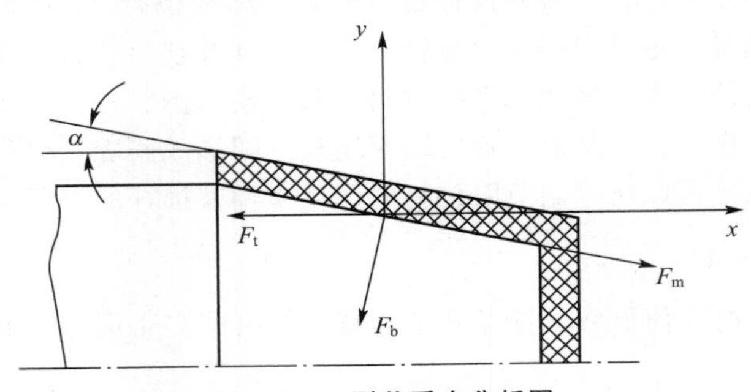

图 4.119 型芯受力分析图

由于推出力 F_t 的作用，使塑件对型芯的总压力(塑件收缩引起)降低了 $F_t\sin\alpha$，因此，推出时的摩擦力 F_m 为

$$F_m=\mu(F_b-F_t\sin\alpha) \tag{4-36}$$

式中：F_m 为脱模时型芯受到的摩擦阻力，N；F_b 为塑件对型芯的包紧力，N；F_t 为脱模力(推出力)，N；α 为脱模斜度，(°)；μ 为塑件对钢的摩擦因数，为 0.1～0.3。

根据力平衡的原理，可列出平衡方程式

$$\sum Fx=0 \tag{4-37}$$

从而

$$F_m\cos\alpha-F_t-F_b\sin\alpha=0 \tag{4-38}$$

整理式(4-36)和(4-38)得

$$F_t=\frac{F_b(\mu\cos\alpha-\sin\alpha)}{1+\mu\cos\alpha\sin\alpha} \tag{4-39}$$

因实际上摩擦因数 μ 较小，$\sin\alpha$ 更小，$\cos\alpha$ 也小于 1，故忽略 $\mu\cos\alpha\sin\alpha$，上式简化为

$$F_t=F_b(\mu\cos\alpha-\sin\alpha)=Ap\ (\mu\cos\alpha-\sin\alpha) \tag{4-40}$$

式中：A 为塑件包紧型芯侧面的面积，m^2；p 为塑件对型芯单位面积上的包紧力，一般情况下，模外冷却的塑件，p 取 $(2.4\sim3.9)\times10^7$ Pa；模内冷却的塑件，p 取 $(0.8\sim1.2)\times10^7$ Pa。

对于不带通孔的筒、壳类塑料制件，脱模推出时还需克服大气压力，即

$$F_t=F_0+Ap\ (\mu\cos\alpha-\sin\alpha) \tag{4-41}$$

式中：F_0 为不带通孔的筒、壳类塑件脱模推出时需克服的大气压力，其大小为大气压力

（约 0.1MPa）与型芯被塑件包络的端部面积的乘积，N。

2）主要影响因素

塑件结构、模具制造质量、脱模斜度、成型工艺以及模具温度等因素的变化会引起推出力的变化。由于许多因素本身在变化，所以即使所有影响因素都加以考虑，结果仍是个近似值，因此对推出力只是作一个粗略的估算。影响推出力的因素主要如下：

（1）成型收缩率。塑件对成型零件的包紧力，主要是由熔融塑料在冷却固化时成型收缩而产生，因此塑料的成型收缩率越大，则所需的推出力也越大。

（2）塑件的结构。塑件壁厚越厚、包容成型零件的表面积越大，所需的推出力越大；形状复杂部位比形状简单部位所需的推出力大；另外，还与型芯数目有关。

（3）塑件与成型零件的接触状态。成型零件的表面粗糙度越小，表面越光洁，则所需的推出力越小；脱模斜度越大，所需的推出力越小；塑料与模具零件间的摩擦因数也会影响推出力的大小。

（4）成型工艺。注射压力越大，塑件在模内停留的时间越长，注射时模温越低，则所需的推出力越大。

3）受推面积和受推压力

推出时，为了不使塑件损坏或变形，应考虑塑件与推出元件接触面上所能承受的压力。受推面积是指在推出力的推动下，塑件承受推出零件所作用的推出面积。而在单位面积上的压力称为受推压力。受推压力的大小与塑件本身材料种类、形状结构、壁厚、脱模温度等因素有关。

4. 推出机构设计的基本要求

推出机构设计是否合理，对塑件的成型质量有直接影响。因此，设计推出机构时需要考虑所需的推出力、推出距离以及推出部位等，选择有效的推出元件，并遵循相关的设计基本原则。

1）开模时应使塑件留在动模一侧

注射机的顶出装置设在动模板一侧，在一般情况下，注射模的推出机构也都设在动模一侧。因此，应设法使塑件对动模的包紧力较大，以便在开模时，使塑件留在动模一侧，这在选择分型面时就应充分考虑。

2）推出机构不影响塑件的外观要求

塑件在成型推出后，特别是采用推杆推出时，都留有推出痕迹。因此，推出元件应避免设置在塑件的重要表面上，以免留下推出痕迹，影响塑件的外观。

3）推出部位的选择

推出元件应作用在脱模阻力大的部位，如成型部位的周边、侧旁或底端部。尽量选在强度较高的部位，如凸缘、加强肋等处。

4）避免推出塑件变形或损伤

推出元件应分布对称、均匀，使推出力均衡，防止塑件在推出过程中产生变形或损伤。

5）推出机构应移动顺畅可靠

推出机构的结构件应有足够的强度和耐磨性能，保证在相当长的工作周期内平稳运行，动作可靠、灵活，无卡滞或干涉现象，合模时能及时准确地复位。

6）推出行程的确定

推出行程是指在推出元件的作用下，塑件与其相应成型零件表面的直线位移或角位移。推出行程应确保塑件能完全脱离相应的成型零件。一般在直线推出时，推出行程应比塑件包裹型芯或含在型腔内的最大成型长度大5～15mm。

4.9.2 简单推出机构

简单推出机构一般是指塑件在成型开模后，通过单种或多种推出元件，用一次推出动作，即可被推出的机构。最常见的结构形式有推杆推出机构、推管推出机构、推件板推出机构、活动镶件及型腔推出机构、多元件复合推出机构等。

1. 推杆推出机构

推杆推出机构是指推出元件为推杆的推出机构。推杆推出由于制造方便，便于安装、维修和更换，是推出机构中最简单、动作最可靠、最常用的一种推出结构形式。推杆推出机构的组成及工作原理如图4.118所示。

1）推杆推出机构的主要特点

（1）推出元件形状较简单，制造、维修方便，推杆截面大部分为圆形，容易达到推杆与模板或型芯上推杆孔的配合精度。

（2）推杆推出时运动阻力小，推出动作简单、准确、灵活可靠，损坏后也便于更换。

（3）设置推杆的自由度较大，可根据塑件对模具包紧力的大小，选择推出位置、推杆直径和数量，使推出力均衡。

（4）推杆设置在动模或定模深腔部位，兼起排气作用；某些情况下，推杆可兼作复位杆用，以简化模具结构。

（5）在塑件的被推部位会留有推杆印痕，有碍表面美观，如印痕在塑件基准面上，则有可能影响尺寸精度。

（6）推杆截面小，推出时塑件与推杆接触面积一般比较小，受推压力大，若推杆设置不当会使塑件变形或局部损坏，因此很少用于脱模斜度小和脱模阻力大的管类或箱类塑件。

（7）推杆端面可用来成型塑件标记、图案等。

2）推杆推出部位的选择

（1）推杆应合理布置，使塑件各部位受推压力分布均衡。当塑件各处脱模阻力相同时，应均匀布置推杆，以保证塑件被推出时受力均匀、平稳、不变形。

（2）推杆应选择在脱模阻力最大的地方，因塑件对型芯的包紧力在四周最大，如塑件较深，应在塑件内部靠近侧壁的地方，如图4.120(a)所示；如果塑件局部有细而深的凸台或筋，则必须在该处设置推杆，如图4.120(b)所示。

（3）推杆位置的选择应注意塑件的强度和刚度，防止推出时塑件变形甚至破坏，如图4.120(c)所示；必要时，可增大推杆面积来降低塑件单位面积上的受力，如图4.120(d)所示采用顶盘推出。

（4）应考虑推杆本身的刚性，当细长推杆受到较大脱模力时，推杆就会失稳变形，如图4.120(e)所示，这时就必须增大推杆直径或增加推杆的数量。同时要保证塑件推出时受力均匀，从而使塑件推出平稳而且不变形。

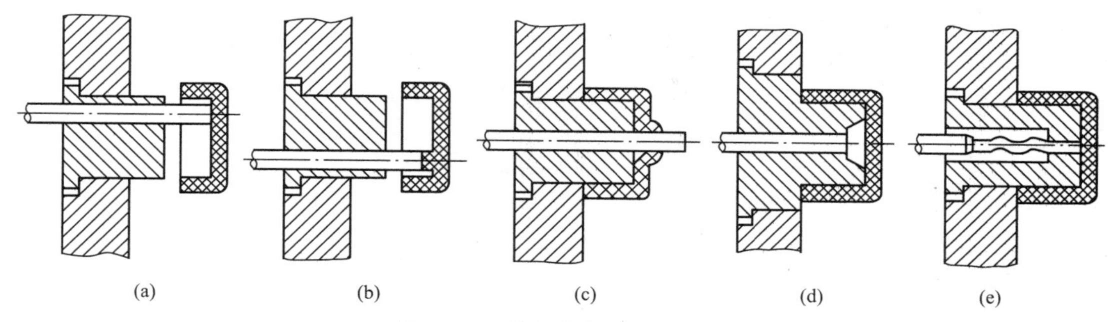

图 4.120 推杆推出位置的选择

(5) 避免在塑件重要的表面、基准面设置推杆。

(6) 推杆的推出位置应尽可能避免与活动型芯发生干涉。

(7) 必要时，在浇注系统的流道上应合理布置推杆。

(8) 如图 4.121 所示，推杆的布置应考虑模具成型零件有足够的强度，$h>3$mm；推杆直径 d 应比成型尺寸 d_1 小 0.4～0.6mm；推杆边缘与成型零件立壁保持一个小距离 δ，形成一个小台阶，可以避免塑料的溢料。

(9) 因推杆的工作端面是成型零件表面的一部分，参与塑件的成型，如果推杆的端面低于或高于该处成型表面，则在塑件上就会产生凸台或凹痕，影响塑件的使用及美观。因此，通常推杆装入模具后，其端面应与型腔表面平齐，有时也允许凸出型腔表面 0.05～0.1mm。

3) 推杆的设计

(1) 推出端的断面形状。推杆因在塑件上作用部位不同，其工作端面的形状除圆形外，有时还要根据塑件被推部位形状采用异型端面推杆。如图 4.122 所示为常见的推杆端面形状，图 4.122(a)所示为圆形端面，制造和维修方便，应用最为广泛；图 4.122(b)所示为矩形端面，四角应加工成小圆角，并注意与推杆孔的配合，防止塑料溢料；图 4.122(c)所示为半圆形端面，推出力与推杆中心略有偏心，通常用于推杆位置受到局限的场合；图 4.122(d)所示为长圆形端面，强度高，代替矩形端面推杆，可消除推杆孔四角处的应力集中，延长模具寿命；图 4.122(e)所示为扇形端面，属于局部推管，以避免与分型面上横向型芯产生干涉，加工比较困难，需注意避免尖角。

实践中，这些特殊端面形状对于杆来说加工容易，但孔需要采用电火花、线切割等特殊机床加工。因此在一般情况下都采用圆形杆。

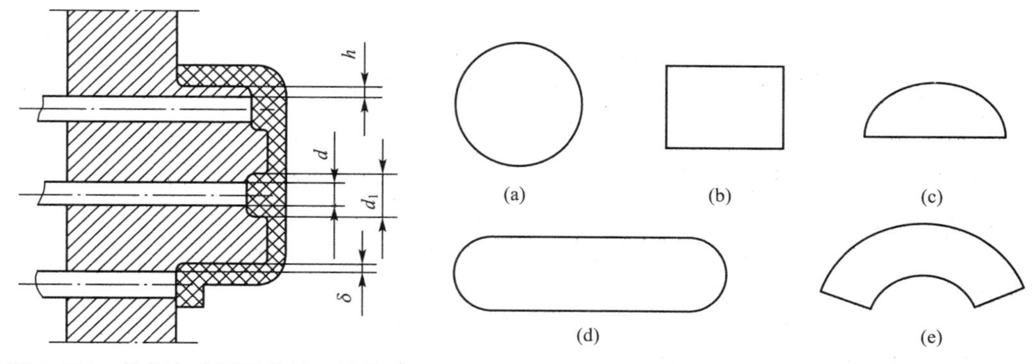

图 4.121 推杆与成型零件的位置关系

图 4.122 常见的推杆工作端面形状

(2) 推杆的结构形式。推杆的基本结构形式如图 4.123 所示。图 4.123(a)～图 4.123(c)所示推出端为平面形式，通常设置于塑件的端面、凸台、肋部、浇注系统等部位，适用范围广泛，其中图 4.123(a)为圆柱头推杆，尾部采用台肩固定，是最常用的形式；图 4.123(b)为带肩推杆，由于工作部分较细，故在其后部加粗以提高刚性，一般直径小于 2.5～3mm 时采用。图 4.123(d)为 Z 形拉料杆兼推杆，开模时，Z 形钩将主流道从定模中拉出，然后再推出；图 4.123(e)所示为顶盘式推杆，也称锥面推杆，这种推杆加工起来比较困难，装配时也与其他推杆不同，需从动模型芯插入，端部用螺钉固定在推杆固定板上，适合于深筒形塑件的推出。

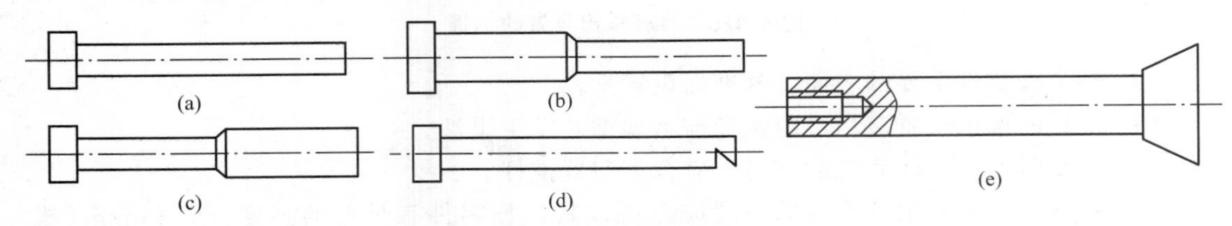

图 4.123　推杆的基本结构形式

如图 4.124 所示为生产实践中使用的推杆实物图片。

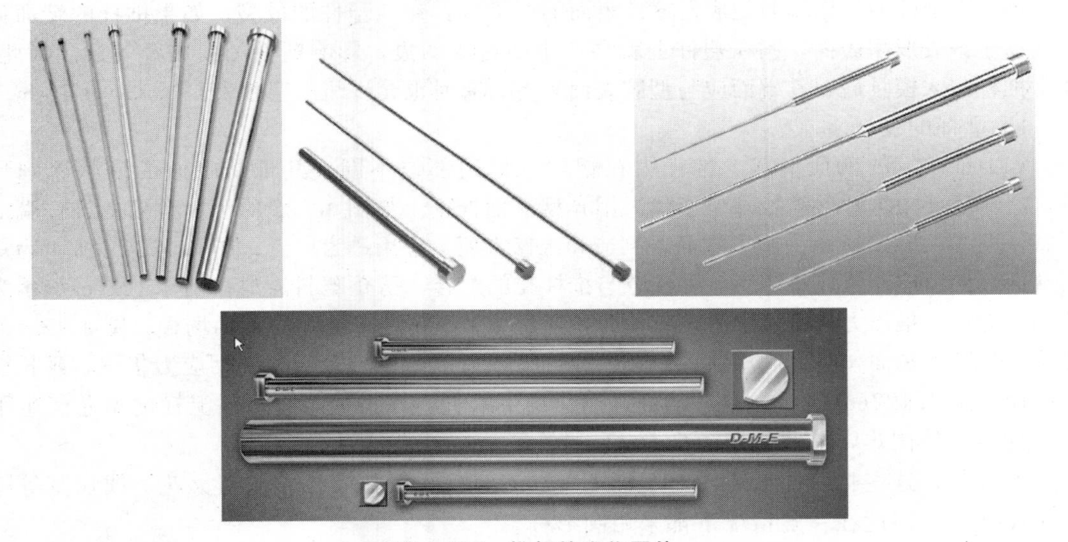

图 4.124　推杆的实物图片

(3) 推杆的尺寸。从两个方面考虑推杆的尺寸：其一是推出时塑件有足够的强度来承受每一个推杆所施加的载荷；其二是推杆也应有足够的刚度，保证推出时不出现失稳变形。

① 推杆的长度。推杆与型芯或镶块的导滑段长度，通常要比推出行程大 10mm，但不能小于 20mm，其余部分的长度依据模具的结构确定。

② 推杆的失稳校核。为保证推杆的稳定性，需要根据单个推杆的细长比调整推杆的截面积。推杆承受静压力下的稳定性可根据式 (4-42) 计算：

$$K_w = \eta \frac{EJ}{FL^2} \tag{4-42}$$

式中：K_w 为稳定安全系数，对于钢材 $K_w = 1.5 \sim 3$；η 为稳定系数，对于钢材 $\eta = 20.19$；E 为推杆的弹性模量，N/cm²，钢材取 $E = 2\times10^7$ N/cm²；F 为单根推杆所承受的实际推力，N；L 为推杆全长，cm；J 为推杆最小截面处的抗弯截面矩，cm⁴，圆截面 $J = \pi d^4/64$（d 是直径），矩形截面 $J = a^3 b/12$（a 是矩形截面短边长，b 是长边长）。

计算后，若 $K_w < 1.5$，或增加推杆的根数，以减小每根推杆的受力，或增大每根推杆的直径。重新计算，直到满足条件为止。

4）推杆的技术要求

GB/T 4169.1—2006（圆柱头推杆）、GB/T 4169.15—2006（扁推杆）及 GB/T 4169.16—2006（带肩推杆）规定了塑料模具用推杆的尺寸规格和公差，同时还给出了材料指南和硬度要求，并规定了推杆的标记，可根据实际需要选用或参考设计。表4-39列出了两类塑料模具用标准推杆的主要技术要求。

表4-39 塑料模具标准推杆

类型	图示	标记示例
圆柱头推杆	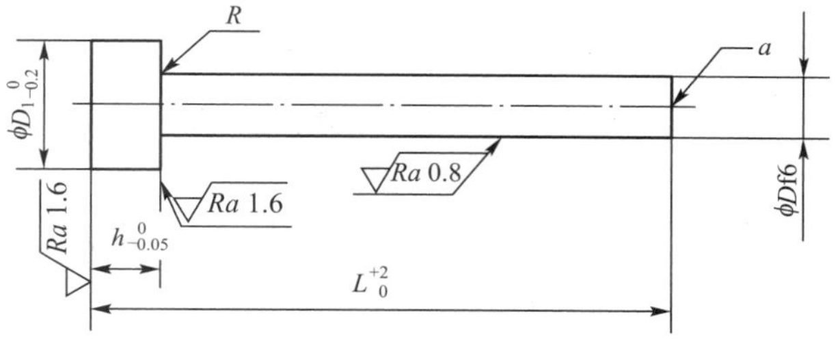 （摘自 GB/T 4169.1—2006）	D=3mm L=80mm 标记为推杆 3×80 GB/T 4169.1—2006
带肩推杆	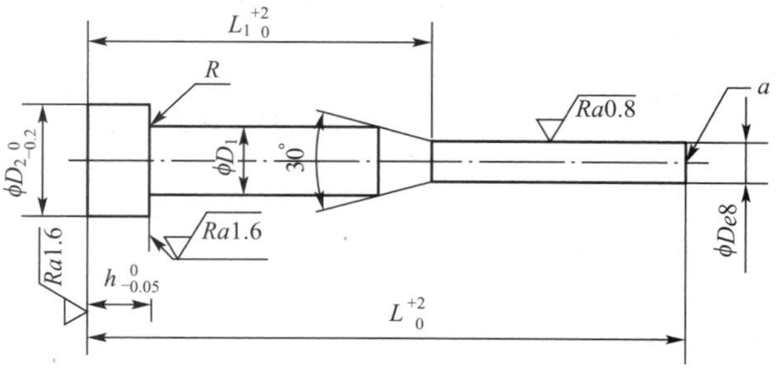 （摘自 GB/T 4169.16—2006）	D=3mm L=100mm 标记为带肩推杆 3×100 GB/T 4169.16—2006
技术条件	（1）未注表面粗糙度为 Ra6.3μm； （2）a 端面不允许留有中心孔，棱边不允许倒钝； （3）材料由制造者选定，推荐采用 4Cr5MoSiV1 和 3Cr2W8V，硬度 45～50HRC，其中直推杆硬度 50～55HRC，且固定端 30mm 内硬度 35～45HRC； （4）淬火后表面可进行渗氮处理，渗氮层深度为 0.08～0.15mm，心部硬度 40HRC～44HRC，表面硬度大于 900HV； （5）其他技术要求应符合 GB/T 4170—2006 的规定	

5）推杆的装配

（1）推杆采用的配合。推杆采用的配合应满足：推杆无阻碍地沿轴向往复运动，顺利地推出塑件和复位。推杆推出段与孔的配合间隙应适当，间隙过大熔融塑料将进入间隙，过小则推杆导滑性能差。推杆的尺寸及配合参数见表4-40。

表4-40 推杆的尺寸及配合参数 (单位:mm)

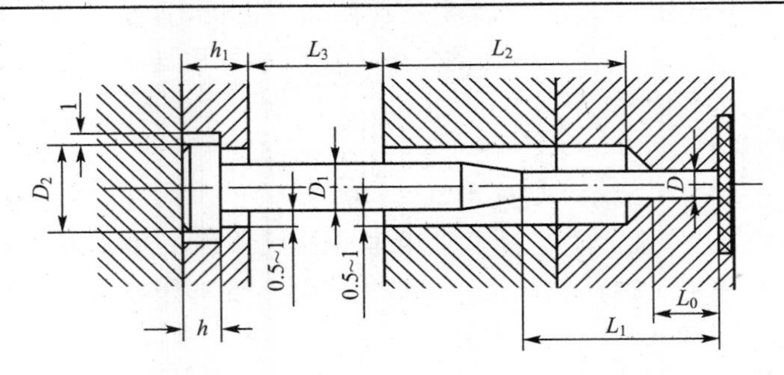

参 数	精度及数值	说 明
推出端杆与孔的配合间隙	H7/f6、H8/e8	既要保证运动灵活，又要保证单面间隙小于成型塑料的最大不溢料间隙值
推杆孔的导滑段长度 L_0	$D<5$，$L_0=15$	为保证运动灵活，不宜过长
	$D=5\sim8$，$L_0=3D$	
	$D>10$，$L_0=(2\sim2.5)D$	
推杆固定板移动距离 L_3	$L_3=S_t+5$，$L_3<L_2$	S_t 为推出行程，保护导滑孔
推杆前端长度 L_1	$L_1=L_0+L_3+5\leqslant10D$	
推杆加强部分直径 D_1	$D\leqslant6$，$D_1=D+4$	圆断面推杆
	$6<D\leqslant10$，$D_1=D+2$	
	$D>10$，$D_1=D$	
	$D_1\geqslant\sqrt{a^2+b^2}$	非圆断面推杆
推杆固定板厚度 h_1	$15\leqslant h\leqslant30$	—
推杆台阶直径 D_2	$D_2=D_1+6$	—
推杆台阶厚度 h	$h=5\sim8$	—

(2) 推杆的固定。推杆的固定应保证推杆定位准确；能将推板作用的推出力由推杆尾部传递到端部从而推出塑件；复位时尾部结构不应松动和脱落。推杆的固定方式有多种，常见的固定方式如图4.125所示。图4.125(a)所示的固定方式结构强度高，不易变形，实践中广泛应用；图4.125(b)所示的形式，在推板与推杆固定板之间采用垫块或垫圈，省去了推杆固定台阶孔的加工；图4.125(c)为螺塞顶紧固定式，直接将螺塞拧入推杆固定板，推杆由轴肩定位，螺塞拧紧后可防止推杆轴向移动，不需再另设推板，但推杆固定板应具有一定的厚度。图4.125(d)为镶入螺钉固定式，用于较粗的推杆，镶入固定板后采用螺钉固定。

(3) 推杆的止转。为保证推杆运动灵活，装配在推杆固定板上的推杆要有少量的浮动，而不是固定死，这样就会出现推杆转动现象。凡推杆有方位性要求而动模镶块上的推

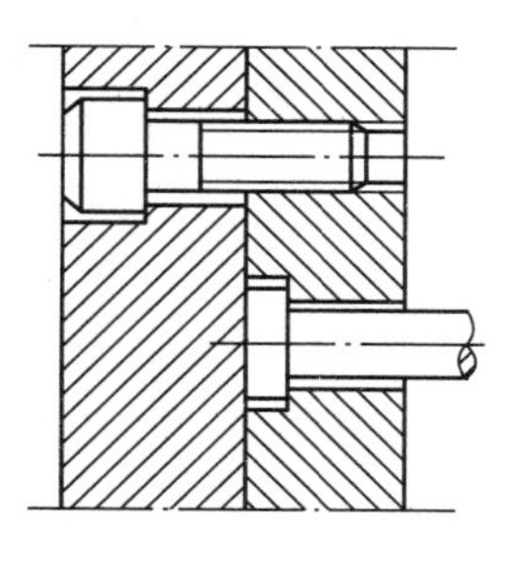

(a) 台阶沉入固定式

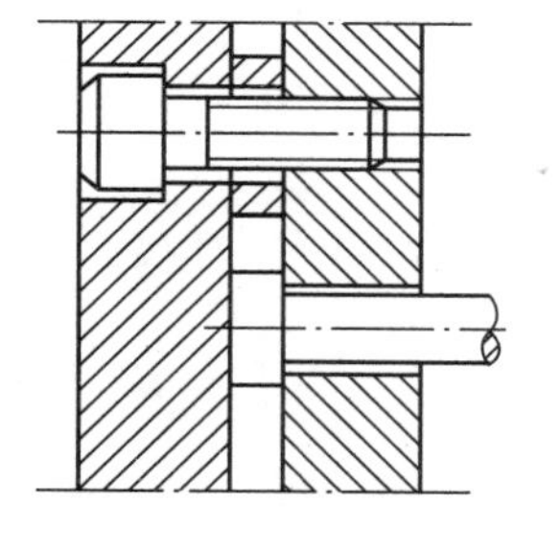

(b) 垫块(垫圈)夹紧固定式

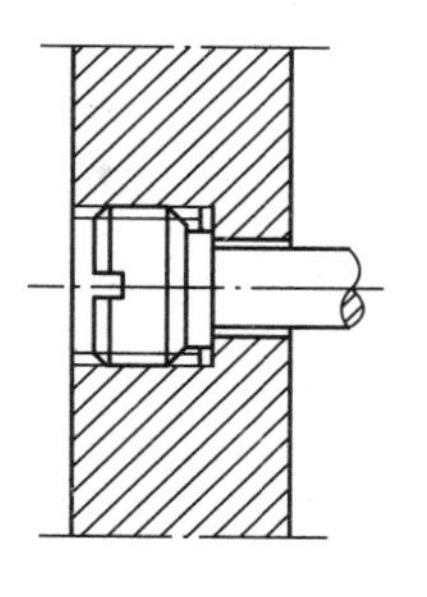

(c) 螺塞顶紧固定式

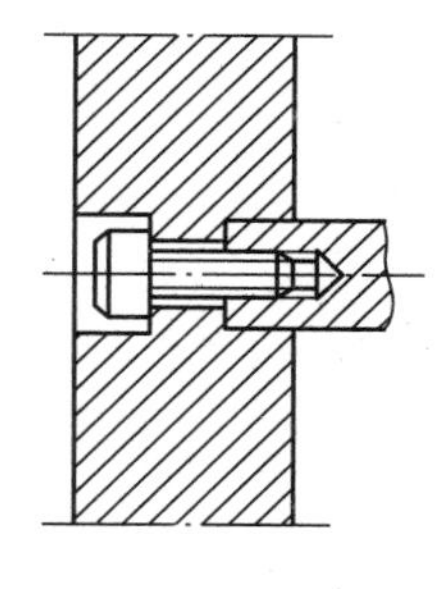

(d) 镶入螺钉固定式

图 4.125 推杆的常见固定方式

杆孔又不能给予定位时，可在推杆尾部设置定位止转结构，以防止推杆在操作过程中发生转动而影响操作，甚至损坏模具。常见的有圆柱销、平键等止转方式。

2. 推管推出机构

当塑件的形状带有圆筒形结构或有较深的圆孔时，则在成型该部位的型芯的外侧采用推管作为推出元件。推管是推杆的一种特殊形式，推管推出机构与推杆推出机构的原理基本相同，不同点在于推管直接套在型芯外侧。

1）推管推出机构的组成及特点

推管推出机构一般由推管、推板、推管紧固件及型芯紧固件等组成，如图 4.126 所示。图 4.126(a)中推管尾部做成台阶，用推板与推管固定板夹紧，型芯固定在动模座板上，该结构定位准确，推管强度高，型芯维修及更换方便；图 4.126(b)所示型芯固定在支承板上，推管在支承板内移动，该结构推管较短，刚性好，制造方便，装配容易，但支承板厚度较大，适用于推出行程较短的塑件；图 4.126(c)所示型芯直径较大，由扁销固定在动模上而推管装在推管固定板上，推管中部沿轴向有两长槽，以便推管往复运动时扁销可在槽内滑动，可获得较长的推出行程，该结构比较紧凑简单，但装配较麻烦。

【参考动画】

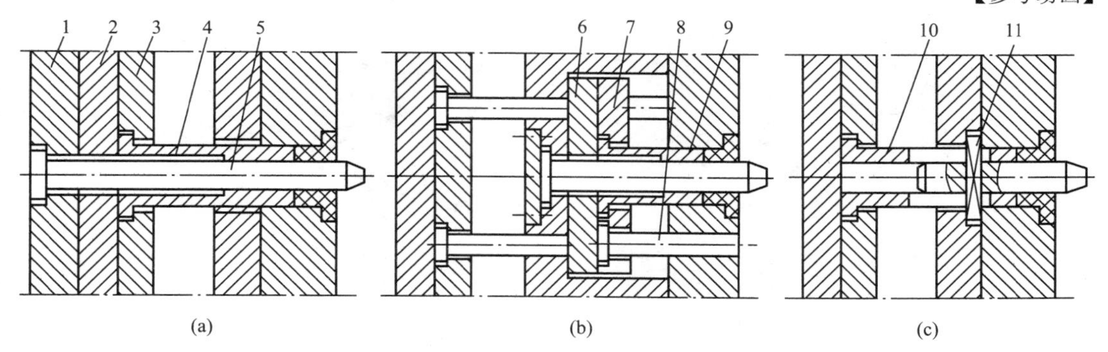

图 4.126 推管推出机构

1—动模座板；2、6—推板；3、7—推管固定板；4、9、10—推管；
5—型芯；8—复位杆；11—扁销

与推杆推出机构相比，推管推出机构有如下特点：

(1) 推管推出的作用面积大，塑件受推部位的受推压力小。

(2) 推管与型芯、推管与导滑孔的配合间隙有利于型腔内气体的排出。

(3) 推出力作用点靠近包紧力的作用点，推出力均匀平稳，不会留下明显的推出痕迹，是较理想的推出机构。

(4) 适合推出薄壁筒型塑件、易变形或不允许有推杆痕迹的管状塑件。

2) 设计要点

(1) 推管的结构。GB/T 4169.17—2006 规定了塑料模用推管的尺寸规格和和公差，同时还给出了材料和硬度要求，并规定了推管的标记，可根据实际需要选用或参考设计。表 4-41 列出了塑料模用标准推管的主要技术要求。

表 4-41 标准推管(摘自 GB/T 4169.17—2006)

图示	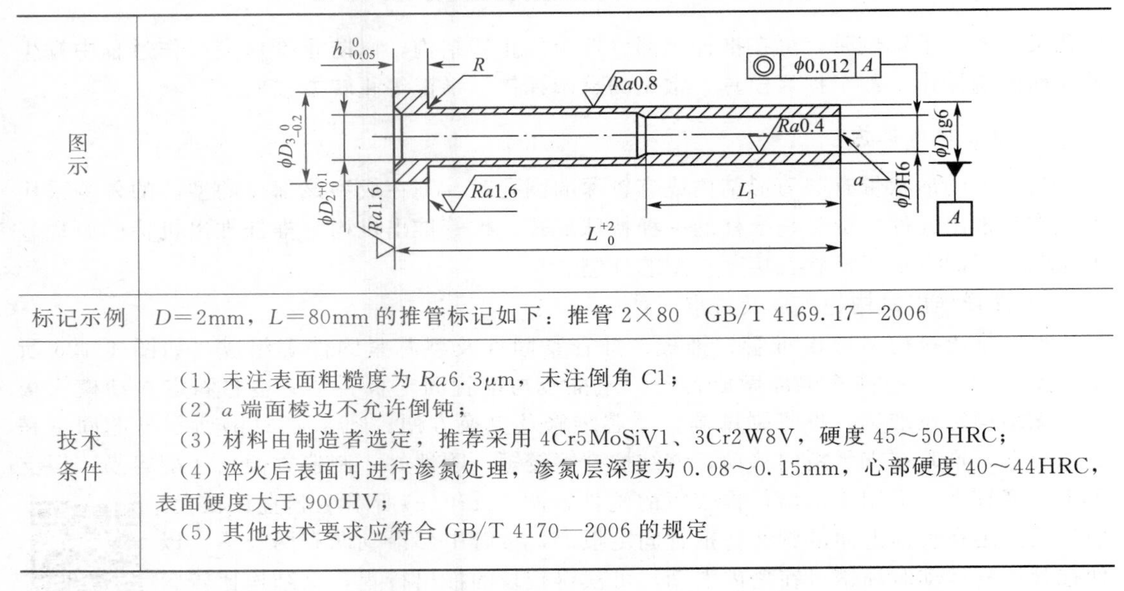
标记示例	D=2mm，L=80mm 的推管标记如下：推管 2×80 GB/T 4169.17—2006
技术条件	(1) 未注表面粗糙度为 Ra6.3μm，未注倒角 C1； (2) a 端面棱边不允许倒钝； (3) 材料由制造者选定，推荐采用 4Cr5MoSiV1、3Cr2W8V，硬度 45～50HRC； (4) 淬火后表面可进行渗氮处理，渗氮层深度为 0.08～0.15mm，心部硬度 40～44HRC，表面硬度大于 900HV； (5) 其他技术要求应符合 GB/T 4170—2006 的规定

图 4.127 所示为生产实践中使用的推管实物图片。

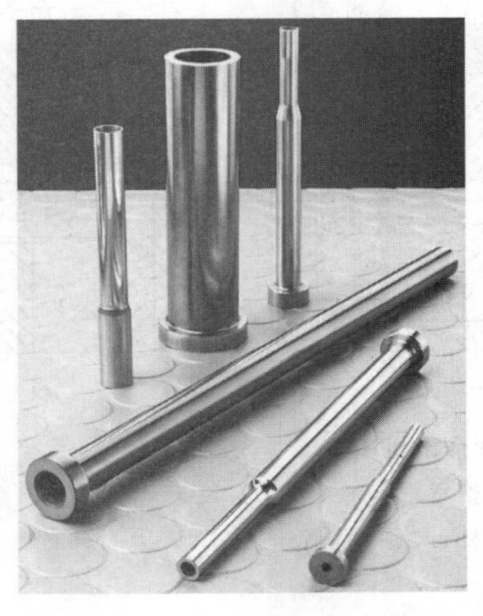

图 4.127 推管的实物图片

（2）推管的配合尺寸。推管推出机构中，推管的精度要求较高，配合间隙控制较严，推管内的型芯的安装固定应方便牢固，且便于加工。推管与推管孔及型芯等的配合尺寸如图4.128所示。

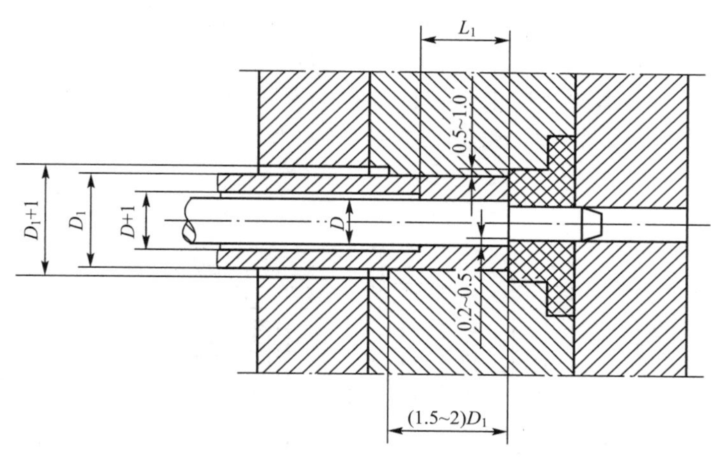

图4.128 推管的配合尺寸关系

① 设计推管推出机构时，应保证推管在推出时不擦伤型芯及相应的成型表面，故推管的外径应比塑件外壁尺寸单面小0.5～1.0mm，推管的内径应比塑件的内径每边大0.2～0.5mm，尺寸变化处用小圆角过渡。

② 推管的管壁应有相应的厚度，取1.5～6mm范围内，以确保推管的刚性，管壁过薄，加工困难、容易损坏。

③ 推管的导滑封闭段长度 L_1 按下式来计算：

$$L_1 = S_t + (3\sim5) \geqslant 20 \tag{4-43}$$

式中：S_t 为推出行程，mm。

④ 推管与推管孔的配合、推管与型芯的配合，应有较高的尺寸配合精度和组装同轴度要求，可根据不同的塑料而定，既要保证运动灵活，又不能使熔融塑料产生溢料。

（3）推管推出机构都应设置推板的导向装置，相对于推管应有较高的平行度要求。

3. 推件板推出机构

推件板推出机构是利用推件板的推出运动，从固定型芯上推出塑件的机构。它是由一块与型芯按一定配合精度相配合的模板和连接推杆所组成。适用于成型面积大、壁薄而轮廓简单以及表面不允许有推出痕迹的深腔壳体类塑件。

1）推件板推出机构的组成及特点

推件板推出机构主要由推件板、连接推杆、推板、推杆固定板等组成。为避免推出过程中因推出行程较长或推件板由于推进的惯性而脱离型芯，一般推件板与连接推杆采取螺纹固定连接的方式，或者设置推件板的导向装置，从而对推件板起到有效的导向和支承作用，如图4.129所示。

其中图4.129(a)是最常用的一种推件板推出机构形式，整块模板作为推件板，推出后推件板底面与动模板分开一段距离，清理较方便，且有利于排气，应用广泛。

图 4.129(b)为推件板镶入动模板内的形式，连接推杆端部用螺纹与推件板相连接，并且与动模板作导向配合。推出机构工作时，推件板除了与型芯作配合外，还依靠连接推杆进行支承与导向。这种推出机构结构紧凑，推件板在推出过程中也不会掉下。图 4.129(c)所示的结构为注射机上的顶杆直接作用在推件板上的形式，适用于两侧有顶杆的注射机，此种模具结构简单，但是推件板尺寸要适当增大以满足两侧顶杆的间距，并适当加厚推件板以增加刚性。图 4.129(d)所示的结构中，连接推杆的头部没有螺纹和推件板连接，为了防止在塑件成型生产过程中推件板从导柱上脱落，必须严格控制推出行程并保证导柱要有足够的长度。

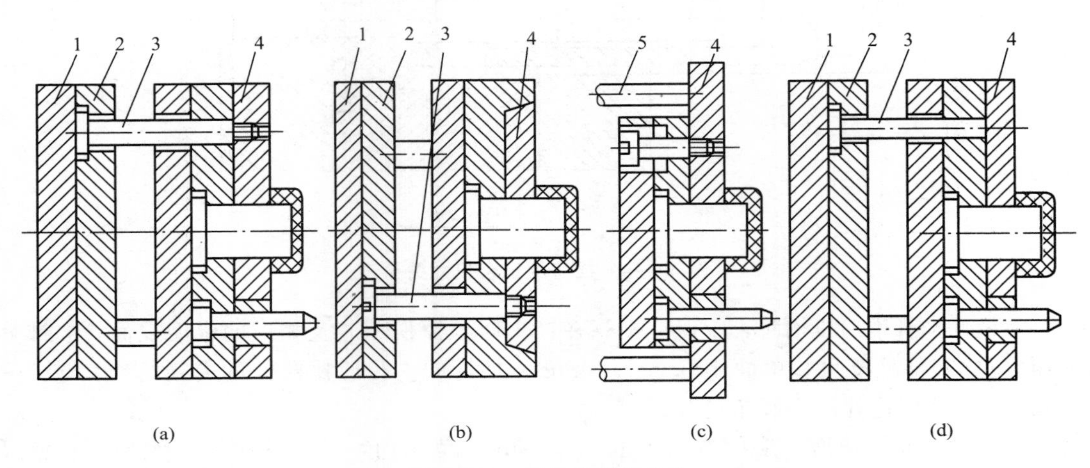

图 4.129 推件板推出机构

1—推板；2—推杆固定板；3—连接推杆；4—推件板；5—注射机顶杆

推件板推出机构有如下特点：

(1) 推出的作用面积大，有效的推出力大。

(2) 推出力均匀，推出平稳、可靠，但是对于截面为非圆形的塑件，其配合部分加工比较困难。

(3) 在塑件表面无明显推出痕迹，塑件不易变形。

(4) 无需设置复位机构，合模过程中，待分型面一接触，推件板即可在合模力的作用下回到初始位置。

2) 设计要点

(1) 推出行程 S_t 一般应小于推件板与动模固定型芯结合面长度的 2/3，以使模具在复位时保持稳定。

(2) 推件板和型芯的配合精度与推管和型芯相同，可根据不同的塑料而定，既要保证运动灵活，又不能使熔融塑料产生溢料。

如果型芯直径较大，为减少推出阻力，保证顺利推出，可采用如图 4.130 所示的减小推件板和型芯摩擦的结构。在推件板和型芯间留有 0.20～0.25mm 的间隙(原则上应不擦伤型芯)，并采用 3°～5°的锥面配合，其锥度起到辅助定位作用，防止推件板偏心而引起溢料。

(3) 推件板推出机构中的连接推杆应以推出力为中心均匀分布，并尽量增大位置跨度，已达到推件板受力均衡、移动平稳的效果。

(4) 如果成型的塑件为大型深腔的容器，并且还采用软质塑料成型，当采用推件板推出时，在型芯与塑件中间易出现真空，从而造成脱模困难，甚至使塑件变形损坏，这时应考虑附设进气装置。如图 4.131 所示的结构，开模时，大气克服弹簧力将推杆抬起而进气，塑件就能顺利地从型芯被推出。

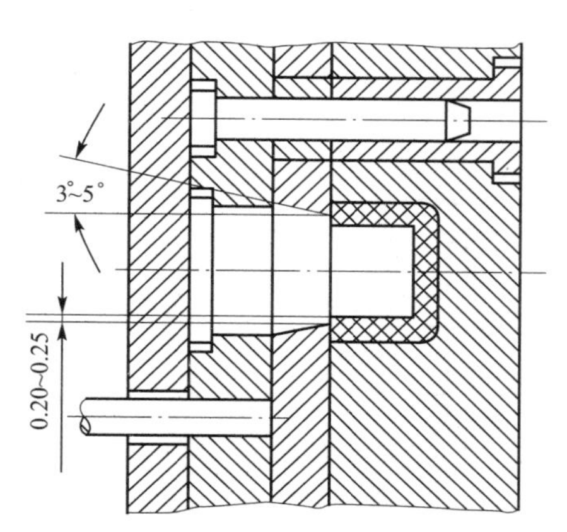

图 4.130 减小推件板和型芯摩擦的锥面配合结构

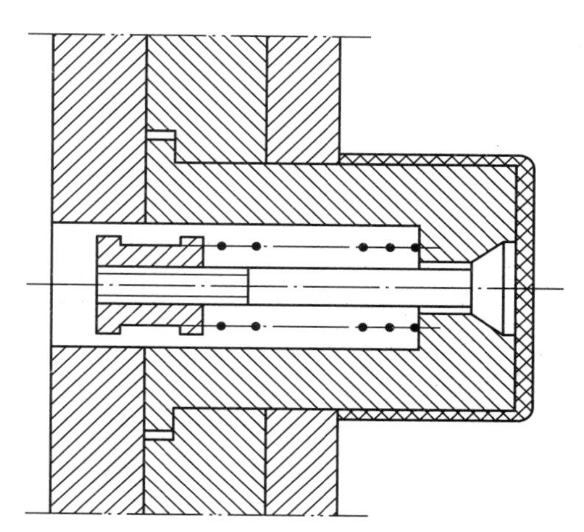

图 4.131 推件板推出机构的进气装置

4. 活动镶件及型腔推出机构

有一些塑件由于结构形状和所用材料的关系，不能采用推杆、推管、推件板等简单推出机构脱模时，可用成型镶件或型腔带出塑件，如图 4.132 所示。

图 4.132(a)中，用推杆顶在螺纹型环上，取出塑件时连同活动镶件(即螺纹型环)一同取出，然后将塑件与活动镶件分离，再将活动镶件放入到模具中成型下一个塑件。需注意的是推杆应先复位，以便放入镶件，本例是采用弹簧来使推杆复位的。

图 4.132(b)中，活动镶件与推杆用螺纹连接，塑件脱模时，镶件与塑件不分离，需要用手将塑件从镶件上取下。活动镶件与配合孔一般采用 H8/f8 的间隙配合，保证 5～10mm 配合长度，既要运动顺畅而又不能产生溢料。

图 4.132(c)所示为推件板上有型腔的推出机构，推件板将塑件从型芯上推出后，再手

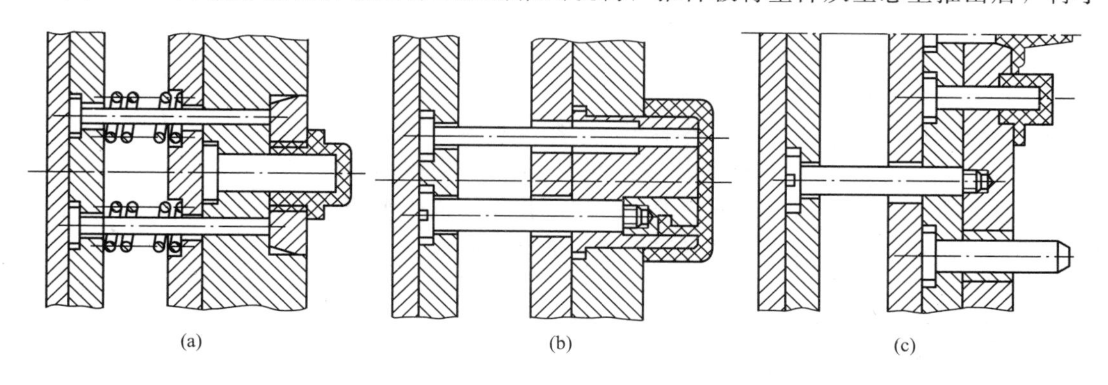

图 4.132 活动镶件及型腔推出机构

工或用其他专用工具将塑件从型腔板中取出。该结构推件板上的型腔不能太深，型腔数也不能太多，脱模斜度不能太小，否则取出塑件将会很困难。另外推杆一定要与推件板用螺纹连接，以防止取塑件时，推件板会从动模导柱上滑落。

5. 多元件复合推出机构

在生产实践中往往遇到一些深腔壳体，薄壁，有局部管形，凸台或金属嵌件等复杂的塑件，如果采用单一的推出机构，塑件会变形或损坏，影响塑件的最终质量，这时就要采用两种或两种以上的推出形式，这类推出机构称作多元件复合推出机构，如图 4.133 所示。

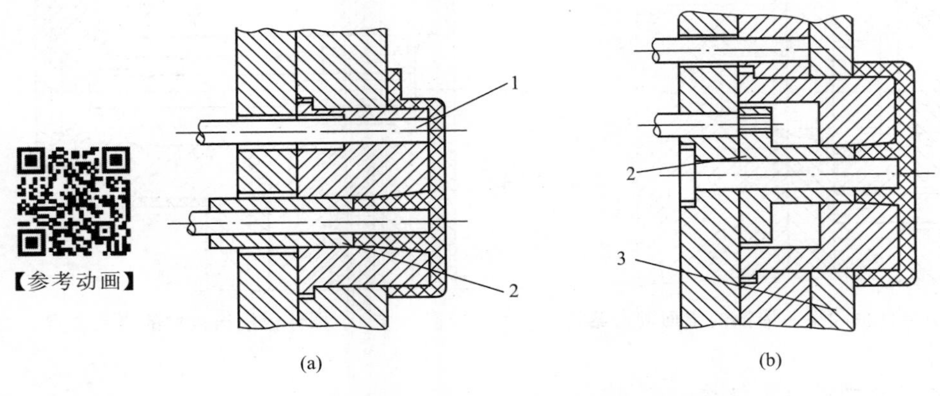

图 4.133 多元件复合推出机构

1—推杆；2—推管；3—推件板

图 4.133(a)中，因塑件的局部带有较深的管状凸台且脱模斜度小，在其周边和里面的脱模阻力大，因此采用推杆和推管并用的机构。图 4.133(b)所示是推管、推件板并用的结构，因为塑件在中间有一凸台，凸台中心有一盲孔，成型后凸台对中心型芯包紧力很大，如果只用推件板脱模，很可能产生断裂或残留的现象，因此增加推管推出机构，可保证塑件顺利脱模。

4.9.3 复杂推出机构

一般情况下，塑件的推出脱模都是由一个推出动作来完成的，这种推出机构称为一级推出机构，也称一次推出机构。采用一级推出通常已能满足将塑件从成型零件上脱出的要求，如前面所介绍的推杆推出机构、推管推出机构以及推件板推出机构等。但有的塑件在采用一级推出时，会产生变形，因而对这类塑件，模具设计时需考虑两个推出动作，以分散脱模力，第一次推出时使塑件的一部分从成型零件上脱出，经过第二次推出，塑件才完全从成型零件上全部脱出。这种由两个推出动作来完成一个塑件脱模的机构称为二级推出机构或二次推出机构。另外，有时根据塑件的结构特点和工艺要求，模具需要有两个或两个以上的分型面，并且必须按一定的次序打开，满足这类分型要求的机构称为多次分型顺序推出机构。设计这类机构时，既要保证各分型面必须依次打开，又要设定各次分型的距离，同时还要保证各部分复位时不产生干涉，并能正确复位。下面简单介绍几例相对较复杂的相关推出机构。

1. 二次推出机构

1)弹簧式二次推出机构

弹簧式二次推出机构通常是利用压缩弹簧的弹力进行第一次推出，然后由推板推动推杆进行第二次推出。

如图4.134所示，因塑件的边缘有一个倒锥形的侧凹，如果直接采用推杆推出，塑件将无法推出，采用弹簧式二次推出机构，就能够顺利地推出塑件。注射成型完成后模具打开，压缩弹簧6弹起，使动模板推出，将塑件脱离型芯2的约束，使塑件边缘的倒锥部分脱离型芯2，如图4.134(b)所示，完成第一次推出。模具完全打开后，推板5推动推杆3进行第二次推出，将塑件从动模板4上推落，如图4.134(c)所示。

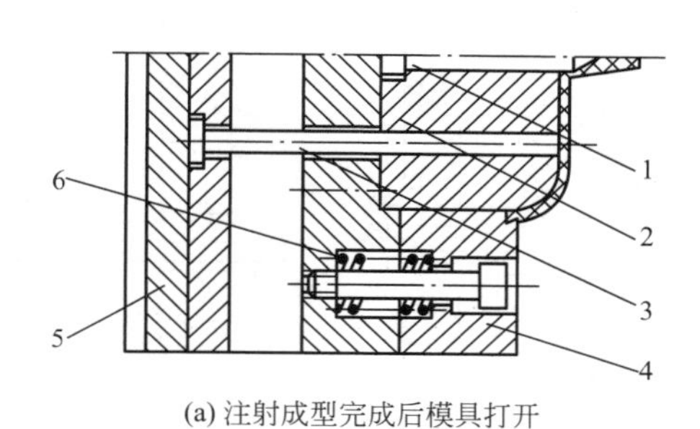

(a) 注射成型完成后模具打开

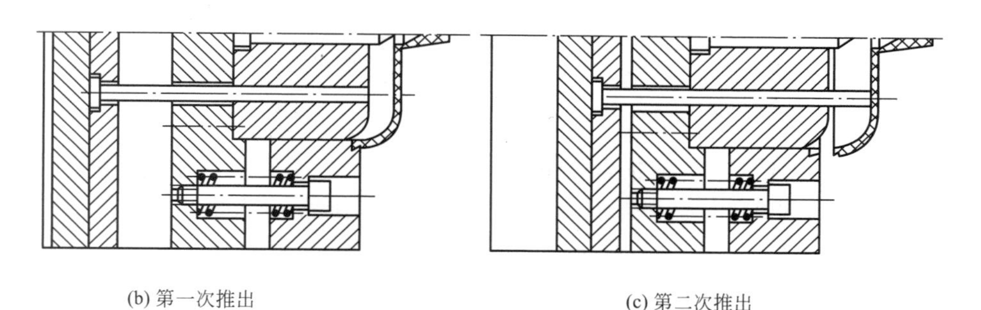

(b) 第一次推出

(c) 第二次推出

图4.134 弹簧式二次推出机构

1—小型芯；2—型芯；3—推杆；4—动模板；5—推板；6—弹簧

2) 斜楔滑块式二次推出机构

斜楔滑块式二次推出机构是利用模具上的斜楔迫使滑块做水平运动，完成二次推出动作。

如图4.135所示，在推板2上装有滑块4，弹簧3推动滑块在外极限位置，斜楔6固定在支承板12上。开模后，注射机推出装置推动推板2移动，在推杆8作用下推动凹模型腔板7移动，将塑件由型芯9上推出，但仍留在凹模型腔板内，如图4.135(b)所示。推板2继续推出，斜楔6与滑块4接触，压迫滑块内移，当滑块4上的孔与推杆8对正时，推杆后端落入滑块的孔内，推杆8停止推出，凹模型腔板也停止移动。推板再继续推出时中心推杆10将塑件从凹模型腔板中推出，完成二次推出，如图4.135(c)所示。

3) 摆钩式二次推出机构

摆钩式二次推出机构如图4.136所示。推出机构作用前，摆钩8使推板7和推板6锁

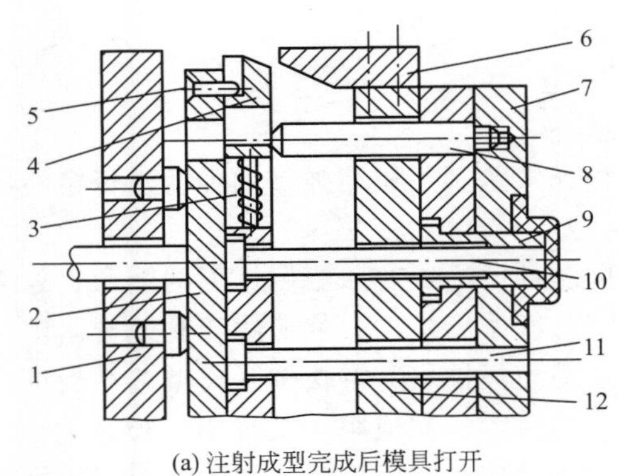

(a) 注射成型完成后模具打开

【参考动画】

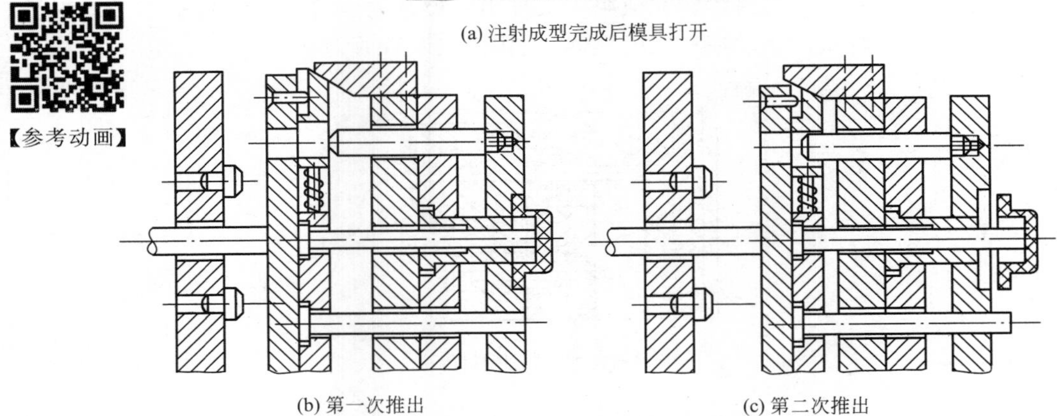
(b) 第一次推出 (c) 第二次推出

图 4.135 斜楔滑块式二次推出机构

1—动模座板；2—推板；3—弹簧；4—滑块；5—销钉；6—斜楔；
7—凹模型腔板；8—推杆；9—型芯；10—中心推杆；11—复位杆；12—支承板

在一起。推出时，由于摆钩 8 的锁紧作用，使推板 6 和推板 7 同时动作，推件板 1 在推杆 2 的推动下，与顶盘推杆 4 同时推动塑件脱离型芯 3，完成第一次推出，如图 4.136(b)所示。继续推出时摆钩在支承板 9 斜面的作用下脱开，推板 6、推杆 2 及推件板 1 停止运动，而顶盘推杆 4 则继续推动塑件，使其从推件板中脱出，完成第二次推出过程，如图 4.136(c)所示。

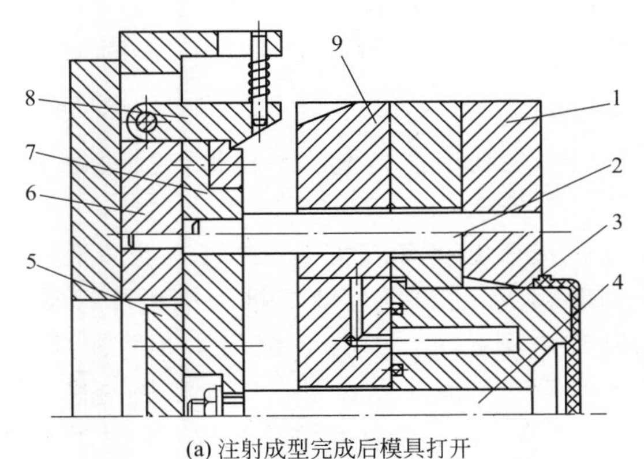

(a) 注射成型完成后模具打开

图 4.136 摆钩式二次推出机构

1—推件板；2—推杆；3—型芯；4—推杆；5—顶板；
6—推板；7—推板；8—摆钩；9—支承板

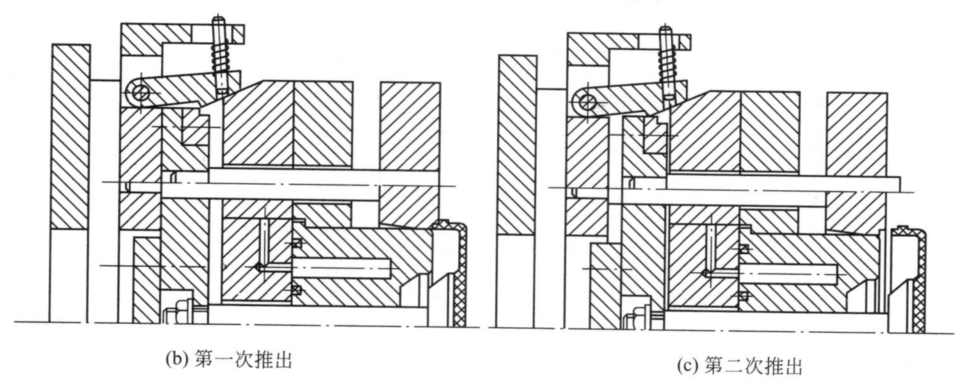

(b) 第一次推出　　(c) 第二次推出

图 4.136　摆钩式二次推出机构(续)

4）摆杆式二次推出机构

摆杆式二次推出机构如图 4.137 所示，摆杆 6 用转轴固定在和支承板固定在一起的支块 7 上。推出时，注射机顶杆推动推板 1，由于定距块 3 的作用，使推杆 5 和推杆 2 一起动作将塑件从型芯 10 上推出，直到摆杆 6 与推板 1 相接触为止，完成第一次推出，如图 4.137(b)所示。继续推出时，推杆 2 继续推动动模型腔板，而摆杆 6 在推板 1 的作用下转动，推动推板 4 快速运动，带动推杆 5 将塑件从动模型腔板 9 中脱出，完成第二次推出，如图 4.137(c)所示。

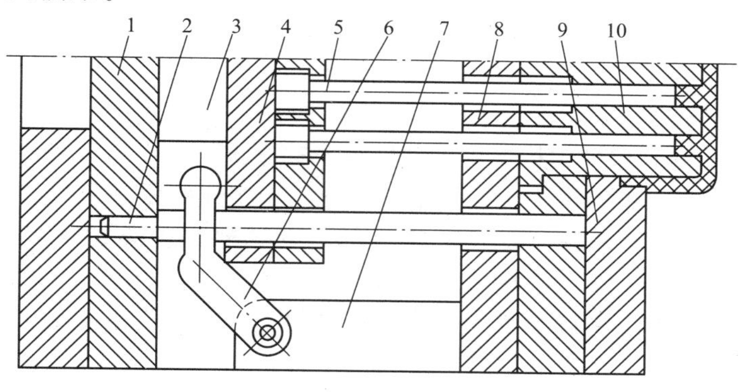

(a) 注射成型完成后模具打开

【参考动画】

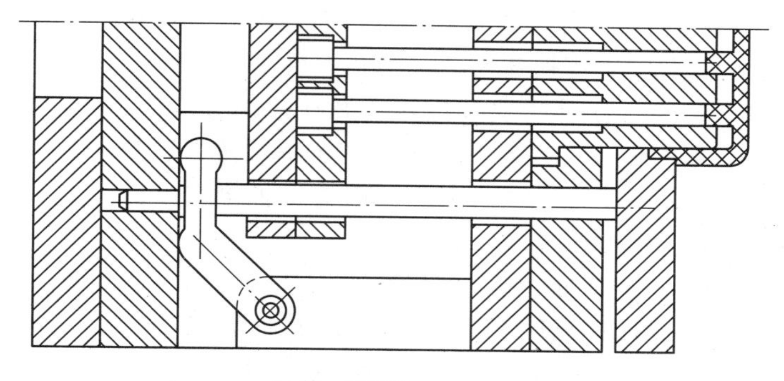

(b) 第一次推出

图 4.137　摆杆式二次推出机构

1—推板；2—推杆；3—定距块；4—推板；5—推杆；6—摆杆；
7—支块；8—支承板；9—动模型腔板；10—型芯

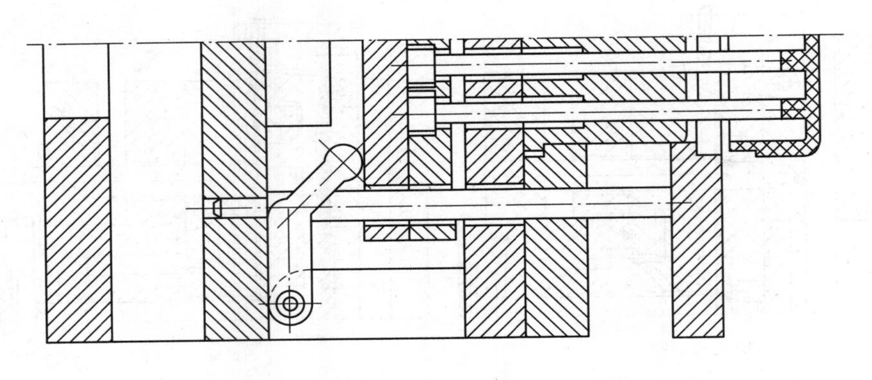

(c) 第二次推出

图 4.137　摆杆式二次推出机构(续)

2. 多次分型顺序推出机构

在生产实践中，有些塑件因其结构形状特殊，开模后即有可能留在动模一侧，也有可能留在定模一侧，或者塑件就滞留在定模一侧，这样使塑件的推出困难。为此，需采用定、动模双向顺序推出机构。即在定模部分增加一个分型面，在开模时确保该分型面首先定距打开，让塑件先从定模部分脱出，留在动模部分。然后，模具分型，由设置在动模部分的推出机构推出塑件。

1）摆钩式顺序分型推出机构

如图 4.138 所示为利用摆钩控制定、动模双向顺序推出的结构。开模时，斜楔 2 作用于拉钩 5，迫使推件板 3 与定模板 1 完成第一次分型，*A* 分型面打开，塑件由定模型芯 10 上脱出，使塑件留在动模一侧。模具继续打开，当斜楔 2 脱离拉钩 5 后，由于弹簧 4 的作用，拉钩脱离开推件板，镶块 7 与推件板进行第二次分型，*B* 分型面打开，然后注射机推出装置推动推杆 9 将塑件与镶块 7 一同推出，在模外分开镶块，取出塑件，如图 4.138(b) 所示。

2）滑块式顺序分型推出机构

如图 4.139 所示为利用拉钩和滑块控制定、动模双向顺序推出的结构。开模时，由于拉钩 2 钩住滑块 3，因此，定模板 5 与定模座板 7 在 *A* 分型面开始第一次分型，塑件从定模型芯上脱出，随后压块 1 压动滑块 3 内移而脱开拉钩 2，由于限位拉板 6 的定距作用，*A* 分型面分型结束；继续开模。动定模在 *B* 分型面完成第二次分型，塑件包在动模型芯上留在动模，最后推出机构工作，将塑件从动模型芯上推出。

3）弹簧式顺序分型推出机构

如图 4.140 所示，开模时，弹簧 5 始终压住定模推件板 3，迫使模具从 *A* 分型面开始第一次分型，从而使塑件从型芯 4 上脱出而留在动模板 2 内，直至限位螺钉 7 端部台肩与定模板 8 接触，第一次分型结束；动模继续后退，动定模在 *B* 分型面处完成第二次分型，然后推出机构开始工作，推管 1 将塑件从动模板 2 的型腔内推出。

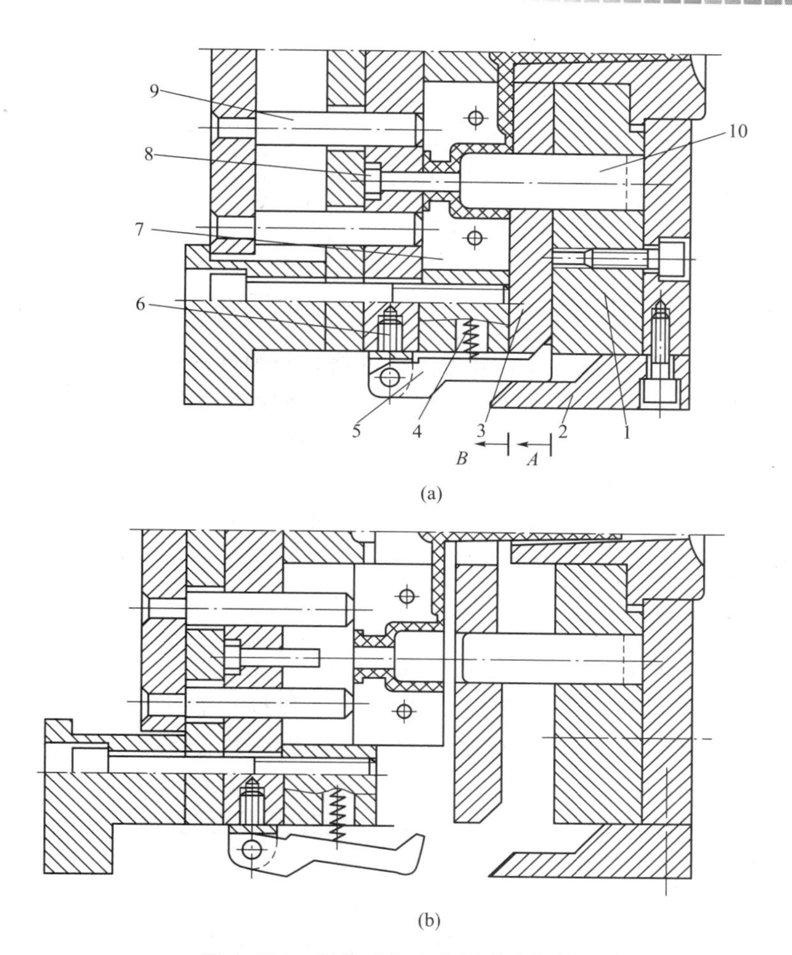

(a)

(b)

【参考动画】

图 4.138　摆钩式顺序分型推出机构

1—定模板；2—斜楔；3—推件板；4—弹簧；5—拉钩；6—支座；
7—镶块；8—型芯；9—推杆；10—定模型芯

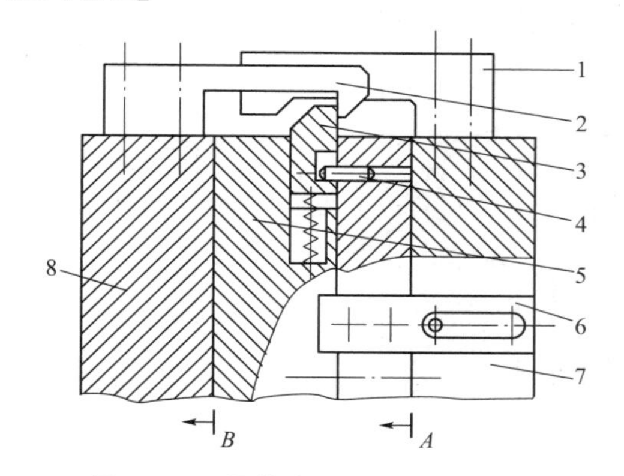

图 4.139　滑块式顺序分型推出机构

1—压块；2—拉钩；3—滑块；
4—限位销；5—定模板；6—限位拉板；
7—定模座板；8—动模板

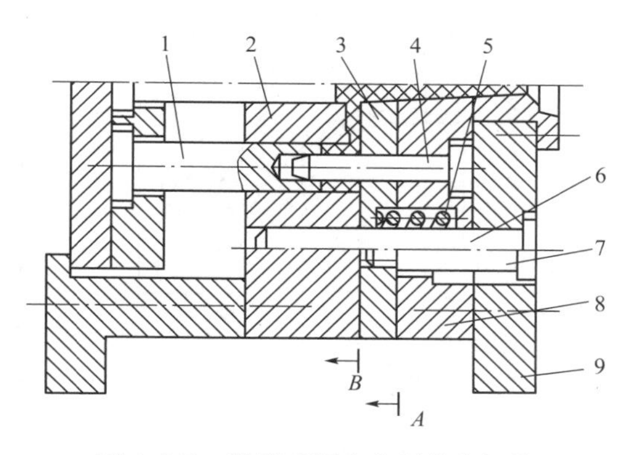

图 4.140　弹簧式顺序分型推出机构

1—推管；2—动模板；3—定模推件板；
4—型芯；5—弹簧；6—定模导柱；
7—限位螺钉；8—定模板；9—定模座板

实用技巧

实践中，由于塑件的结构是复杂多样的，推出机构的形式也是千变万化的，应该根据塑件的结构特征选择合适的推出机构。建议学生课后多浏览些有关的设计手册和专业技术资料，结合已有的推出机构融会贯通，开拓思路，以备设计模具时参考。

4.9.4 浇注系统凝料的推出机构

除了采用点浇口和潜伏浇口外，其他形式的浇口与塑件的连接面积一般较大，不容易利用开模动作将塑件和浇注系统切断，因此，往往浇注系统和塑件是连成一体一起脱模的，脱模后，还需通过后加工把它们分离，所以生产效率低、不易实现自动化。而点浇口和潜伏浇口，其浇口与塑件的连接面积较小，故较容易在开模的同时将它们分离，并分别从模具上脱出，这种模具结构有利于提高生产率，实现自动化生产。下面介绍几个点浇口和潜伏浇口浇注系统凝料的自动推出机构。

1. 点浇口浇注系统凝料的推出机构

1）单型腔点浇口浇注系统凝料的推出机构

如图 4.141 所示为利用带凹槽的点浇口镶块和拉板自动脱出浇注系统凝料的机构。带凹槽的点浇口镶块 7 以过渡配合(H7/m6)固定在定模板 2 上，并与拉板 4 以锥面定位。图 4.141(a)为模具闭合时的情况，弹簧 3 被压缩，点浇口镶块的锥面进入拉板 4。模具打开时，在弹簧 3 的作用下，定模板 2 首先移动，由于点浇口镶块内开有凹槽，将主流道凝料从定模座板中拉出。模具继续打开，限位螺钉 6 带动拉板 4 一起移动，将点浇口拉断，并将浇注系统凝料从点浇口镶块中拉出来，然后凝料靠自重落下。定距拉杆 1 用来限制定模板与定模座板的分型距离，并控制模具分型面的打开，如图 4.141(b)所示。

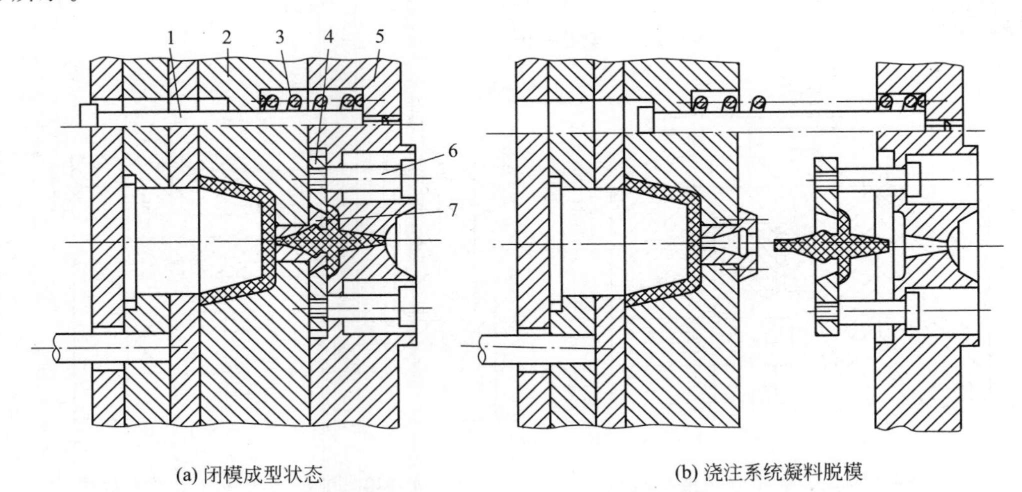

(a) 闭模成型状态　　(b) 浇注系统凝料脱模

图 4.141　单型腔点浇口浇注系统凝料的推出(一)

1—定距拉杆；2—定模板；3—弹簧；4—拉板；5—定模座板；6—限位螺钉；7—点浇口镶块

如图 4.142 所示为利用活动浇口套和拉板自动脱出浇注系统凝料的机构。图 4.142(a)为闭模成型状态，注射机喷嘴压紧浇口套 7，浇口套下面的弹簧 6 被压缩，使浇口套的下端与定模板 1 贴紧，保证注射的熔融塑料顺利进入模具型腔。注射完毕后，注射机喷嘴后退，离开浇口套，浇口套 7 在压缩弹簧 6 的作用下弹起，这使得浇口套与主流道凝料分离，开模时，由于开模力的作用，模具从 *A* 分型面打开，当定模座板 5 上的台阶孔的台阶与限位螺钉 4 的头部相接触时，动模部分继续后退，*B* 面开始分型，拉板 3 将点浇口拉断，并使点浇口凝料由定模板中拉出，当点浇口凝料全部拉出后，在重力的作用下自动下落，完成了点浇口浇注系统凝料的自动脱出。继续开模，由于限位螺钉 2 的作用，*C* 面开始分型，而后推出机构工作，推出塑件。

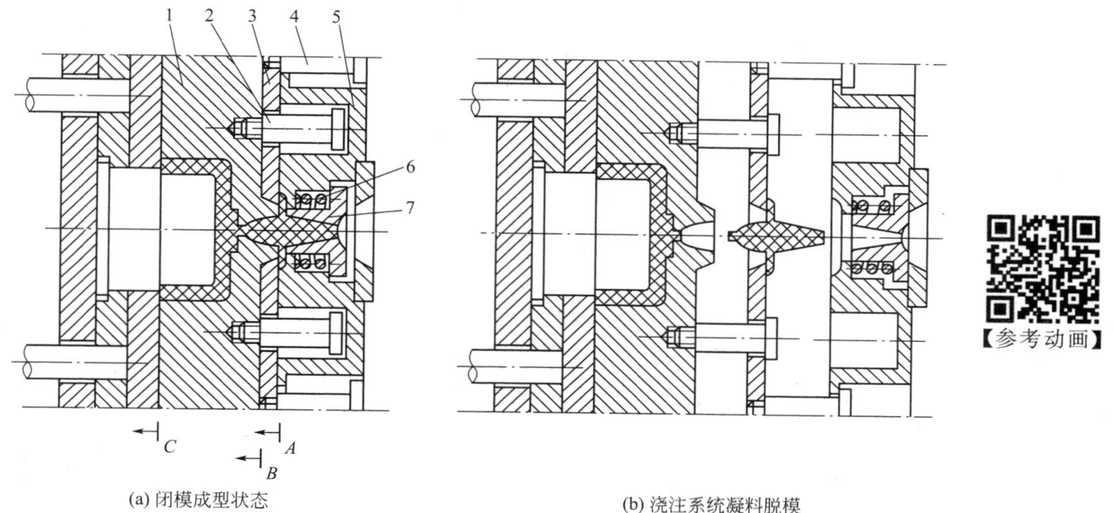

(a) 闭模成型状态　　(b) 浇注系统凝料脱模

图 4.142　单型腔点浇口浇注系统凝料的推出(二)

1—定模板；2、4—限位螺钉；3—拉板；5—定模座板；6—弹簧；7—浇口套

2）多型腔点浇口浇注系统凝料的推出机构

如图 4.143 所示是在定模一侧增设一块分流道推板，利用设置在点浇口处的拉料杆拉断点浇口凝料，利用分流道推板将浇注系统凝料从模具中脱卸的结构。开模时，由于弹簧 4 和拉料杆 6 的作用(拉料杆的头部设计成倒锥形或球形结构，便于拉住点浇口凝料)，模具首先进行 *A* 面分型，从定模板(中间板)3 和分流道推板 8 之间打开，此时，点浇口被拉断，浇注系统凝料留于定模一侧。继续开模，*B* 分型面分开，动模移动一定距离后，在定距拉板 1 的作用下，定模板(中间板)3 与定距拉杆 2 左端接触，进行 *C* 面分型，分流道推板 8 与定模座板 7 分开，即由分流道推板将浇注系统凝料从定模座板的浇口套中脱出，并且同时脱离分流道拉杆，借助于压缩弹簧 9 和弹顶销 10 的作用，浇注系统凝料离开分流道推板 8，依靠自重而坠落。推出机构工作，在 *B* 分型面推出塑件。

如图 4.144 所示为利用分流道末端的斜孔将点浇口拉断，并使点浇口凝料推出的结构。成型结束后，在弹簧 4 的作用下，*A* 分型面首先打开，由于塑件包紧型芯，点浇口被拉断，同时由于主流道拉料杆的作用使主流道凝料脱出。模具继续打开，由于定距拉杆的限位作用，*B* 面分型，拉料杆 1 的球头被型腔板 3 从主流道凝料中脱出，而斜孔中凝料的拉力将分流道凝料从型腔板 3 中拉出。浇注系统凝料靠自重坠落。

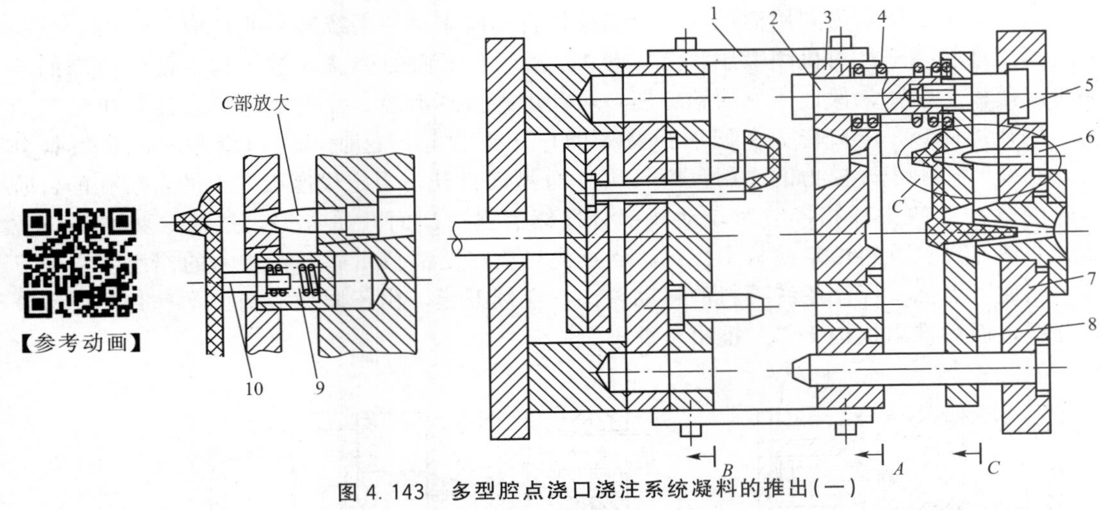

图 4.143　多型腔点浇口浇注系统凝料的推出(一)

1—定距拉板；2—定距拉杆；3—定模板；4、9—弹簧；5—限位螺钉；6—点浇口拉料杆；7—定模座板；8—分流道推板；10—弹顶销

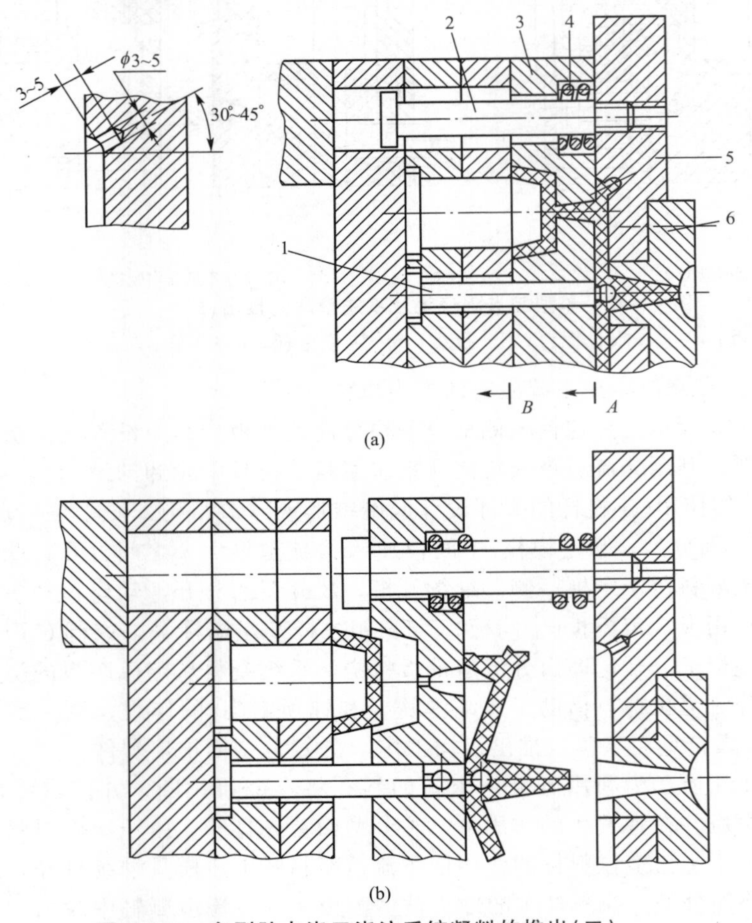

图 4.144　多型腔点浇口浇注系统凝料的推出(二)

1—拉料杆；2—定距拉杆；3—型腔板；4—弹簧；5—定模座板；6—浇口套

2. 潜伏浇口浇注系统凝料的推出机构

根据进料口位置的不同，潜伏浇口可以开设在定模部分，也可以开设在动模部分。开设在定模一侧的潜伏浇口，一般只能开设在塑件的外侧；开设在动模一侧的潜伏浇口，既可以开设在塑件的外侧，也可以开设在塑件内部的柱子或推杆上。

如图 4.145 所示为潜伏浇口设计在动模部分的结构形式。开模时，塑件包在动模型芯 3 上随动模一起移动，分流道和浇口及主流道凝料由于倒锥的作用留在动模一侧。推出机构工作时，推杆 2 将塑件从型芯 3 上推出，同时潜伏浇口被切断，浇注系统凝料在推杆 1 的作用下推出动模板 4 而自动掉落。

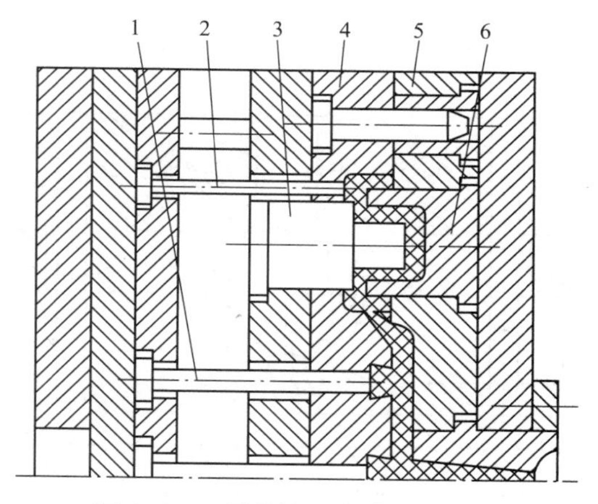

图 4.145 潜伏浇口在动模的结构

1—流道推杆；2—推杆；3—型芯；4—动模板；5—定模板；6—成型镶块

如图 4.146 所示为潜伏浇口设计在定模部分的结构形式。开模时，塑件包在动模型芯 5 上，从定模板 6 中脱出，同时潜伏浇口被切断，而分流道、浇口和主流道凝料在冷料井倒锥穴的作用下，拉出定模板而随动模移动，推出机构工作时，推杆 2 将塑件从动模型芯 5 上脱下，而流道推杆 1 将浇注系统凝料推出动模板 4，最后由自重掉落。

如图 4.147 所示为潜伏浇口设计在推杆上的结构形式。开模时，包在型芯上的塑件以及被倒锥穴拉出的主流道和分流道凝料一同随动模移动，当推出机构工作时，塑件被推杆 3 从型芯(动模板)4 上推出，同时潜伏浇口被切断，流道推杆 1、2 将浇注系统凝料推出模外而自动落下。塑件内部上端所增加的一段二次浇口余料需人工剪断，另外，若潜伏浇口推杆是圆形，还需要止转措施。

【参考动画】

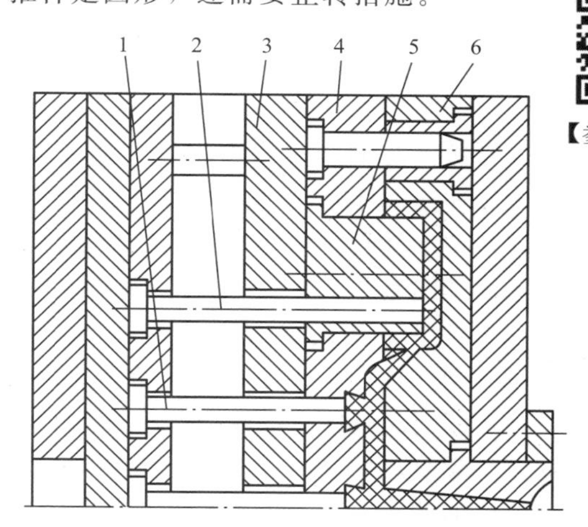

图 4.146 潜伏浇口在定模的结构

1—流道推杆；2—推杆；3—支承板；4—动模板；5—型芯；6—定模板

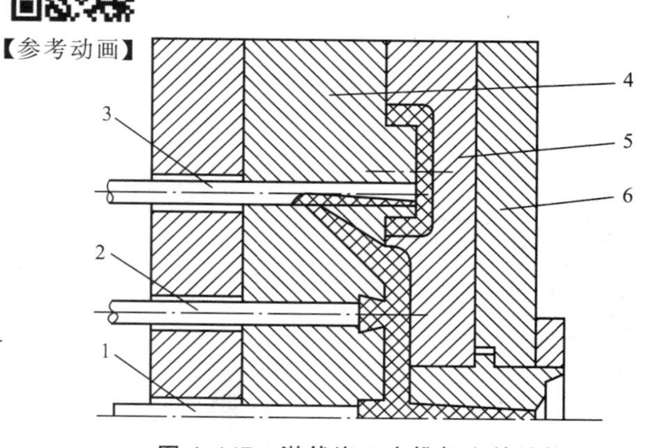

图 4.147 潜伏浇口在推杆上的结构

1、2—流道推杆；3—潜伏浇口推杆；4—型芯(动模板)；5—定模板；6—定模座板

4.9.5 带螺纹塑件的脱模

塑件上的螺纹分外螺纹和内螺纹两种。外螺纹成型比较容易，通常是由滑块式拼合型环来成型，成型后打开拼合型环，即可取出塑件，如图4.148(a)所示。也可以采用活动型环来成型外螺纹，成型后塑件与活动型环一起由模具内取出，然后在模外旋转脱下活动型环，得到带外螺纹的塑件。

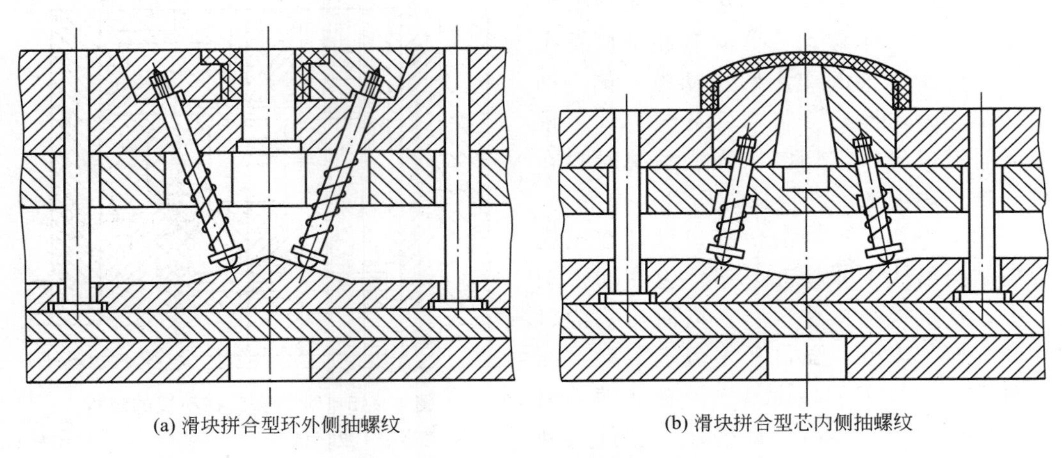

(a) 滑块拼合型环外侧抽螺纹　　(b) 滑块拼合型芯内侧抽螺纹

图4.148 利用拼合滑块脱螺纹

塑件上的内螺纹成型时，受到模具空间的限制，因此其脱模方式较为复杂，以下为带螺纹塑件的几种常见脱模形式。

1. 活动型芯模外脱螺纹

成型螺纹塑件时，先将活动型芯放入模内，成型后将塑件与活动型芯一起从模内取出，再旋转脱出活动型芯，得到带内螺纹的塑件。这种脱模方式结构简单，但生产效率低，操作工人劳动强度大，只适用于小批量生产。

2. 强制脱螺纹

如图4.149所示为强制脱螺纹机构，带有内螺纹的塑件成型后包紧在螺纹型芯1上，连接推杆3在注射机推出装置的作用下推动推件板2，强制将塑件从螺纹型芯1上脱出。采用强制脱螺纹的方法时会受到一定条件的限制：首先，塑件应是聚烯烃类柔性塑料；其次，螺纹应是半圆形粗牙螺纹，螺纹高度 h 小于螺纹外径 d 的25%；再有，塑件必须有足够的厚度吸收弹性变形能。

【参考动画】

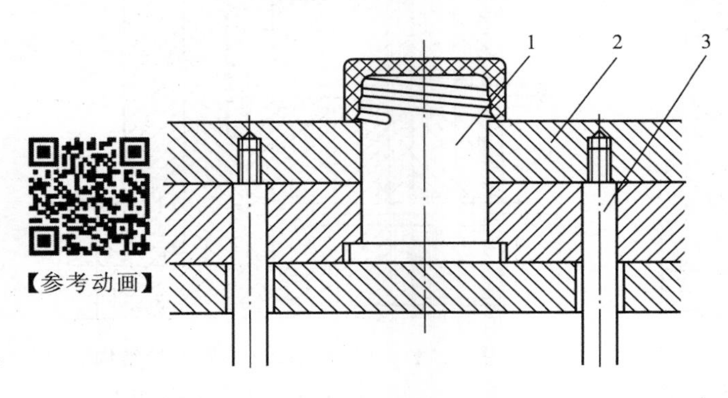

图4.149 强制脱螺纹

1—螺纹型芯；2—推件板；3—连接推杆

3. 内侧抽脱螺纹

对于一些要求不高的带内螺

纹的塑件，可以将内螺纹在圆周上分为三个局部段，对应在模具上制成三个内侧抽滑块成型，如图 4.148(b)所示。脱模时，螺纹滑块在推出机构的作用下，沿主型芯上的滑道向内移动，使内螺纹部分脱出。

4．模内旋转脱螺纹

许多带内螺纹的塑件要采用模内旋转的方式脱出。使用旋转方式脱螺纹，塑件与螺纹型芯之间要有周向的相对转动和轴向的相对移动，因此，螺纹塑件必须有止转的结构，如图 4.150 所示。图 4.150(a)和图 4.150(b)所示为内螺纹塑件上外形设止转结构的形式；图 4.150(c)所示为外螺纹塑件端面设止转结构的形式；图 4.150(d)所示为内螺纹塑件端面设止转结构的形式。

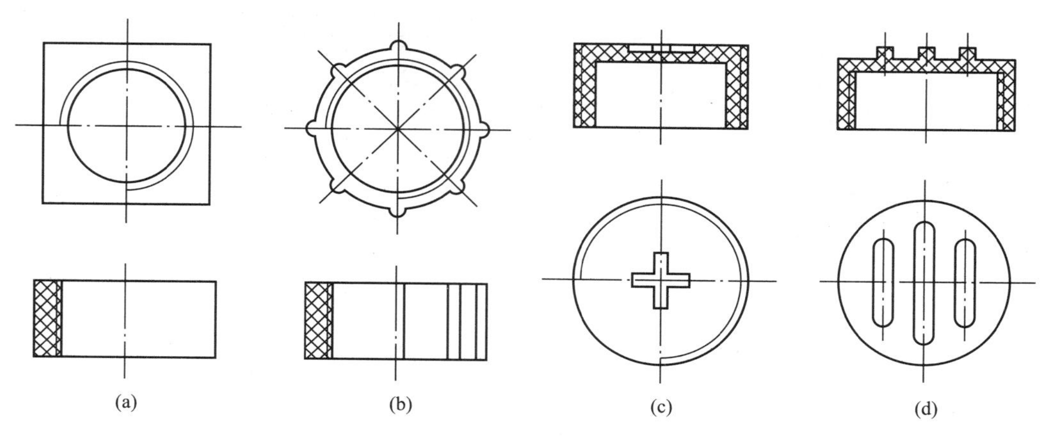

图 4.150 螺纹塑件的止转结构

模内旋转脱螺纹机构一般有手动旋转脱螺纹和机动旋转脱螺纹两种方式。

1）手动旋转脱螺纹

如图 4.151 所示为最简单的手动旋转脱螺纹机构。塑件成型后，在开模前先用专用工具将两端螺距和旋向相同的螺纹侧型芯旋出，然后分模和推出塑件。

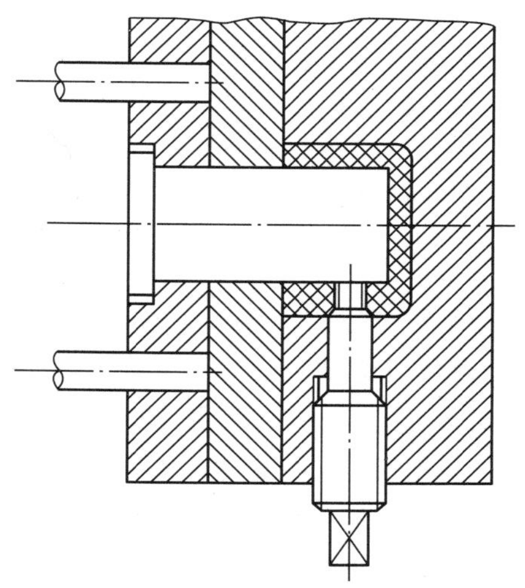

图 4.151 手动旋转脱螺纹机构

2）机动旋转脱螺纹

如图 4.152 所示为齿轮齿条脱螺纹的模具结构。利用模具打开的直线运动带动齿条移动，通过齿轮齿条将直线运动转变为螺纹型芯的旋转运动，从而使螺纹塑件脱出。

图 4.152 中，当模具打开时，安装于定模板上的传动齿条 1 带动齿轮 2 转动，通过轴 3 及齿轮 4、5、6、7 的传动，使螺纹型芯按旋出方向旋转，同时头部带有螺纹的拉料杆 9 随之转动，从而使塑件与浇注系统凝料同时脱出。塑件与浇注系统凝料同步轴向运动，依靠浇注系统凝料防止塑件旋转，使螺纹塑件脱出。设计时注意螺纹型芯与拉料杆上的螺纹应螺距相同，旋向相反。

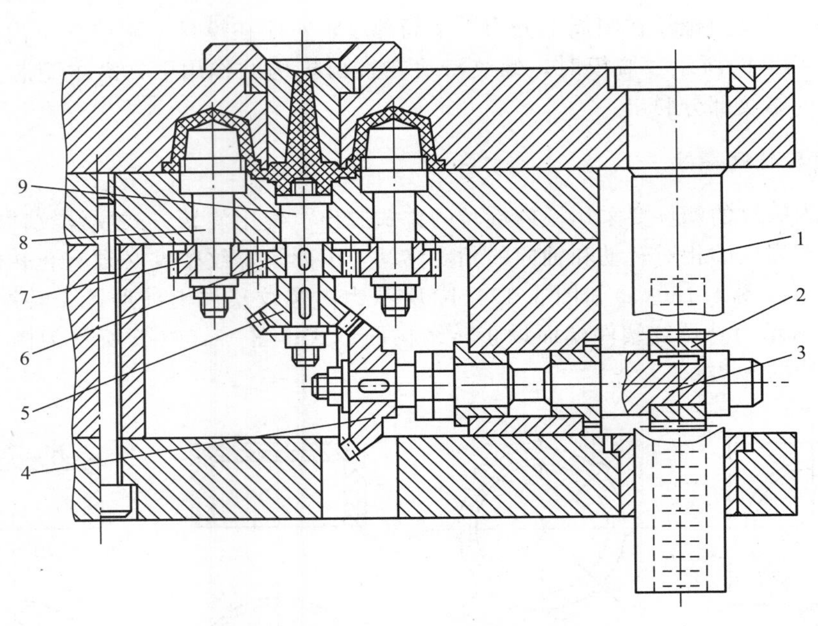

图 4.152 齿轮齿条脱螺纹的结构

1—传动齿条；2—齿轮；3—轴；4、5、6、7—齿轮；8—螺纹型芯；9—拉料杆

4.9.6 推出机构的复位和导向

在注射成型的每一次循环中，推出机构在开模推出塑件后，为下一次的注射成型做准备，都必须准确地回到起始位置，以便恢复完整的模腔，这就是推出机构的复位。这个动作通常是借助复位机构来实现的，并用限位钉作最后定位，使推出机构处于准确可靠的位置。

推出机构在注射机工作时，每开合模一次，就往复运动一次，除了推杆、推管和复位杆与模板的滑动配合以外，其余部分均处于浮动状态。推杆固定板与推杆的重量不应作用在推杆上，而是由导向零件来支承，因此，为保证推出机构动作的平稳并使推出和复位导滑顺利，还必须设置推出导向机构。

1. 推出机构的复位

1）合模复位

复位机构的复位动作与合模动作同时完成。使推出机构复位最简单最常用的方法是在推杆固定板上同时安装复位杆，也叫回程杆。复位杆端面设计在动、定模的分型面上，如图 4.153 所示。开模时，复位杆与推出机构一同推出；合模时，动、定模合模的同时，复位杆(表 4－42)与定模分型面相接触，推动推板后退至与限位钉相碰而止，达到精确复位。图 4.153(a)所示为复位杆 7 开始与定模分型面接触，图 4.153(b)所示为推出机构在复位杆的反向推动下后退至初始成型位置。限位钉等限位元件尽可能设置在塑件的投影面积内，复位杆、导向元件及限位元件要均匀分布，以使推板受力均匀。

每副模具一般设置四根复位杆，其位置应对称设在推杆固定板的四周，以便推出机构在合模时能平稳复位。

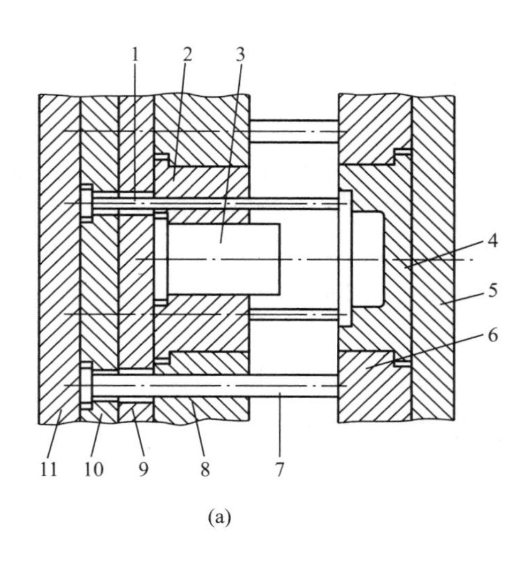

(a)

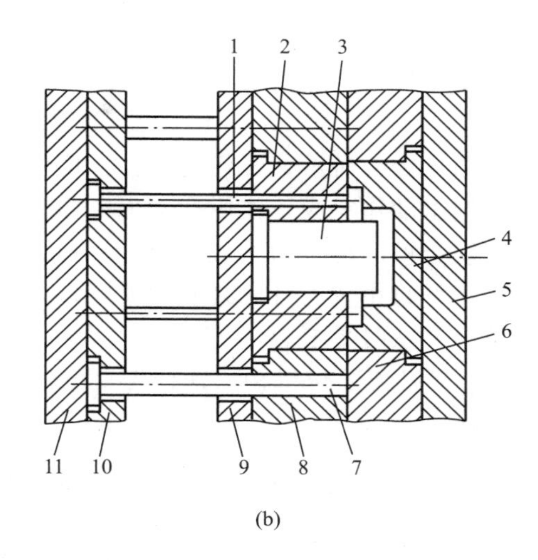

(b)

图 4.153 推出机构的复位

1—推杆；2—动模镶块；3—型芯；4—定模镶块；5—定模座板；6—定模板；7—复位杆；8—动模板；9—支承板；10—推杆固定板；11—推板

对于推件板推出机构，一般不另设复位元件，合模时，推件板表面与定模分型面直接接触，随后退至初始成型位置。

表 4-42 复位杆(摘自 GB/T 4169.13—2006)

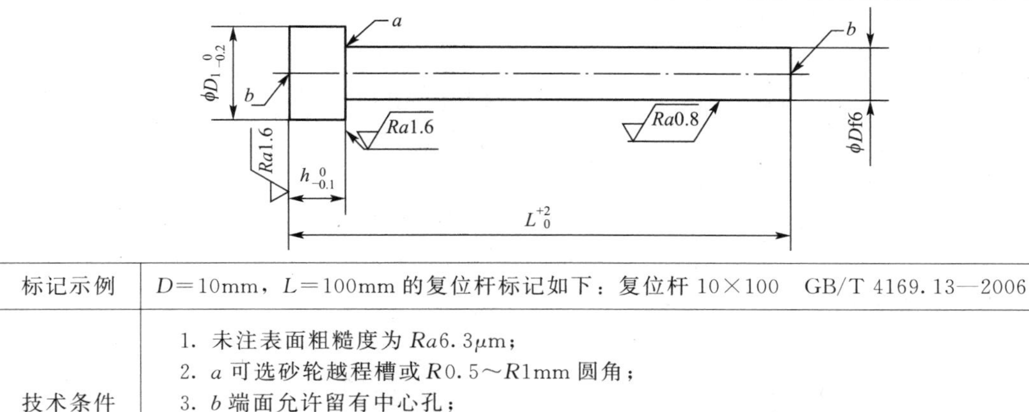

标记示例	D=10mm，L=100mm 的复位杆标记如下：复位杆 10×100 GB/T 4169.13—2006
技术条件	1. 未注表面粗糙度为 Ra6.3μm； 2. a 可选砂轮越程槽或 R0.5～R1mm 圆角； 3. b 端面允许留有中心孔； 3. 材料由制造者选定，推荐采用 T10A、GCr15，硬度 56～60HRC； 4. 其他技术要求应符合 GB/T 4170—2006 的规定

2）先复位

先复位是指动、定模合模之前，推出机构受力退回到初始成型位置，以避免产生干涉现象。通常在下列两种情况下采用：推出元件推出塑件后所处的位置影响到嵌件或活动镶件(型芯)的安放；侧向抽芯模具中推出元件与活动型芯的合模运动轨迹相交而导致插芯动作受到干涉。有液压先复位机构和机械先复位机构两大类。以下介绍几种机械先复位机构。

(1) 弹簧先复位机构。弹簧先复位机构是利用压缩弹簧的回复力使推出机构复位，其复位先于合模动作完成。弹簧在推杆固定板和动模支承板之间设置，并且尽量均匀分布在推杆固定板的四周，以便让推杆固定板受到均匀的弹力而使推出机构顺利复位。弹簧一般安装在复位杆上，或安装在另外设置的簧柱上，有时在模具结构允许时，弹簧也可安装在推杆上。

如图 4.154 所示。弹簧套装在复位杆上，推出机构进行推出动作时，弹簧处于压缩状态，当推出动作完成，作用在推出机构上的外力撤除，在弹簧回复力的作用下推出机构于动、定模合模前退至初始成型位置。弹簧先复位机构具有结构简单、安装方便等优点，但弹簧的力量较小，而且容易疲劳失效，可靠性差，一般只适用于复位力不大的场合，如弹簧失效，要及时更换。

(2) 摆杆先复位机构。摆杆先复位机构如图 4.155 所示。合模时，复位杆 2 推动摆杆 6 上的滚轮 3，使摆杆绕轴 7 逆时针方向旋转，从而推动推板 4 和推杆 1 先复位。

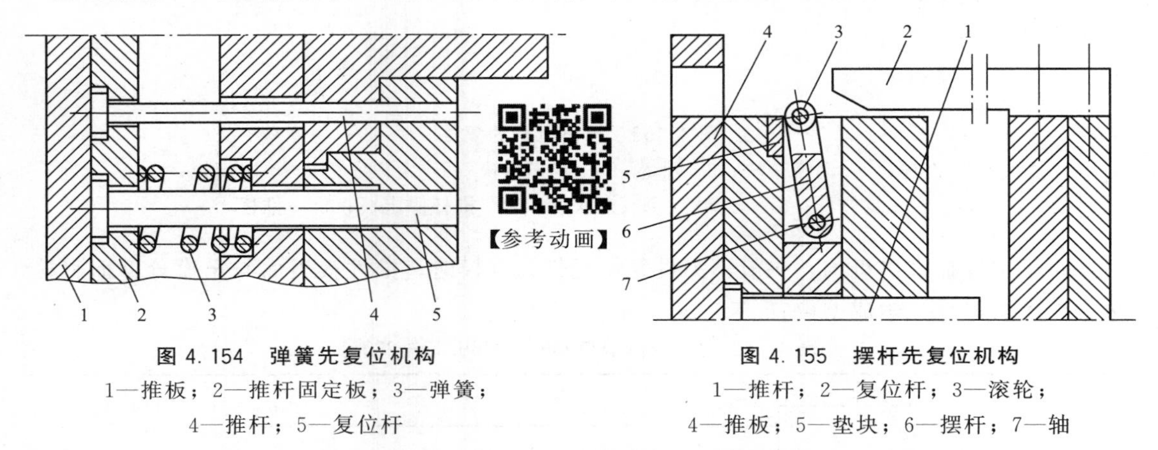

图 4.154　弹簧先复位机构

1—推板；2—推杆固定板；3—弹簧；4—推杆；5—复位杆

图 4.155　摆杆先复位机构

1—推杆；2—复位杆；3—滚轮；4—推板；5—垫块；6—摆杆；7—轴

(3) 双摆杆先复位机构。如图 4.156 所示为双摆杆先复位机构。这种机构适合于推出行程特别长的场合。合模时，复位杆 1 头部的斜面与双摆杆头部的滑轮 5 接触，推动推杆固定板 7，带动推杆 8 实现先复位。

(4) 三角滑块先复位机构。三角滑块先复位机构如图 4.157 所示。合模时，复位杆 1 推动三角滑块 2 移动，同时三角滑块又推动杆固定板 3 及推杆 4 先复位。这种先复位机构适用于推出行程较小的情况。

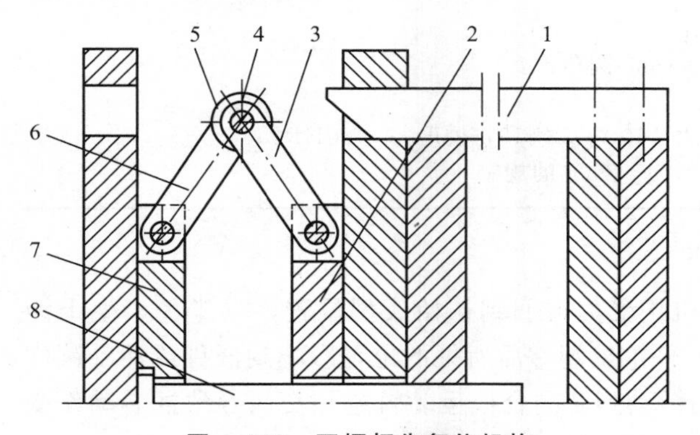

图 4.156　双摆杆先复位机构

1—复位杆；2—垫板；3、6—摆杆；4—轴；5—滚轮；7—推杆固定板；8—推杆

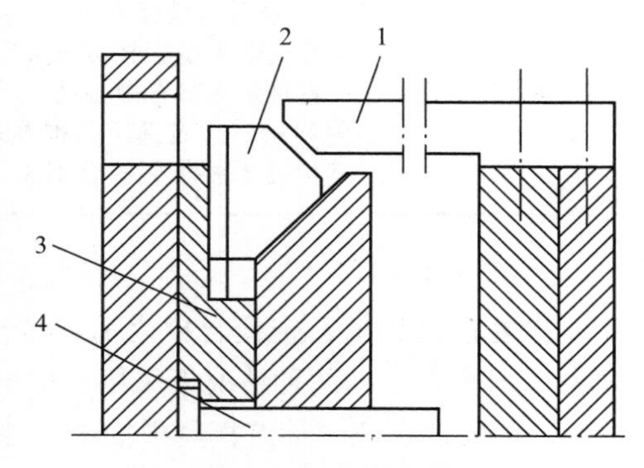

图 4.157　三角滑块先复位机构

1—复位杆；2—三角滑块；3—推杆固定板；4—推杆

2. 推出机构的导向

大面积的推板和推杆固定板在推出过程中，防止其歪斜和扭曲是非常重要的，否则会造成推杆变形、折断或使推板与型芯间磨损研伤。因此，为了保证塑件顺利脱模、各个推出部件运动灵活以及推出元件的可靠复位，要求推出机构必须有导向装置配合使用。

推出导向机构由推板导柱和推板导套组成，实现引导推板带动推出元件平稳地作往复运动的功能。有些推出机构的导向零件还兼起动模支承板的支承作用。常见的推出导向机构如图 4.158 所示。

图 4.158(a)和图 4.158(b)中的导柱同时还起支承作用，提高了支承板的刚性，也改善了其受力状况。当模具较大，或型腔在分型面上的投影面积较大、生产批量较大时，最好采用这两种形式。图 4.158(a)是推板导柱固定在动模座板上的形式，推板导柱也可以固定在支承板上，加工方便，推板导柱兼起支承作用，但导向精度不容易保证，适用于中型模具；图 4.158(b)中推板导柱的一端固定在支承板上，另一端固定在动模座板上，使模具后部组成一个框形结构，刚性好，推板导柱兼起支承作用，支承板刚性也有提高，该结构适用于大型注射模具；图 4.158(c)是将导柱固定在中间垫板(支承板)上，结构简单，推板导柱、推板导套容易达到配合要求，但推板导柱容易单边磨损，且只起导向作用不起支承作用，适用于小型模具。

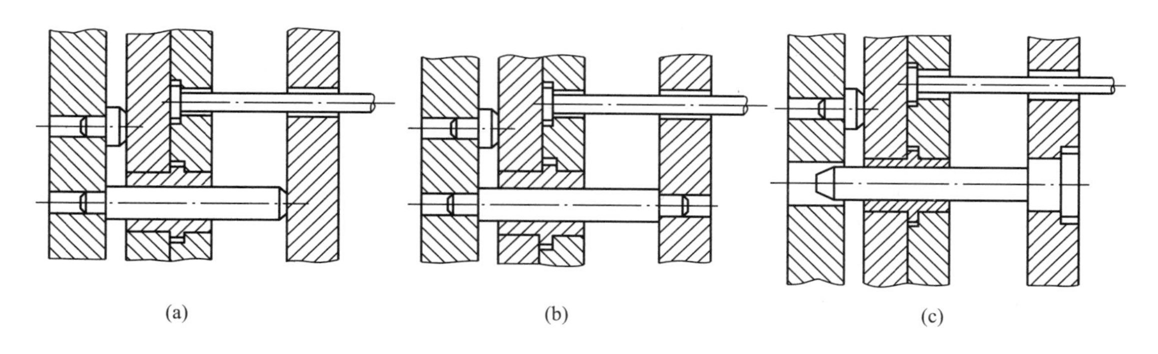

图 4.158 推出导向机构

对于小型模具，有时可不必另设推出导向机构，直接利用推杆或复位杆兼起推出机构的导向元件。且导向元件与动模板选用 H8/f9 的配合精度。

应用实例

如图 4.159(a)所示，塑件为大型薄壁的壳类制品，试对其进行推出方案分析和设计。

塑件是大型薄壁的壳类制品。采用多元件综合推出的模具结构形式，如图 4.159(b)所示，在型腔内部有深筒、高的立壁及直径较小的圆柱等难以脱模的结构形状，故采用以推件板 2 为主要推出元件，推动塑件周边，以推管 5、成型推块 1 和推杆 8 为局部推出元件，分别推出深筒部位、立壁部位和小圆柱部位。实践证明，这种采用多元件综合推出的机构，推出力均匀，移动平稳，塑件脱模顺畅，能取得较好的脱模效果。

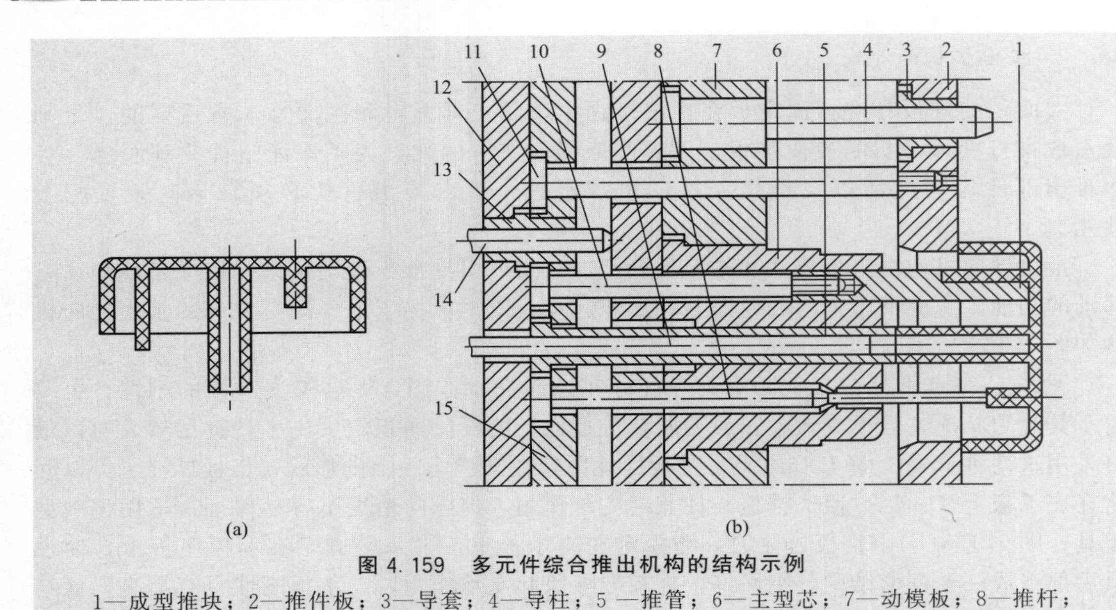

图 4.159 多元件综合推出机构的结构示例

1—成型推块；2—推件板；3—导套；4—导柱；5 —推管；6—主型芯；7—动模板；8—推杆；9—型芯；10、11—连接推杆；12—推板；13—推板导套；14—推板导柱；15—推杆固定板

4.10 侧向分型与抽芯机构设计

当注射成型侧壁带有孔、凹穴、凸台等的塑料制件(图 4.160)时，模具上成型该处的零件一般都要制成可侧向移动的零件，以便在脱模之前先抽掉侧向成型零件，否则就可能无法脱模。带动侧向成型零件做侧向移动(抽拔与复位)的整个机构称为侧向分型与抽芯机

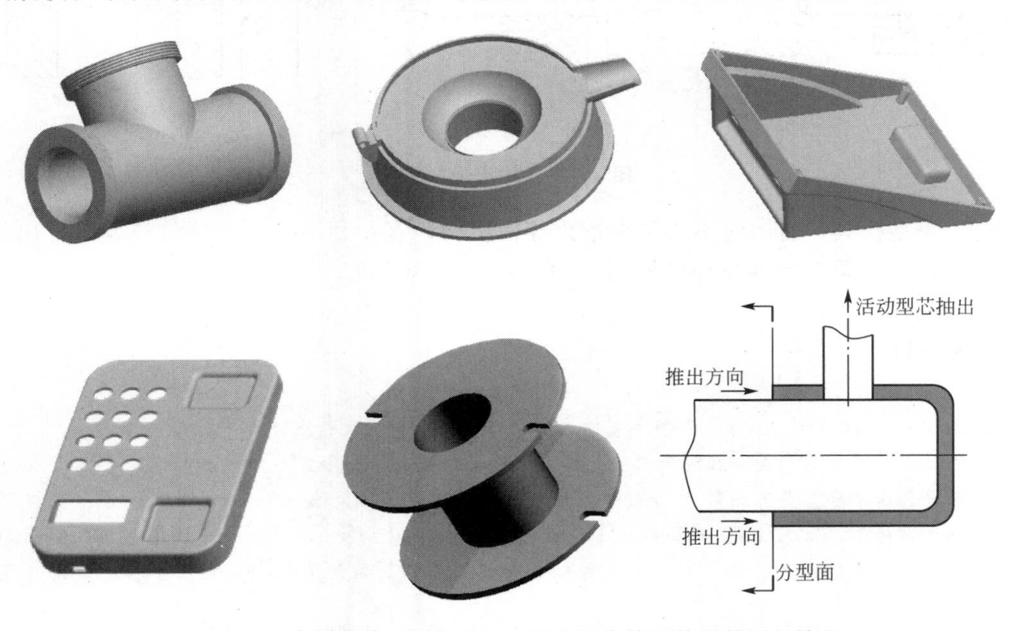

图 4.160 有侧向孔、侧向凸凹、侧向凸台的塑件及其侧向抽芯

构。其中，对于成型侧向凸台的情况(包括垂直分型的瓣合模)，常常称为侧向分型；对于成型侧孔或侧凹的情况，往往称为侧向抽芯。在一般的设计中，统称为侧向分型抽芯。将可侧向移动的成型零件称作侧型芯(通常又称活动型芯)。

4.10.1 概述

1. 侧向分型和抽芯机构的构成

侧向分型和抽芯机构按功能划分，一般由成型元件、运动元件、传动元件、锁紧元件及限位元件等部分组成，如图4.161所示为典型的斜导柱侧向分型和抽芯机构示意图，以此为例，侧向分型和抽芯机构的构成主要包括如下几部分：

(1) 侧向成型元件。侧向成型元件是成型塑件侧向凹凸(包括侧孔)形状的零件，包括侧型芯、侧向成型块等，如图4.161中的侧型芯3。

(2) 运动元件。安装并带动侧向成型元件在模具导滑槽内运动的零件称为运动元件，如图4.161中的滑块9。

(3) 传动元件。传动元件是指开模时带动运动元件作侧向分型或抽芯，合模时又使之复位的零件，如图4.161中的斜导柱8。

(4) 锁紧元件。锁紧元件是指为了防止注射时运动元件(侧向成型元件)受到侧向压力而产生位移所设置的零件，如图4.161中的楔紧块10。

(5) 限位元件。为了使运动元件在侧向分型或抽芯结束后停留在所要求的位置上，以保证合模时传动元件能顺利使其复位，必须设置运动元件在侧向分型或抽芯结束时的限位元件，如图4.161中的弹簧拉杆挡块机构(限位块11、弹簧12、垫圈13、螺母14、拉杆15)

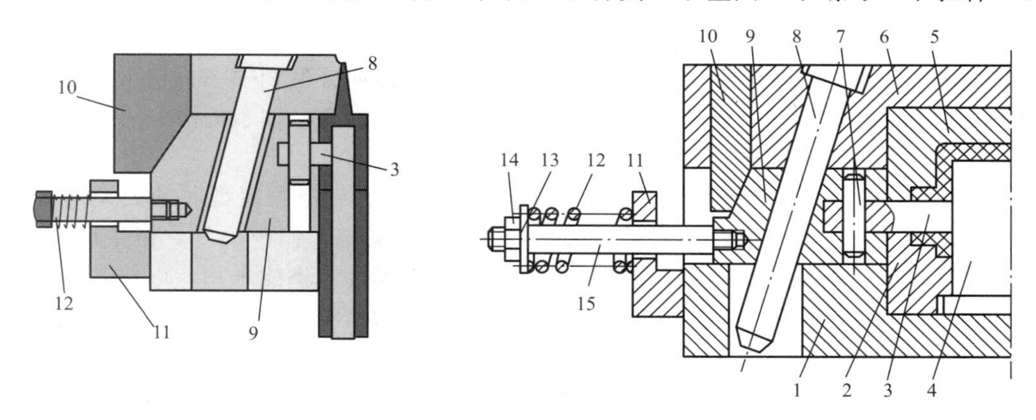

图4.161 侧向分型和抽芯机构的构成

1—动模板；2—动模镶块；3—侧型芯；4—型芯；5—定模镶块；6—定模(座)板；7—销钉；8—斜导柱；9—滑块；10—楔紧块；11—限位块；12—弹簧；13—垫圈；14—螺母；15—拉杆

2. 侧向分型和抽芯机构的动作过程

典型的侧向分型和抽芯机构的动作过程如图4.162所示。图4.162(a)为合模时的位置状态。滑块3安装在动模板12上的T形导滑槽中，斜导柱4以斜角α安装在定模板1上，插入滑块3的斜孔中。合模时，安装在定模板1上的楔紧块5将侧型芯10锁紧在成型位置上。

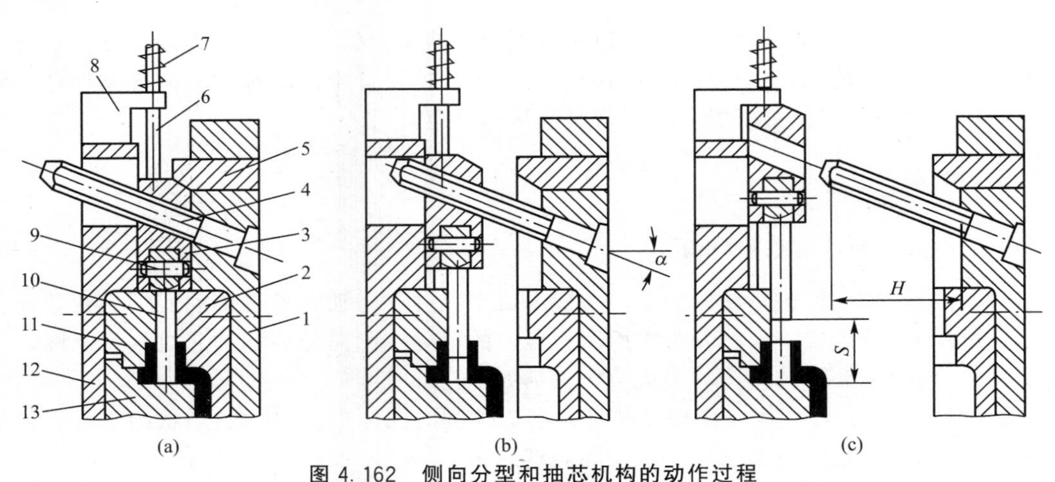

图 4.162　侧向分型和抽芯机构的动作过程

1—定模板；2—定模镶块；3—滑块；4—斜导柱；5—楔紧块；6—限位螺钉；
7—弹簧；8—限位块；9—销钉；10—侧型芯；11—动模镶块；12—动模板；13—型芯

当注射成型后，开模过程中，在开模力作用下，斜导柱 4 带动滑块 3 沿动模板 12 上的 T 形导滑槽作抽芯动作，如图 4.162(b)所示。图 4.162(c)为抽芯动作完成。当开模行程达到 H 时，侧型芯的抽出行程为 S，并停留在抽芯动作的最终位置上。在下一注射成型周期的合模过程中，滑块 3 则在斜导柱 4 的驱动下，进行插芯动作，并由楔紧块 5 定位锁紧。为了确保在合模时斜导柱 4 能顺利地插入滑块 3 的斜孔中，滑块 3 的最终位置由限位元件(图中限位螺钉 6、弹簧 7 和限位块 8)加以限位或定位。

3. 侧向分型和抽芯机构的分类

按照侧向分型和抽芯的动力来源的不同，注射模的侧向分型和抽芯机构可分为手动侧向分型与抽芯机构、机动侧向分型与抽芯机构、液压或气动驱动抽芯机构等三大类。

1) 手动侧向分型与抽芯机构

手动侧向分型与抽芯机构是利用人力将模具侧向分型或把侧向型芯从成型塑件中抽出。侧抽芯和侧向分型的动作由人工来实现，模具结构简单，制模容易，但生产效率低，不能自动化生产，工人劳动强度大，故在抽拔力较大的场合下不能采用，因此常用于产品的试制、小批量生产或无法采用其他侧向分型与抽芯机构的场合。

手动侧向分型与抽芯机构的形式很多，可根据不同塑件设计不同形式的手动侧向分型与抽芯机构。手动侧向分型与抽芯机构可分为两类：一类是模内手动分型抽芯；另一类是模外手动分型抽芯。而模外手动分型抽芯机构实质上是带有活动镶件的模具结构。

2) 机动侧向分型与抽芯机构

机动侧向分型与抽芯机构是利用注射机开模力作为动力，通过有关传动零件(如斜导柱)使力作用于侧向成型零件而将模具侧向分型或把侧向型芯从塑件中抽出，合模时又靠它使侧向成型零件复位。根据传动零件的不同，这类机构可分为斜导柱、弯销、斜导槽、斜滑块和齿轮齿条等许多不同类型的侧向分型与抽芯机构，其中斜导柱侧向分型与抽芯机构最为常用。

机动抽芯的结构比较复杂，但分型与抽芯无需手工操作，生产率高，在生产中应用最为广泛。

3）液压或气动驱动抽芯机构

液压或气动侧向分型与抽芯机构是以液压力或压缩空气作为动力进行侧向分型与抽芯，同样也靠液压力或压缩空气使侧向成型零件复位。

液压或气动侧向分型与抽芯机构多用于抽拔力大、抽芯距比较长的场合，例如大型管道塑件的抽芯等。这类分型与抽芯机构是靠液压缸或汽缸的活塞来回运动进行的，抽芯的动作比较平稳，特别是有些注射机本身就带有抽芯液压缸，所以采用液压侧向分型与抽芯更为方便，但缺点是液压或气动装置成本较高。

4．抽芯机构抽芯力、抽芯距的计算

【参考动画】

1）抽芯距 S 的确定

抽芯距是指将活动型芯从成型位置抽至不妨碍塑件脱模位置(脱模时不产生干涉)，活动型芯沿抽拔方向所移动的距离。抽芯距一般应大于塑件侧孔深度或凸台高度 2～3mm，如图 4.163 所示。塑件上带有侧孔，其孔深度为 H，此时抽芯距 S 为

$$S=H+(2\sim3) \tag{4-44}$$

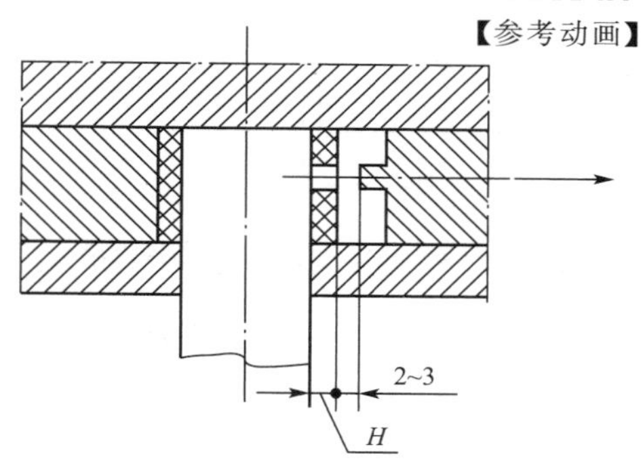

图 4.163　一般塑件的抽芯距

如图 4.164 所示，当用拼合型腔镶块成型圆形线圈骨架一类塑件时，其抽芯距 S 应大于侧凹的深度，具体计算公式见式(4-45)、式(4-46)。

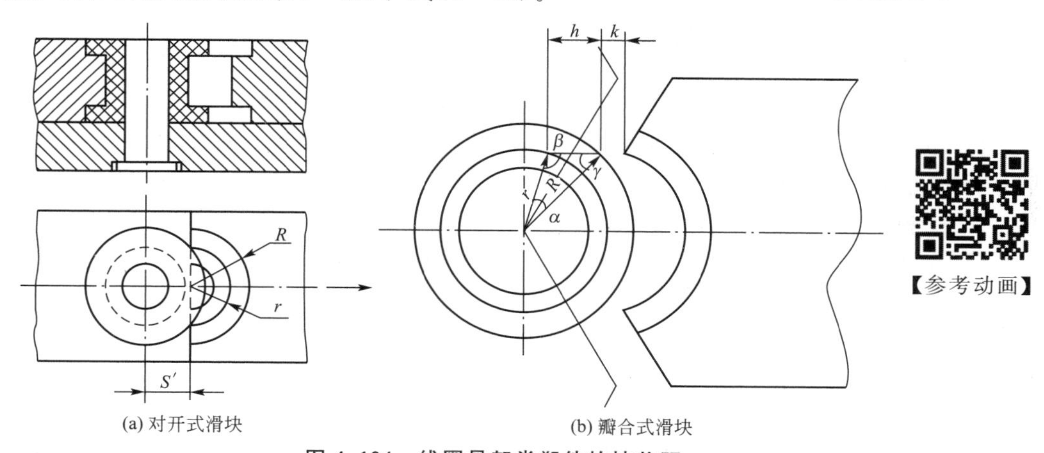

(a) 对开式滑块　　(b) 瓣合式滑块

【参考动画】

图 4.164　线圈骨架类塑件的抽芯距

图 4.164(a)采用对开式滑块侧抽芯，滑块的抽芯距 S 应为

$$S=\sqrt{R^2-r^2}+(2\sim3) \tag{4-45}$$

式中：R 为塑件最大外形半径，mm；r 为阻碍塑件推出的外形最小半径，mm；S 为抽芯距，mm。

图 4.164(b)采用多瓣拼合式滑块结构，可由下式计算抽芯距 S，即

$$S=h+k=\frac{R\sin\alpha}{\sin(180^\circ-\beta)}+(2\sim3) \tag{4-46}$$

式中：R 为塑件最大外形半径，mm；r 为阻碍塑件推出的外形最小半径，mm；β 为夹角，

三等分滑块，$\beta=120°$；四等分滑块，$\beta=135°$；五等分滑块，$\beta=144°$；六等分滑块，$\beta=150°$；α 为夹角，$\alpha=180°-\gamma-\beta$，$\gamma=\arcsin\frac{r\sin\beta}{R}$；$S$ 为抽芯距，mm。

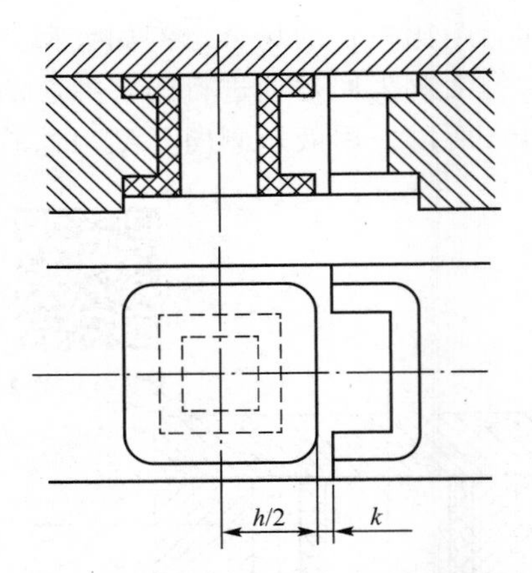

图 4.165　矩形用二等分滑块抽芯距离

如图 4.165 所示，当用拼合型腔镶块成型矩形线圈骨架一类塑件时，其抽芯距 S 按式(4-47)确定。

$$S=\frac{h}{2}+k \tag{4-47}$$

式中：h 为矩形塑件的外形最大尺寸，mm；k 为安全值，mm，一般取 2～3mm。

当塑件外形复杂时，常用作图法确定抽芯距 S 的值。

2) 抽芯力的确定

(1) 抽芯力的影响因素。由于塑件在冷凝收缩时对型芯产生包紧力，因此，抽芯机构必须克服因包紧力引起的抽拔阻力及机械滑动的摩擦力，才能把活动型芯拔出来。对于不带通孔的壳体塑件，抽拔时还需克服表面大气压造成的阻力。在开始抽拔的瞬间，使塑件与侧型芯脱离所需的抽拔力称为起始抽芯力，以后为了使侧型芯抽到不妨碍塑件推出的位置时，所需的抽拔力称为相继抽芯力，前者比后者大。因此，计算抽芯力是应以起始抽芯力为准。

影响抽芯力的因素很多：

① 型芯成型部分表面积越大，几何形状越复杂，其包紧力也越大，所需的抽芯力也越大。

② 塑料收缩率越大，对型芯的包紧力也越大，所需的抽芯力也越大。在同样收缩率的情况下，硬质塑料比软质塑料所需的抽芯力大。

③ 包容面积相同，形状相似的塑件，薄壁塑件收缩率小，抽芯力也小；反之，壁厚塑件抽芯力大。

④ 塑料对型芯的摩擦因数越大，抽芯力越大。

⑤ 在塑件同一侧面同时抽芯的数量越多，抽芯力也越大。

⑥ 成型工艺主要参数对抽芯力也有影响：当注射压力小，保压时间短时，抽芯力较小；冷却时间长，塑件收缩基本完成，则包紧力大，所以抽芯力也大。

(2) 抽芯力的计算。对于侧型芯的抽芯力，往往采用如下公式进行估算：

$$F_c=chp(\mu\cos\alpha-\sin\alpha) \tag{4-48}$$

式中：F_c 为抽芯力，N；c 为侧型芯成型部分的截面平均周长，m；h 为侧型芯成型部分的高度，m；p 为塑件对侧型芯的收缩应力(包紧力)，其值与塑件的几何形状及塑料的品种、成型工艺等有关，一般情况下模内冷却的塑件，$p=(0.8\sim1.2)\times10^7$Pa，模外冷却塑件，$p=(2.4\sim3.9)\times10^7$Pa；μ 为塑料在热状态时对钢的摩擦因数，一般 $\mu=0.15\sim0.20$；α 为脱模斜度，取 $1°\sim2°$。

4.10.2　斜导柱抽芯机构

1. 斜导柱抽芯机构的结构

如图 4.166 所示为典型的斜导柱抽芯机构。在开模时，开模力通过斜导柱作用于滑块，使滑块带动侧向型芯在动模板的导滑槽内向外侧移动，当斜导柱全部脱离滑块上的斜孔后，侧向型芯就完全从塑件中抽出，完成侧抽芯动作；然后，塑件由推出机构推出。限位挡块、拉杆、弹簧等构成滑块的限位装置，使滑块保持在抽芯完成后的最终位置，以便合模时斜导柱能准确地进入滑块的斜孔，将侧向型芯复位。楔紧块用于防止成型时滑块因受到侧向注射压力而发生位移。

如图 4.167 所示为斜导柱抽芯机构的相关实例图片。

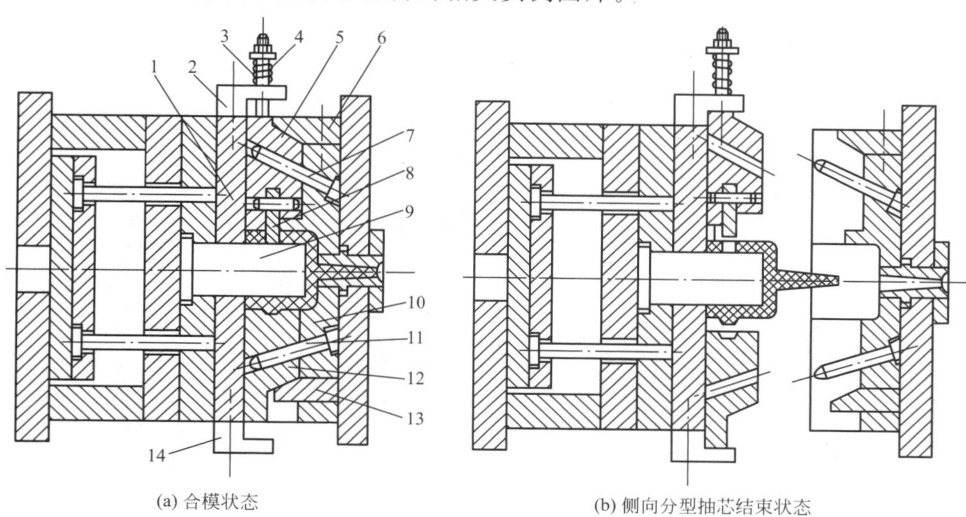

(a) 合模状态　　(b) 侧向分型抽芯结束状态

图 4.166　斜导柱抽芯机构典型示例

1—推件板；2、14—挡块；3—弹簧；4—拉杆；5—滑块；6、13—楔紧块；7、11—斜导柱；8—侧型芯；9—型芯；10—定模板；12—侧向成型块

图 4.167　斜导柱抽芯机构相关图片

斜导柱抽芯机构结构简单，可以满足一般的抽芯要求，广泛应用于中小型模具的抽芯。根据斜导柱和滑块在模具上的装配位置不同，斜导柱抽芯机构有以下几种常用的形式。

1）斜导柱安装在定模、滑块安装在动模

斜导柱安装在定模、滑块安装在动模的结构是斜导柱侧向分型抽芯机构的模具中应用最广泛的形式，如图 4.168 所示。它既可用于结构比较简单的注射模，也可用于结构比较复杂的双分型面注射模。

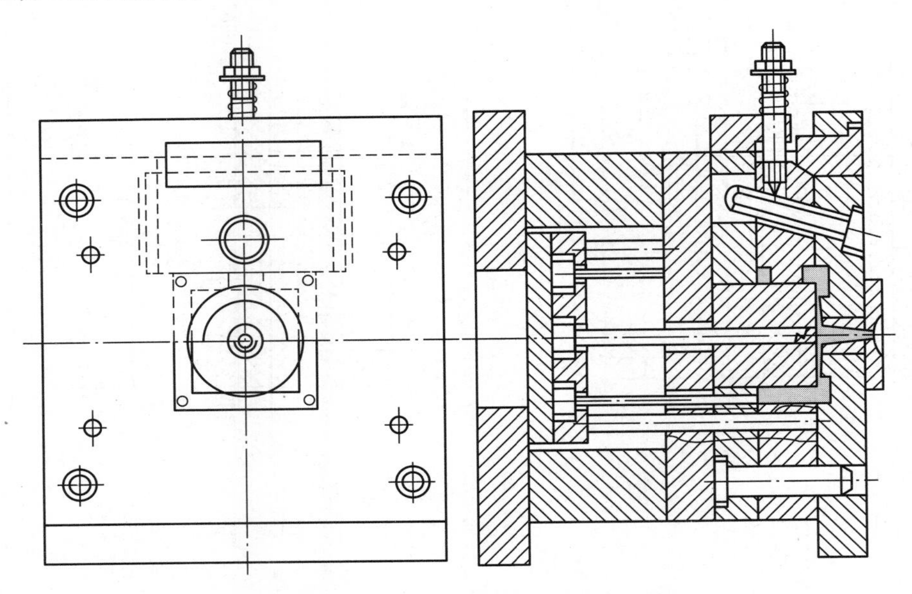

图 4.168　斜导柱安装在定模、滑块在动模的结构

这种形式在设计时必须注意，滑块与推杆在合模复位过程应避免发生“干涉”现象。所谓干涉现象，是指滑块的复位先于推杆的复位致使活动侧型芯与推杆相碰撞，造成模具损坏。侧型芯与推杆发生干涉的可能性出现在两者在垂直于开模方向平面上的投影发生重合的条件下。如图 4.169 所示的复位位置，当满足

$$\Delta l < \Delta h \cdot \tan\alpha \tag{4-49}$$

则可避免发生干涉。式中：Δl 为完全合模状态下侧型芯与推杆在主分型面上重合的侧向距离；Δh 为合模成型时推杆端面与侧型芯在开模方向的最近距离。

在模具结构允许的情况下，应尽量避免在侧型芯的投影范围内设置推杆。如果受到模具结构的限制而在侧型芯的投影下一定要设置推杆，应首先考虑能否使推杆在推出一定距离后仍低于侧型芯的最低面，当这一条件不能满足时，就必须分析产生干涉的临界条件和采取措施使推出机构先复位(详见第 4.9.6 章节)，然后才允许侧型芯滑块复位，这样才能避免干涉。

2）斜导柱安装在动模、滑块安装在定模

斜导柱安装在动模，滑块安装在定模结构的模具特点是脱模与侧抽芯不能同时进行，两者之间要有一个滞后的过程。如图 4.170 所示为先脱模后侧向分型与抽芯的结构。

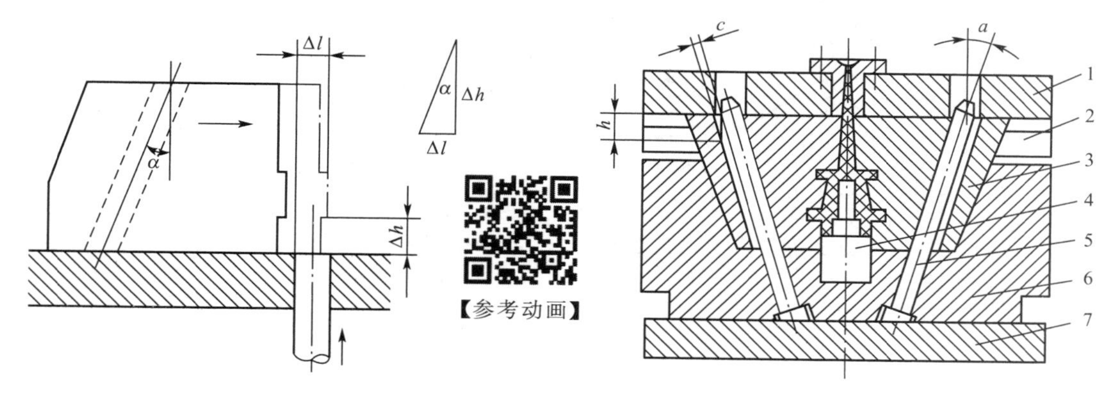

图 4.169 不产生干涉的几何条件

图 4.170 斜导柱在动模、滑块在定模的结构

1—定模座板；2—导滑槽；
3—瓣合凹模(侧滑块)；4—型芯；
5—斜导柱；6—动模板；7—动模座板

斜导柱 5 与侧型芯滑块(这里即为瓣合凹模 3)上导柱孔之间有较大的配合间隙($C=1.6\sim3.6$mm)，故动、定模分开距离 h($h=c/\sin\alpha$)之后，滑块才侧向分型，此时动模板 6 已带动型芯 4 脱离塑件相对移动 h 距离，产生了松动，然后用人工取出塑件。这种模具结构比较简单，加工方便，但塑件需要人工从瓣合凹模滑块之间取出，操作不方便，生产率也较低，因此仅适合于小批量生产的简单模具。

3) 斜导柱与滑块同时安装在定模

斜导柱与滑块同时安装在定模的结构要造成两者之间的相对运动，否则就无法实现侧抽芯动作。应用这种模具结构是有条件的。塑件对型芯有足够包紧力，型芯在初始开模时，能沿开模轴线方向运动。必须保证推件板与动模板在开模时首先分型，故需采用顺序分型机构。

如图 4.171 所示为采用弹簧式顺序分型机构的形式。开模时，动模部分向下移动，在弹簧 7 的作用下，A 分型面首先分型，主流道凝料从浇口套中脱出，分型的同时，在斜导柱 2 的作用下滑块 1 开始侧向抽芯，侧向抽芯动作完成后，定距螺钉 6 的台阶端部与定模板 5 接触，A 分型结束。动模部分继续向下移动，B 分型面开始分型，塑件包在型芯 3 上脱离定模板 5，最后在推杆 8 的作用下。推件板 4 将塑件从型芯上脱下。

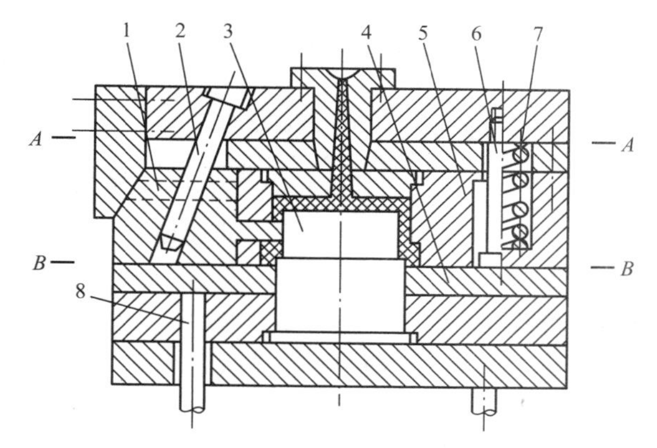

图 4.171 斜导柱与滑块同在定模的结构

1—侧型芯滑块；2—斜导柱；3—型芯；
4—推件板；5—定模板；6—定距螺钉；
7—弹簧；8—推杆

4) 斜导柱与滑块同时安装在动模

斜导柱与滑块同时安装在动模时，一般可以通过推出机构来实现斜导柱与侧型芯滑块的相对运动。

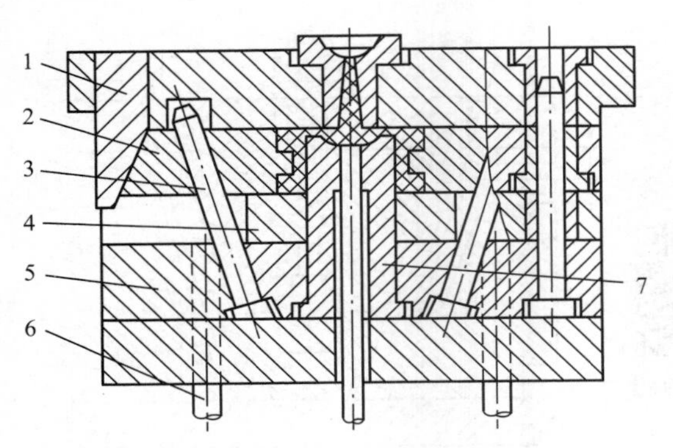

图 4.172 斜导柱与滑块同在动模的结构

1—楔紧块；2—侧型芯滑块；3—斜导柱；4—推件板；5—动模板；6—推杆；7—型芯

如图 4.172 所示，侧型芯滑块 2 安装在推件板 4 的导滑槽内，合模时靠设置在定模板上的楔紧块锁紧。开模时，侧型芯滑块 2 和斜导柱 3 一起随动模部分下移和定模分开，当推出机构开始工作时，推杆 6 推动推件板 4 使塑件脱模的同时，滑块 2 在斜导柱 3 的作用下在推件板 4 的导滑槽内向两侧滑动而侧向分型抽芯。

这种结构的模具，由于侧型芯滑块始终不脱离斜导柱，所以不需设置滑块限位装置。造成斜导柱与滑块相对运动的推出机构一般只是推件板推出机构，因此，这种结构形式主要适合于抽芯力和抽芯距均不太大的场合。

5）斜导柱的内侧抽芯

斜导柱侧向分型与抽芯机构除了对塑件进行外侧分型与抽芯外，还可以对塑件进行内侧抽芯，如图 4.173 所示。

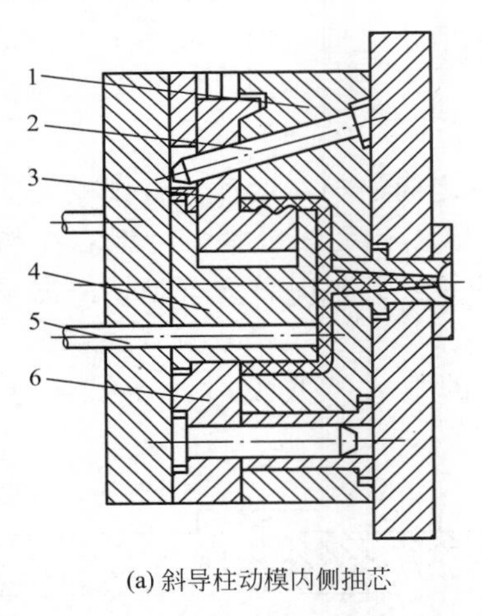

(a) 斜导柱动模内侧抽芯

(b) 斜导柱定模内侧抽芯

图 4.173 斜导柱的内侧抽芯机构

图 4.173(a)所示为斜导柱动模内侧抽芯机构，斜导柱 2 固定于定模板 1 上，侧型芯滑块 3 安装在动模板 6 上，开模时，塑件包紧在动模部分的型芯 4 上随动模向左移动，在开模过程中，斜导柱 2 同时驱动侧型芯滑块 3 在动模板 6 的导滑槽内滑动而进行内侧抽芯，最后推杆 5 将塑件从型芯 4 上推出。这类模具设计时，由于缺少斜导柱从滑块中抽出时的滑块限位装置，因此要求将滑块设置在模具的上方，利用滑块的重力进行抽芯后的限位。

图 4.173(b)所示为斜导柱定模内侧抽芯机构，开模后，在压缩弹簧 2 的弹性作用下，定模部分的 A 分型面先分型，同时斜导柱 3 驱动侧型芯滑块 4 作塑件的内侧抽芯，内侧抽芯结束，侧型芯滑块在小弹簧的作用下靠在型芯 5 上而定位，同时限位螺钉 1 限位；继续

开模，B 分型面分型，塑件被带到动模，推出机构工作时，推杆将塑件推出模外。

实用技巧

在设计需斜导柱侧向分型抽芯机构的模具时，首先应考虑使用斜导柱安装在定模、滑块安装在动模的结构形式。

2. 斜导柱抽芯机构设计

1）斜导柱的设计与计算

（1）斜导柱的结构。斜导柱的典型形状如图 4.174 所示。斜角 θ 应大于斜导柱倾斜角 α，一般 $\theta = \alpha + 2° \sim 3°$，以免端部锥台也参与侧抽芯，导致滑块停留的位置不符合设计要求。为减少斜导柱与滑块上斜导孔之间的摩擦，可在斜导柱工作长度部分的外圆轮廓铣出两个对称平面。

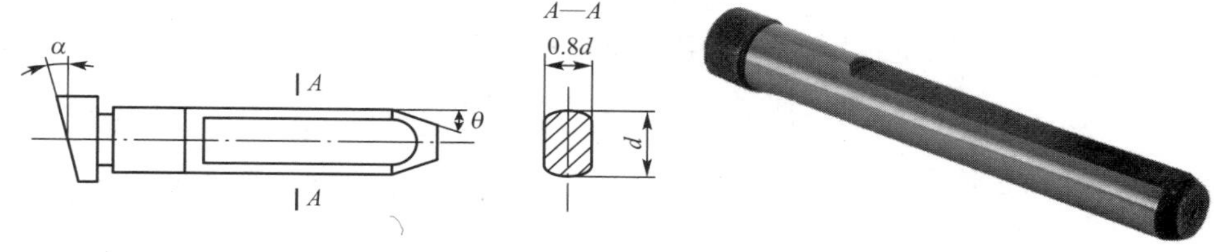

图 4.174 斜导柱的基本形状

（2）斜导柱倾斜角 α。斜导柱轴向与开模方向的夹角称为斜导柱的倾斜角（也称安装斜角），是决定斜导柱抽芯机构工作效果的重要参数。倾斜角的大小对斜导柱的有效工作长度、抽芯距离和受力状况等起着决定性的影响。

由图 4.175 可知：

$$L = S/\sin\alpha \tag{4-50}$$

$$H = S/\tan\alpha \tag{4-51}$$

式中：L 为斜导柱的工作长度；S 为抽芯距；α 为斜导柱的倾斜角；H 为与抽芯距 S 对应的开模距。

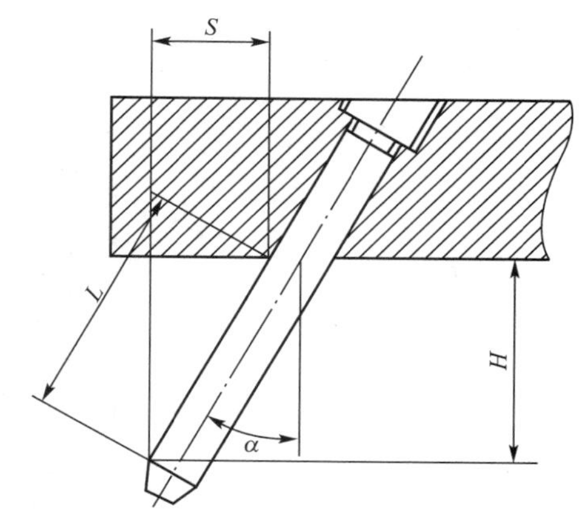

图 4.175 斜导柱工作长度、倾斜角与抽芯距关系

图 4.176 是斜导柱抽芯时的受力图，由于摩擦力与其他力相比较一般很小，常略去不计（即图中的摩擦力 F_1、F_2 忽略不计）。由图可知：

$$F = F_w = \frac{F_t}{\cos\alpha} = \frac{F_c}{\cos\alpha} \tag{4-52}$$

$$F_k = F_w \sin\alpha = F_c \tan\alpha \tag{4-53}$$

式中：F 为抽芯时斜导柱通过滑块上的斜导孔对滑块施加的正压力，N；F_w 为 F 的反作用力，即斜导柱所受到的弯曲力，N；F_t 为抽拔阻力（即脱模力），N；F_c 为抽芯力，与抽拔阻力（即脱模力）是反作用力，N；α 为斜导柱的倾斜角，(°)；F_k 为开模力，通过导滑槽

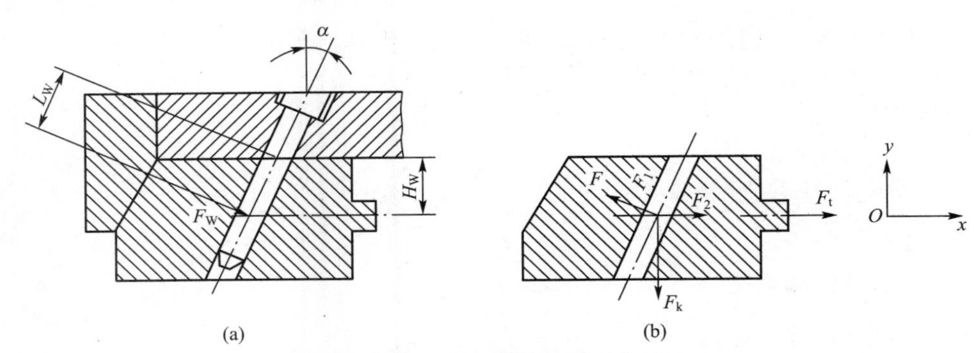

图 4.176　斜导柱抽芯时受力图

施加于滑块，N。

从式(4-52)可以看出，抽拔力 F_c 一定时，倾斜角 α 越小，斜导柱所受的弯曲力 F_w 也越小。一般在设计时，$\alpha<25°$，最常用为 $12°\leqslant\alpha\leqslant22°$。

(3) 斜导柱的长度 L_z。斜导柱的总长度由五部分组成，具体由斜导柱的直径、倾斜角、抽芯距以及斜导柱固定板厚度来决定。如图 4.177 所示，斜导柱的总长为：

$$L_z=L_1+L_2+L_3+L_4+L_5=\frac{d_2}{2}\tan\alpha+\frac{h}{\cos\alpha}+\frac{d}{2}\tan\alpha+\frac{s}{\sin\alpha}+(5\sim10)\text{mm} \quad (4-54)$$

式中：L_z 为斜导柱总长度；d_2 为斜导柱固定部分大端直径；h 为斜导柱固定板厚度；d 为斜导柱工作部分直径；S 为抽芯距。

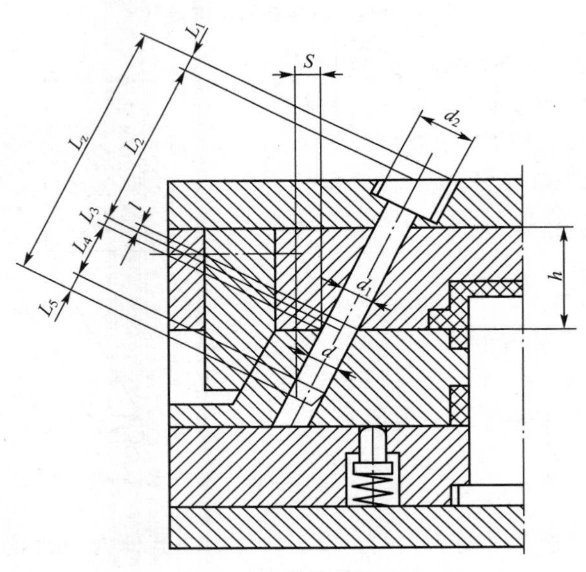

图 4.177　斜导柱的长度

学以致用

以上一些计算和推导都是基于侧型芯滑块抽芯方向与开合模方向垂直的状况(也是最常采用的一种方式)，若如图 4.178 所示的侧型芯滑块抽芯方向向动模一侧或定模一侧倾斜时，斜导柱的有效倾斜角 θ 如何变化?

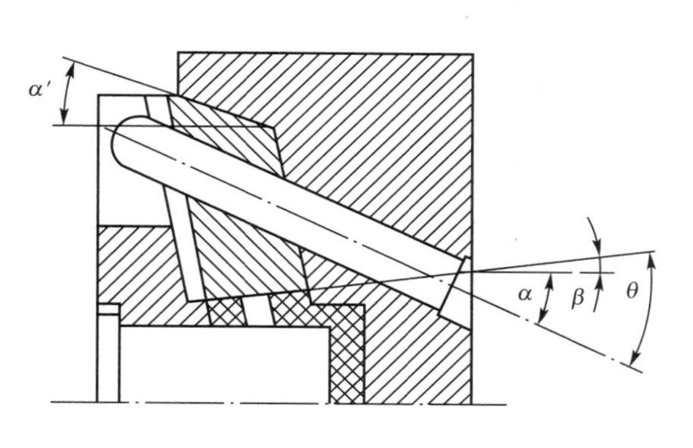

(a) 侧型芯滑块抽芯方向向动模一侧倾斜β

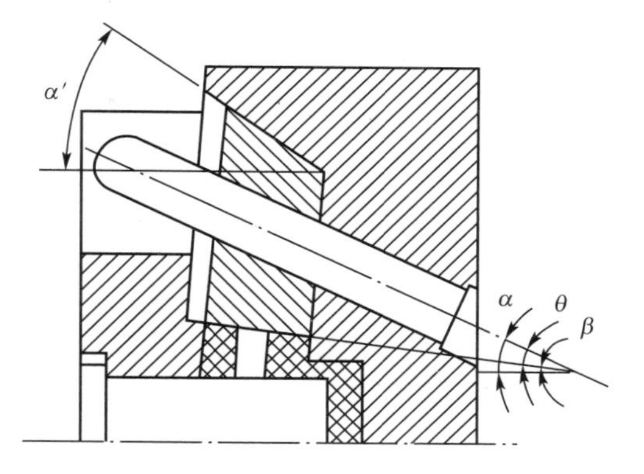

(b) 侧型芯滑块抽芯方向向定模一侧倾斜β

图 4.178 侧型芯滑块抽芯方向与开合模方向不垂直时的两种状况

(4) 斜导柱的直径 d。斜导柱的直径主要受弯曲力的影响，根据图 4.176(a)，斜导柱所受的弯矩为

$$M_w = F_w L_w \tag{4-55}$$

式中：M_w 为斜导柱所受弯矩；F_w 为斜导柱所受弯曲力；L_w 为斜导柱弯曲力臂。

由材料力学可知：

$$M_w = [\sigma_w] W \tag{4-56}$$

式中：$[\sigma_w]$ 为斜导柱所用材料的许用应力，可查有关手册；W 为抗弯截面系数，斜导柱的截面一般为圆形，其抗弯截面系数为 $W = \pi d^3/32 \approx 0.1d^3$。

可推导出斜导柱的直径 d：

$$d = \sqrt[3]{\frac{F_w L_w}{0.1[\sigma_w]}} = \sqrt[3]{\frac{10F_t L_w}{[\sigma_w]\cos\alpha}} = \sqrt[3]{\frac{10F_c H_w}{[\sigma_w]\cos^2\alpha}} \tag{4-57}$$

要点提醒

斜导柱直径 d 的计算思路：先按已求得的抽芯力 F_c 和选定的斜导柱倾斜角 α 求出最大弯曲力 F_w，然后根据 F_w 和 H_w 以及 α 利用式(4-57)求出斜导柱直径 d。

由于斜导柱直径 d 的计算比较复杂，有时为了方便，可用查表的方法确定斜导柱的直径(具体可查阅有关设计手册)。

(5) 斜导柱的技术要求。斜导柱常用材料为45钢、T8、T10及低碳钢渗碳等，要求热处理硬度大于55HRC(对于45钢，则硬度要求大于40HRC)。工作部分和配合部分 $Ra \leqslant 0.8\mu m$，非配合部分 $Ra \leqslant 3.2\mu m$；固定孔配合H7/m6，与滑块上的导孔配合间隙为0.5～1.0mm，平分在斜导柱两侧。

2) 滑块的设计

滑块是斜导柱侧向分型抽芯机构中的一个重要零部件。斜导柱抽芯机构的滑块分为整体式和组合式两种。整体式就是侧向型芯或成型镶块和滑块为一个整体，这种结构仅适用于形状十分简单的侧向移动零件。而组合式则是侧向型芯或成型镶块单独制造后，再装配到滑块上，采用组合式结构可以节约优质钢材，而且加工容易，因此应用广泛。

(1) 滑块与侧型芯的联接。表 4-43 所列是几种常见的滑块与侧型芯联接的方式。

表 4-43　滑块与侧型芯常见的联接方式

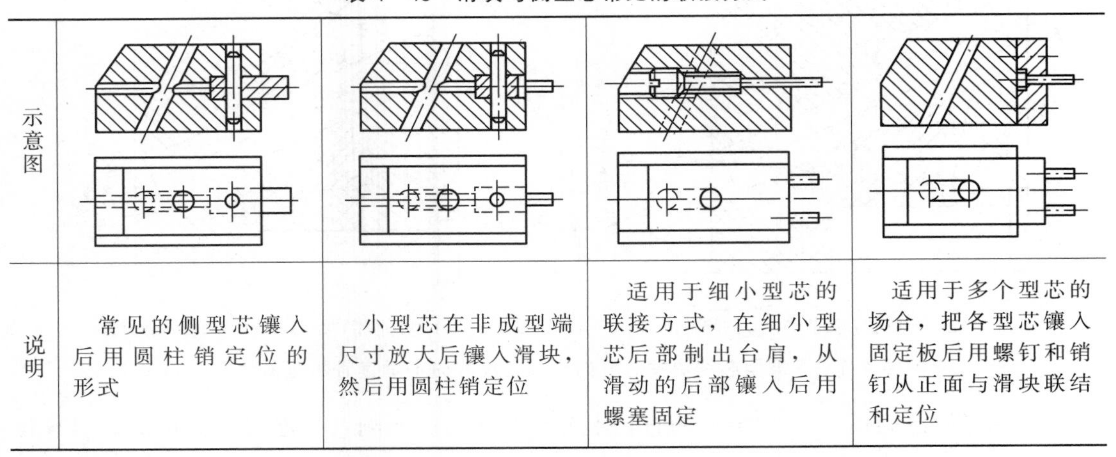

示意图				
说明	常见的侧型芯镶入后用圆柱销定位的形式	小型芯在非成型端尺寸放大后镶入滑块，然后用圆柱销定位	适用于细小型芯的联接方式，在细小型芯后部制出台肩，从滑动的后部镶入后用螺塞固定	适用于多个型芯的场合，把各型芯镶入固定板后用螺钉和销钉从正面与滑块联结和定位

(2) 导滑槽结构。成型滑块在侧向分型抽芯和复位过程中，要求其必须沿一定的方向平稳地往复移动，这一过程是在导滑槽内完成的。导滑槽有“T”形和“燕尾槽”形两种，燕尾槽形式导滑精度高，但难于加工，故常用的是“T”形导滑槽。滑块与导滑槽常用的配合形式见表 4-44。

表 4-44　滑块与导滑槽常用的配合形式

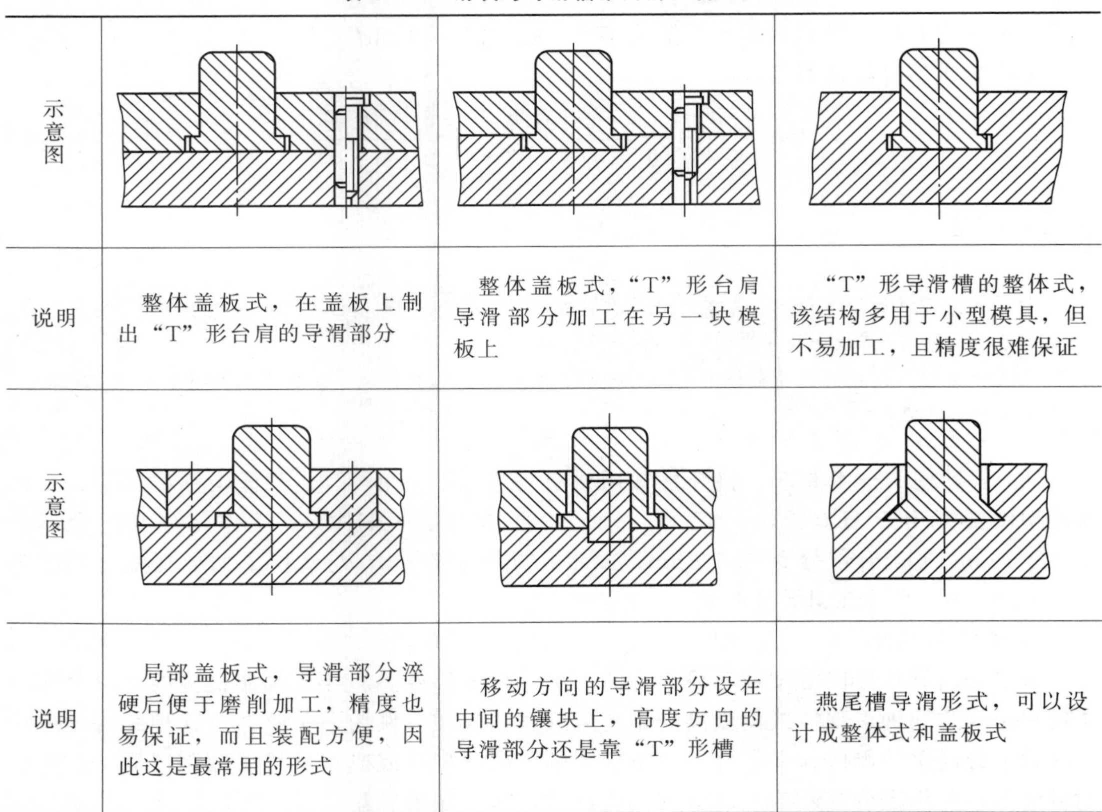

示意图			
说明	整体盖板式，在盖板上制出“T”形台肩的导滑部分	整体盖板式，“T”形台肩导滑部分加工在另一块模板上	“T”形导滑槽的整体式，该结构多用于小型模具，但不易加工，且精度很难保证
示意图			
说明	局部盖板式，导滑部分淬硬后便于磨削加工，精度也易保证，而且装配方便，因此这是最常用的形式	移动方向的导滑部分设在中间的镶块上，高度方向的导滑部分还是靠“T”形槽	燕尾槽导滑形式，可以设计成整体式和盖板式

组成导滑槽的零件对硬度和耐磨性都有一定的要求。一般情况下，整体式导滑槽通常在动模板或定模板上直接加工出，常用材料为45钢。为了便于加工和防止热处理变形，常常调质至28～32HRC后铣削成形。盖板的材料用T8、T10或45钢，要求硬度大于55HRC(对于45钢，则硬度要求大于40HRC)。

在设计滑块与导滑槽时，要注意选用正确的配合精度。导滑槽与滑块导滑部分采用间隙配合，一般采用H8/f8，如果在配合面上成型时与熔融塑料接触，为了防止配合部分漏料，应适当提高精度，可采用H8/f7或H8/g7，其他各处均留有0.5mm左右的间隙。配合部分的表面要求较高，表面粗糙度均应 $Ra \leqslant 0.8\mu m$。

导滑槽与滑块应保持一定的配合长度，如图4.179所示。滑块的导滑长度通常要大于滑块宽度的1.5倍，高度须约为宽度的2/3，以避免运动时发生倾斜。滑块完成抽拔动作后，需停留在导滑槽内，保留在导滑槽内的长度不应小于导滑长度的2/3，以避免复位困难。当模具尺寸较小，不宜加大长度时，可采用局部加长导滑槽的方法。

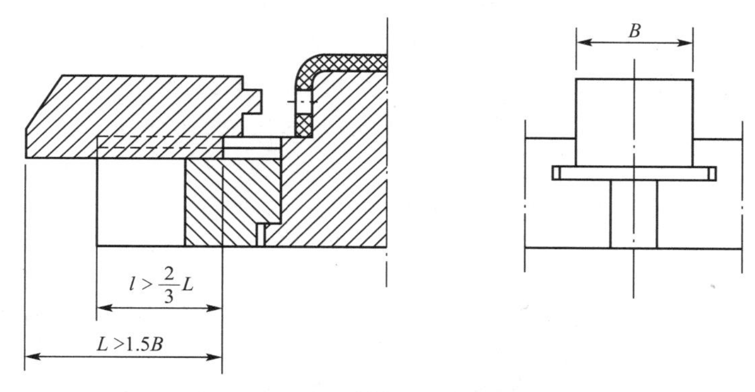

图4.179 导滑槽与滑块的配合长度

(3) 滑块的限位装置。滑块的限位装置在开模过程中用来保证滑块停留在刚刚脱离斜导柱的位置，不再发生任何移动，以避免合模时斜导柱不能准确地插进滑块的斜导孔内，造成模具损坏。在设计滑块的限位装置时，应根据模具的结构和滑块所在的不同位置选用不同的形式。

如图4.180所示为常见的几种限位装置的结构形式，图4.180(a)依靠压缩弹簧的弹力使滑块停留在限位挡块处，俗称弹簧拉杆挡块式，它适用于任何方向的抽芯动作，尤其用于向上方向的抽芯。在设计弹簧时，为了使滑块可靠地在限位挡块上定位，压缩弹簧的弹力是滑块重量的2倍左右，其压缩长度须大于抽芯距 S，一般取 $1.3S$ 较合适。拉杆是支持弹簧的，当抽芯距、弹簧的直径和长度已确定，则拉杆的直径和长度也就能确定。拉杆端部的垫片和螺母也可制成可调的，以便调整弹簧的弹力，使这种限位机构工作切实可靠。这种限位装置的缺点是增大了模具的外形尺寸，有时甚至给模具安装带来困难；图4.180(b)适于向下抽芯的模具，其利用滑块的自重停靠在限位挡块上，结构简单；图4.180(c)是弹簧顶销式限位装置，适用于侧面方向的抽芯动作，弹簧的直径可选1～1.5mm，顶销的头部制成半球状，滑块上的定位穴设计成球冠状或成90°的锥穴；图4.180(d)是弹簧置于滑块内侧的结构，适于侧向抽芯距离较短的场合。

3) 楔紧块设计

(1) 楔紧块的固定方式。楔紧块与模具的固定方式如图4.181所示，具体使用可根据

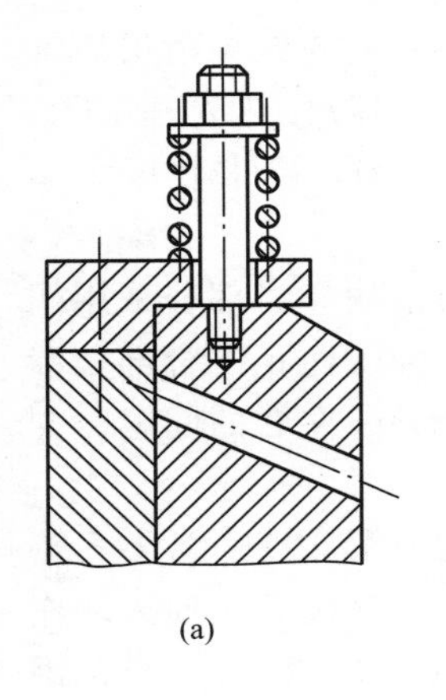
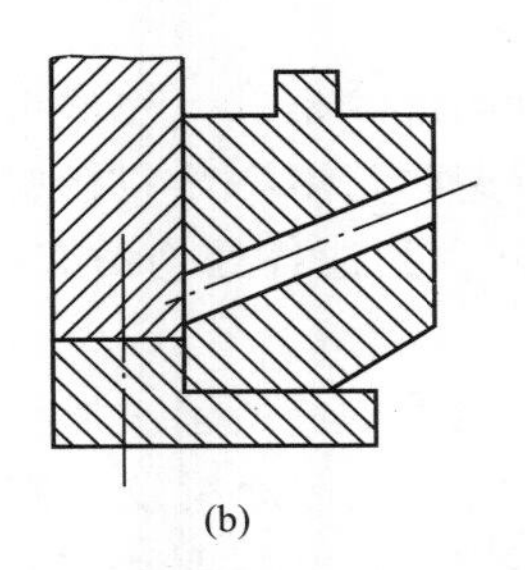
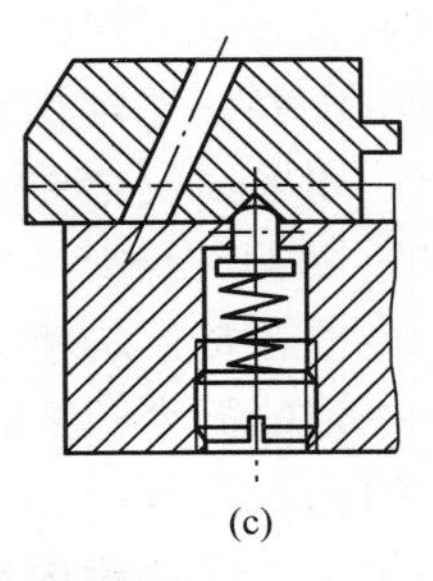
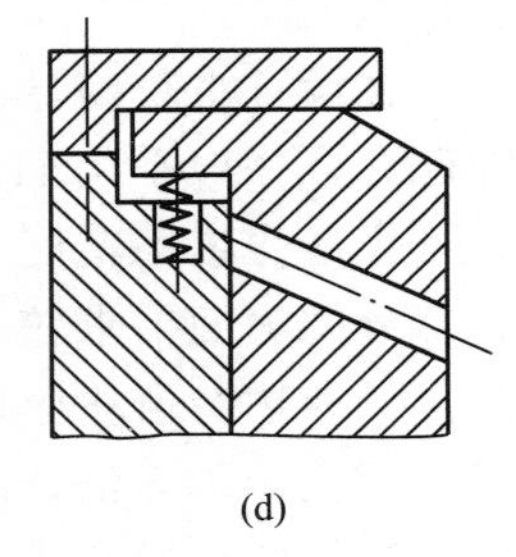

(a) (b) (c) (d)

图 4.180　滑块的限位装置

推力的大小来选用。图 4.181(a)为整体式锁紧结构，楔紧块与定模座板制成一体，牢固可靠，但加工时浪费材料，且加工精度要求较高，适合于侧向力较大的场合；图 4.181(b)是用螺钉和销钉将楔紧块 1 固定在定模板 2 上，结构简单，加工方便，适用于侧向力较小的场合；图 4.181(c)为整体镶入式结构，楔紧块 1 整体镶入定模板 2 上，这种形式的应用也较为广泛，承受的侧向力要比图 4.181(b)大；图 4.181(d)是对楔紧块起加强作用的形式，采用双楔紧块，适用于侧向力很大的场合，但安装调试较为困难。

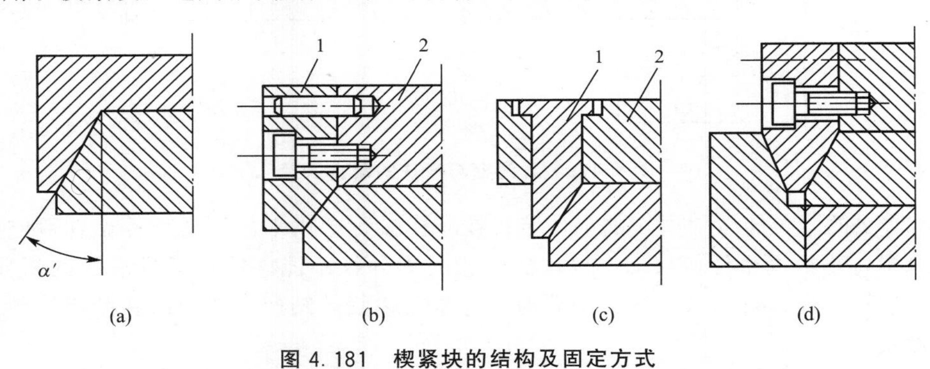

图 4.181　楔紧块的结构及固定方式

1—楔紧块；2—定模板

(2) 锁紧角的确定。楔紧块的锁紧角 α' 通常比斜导柱倾斜角 α 大 2°～3°。这样才能保证模具开模时楔紧块就能和滑块脱离，否则，斜导柱将无法带动滑块作侧抽芯动作。

4.10.3　弯销抽芯机构

弯销抽芯机构的原理和斜导柱抽芯相同，只是在结构上用弯销代替斜导柱。弯销实际上是斜导柱的变异形式，这种机构的优点在于倾斜角较大，因而在开模距离相同的条件下，其抽芯距大于斜导柱抽芯机构的抽芯距。

通常，弯销装在模板外侧，一端固定在定模上，另一端由支承块支承，因而承受的抽拔力较大。如图 4.182 所示为弯销抽芯机构的典型结构。

弯销也有设在模内的，如图 4.183 所示，其特点是开模时，塑件首先脱离定模型芯，然后在弯销的作用下使滑块移动。

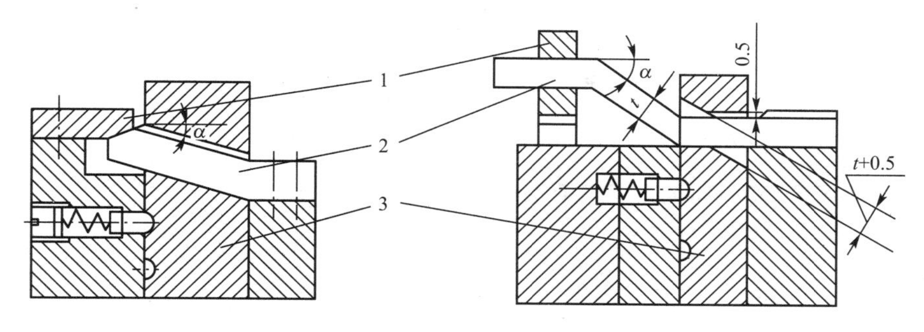

图 4.182 弯销抽芯机构

1—支承块；2—弯销；3—滑块

弯销还可以用于滑块的内侧抽芯，如图 4.184 所示。弯销 5 固定在弯销固定板 1 内，侧型芯 4 安装在型芯 6 的斜向方形孔中。开模时，由于顺序定距分型机构的作用，拉钩 9 钩住滑块 11，模具从 A 分型面先分型，弯销 5 作用于侧型芯 4 抽出一定距离，斜侧抽芯结束，压块 10 的斜面与滑块 11 接触并使滑块后退而脱钩，限位螺钉 3 限位，接着动模继续后退使 B 分型面分型，然后推出机构工作，推件板 7 将塑件推出模外。由于侧向抽芯结束后弯销工作端部仍有一部分长度留在侧型芯 4 的孔内，所以完成侧抽芯后不脱离滑块。同时弯销兼有锁紧作用，合模时，弯销使侧型芯复位与锁紧。

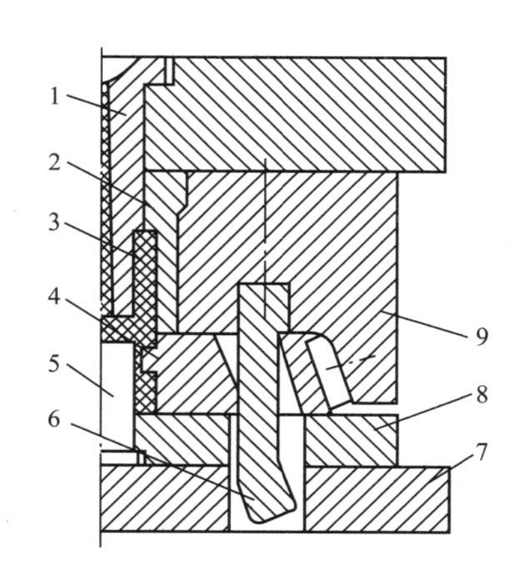

图 4.183 弯销在模内的结构

1—浇口套(兼定模型芯)；2—型腔；3—塑件；4—侧型芯滑块；5—型芯；6—弯销；7—支承板；8—型芯固定板；9—定模板

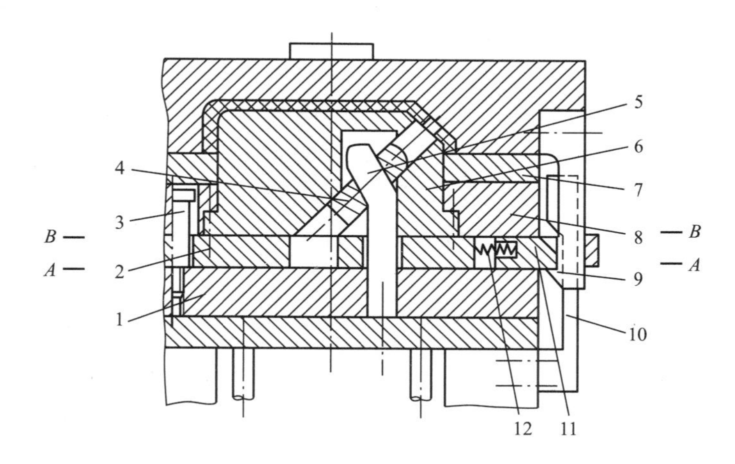

图 4.184 弯销内侧抽芯

1—弯销固定板；2—垫板；3—限位螺钉；4—侧型芯滑块；5—弯销；6—型芯；7—推件板；8—动模板；9—拉钩；10—压块；11—滑块；12—弹簧

4.10.4 斜导槽抽芯机构

当侧型芯的抽拔距比较大时，在侧型芯的外侧用斜导槽和滑块连接代替斜导柱，如图 4.185所示。开模时，侧型芯滑块的侧向移动是受固定在它上面的圆柱销在斜导槽内的运动轨迹所限制的。当槽与开模方向没有斜度时，滑块无侧抽芯动作；当槽与开模方向

成一角度时，滑块可以侧抽芯；当槽与开模方向角度越大，侧抽芯的速度越大，槽越长，侧抽芯的抽芯距也越大。

【参考动画】

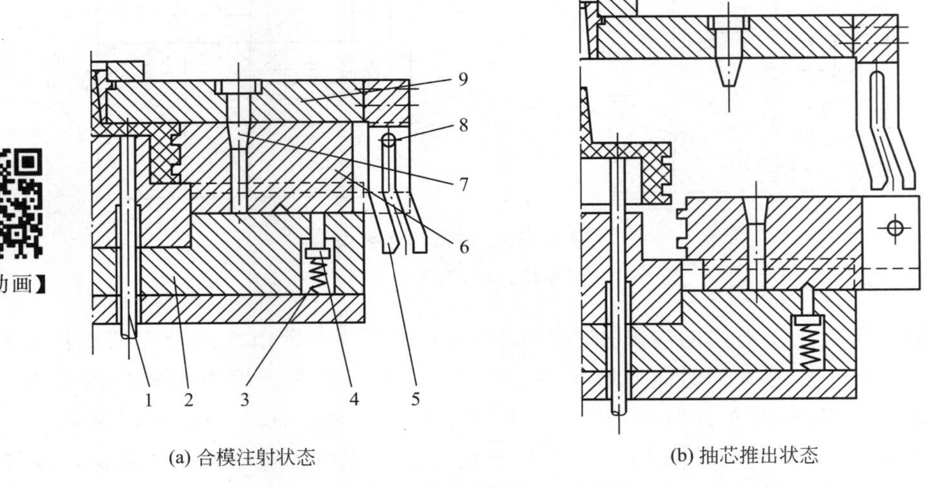

(a) 合模注射状态　　(b) 抽芯推出状态

图 4.185　斜导槽侧抽芯机构

1—推杆；2—动模板；3—弹簧；4—顶销；5—斜导槽板；
6—侧型芯滑块；7—止动销；8—圆柱滑销；9—定模(座)板

斜导槽侧向抽芯机构抽芯动作的整个过程，实际上是受斜导槽的形状所控制。如图 4.186所示为斜导槽板的三种不同形式，图 4.186(a)的形式，开模一开始便开始侧抽芯，但这时斜导槽倾斜角 α 应小于 25°；图 4.186(b)的形式，开模后，圆柱滑销先在直槽内运动，因此有一段延时抽芯动作，直至滑销进入斜槽部分，侧抽芯才开始；图 4.186(c)的形式，先在倾斜角 α_1 较小的斜导槽内侧抽芯，然后进入倾斜角 α_2 较大的斜导槽内侧抽芯，这种形式适于抽芯距较大的场合。由于起始抽芯力较大，第一段的倾斜角一般在 $12° < \alpha_1 < 25°$ 内选取(但 α_1 应比锁紧角 α' 小 2°～3°)，一旦侧型芯与塑件松动，以后的抽芯力就比较小，因此第二段的倾斜角可适当增大，但仍应 $\alpha_2 < 40°$。图中，第一段抽芯距为 S_1，第二段抽芯距为 S_2，总的抽芯距为 S，斜导槽的宽度一般比圆柱滑销大 0.2mm。

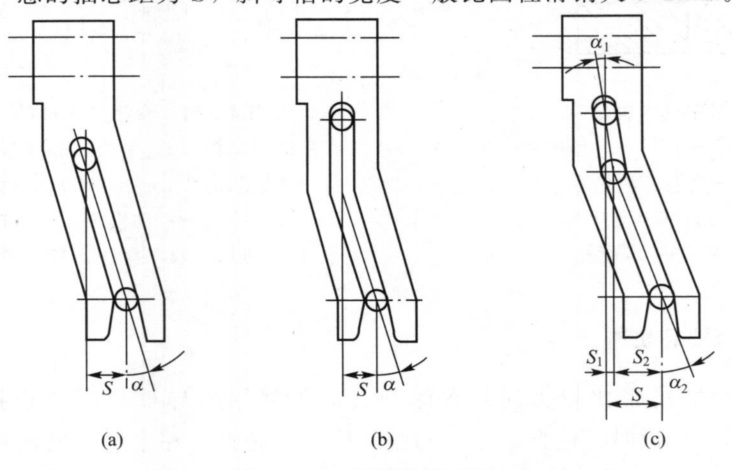

(a)　　(b)　　(c)

图 4.186　斜导槽的形状

斜导槽侧向分型与抽芯机构同样具有滑块驱动时的导滑、注射时的锁紧和侧抽芯结束时的定位等三大设计要素，在设计时应充分注意。另外，斜导槽板与圆柱滑销通常用T8、T10等材料制造，热处理要求与斜导柱相同，硬度一般大于55HRC，表面粗糙度 $Ra \leqslant 0.8\mu m$。

4.10.5 斜滑块抽芯机构

1. 基本结构

斜滑块抽芯机构适用于侧孔或侧凹较浅但成型面积较大的塑件，所需抽芯距也较小。图4.187就是斜滑块抽芯的一例。图中塑件为绕线轮(线圈骨架)型产品，带有外侧凹，脱模时要求塑件从型芯4、5与斜滑块2两瓣中脱出。在推杆3的作用下，两瓣斜滑块2向右运动并向上下两侧分离。侧向分离是通过在动模板1上开设的导滑槽来完成的，滑块侧向分离的最终位置由限位螺销6来保证。合模时，斜滑块的复位靠定模板压住斜滑块的右端面进行。

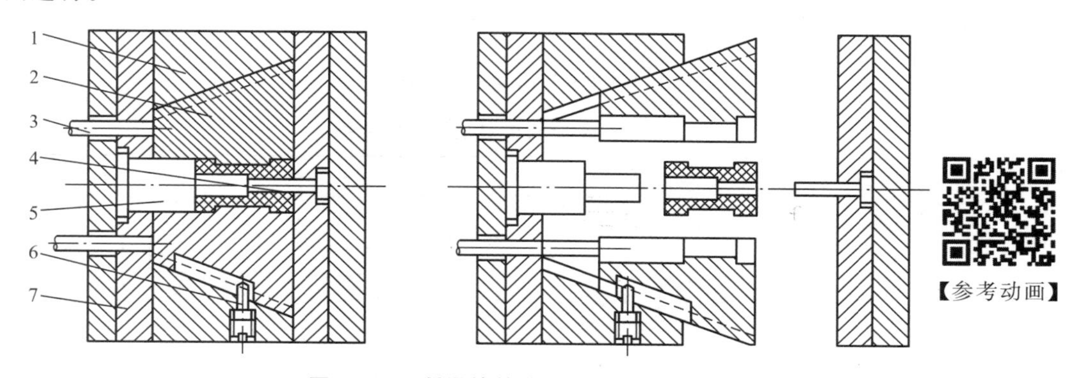

图4.187 斜滑块的外侧分型与抽芯机构

1—动模板；2—斜滑块；3—推杆；4、5—型芯；6—限位螺销；7—型芯固定板

如图4.188所示为斜滑块导滑的内侧抽芯的结构形式。斜滑块1的右端成型塑件内侧的凹凸形状；镶块4的上侧呈燕尾状并可在型芯2的燕尾槽中滑动，另一侧嵌入斜滑块中。推出时，斜滑块在推杆5的作用下推出塑件的同时向内侧移动而完成内侧抽芯的动作。限位销3限制斜滑块最终的推出位置。

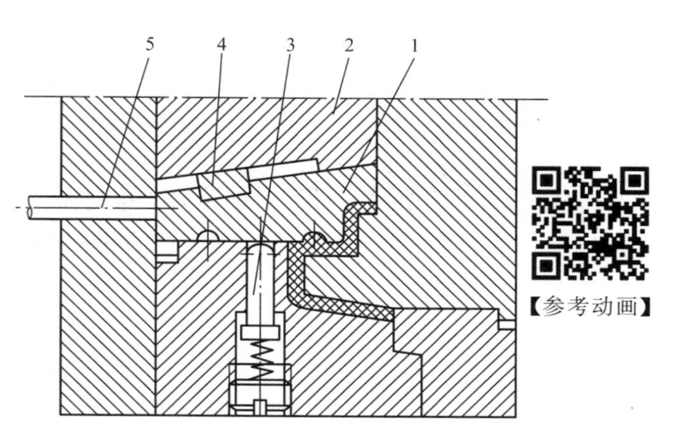

图4.188 斜滑块的内侧分型与抽芯机构

1—斜滑块；2—型芯；3—限位销；4—镶块；5—推杆

2. 设计要点

1）斜滑块的组合与导滑形式

根据塑件的具体结构，斜滑块通常由2～6块组成瓣合凹模。设计斜滑块的组合形式时应充分考虑分型与抽芯的方向要求，并尽量保证塑件具有较好的外观质量，避免在塑件表面留有明显的镶拼痕迹，还应使滑块的组合部分具有足够的强

度。常用的组合形式如图 4.189 所示。表 4－45 所列为斜滑块导滑部分的基本形式。

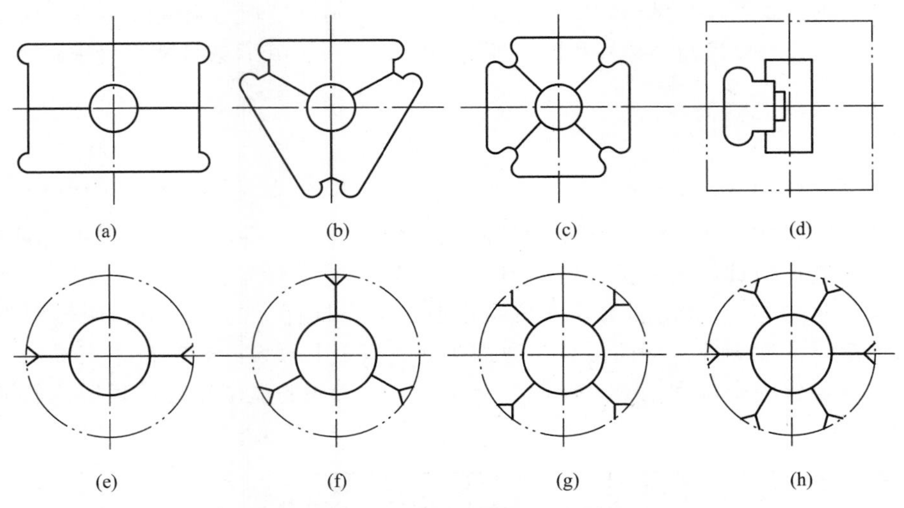

图 4.189　斜滑块的组合形式

表 4－45　斜滑块的导滑部分的基本形式

图示结构			
说明	T 形导滑结构，加工相对简单，结构紧凑，适于中小型模具	用斜向镶入的导柱作导滑导轨，制造方便，精度容易保证，但要注意导柱的斜角要小于模套的斜角	燕尾式导滑结构，制造较困难，但位置比较紧凑，适于小模具多滑块的形式

2）斜滑块的倾斜角与推出行程

由于斜滑块的强度较高，刚性也好，能承受较大的抽芯力，斜滑块的倾斜角可比斜导柱的倾斜角大一些，一般在小于 30°内选取。在同一副模具中，如果塑件各处的侧凹深浅不同，所需的斜滑块推出行程也不相同，为使斜滑块运动保持一致，可将各处的斜滑块设计成不同的倾斜角。

斜滑块的推出行程，立式模具不大于斜滑块高度的一半，卧式模具不大于斜滑块高度的 1/3，如图 4.190所示。如果必须使用更大的推出距离，可使用加长斜滑块导向的方法。

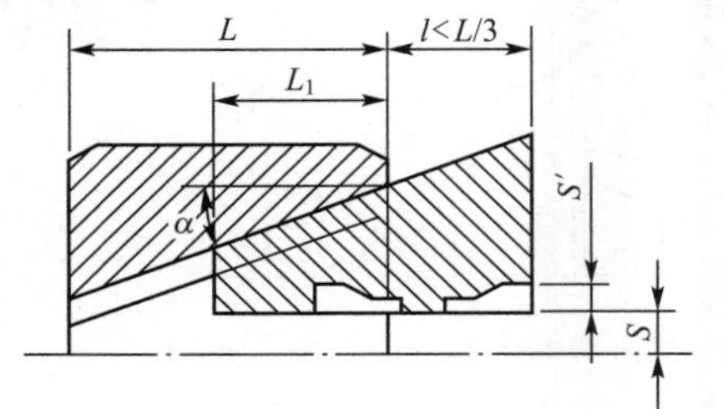

图 4.190　斜滑块推出行程

3）斜滑块的装配

为了保证斜滑块闭模时拼合紧密，不发生溢料现象，斜滑块底部与动模垫板之间的间隙应为 0.2～0.5mm，还应高出动模板 0.4～0.6mm，一方面合模时锁模力直接作用于斜滑块，使斜滑块的拼合面十分紧密，另一方面可以保证斜滑块与动模板导滑槽的配合面磨损后通过修磨斜滑块的下端面仍能保持其密合性，如图 4.191(a)所示。当斜滑块的底面作分型面时，底面是不能留间隙的，如图 4.191(b)所示，但这种形式一般很少采用，因为滑块磨损后很难修整，应采用如图 4.191(c)所示的形式较为合理。

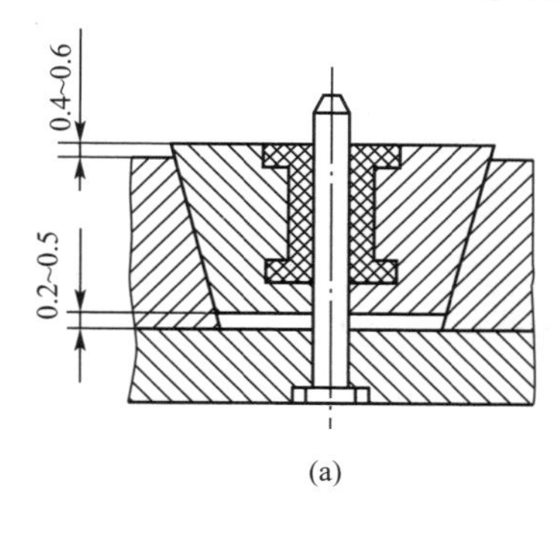

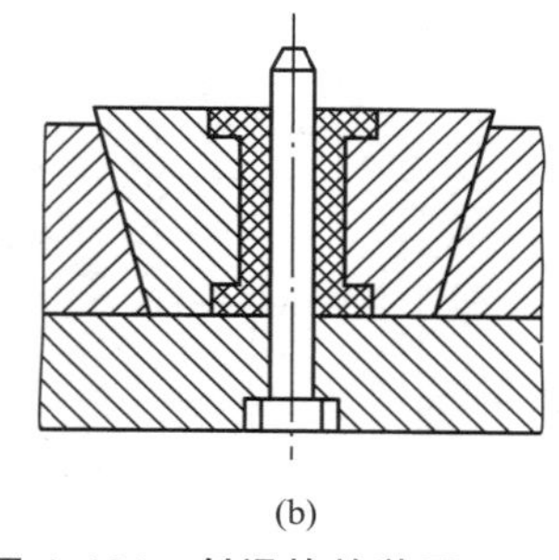

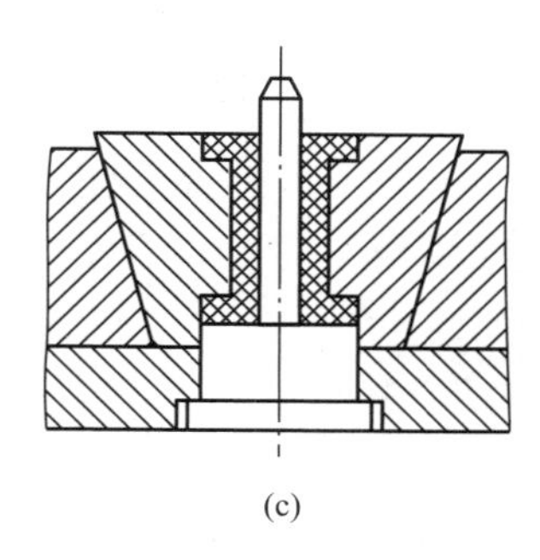

图 4.191　斜滑块的装配

4）开模时斜滑块的止动

斜滑块通常设置在动模部分，并要求塑件对动模部分的包紧力大于对定模部分的包紧力。但有时因为塑件的特殊结构，定模部分的包紧力大于动模部分或相差不大，此时斜滑块在开模动作刚刚开始之时便有可能与动模产生相对运动，导致塑件损坏或滞留在定模内而无法取出。为此可设置止动装置，如图 4.192 所示为弹簧顶销止动装置，开模时在弹簧力的作用下，顶销紧压在斜滑块上防止其与动模导滑槽分离；如图 4.193 所示为导销止动装置，在定模上设置的止动导销 3 与斜滑块上有段配合(H8/f8)，开模时，在导销的限制下，斜滑块不能作侧向运动，所以开模动作无法使斜滑块与动模导滑槽之间产生相对运动，继续开模，导销脱离斜滑块，推出机构工作时，斜滑块侧向分型抽芯并推出塑件。

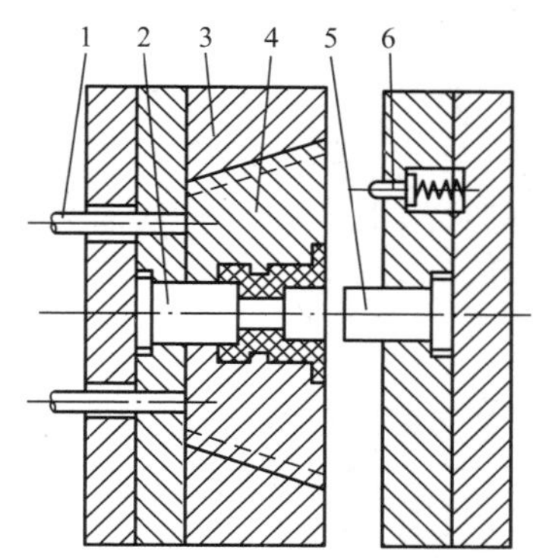

图 4.192　弹簧顶销止动装置

1—推杆；2、5—型芯；3—动模板；

4—斜滑块；6—弹簧顶销

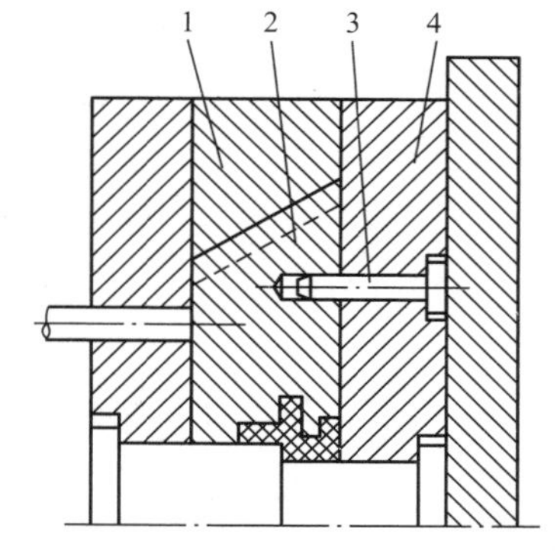

图 4.193　导销止动装置

1—动模板；2—斜滑块；

3—止动导销；4—定模板

4.10.6　齿轮齿条抽芯机构

这类抽芯机构的结构比较复杂，一般中、小型模具中并不常用，现举例如下：

如图 4.194 所示，是传动齿条固定在定模一侧的侧向抽芯机构，开模时，固定在定模上的传动齿条 5 通过齿轮 4 带动齿条型芯 2 抽离塑件；开模达终点位置时，传动齿条 5 脱离齿轮 4。为了保证齿条型芯 2 的最终位置，防止合模时齿条型芯 2 不能复位，齿轮 4 的轴上装有定位销钉(图 4.195)，使齿轮 4 始终保持于传动齿条 5 的最后脱离位置。

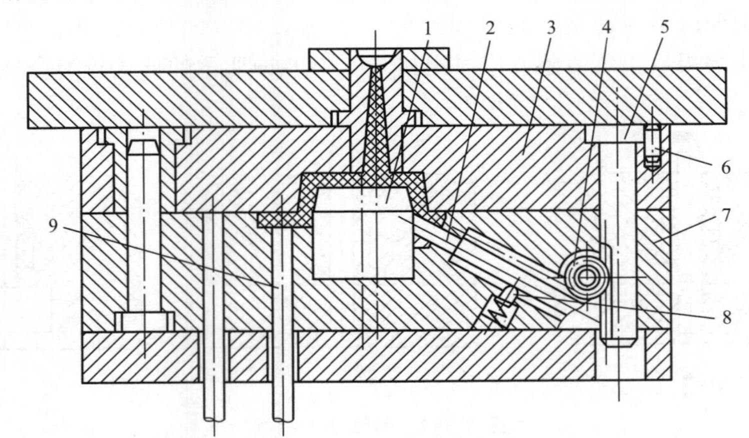

【参考动画】

图 4.194　传动齿条固定在定模一侧的抽芯机构

1—型芯；2—齿条型芯；3—定模板；4—齿轮；5—传动齿条；
6—止转销；7—动模板；8—导向销；9—推杆

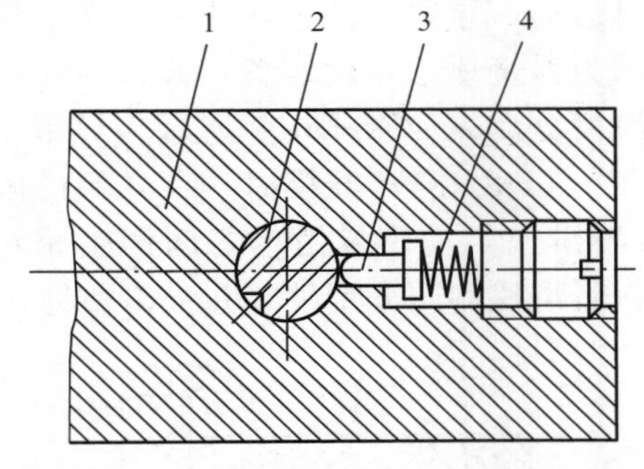

图 4.195　齿轮脱离传动齿条时的定位装置

1—动模板；2—齿轮轴；3—定位销钉；4—弹簧

如图 4.196 所示为传动齿条固定在动模一侧的侧向抽芯机构，这种机构全部装置在动模上。开模后，传动齿条推板 2 在注射机顶出装置的作用下，使传动齿条 1 带动齿轮 6 将齿条型芯 7 抽离塑件；继续开模时，传动齿条固定板 3 与推板 4 接触并同时移动，因而推杆使塑件脱模；合模时，传动齿条复位杆 8 使侧抽芯机构复位。由于传动齿条 1 始终与齿轮 6 啮合，可以不用限位装置。如抽芯距长而顶出行程也不宜过大，则可采取双联齿轮或加大传动比来达到较长的抽芯距。

【参考动画】

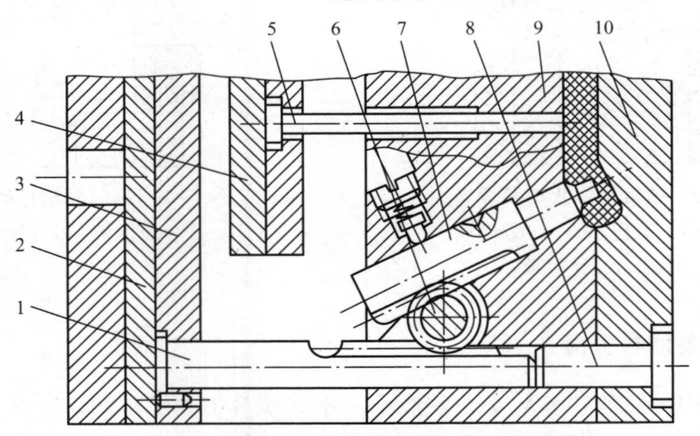

图 4.196　传动齿条固定在动模一侧的抽芯机构

1—传动齿条；2—传动齿条推板；3—传动齿条固定板；4—推板；
5—推杆；6—齿轮；7—齿条型芯；8—传动齿条复位杆；9—动模板；10—定模板

如图 4.197 所示为齿轮齿条圆弧抽芯机构。模具设计有一定难度。开模时，传动齿条 1 带动固定在齿轮轴 7 上的直齿轮 6 转动，固定在同一轴上的斜齿轮 8 又带动固定在齿轮轴 3 上的斜齿轮 4，因而固定在齿轮轴 3 上的直齿轮 2 就带动圆弧齿条型芯 5 作圆弧抽芯。

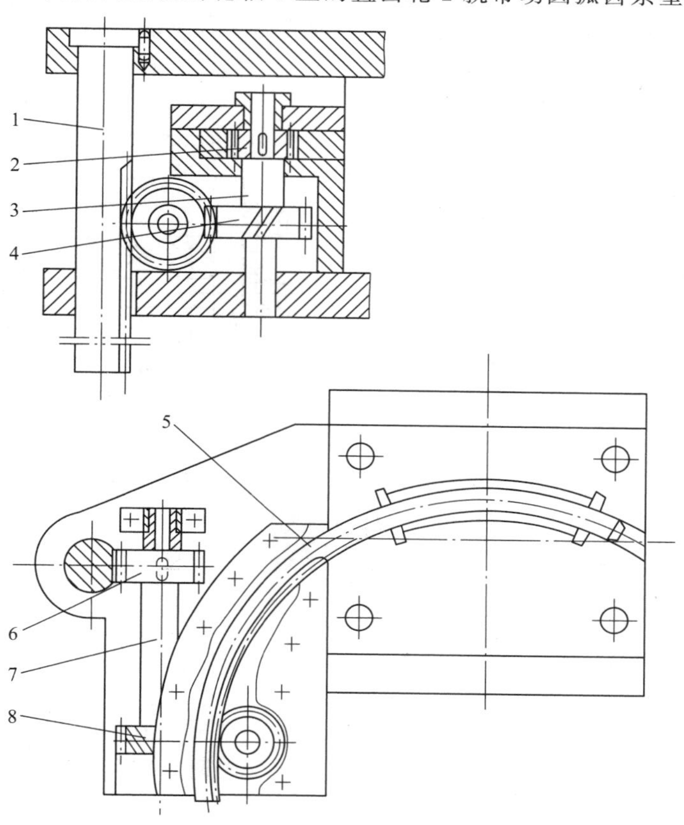

图 4.197　齿轮齿条圆弧抽芯机构

1—传动齿条；2、6—直齿轮；3、7—齿轮轴；4、8—斜齿轮；5—圆弧形齿条型芯

4.10.7　液压与气动抽芯机构

液压与气动抽芯是靠液体或气体的压力，通过油缸(或气缸)、活塞及控制系统而实现的。

如图 4.198 所示为气动抽芯机构，侧抽芯在定模部分，利用气缸在开模前使侧型芯移动，然后再开模，这种结构没有锁紧装置，因此必须像图示那样，侧孔为通孔，使得侧型芯没有后退的力，或是型芯承受侧压力很小，气缸压力即能使侧型芯锁紧不动。

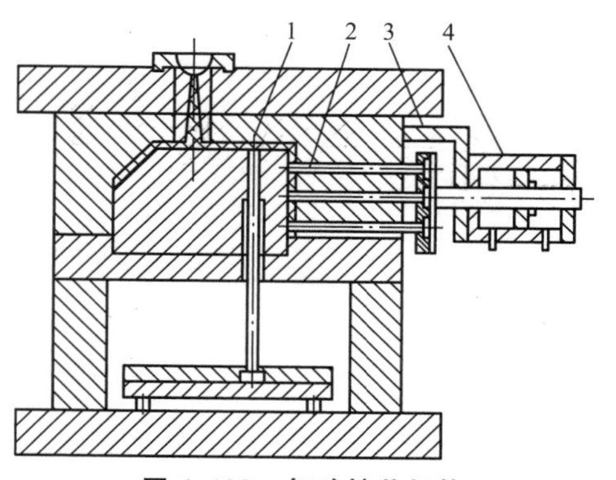

图 4.198　气动抽芯机构

1—定模板；2—侧型芯；3—支架；4—气缸

如图 4.199 所示为有锁紧装置的液压抽芯机构，侧型芯在动模一边，开模后，首先由液压抽出侧型芯，然后再推出塑件，推出机构复位后，侧型芯再复位，液压抽芯可以单独控制

侧型芯的起动，不受开模时间和推出时间的影响。

如图 4.200 所示为液压抽长型芯的结构示意图，由于采用了液压抽芯，因此避免了用瓣合模的组合形式，使模具结构简化。并且当侧型芯很长，抽芯距很大时，用斜导柱抽芯机构也不合适，用液压抽出比较好，液压抽芯抽芯力大，运动平稳。

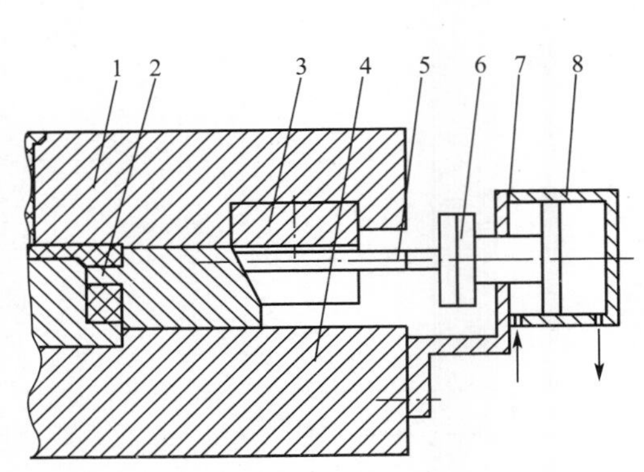

图 4.199 液压抽芯机构

1—定模板；2—侧型芯；3—楔紧块；4—动模板；5—拉杆；6—连接器；7—支架；8—液压缸

【参考动画】

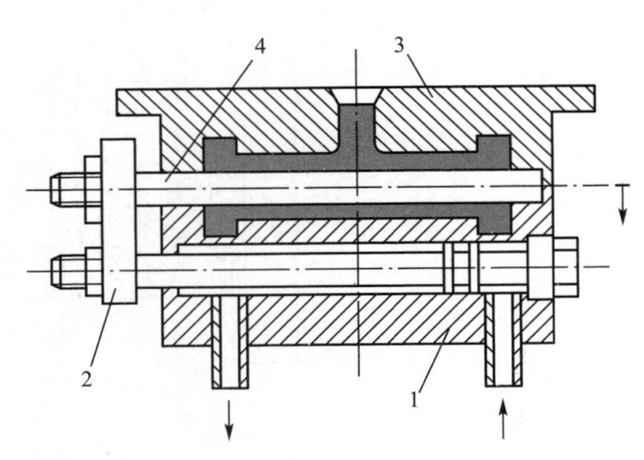

图 4.200 液压抽长型芯机构

1—动模板；2—型芯固定板；3—定模板；4—长型芯

4.10.8 手动抽芯机构

手动抽芯机构多用于试制和小批量生产的模具，是用人力将型芯从塑件上抽出，劳动强度大，生产率低，但是结构简单，缩短了模具加工周期，降低了制造成本，所以有时还采用。手动抽芯多用于螺纹型芯、成型块的抽出，举例如下：

1）丝杠手动抽芯机构

如图 4.201 所示，在模外通过手动旋转丝杠，常动侧型芯抽出和复位。

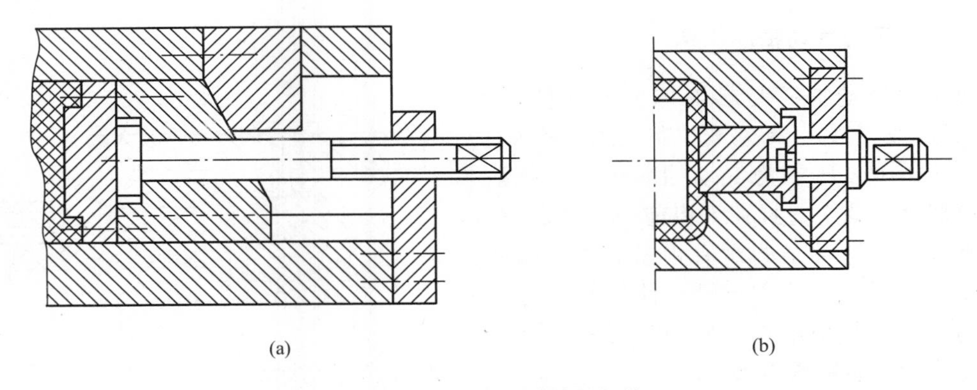

(a) (b)

图 4.201 丝杠手动抽芯机构

2）手动斜槽分型抽芯机构

其动作原理和机动斜槽分型一样，只是用人力使转盘转动，如图 4.202 所示为抽拔多型芯的结构，图 4.202(a)是偏心转盘的结构，图 4.202(b)是偏心滑板的结构，适用于抽芯距不大的小型芯，结构简单，操作方便。

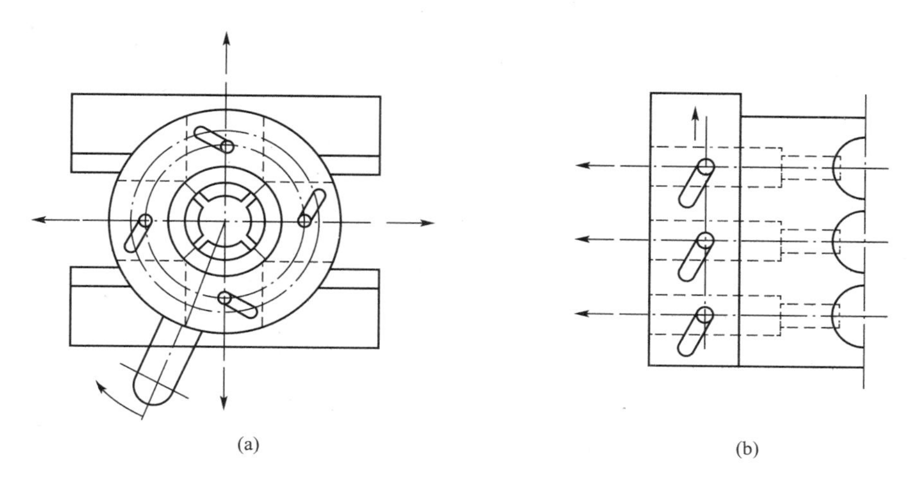

图 4.202 多型芯的手动抽芯机构

4.10.9 其他抽芯机构

除上述介绍的各类抽芯方法外，实际生产中采用的抽芯方法还很多，新颖的抽芯方法不断被创造出来。仅选几例介绍如下。

1. 斜推杆导滑抽芯机构

这类机构也可分为外侧抽芯和内侧抽芯两种形式。

1）斜推杆导滑的外侧抽芯机构

如图 4.203 所示为斜推杆导滑的外侧抽芯机构。开模时塑件留在动模，推出时，推杆固定板 1 推动滚轮 2，迫使斜推杆 3 沿动模 4 的斜方孔运动，与推杆 5 共同推出塑件的同时，完成外侧抽芯。

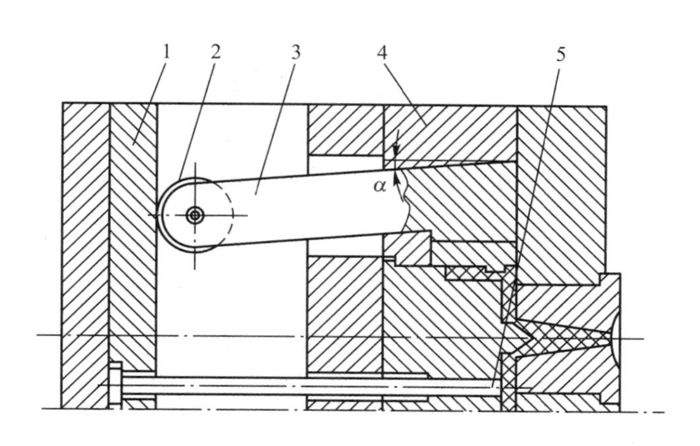

【参考动画】

图 4.203 斜推杆导滑的外侧抽芯机构

1—推杆固定板；2—滚轮；3—斜推杆；4—动模板；5—推杆

2）斜推杆导滑的内侧抽芯机构

如图 4.204 所示为斜推杆导滑的另一种结构形式，在推出塑件的同时也可完成内侧抽芯动作。

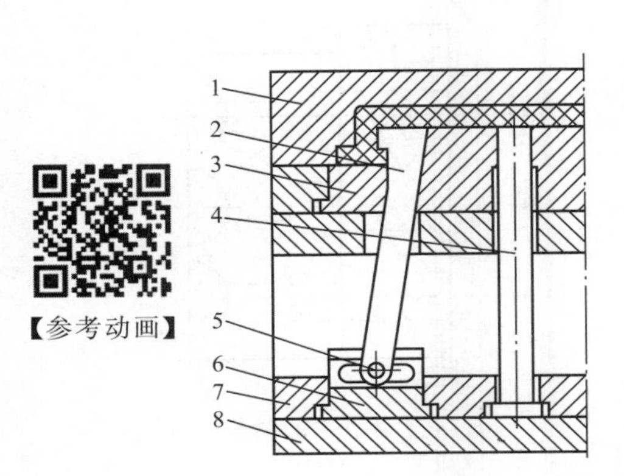

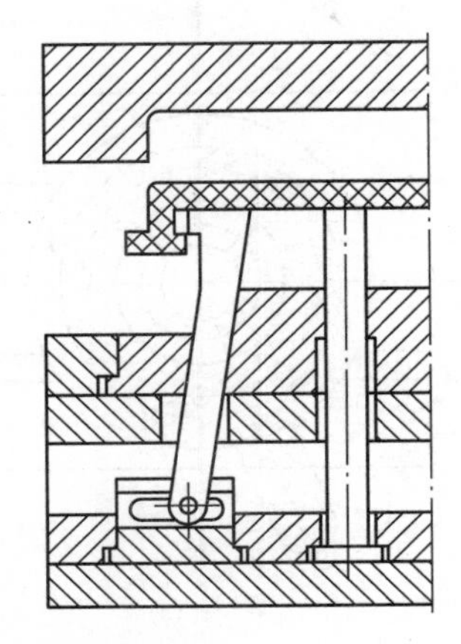

图 4.204　斜推杆导滑的内侧抽芯机构

1—定模；2—斜推杆；3—型芯；4—推杆；5—销；
6—滑座；7—推杆固定板；8—推板

在可以满足侧向出模的情况下，斜推杆的斜度角 α 尽量选用较小角度，斜角 α 一般不大于 20°。当内侧抽芯时，斜推杆的顶端面应低于型芯顶端面 0.05～0.10mm，以免推出时阻碍斜推杆的径向移动，如图 4.205 所示，另外，在斜推杆顶端面的径向移动范围内 ($L>L_1$)，塑件内表面上不应有任何台阶，以免阻碍斜推杆活动。

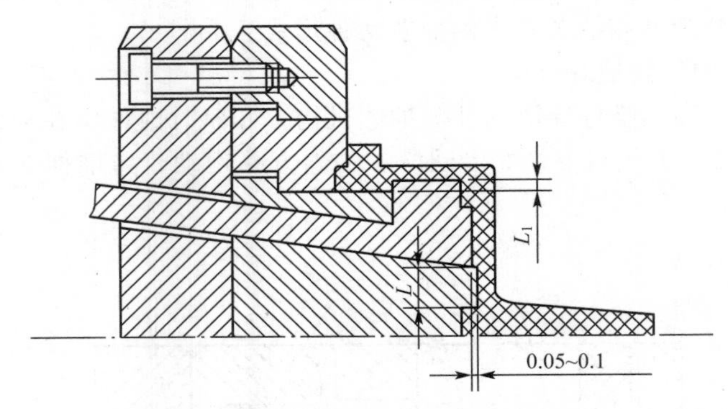

图 4.205　斜推杆的顶端面结构

2. 滑杆平移侧抽芯机构

如图 4.206 所示为滑杆平移式内侧抽芯的结构形式。滑杆 3 安装在推杆固定板 6 的腰形导滑槽内，$L>L_1$。推出时，滑杆与推杆 4 同时使塑件脱离型芯 1，当推移至行程为 L 时，滑杆上的 A 点脱离型芯的制约，并在 B 点与动模板上的 B_0 点相碰，迫使滑杆向内侧平移，完成侧向抽芯动作。合模时，复位杆 5 带动推出机构复位，滑杆则在型芯侧面作用下(D 点触及型芯的 C 点后)，逐渐向外侧移动，回复到原来的成型位置上。

需要指出的是，当开始抽芯时，塑件不应完全脱离型芯，即应满足 $L<H$，否则会由于塑件没有径向约束而随着滑杆平移，不能实现侧向抽芯动作。

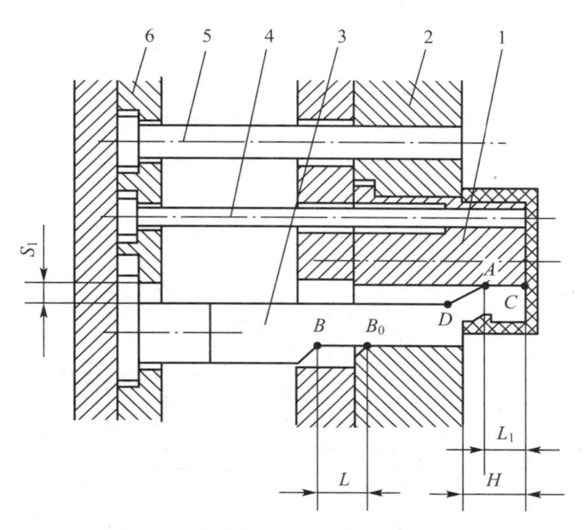

图 4.206 滑杆平移式内侧抽芯机构

1—型芯；2—动模板；3—滑杆；4—推杆；5—复位杆；6—推杆固定板

3. 弹性元件侧向分型与抽芯机构

当塑件上的侧凹很浅或塑件侧壁有个别较小凸起时，侧向成型零件抽芯时所需的抽芯力和抽芯距都不大，此时只要模具的结构允许，可以采用弹性元件侧向分型与抽芯机构。

如图 4.207 所示为弹簧侧抽芯机构。塑件的外侧有小孔，由于它对侧型芯 3 只有较小的包紧力，所以采用弹簧侧抽芯机构很合适，这样就省去了斜导柱，使模具结构简化。合模时，靠楔紧块 1 将侧型芯 3 锁紧。开模后，楔紧块与侧型芯脱离，在压缩弹簧 2 的回复力作用下侧型芯作侧向短距离抽芯。

如图 4.208 所示为硬橡胶侧抽芯机构，合模时，楔紧块 1 使侧型芯 2 至成型位置。开模后，楔紧块脱离侧型芯，侧型芯在被压缩了的硬橡胶 3 的作用下抽出塑件。侧型芯 2 的抽出与复位在一定的配合间隙(H8/f8)内进行。

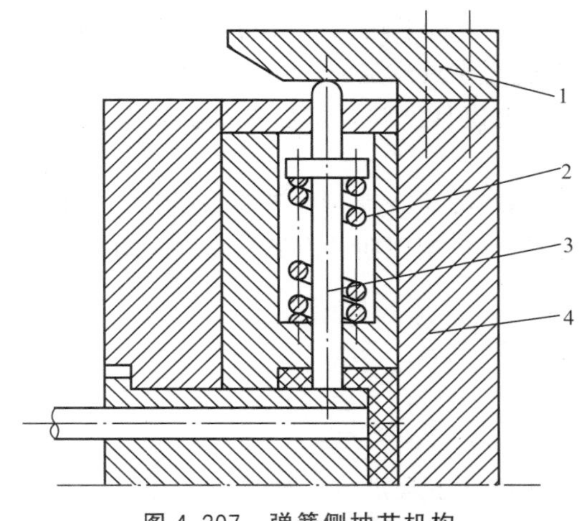

图 4.207 弹簧侧抽芯机构

1—楔紧块；2—弹簧；3—侧型芯；4—定模板

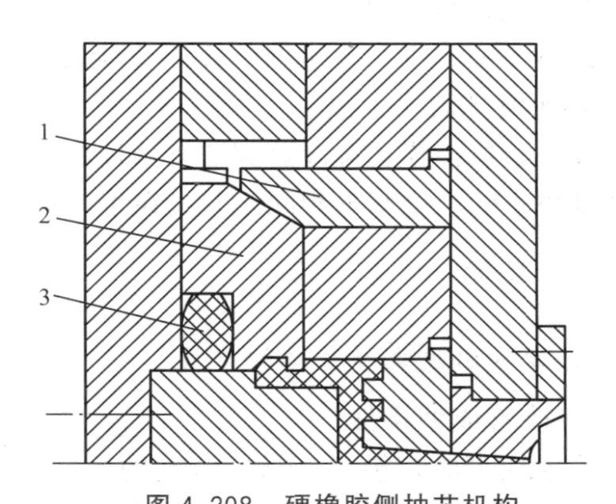

图 4.208 硬橡胶侧抽芯机构

1—楔紧块；2—侧型芯；3—硬橡胶

4. 压杆滚珠弹簧联合抽芯

如图4.209所示为压杆滚珠弹簧联合抽芯一例。合模时，由定模2压迫压杆5，将滚珠6挤入滚珠4和7之间，使侧型芯9进入成型位置。开模时，在弹簧3和8的作用下，使滑杆1和侧型芯9移动。并使滚珠4和7将滚珠6顶起，完成抽芯。

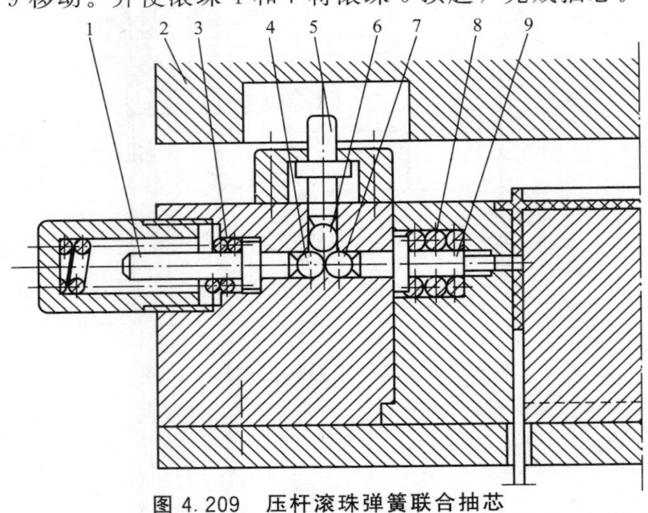

图4.209 压杆滚珠弹簧联合抽芯

1—滑杆；2—定模；3、8—弹簧；4、6、7—滚珠；5—压杆；9—侧型芯

4.11 模具温度调节系统的设计

在模塑成型过程中，模具的温度直接影响到成型塑件的尺寸精度、表观及内在质量，以及塑件的生产效率，因此温度调节是模具设计及塑件成型过程中的一项重要工作。各种塑料的性能和成型工艺不同，则对于模具的温度要求也不同。例如，一般热塑性塑料注射到模具型腔内的熔体温度不超过200℃，而塑件固化后从模具型腔里取出时的温度在60℃以下，温度的降低就是依靠设置的冷却系统带走热量。对于热固性塑料的注射成型，熔融塑料在料筒内的温度为70～90℃，熔融塑料高速流经模具流道时，由于剧烈摩擦，温度瞬间提高到130℃左右，达到临界固化状态，迅速充满模具型腔，随后在高温模具内固化定型，因此模具需要加热。

总之，应使模具温度达到适宜塑件成型的工艺条件要求，通过控温系统的调节，使模腔各个部位上的温度基本相同；并且在生产过程中的每个成型周期，模具温度也应均衡一致。

4.11.1 概述

1. 模具温度调节系统的作用

1）改善成型条件

注射成型时，模具应保持合适的温度，才能使成型正常进行。如热流道模具，模温应保持流道内的熔料温度在成型范围内，模温过高或过低则不能满足成型要求，对普通热塑性塑料模具，模具常需要冷却。因此，在保证成型的情况下，尽量使模温保持在允许低温的状态，以缩短成型周期。

2）稳定塑件的形位尺寸精度

控制模温是稳定塑件形位尺寸精度的主要方法之一。因为模温变化会使塑料收缩率有大的波动，特别是对于结晶性塑料，因温度对塑料的结晶速率和结晶度的影响较大，所以收缩率的波动就很大。如果模温不能使塑件均匀冷却，则塑件在各个方向上的收缩程度就不同，不但影响塑件尺寸精度，而且会引起塑件的变形。因此，合理控制模温，可以使影响塑料收缩率的因素得到稳定，使塑件的形位尺寸变化在允许的范围内。

3）改善塑件物理、力学性能

如果模温控制不适当，会造成塑件内应力增加和集中，从而影响塑件的使用性能。

4）提高塑件表面质量

塑件上常出现冷料斑、光泽不良、熔料流痕等缺陷，如对模温进行合理调节，可以防止此类成型缺陷出现。

2. 模具温度调节的方式

注射模温度调节是采用加热或冷却方式来实现的，确保模具温度在成型要求的范围之内。模具加热方法有蒸汽加热、热油(热水)加热及电阻加热等，最常用的是电阻加热法；冷却方法则采用常温循环水冷却、冷却水强力冷却或空气冷却等，大部分采用常温水冷却法。

下面介绍一些确定冷却或加热措施的基本原则。

(1) 对于黏度低、流动性好的塑料，如聚乙烯、聚丙烯、聚苯乙烯、聚酰胺等，可采用常温水对模具进行冷却，并通过调节水的流量大小控制模具温度。如果对这类塑件的生产率要求很高，亦可采用冷却水控制模温。

对于黏度高、流动性差的塑料，如聚碳酸酯、聚甲醛、聚砜、聚苯醚、氟塑料等，经常需要对模具采用加热措施。

对于粘流温度或熔点不太高的塑料，一般采用常温水或冷水对模具进行冷却。有时也可采用加热措施对模温进行控制。

对于高粘流温度或高熔点塑料，可采用温水控制模温。对于热固性塑料，必须对模具采取加热措施。

(2) 由于塑件几何形状影响，塑件在模具内各处的温度不一定相等，可对模具采用局部加热或局部冷却方法，以改善温度分布。对于流程很长、壁厚又比较大的塑件，或者是粘流温度或熔点虽然不高、但成型面积很大的塑件，可对模具采取适当的加热措施。

(3) 对于工作温度要求高于室温的大型模具，可在模内设置加热装置。为了实时准确地调节和控制模温，必要时可在模具中同时设置加热和冷却装置。对于小型薄壁塑件，且成型工艺要求的模温也不太高时，可直接依靠自然冷却。

特别提示

设置温度调节装置后，有时会给注射生产带来一些问题，例如，采用冷水调节模温时，大气中水分易凝聚在模腔表壁，影响塑件表面质量。而采用加热措施后，模内一些间隙配合的零件可能由于膨胀而使间隙减小或消失，从而造成卡死或无法工作，设计时应予以注意。

4.11.2 冷却系统设计

1. 冷却参数计算

1）冷却时间的确定

影响冷却时间的因素很多，如模具材料、冷却介质温度及流动状态、塑料的热性能、塑件厚度、冷却回路的分布、模具温度等。塑件在模具内的冷却时间，通常指塑料熔体从充满型腔时起到开模取出塑件这一段时间，可以开模取出塑件的时间常以塑件已充分固化，且具有一定的强度和刚度为准。冷却时间的经验计算公式较为繁杂，在此不作讨论(可参阅有关设计资料)，可根据塑件厚度大致确定所需冷却时间，见表4-46。

表4-46 塑件厚度与所需冷却时间的关系

塑件厚度/mm	冷却时间/s						
	ABS	PA	HDPE	LDPE	PP	PS	PVC
0.5			1.8		1.8	1.0	
0.8	1.8	2.5	3.0	2.3	3.0	1.8	2.1
1.0	2.9	3.8	4.5	3.5	4.5	2.9	3.3
1.3	4.1	5.3	6.2	4.9	6.2	4.1	4.6
1.5	5.7	7.0	8.0	6.6	8.0	5.7	6.3
1.8	7.4	8.9	10.0	8.4	10.0	7.4	8.1
2.0	9.3	11.2	12.5	10.6	12.5	9.3	10.1
2.3	11.5	13.4	14.7	12.8	14.7	11.5	12.3
2.5	13.7	15.9	17.5	15.2	17.5	13.7	14.7
3.2	20.5	23.4	25.5	22.5	25.5	20.5	21.7
3.8	28.5	32.0	34.5	30.9	34.5	28.5	30.0
4.4	38.0	42.0	45.0	40.8	45.0	38.0	39.8
5.0	49.0	53.9	57.5	52.4	57.5	49.0	51.1
5.7	61.0	66.8	71.0	65.0	71.0	61.0	63.5
6.4	75.0	80.0	85.0	79.0	85.0	75.0	77.5

2）传热面积计算

如果忽略模具因空气对流、热辐射、与注射机接触所散发的热量，假设塑料在模内释放的热量全部被冷却水带走，则模具冷却时所需冷却水的体积流量可按下式计算：

$$V = nm \cdot \Delta h / 60\rho C_p(t_1 - t_2) \tag{4-58}$$

式中：V 为所需冷却水的体积流量，m^3/min；m 为包括浇注系统在内的每次注入模具的塑料质量，kg；n 为每小时注射的次数；ρ 为冷却水在使用状态下的密度，kg/m^3；C_p 为冷却水的比热容，J/(kg·k)；t_1 为冷却水出口温度,℃；t_2 为冷却水入口温度,℃，冷却水出入口温差小最好，一般控制在5℃以内，精密模具应控制在2℃左右；Δh 为从熔融状态的塑料进入型腔时的温度到塑件冷却到脱模温度为止，塑料所放出的热焓量，J/kg，Δh 值见表 4-47。

表 4-47　常用塑料在凝固时放出的热焓量　　（单位：kJ/kg）

塑料	Δh	塑料	Δh
高压聚乙烯	583.33～700.14	尼龙	700.14～816.48
低压聚乙烯	700.14～816.48	聚甲醛	420.00
聚丙烯	583.33～700.14	醋酸纤维素	289.38
聚苯乙烯	280.14～349.85	丁酸-醋酸纤维素	259.14
聚氯乙烯	210.00	ABS	326.76～396.48
有机玻璃	285.85	AS	280.14～349.85

求出冷却水的体积流量 V 以后，可以根据冷却水处于湍流（湍流的热传递效率为层流的 10～20 倍）状态下的流速 v 与通道直径 d 的关系（见表 4-48），确定模具冷却水孔的直径 d。

表 4-48　冷却水流道的稳定湍流速度、流量、流道直径

冷却流道直径 d/mm	最低流速 v/(m/s)	V/(m³/min)	冷却流道直径 d/mm	最低流速 v/(m/s)	V/(m³/min)
8	1.66	5.0×10^{-3}	15	0.87	9.2×10^{-3}
10	1.32	6.2×10^{-3}	20	0.66	12.4×10^{-3}
12	1.10	7.4×10^{-3}	25	0.53	15.5×10^{-3}

注：在 $R_e=10000$ 及 10℃ 的条件下（R_e 为雷诺系数）。

冷却水孔总传热面积 A 由下式计算

$$A=nm\cdot\Delta h/3600\alpha(T_m-T_\theta) \tag{4-59}$$

式中：A 为冷却水孔总传热面积，m²；T_m 为模具温度，℃；T_θ 为冷却水的平均温度，℃；n、m、Δh 的含义同式（4-58）；α 为冷却水的传热系数，W/(m²·K)；α 可由下式求得

$$\alpha=\Phi(\rho v)^{0.8}/d^{0.2} \tag{4-60}$$

式中：Φ 为与冷却水介质有关的物理系数，$\Phi=0.0573\lambda^{0.6}\left(\frac{C_p}{\mu}\right)^{0.4}$，冷却介质为水时，可查表 4-49；$v$ 为冷却介质的流速，m/s；ρ 为冷却介质在该温度下的密度，kg/m³；λ 为冷却介质的热导率，W/(m·K)；C_p 为冷却介质的比热容，J/(kg·K)；μ 为冷却介质的黏度，N·S/m²；d 为冷却管道直径，m。

表 4-49　水的 Φ 与温度的关系

平均水温/℃	0	5	10	15	20	25	30	35
Φ 值	5.71	6.16	6.60	7.06	7.50	7.95	8.40	8.84
平均水温/℃	40	45	50	55	60	65	70	75
Φ 值	9.28	9.66	10.05	10.43	10.82	11.16	11.51	11.86

3）冷却水孔总长度计算

将传热面积 $A=\pi dL$ 代入式(4-59)，化简得

$$L=\frac{nm\Delta h}{3600\pi\Phi(\rho vd)^{0.8}(T_{m}-T_{\theta})} \tag{4-61}$$

式中：L 为冷却水孔总长度，m。

4）冷却水孔数计算

因受模具尺寸限制，每一根水孔长度为 l(冷却管道开设方向上模具长度或宽度)，则模具内应开设水孔数 k 由下式计算：

$$k=\frac{A}{\pi dl} \tag{4-62}$$

5）冷却水流动状态校核

冷却介质处于层流还是湍流，其冷却效果相差10～20倍。因此，在模具冷却系统设计完成后，尚须对冷却介质的流动状态进行校核，校核公式如下：

$$R_{e}=\frac{vd}{\eta}\geqslant(6000\sim10000) \tag{4-63}$$

式中：R_{e} 为雷诺系数；v 为冷却水流速，m/s；d 为冷却水孔直径，m；η 为冷却水运动黏度，m^2/s，一般取$(0.4\sim1.3)\times10^{-5}$，温度越高，其值越小。

若计算出的 R_{e} 值大于6000～10000，则冷却介质处于湍流状态。

2. 冷却系统设计原则

冷却系统是指模具中(型腔周围或型芯内部)开设的水道系统，它与外界水源连通，根据需要组成一个或者多个回路的水道。冷却系统的设计原则如下。

1）合理地进行冷却水道总体布局

(1) 当塑件壁厚均匀时，各冷却水道至型腔表壁的距离最好设为相同，以使塑件冷却均匀，如图4.210(a)所示。若塑件的壁厚不均，较厚处热量较多，则可采取冷却水道较为靠近厚壁型腔的办法强化冷却，如图4.210(b)所示。表4-50列出了水孔与型腔侧壁相对位置、孔间距及孔径大小。

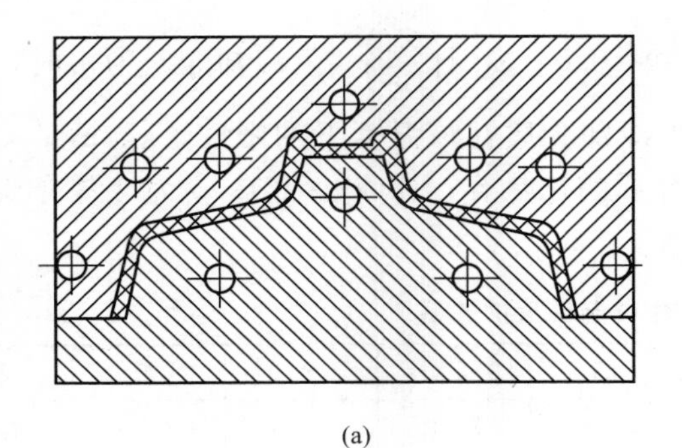

(a)

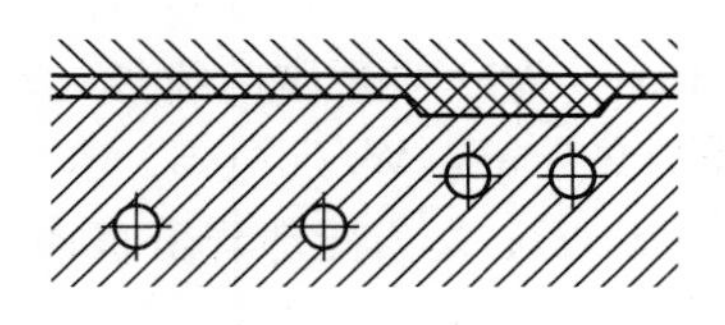

(b)

图4.210　冷却水道布局

表 4-50 水孔与型腔侧壁相对位置、孔间距及孔径大小 （单位：mm）

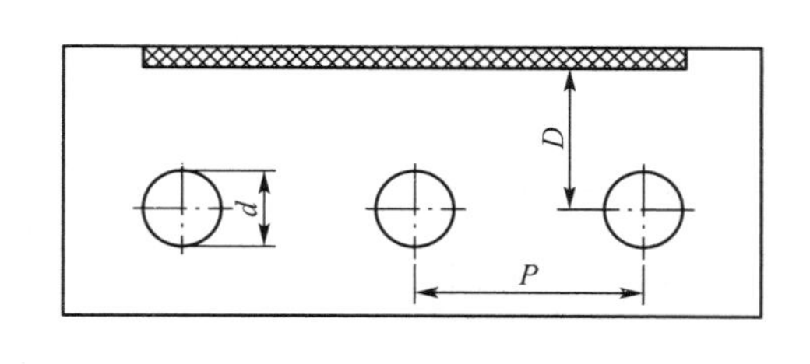

壁厚 W	回路直径
2	8～10
4	10～12
6	12～15
$D=(1\sim3)d$	
$P=(3\sim5)d$	

（2）在满足冷却所需的传热面积和模具结构允许的前提下，冷却水孔数量应尽可能多，孔径应尽可能大，如图 4.211 所示。其中，图 4.211(a)开设较多的冷却水孔，温度分布均匀，其型腔表面温度变化不大；图 4.211(b)同样的型腔由于水孔数量减少，型腔表面的冷却温度出现梯度，使冷却不均匀，导致翘曲变形。

（3）应加强浇口处的冷却。塑料熔体在充模过程中，浇口附近温度最高，距浇口越远温度越低，因此浇口附近应加强冷却，通常可使冷却水先流经浇口附近，然后流向浇口远端，如图 4.212 所示。

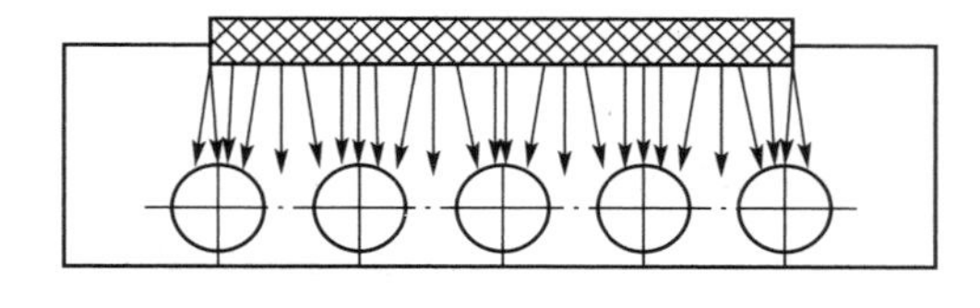
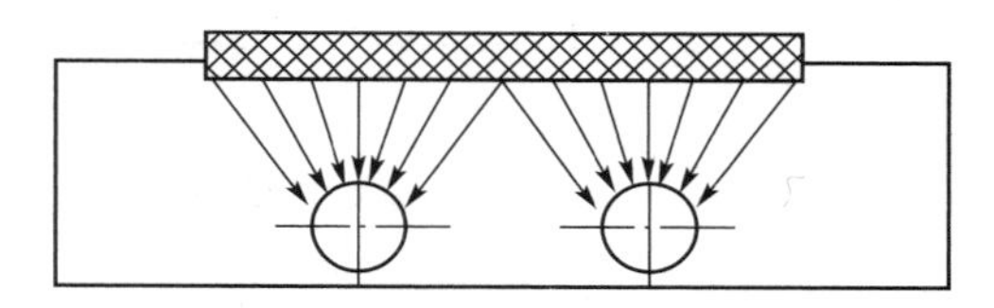
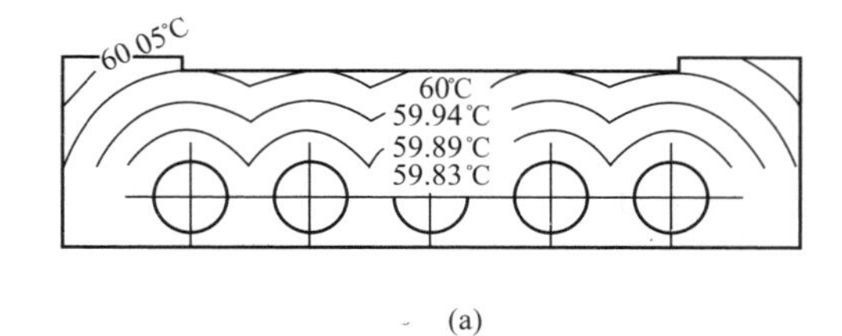

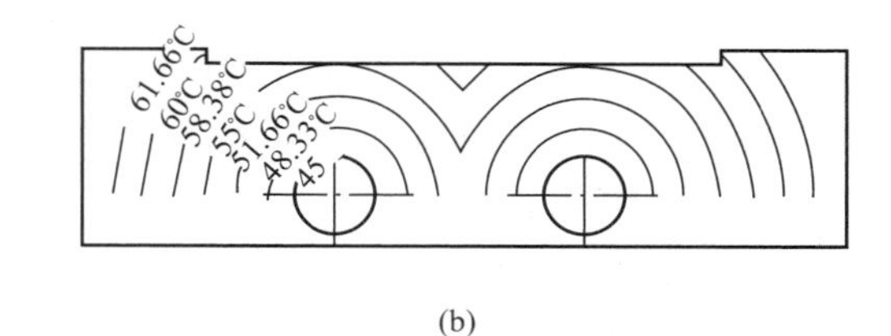

(a) (b)

图 4.211 冷却水道数量与传热关系

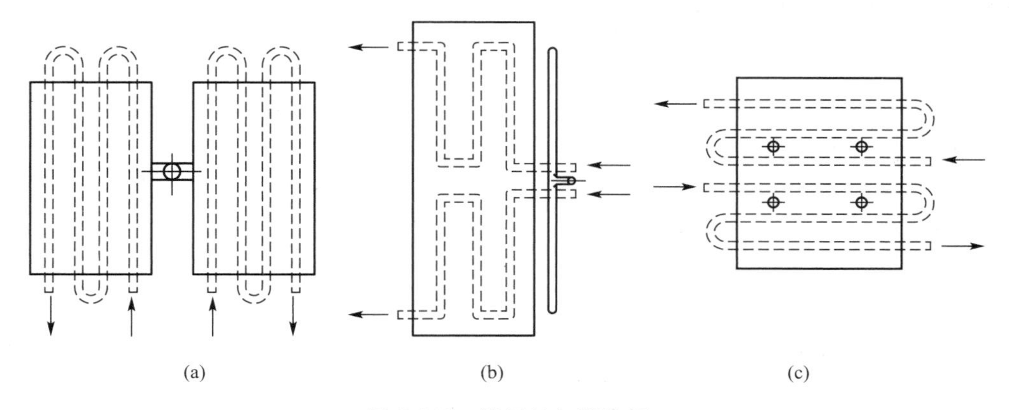

(a) (b) (c)

图 4.212 浇口处加强冷却

(4) 冷却水道出、入口处的温度差尽量小。精密塑件要求该温度差在2℃以内，一般塑件在5℃以内，以避免造成模具表面冷却不均匀。一般可通过改变冷却水道的排列形式来降低出入口温差，同时可减少冷却水道的长度，如图4.213所示，其中图4.213(b)比图4.213(a)效果好。

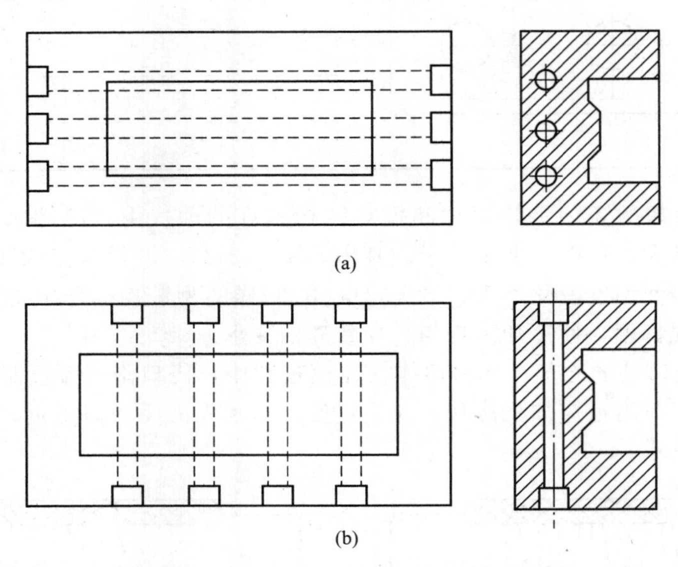

图4.213 控制冷却水温差的通道的排列方式

(5) 应避免将冷却水道开设在塑件熔接痕处。当采用多浇口进料或型腔形状复杂时，熔体在汇合处会产生熔接痕，为确保该处熔接强度，尽可能不在熔接部位开设冷却通道。

(6) 冷却通道尽量不要穿过镶拼缝，以免漏水。

(7) 合理确定冷却水管接头的位置，标记出冷却通道的水流方向。

(8) 冷却系统的水道尽量避免与模具上其他机构发生干涉现象。

2) 合理进行冷却回路布置

(1) 型腔冷却回路。常用的方法是在型腔附近钻冷却水孔，其结构简单、制造方便，如图4.214 (a)所示。冷却通道之间采用内部钻孔沟通，用堵头或隔板使冷却水沿指定方向流动，如图4.214 (b)所示。对于镶嵌式型腔，可在其镶嵌界面开设环形冷却水槽，如图4.215所示。

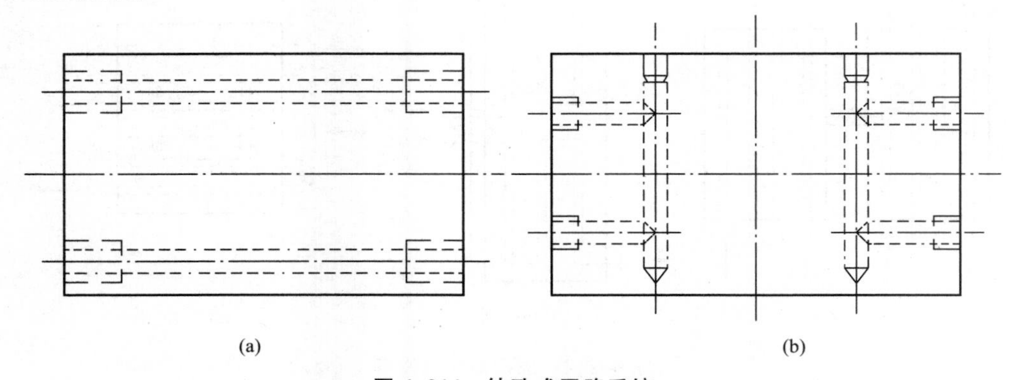

图4.214 钻孔式回路系统

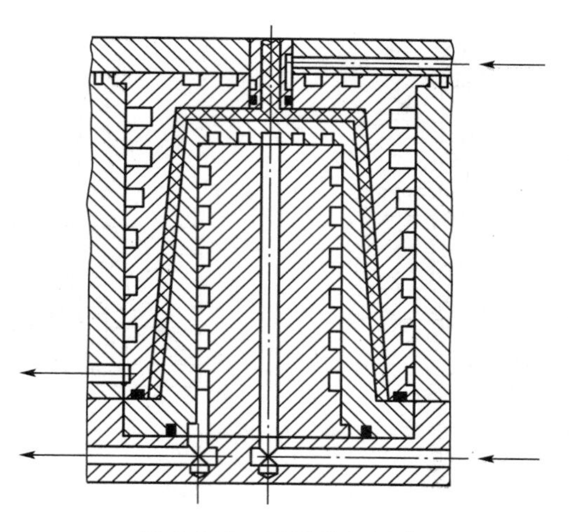

图 4.215 环形冷却回路

(2) 型芯冷却回路。设计型芯冷却回路要比设计型腔时复杂得多，需视型芯的粗细高低、镶拼状况、推杆位置等情况灵活地采用不同形式的冷却装置。常见的形式有以下几种：

如图 4.216 所示为隔板式冷却回路装置。型芯底部的横向管道与伸入型芯内部的垂直管道形成冷却回路，同时在每个直管中设有隔板，利用隔板在每个管子中形成冷却水的流动回路，通过隔板使冷却水有效循环。

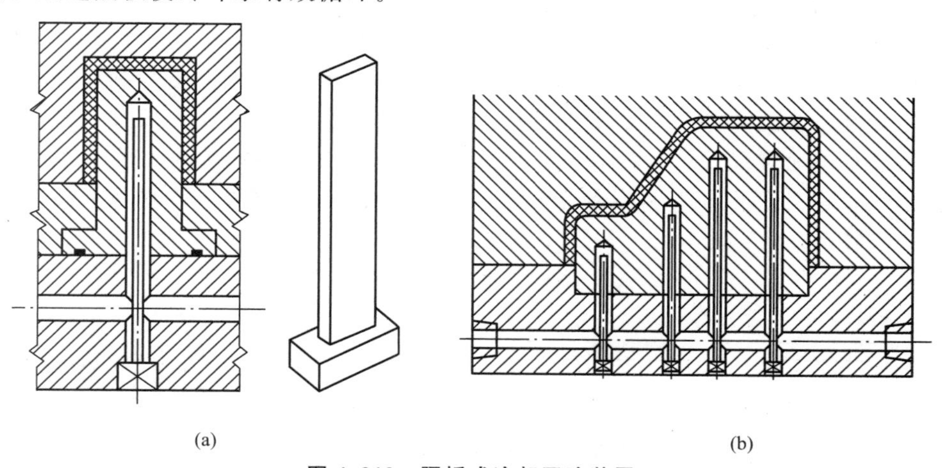

图 4.216 隔板式冷却回路装置

如图 4.217 所示为水管喷流式冷却装置。在型芯中心有一个喷水管道，冷却水从喷水管道中喷出，分流以后向四周流动以冷却型芯。

对于型芯更加细小的模具，可采用间接冷却的方式进行冷却。如图 4.218(a)所示为在细小型芯中插入一根与之配合接触很好的铍铜杆，在另一端加工出翅片，用它来扩大散热面积，提高水流的冷却效果；如图 4.218(b)所示为冷却水喷射在铍铜制成的细小型芯的后端，依靠铍铜良好的导热性能对其进行冷却。

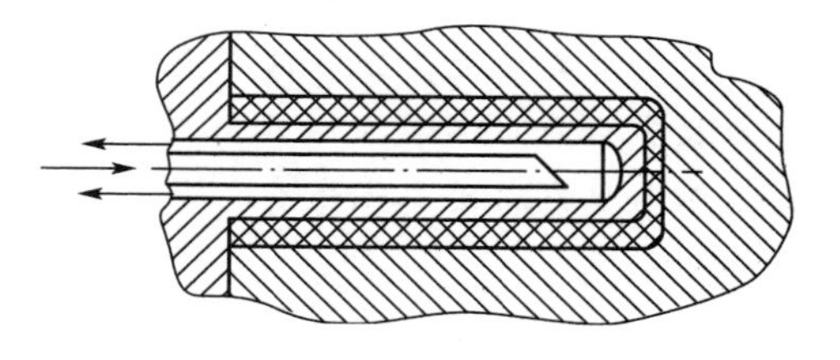

图 4.217 水管喷流式冷却装置

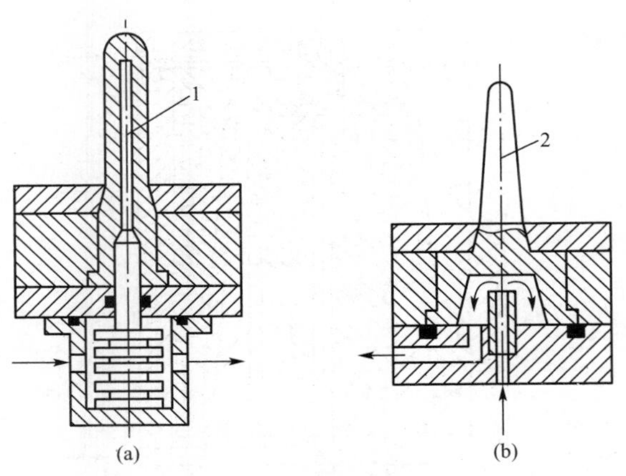

图 4.218 间接冷却

1—导热杆；2—导热型芯

热管冷却

模具上无法开设循环介质通道但又需要强制冷却的部位，可采用热管冷却。

热管是一种密封的、利用汽液两相变化和循环来传递热量的管状传热元件。如图 4.219 所示。它由管壳、虹吸层和传热介质组成，分为加热段(蒸发区 1)、绝热段和冷却段(冷凝区 2)。管内真空度达 1.33～0.133Pa。热管加热段插入模具中需要冷却的部位，当受热时，其中的冷却介质受热蒸发，由于蒸发压力升高与冷却段形成压差，使蒸汽沿着热管中心通道经过绝热段流向冷却段。冷却段伸入模具的冷却水孔中或其他散热部位。蒸汽在冷凝区放出热量，冷凝的传热介质因毛细管 3 作用，沿虹吸层返回到加热段。如此循环反复达到冷却效果。

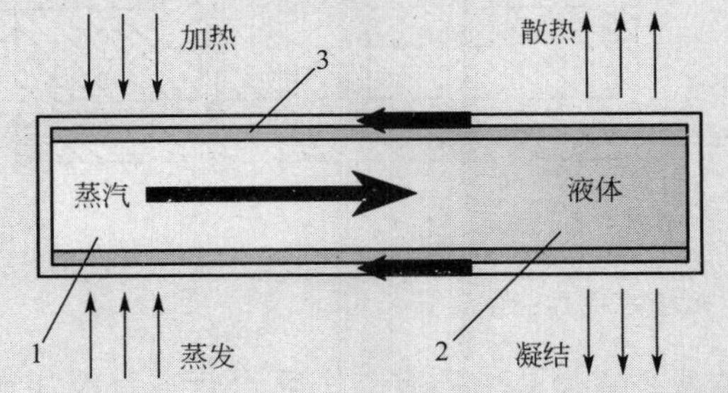

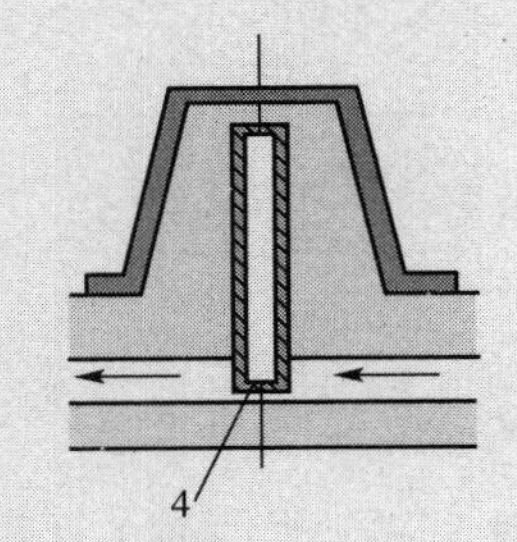

图 4.219 热管工作原理示意图

1—蒸发区；2—冷凝区；3—毛细管；4—热管

热管垂直设置，冷凝区在上部时散热效率最高，冷凝区一般可采用水冷或风冷。热管的散热能力比铜管要大几百倍。在国外热管已经系列化和商品化。国内现在已有研制，但尚未形成商业化生产。

3. 冷却系统的零件

冷却系统对应不同的冷却装置有不同的零件，主要包括水管接头、螺塞、密封圈、堵头、快速接头、密封胶带(主要用来使螺塞或水管接头与冷却通道连接处不泄漏)、软管(主要作用是连接并构制模外冷却回路)、喷管件(主要用在喷流式冷却系统上，最好用铜管)、隔片(用在隔片导流式冷却系统上，最好用黄铜片)、导热杆(用在导热式冷却系统上，主要由铍铜制成)。如图 4.220 所示为部分零件实物图片。

图 4.220 冷却系统的零件实物图片

4.11.3 加热系统设计

1. 加热方式

当注射成型工艺要求模具温度在 80℃以上时，模具中必须设置加热装置。塑料注射模具的加热方式有很多，如热水、热油、水蒸气、煤气、天然气加热和电加热等，通常采用下面两种方式：

1) 热水或过热水加热

热水管道结构和设计原则与冷却水管道设计完全类似，所不同的只是把冷却水换成热水或过热水。这对于注射成型之前需要加热，正常生产一段时间后又需要冷却的大型模具特别合适。使用热水或过热水加热模温分布较均匀，有利于提高塑件质量，但模温调节的滞后周期较长。

2) 电加热

对于需要提供足够热能，温度要求较高的模具采用电加热方式，例如热固性塑料模、热塑性热流道模的流道板等。电加热方式具有温度调节范围较大，装置结构简单，安装及维修方便，清洁、无污染等优点。缺点是升温较缓慢，改变温度时有时间滞后效应。电加热主要有电热丝直接加热、电热圈加热(如图 4.221 所示)、电热棒加热(如图 4.222 所示)及工频感应加热等方式。

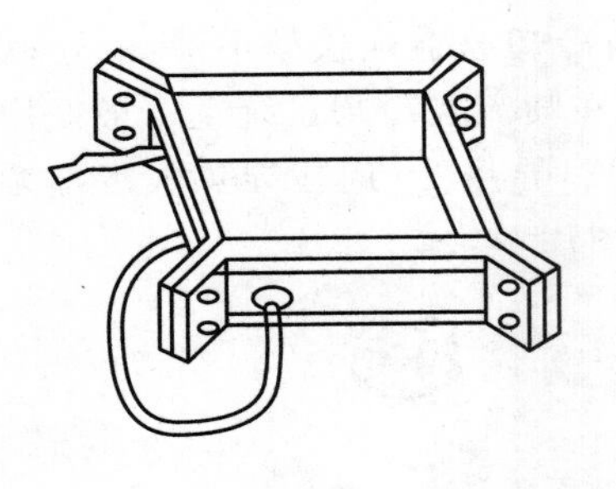

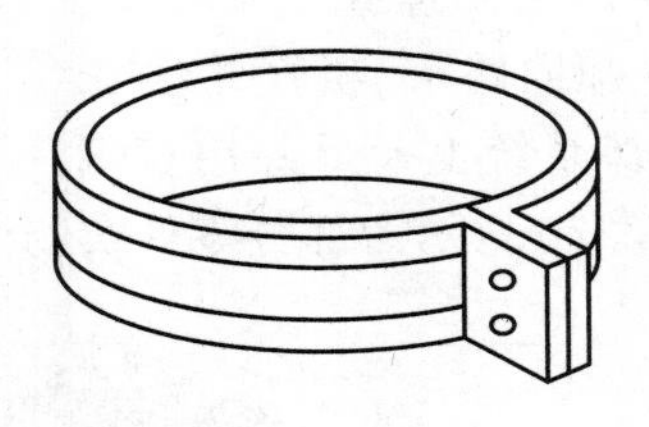

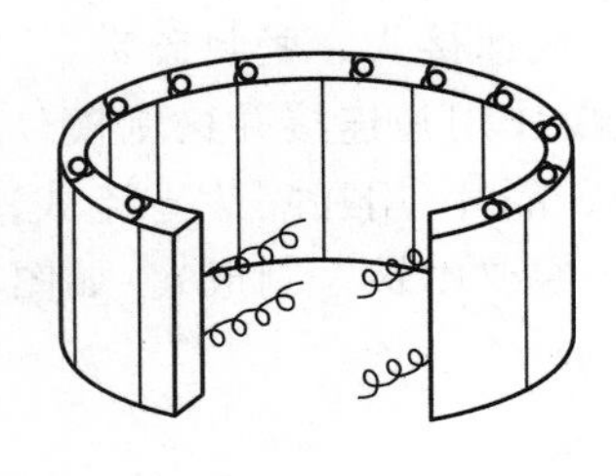

图 4.221　电加热圈的形式

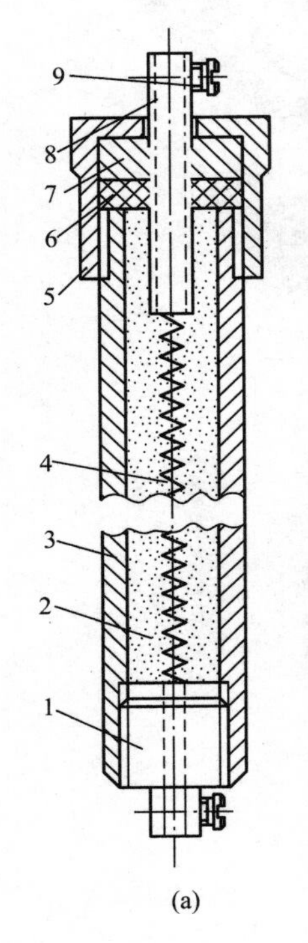

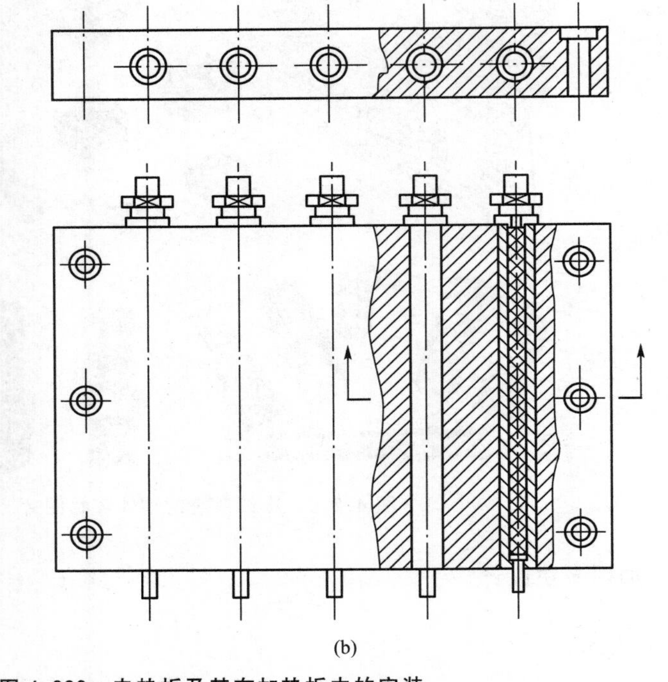

图 4.222　电热板及其在加热板中的安装

1—堵头；2—耐火材料(石英砂)；3—外壳；4—电阻丝；5—固定帽；6—绝缘垫；7—垫圈；8—接线柱；9—螺钉

电加热系统设计的基本要求为：

(1) 正确合理地布设电热元件。

(2) 大型模具的电热板，应安装两套控制温度仪表，分别控制调节电热板中央和边缘部位的温度。

(3) 电热板的中央和边缘部位分别采用不同功率的电热元件，一般模具中央部位电热元件功率较小，边缘部位的电热元件功率较大。

(4) 加强模具的保温措施，减少热量的传导和热辐射的损失。通常，在模具与压机的上、下压板之间及模具四周设置石棉隔热板，厚度为 4～6mm。

2. 电加热功率计算

1) 电加热模具所需总功率可按式(4-64)计算

$$P=\frac{Gc_p(t_m-t_0)}{3600\eta\tau} \quad (4-64)$$

式中：P 为电加热模具所需总功率，kW；G 为模具质量，kg；c_p 为模具材料比热容，kJ/(kg・℃)；t_m 为所需模具温度,℃；t_0 为室温,℃；η 为加热器效率，$\eta=0.3\sim0.5$；τ 为加热升温时间，h。

2）电加热模具所需总功率的检验式

取 c_p 为 0.46［kJ/(kg・℃)］（碳钢），$\eta=0.5$，预热时间在 1h 内，则所需总功率的检验式为

$$P\geqslant 0.24\times10^{-3}G(t_m-t_0) \quad (4-65)$$

3）电加热模具所需总功率的经验式为

$$P=Gq\times10^{-3} \quad (4-66)$$

式中：q 为加热单位质量模具至规定温度所需的电功率，其值可由表 4-51 选取。

表 4-51　不同类型模具的 q 值　（单位：W/kg）

模具类型	q	
	采用加热棒	采用电热圈
小型	25	40
中型	30	50
大型	35	60

4）所需电热棒根数

$$n=\frac{1000P}{P_e} \quad (4-67)$$

式中：P_e 为电热棒额定功率，W。

电热棒的额定功率及名义尺寸，可根据模具结构及其所允许的钻孔位置由有关手册选择。

4.12　注射成型新技术简介

随着塑料成型工艺的日益发展及塑件应用范围的不断扩大，诸如热固性塑料注射成型、热流道系统成型、共注射成型、气体辅助注射成型、发泡成型、BMC 注射成型、反应注射成型、叠层注射等新工艺也不断涌现。其中发泡成型是将发泡塑料注射入型腔，将氮气或发泡剂加入聚合物熔体，形成聚合物与气体的混合熔体，注入模具型腔后其气体膨胀，使熔体发泡而充满型腔，接触低温模壁的熔体中气体破裂，在型腔中发泡膨大，形成表层致密、内部呈微孔泡沫结构的塑件。BMC 注射成型是将由不饱和聚酯、苯乙烯树脂、矿物填料、着色剂和 10%～30%(质量分数)的玻璃纤维增强材料等组成的块状塑料(命名为 BMC，属增强热固性塑料)，通过液压活塞压入料筒内，在螺杆旋转作用下进行输送和塑化、注射，BMC 制品具有很高的电阻值、耐湿性和优良的力学性能及较小的收缩率。反应注射成型是使能够起反应的两种液料进行混合注射，并在模具中进行反应固化成型的

一种方法。

本节仅介绍目前应用越来越广泛的气体辅助注射成型、叠层注射成型及共注射成型等新技术。

4.12.1 气体辅助注射成型技术

气体辅助注射成型(Gas - Assisted Injection Molding，GAIM)技术最早可追溯到20世纪70年代，该技术在20世纪80年代末得到了完善并实现了商品化。从20世纪90年代开始，作为一项成功的技术，气体辅助注射成型技术在美、日、欧等发达国家和地区得到了广泛应用。目前该技术主要被应用在家电、汽车、家具、日常用品、办公用品等加工领域中。GAIM是自往复式螺杆注射机问世以来，注射成型技术最重要的发展之一，也可说是注射技术的第二次革命。该技术发展至今，其关键技术已得到了不断地完善和进步，已经进入了工厂实质性应用阶段，随着应用领域的扩大，出现了更多的GAIM新技术，如外部气体辅助注射成型、振动气体辅助注射成型、冷却气体辅助注射成型、多腔控制气体辅助注射成型及气体辅助共注射成型技术等。

1. 工艺过程

气体辅助注射成型工艺过程是先在模具型腔内注入部分或全部熔融的树脂，然后立即注入高压的惰性气体(一般使用压缩氮气)，利用气体推动熔体完成充模过程或填补因树脂收缩后留下的空隙，在熔体固化后再将气体排出，再脱出塑件。气体辅助注射成型工艺一般有预注塑、注入气体、保压、模具中的空气排放、多余的氮气回收、塑件脱模等几个过程。

气体辅助注射成型通常有短射(short shot)、满射(full shot)及外气(external gas)成型几种形式。

如图4.223所示为短射的形式，首先注入一定量的熔体(通常为型腔体积的50%～90%)，然后立即向熔体内注入气体，靠气体的压力推动将熔体充满整个型腔，并用气体保压，直至树脂固化，然后排出气体和脱模。

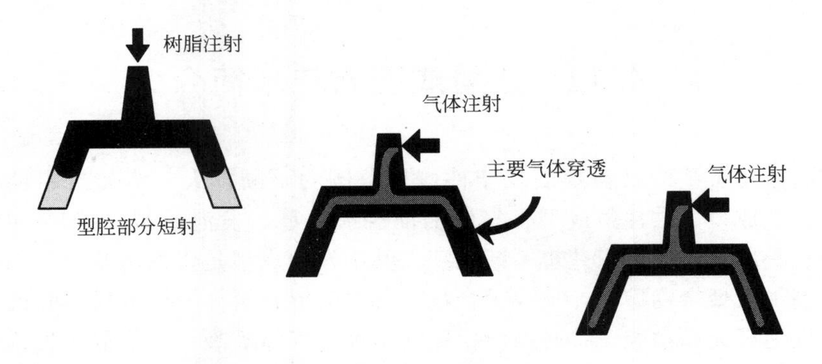

图4.223 短射气辅成型

满射是在树脂完全充满型腔后才开始注入气体，如图4.224所示，熔体由于冷却收缩会让出一条流动通道，气体沿通道进行二次穿透，不但能弥补塑料的收缩，而且靠气体压力进行保压效果更好。

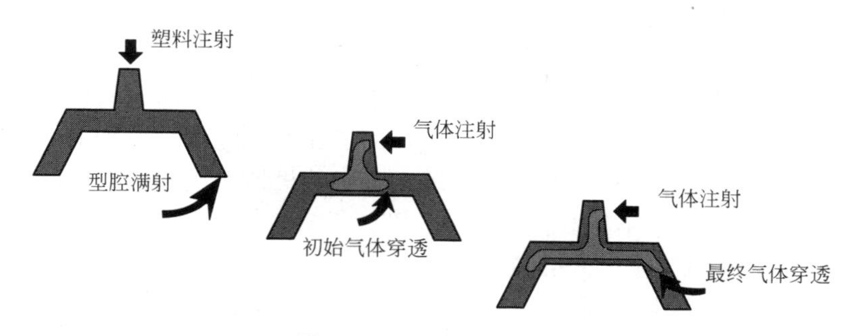

图 4.224 满射气辅成型

如图 4.225 所示为外气成型工艺过程，与传统的 GAIM 成型方法的不同之处在于它不像传统方法那样将气体注入塑料内以形成中空的部位或管道，而是将气体通过气针注入与塑料相邻的模腔表面局部密封位置中，故称之为“外气注塑”。从工艺的角度来看，取消了保压阶段，保压的作用由气体注射来代替。外气注塑提供的是一种对熔体在模具内冷却时施加压力的方法，要达到预定的效果，就必须控制注入模内的气体压力，因此必须准确控制气体注入阶段和压力增加的速率。这首先就要防止气体由塑件表面和模具分型处泄露，外气注塑工艺就是凭借模具和制件中的整体密封来做到这一点的。其突出优点在于它能够对点加压，可预防凹痕，减少应力变形，使塑件表观质量更加完美。

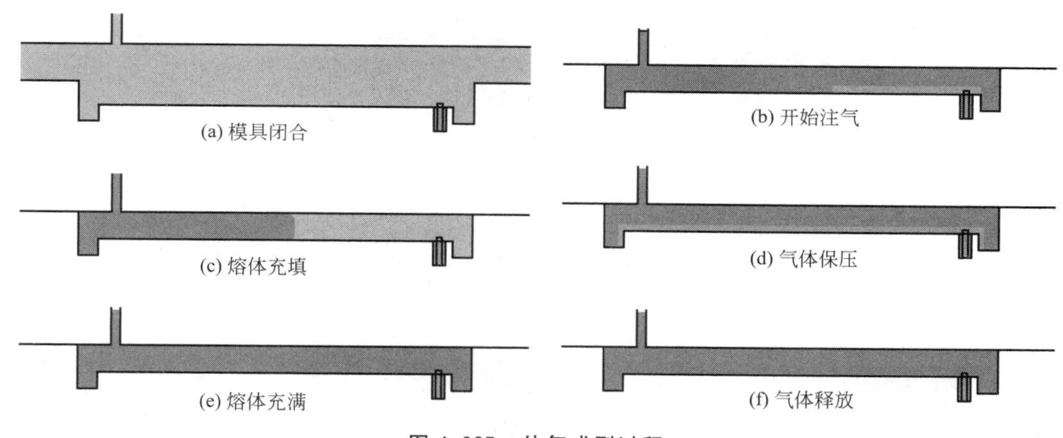

图 4.225 外气成型过程

2. 适用范围

GAIM 技术可应用于各种塑件上，如电视机或音箱外壳、汽车塑料产品、家具、浴室、厨具、家庭电器和日常用品、各类型塑胶盒和玩具等。具体而言，主要体现为以下几大类：

1）管状、棒状制件

如门把手、转椅支座、导轨、衣架、手柄、挂钩、椅子扶手、淋浴喷头等，这些壁较厚的塑件用普通注射成型方法是难于成型的，应用气体辅助注射成型，可在不影响塑件功能和使用性能的前提下，管状结构设计使现存的厚截面适于产生气体管道，利用气体的穿透作用形成中空，从而可消除表面成型缺陷，节省材料并缩短成型周期。

2）大型平板状有加强筋的制件

如车门板、复印机外壳、仪表盘、汽车仪表板、内饰件格栅、商用机器的外罩及抛物线形卫星天线等。利用加强筋作为气体穿透的气道，消除了加强筋和零件内部残余应力带来的翘曲变形、熔体堆积处塌陷等表面缺陷，增加了强度(刚度)对质量的比值，同时可因大幅度降低锁模力而降低注射机的吨位，实现在较小的机器上成型较大的制件。

3）厚、薄壁一体的复杂结构制件

如保险杠、汽车车身、家电外壳及内部支撑和外部装饰件等。这类塑件通常用传统注射工艺无法一次成型，采用气辅技术提高了模具设计的自由度，有利于配件集成。

如图 4.226 所示为气辅成型实例图片。

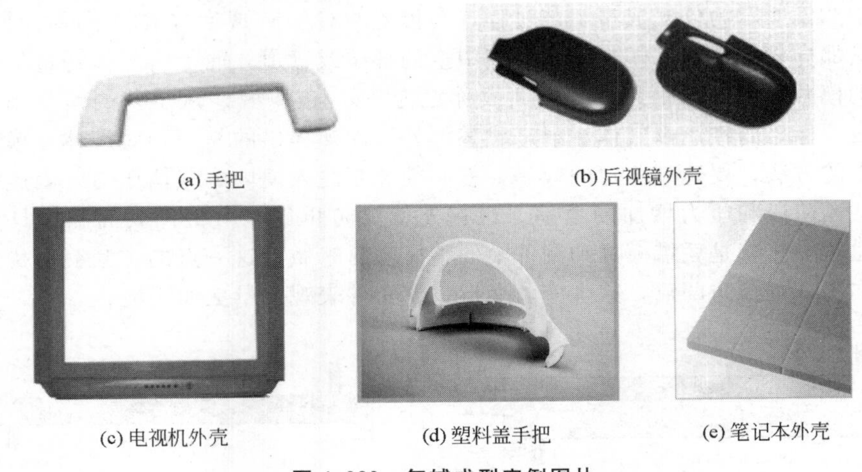

图 4.226　气辅成型实例图片

3. 气辅成型设备

气体辅助注射成型的设备除了普通注射成型设备以外主要增加了控制器、氮气发生器及气嘴，如图 4.227 所示。

图 4.227　气辅成型设备

注射机精度的高低直接影响注射量的控制和延迟时间的反馈精度，进而影响塑件的中空率和气道的形状，所以 GAIM 对注射机的精度要求很高。一般情况下，要求注射机的注射量精度误差控制在±0.5%(以体积计)以内，且注射压力波动相对稳定，控制系统的电信号能够很好地反映实际注射过程，因此一般需要选用精密注射机。

根据注气压力产生方式的不同，目前，常用的气体注射装置有以下两种：

(1) 不连续压力产生法即体积控制法，如Cinpres公司的设备，它首先往气缸中注入一定体积的气体，然后采用液压装置压缩，使气体压力达到设定值时才进行注射充填。大多数的气辅注射成型机械都采用这种方法，但该法不能保持恒定的高压力。

(2) 连续压力产生法即压力控制法，如Battenfeld公司的设备，它是利用一个专用的压缩装置来产生高压气体。该法能始终或分段保持压力恒定，而且其气体压力分布可通过调控装置来选择设定。

要点提醒

气辅注塑所使用的气体必须是惰性气体(通常为氮气)，气体最高压力为35MPa，特殊者可达70MPa，氮气纯度大于98%。

4. 气辅成型制件设计

1) 气道壁厚和塑件壁厚

塑料的气道部分和实心部分应相差悬殊，以确保气体在预定的通道内流动，而不会进入邻近的实心部分，如果气体穿透到实心部分将其淘空，则会产生“手指效应”(是指由于制件局部体积的收缩，形成的缺料要靠气道与制件壁间的熔体来补偿，从而使气体穿出气道形成指状分支的现象，在大平板类制件中特别容易出现)，影响制件的总体强度和刚度。

塑件的壁厚除了棒状手把类制件外，对于非气体通道的平板区而言壁厚不宜大于3.5mm。壁厚过大也会使气体穿透到平板区，产生“手指效应”。

2) 塑件上的加强筋

气辅塑件加强筋的厚度可以设计得比塑件主体壁厚大得多，作为气体通道，不但可以避免产生凹陷，还可以大大增加塑件的刚度。

如图4.228所示为气辅制件上筋的设计，s为塑件主体壁厚。

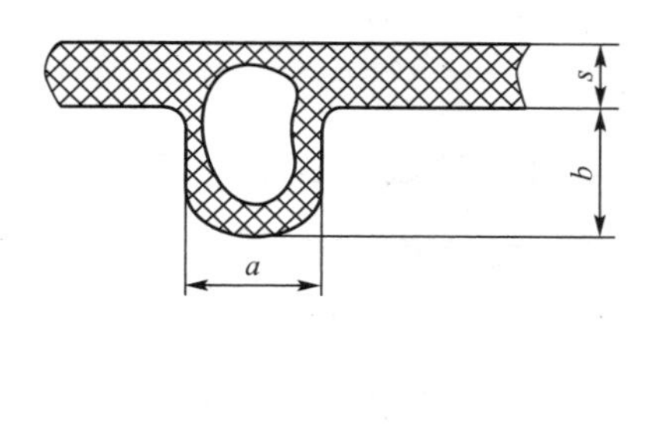

(a) 普通筋:a和b=(2.5~4)s; s=2.5~3.5

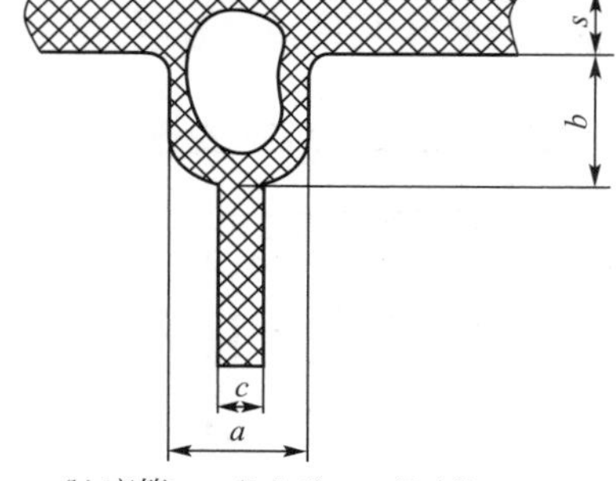

(b) 高筋：c=(0.5~1)s; a=(5~10)s

图4.228　气辅制件筋的断面

3) 注气位置设计

早期的是利用注射机的喷嘴将气体经主流道注入模具型腔，目前采用固定式或可动插入式气针直接由型腔进入制件，如图4.229所示。

图 4.229　注气位置

制件气体入口位置的设计与制件形状结构的差异而会有所不同，应根据制件结构的情况和所用材料的特性加以综合考虑。

(1) 管状或棒形件。如手把、座垫和方向盘等这类制件主要应使气体穿透整个熔体而使熔体在内部形成气道。所以，在此类制件设计中，气道入口位置的选择要尽量保证气体与熔体流动方向一致及气体穿透的畅通，常采用一个入口并使其气体尽可能贯穿整个制件。

(2) 板状件。在大型板类制件的气辅成型中，它常将加强筋作为气体通道，所以，气道的设计实质就改成为对加强筋的设计。气体的入口也应尽量保证气体与熔体流动方向一致，且流向制件最后被充填的部位。由于大型板类制件的流程比较长，因此，采用气辅成型，可很好地改善甚至消除其因保压不足而引起的制件翘曲、变形或凹孔等现象。

(3) 壁厚不均的特殊件。应在这类制件的厚壁或过渡处，开设气道辅予气体充填，消除该处可能产生的凹陷，减小制件变形。

在一个制件上可以采用多根气针，而且这些气针可以在不同的时间以不同的压力进气，这样可采用多个保压程序作用在同一制件上，以产生最佳的效果。在多腔模中可以对每一个型腔分别安装气针，以达到各型腔分别控制的目的。

4) 气道部分塑件外形设计

由于气体流动会自动寻找阻力最小的路径，因此沿流动方向气体不会与气道外形尖锐的转角同步流动，而会走圆弧捷径，这样会造成气道壁厚不均。因此采用逐渐转变的带圆角的外形可获得较平均的壁厚，如图 4.230 所示。

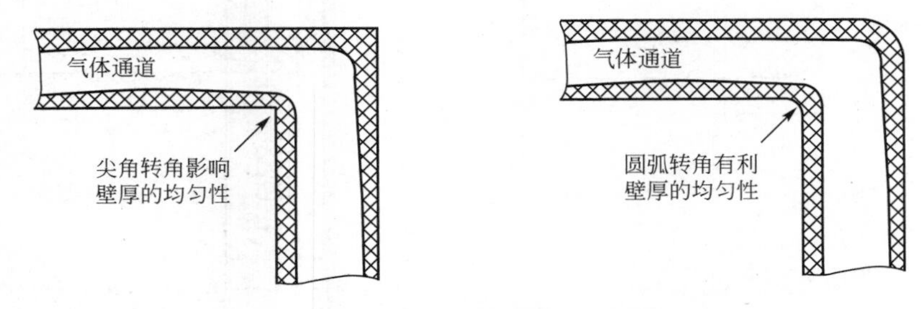

图 4.230　气道纵向流动路径和壁厚

从气道的横断面看气体倾向于走圆形断面，因此，气道部分塑件外形最好带圆角，同时其断面高度与宽度之比最好接近于 1，否则气道外围塑料厚度差异较大，如图 4.231 所示。

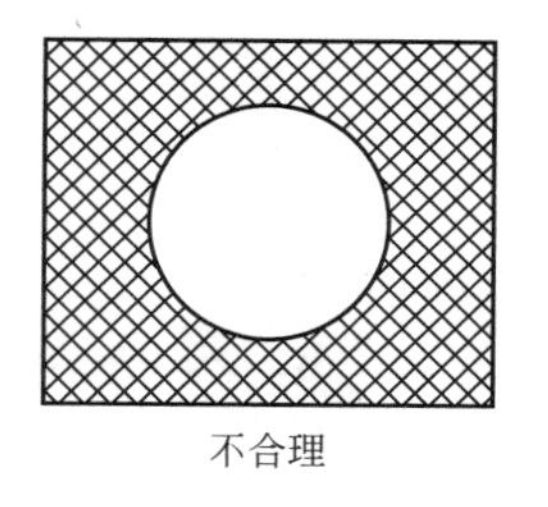
不合理

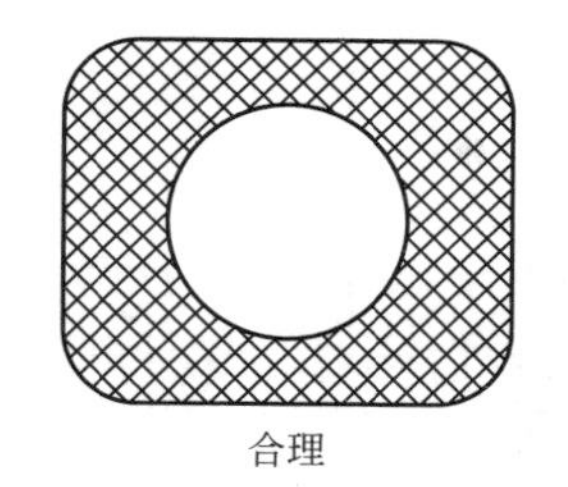
合理

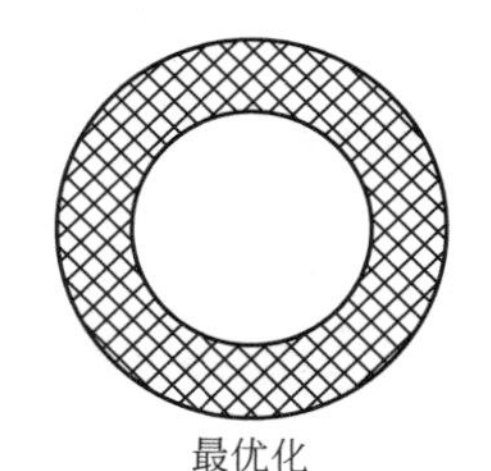
最优化

图 4.231 气道断面和壁厚

5. 模具设计

气辅注射成型过程的模具设计与普通注射成型相似，普通注射成型中所要求的设计原则在气辅注射成型过程中依然适用，以下主要介绍其不同部分设计时应注意的问题：

(1) 要绝对避免喷射现象的出现。虽然现在气辅注射有朝着薄壁塑件、生产特殊形状弯管方向发展的趋势，但传统的气辅注射仍多用来生产型腔体积比较大的塑件，料流通过浇口时受到很高的剪应力，容易产生喷射和蠕动等熔体破裂现象。设计时可适当加大进浇口尺寸、在塑件较薄处设置浇口等方法来改善这种情况。

(2) 型腔设计。由于气辅注射中欠料注射量、气体注射压力、时间等参数很难控制一致，因此气辅注射时一般要求一模一腔，尤其塑件质量要求高时更应如此。如采用多型腔设计时，要求采用平衡式的浇注系统布置形式。

(3) 浇口设计。一般情况只使用一个浇口，其位置的设置要保证欠料注射部分的熔体均匀充满型腔并避免产生喷射。若气针安装在注射机喷嘴和浇注系统中，浇口尺寸必须足够大，防止气体注入前熔体在此处凝结。

(4) 流道的几何形状。流道相对于浇口应是对称或单方向的，气体流动方向与熔融树脂流动方向必须相同。

(5) 模具中应设计调节流动平衡的溢流空间，以得到理想的空心通道。

要点提醒

模具及制件结构设计造成的缺陷并不能通过调整成型过程中的参数来弥补，而是应及时修改模具和制件结构的设计。

6. 气体辅助注射成型特点

气体辅助注射成型技术突破了传统注射成型的限制，可灵活地应用于多种制件的成型。它在节省原料、防止缩痕、缩短冷却时间、提高表面质量、降低塑件内应力、减小锁模力、提高生产效率，以及降低生产成本等方面具有显著的优点。因此，GAIM 一出现就受到了企业广泛的重视，并得以应用。目前，几乎所有用于普通注射成型的热塑性塑料及部分热固性塑料都可以采用 GAIM 法来成型，GAIM 塑件也已涉及结构功能件等各个领域。

当然，GAIM 虽然具有普通注塑所不具备的许多优点，但它引入了如预注射量，熔体/气体注射之间的延迟时间，充气注射压力、速率及时间等多个新工艺参数的调整，控制不好很容易出现如延迟线、将塑件吹穿及“手指效应”或气体反灌等问题。

知识提醒

"手指效应"是大平面制件容易产生的主要问题。在气体保压阶段，平板部位体积收缩而产生的缺料是依靠气道和平板之间的熔体来补偿，因此产生了所谓的"手指效应"，导致壁厚不均匀。产生手指效应的主要因素是平板的壁厚，因为壁厚越大，产生手指效应的危险性就越大。

GAIM在国内一些行业中得到了一定的应用，就电视机行业而言，我国彩电行业几乎全部采用GAIM技术来生产大屏幕电视机的外壳。TCL、海尔、海信、长虹、康佳等著名电视机生产厂都相继引进了GAIM工艺技术。例如，TCL彩电的前面板和后面板均采用GAIM技术进行生产。在汽车行业，GAIM技术广泛应用于仪表盘、内装饰件及保险杠等零件的制造。例如，神龙富康轿车的仪表盘基本上都是采用这一技术生产的。塑料家具的生产是GAIM技术的另一个重要应用领域。仿硬木家具在外观上要具备木质家具较为粗大的圆柱或立方结构，用普通注射成型来加工，存在冷却速度慢、材料收缩不易控制、塑件翘曲变形严重等难以克服的障碍，而且原料用量大、成本高，采用GAIM技术，以上问题即可迎刃而解。可以说GAIM已成为工业发达国家和地区生产大型超厚、高精度或表观高清晰度塑件所必不可少的成型方法。

4.12.2 叠层注射成型技术

1. 概述

叠层注射就是采用叠层式模具进行塑件的注射成型。所谓叠层式模具就是在一副模具中将多个型腔在合模方向重叠布置，这种模具通常有多个分型面，每个分型面上可以布置一个或多个型腔。简单地说，叠层式模具就相当于将多副单分型面模具叠放组合在一起(通常型腔是以背靠背的形式来设置)。

叠层式模具设计因为它们的生产效率超过普通的单分型面模具而闻名。塑件在分型面上的投影面积基本不变，模具所需的锁模力只需增加5%～10%，但型腔数目却增加了一倍或几倍，产量亦成倍增加(提高90%～95%)，这可以充分发挥注射机的塑化能力，极大地提高设备利用率和生产效率，降低生产成本。由于模具制造要求基本上与常规模具相同，主要是将两副或多副型腔组合在一副模具中，与生产两副单面模具相比，模具制造周期也可缩短5%～10%。

但由于叠层式模具开合模的行程比较长、模具制作成本较高，常被用来成型批量较大的板、片、框、浅壳类扁平塑件，如图4.232所示产品。叠层式模具的浇注系统同样可以采用热流道的形式，一方面可以有效降低传递压力，提高成型质量，另一方面容易实现自动化，提高生产效率。叠层注射模塑虽比普通模塑的设计计算要求更高，但由于其应用表现出的显著的经济效益，使之在国外得到了广泛认同和商业化应用。

2. 模具结构

1) 叠层模具组成

典型的叠层式模具一般由定模、中间和动模三个部分组成。

(1) 定模。固定于注射机的定模板上，浇注系统的一端与注射机喷嘴接触。对于热流

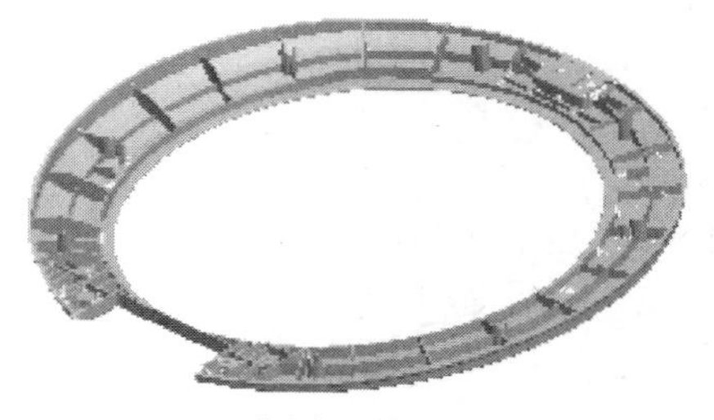

(a) 洗衣机门饰圈

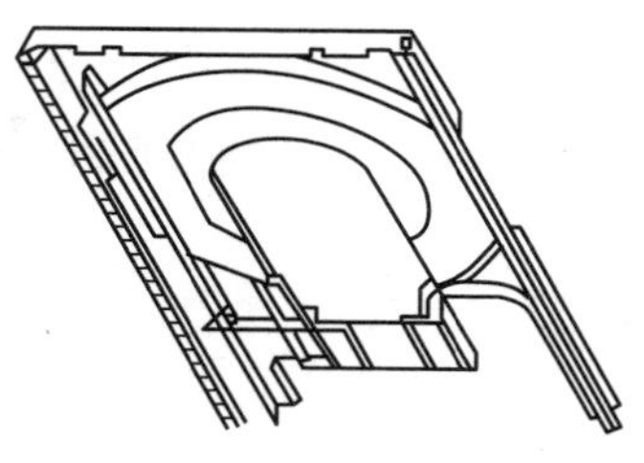

(b) 光盘托架

图 4.232 适合叠层成型的塑件

道而言，定模部分流道内设有加热元件，使定模流道内的物料保持熔融状态。热流道系统通过定模部分进行延伸，并在当模具闭合时与注射机喷嘴相连接。流道的延伸部分必须有足够的长度，这样在开模时不致有熔料漏出。

(2) 中间部分。由可向两侧供料的流道及浇口的两块模板所组成(热流道模具的中间部分内部装有热流道，它与常规热流道相似，即也是由喷嘴、歧管、热流道板、温控器及加热装置等所组成)。叠层式模具的中间部分在开、合模过程中需要平稳而有效的支撑，使其处于模具的动模和定模的中间沿注射机轴向运动，便于塑件从模具的两个分型面中取出。常用的支撑方式有导柱支撑、上吊式横梁支撑、下导轨架支撑等三种。各种支撑结构各有特点，可以按模具结构和企业实际情况来确定。

(3) 动模。和普通模具一样安装于注射机的动模板上，在开模时随注射机动模板运动，并通过联动在动模和定模一侧各设置有顶出机构。

2) 开模机构

为了顺利使叠层式模具的两个分型面按要求分开，并将塑件从模腔中脱出，需设置相应的开模联动装置带动中间部分运动，实现两个分型面的分开。并在动、定模两侧均设置相应的推出机构。目前叠层式模具一般采用由如图 4.233 所示几种装置来驱动两个分模面的分开。

如图 4.233(a)所示为齿轮齿条机构，模具上有两对齿条，一对固定在模具定模，另一对固定在模具动模，动定模同侧的齿条相反，分别与固定在中间体上的一对齿轮齿条啮合，开模时，由齿轮、齿条装置实现两个分型面的同步启闭。

如图 4.233(b)所示为铰接杠杆机构，由固定在动定模上交错的两对杠杆与固定在中间体上的一对铰链连接，来实现两个分型面的同步启闭。

如图 4.233(c)所示为液/气压系统机构，由单独的液/气缸控制中间体的运动从而实现两个分型面的启闭。

由于冷流道叠层模塑有诸多不足，如冷流道的脱出比较困难，需要延长成型的循环时间，同时难以实现全自动操作等。所以，人们更多地采用热流道来成型，叠层式热流道技术的开发应用，是热流道技术发展进步的一个成功的体现。虽然利用热流道叠层模塑具有显著的优点，但叠式模具提出了比普通单层模具更高的模具设计和制品质量要求，同时需要一些更精确的计算。力求满足：①模具结构尽量简单；②模具动作可靠；③热流道无漏料现象。

随着塑料成型工艺和模具技术水平的不断发展，叠层式注塑将日益更多地应用于塑件的成型加工，这为注塑产品降低成本，提高效率和产品的市场竞争力开辟了又一新途径。

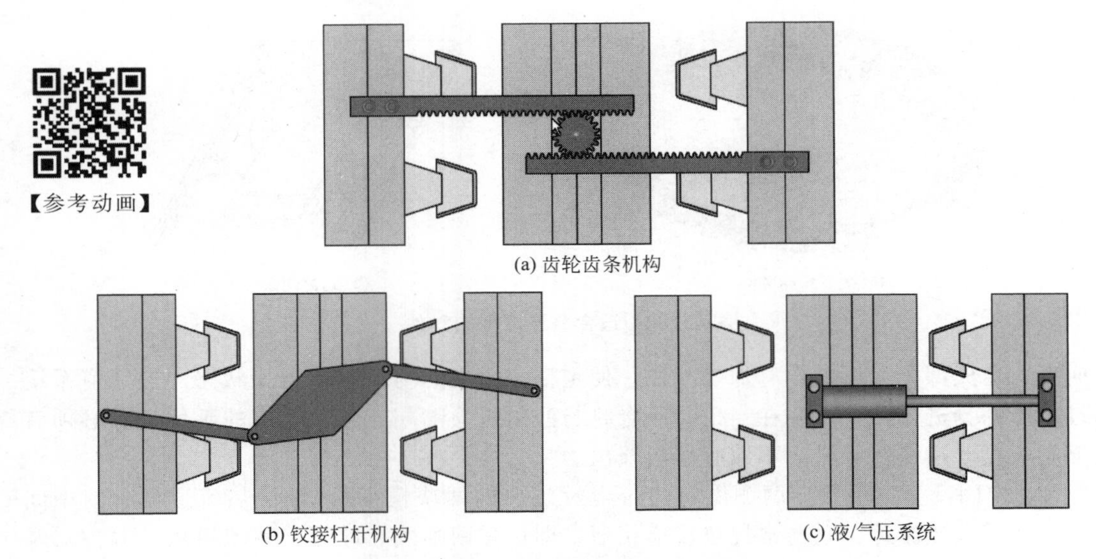

(a) 齿轮齿条机构

(b) 铰接杠杆机构

(c) 液/气压系统

图 4.233　叠层模具开模机构形式

如图 4.234 所示为叠层模具实例图片。

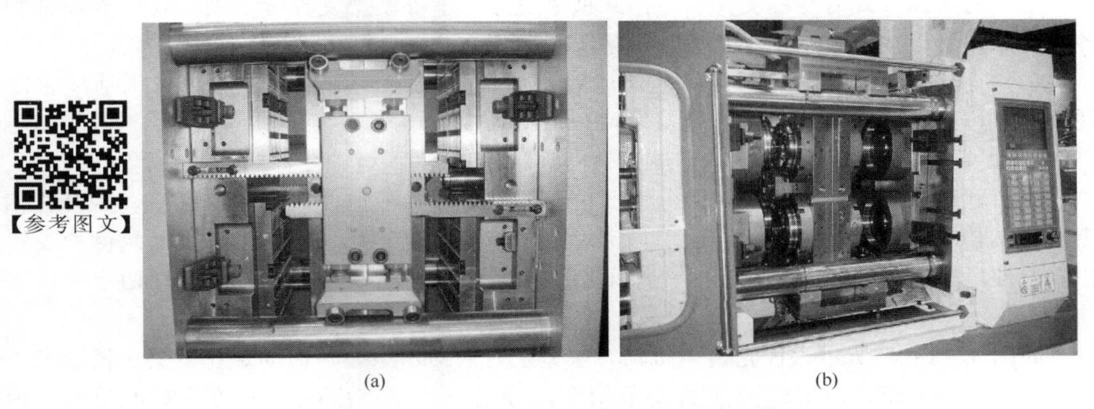

(a)

(b)

图 4.234　叠层式模具实例图片

4.12.3　共注射成型技术

使用两个或两个以上注射系统的注射机，将不同品种或不同色泽的塑料同时或先后注射入模具内的成型方法，称为共注射成型。双色注射成型和双层注射成型是共注射成型中两种典型的成型工艺。

1. 双色注射成型

由于双色成型的塑件通过充分利用颜色搭配或物理性能的搭配，能够满足在不同领域的特殊要求(比如产品结构、使用性能及外观等需要)，因此在电子、通信、汽车及日常用品上应用越来越广，也日益得到了市场的认可，正呈现加速发展趋势。随之而来的双色注射成型技术(如双色成型工艺、设备及模具技术等)也逐渐成为许多专业厂家亟待研发的对象。如图 4.235 所示为双色注射产品实例图片。

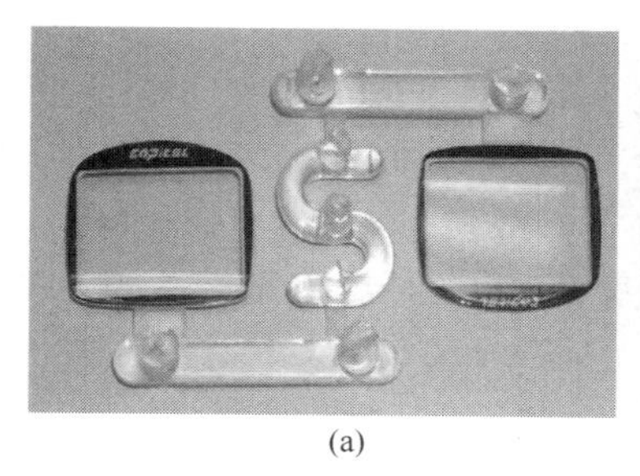

(a)

(b)

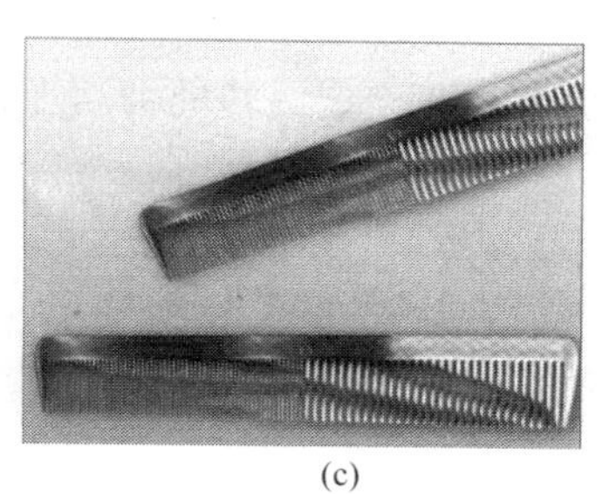

(c)

图 4.235　双色注射产品实例图片

1）双色注射成型类型

（1）双色多模注射成型。如图 4.236 所示为双色多模注射成型原理示意图，该双色注射成型机由两个注射系统和两副模具共用一个合模系统组成，而且在移动模板一侧增设了一个动模回转盘，可使动模准确旋转 180°。

其工作过程如下：首先合模，物料 1 经料筒 $A(9)$注射到 a 模型腔内成型单色产品；定型后开模，单色产品留于 a 动模，注射机通过相应机构将模具动模回转盘逆时针旋转 180°旋转至 b，实现 a、b 模动模交换位置后，再合模，料筒 $B(11)$将物料 2 注射到 b 模型腔内成型双色产品；同时料筒 $A(9)$将物料 1 注射入 a 模型腔内成型单色产品；冷却定型后开模，推出 b 模内的双色产品，动模回转盘顺时针旋转 180°，a、b 模动模再次交换位置；合模进入下一个注射周期。

这种成型对设备要求较高，对于企业投入成本要求高。而且配合精度受安装误差影响较大，不利于精密件的生产制造。

（2）双色单模注射成型。如图 4.237 所示为双色单模注射成型原理图，与普通注射机不同，该双色注射机由两个相互垂直的注射系统和一个合模系统组成。但在模具上设有一旋转机构，互换型腔时，可使动模准确旋转 180°。其工作过程如下：

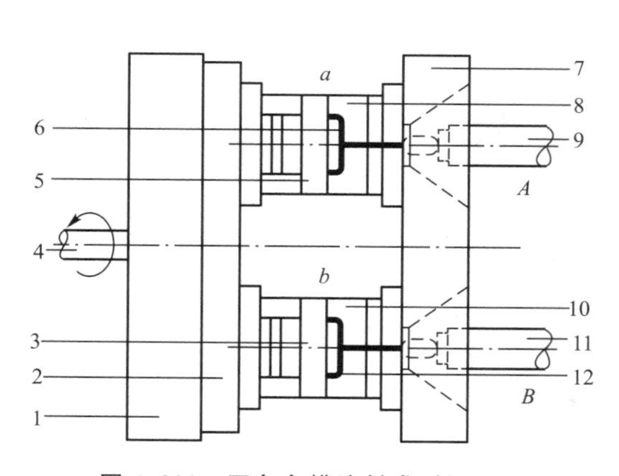

图 4.236　双色多模注射成型原理图

1—移动模板；2—动模回转盘；3—b 模动模；4—回转轴；5—a 模动模；6—物料 1；7—定模座板；8—a 模定模；9—料筒 A；10—b 模定模；11—料筒 B；12—物料 2

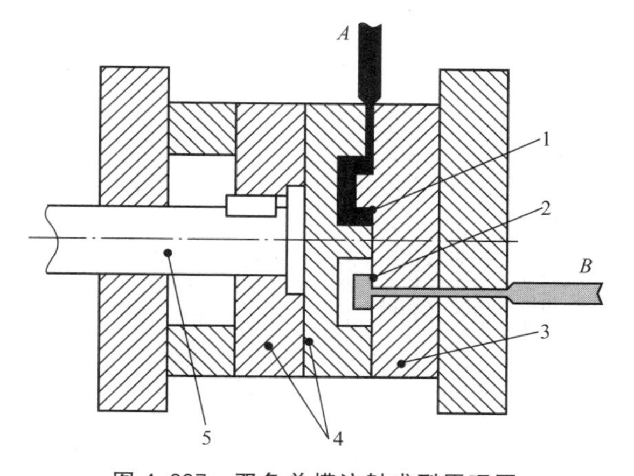

图 4.237　双色单模注射成型原理图

1—型腔 a；2—型腔 b；3—定模；4—动模旋转体；5—回转轴

① 合模，A 料筒将物料 1 注射入型腔 a 内成型单色产品；

② 开模，旋转轴带动旋转体和动模逆时针旋转 180°，型腔 a 和型腔 b 交换位置；

③ 合模，A 料筒、B 料筒分别将物料 1、物料 2 注射入型腔 a 内和型腔 b 内(成型双色产品)；

④ 开模，推出型腔 b 内的双色塑件，旋转体顺时针旋转 180°，型腔 a 和型腔 b 交换位置；

⑤ 合模进入下一个注射周期。

这种结构的模具对设备的依赖性相对减少，其通过自身的旋转装置实现动模部分的旋转，两个不同的型腔都加工在同一副动定模上，这有效地减少了两副模具的装夹误差，提高了塑件的尺寸精度和外形轮廓的清晰度。

知识提醒

近年来，单模成型方法凭借良好的成型工艺性逐步取代了多模成型，较好地满足了成型高精度塑件与高生产效率的要求。双色单模根据注射机结构形式不同常有清色、混色之分。

2) 双色注射成型机

随着塑料工业的快速发展，双色注射成型技术在国内外均处于火热发展的阶段。双色注射机技术也得到了快速的开发并逐渐成熟。从上面双色成型原理我们可以看出，双色成型机与普通注射机的主要区别在于：(1)具有两个注射系统；(2)具有使模具动模或型腔部位的旋转实现机构。

(1) 注射系统。注射系统常见的形式如图 4.238 所示，其中图 4.238(a)为平行排列式布置，主要可用于多模旋转模成型；图 4.238(b)为侧排式的两种形式，主要可用于单模模内旋转成型；图 4.238(c)为 V 形排列式，主要可用于混色注射成型。另外还有 A-B 垂直布置式则常可用于单模模内旋转成型。双色注射机料筒的注射和移动一般都可各自独立控制。如图 4.239 所示为双色注射机实例图片。

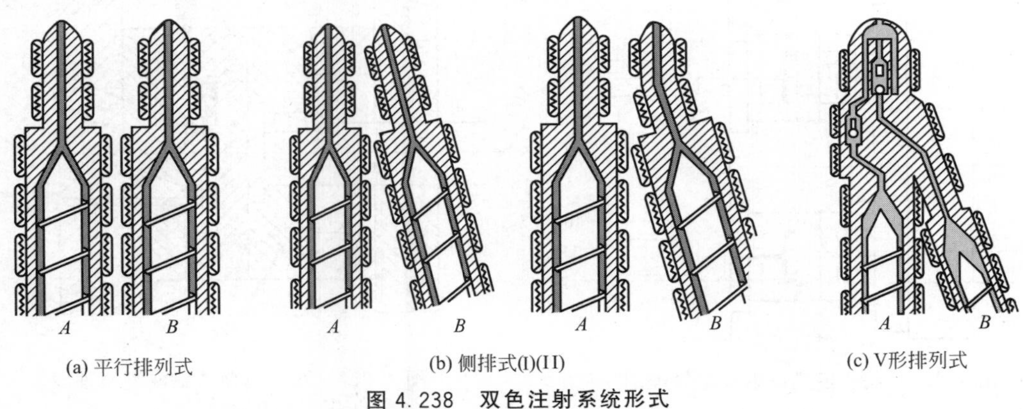

(a) 平行排列式　　(b) 侧排式(I)(II)　　(c) V形排列式

图 4.238　双色注射系统形式

(2) 旋转机构。旋转机构常见的形式主要有以下几种：

① 转盘注射，主要可用于双色多模成型。两动模完全一样，可旋转。两定模不一样，会受到产品几何形状的影响。所以可利用此结构特点实现单边良好的设计构思。由于该成

图 4.239 双色注射机(平行排列式)实例图片

型方法允许进行同步注塑，因此可节省加工周期。该法主要用于饮用杯、把手、盖子和密封件等多模旋转成型。

② 转位(轴)注射，也称转模芯注射，也就是在注射机的后面板的中心，即模具中心处有一可伸缩和转动的轴。主要可用于双色单模成型(转芯或转整个动模两种情况)，该成型机构多用于制件第二部分注塑或产品形状必须改变的加工场合。利用这一技术，可大大提高产品设计的自由度，因此常用于汽车用调节轮、牙刷及一次性剃须刀等的单模旋转成型。

③ 移位注射，利用机械手将预注射工件放至第二位置再注射，从而给予第一和第二注射加工最大的自由度。该技术主要用于工具手柄、牙刷和工艺性注射等加工领域。

双色注射机在顶出机构、冷却装置等方面也另需设置，以满足整个成型要求。随着双色成型技术的不断进步，双色注射机的发展也已由传统的转盘、转轴式等技术，朝向更高阶的蓄压高速闭回双色成型、ESD(Electro - Static discharge)油电复合精密双色成型、双色嵌入成型及旋转重模等技术发展。

3) 双色注射成型模具结构

双色塑件成型模具与普通成型模具的结构有较大的区别，主要特征是：模具有两套浇注系统和两个工位型腔，还有型芯换位机构(或称旋转机构)，另外推出机构的要求也不同于普通的注射模具。常见的模具结构形式如图 4.240 所示。

(1) 型芯后退式双色注射模具。其结构特点是在一次注射时，型芯不后退，二次注射时由型芯后退让位的空间成型第二色部分，该结构形式后退型芯的形状一般比较简单而且较小，不宜用于带有较复杂嵌件的双色塑件的成型。

(2) 脱件板旋转式双色注射模具。其特点是自带旋转机构，对注射机的要求相对较小，适用于中小型双色单模塑件的生产，如图 4.240(a)所示。

(3) 旋转型芯式双色注射模具。其特点是旋转动模实现双色注射，要求注射设备上有专门的旋转盘，对注射机具更高的精度要求，如图 4.240 (b)所示。

(4) 滑动型芯式双色注射模具。其特点是适用于大型件生产，需要在模具和注射机外专设移动机构，如图 4.240 (c)所示。

4) 设计要求

在双色注射成型设计中需要注意以下几方面内容：

(1) 必须了解制件结构、多色组合方式和特殊要求等，以便于确定成型方式，进行注射机选用和模具结构设计。

(a) 脱件板旋转式

(b) 旋转型芯式

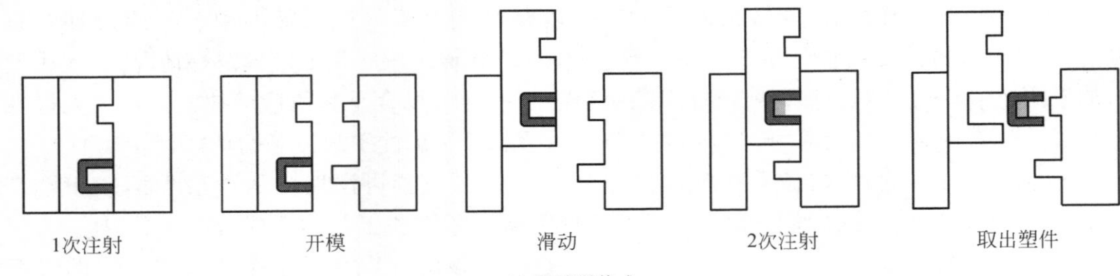

(c) 滑动型芯式

图 4.240 常见双色模具结构形式

(2) 为了使两种塑料粘得更紧，除考虑是否选用同料外，还可以在一次产品上增设沟槽以增加结合强度。

(3) 选取成型设备时必须校核各注射系统的注射量、旋转盘的水道配置及行程、承载重量等。

(4) 模具设计需注意：

① 可以把一次塑件的浇口设计成下次被二次塑件覆盖，同时因为一次模具通常只取流道而不取塑件，且最好没有塑件的推出过程，所以一次浇口常用点浇口或热流道等，这样浇口可自动脱落而无须推出塑件。

② 在设计第二次注射型腔时，为了避免擦伤第一次已经成型好的产品，可以设计一定的避空部分；同时也要避免第二次注射的料流冲击第一次已经成型的产品而使之移位变形。

③ 由于动模侧必须旋转 180°，所以型芯位置必须交叉对称排列，同时检查并保证旋转合模时必须吻合。

④ 两型腔和型芯处的冷却水道设置尽量充分、均衡、一致。

(5) 一般情况下双色成型都是先注射产品的硬性塑料部分，再注射产品的软性塑料部分。但也要考虑先后两次注射的料温，避免第二次料温过高损坏第一次成型产品。

当然在实际应用过程中还有很多的问题(如复位、定位，限位等装置的设置)，需要结合实际成型方式和模具结构特点不断总结和优化。

2. 双层注射成型

如图4.241所示，注射系统是由两个互相垂直安装的螺杆 A 和螺杆 B 组成，两螺杆的端部是一个交叉分配的喷嘴。注射时，先一个螺杆将第一种塑料注射入模具型腔，当注入模具型腔的塑料与模腔表壁接触的部分开始固化，而内部仍处于熔融状态时，另一个螺杆将第二种塑料注入模腔，后注入的塑料不断地把前一种塑料朝着模具成型表壁推压，而其本身占据模具型腔的中间部分，冷却定型后，就可以得到先注入的塑料形成外层、后注入的塑料形成内层的包覆塑料制件。

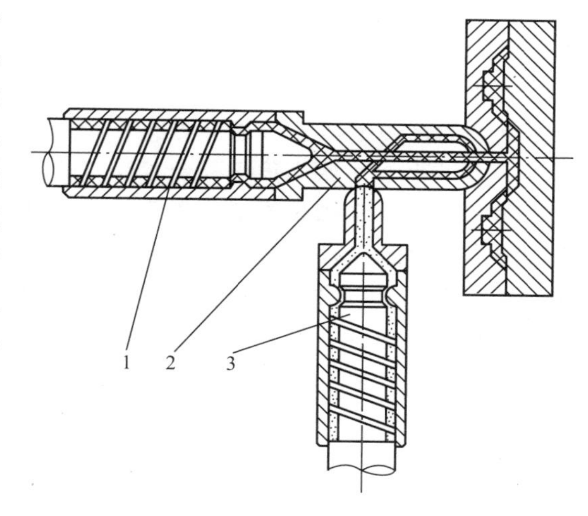

图4.241 双层注射成型示意图

1—螺杆 A；2—交叉喷嘴；3—螺杆 B

双层注射成型特点：

(1) 双层注射成型可使用新旧不同的同一种塑料成型具有新塑料性能的塑件。

(2) 通常塑件内部为旧料，外表为新料，且保证有一定的厚度，这样，塑件的冲击强度和弯曲强度几乎与全部用新料成型的塑件相同。

(3) 此外，也可采用不同颜色或不同性能品种的塑料相组合，获得组合具有某些优点的塑件。

双层注射方法最初是为了能够封闭电磁波的导电塑件而开发的，这种塑件外层采用普通塑料，起封闭电磁波作用；内层采用导电塑料，起导电作用。双层注射成型方法问世后，马上受到汽车工业的重视，这是因为它可以用来成型汽车中各种带有软面的装饰品以及缓冲器等外部零件。

实用技巧

采用共注射成型方法生产塑料制件时，关键是注射量、注射速度和模具温度。改变注射量和模具温度可使塑件各种原料的混合程度和各层的厚度发生变化。

由于共注射成型技术设备成本昂贵，模具设计复杂、精密、成型工艺要求高，各方面与国外相比，国内共注射技术的应用还有待发展。近年来，在对双层和双色注射成型塑件的品种和数量需求不断增加的基础上，又出现了三色甚至多色花纹等新的共注射成型工艺。

学习建议

认真观看多媒体成型录像，结合老师的课堂讲授、介绍，理解成型新工艺，并课后搜索与本节相关的成型新技术，以把握塑料注射成型的新成果和新发展。

本章小结

注射模具的功能是双重的：其一是赋予塑化的材料以期望的形状和质量；其二是冷却并推出经注射工艺而成型的塑料制件。模具决定最终产品的性能、形状、尺寸和精度。为了周而复始地获得符合技术经济要求及质量稳定的产品，模具的结构特征、成型工艺及浇注系统的流动条件是影响塑料制件的质量及生产率的关键因素。本章的基本内容主要包括注射模具的结构及分类、注射模具与注射机的匹配关系、塑料制件在模具中的位置(分型面的设计、型腔数目及型腔排列方式)、浇注系统的设计(概念、分类、作用、组成、设计原则、主流道设计、分流道设计、浇口设计、冷料穴及拉料杆设计、排气系统设计)、推出机构设计、侧向抽芯机构设计、模具温度调节系统(冷却系统、加热装置设计)。本章的重点是分型面及浇注系统的设计、推出机构、抽芯机构，难点是如何设计主流道、分流道，如何选取合适的浇口，如何选择并设计合理的脱模方式。

关键术语

注射模(injection mould)、浇注系统(feed system)、主流道(sprue)、分流道(runner)、浇口(gate)、冷料穴(cold - slug well)、热流道(hot runner)、分型面(parting line)、模架(mold base)、定模(stationary mould fixed half)、动模(movable mould/moving half)、型腔(cavity)、型芯(core)、模板(mould plate)、推杆(ejector pin)、推管(ejector sleeve)、推件板(stripper plate)、推出机构(ejecting mechanism)、抽芯机构(Core - pulling mechanism)、冷却系统(cooling system)、双层模具(double stack mold)、气体辅助注射成型(Gas - Assisted Injection Molding)、共注射成型(Co - injection molding)

习　题

一、填空题

1. 根据模具总体结构特征，塑料注射模可分为：__________、__________、__________、__________、__________、等类型。
2. 通常注射机的实际注射量最好在注射机的最大注射量的__________以内。
3. 注射模的浇注系统有__________、__________、__________、__________等组成。
4. 在多型腔模具中，型腔和分流道的排列有__________和__________两种。
5. 常见浇口的类型一般可分__________、__________、__________、__________、__________等。
6. 排气是塑件__________的需要，引气是塑件__________的需要。

7. 气体辅助注塑成型通常有＿＿＿＿＿、＿＿＿＿＿、＿＿＿＿＿等几种形式。

8. 典型的叠式模具一般由＿＿＿＿＿、＿＿＿＿＿、＿＿＿＿＿三个部分组成。

9. 叠式模具常用的开模机构有＿＿＿＿＿、＿＿＿＿＿、＿＿＿＿＿等几种。

10. 共注射成型是使用＿＿＿＿＿注射系统的注射机，将＿＿＿＿＿或＿＿＿＿＿的塑料同时或先后注射入模具内的成型方法。

11. 相比于普通成型模具结构，双色成型模具具有＿＿＿＿＿套浇注系统和＿＿＿＿＿个工位型腔。

二、判断题(正确的画√，错误的画×)

1. 多型腔注射模各腔的成型条件是一样的，熔体充满各腔的时间相同，所以适合成型各种精度的塑件，以满足生产率的要求。(　　)

2. 在对注射模的型腔与分流道布置时，应使塑件和分流道在分型面上总投影面积的几何中心和注射机锁模力的作用中心相重合。(　　)

3. 为了减少分流道对熔体流动的阻力，分流道表面必须修得光滑。(　　)

4. 点浇口对于注塑流动性差和热敏性塑料及平薄易变形和形状复杂的塑件是很有利的。(　　)

5. 浇口的位置应开设在塑件截面最厚处，以利于熔体填充及补料。(　　)

6. 浇口位置应使熔体的流程最短，流向变化最小。(　　)

7. 在斜导柱抽芯机构中，采用复位杆复位可能产生干扰。尽量避免推杆与侧型芯的水平投影重合或者使推杆推出的距离小于侧型芯的底面均可防止干扰。(　　)

8. 塑件留在动模上可以使模具的推出机构简单，故应尽量使塑件留在动模上。(　　)

9. 为了确保塑件质量与顺利脱模，推杆数量应尽量地多。(　　)

10. 推件板推出时，由于推件板与塑件接触的部位，需要有一定的硬度和表面粗糙度要求，为防止整体淬火引起的变形，常用镶嵌的组合结构。(　　)

三、选择题

1. 采用多型腔注射模时，需根据选定的注射机参数来确定型腔数。主要按注射的＿＿来确定。

A. 最大的注射量　　B. 锁模力　　C. 公称塑化量

2. 采用直接浇口的单型腔模具，适用于成型＿＿塑件，不宜用来成型＿＿的塑件。

A. 平薄易变形　　B. 壳形　　C. 箱形

3. 熔体通过点浇口时，有很高的剪切速率，同时由于摩擦作用，提高了熔体的温度。因此，对＿＿的塑料来说，是理想的浇口。

A. 表观黏度对速度变化敏感　　B. 黏度较低　　C. 黏度大

4. 带推杆的倒锥形冷料穴和圆环槽形冷料穴适用于＿＿塑料的成型。

A. 硬聚氯乙烯　　B. 弹性较好的　　C. 结晶型

5. 大型深腔容器，特别是软质塑料成型时，用推件板推出，应设＿＿装置。

A. 先手复位　　B. 引气　　C. 排气

6. 将注射模具分为单分型面注射模、双分型面注射模等是按＿＿分类的。

A. 按所使用的注射机的形式　　B. 按成型材料

C. 按注射模的总体结构特征　　D. 按模具的型腔数目

7. 注射机XS－ZY－250中的“250”代表＿＿。

A. 最大注射压力　　B. 锁模力
C. 喷嘴温度　　D. 最大注射量

四、问答题

1. 模具设计时，对所设计模具与所选用的注射机必须进行哪些方面的校核(从工艺参数、合模部分参数方面来考虑)?
2. 浇注系统的作用是什么？普通浇注系统应遵循哪些基本原则？
3. 注射模浇口的作用是什么？有哪些类型？各自用在哪些场合？
4. 浇口位置选择的原则是什么？
5. 计算成型零部件工作尺寸要考虑什么要素？
6. 比较推杆、推管、推件板三种推出机构的特点及其适用场合。
7. 在注射模的设计中，模具的温度调节的作用是什么？
8. 侧向分型与抽芯机构的类型有哪些？斜导柱侧向分型与抽芯机构的主要组成零件有哪些？
9. 相对于普通注射成型，GAIM有何特点？
10. 叠层模具和普通注射模具有何区别？
11. 双层注射成型的特点是什么？

实训项目

分析如图4.242所示塑件(圆盖，材料：改性PS)，完成以下要求内容：

1. 进行塑件的结构工艺性分析，找出应保证制品质量的关键点及对应措施。
2. 选用注射机并进行初步校核。
3. 正确确定注射成型分型面及选择的理论依据。
4. 简述浇口位置与浇口形式的分析与选择过程。
5. 构思比例协调的合模状态下模具结构示意图(要求结构齐全，各零部件安装配合关系表述清晰)。

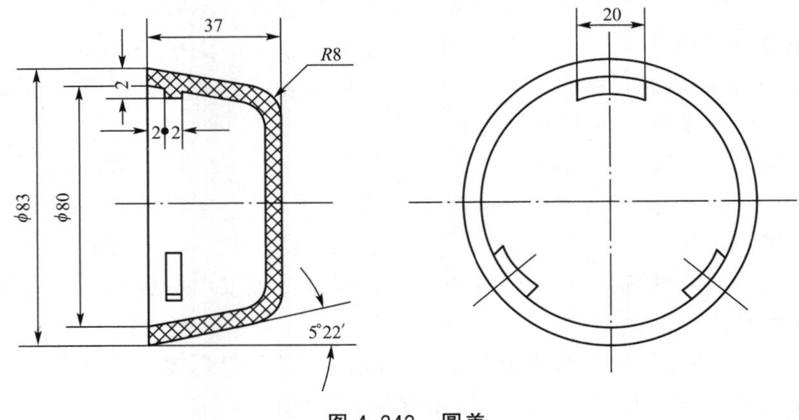

图4.242　圆盖

第5章
其他塑料成型模具设计要点

知识要点	目标要求	学习方法
压缩成型模具	熟悉	复习第2章第2.2～2.4节的内容，了解相关成型工艺原理与过程。通过观看多媒体课件演示，结合老师在教学过程中的讲解及阅读教材相关内容，通过与注射成型模具的比较，熟悉相应模具的结构特征和设计要点
传递成型模具		
挤出成型模具		
气动成型模具	基本掌握	复习第2章第2.5节的内容，了解气动成型原理及工艺过程，主要熟悉中空吹塑模具的结构特征和设计要点

导入案例

塑料除了前面所述的普通注射成型以外，还有很多其他的成型方法，它们适合于不同的物料或不同结构形状的塑件的成型。比如压缩、传递主要适合于热固性塑料成型，挤出用于成型截面一致的型材，中空吹塑用于成型中空塑件等。相对于注射模具而言，其他成型模具比较简单，但也具有符合其自身成型要求的一些特点。作为模具设计人员，非常有必要了解和熟悉其他成型工艺及模具设计的相应要点。

【参考图文】

如图5.1所示的就是利用其他塑料成型工艺和模具成型的塑件实例图片。

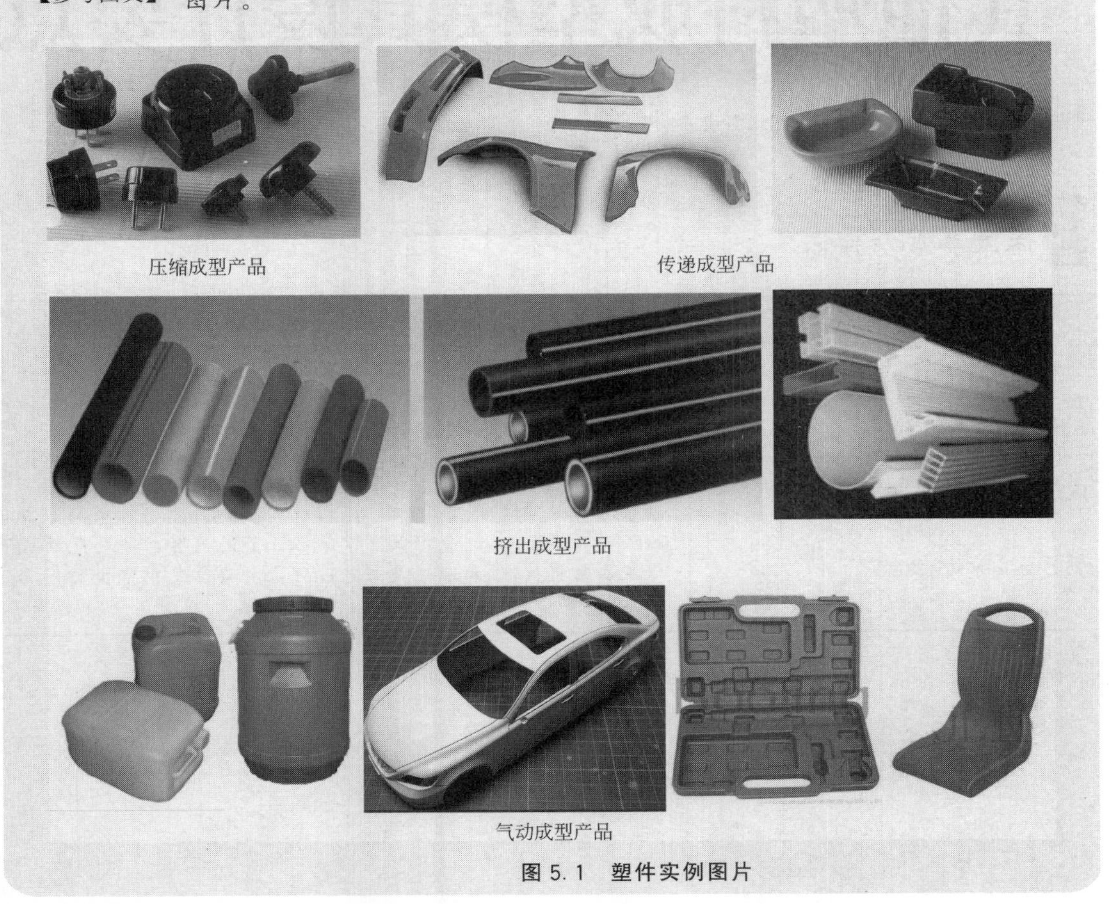
压缩成型产品

传递成型产品

挤出成型产品

气动成型产品

图5.1 塑件实例图片

5.1 压缩模具设计

压缩模具是塑料成型模具中一种比较简单的模具，它主要用来成型热固性塑料。某些热塑性塑料也可用压缩模具来成型，如光学性能要求高的有机玻璃镜片，不宜高温注射成型的硝酸纤维汽车转向盘及一些流动性很差的热塑性塑料(如聚酰亚胺等塑料)制件等，都可以来用压缩成型。但由于模具需要交替地加热和冷却，所以生产周期长，效率低，这样就限制了热塑性塑料在这方面的进一步应用。

本节着重介绍热固性塑料压缩模具的结构设计要点。与注射模具设计类似的合模导向机构、侧向分型与抽芯机构、模温调节系统等参考第 4 章的内容。

5.1.1 概述

1. 压缩模具的典型结构与工作过程

典型的压缩模具结构如图 5.2 所示，由上模和下模两大部分组成。

模具的上模和下模分别安装在压力机的上、下工作台上，上下模通过导柱、导套导向定位。上工作台下降，使上凸模 5 进入下模加料腔与装入的塑料接触并对其加热。当塑料成为熔融状态后，上工作台继续下降，熔料在受热受压的作用下充满型腔并发生固化交联反应。塑件固化成型后，上工作台上升，模具分型，同时压力机下面的辅助液压缸开始工作，推出机构的推杆将塑件从下凸模 7 上脱出。

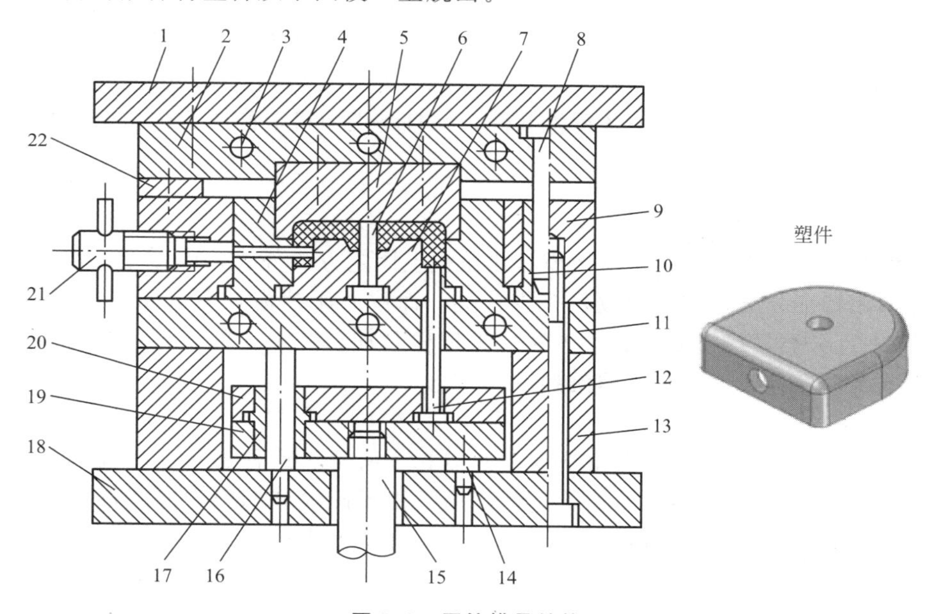

图 5.2 压缩模具结构

1—上模座板；2—上模板(加热板)；3—加热孔；4—加料腔(凹模)；5—上凸模；6—型芯；7—下凸模；8—导柱；9—下模板；10—导套；11—支承板(加热板)；12—推杆；13—垫块；14—限位钉；15—推出机构连接杆；16—推板导柱；17—推板导套；18—下模座板；19—推板；20—推杆固定板；21—侧型芯；22—限位块(承压块)

按照各零部件的功能作用可分为以下几大部分：

(1) 加料腔。压缩模具的加料腔是指凹模上方的空腔部分，如图 5.2 中凹模 4 的上部截面尺寸扩大的部分。由于塑料与塑件相比具有较大的比容，塑件成型前单靠型腔往往无法容纳全部原料，因此一般需要在型腔之上设有一段加料腔。

(2) 成型零件。成型零件是直接成型塑件的零件，加料时与加料腔一道起装料的作用。如图 5.2 中的上凸模 5、凹模 4、型芯 6、下凸模 7 等零件。

(3) 导向机构。它的作用是保证上模和下模两大部分或模具内部其他零部件之间准确对合定位。一般由分别布置在上下模具周边的导柱、导套(如图5.2中导柱8和导套10)组成，另外为保证推出机构上下运动平稳，有时在推出机构中也设置导向机构(如图5.2中推板导柱16和推板导套17)。

(4) 侧向分型与抽芯机构。当压缩塑件带有侧孔或侧向凹凸时，模具必须设有各种侧向分型与抽芯机构，塑件方能脱出。如图5.2中在推出塑件前用手动丝杆(侧型芯21)抽出侧型芯。

(5) 脱模机构。压缩模具中都需要设置脱模机构(推出机构)，其作用是把塑件脱出模腔。图5.2中的脱模机构由推板19、推杆固定板20、推杆12等零件组成。

(6) 加热系统。在压缩热固性塑料时，模具温度必须高于塑料的交联温度，因此模具必须加热。常见的加热方式有电加热、蒸汽加热、煤气或天然气加热等，但以电加热最为普遍。图5.2中上模板2和支承板11中设计有加热孔，加热孔中插入加热元件(如电热棒)分别对上凸模、下凸模和凹模进行加热。在压缩热塑性塑料时，在型腔周围开设温度控制通道，在塑化和定型阶段，分别通入蒸汽进行加热或通入冷水进行冷却。

(7) 支承零部件。压缩模具中的各种固定板、支承板以及上、下模座等均称为支承零部件，如图5.2中的零件上模座板1、支承板11、垫块13、下模座板18、限位块22等。它们的作用是固定和支承模具中各种零部件，并且将压力机上的压力传递给成型零部件和成型物料。

2. 压缩模具的分类

压缩模具分类的方法很多，可按模具在压机上固定方式分类，可按上下模闭合形式分类，按分型面特征分类，按型腔数目多少分类。而按照压缩模具上下模配合结构特征(加料腔形式)进行分类是最重要的分类方法。根据模具加料腔形式的不同可分为溢式压缩模具、不溢式压缩模具、半溢式压缩模具。

1) 溢式压缩模具

溢式压缩模具又称敞开式压缩模具，如图5.3所示。这种模具无单独的加料腔，型腔本身作为加料腔，型腔高度 h 等于塑件高度，由于凸模和凹模之间无配合，完全靠导柱定位，故塑件的径向尺寸精度不高，而高度尺寸精度尚可。压缩成型时，由于多余的塑料易从分型面处溢出，故塑件具有径向飞边。挤压环的宽度 B 应较窄，以减薄塑件的径向飞边。图中环形挤压面 B(即挤压环)在合模开始时，仅产生有限的阻力，合模到终点时，挤压面才完全密合。因此，塑件密度较低，强度等力学性能也不高，特别是合模太快时，会造成溢料量的增加，浪费较大。溢式模具结构简单，造价低廉，耐用(凸凹模间无摩擦)，塑件易取出。

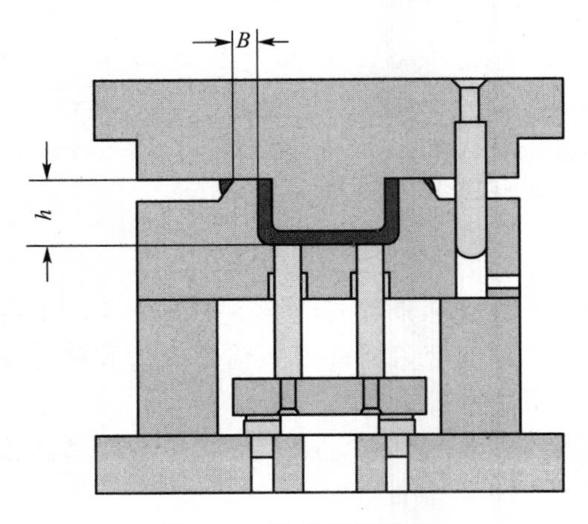

图5.3　溢式压缩模具

这种压缩模具对加料量的精度要求不高，加料量一般仅大于塑件质量的5%左右，常用预压型坯进行压缩成型，它适合于压缩流动性好或带短纤维填料以及精度与密度要求不高且尺寸小的扁平塑件，不适用于压制带状、片状或纤维填料的塑料和薄壁或壁厚均匀性要求高的塑件。

2）不溢式压缩模具

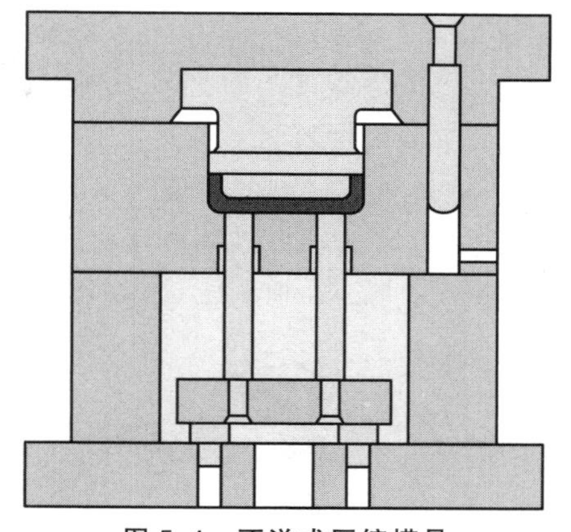

图 5.4 不溢式压缩模具

不溢式压缩模具又称封闭式压缩模具，如图5.4所示。这种模具的加料腔在型腔上部延续，其截面形状和尺寸与型腔完全相同，无挤压面。由于凸模和加料腔有一段配合，故塑件径向壁厚尺寸精度较高。由于配合段单面间隙为0.025～0.075mm，故压缩时仅有少量的塑料流出，使塑件在垂直方向上形成很薄的轴向飞边，去除比较容易，其配合高度不宜过大，在设计不配合部分时可以将凸模上部截面设计得小一些，也可以将凹模对应部分尺寸逐渐增大而形成15′～20′的锥面。模具在闭合压缩时，压力几乎完全作用在塑件上，因此塑件密度大、强度高。这类模具适合于成型形状复杂、精度高、壁薄、长流程的深腔塑件，也可成型流动性差、比容大的塑件，特别适用于含棉布纤维、玻璃纤维等长纤维填料的塑件。

不溢式压缩模具由于塑料的溢出量少，加料量直接影响着塑件的高度尺寸，因此每模加料都必须准确称量，否则塑件高度尺寸不易保证。另外由于凸模与加料腔的侧壁摩擦，将不可避免地会擦伤加料腔侧壁，同时，塑件推出模腔时经过划伤痕迹的加料腔也会损伤塑件外表面，并且脱模较为困难，故固定式压缩模具一般设有推出机构。为避免加料不均，不溢式压缩模具一般不宜设计成多型腔结构。

3）半溢式压缩模具

半溢式压缩模具又称半封闭式压缩模具，如图5.5所示。这种模具在型腔上方设有加料腔，其截面尺寸大于型腔截面尺寸，两者分界面处有一环形压面，其宽度为4～5mm。凸模与加料腔呈间隙配合，凸模下压时受到挤压面的限制，故易于保证塑件高度尺寸精度。凸模在四周开有溢流槽，过剩的塑料通过配合间隙或溢流槽溢出。因此，此模具操作方便，加料时加料量不必严格控制，只需要简单地按体积计量即可。

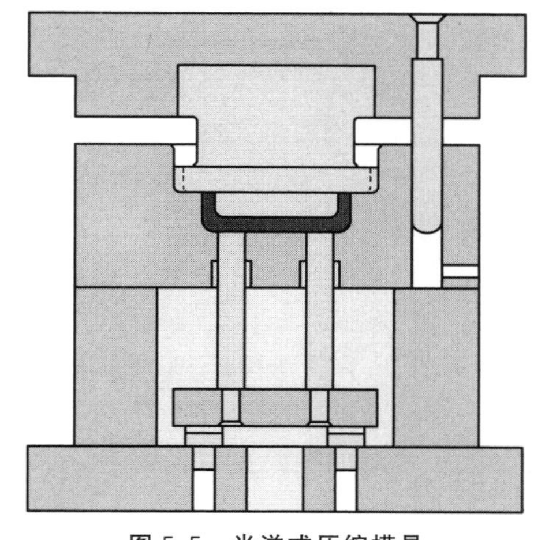

图 5.5 半溢式压缩模具

半溢式压缩模具兼具溢式和不溢式压缩模具的优点，塑件径向壁厚尺寸和高度尺寸均较好，密度较大，模具寿命较长，塑件脱模容易，塑件外表不会被加料腔划伤。当塑件外形较复杂时，可将凸模与加料腔周边配合面形状简化，从而减少加工困难，因此在生产中被广泛采用。半溢式压缩模具适用于压缩流动性较好的塑件、形状较复杂的塑件以及带小嵌件的塑件。由于有挤压边缘，因而不适于压缩以布片或长纤维作填料的塑件。

以上所述的模具结构是压缩模具的三种基本类型，将它们的特点进行组合或改进，还可以演变成其他类型的压缩模具。

3. 压缩模具与压缩成型设备的匹配关系

1）压缩成型设备

压机是压缩成型的主要设备，压缩模具设计者必须熟悉设备的主要技术规范。按传动方式分为机械式压力机和液压机，目前使用最多的是多种形式的液压机，按其施压油缸所在位置分为上压式和下压式，如图 5.6 所示。各种压力机的技术参数详见有关手册。

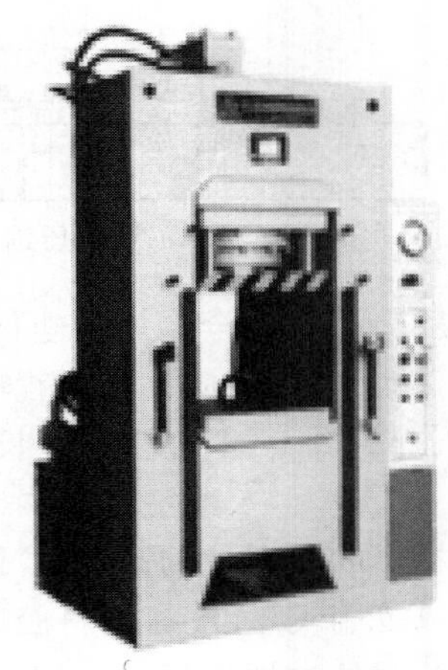

(a) 上压式液压机

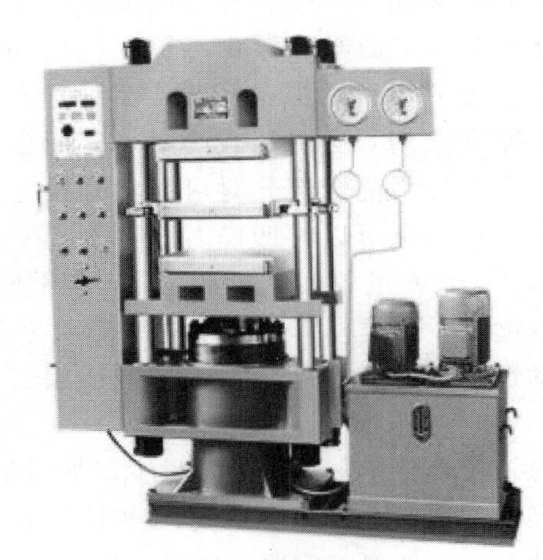

(b) 下压式液压机

图 5.6 液压机

2）与压缩模具相关的压机参数校核

由于压缩模具是在压机上进行压缩生产的，压机的成型总压力、开模力、推出力、合模高度和开模行程等技术参数与压缩模具设计有直接关系，所以在设计压缩模具时应首先对压机作下述几方面的校核：

(1) 成型总压力的校核。成型总压力是指塑料压缩成型时所需的压力，它与塑件的几何形状、水平投影面积、成型工艺等因素有关，成型总压力必须满足式(5-1)：

$$F_m = nAP \leqslant KF_n \tag{5-1}$$

式中：F_m 为模具成型塑件所需的总压力，N；n 为型腔数目；A 为单个型腔在工作台上的水平投影面积，mm^2；对于溢式或不溢式模具，水平投影面积等于塑件最大轮廓的水平投影面积；对于半溢式模具等于加料腔的水平投影面积；P 为压缩塑件需要的单位成型压力，MPa，可参考表 2-2 或查阅有关设计手册；K 为修正系数，按压机的新旧程度取 0.80～0.90；F_n 为压机的额定压力，N。

当压机的大小确定后，也可以按式(5-2)确定多型腔模具的型腔数目：

$$n \leqslant KF_n / AP \tag{5-2}$$

(2) 开模力和脱模力的校核。开模力和脱模力的校核是针对固定式压缩模具而言的。

① 开模力的校核。压机的回程力是开模动力，若要保证压缩模具可靠开模，必须使开模力小于压机液压缸的回程力。压缩模具所需要的开模力可按式(5-3)计算：

$$F_k = kF_m \tag{5-3}$$

式中：F_k 为开模力，N；k 为系数，凸凹模配合长度不大时可取 0.1，配合长度较大时可取 0.15，塑件形状复杂且凸凹模配合较大时可取 0.2。

实用技巧

用机器力开模，由于 $F_n \geqslant F_m$，所以 F_k 是足够的，不需要校核。

② 脱模力的校核。压机的顶出力是保证压缩模具推出机构脱出塑件的动力，要保证可靠脱模，必须使脱模力小于压机的顶出力。压缩模具所需要的脱模力可按式(5-4)计算：

$$F_t = A_c P_f \tag{5-4}$$

式中：F_t 为塑件从模具中脱出所需要的力，N；A_c 为塑件侧面积之和，mm^2；P_f 为塑件与金属表面的单位摩擦力，塑料以木纤维和矿物质作填料时取 0.49MPa，塑料以玻璃纤维增强时取 1.47MPa。

(3) 合模高度与开模行程的校核。为了使模具正常工作，必须使模具的闭合高度和开模行程与压机上下工作台之间的最大和最小开距以及压机的工作行程相适应，即

$$h_{min} \leqslant h = h_1 + h_2 \tag{5-5}$$

式中：h_{min} 为压机上下工作台之间的最小距离，mm；h 为模具合模高度，mm；h_1 为凹模的高度(见图 5.7)，mm；h_2 为凸模台肩的高度(图 5.7)，mm。

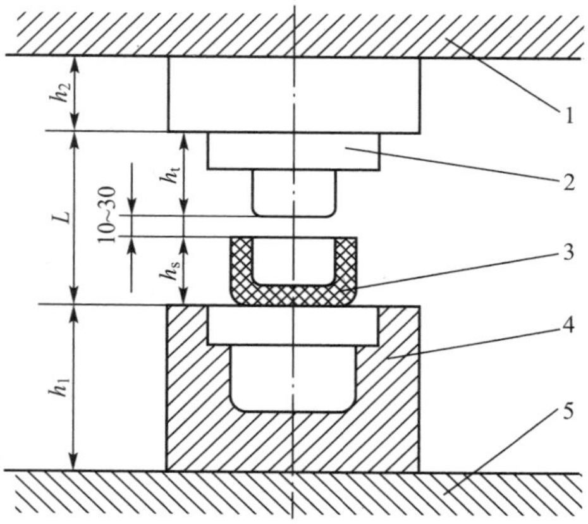

如果 h 小于 h_{min}，上下模不能闭合，模具无法工作，这时在模具与工作台之间必须加垫板，要求 h_{min} 小于 h 和垫板厚度之和。为保证锁紧模具，垫板尺寸一般应小于 10～15mm。

图 5.7 模具高度和开模行程

1—上工作台；2—凸模；3—塑件；4—凹模；5—下工作台

为保证顺利脱模，还要求

$$h + L = h_1 + h_2 + h_s + h_t + (10 \sim 30)\text{mm} \leqslant h_{max} \tag{5-6}$$

式中：L 为模具最小开模距离，$L = h_s + h_t + (10 \sim 30)$mm；$h_s$ 为塑件高度，mm；h_t 为凸模高度，mm；h_{max} 为压机上下工作台之间的最大距离，mm。

(4) 脱模距离的校核。脱模距离即顶出距离，它必须满足式(5-7)的要求：

$$L_d = h_s + h_3 + (10 \sim 15)\text{mm} \leqslant L_n \tag{5-7}$$

式中：L_d 为塑件需要的脱模行程，mm；h_3 为加料腔的高度，mm；h_s 为塑件高度，mm；L_n 为压力机推顶机构的最大工作行程，mm。

(5) 压机工作台有关尺寸的校核。压缩模具设计时应根据压机工作台面规格和结构确定模具的相应尺寸。模具的宽度尺寸应小于压机立柱(四柱式压机)或框架(框架式压机)之间的净距离，使压缩模具能顺利安装在压机上的工作台上，同时还要注意上下工作台面上的 T 形槽的位置，压机的 T 形槽有沿对角线交叉开设的，也有平行开设的。模具可以直接用螺钉分别固定在上下工作台上，但模具上的固定螺钉孔(或长槽、缺口)应与工作台的上下 T 形槽位置相符合，模具也可用螺钉压板压紧固定，这时上下模座板应设有宽度为 15～30mm 的凸台阶。

5.1.2 结构设计要点

设计压缩模具时，首先应确定加料腔的总体结构、凹凸模之间的配合形式以及成型零部件的结构，然后再根据塑件尺寸确定成型零部件的工作尺寸，根据塑件重量和塑件品种确定加料腔尺寸。设计模具结构时需注意与所选用压机的有关技术规范相适应，一些基本零部件的设计与计算在前面的有关章节已讲述过，并且注射模具设计的许多内容及要求同样适用于热固性塑料压缩模具的设计，因篇幅所限，现仅介绍压缩模具成型零部件的一些特殊设计。

1. 凹凸模各组成部分及其作用

以半溢式压缩模具为例，凹凸模配合的典型结构如图 5.8 所示，各组成部分及其作用见表 5-1。

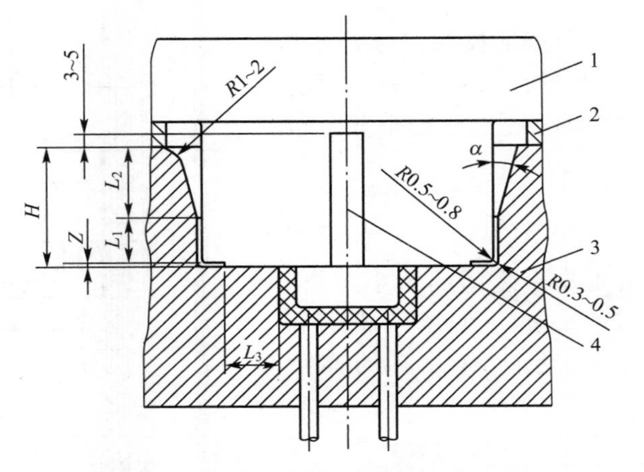

图 5.8 压缩模具的凹凸模各组成部分

1—凸模；2—承压块；3—凹模；4—排气溢料槽

表 5-1 凹凸模各组成部分及其作用

名 称	作用及有关要求
引导环 L_2	引导凸模顺利进入凹模(主要作用)，减少与加料腔侧壁的摩擦，增加模具使用寿命；避免在推出塑件时擦伤表面；减少开模阻力，并便于排气 $L_2=5\sim10$mm(当加料腔高度 $H\geqslant30$mm 时，$L_2=10\sim20$mm) $\alpha=20'\sim1°30'$(移动式压缩模具)或 $\alpha=20'\sim1°$(固定式压缩模具)
配合环 L_1	防止溢料，但排气必须顺畅；保证凸模与凹模定位准确 凹凸模的配合间隙以不发生溢料及相互侧壁不擦伤为好 L_1 根据凹凸模的配合间隙而定，间隙小则长度取短些。一般移动式压缩模具 $L_1=4\sim6$mm；固定式压缩模具，若加料腔高度 $H\geqslant30$mm 时，$L_1=8\sim10$mm
挤压环 L_3	在半溢式压缩模具中用以限制凸模下行的位置，并保证最薄的水平飞边 L_3 不宜过大，一般 $L_3=2\sim4$mm(中小型模具)或 $L_3=3\sim5$mm(大型模具)
储料槽 Z	储存排除的余料
排气溢料槽	排出气体和余料 开到凸模的上端，使合模后高出加料腔上平面 3～5mm，以便余料排出模外，如图 5.9 所示

（续）

名　称	作用及有关要求
承压块(面)	保证凸模进入凹模的深度，使凹模不致受挤压而变形或损坏；减轻挤压环的载荷，延长模具使用寿命 承压块厚度一般为8～10mm，材料采用T7、T8或45钢，硬度为35～40HRC。根据模具加料腔的形状不同，承压块的形式如图5.10所示
加料腔 H	盛装塑料原料。可以是型腔的延伸，也可按型腔形状扩大成圆形或矩形等

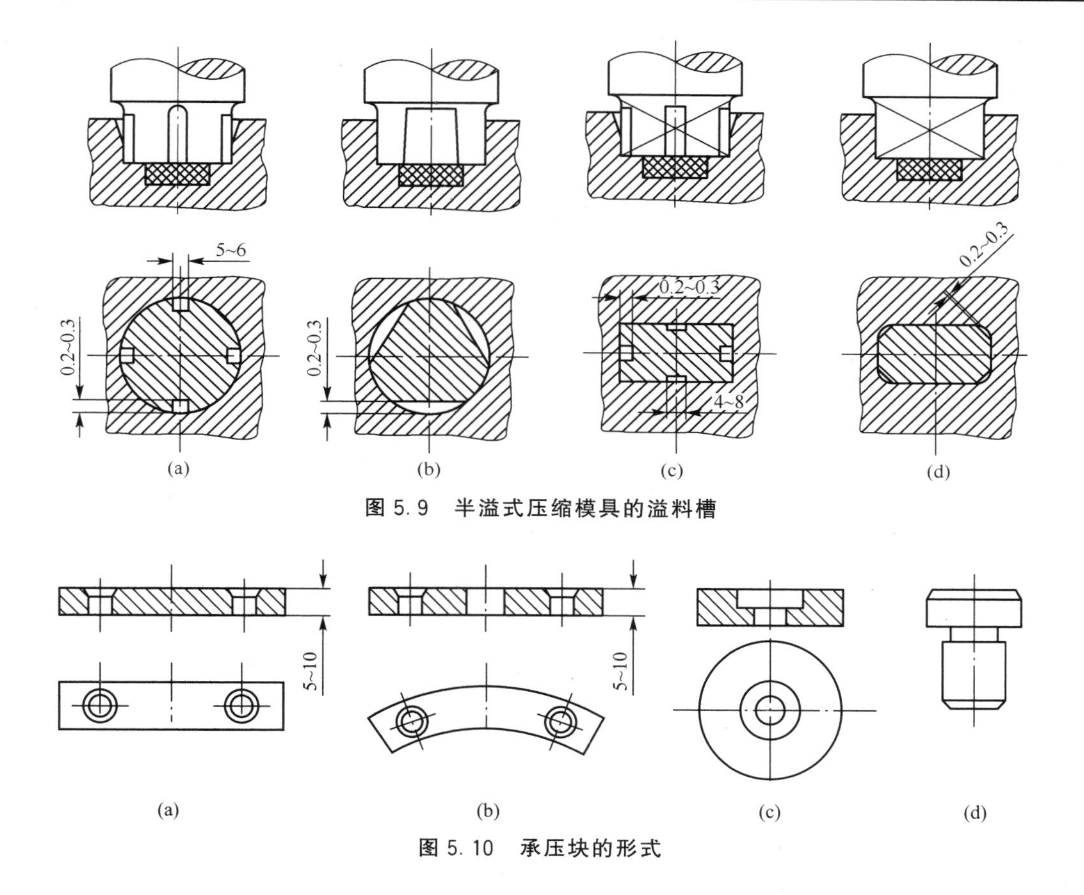

图5.9　半溢式压缩模具的溢料槽

图5.10　承压块的形式

2. 凹凸模配合的结构形式

1）溢式压缩模具凸、凹模的配合

如图5.11所示，无加料腔，凸、凹模没有引导环和配合环，依靠导柱导套进行定位和导向；凸、凹模在水平分型面接触，为使飞边变薄，分型面接触面积不宜过大，如图5.11(a)所示。为提高承压面积，在溢料面之外增设承压面，如图5.11(b)所示。

2）不溢式压缩模具凸、凹模的配合

如图5.12所示，加料腔是型腔的延续，凸、凹模间无挤压面。凸、凹模配合环不宜太高，以减小磨损，凸模与加料腔侧壁摩擦，易造成磨损。

3）半溢式压缩模具凸、凹模的配合

如图5.8所示，加料腔是型腔的扩大，带有水平挤压面，模具上必须设计承压面或承压块。

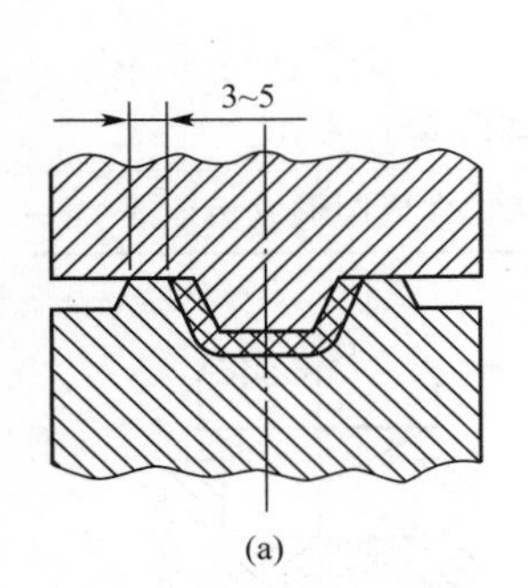

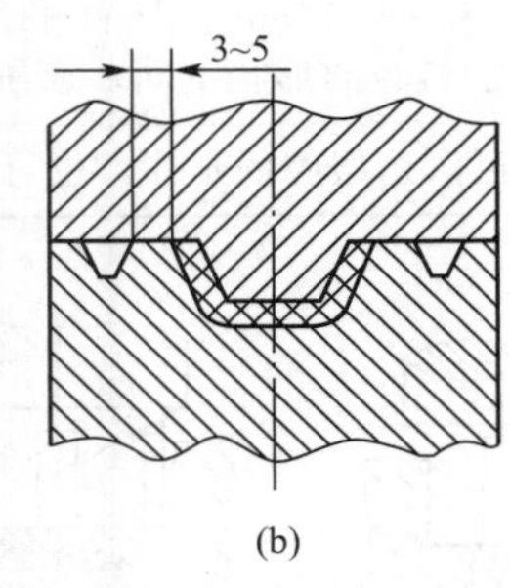

图 5.11　溢式压缩模具凸、凹模的配合

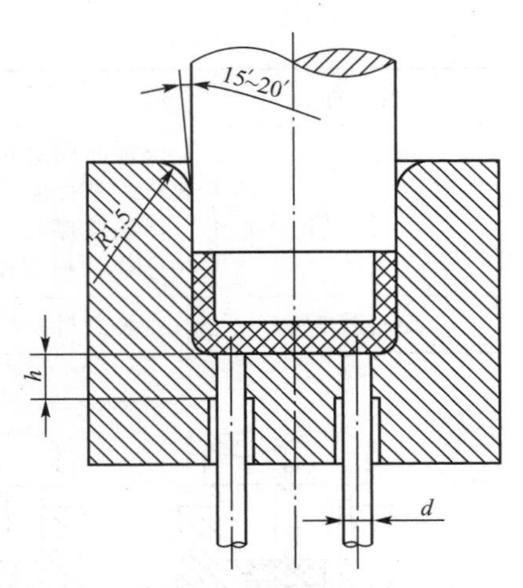

图5.12　不溢式压缩模具凸、凹模的配合

3. 塑件在模具内受压方向的选择

塑件在模具内的受压方向是指凸模作用方向。受压方向对塑件的质量、模具结构及脱模的难易程度等都会产生重要的影响。一般选取原则见表5-2。

表5-2　塑件在模具内的受压方向选择对比

选择原则	图例		说明
便于加料	(a)	(b)	图(a)所示，加料腔较窄，不利于加料 图(b)所示加料腔大而浅，便于加料
有利于压力传递	F (a)	F (b)	对于细长杆、管类塑件，沿着图(a)所示轴线加压，则成型压力不易均匀地作用在全长范围内 采用图(b)的横向加压形式即可克服上述缺陷，但在塑件外圆上将会产生两条飞边，影响塑件外观
便于塑料流动	(a)	(b)	加压时应使料流方向与压力方向一致。图(a)所示加压时，塑料逆着加压方向流动，同时需切断分型面上产生的飞边，故需要增大压力 图(b)中，型腔设在下模，凸模位于上模，加压方向与料流方向一致，能有效地利用压力

（续）

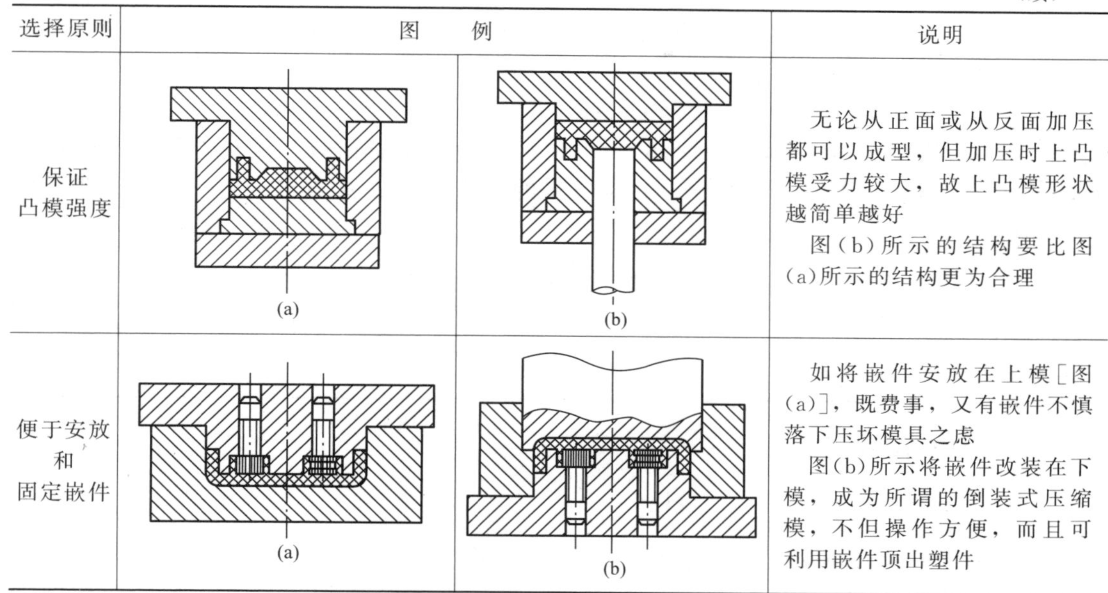

选择原则	图例		说明
保证凸模强度	(a)	(b)	无论从正面或从反面加压都可以成型，但加压时上凸模受力较大，故上凸模形状越简单越好 图(b)所示的结构要比图(a)所示的结构更为合理
便于安放和固定嵌件	(a)	(b)	如将嵌件安放在上模[图(a)]，既费事，又有嵌件不慎落下压坏模具之虑 图(b)所示将嵌件改装在下模，成为所谓的倒装式压缩模，不但操作方便，而且可利用嵌件顶出塑件

除此以外，当塑件上具有多个不同方位的孔或侧凹时，应注意将抽芯距较大的型芯与受压方向保持一致，而将抽芯距较小的型芯设计成能够进行侧向运动的抽芯机构，即塑件受压方向应便于抽拔长型芯。

沿加压方向的塑件高度尺寸，因随水平飞边厚度变化而变化，所以精度要求高的尺寸不宜放在加压方向上，即塑件受压方向应保证重要尺寸的精度。

学以致用

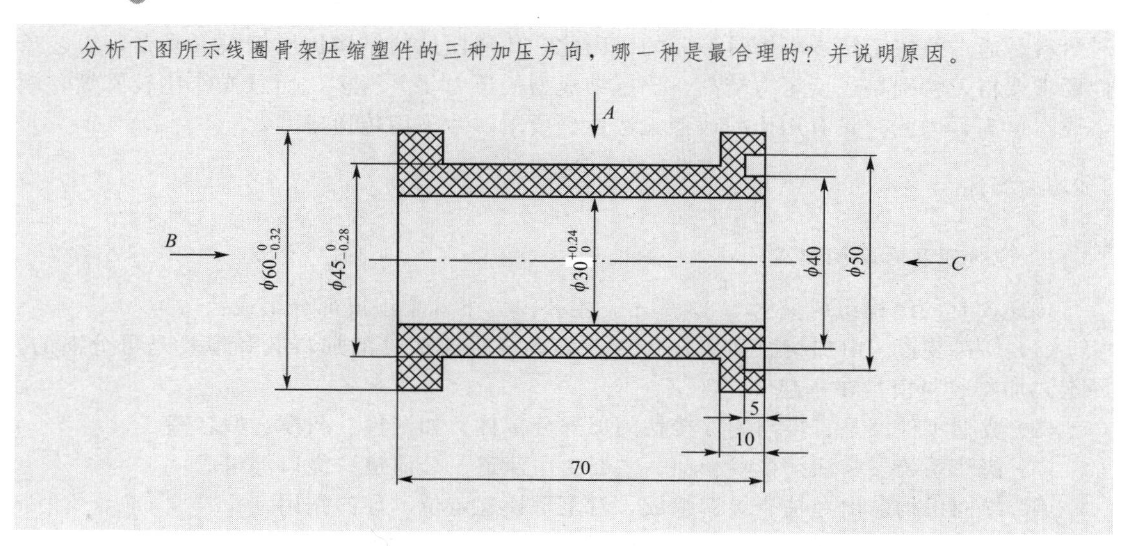

分析下图所示线圈骨架压缩塑件的三种加压方向，哪一种是最合理的？并说明原因。

4．加料腔尺寸的计算

溢式压缩模具无加料腔，塑料全部放在型腔中，不溢式压缩模具加料腔的截面与型腔截面尺寸相同，半溢式压缩模具加料腔的截面等于型腔截面+(2～5)mm 宽的挤压面，因此，设计压缩模具加料腔时，只须进行高度尺寸计算，其计算步骤如下：

1）计算塑料的体积

$$V=(1+K)iV_s \tag{5-8}$$

式中：V 为所需塑料的体积，mm^3；K 为飞边(溢料)的重量系数，按塑件分型面大小选取，一般取塑件净重的 5%～10%；i 为塑料的压缩率，参见表 5-3；V_s 为塑件的体积，mm^3。

表 5-3　常用热固性塑料的压缩率

塑料名称	酚醛塑料(粉状)	氨基塑料(粉状)	碎布塑料(片状)	脲醛塑料(浆纸)
压缩率	1.5～2.7	2.2～3.0	5.0～10.0	3.5～4.5

2）加料腔高度的计算

$$H=\frac{V-V_q}{A}+(5\sim10) \tag{5-9}$$

式中：H 为加料腔的高度，mm；V 为所需塑料的体积，mm^3；V_q 为压缩模具下模成型零件构成的空腔的体积(即加料腔高度底部以下空腔的体积)，mm^3；A 为加料腔的截面积，mm^2。

5.2　传递模具设计

传递模具又称压注模具，与压缩模具由许多共同之处，两者的加工对象都是热固性塑料，型腔结构、脱模机构、成型零件的结构及计算方法等基本相同，模具的加热方式也相同。传递模具与压缩模具结构较大区别之处在于传递模具有单独的加料腔，并且传递成型时溶料是通过浇注系统进入模具型腔的。因此，传递模具的结构比压缩模具复杂，工艺条件要求严格，特别是成型压力较高，比压缩成型的压力要大得多，而且操作比较麻烦，制造成本也高，因此，只有用压缩成型无法达到要求时才采用传递成型。

5.2.1　概述

1. 传递模具的结构组成

传递模具的结构组成如图 5.13 所示，主要由以下几个组成部分组成：

(1) 加料装置。由加料腔和压柱组成，移动式传递模具的加料腔和模具是可分离的，固定式加料腔与模具在一起。

(2) 成型零件。是直接与塑件接触的那部分零件，如凹模、凸模、型芯等。

(3) 浇注系统。与注射模具相似，主要由主流道、分流道、浇口等组成。

(4) 导向机构。由导柱、导套组成，对上下模起定位、导向作用。

(5) 推出机构。注射模具中采用的推杆、推管、推板件及各种推出机构，在传递模具中也同样适用。

(6) 加热系统。传递模具的加热元件主要是电热棒、电热圈，加料腔、上模、下模均

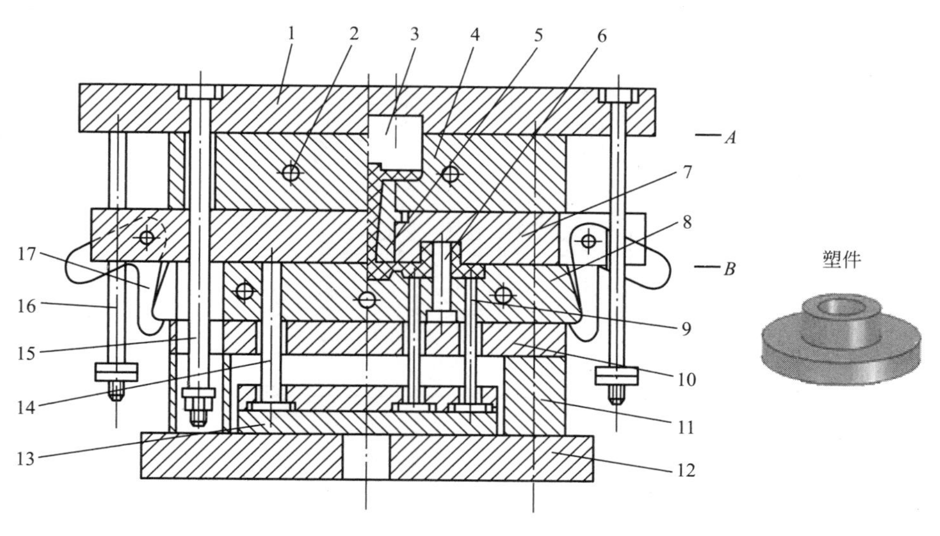

图 5.13 传递模具结构

1—上模座板；2—加热器安装孔；3—压柱；4—加料腔；5—浇口套；
6—型芯；7—上模板；8—下模板；9—推杆；10—支承板；11—垫块；
12—下模座板；13—推板；14—复位杆；15—定距导柱；16—拉杆；17—拉钩

需要加热。移动式传递模具主要靠压力机的上下工作台的加热板进行加热。

（7）侧向分型与抽芯机构。如果塑件中有侧向凸凹形状，必须采用侧向分型与抽芯机构，具体的设计方法与注射模具的结构类似。

2. 传递模具的分类

1）按固定形式分类

按照模具在压力机上的固定形式分类，传递模具可分为固定式传递模具和移动式传递模具。

（1）固定式传递模具。如图 5.13 所示为固定式传递模具，工作时，上模部分和下模部分分别固定在压力机的上工作台和下工作台，分型和脱模随着压力机液压缸的动作自动进行，加料腔在模具的内部，与模具不能分离，在普通的压力机上就可以成型。塑化后合模，压力机上工作台带动上模座板使压柱 3 下移，将熔料通过浇注系统压入型腔后硬化定型。开模时，压柱随上模座板向上移动，A 分型面分型，加料腔敞开，压柱把浇注系统的凝料从浇口套中拉出，当上模座板上升到一定高度时，拉杆 16 上的螺母迫使拉钩 17 转动，使其与下模部分脱开，接着定距导柱 15 起作用，使 B 分型面分型，最后压力机下部的液压顶出缸开始工作，顶动推出机构将塑件推出模外，然后再将塑料加入到加料腔内进行下一次的传递成型。

（2）移动式传递模具。移动式传递模具结构如图 5.14 所示，加料腔与模具本体可分离。工作时，模具闭合后放上加料腔 2，将塑料加入到加料腔后把压柱放入其中，然后把模具推入压力机的工作台加热，接着利用压力机的压力，将塑化好的物料通过浇注系统高速挤入型腔，硬化定型后，取下加料腔和压柱，用手工或专用工具(卸模架)将塑件取出。移动式传递模具对成型设备没有特殊的要求，在普通的压力机上就可以成型。

2）按机构特征分类

按加料腔的机构特征分类，传递模具可分为罐式传递模具和柱塞式传递模具。

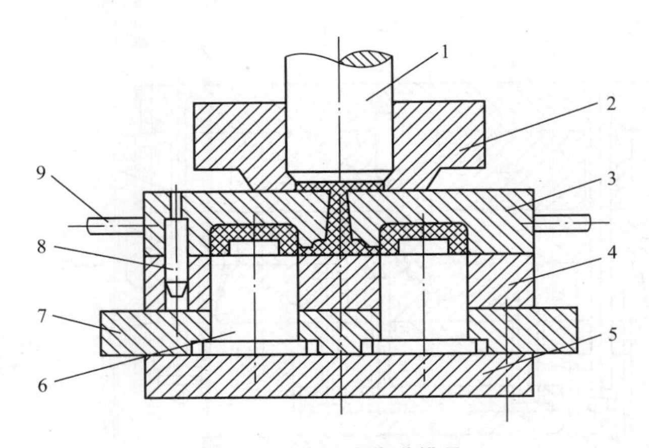

图 5.14 移动式传递模具

1—压柱；2—加料腔；3—凹模板；4—下模板；
5—下模座板；6—凸模；7—凸模固定板；8—导柱；9—手把

(1) 罐式传递模具。罐式传递模具用普通压力机成型，使用较为广泛，上述所介绍的在普通压力上工作的固定式传递模具和移动式传递模具都是罐式传递模具。

(2) 柱塞式传递模具。柱塞式传递模具用专用压力机成型，与罐式传递模具相比，柱塞式传递模具没有主流道，只有分流道，主流道变为圆柱形的加料腔，与分流道相通，成型时，柱塞所施加的挤压力对模具不起锁模的作用。因此，需要用专用的压力机，压力机有主液压缸和辅助液压缸两个液压缸，主液缸起锁模作用，辅助液压缸起传递成型作用。此类模具既可以是单型腔，也可以一模多腔。

① 上加料腔式传递模具。如图 5.15 所示，压力机的锁模液压缸在压力机的下方，自

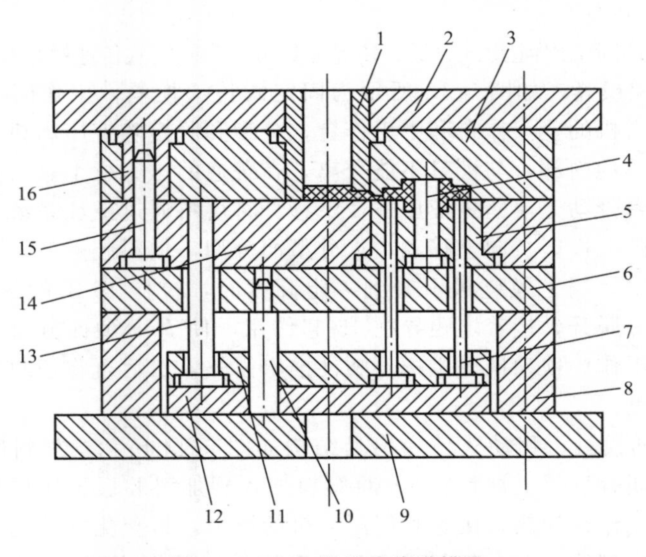

图 5.15 上加料腔式传递模具

1—加料腔；2—上模座板；3—上模板；4—型芯；5—凹模镶块；6—支承板；
7—推杆；8—垫块；9—下模座板；10—推板导柱；11—推杆固定板；12—推板；
13—复位杆；14—下模板；15—导柱；16—导套

下而上合模；辅助液压缸在压力机的上方，自上而下将物料挤入模腔。合模加料后，当加入加料腔内的塑料受热成熔融状态时，压力机辅助液压缸工作，柱塞将熔融物料挤入型腔，固化成型后，辅助液压缸带动柱塞上移，锁模液压缸带动下工作台将模具分型开模，塑件与浇注系统凝料留在下模，推出机构将塑件从凹模镶块5中取出，此结构成型所需的挤压力小，成型质量好。

② 下加料腔式传递模具。如图5.16所示，模具所用压力机的锁模液压缸在压力机的上方，自上而下合模；辅助液压缸在压力机的下方，自下而上将物料挤入型腔，与上加料腔式传递模具的主要区别在于：它是先加料，后合模，最后成型；而上加料腔柱塞式传递模具是先合模，后加料，最后成型。由于余料和分流道凝料与塑件一同推出，因此，清理方便，节省材料。

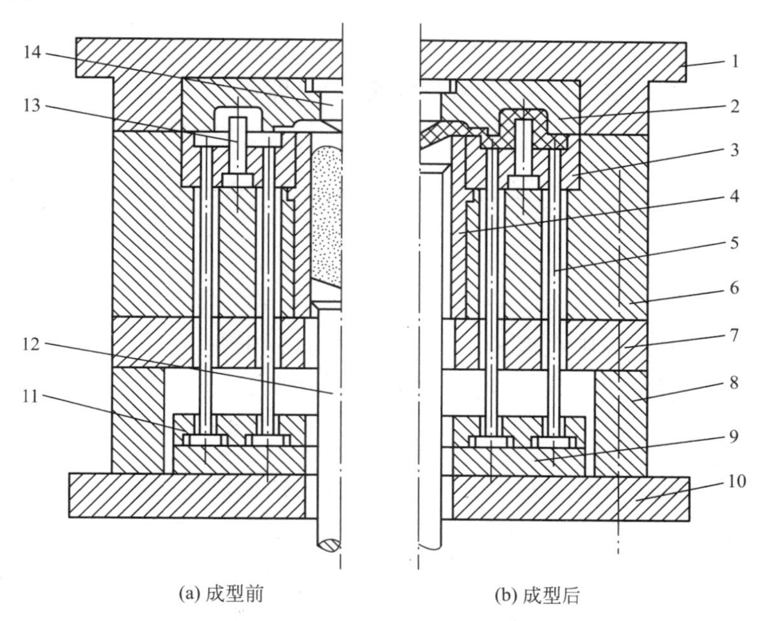

图 5.16　下加料腔式传递模具

1—上模座板；2—上凹模；3—下凹模；4—加料腔；5—推杆；
6—下模板；7—支承板；8—垫块；9—推板；10—下模座板；
11—推杆固定板；12—柱塞；13—型芯；14—分流锥

3. 传递模具与液压机的关系

传递模具必须装配在液压机上才能进行成型生产，设计模具时必须了解所用液压机的技术规范和使用性能，才能使模具顺利地安装在设备上。

1）普通液压机的选择

罐式传递模具成型所用的设备主要是塑料成型用液压机。选择液压机时，要先根据所用塑料及加料腔的截面积计算出传递成型所需的总压力，再选择液压机。

传递成型时的总压力按式(5-10)计算：

$$F_m = PA \leqslant KF_n \tag{5-10}$$

式中：F_m 为传递成型所需的总压力，N；P 为传递成型时所需的成型压力，MPa，可参考

表2-3或查阅有关设计手册；A为加料腔的截面积，mm^2；K为液压机的折旧系数，一般取0.80左右；F_n为液压机的额定压力，N。

2）专用液压机的选择

柱塞式传递模具成型时，需要用专用的液压机，专用液压机有锁模和成型两个液压缸，因此在选择设备时，要从成型和锁模两个方面考虑。

传递成型时所需要的总压力要小于所选液压机辅助油缸的额定压力，即：

$$F_m = PA \leqslant KF \tag{5-11}$$

式中：F_m为传递成型所需的总压力，N；A为加料腔的截面积，mm^2；P为传递成型时所需的成型压力，MPa；F为液压机辅助油缸的额定压力，N；K为液压机辅助油缸的压力损耗系数，一般取0.80左右。

锁模时，为了保证型腔内压力不将分型面顶开，必须有足够的合模力，所需的锁模力应小于液压机主液压缸的额定压力(一般均能满足)，即：

$$PA_1 \leqslant KF_n \tag{5-12}$$

式中：A_1为浇注系统与型腔在分型面上投影面积不重合部分之和，mm^2；F_n为液压机主液压缸额定压力，N。

5.2.2 结构设计要点

传递模具的结构设计原则在很多方面与注射模具、压缩模具基本是相似的，可以参照设计，本节仅简要介绍传递模具特有的一些结构设计要点。

1. 加料腔的结构设计

传递模具与注射模具不同之处在于它有加料腔。传递成型之前塑料必须加入到加料腔内，进行预热、加压，才能成型。由于传递模具的结构不同，所以加料腔的形式也不相同。固定式传递模具和移动式传递模具的加料腔具有不同的形式，罐式和柱塞式的加料腔也具有不同的形式。

加料腔截面形状常见的有圆形和矩形，主要取决于模腔的结构和数量。多腔模具的加料腔截面，一般应尽可能盖住所有模具的型腔，因而常采用矩形截面。加料腔的材料一般选用T10A、CrWMn、Cr12等，硬度为52～56 HRC，加料腔内壁最好镀铬且抛光，表面粗糙度Ra低于0.4μm。

1）固定式传递模具加料腔

固定式罐式传递模具的加料腔与上模连成一体，在加料腔底部开设一个或数个流道通向型腔，当加料腔和上模分别加工在两块板上时可在通向型腔的流道内加一主流道衬套，如图5.13所示的加料腔。

固定式柱塞式传递模具的加料腔截面均为圆形。由于采用专用液压机，液压机上有锁模液压缸，加料腔截面尺寸与锁模无关，故其直径较小，高度较大，如图5.15和图5.16所示的加料腔。

2）移动式传递模具加料腔

移动式传递模具加料腔可单独取下，并有一定的通用性，如图5.14所示的加料腔。表5-4为移动式传递模具加料腔的有关尺寸要求。

表 5-4 移动式传递模具加料腔的有关尺寸要求　　（单位：mm）

简　图	D	d	d_1	h	H
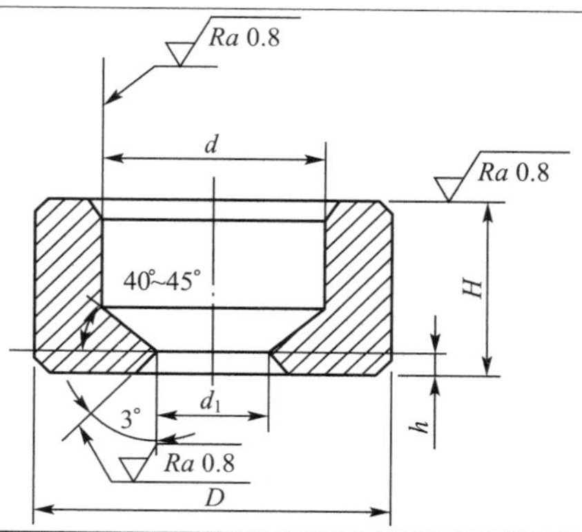	100	$30^{+0.045}$	$24^{+0.03}$	$3^{+0.05}$	30 ± 0.2
		$35^{+0.05}$	$28^{+0.033}$		35 ± 0.2
		$40^{+0.05}$	$32^{+0.039}$		40 ± 0.2
	120	$50^{+0.06}$	$42^{+0.039}$	$4^{+0.05}$	40 ± 0.2
		$60^{+0.06}$	$50^{+0.039}$		40 ± 0.2

2. 压柱的结构设计

压柱的作用是将塑料从加料腔中压入型腔。常见的压柱结构见表 5-5。

表 5-5 常见的压柱结构

罐式传递模具压柱	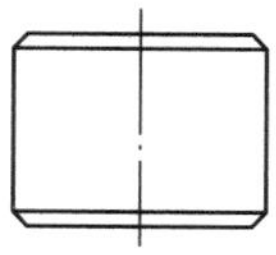	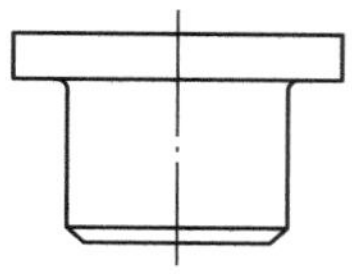	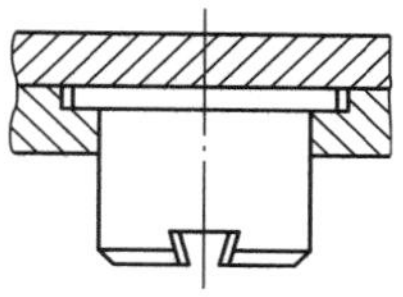	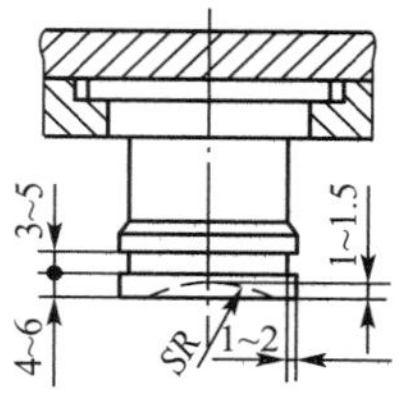
说明	顶部与底部是带倒角的圆柱形，结构十分简单	带凸缘的结构，承压面积大，压注时平稳，移动式传递模具和普通的固定式传递模具可用	组合式结构，用于固定式模具，以便固定在压机上	压柱上开环形槽，成型时环形槽被溢出的塑料充满并固化在槽中，起到活塞环作用，可以防止塑料从间隙中溢出
柱塞式传递模具压柱	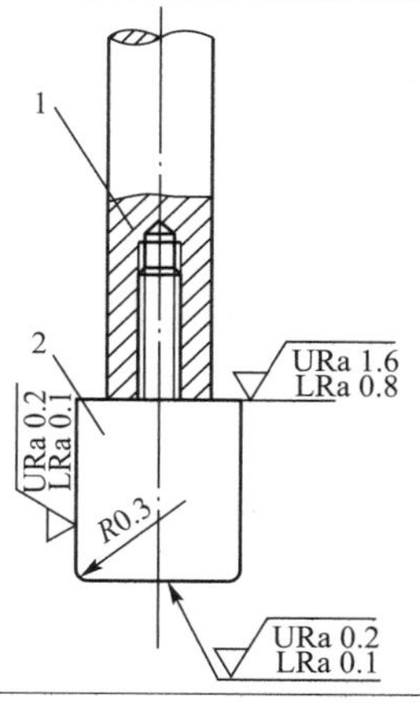		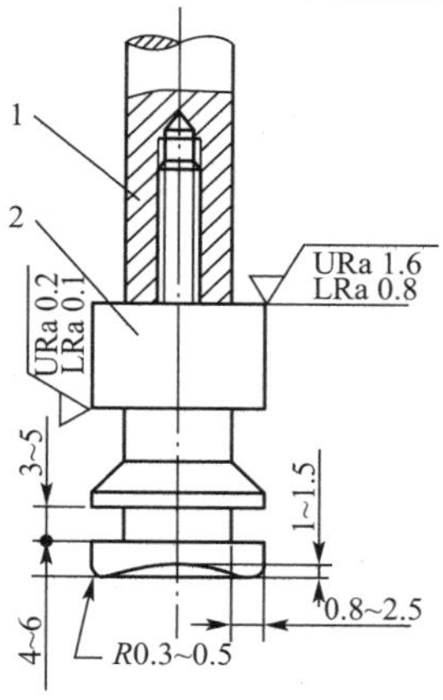	
说明	一端带有螺纹，直接拧在液压缸的活塞杆上		带有环形槽以使溢出的塑料固化其中（起活塞环的作用），头部的球形凹面起到使料流集中、减少向侧面溢料的作用	

如图 5.17 所示，压柱头部开有楔形沟槽的结构，其作用是为了拉出主流道凝料。图 5.17(a)用于直径较小的压柱；图 5.17(b)用于直径大于 75mm 的压柱；图 5.17(c)用于拉出几个主流道凝料的场合。

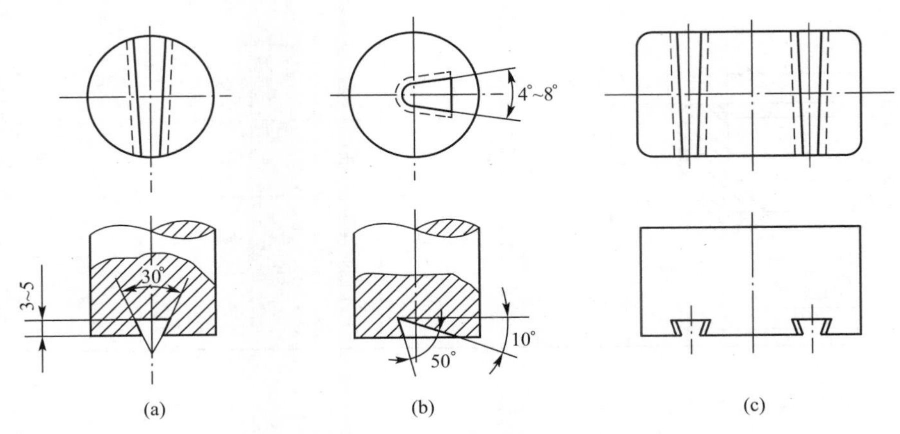

图 5.17 压柱工作端面的结构

压柱或柱塞是承受压力的主要零件，压柱材料的选择和热处理要求与加料腔相同。

3. 加料腔与压柱的配合

加料腔与压柱的配合关系如图 5.18 所示，具体要求为：

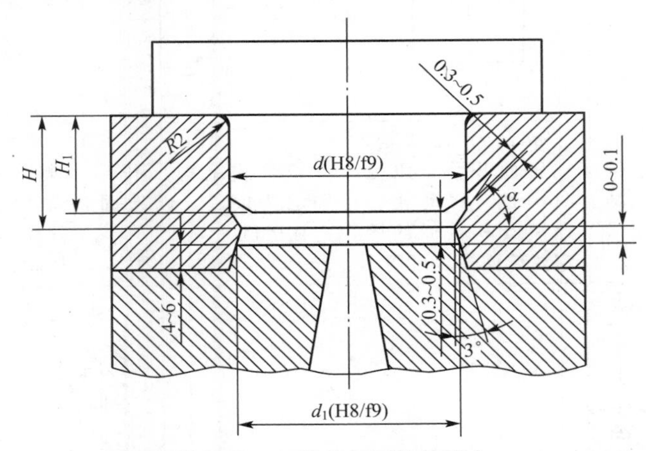

图 5.18 加料腔与压柱的配合

(1) 加料腔与压柱的配合通常为 H8/f9～H9/f9，或采用 0.05～0.1mm 的单边间隙。若为带环槽的压柱，间隙可更大些。

(2) 压柱的高度 H_1 应比加料腔的高度 H 小 0.5～1mm，底部转角处应留 0.3～0.5mm 的储料间隙。

(3) 加料腔与定位凸台的配合高度之差为 0～0.1mm，加料腔底部倾角 $\alpha = 40° \sim 45°$。

4. 加料腔尺寸计算

1) 确定加料腔的截面积

(1) 罐式传递模具加料腔截面积。从传热方面考虑。加料腔的加热面积取决于加料量，根据经验，未经预热的热固性塑料每克约 140cm² 的加热面积，加料腔总表面积为加料腔内腔投影面积的两倍与加料腔装料部分侧壁面积之和。为了简便起见，可将侧壁面积略去不计，这样比较安全，因此，加料腔截面积为所需加热面积的一半，即

$$A=140m/2=70m \tag{5-13}$$

式中：A 为加料腔截面积，mm²；m 为每一次传递成型的加料量，g。

从锁模方面考虑。加料腔截面积应大于型腔和浇注系统在合模方向投影面积之和，否则型腔内塑料熔体的压力将顶开分型面而溢料。根据经验，加料腔截面积必须比塑件型腔与浇注系统投影面积之和大 10%～25%，即

$$A=(1.1\sim1.25)A_1 \tag{5-14}$$

式中：A_1 为塑件型腔和浇注系统在合模方向投影面积之和，mm²。

实用技巧

实践中，对于未经预热的塑料，可采用式(5-13)计算加料腔截面积，对于经过预热的塑料，可按式(5-14)计算加料腔截面积。当压机已确定时，还应根据所选用的塑料品种和加料腔截面积对加料腔内的单位挤压力进行校核。

(2) 柱塞式传递模具加料腔截面积。柱塞式传递模具的加料腔截面积与成型压力及压机辅助缸的能力有关，即

$$A\leqslant KF/P \tag{5-15}$$

式中：A 为加料腔的截面积，mm²；P 为不同塑料传递成型时所需的成型压力，MPa；F 为液压机辅助油缸的额定压力，N；K 为液压机辅助油缸的压力损耗系数，一般取 0.80 左右。

2）确定加料腔中塑料所占有的容积

加料腔截面积确定后，其余尺寸的计算方法与压缩模具相似。加料腔内塑料所占有的容积可参照式(5-8)计算。

3）确定加料腔高度

加料腔高度可按式(5-16)计算

$$H=\frac{V}{A}+(10\sim15)\text{mm} \tag{5-16}$$

式中：H 为加料腔的高度，mm；V 为所需塑料的体积，mm³；A 为加料腔的截面积，mm²。

5. 浇注系统设计

传递模具浇注系统的组成及各组成部分的作用与注射模具浇注系统相似。如图 5.19 所示为一传递模具的典型浇注系统。

对于浇注系统的要求，传递模具与注射模具有相同处也有不同处。注射模具要求塑料在浇注系统中流动时，压力损失小，温度变化小，即与流道壁要尽量减少热传递。但对传递模具来说，除要求流动时压力损失外，还要求塑料在高温的浇注系统中流动时进一步塑化和提高温度，使其以最佳的流动状态进入型腔。浇注系统设计的几点注意事项：

(1) 浇注系统总长度不能超过热固性塑料的拉西格流动指数(60～100mm)，流道应平

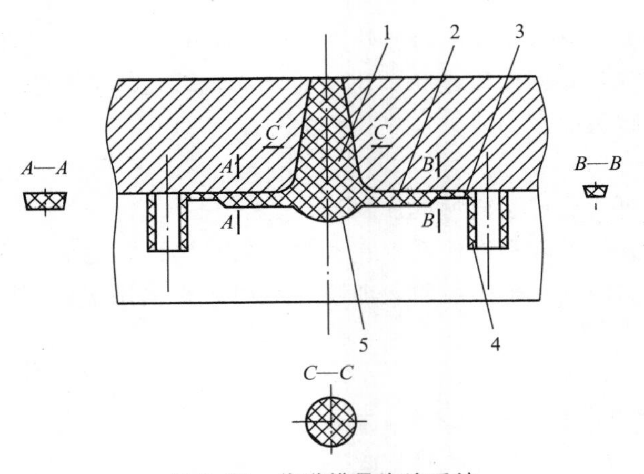

图 5.19 传递模具浇注系统

1—主流道；2—分流道；3—浇口；
4—型腔；5—反料槽

直圆滑、尽量避免弯折，以保证塑料尽快充满型腔；

(2) 主流道设在锁模力中心，保证模具受力均匀；

(3) 分流道宜取截面积相同时周长最长的形状(如梯形)，以利于增大摩擦热，提高料温；

(4) 浇口形状和位置应便于去除，无损塑件外观；

(5) 主流道末端宜设反料槽，利于塑料集中流动；

(6) 浇注系统的拼合面必须防止溢料，以免取出困难。

1) 主流道

在传递模具中，常见的主流道有正圆锥形的、带分流锥的、倒圆锥形的等，如图 5.20 所示。

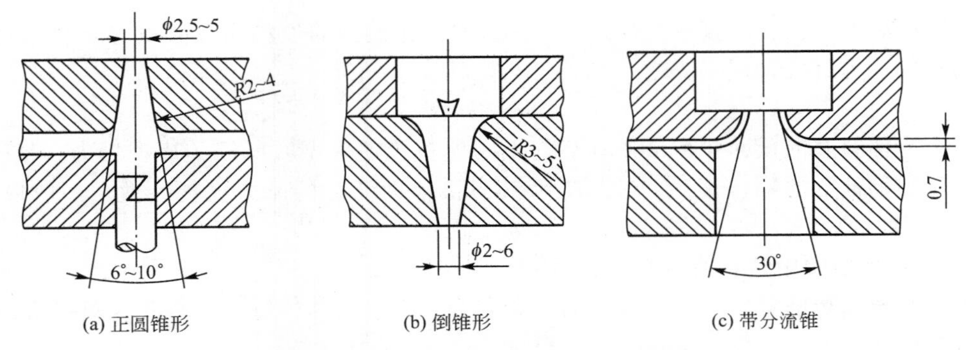

图 5.20 传递模具常见的主流道结构形式

正圆锥形主流道，其大端与分流道相连，常用于多型腔模具，有时也设计成直接浇口的形式，用于流动性较差的塑料的单型腔模具。主流道有 6°～10°的锥度，与分流道的连接处应有半径为 2～4mm 的圆弧过渡。

倒锥形主流道，大多用于固定式罐式传递模具，与端面带楔形槽的压柱配合使用。开模时主流道连同加料腔中的残余废料由压柱带出再予以清理。既可用于多型腔模具，又可使其直接与塑件相连用于单型腔模具或同一塑件有几个浇口的模具。尤其适用于以碎布、长纤维等为填料时塑件的成型。

带分流锥的主流道，它用于塑件较大或型腔距模具中心较远时以缩短浇注系统长度，减少流动阻力及节约原料的场合。分流锥的形状及尺寸按塑件尺寸及型腔分布而定。型腔沿圆周分布时，分流锥可采用圆锥形；当型腔两排并列时，分流锥可做成矩形截锥形。分流锥与流道间隙一般取 1～1.5mm。流道可以沿分流锥整个表面分布，也可在分流锥上开槽。

2) 分流道

为了获得理想的传热效果，使塑料受热均匀，同时又考虑加工和脱模都较方便，传递模具的分流道常采用比较浅而宽的梯形横截面形状，并且最好开设在塑件留模那一边的模板上，如图 5.21 所示。

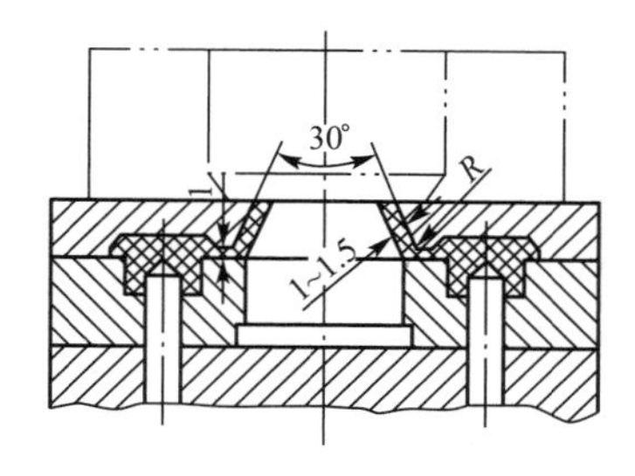

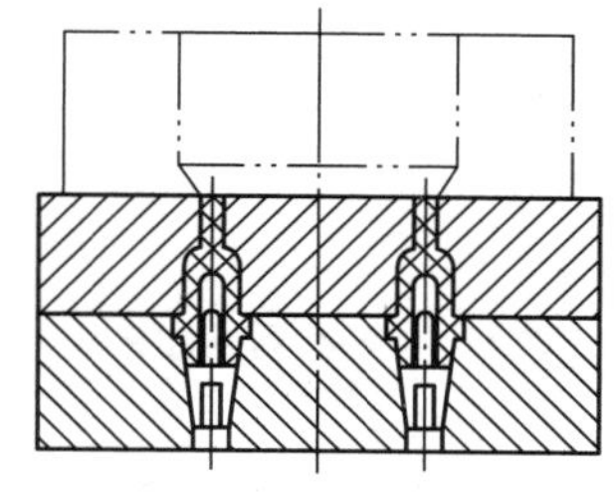

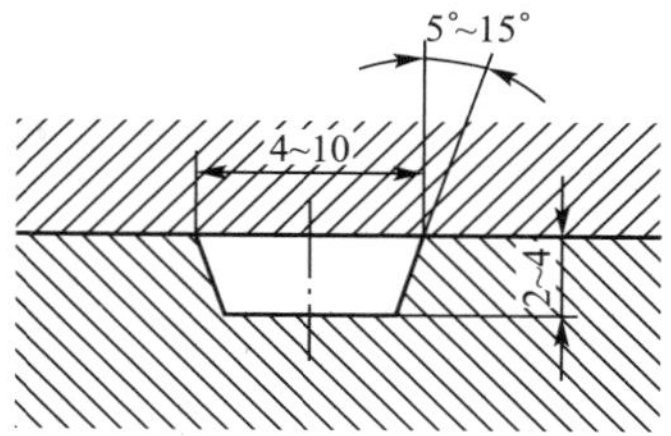

图 5.21 传递模具的分流道

分流道的设计基本要求如下：

(1) 分流道应尽量短，为主流道大径的 1～2.5 倍；

(2) 分流道设在开模后塑件滞留的模板一侧；

(3) 多腔模各腔的分流道尽量一致；

(4) 分流道截面积应大于或等于各浇口截面积之和；

(5) 分流道截面形状常取成梯形。

3) 浇口

传递模具的浇口与注射模具基本相同，可以参照注射模具的浇口进行设计。由于热固性塑料的流动性较差，所以浇口应取较大的截面尺寸。

(1) 浇口的形状和尺寸。常见的传递模具浇口形式有圆形点浇口、侧浇口、扇形浇口、环形浇口以及轮辐式浇口等。

浇口截面形状有圆形、半圆形和梯形等三种形式。其中圆形浇口加工困难，导热性较差，不便去除，适用于流动性差的塑料，浇口直径一般大于 3mm；半圆形浇口的导热性比圆形浇口要好，机械加工方便，但流动阻力较大，浇口较厚；梯形浇口的导热性好，机械加工方便，是最常用的浇口形式，梯形浇口一般深度取 0.5～0.7mm，宽度不大于 8mm。如果浇口过薄、太小，压力损失就会较大，使硬化提前，造成填充成型性不好；如果浇口过厚、过大则会造成流速降低，易产生熔接不良、表面质量不佳等缺陷并使去除浇道困难。但适当增厚浇口，有利于保压补料，排除气体，降低表面粗糙度及适当提高熔接质量。所以，浇口尺寸应按塑料性能、塑件形状、尺寸、壁厚和浇口形式及流程等因素，根据经验来确定。实际设计时一般应取较小值，经试模后再修正到适当尺寸。

实用技巧

实践中，浇口截面可用经验公式计算，但计算结果仅供参考，一般都需试模后修正确定。

(2) 浇口位置的选择。传递模具浇口位置的选择原则可参考注射模具浇口的选择原则。

4) 反料槽

反料槽的作用是有利于熔体集中流动以增大流速，还有储存冷料的功能。反料槽一般位于正对着主流道大端的模板平面上，如图 5.22 所示，其尺寸大小按塑件大小而定。

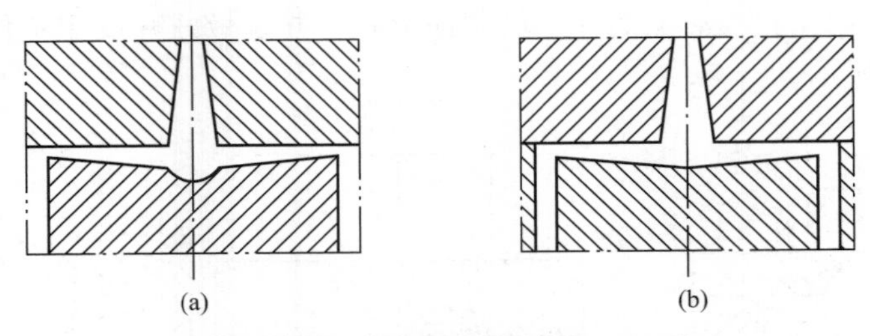

图 5.22 传递模具浇注系统的反料槽

6. 溢料槽和排气槽

1）溢料槽

塑件成型时为防止产生熔接痕或使多余料溢出，以避免嵌件及模具配合中渗入更多塑料，有时需要在产生熔接痕的地方及其他位置开设溢料槽。

溢料槽尺寸应适当，过大则溢料多，使塑件组织疏松或缺料，过小时溢料不足，最适宜的时机应为塑料经保压一段时间后才开始将料溢出，一般溢料槽宽取 3～4mm，深 0.1～0.2mm，制作时宜先取薄，经试模后再修正。

2）排气槽

传递模具开设排气槽不仅可逸出型腔内原有空气和塑料受热后挥发的气体以及塑料交联反应产生的气体，还可以溢出少量前锋冷料。

排气槽的截面一般为矩形或梯形，排气槽的横截面尺寸与塑件体积和排气数量有关，对于中、小型塑件，分型面上排气槽的深度可取 0.04～0.13mm，宽度为 3.2～6.4mm。

排气槽位置可按以下原则确定：

① 排气槽应开在远离浇口的末端即气体最终聚集处；

② 靠近嵌件或壁厚最薄处，因为这里最容易形成熔接痕，熔接痕处应排尽气体和排除部分冷料；

③ 最好开设在分型面上，因为分型面上排气槽产生的溢边很容易随制件脱出；

④ 模具上的活动型芯或顶杆，其配合间隙都可用来排气，应在每次成型后清除溢入间隙的塑料，以保持排气畅通。

5.3 气动成型模具设计

与注射、压缩、传递成型相比，气动成型压力低，利用较简单的成型设备就可获得大尺寸的塑件，对模具材料要求不高，模具结构简单，成本低，寿命长。本节主要介绍中空吹塑成型模具、抽真空成型模具、压缩空气成型模具的设计要点。

5.3.1 中空吹塑成型模具设计

1. 中空吹塑制件结构工艺性

1）中空塑件对材料的要求

凡热塑性塑料应该都能进行吹塑成型，但满足中空塑件的要求，还必须具备以下条件：

(1) 良好的气密性。所用材料应具有阻止二氧化碳、氧气及水蒸气等向容器壁内或壁外透散的特性。

(2) 良好的耐冲击性。为了保护容器内所装物品，塑件应具有从一定高度跌落不破损、不开裂的性能。

(3) 良好的耐环境应力开裂性。因为中空塑件常会同表面活性剂等接触，在应力作用下应具有防止开裂的能力，因此应选用相对分子质量大的树脂。此外，根据使用的需要还需要耐药性、耐腐蚀、抗静电及韧性和耐挤压性等。

适用于吹塑成型的塑料有高压聚乙烯、低压聚乙烯、硬聚氯乙烯、聚酯塑料、聚苯乙烯、聚酰胺、聚甲醛、聚丙烯、聚碳酸酯等。其中应用最多的是聚乙烯(日常生活品等)，其次是聚氯乙烯(化工容器等)，还有聚酯塑料(饮料瓶等)等。

2) 中空塑件的工艺要求

进行中空塑料制件的结构设计时，要综合考虑塑料制件的使用性能、外观、可成型性与成本等因素。设计时应注意以下几方面的问题：

(1) 圆角。中空吹塑制件的转角、凹槽与加强肋要尽可能采用较大的圆弧或球面过渡，以利于成型和减小这些部位变薄，获得壁厚较均匀的塑件。

(2) 脱模斜度。由于中空吹塑成型不需要凸模，且收缩大，故在一般情况下，脱模斜度即使为零也可脱模。但当制件表面有皮纹时，脱模斜度应在3°以上。

(3) 纵向强度。多数包装容器在使用时，要承受纵向载荷作用，故容器必须具有足够的纵向强度。对于肩部倾斜的圆柱形容器，倾斜面的倾角与长度是影响纵向强度的主要参数，如图5.23所示，高密度聚乙烯的吹塑瓶，肩部 L 为13mm时，α 至少要12°；L 为50mm时，α 应取30°。如果 α 小，则由于垂直应力的作用，易在肩部产生瘪陷。

若容器要承受大的纵向载荷作用，应避免采用如图5.24(a)所示的锯齿状槽。这些槽会降低容器纵向强度，导致应力集中与开裂，如图5.24(b)所示的瓦楞状槽则较好。

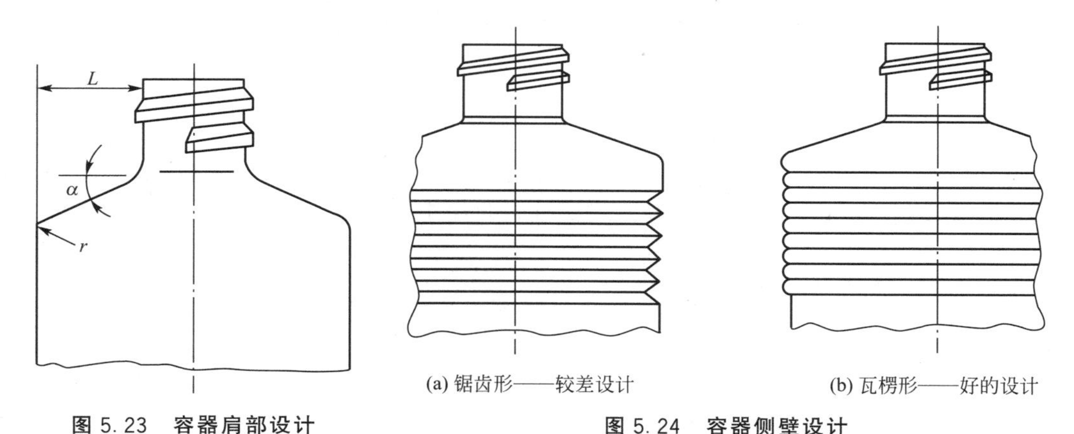

图5.23 容器肩部设计

图5.24 容器侧壁设计

(4) 螺纹。如图5.25所示为中空吹塑容器的几种螺纹颈部设计。螺纹通常采用截面为如图5.25(a)所示的梯形或如图5.25(b)所示的半圆形的，而不采用普通细牙或粗牙螺纹，因为后者难以成型；注吹或注拉吹时瓶颈螺纹是注射成型的，在吹胀时瓶颈不再变化，因此螺纹的尺寸和形状精度高，颈部内壁为光滑的圆柱面，如图5.25(c)所示；挤吹

制件的瓶颈螺纹有的是在插入气嘴时挤压成型的，有的是在吹塑时成型的，其精度较差。吹制成型的螺纹其内壁随外壁螺纹的起伏不平而变化，如图5.25(d)所示。

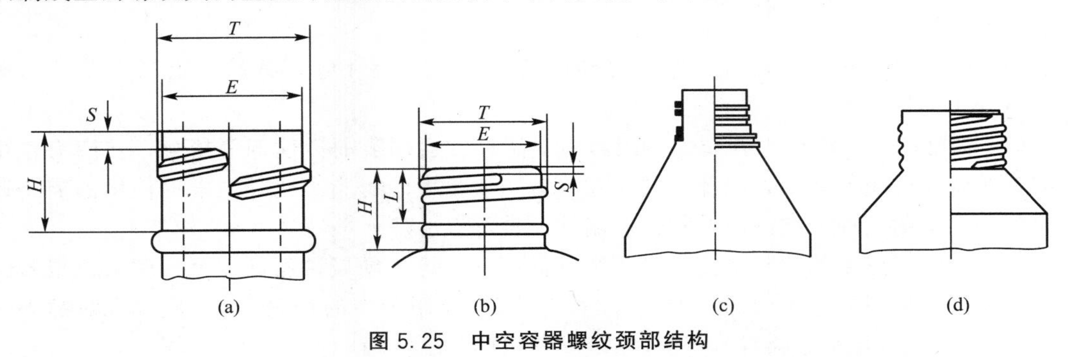

图5.25　中空容器螺纹颈部结构

实用技巧

实践中，为了便于清理塑件上的飞边，在不影响使用的前提下，螺纹可设计成断续状，即在分型面附近的一段塑件上不带螺纹。

(5) 支承面。当中空制件需要由一个面为支承时，一般应将该面设计成内凹形。这样不但支承平稳而且具有较高的耐冲击性能，如图5.26所示。

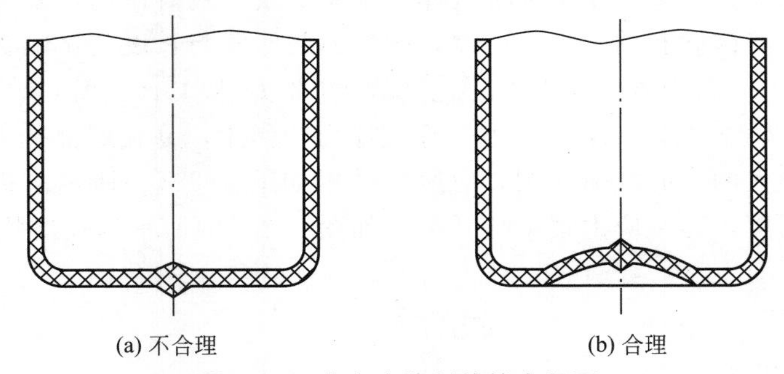

图5.26　中空吹塑制件的支承面

(6) 塑件的收缩率。通常容器类的塑件对精度要求不高，成型收缩率对塑件尺寸影响不大。但对有刻度的定容量的瓶子和螺纹制件，收缩率有相当的影响。各种常用塑料的吹塑成型收缩率见表5-6。

表5-6　常用塑料的吹塑成型收缩率

塑料品种	聚缩醛及其共聚物	尼龙6	低密度聚乙烯	高密度聚乙烯	聚丙烯	聚碳酸酯	聚苯乙烯	聚氯乙烯
收缩率/%	8.0～3.0	8.5～2.0	8.2～2.0	1.5～3.5	8.2～2.0	8.5～0.8	8.5～0.8	0.6～0.8

2. 中空吹塑设备

根据挤出吹塑成型和注射吹塑成型的两类不同成型方法，中空吹塑成型的设备也可分为如下两类。

1）注射吹塑成型设备

如图5.27所示，中空注射吹塑成型设备主要包括注射系统、型坯模具、吹塑模具、模架(合模装置)、脱模装置及转位装置等。根据注射工位和吹塑工位的换位方式，注射吹塑机械的类型有往复移动式和旋转式两种。

(a) 注射吹塑成型实景图片

(b) 注射吹塑成型设备

图5.27 注射吹塑成型

(1) 注射系统。注射系统主要由注射机、支管装置、充模喷嘴构成。

普通三段式螺杆注射机塑化性能较差，熔体混炼不均匀，在熔化段螺槽内聚合物温度分布不均匀，平均温度较高，故在较高产量下难以保证制品性能要求。因此注射吹塑中多用混炼型螺杆注射机进行注射成型，其塑化速度比普通螺杆高，熔体温度较均匀。

支管装置如图5.28所示，主要由支管体1、支管底座7、支管夹具3、充模喷嘴夹板9及管式加热器2等构成。熔体通过注射机喷嘴注入支管装置的流道，再经充模喷嘴10注

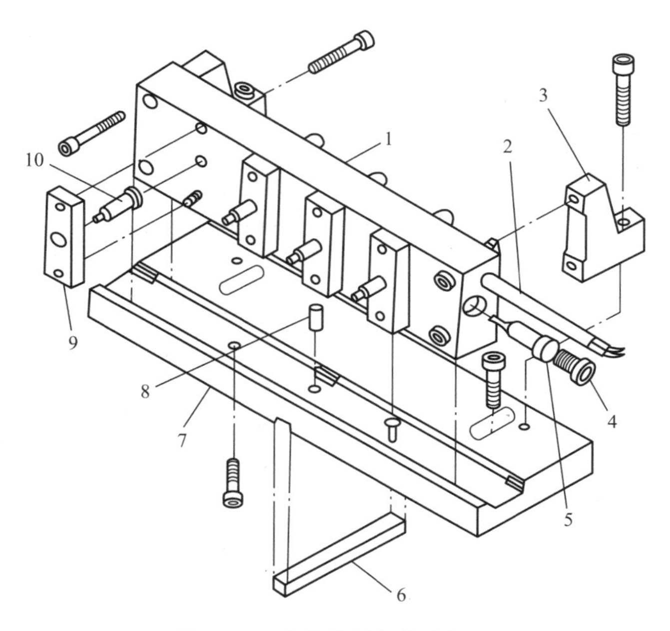

图5.28 支管装置部件分解图

1—支管体；2—加热器；3—支管夹具；4—螺钉；5—流道塞；
6—键；7—支管底座；8—定位销；9—喷嘴夹板；10—充模喷嘴

入型坯模具。支管装置安装在型坯模具的模架上，其作用是将熔体从注射机喷嘴引入型坯模具型腔内，可实现一次注射成型多个型坯。

充模喷嘴把从支管流道来的熔体注入型坯模具，其孔径较小，相当于针点式浇口。给多型腔模具供料时，各喷嘴的孔径应有差异，即中间的喷嘴孔径为1.0～1.5mm，往两边的喷嘴孔径逐个增加0.25mm，以达到均匀地给每个模腔充满塑料。喷嘴长度应小于40mm，以免熔体停留时间过长。充模喷嘴一般通过与被加热的支管体及型坯模具的接触而得到加热，也可单独设加热器加热。

(2) 注射吹塑模具。注射吹塑模具如图5.29所示。由图可见，注射吹塑模具所包括的型坯模具和吹塑模具均装在类似冷冲模后侧模架上。如图5.29(b)所示型坯模具主要由型坯型腔体5、颈圈镶块8和芯棒7构成。

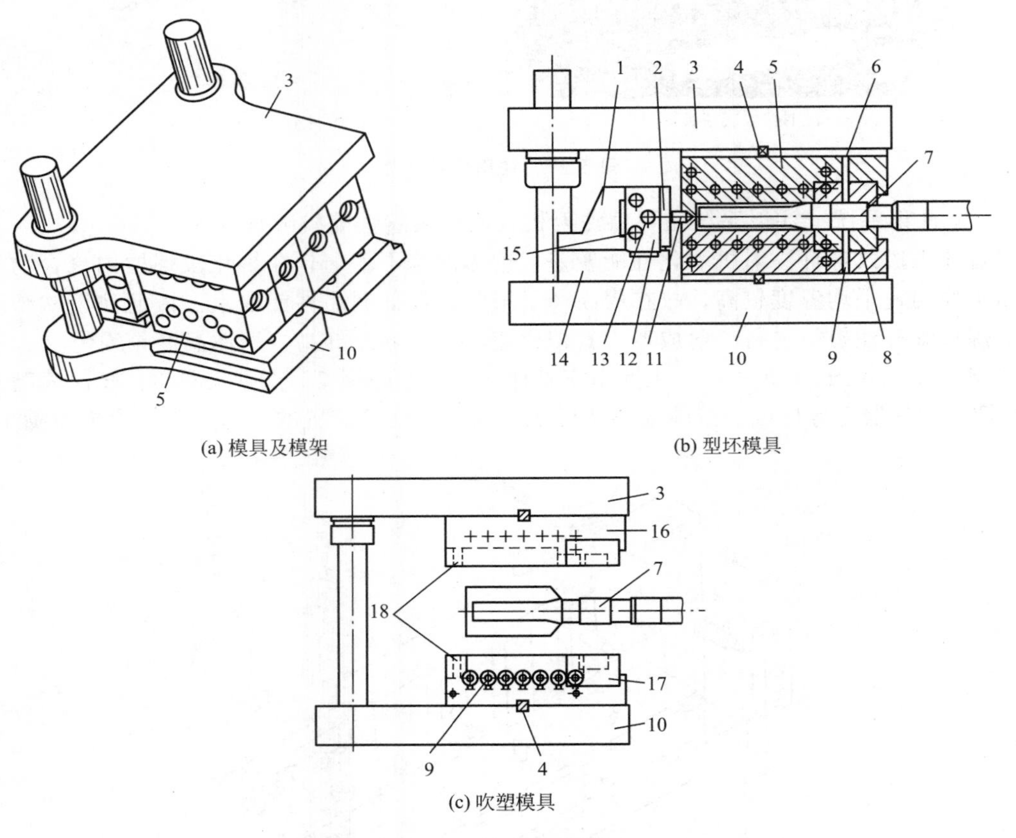

图5.29 注射吹塑模具

1—支管夹具；2—充模喷嘴夹板；3—上模板；4—键；5—型坯型腔体；
6—芯棒温孔介质出入口；7—芯棒；8—颈圈镶块；9—冷却孔道；10—下模板；
11—充模喷嘴；12—支管体；13—流道；14—支管座；15—加热器；
16—吹塑模型腔体；17—吹塑模颈圈；18—模座镶块

型坯型腔体由定模和动模两部分构成。对于软质塑料的成型，型腔体可由碳素工具钢或结构钢制成，硬度为30～34HRC；对于硬质塑料成型，型腔体由合金工具钢构成，热处理硬度50～54HRC。型腔要抛光，加工硬质塑料时还要镀铬。

颈圈镶块用于成型容器颈部(含螺纹)，并支承芯棒。为确保芯棒与型腔的同轴度，要求颈圈内外圆有较高的同轴度，型腔模具颈圈一般由合金工具钢制成并经抛光镀铬，热处理硬度为52～56HRC。

芯棒主要起成型型坯内部形状与塑料容器颈部内径形状的作用，即起型芯作用。注射成型后芯棒带着型坯从型坯模具转位到吹塑模具，输入压缩空气以吹胀型坯，并通过温控介质调节芯棒及型坯温度。另外，靠近配合面开设1～2圈深为0.1～0.25mm的凹槽，使型坯颈部塑料楔入槽内，避免从型坯成型工位转移至吹塑工位过程中颈部螺纹错位，同时减少漏气。芯棒各段的同轴度应在0.05～0.08mm以内。芯棒与型坯模具及吹塑模具内的颈圈配合间隙为0～0.015mm，保证芯棒与型腔的同轴度。芯棒由合金工具钢制成，热处理硬度为50～54HRC，比颈圈的稍低。与熔体接触表面要沿熔体流动方向抛光并镀硬铬，以利于熔体充模与型坯脱模。芯棒颈部放置在芯棒专用夹具上，芯棒夹具固定在转位装置上。

2）挤出吹塑成型设备

中空挤出吹塑成型设备主要包括挤出机、挤出型坯用的机头(安装在挤出机头部的挤出模)、吹塑模具、合模装置及供气装置等。

(1) 挤出机。挤出机是挤出吹塑中最主要的设备。吹塑成型用的挤出机并无特殊之处，一般的通用型挤出机均可用于吹塑。

(2) 机头。机头是挤出吹塑成型的重要装备，可以根据所需型坯直径、壁厚的不同予以更换。机头的结构形式、参数选择等直接影响塑件的质量。常用的挤出机头有芯棒式机头(图5.30)和直接供料式机头(图5.31)两种。

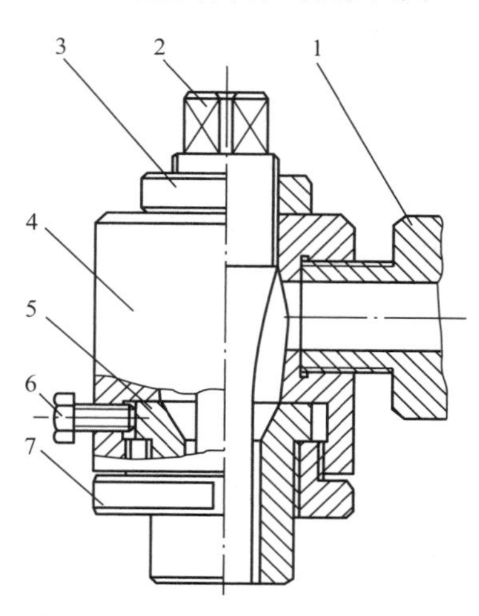

图5.30 中空吹塑芯棒式机头结构

1—与主机连接体；2—芯棒；3—锁紧螺母；4—机头体；5—口模；6—调节螺栓；7—锁紧法兰

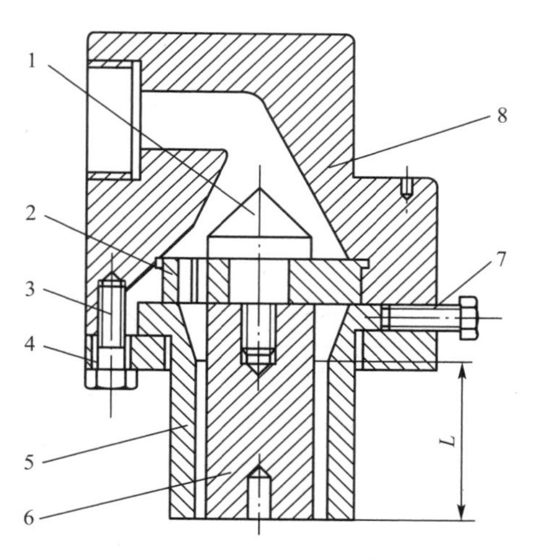

图5.31 中空吹塑直接供料式机头结构

1—分流芯棒；2—过滤板；3—螺栓；4—法兰；5—口模；6—芯棒；7—调节螺栓；8—机头体

芯棒式机头通常用于聚烯烃塑料的挤出，直接供料式机头用于聚氯乙烯塑料的挤出。机头体型腔最大环形截面积与芯棒、口模间的环形截面和之比称为压缩比。机头的压缩比一般选择在2.5～4。口模定型段长度L可参考图5.31与表5-7。

表 5-7　中空吹塑机头定型部分尺寸　　(单位：mm)

口模间隙 δ	<0.76	0.76～2.5	>2.5
定型段长度 L	<25.4	25.4	>25.4

(3) 吹塑模具、合模装置及供气装置等。吹塑模具将在后面介绍，合模装置经常采用液压装置，气源为压缩空气。

3. 挤出吹塑模具设计

挤出吹塑模具的结构比较简单。一般由两块对开分型的半模(哈夫块)组成。两半模分别用螺钉安装在吹塑机的安装座板上，一半为定模，另一半为动模，通过吹塑机的开闭合模机构进行开合，由设置在两半模上的导向机构(如导柱和导套)进行导向，如图 5.32 所示。

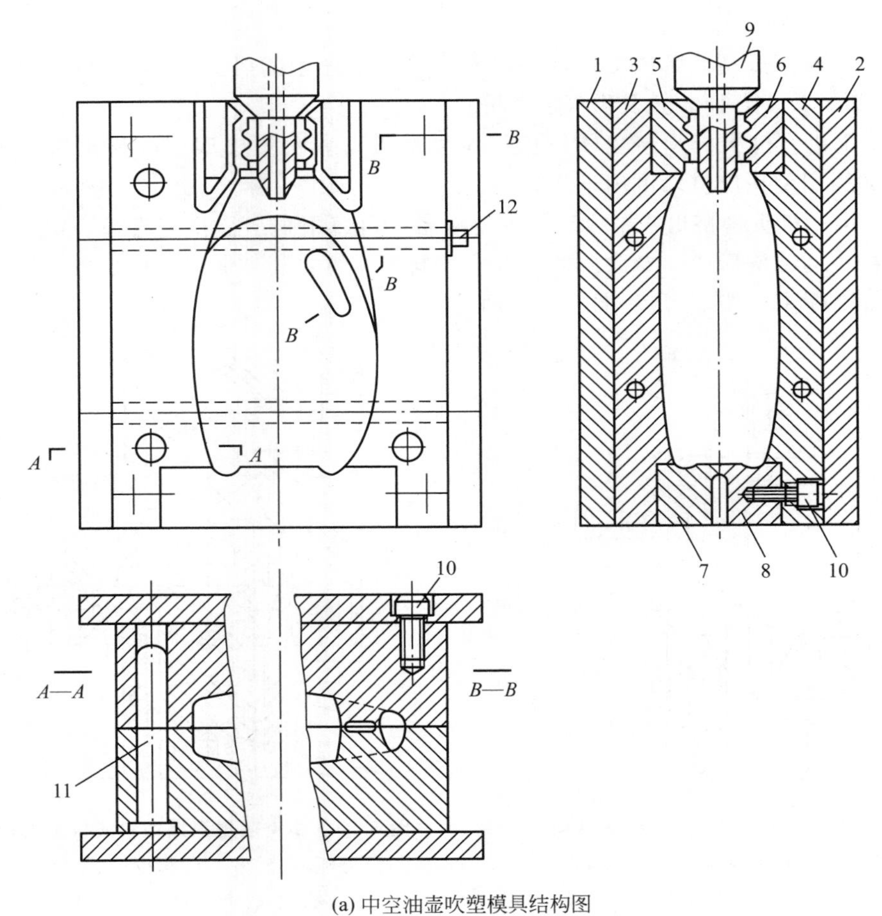

图 5.32　挤出吹塑模具

1、2—底板；3、4—模腔；5、6—螺纹镶件；
7、8—底部镶件；9—吹嘴；10—螺钉；11—导柱；12—水嘴

(b) 示例图

图 5.32 挤出吹塑模具(续)

挤出吹塑模具的结构设计随吹塑机的自动化程度而异，同时还应考虑机器合模结构的最大开距、模板尺寸、机器最大锁模力、吹塑量的大小、模具安装方式等技术参数。对于大型吹塑模可以设冷却水通道，模口部分做成较窄的切口，以便切断型坯。由于吹塑过程中模腔压力不大，一般压缩空气的压力为 0.2～0.7MPa，故可供选择做模具的材料较多，最常用的材料有铝合金、锌合金等。由于锌合金易于铸造和机械加工，多用它来制造形状不规则的容器。对于大批量生产硬质塑料制件的模具，也可选用钢材制造，淬火硬度为 40～44HRC，模腔可抛光镀铬，使容器具有光洁的表面。

吹塑模具设计要点：

1）夹坯口

夹坯口亦称切口。挤出吹塑成型过程中，模具在闭合的同时需将型坯封口并将余料切除，因此在模具的相应部位要设置夹坯口(注射吹塑模具因吹塑时型坯完全置入吹塑模具的模腔内，故不需制出夹坯口)。夹坯口的设计如图 5.33(a)所示，夹料区的深度 h 可选择型坯厚度的 2～3 倍。切口的倾斜角 α 选择 30°～45°，切口宽度 L 对于小型吹塑件取 1～2mm，对于大型吹塑件取 2～4mm。如果夹坯口角度太大、宽度太小，就会削弱对型坯的夹持能力，还可能造成型坯在吹胀前塌落及造成塑件的接缝质量不高，甚至会出现裂缝，如图 5.33(b)所示；宽度太大又可能产生无法切断及模腔无法紧闭等问题。

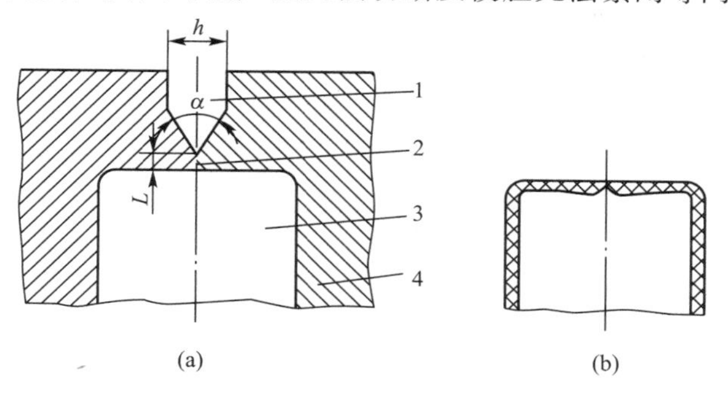

图 5.33 中空吹塑模具夹料区

1—夹料区；2—夹坯口；3—型腔；4—模具

2）余料槽

型坯在夹坯口的切断作用下，会有多余的塑料被切除下来，它们将容纳在余料槽内。余料槽通常设置在夹坯口的两侧，其大小应依型坯夹持后余料的宽度和厚度来确定，以模具能严密闭合为准。对于与模外连通的余料槽，其容积可不予考虑。

3）排气孔槽

模具闭合后，型腔呈封闭状态，应考虑在型坯吹胀时，模具内空气的排除问题。排气不良会使塑件表面出现斑纹、麻坑和成型不完整等缺陷。为此，吹塑模具还要考虑设置一定数量的排气孔。排气的部位应选在空气最容易存储的地方，也就是吹塑时型坯最后吹胀的部位，如模具型腔的凹坑、尖角处、圆瓶的肩部等。通常排气位置要根据塑件的几何形状和所用的坯管形状来确定。排气孔直径通常取0.5～1mm。

模具型腔排气的措施有：

(1) 在保证塑件质量及表面均匀的前提下，使模具表面粗化，粗糙的表面能够储存部分气体。表面粗糙度高可达5～14μm，表面粗糙度平均值为0.6～2.0μm。

(2) 在分模面上开设排气槽，排气槽的宽度为10～20mm，深度为0.03～0.06mm，用磨削或铣削加工制成。

(3) 模具型腔采用镶拼结构，在镶拼面上开设排气槽。

(4) 对沟槽、螺纹易残留空气的部位进行局部排气。可采用钻孔或特种镶块的方法。

(5) 对某些特殊塑件(如双层壁塑件)，由于空气的排出速率小于型坯吹胀速率，为此，应采用在模壁内钻小孔与抽真空系统相连的方法排出模腔内气体。

4）模具的冷却

模具冷却是保证中空吹塑工艺正常进行、保证产品外观质量和提高生产率的重要因素。对冷却系统设计的总体要求是冷却速度快且均匀。对于大型模具，可以采用箱式通水冷却，即在型腔背后铣一个槽，再用一块板盖上，中间加密封件；对于小型模具可以开设冷却水道通水冷却，常用的冷却水通道形式类似于注射模具冷却水道的设计。

5）型腔表面加工

对许多吹塑制品的外表面都有一定的质量要求，有的要雕刻图案文字，有的要做成镜面、绒面、皮革纹面等。因此，要针对不同的要求对型腔表面采用不同的加工方式，如采用喷砂处理将型腔表面做成绒面，采用镀铬抛光处理将型腔表面做成镜面，采用电化学腐蚀处理将型腔表面做成皮革纹面等。成型聚氯乙烯塑件的模具型腔表面，最好采用喷砂处理过的粗糙表面，因为粗糙的表面在吹塑成型过程中可以存储一部分空气，可避免塑件在脱模时产生吸真空现象，有利于塑件脱模，并且粗糙的型腔表面并不妨碍塑件的外观，表面粗糙程度类似于磨砂玻璃。

5.3.2 抽真空成型模具设计

抽真空成型一般采用凹模和凸模吸塑两大类。因此模具结构就是一片凹模，或是一片凸模，结构非常简单。

如图5.34所示为凹模抽真空成型模具，凹模抽真空成型宜用于外表面精度较高、成型深度不大的塑件，不宜成型小而深的薄壁塑件。对于小而浅的塑件，应设计成一模多腔，型腔的间隔要排列紧凑，要求有较大的脱模斜度，而且拐角处均应呈圆弧状。

如图5.35所示为凸模抽真空成型模具，凸模抽真空成型用于成型塑件的内表面尺寸较为精确的塑件。

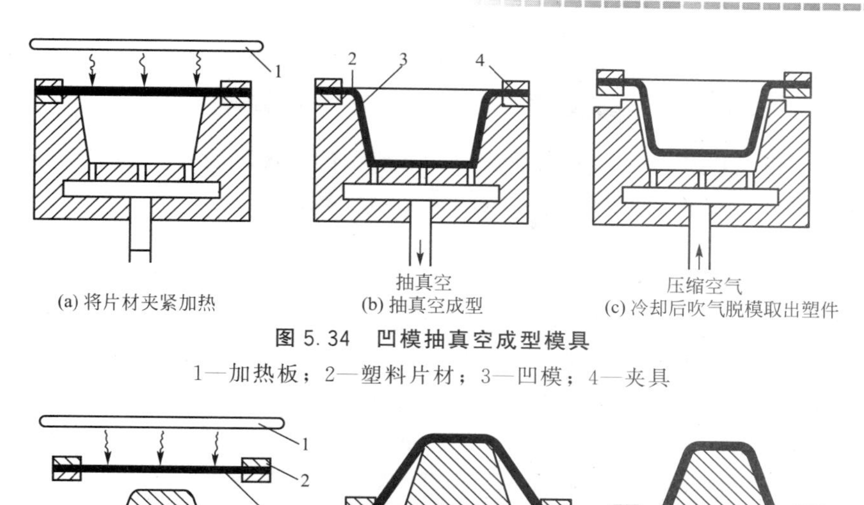

(a) 将片材夹紧加热　(b) 抽真空成型　(c) 冷却后吹气脱模取出塑件

图 5.34　凹模抽真空成型模具

1—加热板；2—塑料片材；3—凹模；4—夹具

1
2
3
4
抽真空

(a) 夹住片材加热　(b) 将加热后的片材覆盖压紧在凸模上　(c) 抽真空成型

图 5.35　凸模抽真空成型模具

1—加热板；2—夹具；3—塑料片材；4—凸模

1．塑件设计

抽真空成型对于塑件的几何形状、尺寸精度、引伸比、圆角、脱模斜度、加强肋等都有具体要求。

1）塑件的几何形状和尺寸精度

用抽真空成型方法成型塑件，塑料处于高弹态，成型冷却后收缩率较大，很难得到较高的尺寸精度。塑件通常也不应有过多的凸起和深的沟槽，因为这些地方成型后会使壁厚太薄而影响强度。

2）引伸比

塑件深度与宽度(或直径)之比称为引伸比，引伸比在很大程度上反映了塑件成型的难易程度。引伸比越大，成型则越难。引伸比和塑件的均匀程度有关，引伸比过大会使最小壁厚处变得非常薄，这时应选用较厚的塑料来成型；引伸比还和塑料的品种有关；成型方法对引伸比也会产生较大影响。一般采用的引伸比为0.5～1，最大也不超过1.5。

3）圆角

抽真空成型塑件的转角部分应以圆角过渡，并且圆弧半径应尽可能大，最小应大于板材的厚度，否则塑件在转角处容易发生厚度减薄以及应力集中的现象。

4）脱模斜度

和普通模具一样，抽真空成型也需要有脱模斜度，斜度范围取1°～4°。斜度大不仅脱模容易，也可使壁厚的不均匀程度得到改善。

5）加强肋

抽真空成型件通常是大面积的盒形件，成型过程中板材还要受到引伸作用，底角部分变薄，因此为了保证塑件的刚度，应在塑件的适当部位设计加强肋。

2. 模具设计要点

抽真空成型模具设计包括：恰当地选择真空成型的方法和设备；确定模具的形状和尺寸；了解成型塑件的性能和生产批量，选择合适的模具材料。

1）模具的结构设计

(1) 型腔尺寸。抽真空成型模具的型腔尺寸同样要考虑塑料的收缩率，其计算方法与注射模具型腔尺寸计算相同。真空成型塑件的收缩量，大约有50%是塑件从模具中取出时产生的，约25%是取出后保持在室温下1h内产生的，其余的25%则是在以后的8～24h内产生的。用凹模成型的塑件比用凸模成型的塑件，其收缩量要大25%～50%。

影响塑件尺寸精度的因素很多。除了型腔的尺寸精度外，还与成型温度、模具温度等有关，因此要预先精确地确定收缩率是困难的。如果生产批量比较大，尺寸精度要求又较高，最好先用石膏模型试出产品，测得其收缩率，以此为设计模具型腔的依据。

(2) 型腔表面粗糙度。抽真空成型模具的表面粗糙度值太低时，不利于真空成型后的脱模，一般真空成型的模具都没有顶出装置，靠压缩空气脱模。如果表面粗糙度值太低，塑料板粘附在型腔表面上不易脱模，因此抽真空成型模具的表面粗糙度值较高。其表面加工后，最好进行喷砂处理。

(3) 抽气孔的设计。抽气孔的大小应适合成型塑件的需要，一般对于流动性好、厚度薄的塑料板材，抽气孔要小些，反之可大些。总之需满足在短时间内将空气抽出、又不要留下抽气孔痕迹。一般常用的抽气孔直径是0.5～1mm，最大不超过板材厚度的50%。

抽气孔的位置应位于板材最后贴模的地方，孔间距可视塑件大小而定。对于小型塑件，孔间距可在20～30mm之间选取，大型塑件则应适当增加距离。轮廓复杂处，抽气孔应适当密一些。

(4) 边缘密封结构。为了使型腔外面的空气不进入真空室，因此在塑料板与模具接触的边缘应设置密封装置。

(5) 加热、冷却装置。对于板材的加热，通常采用电阻丝或红外线。电阻丝温度可达350～450℃，一般是通过调节加热器和板材之间的距离来提供不同塑料板材所需的成型温度。通常采用的距离为80～120mm。

模具温度对塑件的质量及生产率都有影响。如果模温过低，塑料板和型腔一接触就会产生冷斑或内应力以致产生裂纹；而模温太高时，塑料板可能粘附在型腔上，塑件脱模时会变形，而且延长了生产周期。因此模温应控制在一定范围内，一般在50℃左右。

塑件的冷却一般不单靠接触模具后的自然冷却，要增设风冷或水冷装置加速冷却。风冷设备简单，只要压缩空气喷即可。水冷可用喷雾式，或在模内开冷却水道。冷却水道应距型腔表面8mm以上，以避免产生冷斑。冷却水道的开设有不同的方法，可以将铜管或钢管铸入模具内，也可在模具上打孔或铣槽，用铣槽的方法必须使用密封元件并加盖板。

2）模具的材料选择

抽真空成型和其他成型方法相比，其主要特点是成型压力极低，通常压缩空气的压力为0.3～0.4MPa，故模具材料的选择范围较宽，既可选用金属材料，又可选用非金属材料，主要取决于塑件形状和生产批量。

(1) 金属材料。适用于大批量高效率生产的模具。目前作为抽真空成型模具材料的金属材料有铝合金、锌合金等。铝的导热性好、容易加工、耐用、成本低、耐腐蚀性较好，故抽真空成型模具多用铝合金制造。

(2) 非金属材料。对于试制或小批量生产，可选用木材或石膏作为模具材料。木材易于加工，缺点是易变形，表面粗糙度差，一般常用桦木、槭木等木纹较细的木材；石膏制作方便，价格便宜，但其强度较差，为提高石膏模具的强度，可在其中混入10%～30%的水泥；用环氧树脂制作真空成型模具，有加工容易、生产周期短、修整方便等特点，而且强度较高，相对于木材和石膏而言，适合数量较多的塑件生产。

非金属材料导热性差，对于塑件质量而言，可以防止出现冷斑。但所需冷却时间长，生产效率低。而且模具寿命短，不适合大批量生产。

5.3.3 压缩空气成型模具设计

如图5.36所示是压缩空气成型用的模具结构，它与抽真空成型模具的不同点是增加了模具型刃，因此塑件成型后，在模具上就可将余料切除。另一不同点是加热板作为模具结构的一部分，塑料板直接接触加热板，因此加热速度快。

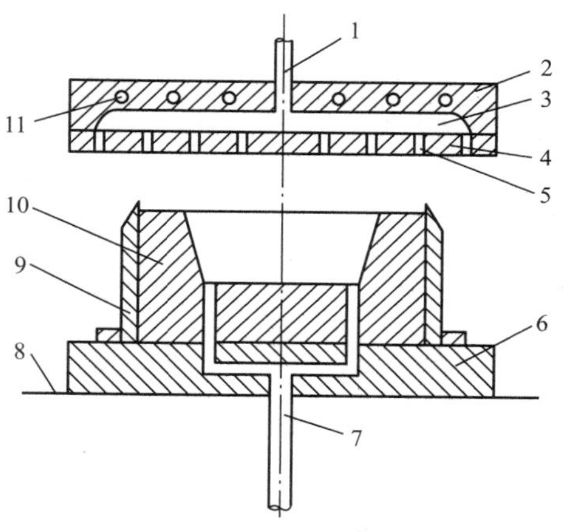

图5.36 压缩空气成型用模具结构

1—压缩空气管；2—加热板；3—热空气室；4—面板；5—空气孔；6—底板；7—通气孔；8—工作台；9—型刃；10—凹模；11—加热棒

压缩空气成型的模具型腔与抽真空成型模具型腔基本相同。压缩空气成型模具的主要特点是在模具边缘设置型刃，型刃的形状和尺寸如图5.37所示。

型刃的设计要求：

(1) 型刃角度取20°～30°，顶端削平0.1～0.15mm，两侧以R=0.05mm的圆弧相连。

(2) 型刃不可太锋利，避免与塑料板刚一接触就切断；型刃也不能太钝，造成余料切不下来。

(3) 型刃的顶端须比型腔的端面高出一段距离A(A为板材的厚度加上0.1mm)，这样在成型期间，放在凹模型腔端面上的板材同加热板之间就能形成间隙，此间隙可使板材在成型期间不与加热板接触，避免板材过热造成产品缺陷。

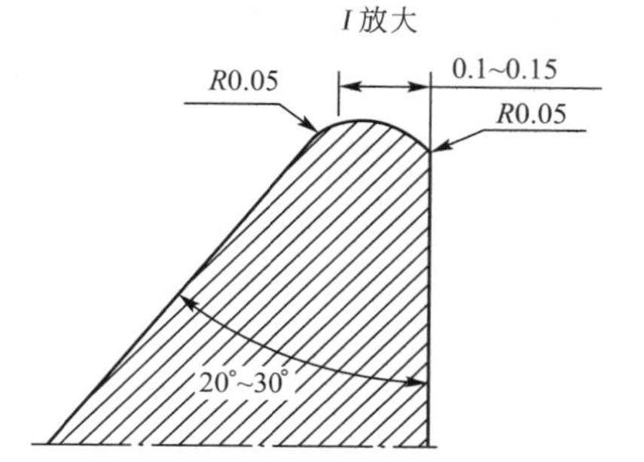

图5.37 型刃的形状和尺寸

1—型刃；2—型腔

(4) 型刃和型腔之间应有0.25～0.5mm的间隙，作为空气的通路，也易于模具的安装。为了压紧板材，要求型刃与加热板有极高的平行度与平面度，以免发生漏气现象。

塑料制件上的三角标识

每个塑料的器皿，在底部都有一个数字(它是一个带箭头的三角形，三角形里面有一个数字)。

(1)“1号”PET：矿泉水瓶、碳酸饮料瓶，饮料瓶别循环使用装热水。

使用：耐热至65℃，耐冷至−20℃，只适合装暖饮或冻饮，装高温液体、或加热则易变形，有对人体有害的物质溶出。因此，饮料瓶等用完了就丢掉，不要再用来做水杯，或者用来做储物容器盛装其他物品。

(2)“2号”HDPE：清洁用品、沐浴产品，清洁不彻底建议不要循环使用。

使用：可在小心清洁后重复使用，但这些容器通常不好清洗，残留原有的清洁用品，变成细菌的温床，最好不要循环使用。

(3)“3号”PVC：目前很少用于食品包装，最好不要购买。

使用：这种材质高温时容易有有害物质产生，甚至连制造的过程中它都会释放。目前，这种材料的容器已经比较少用于包装食品。如果在使用，千万不要让它受热。

(4)“4号”PE：保鲜膜、塑料膜等，保鲜膜勿包覆在食物表面进微波炉。

使用：耐热性不强，通常合格的PE保鲜膜在遇温度超过110℃时会出现热熔现象，会留下一些人体无法分解的塑料制剂。并且用保鲜膜包裹食物加热，食物中的油脂很容易将保鲜膜中的有害物质溶解出来。因此，食物入微波炉，先要取下包裹着的保鲜膜。

(5)“5号”PP：微波炉餐盒、保鲜盒。

因微波炉餐盒一般使用微波炉专用PP(聚丙烯，微波炉专用PP耐高温120℃，耐低温−20℃)，因造价成本，盖子一般不使用专用PP，放入微波炉时，需将把盖子取下方可使用。因各类卡口型保鲜盒大多使用透明PP而非专用PP，一般不能放入微波炉使用。

使用：一些微波炉餐盒，盒体的确以5号PP制造，但盒盖却以1号PE制造，由于PE不能抵受高温，故不能与盒体一并放进微波炉。为保险起见，容器放入微波炉前，先把盖子取下。

(6)“6号”PS：碗装泡面盒、快餐盒，别用微波炉煮碗装方便面。

使用：又耐热又抗寒，但不能放进微波炉中，以免因温度过高而释出化学物(耐温70℃时即释放出)。并且不能用于盛装强酸(如柳橙汁)、强碱性物质，因为会分解出对人体不好的聚苯乙烯，容易致癌。要尽量避免用快餐盒打包滚烫的食物。

(7)“7号”PC：其他类(水壶、水杯、奶瓶)，PC胶遇热释双酚A。

使用：被大量使用的一种材料，尤其多用于奶瓶中，因为含有双酚A而备受争议。理论上，只要在制作PC的过程中，双酚A百分百转化成塑料结构，便表示制品完全没有双酚A，更谈不上释出。只是，若有小量双酚A没有转化成PC的塑料结构，则可能会释出而进入食物或饮品中。

对付双酚A的清洁措施：

① 使用时勿加热。

② 不用洗碗机、烘碗机清洗水壶。

③ 不让水壶在阳光下直射。

④ 第一次使用前，用小苏打粉加温水清洗，在室温中自然烘干。因为双酚A会在第一次使用与长期使用时释出较多。

⑤ 如果容器有任何摔伤或破损，建议停止使用，因为塑件表面如果有细微的坑纹，容易藏细菌。

⑥ 避免反复使用已经老化的塑料器具。

5.4 挤出模具设计

挤出模具安装在挤出机的头部，因此，挤出模具又称挤出机头，如图5.38所示。挤出的塑件(一般为连续型材)截面形状和尺寸由机头、定型装置来保证，所有的热塑性塑料(如聚氯乙烯、聚乙烯、聚丙烯、尼龙、ABS、聚碳酸酯、聚砜、聚甲醛等)及部分热固性塑料(如酚醛树脂、尿醛塑料等)都可以采用挤出方法成型。模具结构设计的合理性是保证挤出成型质量的决定性因素。

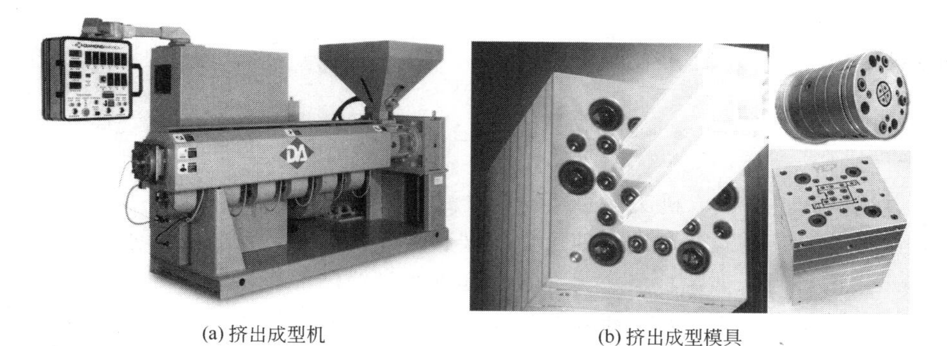

(a) 挤出成型机 (b) 挤出成型模具

图5.38 挤出机与挤出成型机头(模具)

5.4.1 挤出模具的结构组成及分类

1. 挤出模具结构组成

挤出成型模具主要由机头(口模)和定型装置(定型模或称定型套)两部分组成，下面以典型的管材挤出成型机头(如图5.39)为例，介绍机头的结构组成。

1) 机头

机头就是挤出模具，是成型塑料制件的关键部分。它的作用是将挤出的熔融塑料由螺旋运动变为直线运动，并进一步塑化，产生必要的成型压力，保证塑件密实，通过机头后获得所需要截面形状的塑料制件。

机头主要由以下几个部分组成：

(1) 口模。口模是成型塑件外表面的零件，如图5.39所示的件3。

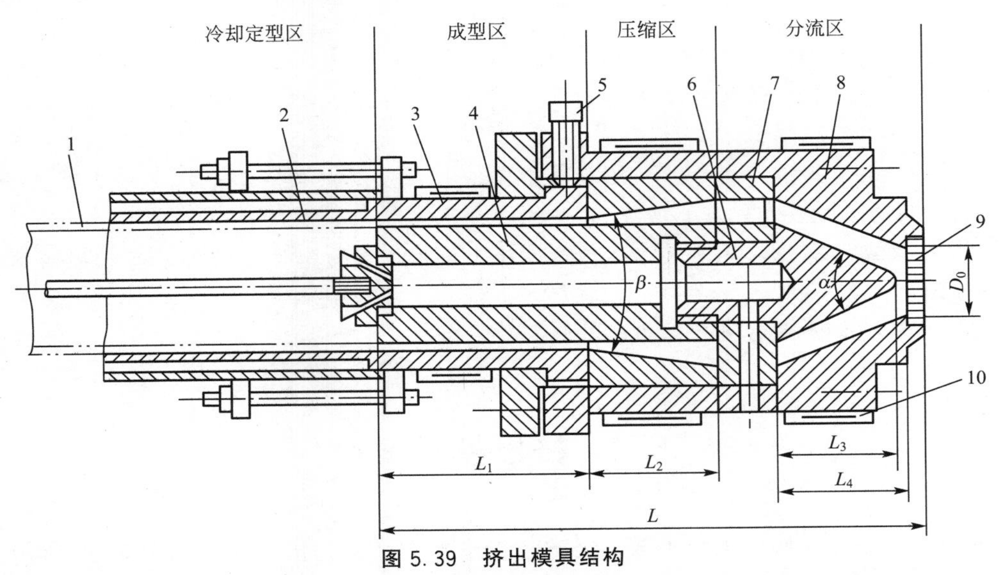

图 5.39 挤出模具结构

1—塑料管材；2—定径套；3—口模；4—芯棒；5—调节螺钉；6—分流器；7—分流器支架；
8—机头体；9—过滤板(过滤网)；10—加热器(电加热圈)

(2) 芯棒。芯棒是成型塑件内表面的零件，如图 5.39 所示的件 4。口模与芯棒决定了塑件截面形状。

要点提醒

芯棒、口模虽然分别成型塑件的内、外表面，但是和塑件的内、外尺寸不一定相等。

(3) 过滤网和过滤板。机头中必须设置过滤网和过滤板，如图 5.39 所示的件 9。过滤网的作用是改变料流的运动方向和速度，将塑料熔体的螺旋运动转变为直线运动、过滤杂质、造成一定的压力。过滤板又称多孔板，起支承过滤网的作用。

(4) 分流器和分流器支架。分流器俗称鱼雷头，如图 5.39 所示的件 6。分流器的作用是使通过他的塑料熔体分流变成薄环状以平稳地进入成型区，同时进一步加热和塑化，分流器支架主要用来支承分流器及芯棒，同时也能对分流后的塑料熔体起加强剪切混合作用，小型机头的分流器与其支架可设计成一个整体。

(5) 机头体。机头体相当于模架，如图 5.39 中的件 8，用来组装并支承机头的各零部件，并且与挤出机筒连接。

(6) 温度调节系统。挤出成型是在特定温度下进行的，机头上必须设置温度调节系统，以保证塑料熔体在适当的温度下流动及挤出成型的质量。

(7) 调节螺钉。调节螺钉是用来调节口模与芯棒间的环隙及同轴度，以保证挤出的塑件壁厚均匀，如图 5.39 中的件 5。通常调节螺钉的数量为 4～8 个。

2) 定型装置

从机头中挤出的塑料制件温度比较高，由于自重而会发生变形，形状无法保证，必须经过定径装置(如图 5.39 所示的件 2)，将从机头中挤出的塑件形状进行冷却定型及精整，获得所要求的尺寸、几何形状及表面质量的塑件。冷却定型通常采用冷却、加压或抽真空等方法。

2. 挤出机头的分类

由于挤出成型的塑件品种规格很多，生产中使用的机头也是多种多样的，一般有下述几种分类方法。

1）按塑料制件形状分类

塑件一般有管材、棒材、板材、片材、网材、单丝、粒料、各种异型材、吹塑薄膜、带有塑料包覆层的电线电缆等，所用的机头相应称为管机头、棒机头、板材机头及异型材机头和电线电缆机头等。

2）按塑件的出口方法分类

根据塑件从机头中的挤出方向不同，可分为直通机头(或称直向机头)和角式机头(或称横向机头)。直通机头的特点是熔体在机头内的挤出流向与挤出机螺杆的轴线平行；角式机头的特点是熔体在机头内的挤出流向与挤出机螺杆的轴线呈一定角度。当熔体挤出流向与螺杆轴线垂直时，称为直角机头。

3）按熔体受压不同分类

根据塑料熔体在机头内所受压力大小的不同，分为低压机头和高压机头。熔体受压小于4MPa的机头称为低压机头，熔体受压在4～10MPa之间的机头称为中压机头，熔体受压大于10MPa的机头称为高压机头。

3. 挤出机头的设计原则

1）分析塑件的结构工艺性，正确选用机头形式

根据塑件的结构特点和工艺要求，选用适当的挤出机，确定机头的结构形式。

2）机头结构紧凑，利于操作

设计机头时，应在满足强度和刚度的条件下，使其结构尽可能紧凑，并且装卸方便，易加工，易操作，同时，最好设计成规则的对称形状，便于均匀加热。

3）合理选择材料

与流动的塑料熔体相接触的机头体、口模和芯棒，会产生一定程度的摩擦磨损；有的塑料在高温挤出成型过程中还会挥发有害气体，对机头体、口模和芯棒等零部件产生较强的腐蚀作用，并因此更加剧它们的摩擦和磨损。为提高机头的使用寿命，机头材料应选取耐热、耐磨、耐腐蚀、韧性高、硬度高、热处理变形小及加工性能(包括抛光性能)好的钢材和合金钢。口模等主要成型零件硬度不得低于40HRC。

4）能将料流由螺旋运动变为直线运动，并产生适当的压力

料筒内的熔体由于螺杆的作用而旋转，旋转运动的料流必须变成直线运动才能进行成型流动，同时机头必须对熔体产生适当的流动阻力，使塑料制件密实。所以机头内必须设置过滤板和过滤网。

5）机头内的流道应呈光滑的流线型

为了减少压力损失，使熔体沿着流道均匀平稳地流动，机头的内表面必须呈光滑的流线型，不能有阻滞的部位(以免发生过热分解)，表面粗糙度 Ra 应小于 $0.1\mu m$。

6）机头内应有分流装置和适当的压缩区

为了使机头内的熔料进一步塑化，机头内一般都设置了分流锥和分流锥支架等分流装置，使熔体进入口模之前必须在机头中经过分流装置，熔体经分流锥和分流锥支架后再汇合，会产生熔接痕，离开口模后会使塑件的强度降低甚至发生开裂，因此，在机头中必须设

置一段压缩区，以增大熔体的流动阻力，消除熔接痕。对于不需要分流装置的机头，熔体通过机头中间流道以后，其宽度必须增加，需要一个扩展阶段，为了使熔体或塑件密度不降低，机头中也需要设置一定的压缩区域，产生一定的流动阻力，保证熔体或塑件组织密实。

7）正确设计口模的截面形状和尺寸

由于塑料熔体在成型前后应力状态的变化，会引起离模膨胀效应(挤出胀大效应)，使塑件长度收缩和截面形状尺寸发生变化，因此设计机头时，要进行适当的补偿，保证挤出的塑件具有正确的截面形状和尺寸。

8）机头内要有调节装置

为了控制挤出过程中的挤出压力、挤出速度、挤出成型温度等工艺参数，要有适当的调节装置，便于对挤出型坯的尺寸进行调节和控制。

4. 机头与挤出机

挤出成型的主要设备是挤出机，塑料的挤出按其工艺方法可分为湿法挤出、抽丝或喷丝法挤出和干法挤出等三类，这也就导致挤出机的规格和种类很多。如就干法连续挤出而言，主要使用螺杆式挤出机，按其安装方式分立式和卧式挤出机；按其螺杆数量分为单螺杆、双螺杆和多螺杆挤出机；按可否排气分排气式和非排气式挤出机。目前应用最广泛的是卧式单螺杆非排气式挤出机。

每副挤出成型模具都只能安装在与其相适应的挤出机上进行生产。从机头的设计角度来看，机头除按给定塑件形状尺寸、精度、材料性能等要求设计外，还应首先了解挤出机的技术规范，诸如螺杆结构参数、挤出机生产率及端部结构尺寸等，考虑所使用的挤出机工艺参数是否符合机头设计要求。机头设计在满足塑件的外观质量要求及保证塑件强度指标的同时，应能够安装在相应的挤出机上，并达到在给定转数下工作，也即要求挤出机的参数适应机头的物料特性，否则挤出就难以顺利进行。由此可见，机头设计与挤出机有着较为密切又复杂的关系。

当挤出机型号不同时，机头与挤出机的连接形式和尺寸也可能不同。如图 5.40 所示为机头连接的一种形式，机头法兰以铰链螺栓与挤出机筒法兰连接固定。连接部分的尺寸可查阅有关设计手册。

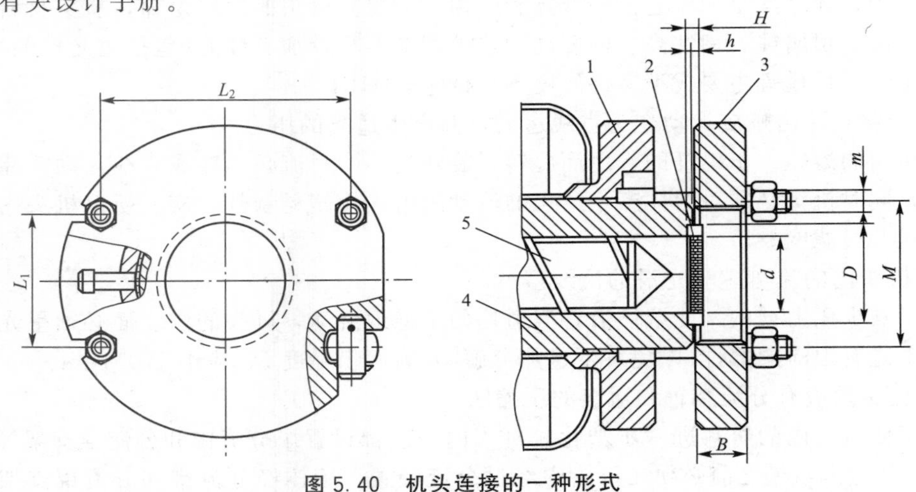

图 5.40　机头连接的一种形式

1—挤出机法兰；2—栅板；3—机头法兰；4—机筒；5—螺杆

实践中，对于螺纹连接的机头，一般的安装顺序是先松动铰链螺栓，打开机头法兰，清理干净后，将栅板装入料筒部分(或装在机头上)，再将机头安装在机头法兰上，最后闭合机头法兰，紧固铰链螺栓即可。

5.4.2 管材挤出机头的设计

1. 管材挤出成型机头

管材机头在挤出机头中具有代表性，用途较广，主要用来成型连续的管状塑件。

1) 典型结构

常用的管材挤出机头结构有直通式、直角式和旁侧式三种形式。另外，还有微孔流道挤管机头等。

(1) 直通式挤管机头。直通式挤管机头如图5.39所示，主要用于挤出薄壁管材，其结构简单，容易制造。它适用于挤出小管，分流器和分流器支架设计成一体，装卸方便。塑料熔体经过分流器支架时形成的熔接痕不易消除。

直通式挤管机头适用于挤出成型软硬聚氯乙烯、聚乙烯、尼龙、聚碳酸酯等塑料管材。

(2) 直角式挤管机头。如图5.41所示，用于内径定径的场合，冷却水从芯棒3中穿过。成型时塑料熔体包围芯棒并产生一条熔接痕。熔体的流动阻力小，成型质量较高。但机头结构复杂，制造困难。

(3) 旁侧式挤管机头。如图5.42所示，与直角式挤管机头相似，其结构更复杂，熔体流动阻力也较大，制造更困难。

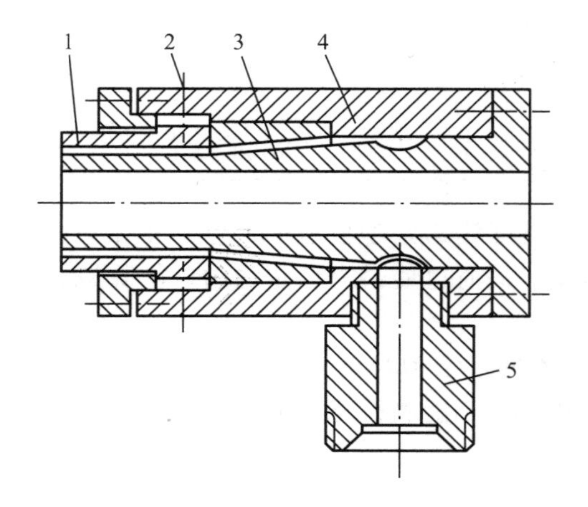

图5.41 直角式挤管机头图

1—口模；2—调节螺钉；3—芯棒；4—机头体；5—连接管

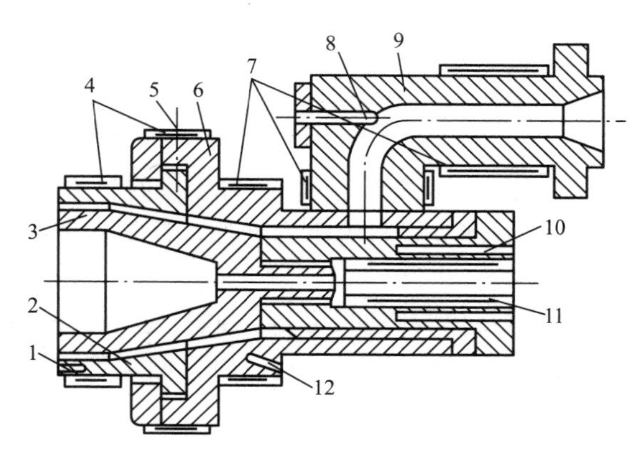

图5.42 旁侧式挤管机头

1、12—温度计插孔；2—口模；3—芯棒；4、7—电热器；5—调节螺钉；6、9—机头体；8、10—熔料测温孔；11—芯棒加热器

(4)微孔流道挤管机头。微孔流道挤管机头如图5.43所示。机头内无芯棒，熔料的流动方向与挤出机螺杆的轴线方向一致，熔体通过微孔管上的微孔进入口模而成型，特别适合于成型直径大，流动性差的塑料(如聚烯烃)。微孔流道挤管机头体积小，结构紧凑，但由于管材直径大、管壁厚，容易发生偏心，所以口模与芯棒的间隙下面比上面要小10%～18%，用以克服因管材自重而引起的壁厚不均匀。

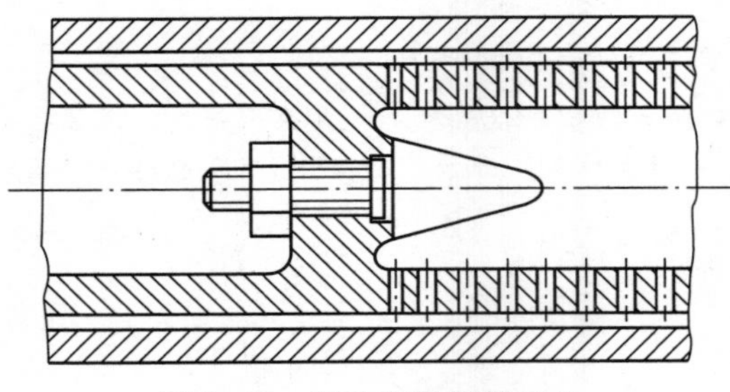

图5.43　微孔流道挤管机头

2) 工艺参数的确定

在设计管材挤出机头时，需有已知的数据，包括挤出机型号、塑料管材的内外径及塑件所用的材料等。主要确定机头内口模、芯棒、分流器和分流器支架的形状和尺寸及其工艺参数。

(1) 口模。口模是用于成型塑料管材外表面的成型零件。在设计管材挤出模时，口模的主要尺寸为口模的内径和定型段的长度。

① 口模的内径 D。口模内径的尺寸不等于管材外径的尺寸，因为挤出的管材在脱离口模后，由于压力突然降低，体积膨胀，使管径增大，此种现象为巴鲁斯效应(离模膨胀效应)。也可能由于牵引和冷却收缩而使管径变小。可根据经验确定，通过调节螺钉(图5.39中的件5)调节口模与芯棒间的环隙使其达到合理值。

膨胀或收缩都与塑料的性质、口模的温度压力及定径套的结构有关。

$$D=d_s/k \tag{5-17}$$

式中：D 为口模的内径，mm；d_s 为管材的外径，mm；k 为补偿系数，见表5-8。

表5-8　补偿系数 k 的取值

塑料种类	定管材内径	定管材外径
聚氯乙烯	—	0.95～1.05
聚酰胺	1.05～1.10	—
聚烯烃(聚乙烯、聚丙烯等)	1.20～1.30	0.90～1.05

② 定型段长度 L_1。口模和芯棒的平直部分的长度称为定型段(图5.39中的 L_1)。塑料通过定型部分，料流阻力增加，使塑件组织密实，同时也使料流稳定均匀，消除螺旋运动和接合线。

随着塑料品种及尺寸的不同，定型长度也应不同，定型长度不宜过长或过短。过长时，料流阻力增加很大；过短时，起不到定型作用。当不能测得材料的流变参数时，可按经验公式计算。

按管材外径计算

$$L_1=(0.5\sim3.0)d_s \tag{5-18}$$

式中：L_1 为口模定型段长度，mm；d_s 为管材的外径，mm。

通常当管材直径较大时定型长度取小值，因为此时管材的被定型面积较大，阻力较大；反之就取大值。同时考虑到塑料的性质，一般挤软管取大值，挤硬管取小值。

按管材壁厚计算

$$L_1 = nt \tag{5-19}$$

式中：t 为管材壁厚，mm；n 为计算系数，一般管材外径较大时，取小值，反之则取大值，参见表5-9。

表5-9 计算系数 n 的取值

塑料品种	硬聚氯乙烯	软聚氯乙烯	聚乙烯	聚丙烯	聚酰胺
系数 n	18～33	15～25	14～22		13～23

(2) 芯棒(芯模)。芯棒是用于成型塑料管材内表面的成型零件。芯棒的结构应利于熔料流动，利于消除接合线，容易制造。其主要尺寸为芯棒外径、压缩段长度和压缩角。

① 芯棒的外径 d。芯棒的外径由管材的内径决定，但由于与口模结构设计同样的原因，即离模膨胀和冷却收缩效应，所以芯棒外径的尺寸不等于管材内径尺寸。可按经验公式计算。

定管材外径时

$$d = D - 2\delta \tag{5-20}$$

式中：d 为芯棒的外径，mm；D 为口模的内径，mm；δ 为口模与芯棒的单边间隙，通常取$(0.83\sim0.94)t$，mm；t 为管材壁厚，mm。

定管材内径时

$$d = D_s \tag{5-21}$$

式中：D_s 为管材的内径，mm。

② 压缩段长度 L_2。芯棒的长度分为定型段长度和压缩段长度两部分，定型段长度与口模定型段长度 L_1 取值相同(或稍长)。塑料经过分流器支架后，先经过一定的收缩。为使多股料很好地会合，压缩段 L_2 与口模中的相应的锥面部分构成塑料熔体的压缩区，使进入定型区之前的塑料熔体的分流痕迹被熔合消除。

压缩段长度 L_2 可按下面经验公式计算

$$L_2 = (1.5\sim2.5)D_0 \tag{5-22}$$

式中：L_2 为芯棒的压缩段长度，mm；D_0 塑料熔体在过滤板出口处的流道直径，mm。

③ 压缩角 β。压缩角 β 一般在 30°～60°范围内选取。β 过大会使塑料管材表面粗糙，失去光泽。低黏度塑料，β 取 45°～60°；高黏度塑料，β 取 30°～50°。

(3) 分流器和分流器支架。如图5.44所示为分流器和分流器支架的结构图。塑料通过分流器，使料层变薄，这样便于均匀加热，以利于塑料进一步塑化。大型挤出机的分流器中还设有加热装置。

① 分流锥的角度(扩张角 α)。要求扩张角 α 大于收缩角 β。α 过大时料流的流动阻力大，熔体易过热分解；α 过小时不利于机头对其内的塑料熔体均匀加热，机头体积也会增大。一般低黏度塑料，α 取 30°～80°；对于高黏度塑料，α 取 30°～60°。

② 分流锥长度 L_3

$$L_3 = (0.6\sim1.5)D_0 \tag{5-23}$$

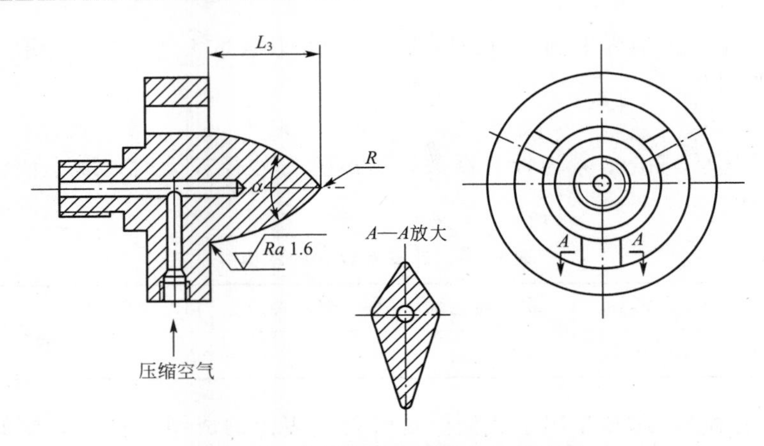

图 5.44　分流器和分流器支架结构图

式中：L_3 为分流锥的长度，mm；D_0 为塑料熔体在过滤板出口处的流道直径，mm。

③ 分流锥尖角处圆弧半径 R。分流锥尖角处圆弧半径 R 不宜过大，否则熔体容易在此处发生滞留。一般 $R=0.5\sim2.0$mm。

④ 分流器支架。分流器支架主要用于支承分流器及芯棒。支架上的分流肋应做成流线型，在满足强度要求的条件下，其宽度和长度尽可能小些，以减少阻力。出料端角度应小于进料端角度，分流肋尽可能少些，以免产生过多的熔接痕迹。一般小型机头 3 根，中型的 4 根，大型的 6～8 根。

(4) 拉伸比和压缩比。拉伸比和压缩比是与口模和芯棒尺寸相关的工艺参数。根据管材断面尺寸确定口模环隙截面尺寸时，一般是凭拉伸比确定。

① 拉伸比 I。所谓管材的拉伸比是口模和芯棒在成型区的环隙截面积与管材成型后的截面积之比，其计算公式如下

$$I=\frac{D^2-d^2}{d_s^2-D_s^2} \tag{5-24}$$

式中：I 为拉伸比；D、d 分别为口模的内径、芯棒的外径，mm；d_s、D_s 分别为管材的外径、内径，mm。

常用塑料的许用拉伸比见表 5-10。

表 5-10　常用塑料的许用拉伸比

塑料品种	硬聚氯乙烯	软聚氯乙烯	聚碳酸酯	ABS	高压聚乙烯	低压聚乙烯	聚酰胺
拉伸比	1.00～1.08	1.10～1.35	0.90～1.05	1.00～1.10	1.20～1.50	1.10～1.20	0.90～1.05

挤出时拉伸比较大，有如下三项优点：

a. 经过牵引的管材，可明显提高其力学性能；

b. 在生产过程中变更管材规格时，一般不需要拆装芯棒、口模；

c. 在加工某些容易产生熔体破裂现象的塑料时，用较大的芯棒、口模可以生产小规格的管材，既不产生熔体破裂又提高了产量。

② 压缩比 ε。所谓管材的压缩比是指机头和多孔板相接处最大进料截面积与口模和芯棒的环隙截面积之比，它反映出塑料熔体的压实程度。低黏度塑料 ε 取 4～10，高黏度塑料 ε 取 2.5～6.0。

3）管材的定径和冷却

管材被挤出口模时，还具有相当高的温度，没有足够的强度和刚度来承受自重和变形，为了使管材获得较低的粗糙度值、准确的尺寸和几何形状，管材离开口模时，必须立即定径和冷却，由定径套来完成。经过定径套定径和初步冷却后的管材进入水槽继续冷却，管材离开水槽时已经完全定型。

一般用外径定径和内径定径两种方法。我国塑料管材标准常用外径定径。

(1) 外径定径。如果管材外径尺寸精度高，使用外径定径。外径定径是使管材和定径套内壁相接触，为此，常用内部加压或在管材外壁抽真空的方法来实现，因而外径定径又分为内压法和真空吸附法。

① 内压法外径定径。如图5.45所示。在管材内部通入压缩空气（预热，0.02～0.1MPa），为保持压力，可用浮塞堵住防止漏气，浮塞用绳索系于芯模上。内压法外径定径适用于直径偏大的管材。定径套的内径和长度一般根据经验和管材直径来确定。

② 真空吸附法外径定径。如图5.46所示，在定径套内壁2上打很多小孔，抽真空用，借助真空吸附力将管材外壁紧贴于定径套内壁2，与此同时，在定径套外壁1、内壁2夹层内通入冷却水，管坯伴随真空吸附过程的进行，而被冷却硬化。真空吸附法的定径装置比较简单，管口不必堵塞，但需要一套抽真空设备。常用于生产小管。

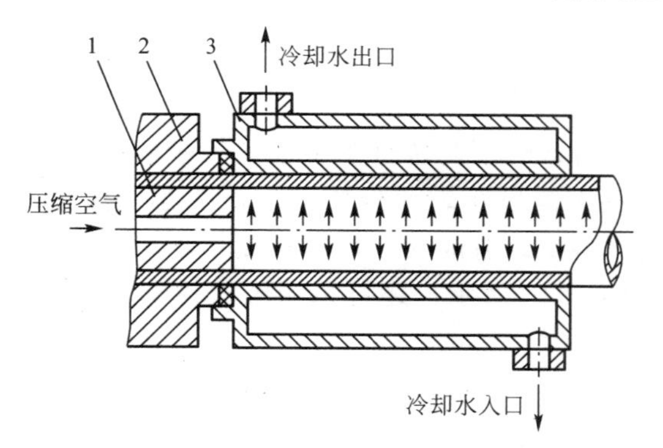

图5.45　外径定径之一(内压法)

1—芯棒；2—口模；3—定径套

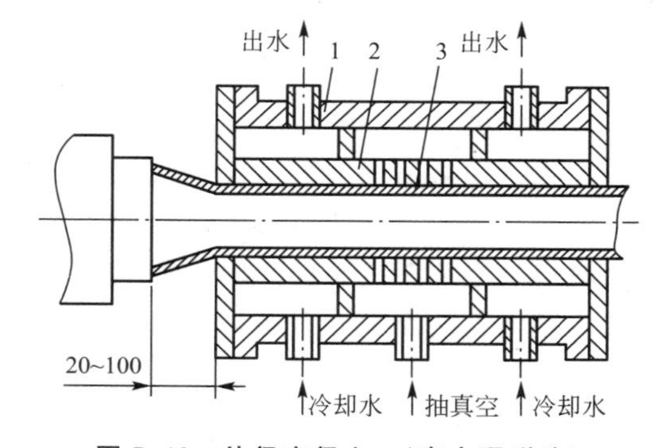

图5.46　外径定径之二(真空吸附法)

1—定径套外壁；2—定径套内壁；3—塑料管材

真空定径套生产时与机头口模应有20～100mm的距离，使口模中流出的管材先行离模膨胀和一定程度的空冷收缩后，再进入定径套中，冷却定型。

(2) 内径定径。内径定径是固定管材内径尺寸的一种定径方法。此种方法适用于侧向供料或直角挤管机头。其定径原理如图5.47所示，定径芯模与挤管芯模相连，在定径芯模内通入冷却水。当管坯通过定径芯模后，便获得内径尺寸准确、圆柱度较好的塑料管材。这种方法使用较少，因为管材的标准化系列多以外径为准。但内径公差要求严格(如用于压力输送的管

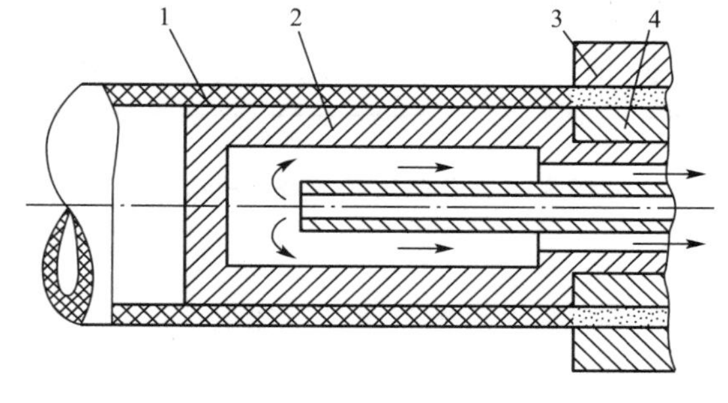

图5.47　内径定径原理

1—塑料管材；2—定径芯模；3—口模；4—芯棒

道)时，是这种定径方法的唯一应用，同时内径定径管壁的内应力分布较合理。

5.4.3 其他常用挤出机头简介

1. 板材与片材挤出机头

凡是成型段横截面具有平行缝隙特征的机头，称为板材与片材挤出机头，又称平缝形挤出机头。主要用于塑料板材、片材和平膜加工。

由挤出机提供的塑料熔体，从圆形逐渐过渡到平缝形，并要求在其出口横向全宽方向上，熔体流速均匀一致，这是板材与片材挤出机头设计的关键。其次，要求塑料熔体流经整个机头流道的压降要适度，并停留时间要尽可能短，且无滞料现象发生。

目前，已能挤出成型达40mm厚度的板材。但通常认为仅在15mm以内才可视为已经掌握的厚度。板片材宽度可达4000mm。市场中广泛使用的塑料板材和片材是同一类型，所用的模具结构相同，只是塑件的尺寸厚度不同而已。一般板材的尺寸范围在1～20mm，片材的尺寸厚度范围在0.25～1mm。适用于板片材挤出成型的塑料品种有聚氯乙烯、聚乙烯、聚丙烯、ABS、抗冲击聚苯乙烯、聚酰胺、聚甲醛、聚碳酸酯和醋酸纤维素等，其中前四种应用较多。

用于挤出成型板材与片材的机头可分为鱼尾式机头、支管式机头、螺杆式机头和衣架式机头等四大类。本节仅简要介绍前两类。

1) 鱼尾式机头

鱼尾式机头其模腔似鱼尾状。塑料熔体呈放射状流动，从机头中部进入模腔，向两侧分流。此时，熔体中部压力大、流速高、温度高及黏度小，而熔体两端压力小、流速低、温度低及黏度大，因此机头中部出料多，两端出料少，造成板、片材厚度不均匀。为了克服此缺陷，通常在机头模腔内设置阻流器，如图5.48所示。还可采用阻流棒，如图5.49所示，以调节料流阻力大小。

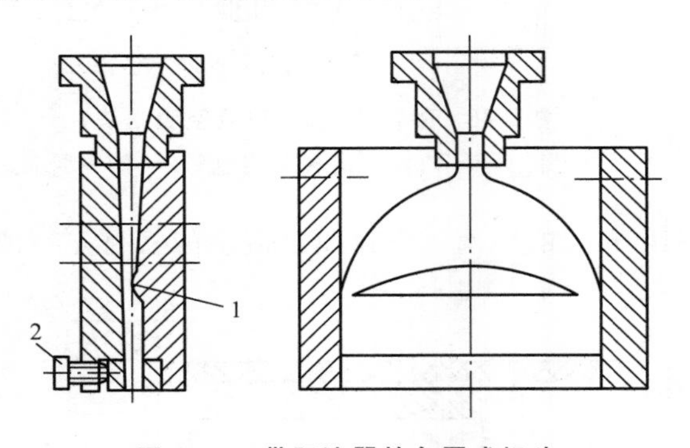

图5.48 带阻流器的鱼尾式机头

1—阻流器；2—调节螺钉

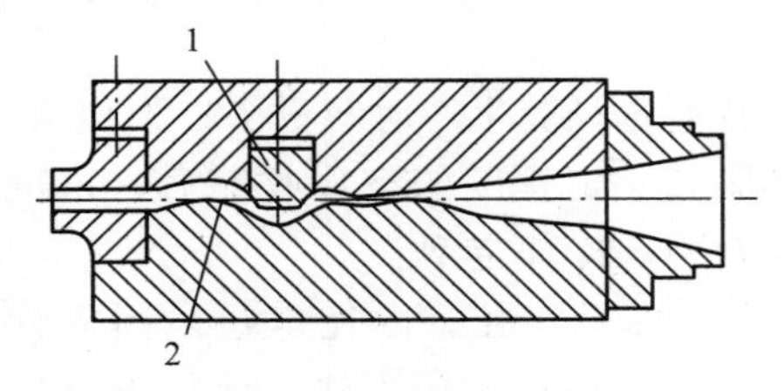

图5.49 带阻流器和阻流棒的鱼尾式机头

1—阻流棒；2—阻流器

此种机头结构较简单且易加工，适合于多种塑料的挤出成型，如黏度较低的聚烯烃类塑料、黏度较高的塑料以及热敏性较强的聚氯乙烯和聚甲醛等。不适于挤出成型宽幅板(片)材，一般幅宽小于500mm，板厚不大于3mm。鱼尾的扩张角不能太大(通常取80°左右)。

2) 支管式机头

支管式机头的型腔呈管状，从挤出机挤出的熔体先进入歧管中，然后通过歧管经模唇间的缝隙流出成板材坯料，能均匀地挤出宽幅型材。该种机头按结构又可分成以下四种形式。

(1) 一端供料的直支管机头：如图 5.50(a)所示，塑料熔体从支管的一端进料，而支管的另一端则被封死。支管模腔与挤出料流方向一致，塑件的宽度可由幅宽调节块进行调节，但塑料熔体在支管内停留时间较长，容易分解变色，且温度难于控制。

(2) 中间供料的直支管机头：如图 5.50(b)所示，塑料熔体从支管的中间进料，然后分流充满支管的两端，再由支管的平缝中挤出。这种机头结构简单，能调节幅宽，可生产宽幅型材。塑件沿中心线有较好的对称性。此外，牵引切割装置顺着挤出机轴向排成直行，所以应用较多。

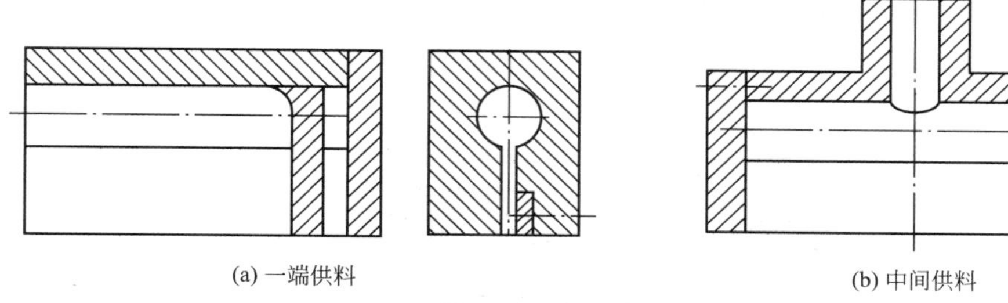

图 5.50 直支管机头

(3) 中间供料的弯支管机头：如图 5.51 所示，具有中间供料的直支管机头的优点，料腔呈流线型，没有死角，不滞留。这种机头适合于挤出成型熔融黏度低或黏度高而热稳定性差的塑料。但机头制造困难，不能调节幅宽。

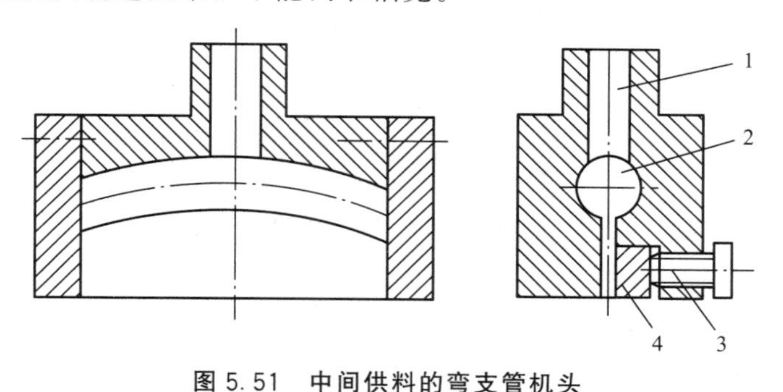

图 5.51 中间供料的弯支管机头

1—进料口；2—弯支管型模腔；3—模口调节螺钉；4—模口调节块

(4) 带有阻流棒的双支管机头：如图 5.52 所示，用于加工黏度高的宽幅塑件，成型幅宽可达 1000～2000mm。阻流棒的作用是调节流量，限制模腔中部塑料熔体的流速。

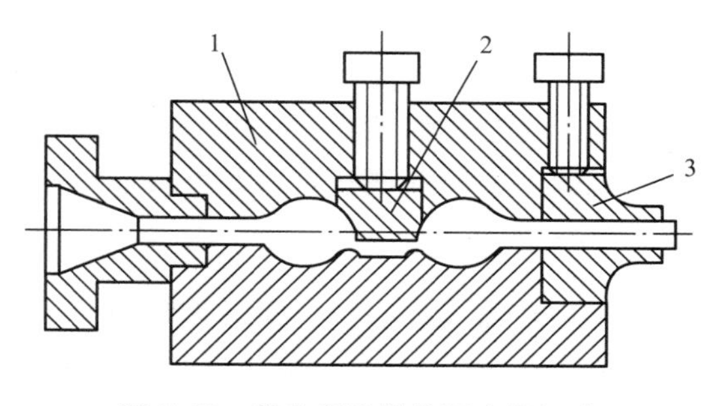

图 5.52 带有阻流棒的双支管机头

1—支管模腔；2—阻流棒；3—模口调节块

支管式机头的歧管直径在 30～90mm 范围内，对于熔融黏度低的塑料，管径可选大一些；对于熔融黏度高、热稳定性差的塑料，支管直径选小些，以防塑料熔体在机头内停留时间过长，造成分解。平直部分的长度依熔体特性而不同，一般取长度为板厚的10～40倍。但板材厚时，由于刚度关系，模唇长度应不超过80mm。

2. 吹塑薄膜挤出机头

吹塑薄膜挤出机头简称吹膜机头，其方法是挤出壁薄的大直径的管坯，然后用压缩空气吹涨。吹塑成型可以生产聚氯乙烯、聚乙烯、聚苯乙烯、聚酰胺等各种塑料薄膜，应用广泛。常用的薄膜机头大致可分为芯棒式机头、十字形机头、螺旋机头、多层薄膜吹塑机头和旋转机头。本节仅简介芯棒式机头。

芯棒式机头如图5.53所示，来自挤塑机的塑料熔体，通过机颈7到达芯棒轴9转向90°，并分成两股沿芯棒轴分料线流动，在其末端尖处汇合后，沿机头流道芯棒轴9和口模3的环隙挤成管坯，由芯棒轴9中通入压缩空气，将管坯吹涨成膜，调节螺钉5可调节管坯厚薄的均匀性。

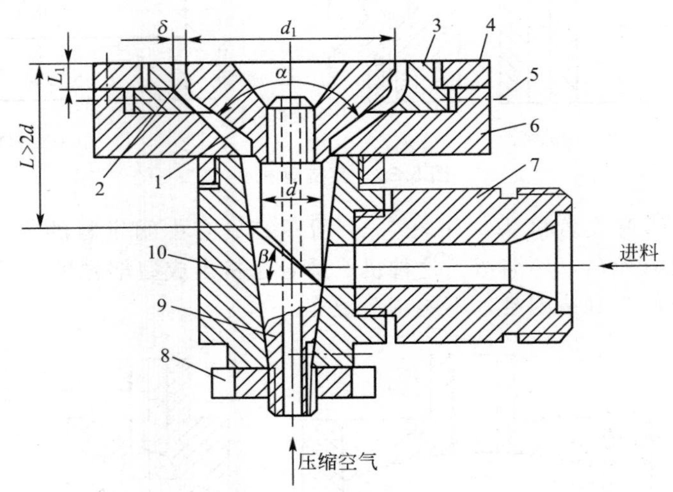

图5.53 芯棒式机头

1—芯棒；2—缓冲槽；3—口模；4—压环；5—调节螺钉；6—上机头体；
7—机颈；8—紧固螺母；9—芯棒轴；10—下机头体

芯棒扩张角α在选取上不可取得过大，否则会对机头操作工艺控制、膜厚均匀度和机头强度设计等方面产生不良影响。通常取80°～90°，必要时可取100°～120°。芯棒轴分流线斜角β的取值与塑料的流动性有关，不可取得太小，否则会使芯棒尖处出料慢，形成过热滞料分解，一般40°～60°。

芯棒式机头结构简单，机头内部通道空隙小，存料少，熔体不易过热分解，适用于加工聚氯乙烯等热敏性塑料，仅有一条薄膜熔合线。但芯棒轴受侧向压力，会产生“偏中”现象，造成口模间隙偏移，出料不均，所以薄膜厚度不易控制均匀。

3. 异型材挤出成型机头

除了前述管、板(片)、薄膜等塑件外，凡具有其他截面形状的塑料挤出制件统称为异型材，如图5.54所示。目前异型材的挤出成型效率较低，原因在于异型材的截面形状不规则，其几何形状、尺寸精度、外观及强度难以可靠地保证，挤出成型工艺及机头的设计均比较复杂，难以达到理想的效果。本节仅简单介绍两类常用的板式异型材挤出机头和流线型异型材挤出机头。

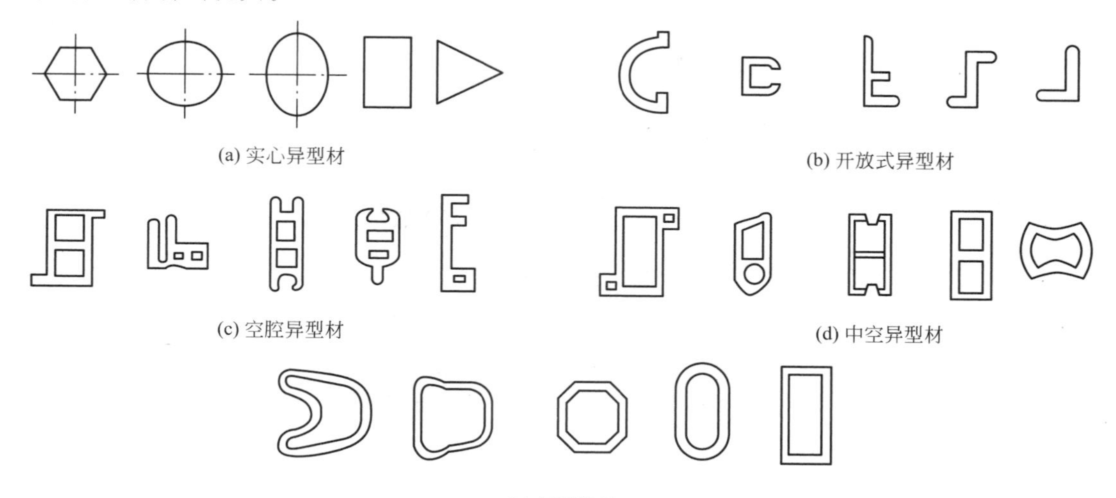

图 5.54　常见的塑料异型材结构

1）板式机头

如图 5.55 所示，机头结构简单、易制造、安装调整也方便，但机头内流道截面会在口模模腔入口处出现急剧变化，形成若干平面死点，因而塑料熔体在机头内的流动条件较差，生产时间过长会过热分解。只适用于形状较简单及生产批量少的情况，对热敏性很强的硬聚氯乙烯则不适宜使用，一般多用于黏度不高、热稳定性较好的聚烯烃类塑料，有时也可用于软聚氯乙烯。

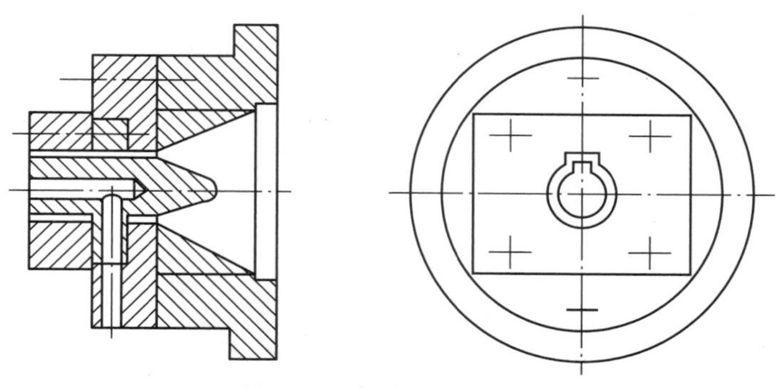

图 5.55　板式异型材机头

2）流线型机头

如图 5.56 所示，要求机头内流道从进料口开始至口模的出口，其截面必须由圆形光滑地过渡为异型材所要求的截面形状和尺寸，即流道(包括口模成型区)表壁应呈光滑的流线型曲面，各处均不得有急剧过渡的截面尺寸或死角。由此可见，流线型机头的加工难度要比板式机头大，但它能够克服板式机头内流道急剧变化的缺陷，从而可以保证复杂截面的异型材及热敏性塑料的挤出成型质量，同时也适合大批量生产。

流线型机头一般采用整体式或分段拼合式。图 5.56 所示为整体式流线型机头，其机头内流道由圆环形渐变过渡到所要求的形状，各截面形状如图 5.56 中 *A—A*～ *F—F* 所示，它的制造比分段拼合式困难，在设计时应注意使过渡部分的截面由容易加工的旋转曲面或平面

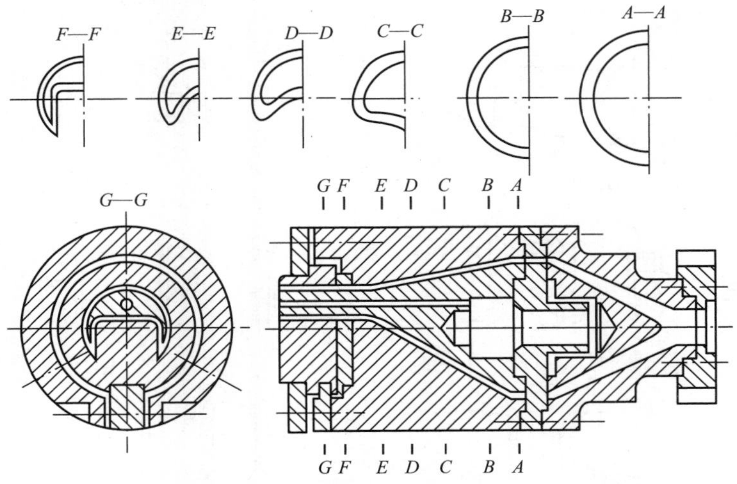

图 5.56 流线型异型材挤出机头

组成。在异型材截面复杂的情况下，要加工出一个整体式的流线型机头是件很困难的工作，为了降低机头加工难度，采用分段拼合式流线型机头，分段拼合式流线型机头是将机头体分段以后，利用逐段局部加工和拼装方法制造出来的，这样虽然能够降低流道整体加工的难度，但拼合时难免在流道折接处或多或少地出现一些不连续光滑的截面尺寸过渡，因此，塑料熔体在分段拼合式流线型机头中的流动条件相对较差，成型质量也较难控制。

4. 电线电缆挤出成型机头

金属芯线包覆一层塑料做绝缘层和保护层，这在生产中被广泛应用，一般需在挤出机上采用直角式机头挤出成型，典型结构常有两种形式。

1）挤压式包覆机头

如图 5.57 所示，塑料熔体通过挤出机过滤板进入机头体，转向 90°后沿着芯线导向棒继续流动，由于导向棒一端与机头体内孔严密配合，熔体只能向口模一方流动，在导向棒上汇合成一封闭料环后，经口模成型区最终包覆在芯线上，芯线同时连续地通过芯线导向棒，因此包覆挤出生产能连续进行。

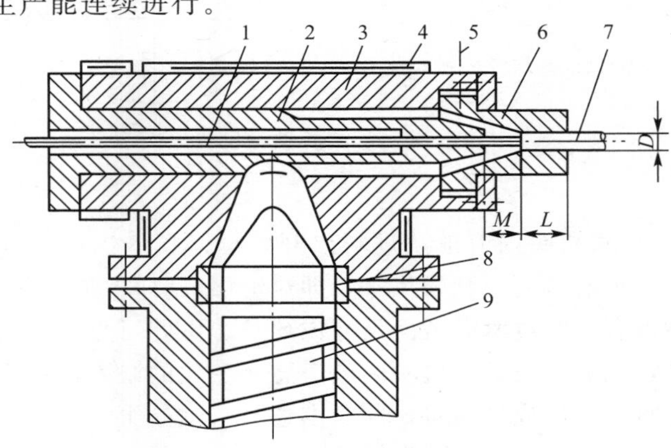

图 5.57 挤压式包覆机头

1—芯线；2—导向棒；3—机头体；4—电加热器；5—调节螺钉；
6—口模；7—包覆塑件；8—过滤板；9—挤出机螺杆

挤压式包覆机头通常用来生产电线。一般情况下，定型段长度 L 为口模出口处直径 D 的 1.0～1.5 倍，导向棒前端到口模定型段的距离 M 也可取口模出口直径 D 的 1.0～1.5 倍，包覆层厚度取 1.25～1.60mm。

2）套管式包覆机头

如图 5.58 所示，与挤压式包覆机头相似，不同之处在于套管式包覆机头是将塑料挤成管状，然后在口模外靠塑料管的遇冷收缩而包覆在芯线上。

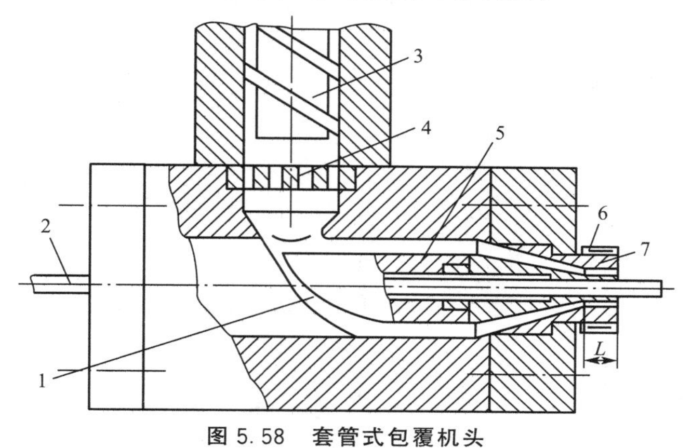

图 5.58 套管式包覆机头

1—螺旋面；2—芯线；3—挤出机螺杆；4—过滤板；
5—导向棒；6—电加热器；7—口模

塑料熔体通过挤出机过滤板进入机头体内，然后流向芯线导向棒，这时导向棒的作用相当于管材挤出机头中的芯棒，用以成型管材的内表面，口模成型管材的外表面，挤出的塑料管与导向棒同心，塑料管挤出口模后马上包覆在芯线上。由于金属芯线连续地通过导向棒，因而包覆生产也就连续地进行。

套管式包覆机头通常用来生产电缆。包覆层的厚度随口模尺寸、导向棒头部尺寸、挤出速度及芯线牵引速度等的变化而变化，口模定型段长度 L 小于口模出口处直径 D 的 50%，否则螺杆的背压过大，使电缆表面出现流痕而影响表面质量，产量也会有所降低。

多观察生活中各种不同的塑件，结合课程内容和老师讲授的知识，了解不同塑件不同的成型方法和特点，慢慢熟悉不同成型工艺过程和模具的结构特点。

本章小结

现代社会经济的快速发展，对塑料产品的多样性和质量要求越来越高，也推动了塑料成型工艺、设备及模具技术的不断进步，本章仅介绍了除普通注射成型模具外比较常用的一些其他成型模具：压缩、传递(压注)、挤出及气动等几种成型模具的设计要点。

其中压缩模具是塑料成型模具中一种比较简单的模具，它主要用来成型热固性塑料。由于模具需要交替地加热和冷却，所以生产周期长，效率低，这样就限制了热塑性塑料在这方面的进一步应用。传递模具也称压注模具，与压缩模具由许多共同之处，两者的加工对象都是热固性塑料，型腔结构、脱模机构、成型零件的结构及计算方法等基本相同，模具的加热方式也相同。传递模具的结构比压缩模具复杂，工艺条件要求严格，特别是成型压力较高，而且操作比较麻烦，制造成本也高，因此，只有用压缩成型无法达到要求时才采用传递成型。与注射、压缩、传递成型相比，气动成型压力低，利用较简单的成型设备就可获得大尺寸的塑件，对模具材料要求不高，模具结构简单，成本低，寿命长。挤出成型模具应用范围比较广泛，它可以成型各种塑料管材、棒材、板材、薄膜以及电线、电缆等连续型材，还可以对塑料进行塑化、混合、造粒、脱水及喂料等准备工序或半成品加工。同时由于其生产效率非常高，所以挤出产品的产量非常大。

关键术语

压缩模具(compression mould)、传递模具(transfer mould)、加料腔(loading chamber)、上模(upper half of a mould)、下模(lower half of a mould)、挤出模具(extrusion mould)、吹塑成型(blow moulding)、真空成型(vacuum moulding)

习　　题

一、填空题

1. 压缩成型模具有溢式、________、________等几种形式。

2. 溢式压缩模具________加料腔，凸模凹模________配合部分，完全靠________定位。

3. 半溢式压缩模具的加料腔与型腔分界处有一环状________，过剩的原料可通过配合间隙或在凸模上开设专门的排出。

4. 热固性塑料模压成型的设备常为________。

5. 传递模具浇注系统由________、________、________、________等组成。

6. 中空吹塑模具中夹坯口的主要作用是________，同时它还起着________的作用。

7. 挤出口模成型管材________面，芯棒成型管材________面，口模内径________塑料管材外径。

二、判断题(正确的画√，错误的画×)

1. 半溢式压缩模具兼具了溢式和不溢式压缩模具的优点，其成型塑件的精度和质量也要好于后两者成型。(　　)

2. 传递模具和压缩模具中，只有传递模具才有加料腔。(　　)

3. 挤出口模的尺寸和挤出型材的尺寸是一致的 。(   )

4. 热固性塑料传递模具的反料槽的功能与热塑性塑料注射模的冷料穴相同。(   )

5. 中空吹塑成型的塑件螺纹部分一般推荐采用细牙螺纹。(   )

三、问答题

1. 依据哪些原则决定塑件在压缩模具内的加压方向?

2. 挤出机机头的组成及作用是什么?

第6章 塑料注射模具的计算机辅助设计

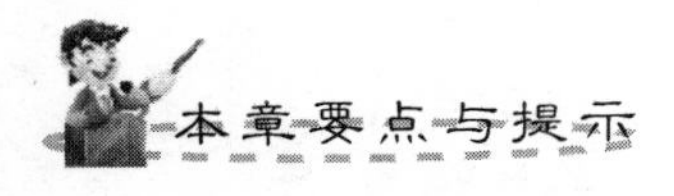

知识要点	目标要求	学习方法
注射模具CAD技术概况	了解	通过观看多媒体课件演示，结合老师在教学过程中的讲解及阅读课外相关内容，初步了解注射模具CAD技术发展及其应用范围和状况
注射模具计CAD常用软件	掌握	通过课程内容及查阅相关资料了解模具CAD常用软件，熟悉并掌握注射模成型零件CAD设计基本过程
注射模具计CAD实践应用	掌握	在掌握塑料注射模设计及典型CAD/CAE软件基础上，学会运用相关软件进行模具计算机辅助设计

导入案例

塑料工业的快速发展，使得塑料产品普及到各行各业，现代市场对产品更新换代速度和质量等要求的不断提高，利用计算机来设计塑料注射模具成为必然。伴随模具CAD/CAM/CAE技术的不断完善，计算机辅助设计分析在注射成型模具中的应用也日趋深入。作为现代模具设计人员，在掌握模具设计相关理论、准则等知识基础上，很有必要学会一种典型模具设计软件，并能够熟练操作软件进行注射模具三维和二维设计。

如图6.1所示塑件为电动机护罩，材料选用：ABS，塑件顶部带凸台处局部最大壁厚为5mm，最小处为1mm，高度150mm，投影面积145cm^2，体积130cm^3，单个塑件重量128g。塑件上部近似为方形，上面有若干长方形散热孔，下部为近圆柱状。塑件内表面比较圆滑，整体结构无尖角，内侧面无柱体，外侧面无孔。现需要采用注射成型工艺进行大批量生产，根据制件结构工艺性合理设计模具，应用三维软件进行成型零件设计。设计过程中，重点需要解决以下几方面问题：制件三维造型/模具总体设计初步方案/收缩率确定/分型面确定/成型零件结构形式/软件操作步骤。

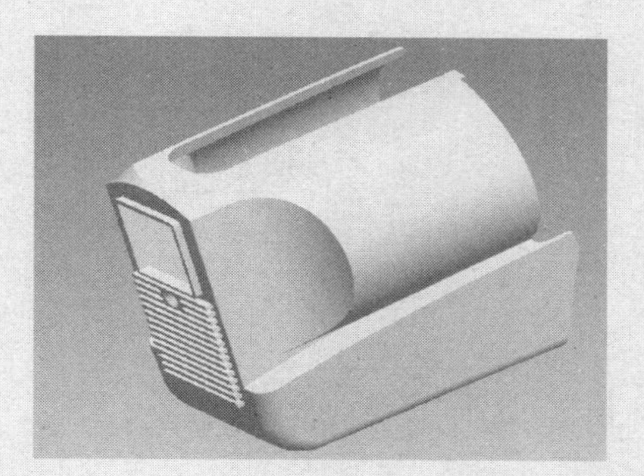
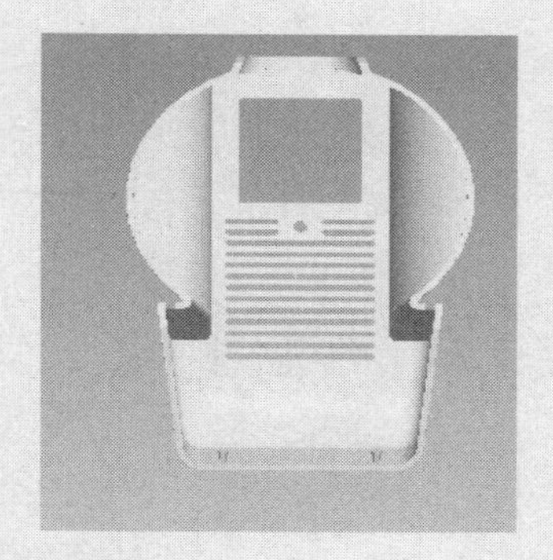

图6.1 电动机护罩产品三维图

6.1 注射成型模具CAD简介

模具设计工作是一项复杂、综合的系统工程，要求设计人员具有丰富的知识和经验。如塑料注射模具设计时，就要求设计人员需要综合考虑塑件材料、结构、性能及具体生产要求，考虑注射机规格、模具结构及成型工艺等等多方面的因素。因此，仅靠设计人员的经验和模具工人的手艺，很难保证注射模具的精密设计与制造以及塑件高精度的要求。随着塑料应用行业的飞速发展，对塑料模具的要求越来越高，传统的模具设计、制造已不能适应现代工业产品及时更新换代和高质量的要求，也难以满足市场激烈竞争的需要。而计算机辅助设计(CAD，Computer Aided Design)技术的出现，彻底改变了注射模具传统的设计与制造方法，其作用和地位也越来越重要。

采用模具CAD技术进行设计模具主要有以下优越性：

(1) 提高了模具的质量。利用CAD系统，有利于发挥人、机各自的特长，使模具设计更加合理化，同时CAD采用的优化设计方法有助于某些工艺参数和模具结构的优化。

(2) 缩短了模具的设计制造周期。模具CAD系统中储存有模具标准件、常用设计计算的程序库和各种设计参数的数据库，加上计算机自动绘图，可以大大缩短设计时间，CAD/CAE/CAM的一体化可显著缩短从设计到制造的周期。

(3) 大幅降低了模具设计制造成本。计算机的高速运算和绘图机的自动化大大节省了劳动力，同时，优化设计带来了原材料的节省。采用CAD/CAE技术可以避免模具反复修模和试模，从而大大降低成本。

(4) 充分发挥设计人员的主观能动性。CAD技术将人员从繁冗的计算和绘图工作中解放出来，使其可以从事更多的创造性劳动。CAD系统为模具设计人员提供了表达设计构思和反复修改设计方案的有效手段，从而可提高设计结果的合理性和设计效率。

6.1.1 模具CAD组成及特点

模具CAD的基本组成如图6.2所示。

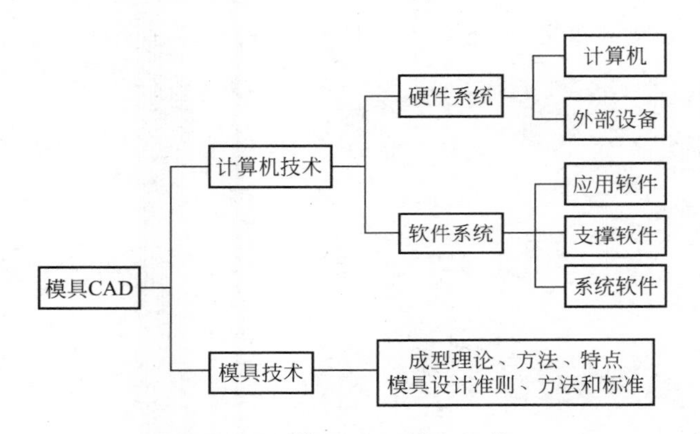

图6.2 模具CAD基本组成

一个稳定的、可以满足实际生产设计需要的模具CAD系统应该具备下列特点：

(1) 模具CAD系统必须具备描述物体几何形状的能力。模具设计中因为模具的工作部分是根据产品零件的形状设计的。所以无论设计什么类型的模具，开始阶段必须提供产品零件的几何形状。否则，就无法输入关于产品零件的几何信息，设计程序便无法运行。

(2) 标准化是实现模具CAD的必要条件。模具设计一般不具有唯一性。为了便于实现模具CAD，减少数据的存储量，在建立模具CAD系统时首先要解决的问题便是标准化问题，包括设计准则的标准化、模具零件和模具结构的标准化。有了标准化的模具结构，在设计模具时可以选用典型的模具组合，调用标准模具零件，需要设计的只是少数工作零件。

(3) 设计准则的处理是模具CAD中的一个重要问题。人工设计模具所依据的设计准则大部分是以数表和线图形式给出的。

6.1.2 注射模具设计技术的发展阶段

注射模具设计技术的发展主要经历了如下三个阶段。

1. 手工设计阶段

这一阶段一直持续到CAD技术的发展初期，当时的注射模具设计，纯粹依靠设计人员的经验、技巧和现有的设计资料，从塑件的工艺计算到注射模具的设计制图，全靠手工操作完成，是一种手工作坊式的设计方式，生产效率极为低下。同时，由于设计过程纯粹依赖于设计人员的经验和技巧，缺乏系统的理论指导，所以模具和塑件的质量难以保障。

2. 通用CAD系统设计阶段

20世纪70年代，以手工为主的作坊式注射模具生产质量和数量上已跟不上塑料工业生产高速发展的形式，远远满足不了用户“高质量、短周期、低价格”的要求，于是人们开始尝试使用当时比较成熟的通用CAD系统进行注射模具设计。到了20世纪80年代，随着UGⅡ、Pro/E等优秀通用CAD集成软件系统的问世，注射模具CAD技术也蓬勃发展起来了。CAD技术在注射模具设计中的应用，很大程度上提高了注射模具设计的质量和效率，提高了注射模具设计的整体水平。

3. 专用注射模具CAD系统设计阶段

采用通用CAD系统进行注射模具设计，虽然很大程度上提高了模具设计质量和效率，但是，一方面由于通用CAD系统在一定意义上说，只是一种几何建模工具，并不是具有真正意义的设计工具，通用CAD系统对注射模具设计效率的提高主要在于三维效果的增强、分析及建模速度的加快等，注射模具设计经验的加入主要还是依赖于人工干预，每一次设计的设计过程与手工实现基本一样，设计效率没有从根本上得到提高。另一方面，作为通用的CAD系统，无论是UGⅡ还是Pro/E，在开发之初都是作为通用机械设计与制造工具来构思的，并不针对注射模具，因此在使用这些通用CAD软件设计注射模具时仍会感到效率低下、操作烦琐、功能短缺。为此，近年来发展趋势是开发新一代的注射模具CAD专用系统，或者是在CAD通用系统的基础上进行有针对性的二次开发，以实现注射模具设计在一定程度上的自动化和智能化。

6.1.3 CAD技术在注射模具中的应用

CAD技术在注射模具中的应用主要表现在以下几方面。

1. 塑料制件的设计

塑料制件应根据使用要求进行设计，同时还要考虑塑料性能、成型的工艺特点、模具结构及制造工艺的要求、成型设备、生产批量及生产成本，以及外形的美观大方等各方面的因素。由于这些因素相互影响，所以要得到一个合理的塑件设计方案非常困难。同时塑料品种繁多，要选择合适的材料需要综合考虑塑料的成本及其力学、物理、化学性能，要查阅大量的手册和技术资料，有时还要进行实验验证。

2. 模具结构设计

注射模具结构要根据塑料制件的形状、精度、大小、工艺要求和生产批量来决定，它包括型腔数目及排列方式、浇注系统、成型零部件、冷却系统、脱模机构和侧抽芯机构等几大部分，同时要尽量采用标准模架。CAD技术在注射模具中的应用主要体现在注射模具结构设计中。

3. 模具开、合模运动仿真

注射模具结构复杂，要求各部件运动自如，互不干涉，且对模具零件的动作顺序、行程有严格的控制。运用CAD技术可对模具开模、合模以及塑件被推出的全部过程进行仿真，从而检查出模具结构设计的不合理之处，并及时更正，以减少修模时间。

其中，注射模具结构设计是应用CAD技术的主要环节，注射模具设计的主要内容是：

(1) 塑件的几何造型。采用几何造型系统如线框造型、表面造型和实体造型，在计算机中生成注射成型塑件的几何模型，这是注射模具结构设计的第一步。由于注射成型塑件大多是薄壁件且又具有复杂的表面，因此常用曲面与实体造型相结合的方法来产生塑件的几何模型。

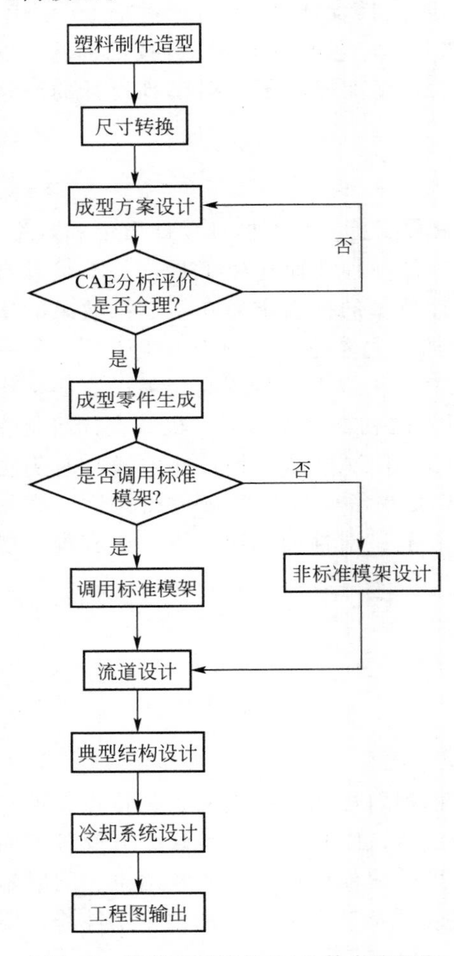

图6.3 塑料注射模具CAD基本流程图

(2) 成型部分零件的生成。在注射模具中，型腔用以生成塑件外表面，型芯用以生成塑件的内表面。由于塑料的成型收缩率、模具磨损及加工精度的影响，塑件的内外表面尺寸并不就是模具的型腔的尺寸，两者之间需要经过比较烦琐的换算，目前流行的商品化注射模具CAD软件一般是采用同一收缩率进行整体缩放。同时，成型部分的形状结构与塑件密切相关，需要进行复杂的分型处理，如何由塑件形状与尺寸方便、准确、快捷地生成模具的成型零部件，仍是当前的研究课题。

(3) 标准模架选择。采用计算机软件来设计模具的前提是尽可能多地实现模具标准化，包括模架标准化、模具零件标准化及工艺参数标准化等。

(4) 典型零件与结构设计。这部分工作主要包括模具的流道系统设计、推出机构设计、侧抽芯机构设计、冷却水道设计等。

(5) 模具零件图的生成。模具设计软件能引导用户根据模具部装图、总装图以及相应的图形库完成模具零件的设计、绘图和尺寸标注。

(6) 常规计算和校核。模具设计软件可将理论计算和行之有效的设计经验相结合，为模具设计师提供对模具零件全面的计算和校核，以验证模具结构等有关参数的正确性。

塑料注射模具CAD基本流程图如图6.3所示。

6.1.4 模具CAD/CAM技术发展趋势

21世纪模具制造行业的基本特征是高度集成化、智能化、柔性化和网络化，追求的目标是提高产品质量及生产效率，缩短设计周期及制造周期，降低生产成本，最大限度地提高模具制造业的应变能力，满足用户需求。具体表现出以下几个特征。

1. 标准化

CAD/CAM 系统可建立标准零件数据库，非标准零件数据库和模具参数数据库。标准零件库中的零件在 CAD 设计中可以随时调用，并采用 GT(成组技术)生产。非标准零件库中存放的零件，虽然与设计所需结构不尽相同，但利用系统自身的建模技术可以方便地进行修改，从而加快设计过程，典型模具结构库是在参数化设计的基础上实现的，按用户要求对相似模具结构进行修改，即可生成所需要的结构。

2. 集成化技术

现代制造系统不仅应强调信息的集成，更应该强调技术、人和管理的集成。在开发模具制造系统时强调“多集成”的概念，即信息集成、智能集成、串并行工作机制集成及人员集成，这更适合未来制造系统的需求。

3. 智能化技术

应用人工智能技术实现产品生命周期(包括产品设计、制造、使用)各个环节的智能化，实现生产过程(包括组织、管理、计划、调度、控制等)各个环节的智能化，以及模具设备的智能化，也要实现人与系统的融合及人在其中智能的充分发挥。

4. 网络技术的应用

网络技术包括硬件与软件的集成实现、各种通讯协议及制造自动化协议、信息通讯接口、系统操作控制策略等，是实现各种制造系统自动化的基础。目前早已出现了通过 Internet 实现跨国界的成功例子。

5. 多学科多功能综合产品设计技术

未来产品的开发设计不仅用到机械科学的理论与知识，而且还用到电磁学、光学、控制理论等知识。产品的开发要进行多目标全性能的优化设计，以追求模具产品动静态特性、效率、精度、使用寿命、可靠性、制造成本与制造周期的最佳组合。

6. 逆向工程技术的应用

在许多情况下，一些产品并非来自设计概念，而是起源于另外一些产品或实物，要在只有产品原型或实物模型，而没有产品图样的条件下进行模具的设计和制造以便制造出产品。此时需要通过实物的测量，然后利用测量数据进行实物的 CAD 几何模型的重新构造，这种过程就是逆向工程 RE(Reverse Engineering)。逆向工程能够缩短从设计到制造的周期，是帮助设计者实现并行工程等现代设计概念的一种强有力的工具，目前在工程上正得到越来越广泛的应用。

7. 快速成形技术

快速成形制造技术(Rapid Prototyping Manufacturing，RPM)是基于层制造原理，迅速制造出产品原型，而与零件的几何复杂程度丝毫无关，尤其在具有复杂曲面形状的产品制造中更能显示其优越性。它不仅能够迅速制造出原型供设计评估、装配校验、功能试验，而且还可以通过形状复制快速经济地制造出产品模具(如制造电极用于 EDM 加工、作为模芯消失铸造出模具等)，从而避免了传统模具制造的费时、高成本的 NC 加工，因而 RPM 技术在模具制造中日益发挥着重要的作用。

6.2 注射模具CAD常用软件及应用

注射模具CAD技术是随着CAD技术的发展而发展的。随着实体造型技术，特别是近十年来特征造型技术的日趋成熟，各种通用的三维造型商品化图形软件包的推出，注射模具CAD软件获得了迅速发展，商品化的CAD系统不断被推向市场。本节就国内外模具CAD常用软件作一简单介绍。

6.2.1 注射模具CAD软件

1. 国外软件发展概况

1）AutoCAD

AutoCAD软件是美国Autodesk公司开发的一个具有交互式和强大二维功能的绘图软件，如二维绘图、编辑、剖面线和图案绘制、尺寸标注以及二次开发等功能，同时有部分三维功能。AutoCAD软件是目前世界上应用最广的CAD软件，占整个CAD/CAE/CAM软件市场的37%左右，在中国二维绘图CAD软件市场占有绝对优势。

2）UG

UG起源于美国麦道(MD)公司的产品，1991年11月并入美国通用汽车公司EDS分部。UG由其独立子公司Unigraphics Solutions开发，是一个集CAD/CAM/CAE于一体的机械工程辅助系统，适用于航空、航天、汽车、通用机械及模具等的设计、分析和制造工程。UG是将优越的参数化和变量化技术与传统的实体、线框和表面功能结合在一起，还提供了二次开发工具GRIP、UFUNG、ITK，允许用户扩展UG的功能。

3）SolidWorks

SolidWorks是由美国SolidWorks公司于1995年11月研制开发的基于Windows平台的全参数化特征造型的软件，是世界各地用户广泛使用、富有技术创新的软件系统，已经成为三维机械设计软件的标准。它可以十分方便地实现复杂的三维零件实体造型、复杂装配和生成工程图。图形界面友好，用户易学易用。SolidWorks软件于1996年8月由生信国际有限公司正式引入中国以来，在机械行业获得普遍应用。

4）Pro/Engineer

Pro/Engineer是美国参数技术公司(Parametric Technology Corporation，PTC)的产品，于1988年问世。Pro/E具有先进的参数化设计、基于特征设计的实体造型和便于移植设计思想的特点，该软件用户界面友好，符合工程技术人员的机械设计思想。Pro/Engineer整个系统建立在统一的完备的数据库以及完整而多样的模型上，由于它有二十多个模块供用户选择，故能将整个设计和生产过程集成在一起。在最近几年Pro/E已成为三维机械设计领域里最富有魅力的软件，在中国模具企业得到了非常广泛的应用。

2. 国内软件发展概况

我国模具CAD/CAM的开发开始于20世纪70年代末，发展也很迅速，其中有一些成果已经得到了推广和使用。国内开发适合模具行业的CAD/CAM软件，主要采用两种途径——在现有CAD/CAM平台上进行二次开发和开发拥有自主版权的CAD/CAM

系统。

1）基于现有模具CAD/CAM平台二次开发成果

华中科技大学1997推出了HSC2.0注射模具CAD/CAE/CAM集成系统，HSC2.0系统以AUTOCAD软件包为图形支撑平台，包括模具结构设计子系统，结构及工艺参数计算校核子系统，塑料流动、冷却等子系统等。合肥工业大学推出基于AUTOCAD与MDT的三维参数化注射模系统IPMCADV4.0。

2）自行开发的拥有自主版权的模具CAD/CAM系统

由北京北航海尔软件有限公司推出的三维电子图板和CAXA—ME制造工程师2000，能进行3D零件设计与NC加工，其特点是基于3D参数化的特征设计，实现了实体、曲面和NC加工的协调与统一。上海交通大学中模公司开发的金属塑性成型三维有限元仿真系统，其刚(粘)塑性有限元分析器和动态边界处理技术达到了国际先进水平。吉林金网格模具工程研究中心所开发的冲压模具CAD/CAE/CAM一体化系统。浙江大天电子信息工程有限公司开发了基于特征的参数化造型系统GS一CAD98。金银花(Lonicera)系统是由广州红地技术有限公司开发的基于STEP标准的CAD/CAM系统。开目CAD是华中理工大学机械学院开发的具有自主版权的基于微机平台的CAD和图纸管理软件。中科院凯思软件集团及北京凯思博宏应用工程公司开发了具有自主版权的PICAD系统及系列软件。这些软件已经在许多模具行业中的企业得到推广和应用。

目前我国模具行业应用的模具CAD/CAM软件可以分为两大类：

一是机械行业内通用的的CAD/CAM，如前面介绍的Unigraphics(UG)、Solidedge、AutoCAD、SolidWorks 、Pro/Engneer等。

二是专门针对模具行业开发的模具CAD/CAM系统，如：上海交大模具CAD国家工程中心开发的冷冲模CAD系统等。

对于国内一些大型模具企业，它们的CAD/CAM应用状况多停留在从国外购买先进的CAD/CAM系统和设备，但在其上进行的二次开发较少，资源利用率低；国内一些中小型模具企业的CAD/CAM应用很少，有些仅停留在以计算机代替画板绘图。所以有必要改善国内模具企业的CAD/CAM应用状况，使它们真正做到快速、准确地对市场做出反应，并使制造的模具产品质量高、成本低，即达到敏捷制造的目的。

知识提醒

上面只是列举了部分模具常用CAD/CAM软件，其他机械CAD/CAM还有如：CATIA、I-DEAS、Cimatron、CAXA、高华CAD等，同学可以课外查阅有关资料予以了解。

6.2.2 基于Pro/E软件的注射模具设计

本节以Pro/Engineer软件为例介绍塑料注射模具的设计过程。

1. 注射模具设计流程

Pro/E通过MOLDESIGN模块设计模具，其一般流程如下：

(1) 建立模具模型。进入模具设计模块，通过装配或创建参照模型及工件来创建模具模型。

(2) 设置收缩率。由于塑料制件从温度较高的模具中取出冷却至室温后，其体积和尺寸发生收缩，因此，按照成型过程中出现的收缩比来增加模型尺寸。

(3) 创建毛坯工件。创建模具的毛坯工件，就是创建一个完全包容参照模型的组件，通过分型面等特征可以将其分割为型芯或型腔等成型零件。

(4) 设计浇注系统。浇注系统由主流道、分流道、浇口和冷料穴等四部分组成。但不是每个浇注系统都必须有这四部分。如一模一腔且只有一个浇口进料时，没有必要设置分流道。

(5) 冷却水道的设计。为了加快塑件的冷却，需要在模具中设计冷却水道。

(6) 设计分型面。分型面的设计是模具设计中一个十分重要的环节。模具的分型面是打开模具，取出塑件的面。分型面可以是平面、曲面或阶梯面。

(7) 分割体积块。在建立好分型面后，必须用分模面或体积块将毛坯工件进行分割，使之成为凸凹模或型芯等。

(8) 抽取模具元件。分割体积块后，毛坯虽然被分割为凸凹模，但只是有体积无质量的三维曲面模型，而不是 Pro/E 的实体零件，必须将这些体积块提取使之成为实体零件模型。

(9) 铸模。这是模拟将材料填入凸凹模形成的空腔中，以形成浇注完成制件的过程。

(10) 开模仿真，检查有无干涉、动作是否符合实际情况和要求。

(11) 进行模架设计，并装配模架。

2. 注射模具成型零部件 CAD 设计

对于塑料注射模具而言，成型零件(即型腔、型芯等)的CAD设计是模具设计中的主要内容和工作。不同的注射模CAD系统生成型芯和型腔的方法不同，型芯与型腔CAD流程图如图6.4所示。从图中可以看出，为了生成型芯与型腔的形状，首先需要得到塑件的实体形状，在输入塑件的实体形状后，应考虑塑料的收缩率，然后从输入的图形中分解得到型芯和型腔。一些复杂的型芯与型腔常常采用镶块结构，即从型芯与型腔中取出其中的一部分，形成镶块结构。镶块的形成和型芯与型腔的分割类似。

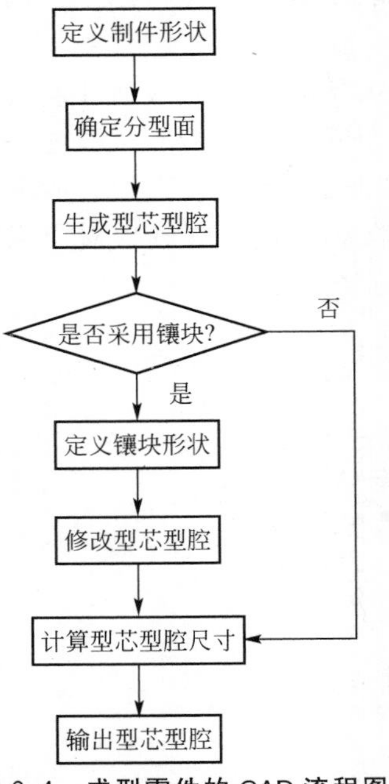

定义制件形状
确定分型面
生成型芯型腔
是否采用镶块?
是
否
定义镶块形状
修改型芯型腔
计算型芯型腔尺寸
输出型芯型腔

图 6.4　成型零件的 CAD 流程图

注射模具成型零件(型芯和型腔)的设计具体过程如下：

1) 按比例放大塑件尺寸

型芯和型腔将直接根据塑件形状和尺寸创建。由于热胀冷缩、成型零件的制造公差、配合间隙磨损等因素的影响，会使实际生产出来的塑件的尺寸与设计产品的尺寸不一致。因此当将塑件以参照模型的形式引入到模具型腔之后，需在参照模型相应尺寸上加上合适的收缩率，以保证注射成型的塑件尺寸满足设计要求。

考虑到成型部位不同尺寸受以上各种因素影响的程度不同，应将尺寸分为以下五类并分别采用不同的尺寸计算公式：

(1) 塑件外形径向尺寸，即型腔内形尺寸；

(2) 塑件内形径向尺寸，即型芯外形尺寸；

(3) 塑件外形高度尺寸，即型腔深度尺寸；

(4) 塑件内形深度尺寸，即型芯高度尺寸；

(5) 中心距尺寸。

但在生产实际中，由于塑件过于复杂或尺寸数目太多，大部分设计在进行尺寸转换时，都是把塑件的所有尺寸采用同一收缩率进行整体缩放，再对关键尺寸进行修正，即对所有塑件上的标注尺寸根据用户输入的收缩率进行缩小或放大，用户再用修改尺寸的命令对不满意的尺寸进行修正。这个新的塑件模型将用于随后的型芯、型腔设计。

2) 分型面的设计

分开模具取出塑件的面，通称为分型面。注射模具是有一个分型面和多个分型面的模具。分型面的位置有垂直于开模方向、平行于开模方向以及倾斜于开模方向几种。分型面的形状有平面和曲面等；分型面的基本选择原则参见前面第4.4.1章节。

3) 型芯和型腔生成

首先使用实体模型的差操作，将塑件模型从其包围的工件中减去，得到一个含有空腔的模型。用前面所得的分型面来分割该空腔模型便可得到型芯、型腔模型。

应用实例

应用Pro/E软件生成如图6.5所示塑件的注射成型型腔、型芯(采用一模四腔结构形式)。

图6.5 塑件示意图

第一步：进入模具设计模块，调入模具参考模型(即塑件)。

① 选择菜单栏中的【文件】/【新建】命令建立新的文件，系统弹出新建对话框，在【类型】栏选择【制造】模块，在【子类型】栏选择【模具型腔】模块，在名称栏输入“sz”，并取消【使用缺省模板】复选框，单击确定按钮。

② 系统弹出【新文件选项】对话框，在【模板】栏选择公制模具设计模板“mmns_mfg_mold”，单击确定按钮。

③ 选择菜单管理器中的【模具】/【模具模型】/【装配】/【参照模型】命令，系统弹出【打开】对话框，选择文件“sz.prt”，单击打开按钮。

④ 在【放置】操控板中，单击放置按钮，要求选择装配约束参照，逐一选择参照模型的TOP基准面和MAIN_PARTING_PLN面配合，参考模型的FRONT基准面和MOLD_FRONT面配合，参考模型的RIGHT基准面和MOLD_RIGHT面配合，在其重合栏内单击鼠标左键，并在列表中选择“0.0”，然后输入偏移距离“10”，按Enter键确认，单击✔按钮，结果如图6.6所示。

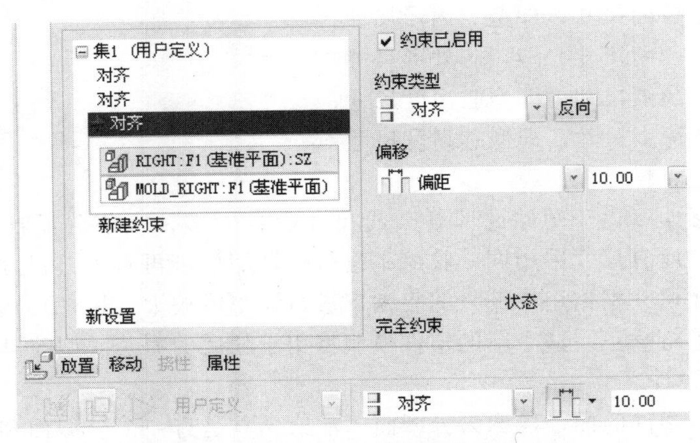

图 6.6　引入第一个参照模型的参照设置

⑤ 在参照模型名称栏输入第一个参照模型名称"SZ _ REF _ 1"，单击 确定 按钮。同时将第一个参考模型自身的基准面隐藏起来，结果如图 6.7 所示。

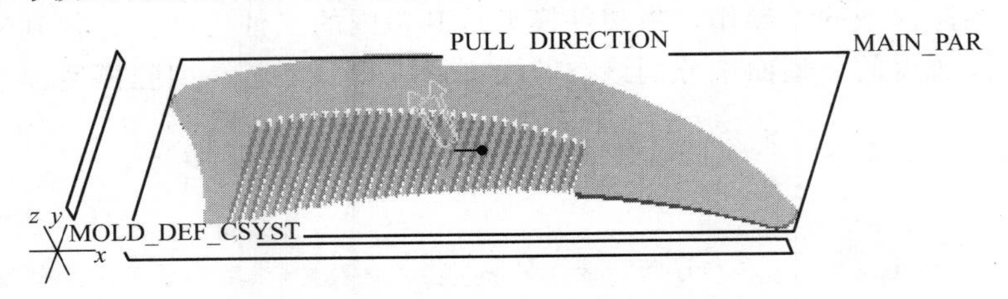

图 6.7　引入的第一个参照模型

⑥ 重复步骤③、④、⑤，引入第二个参照模型"SZ _ REF _ 2"，其中在类型栏中参考模型的 TOP 基准面和 MAIN _ PARTING _ PLN 面及参考模型的 FRONT 基准面和 MOLD _ FRONT 面选择匹配；参考模型的 RIGHT 基准面和 MOLD _ RIGHT 面选择对齐，但在偏移栏内输入"10"。结果如图 6.8 所示。

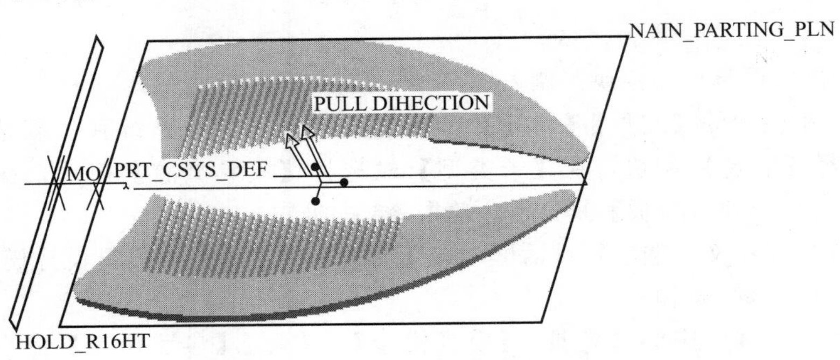

图 6.8　引入的第二个参照模型

⑦ 按同样的方法引入第三个参考模型"SZ _ REF _ 3"，选择参考模型的 TOP 基准面和 MAIN _ PARTING _ PLN 面配合；在参考模型的 FRONT 基准面和 MOLD _ FRONT 面选择匹配；在参考模型的 RIGHT 基准面和 MOLD _ RIGHT 面选择匹配，并在偏移栏内输入"−10"。结果如图 6.9 所示。

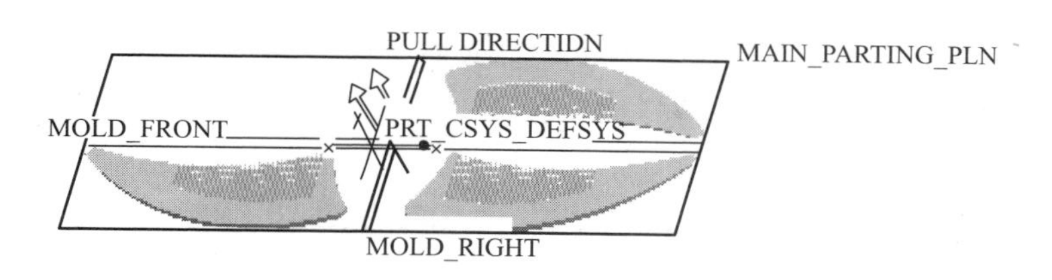

图 6.9 引入的第三个参照模型

⑧ 按同样的方法引入第四个参考模型“SZ _ REF _ 4”，在参考模型的 TOP 基准面和 MAIN _ PARTING _ PLN 面选择匹配；选择参考模型的 FRONT 基准面和 MOLD _ FRONT 面配合；在参考模型的 RIGHT 基准面和 MOLD _ RIGHT 面选择匹配，并在偏移栏内输入“－10”。结果如图 6.10 所示。

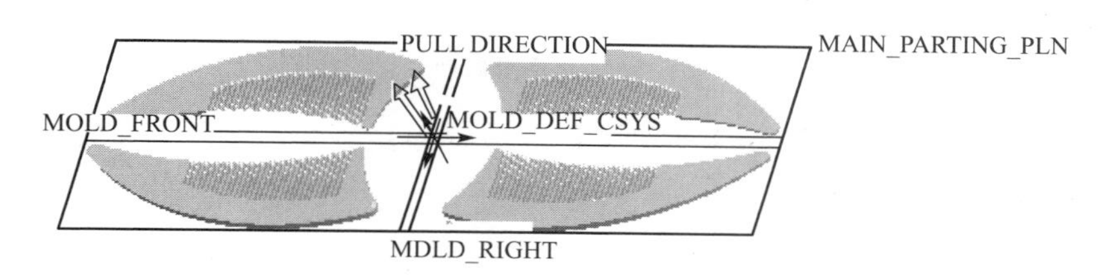

图 6.10 引入的第四个参照模型

要点提示

本模具采用了一模四腔的结构形式，注意参照模型(即型腔)的布局形式(设计之前应考虑到模具初步的设计方案)。

第二步：设置收缩率。

选择菜单管理器中的【模具模型】/【收缩】命令，系统提示选择要设置收缩率的参照模型，任意选择设计区中 4 个参考模型中的一个，再选择菜单管理器中的【按尺寸】命令，在弹出的菜单中输入收缩率“0.005”，单击✔按钮，选择菜单管理器中的【完成/返回】命令，结束收缩率的设置。

第三步：设计工件(即成型零件的工件)。

① 选择菜单管理器中的【模具模型】/【创建】/【工件】/【手动】命令，手动创建工件，系统弹出【元件创建】对话框，在名称栏输入毛坯工件名称“workpiece”，单击 确定 按钮。系统弹出【创建选项】对话框，选择【创建特征】选项，单击 确定 按钮。

② 选择菜单管理器中的【实体】/【加材料】/【拉伸】/【实体】/【完成】命令，系统在左下方的信息提示区弹出拉伸特征操控板，单击 放置/定义. 按钮，系统弹出【草绘】对话框，选择 MAIN _ PARTING _ PLN 基准面为草绘平面，选择 MOLD _ FRONT 基准面为草绘视图方向参照，并将【方向】栏设置为【底部】。

③ 单击 草绘 按钮，选择 MOLD _ FRONT 和 MOLD _ RIGHT 为尺寸标注参照，单击【参照】对话框中的 关闭 按钮，关闭尺寸标注参照对话框。

④ 单击绘制矩形按钮，绘制如图 6.11 所示的矩形，单击特征工具栏中的草绘确定按钮，结束剖面绘制，在拉伸特征选项中选择“往两侧拉伸”选项，在拉伸高度栏输入拉伸高度“40”，按 Enter 键确认，单击信息提示区右侧的拉伸实体参数确定按钮。

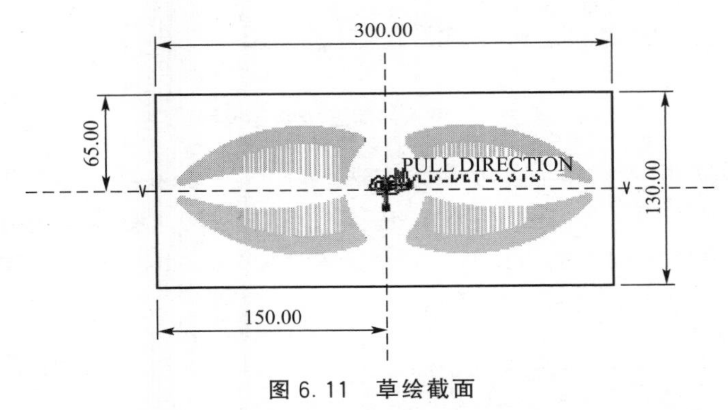

图 6.11　草绘截面

⑤ 选择菜单管理器中的【完成/返回】/【完成/返回】命令，结束工件的创建，结果如图 6.12 所示。

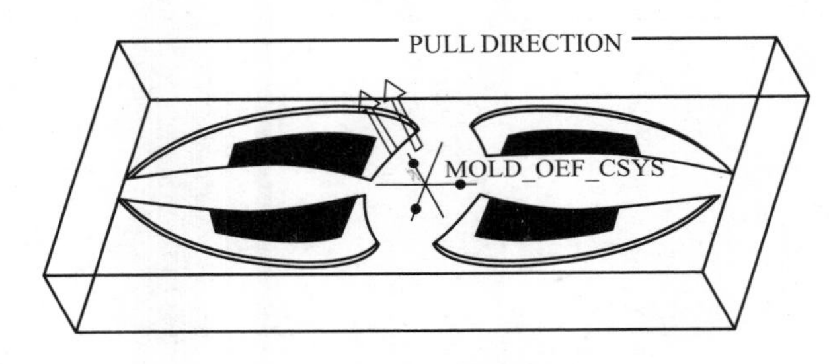

图 6.12　创建后的工件

第四步：设计分型面。

① 单击右侧工具栏中的分型曲面工具按钮，再单击右侧工具栏中的拉伸工具按钮，系统弹出拉伸操控板，单击放置/定义，系统弹出【草绘】对话框，选择工件前侧面为草绘平面，上表面为参照平面，方向为底部，单击草绘按钮。

② 系统弹出尺寸标注【参照】选择提示对话框，选择“MOLD _ RIGHT”和“MAIN _ PARTING PLAIN”为尺寸标注参照，单击关闭按钮，绘制如图 6.13 所示的直线，单击特征工具栏中的草绘确定按钮，结束剖面绘制。

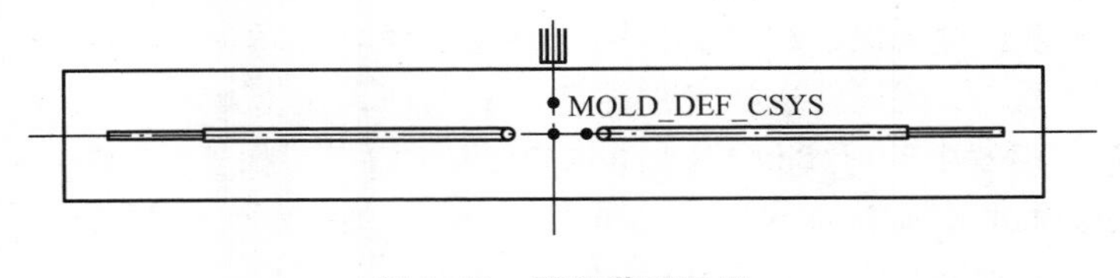

图 6.13　草绘截面图形

③ 在拉伸操控板中选择拉伸至选定曲面，选择工件的后侧面为拉伸终止面，单击拉伸操控板中的按钮，单击特征工具栏中的按钮。对分型面“PART _ SURF _ 1”进行

着色，结果如图 6.14 所示。

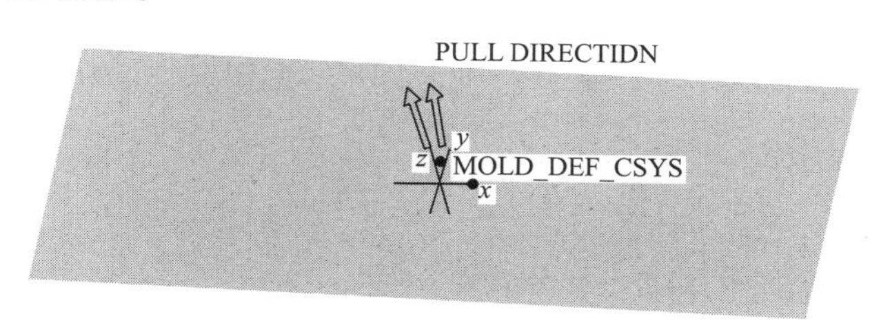

图 6.14 完成的分型面

第五步：分割体积块。

① 单击右侧工具栏中的分割为新的模具体积块按钮，选择菜单管理器中的【两个体积块】/【所有工件】/【完成】命令，系统弹出【分割】对话框，要求选择分型面，选择“PART _ SURF _ 1”分型面为模具体积块分割面，单击【选取】对话框中的确定按钮，单击【分割】对话框中的确定按钮，结束分型面选择。

② 系统高亮显示工件的上半部分，并弹出【属性】对话框，接受默认的名称，单击着色按钮，被分割的体积块如图 6.15 所示，单击确定按钮。系统高亮显示毛坯工件的下半部分，并弹出【属性】对话框，接受默认的名称，单击着色按钮，被分割的体积块如图 6.16所示，单击确定按钮。

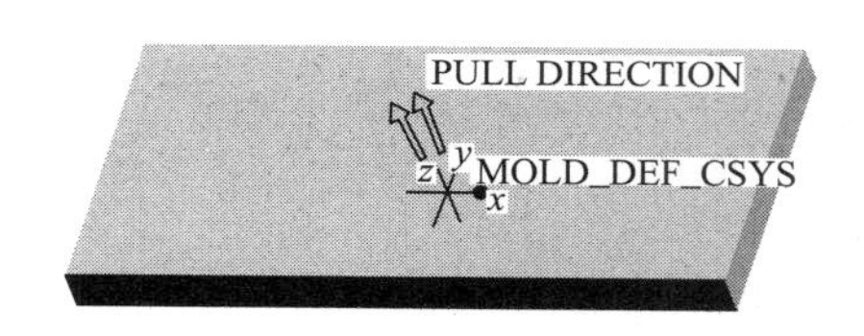

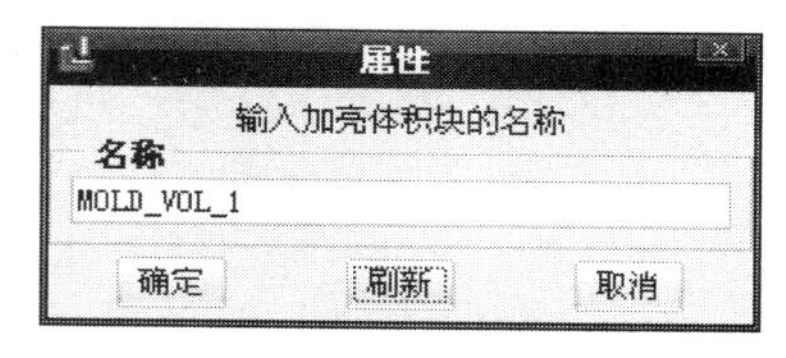

图 6.15 分割的“MOLD - VOL - 1”体积块

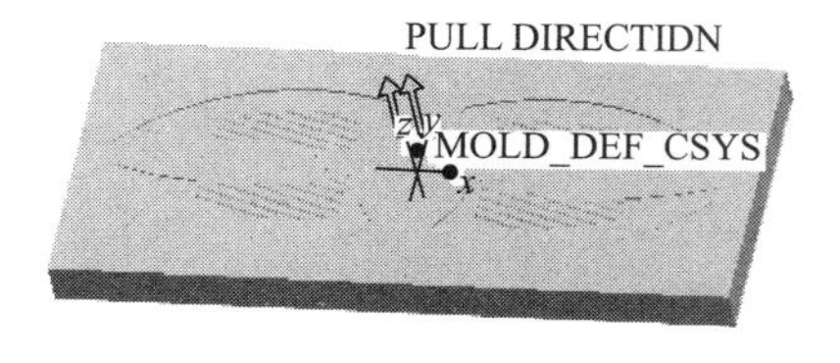

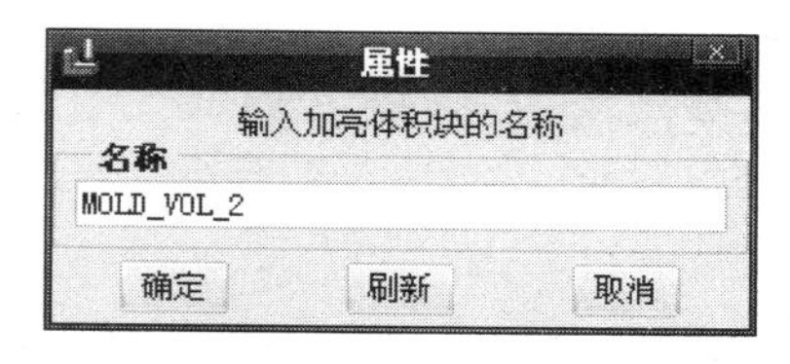

图 6.16 分割的“MOLD - VOL - 2”体积块

③ 选择菜单管理器中的【完成/返回】命令，结束模具体积块分割。

第六步：抽取模具元件(获取成型零件)。

选择菜单管理器中的【模具元件】/【抽取】，系统弹出【创建模具元件】对话框，单击选取全部体积块按钮，单击确定按钮，选择菜单管理器中的【完成/返回】命令结束抽取模具元件，模型树中同时也产生抽取的模具元件零件，如图 6.17 所示。

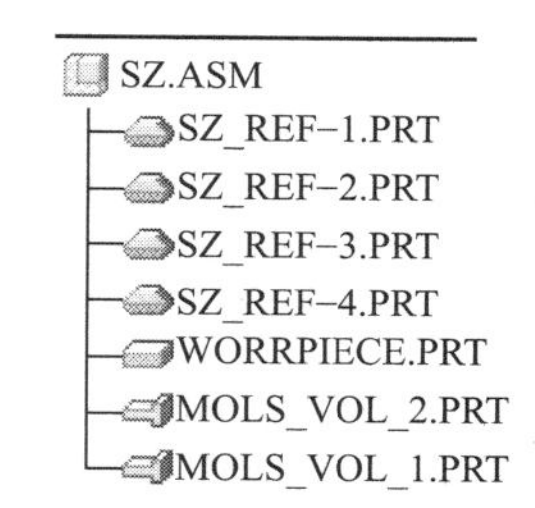

图 6.17 模型树中显示的抽取模具元件

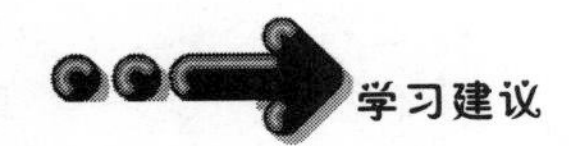

学习建议

本实例应用是在Pro/E软件中创建的，因此学习前应熟悉该软件的具体命令和相应操作过程。浇注系统、冷却水道的创建及模架、推出机构等标准件的导入请参阅相关资料。

6.2.3 注射模具计算机辅助设计实例分析

本节结合【导入案例】中图6.1所示的塑件及要求，利用模具CAD(Pro/E)/CAE(Moldflow)软件简要介绍注射模具设计过程。

第一步：塑件三维造型，利用Pro/E软件实体造型功能进行三维造型。

第二步：利用CAE进行最佳浇口位置选择和浇注系统确立。

对于新产品开发，在模具设计之前，我们在模具设计之前尽量利用计算机辅助工程(CAE)软件进行分析优化。

知识提醒

通过CAE模拟，可以求出熔体充模过程中的速度分布、压力分布、温度分布、剪应力、制件的熔接痕、气穴以及成型机器的锁模力等；它同时可以等高线、彩色渲染图、曲线图及文本报告等形式直观地展现出来。

Moldflow公司自1976年发布了世界上第一套流动分析软件以来，一直主导着塑料CAE市场，包括MPA/MPI/MPX三部分，在模具设计中可以优化塑件、模具结构和注射工艺参数。

本例中将Pro/E软件造型好的三维模型输出.stl格式(其他相应格式也可以)，导入Moldflow中进行前处理：

(1) 对模型进行网格划分，并修改网格模型至满足分析要求(比如形状比率、网格匹配率等)。

(2) 边界条件(工艺条件)设置

工艺参数设置见表6-1，进行最佳浇口位置(Gate locationa)分析。

表6-1 工艺参数设置

参　数	值	参　数	值
材料	ABS	模温	55℃
模具材料	Tool steel P-20	填充时间	自动
熔体温度	240℃	速度/压力转换	98%

前处理完成后，进行分析优化：

① 执行计算并分析结果。如图6.18所示为最佳浇口位置分析结果，从图可以看出在制件的顶部和两侧对称部位椭圆形标识处为最佳进浇区域，在此设置浇口可满足熔体的平衡充填。

② 浇注系统方案优化。按照上述最佳浇口位置分析结果设置不同方案的浇注系统，然后采用填充(Fill)分析模块分别模拟，查看制件的充填行为是否合理，以获得合理的浇注系统方案。图6.19(a)～图6.19(d)为在不同位置进浇情况，图中浇注系统径向尺寸均

相同，即主流道小端直径4mm，锥度为3°，长度为40mm；分流道直径6mm，浇口直径2mm。分析结果见表6-2。

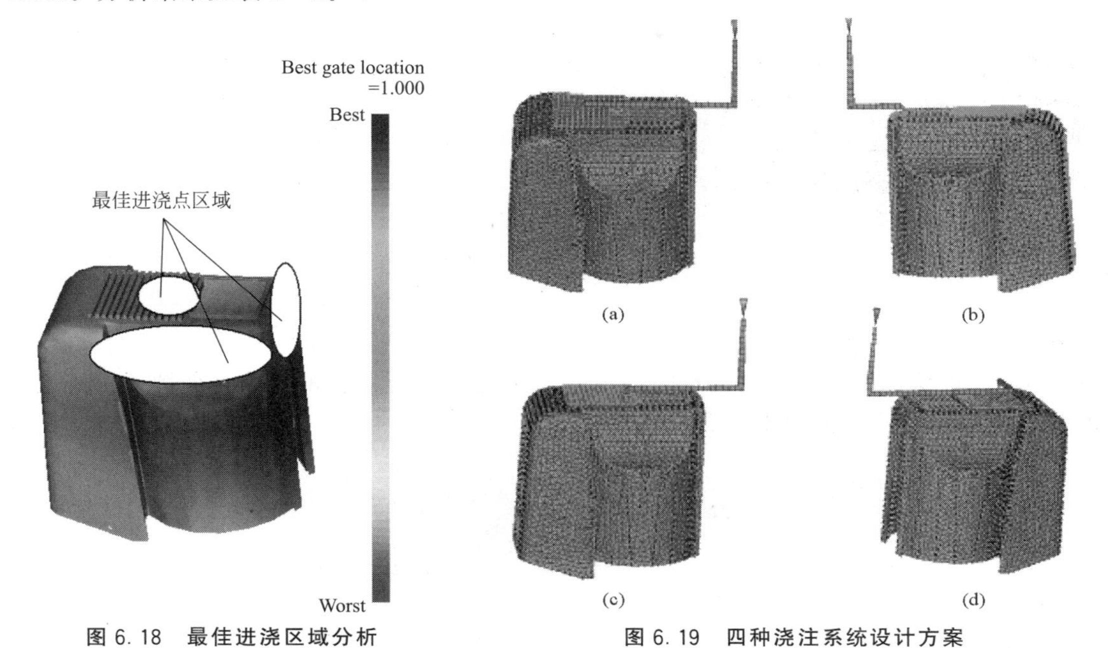

图6.18 最佳进浇区域分析　　图6.19 四种浇注系统设计方案

表6-2 四种浇口位置设计方案分析结果

主要分析结果	方案1	方案2	方案3	方案4
注射时间/s	3.08	2.30	2.24	2.38
质量(制品+浇注系统)/g	257.75	248.82	250.06	255.26
最大注射压力/MPa	114.45	115.44	106.03	108.32
最大锁模力/t	265.28	304.68	264.71	268.74

从上述分析结果可以看出，最大注射压力、注射时间为方案3最优，方案2虽然浇道凝料最少，但由于注塑时进浇点远远偏离型芯中心，使得锁模力大大提高，依据浇口最佳位置分布区域图和上述四种方案分析后综合比较，设计时采用方案3。

第三步：冷却系统设计。

冷却管道直径设计为ϕ10mm，为加强冷却效果，进水口均设在距离浇口较近一侧，每个塑件两侧均设有四根冷却水道，每根水道间距35mm且距离型腔15mm，型芯内部设置U形水道加强冷却，距侧边和底边均15mm，冷却水道布局如图6.20所示。

塑件顶出温度选择推荐值98℃，其他工艺参数不变，选择分析模块为冷却(Cool)进行分析计算。

实用技巧

冷却系统优化设计中，一定要结合制件具体结构和制造工艺合理设置，才能使冷却模拟的结果更符合实际情况，冷却水道的进出水温差控制在2～3℃以内。

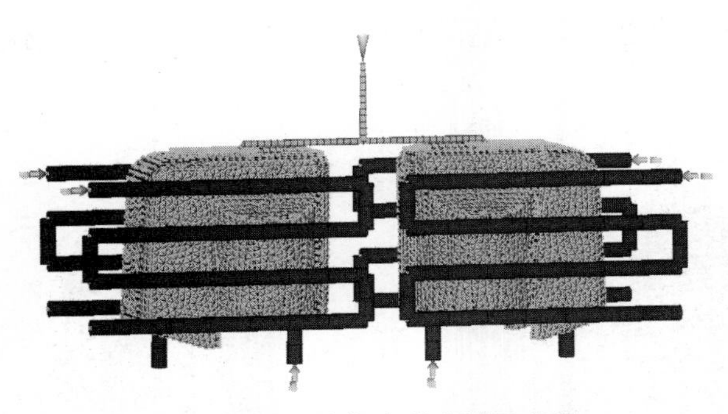
图 6.20 冷却水道布局示意图

冷却分析也设计了几种水道布置，图 6.20 是优选后的布局形式。冷却分析结果显示，冷却水进出口温差范围为 25.10～25.58℃，回路中的冷却介质升温要求小于 2～3℃，本案例分析结果小于该值，满足要求。

第四步：成型零件设计。

综合上述 Moldflow 模流分析结果，结合生产批量，从经济和塑件要求等因素综合考虑，本设计采用了一模两腔的结构形式，分型面根据塑件结构采用异型面，故型腔、型芯配合面是由不同的平面组合而成。成型时型腔较深，排气会比较困难，将型腔设计成三块型腔板的组合，如图 6.21(a)～图 6.21(c)所示，气体可从其贴合面处排出。

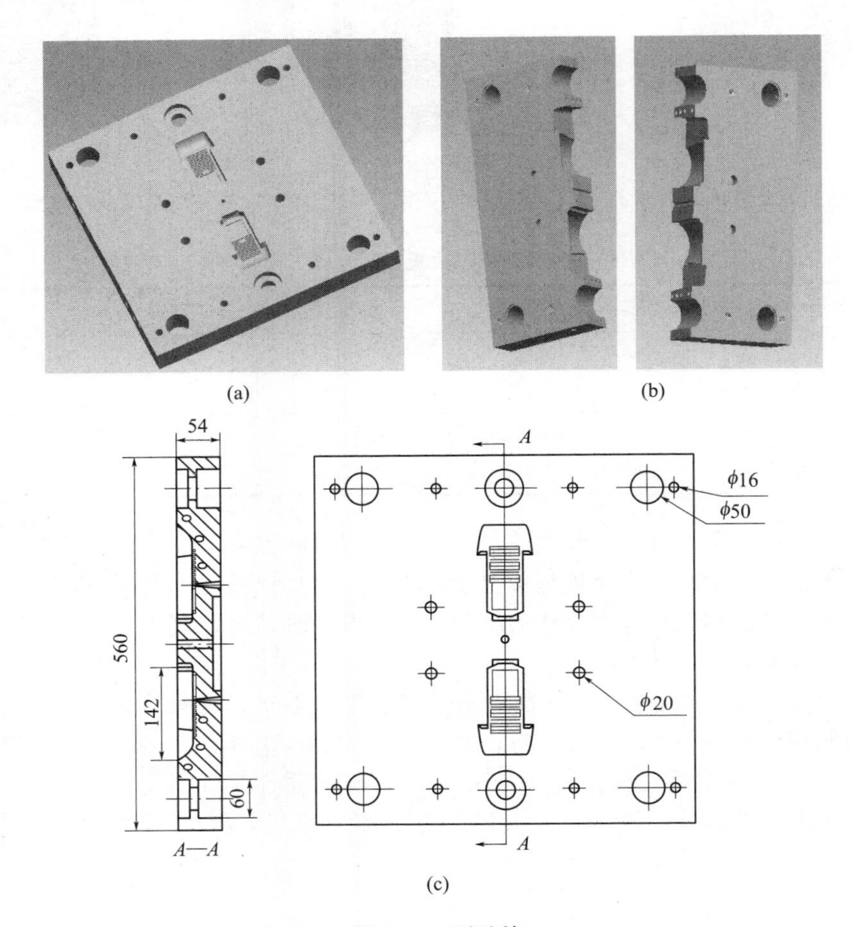

图 6.21 型腔块

本设计的型芯采用组合式，即由主型芯和型芯杆组合而成，如图 6.22 所示，主型芯与动模固定板的连接方式为轴肩台阶连接。

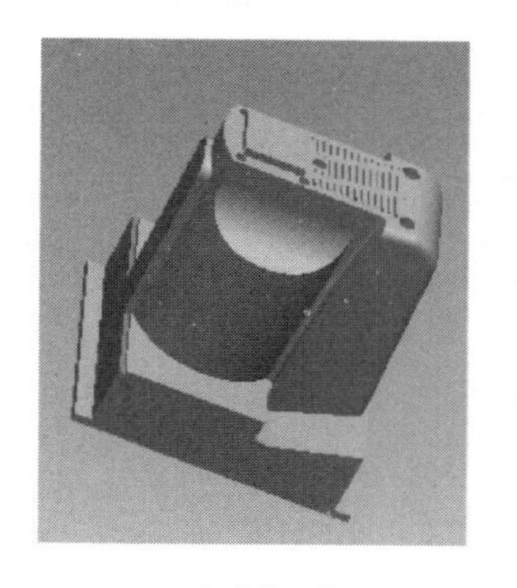

(a) 主型芯三维图

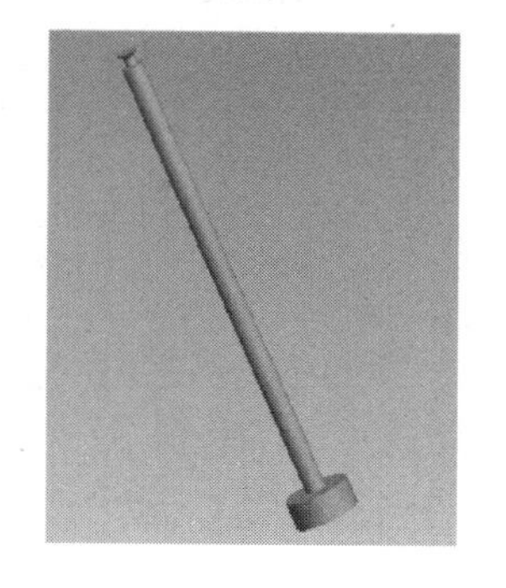

(b) 型芯杆三维图

图 6.22　组合型芯

第五步：模具装配图和工作原理。

根据设定方案，导入标准模架，并结合模拟优化方案设计浇注系统和冷却水道，然后设计斜导柱侧抽及顶出机构等系统，模具三维装配图即可完成，也可以利用三维软件将三维装配及相关零件转换成二维图纸。如图 6.23 所示为三维装配图，如图 6.24 所示为二维模具装配示意图。

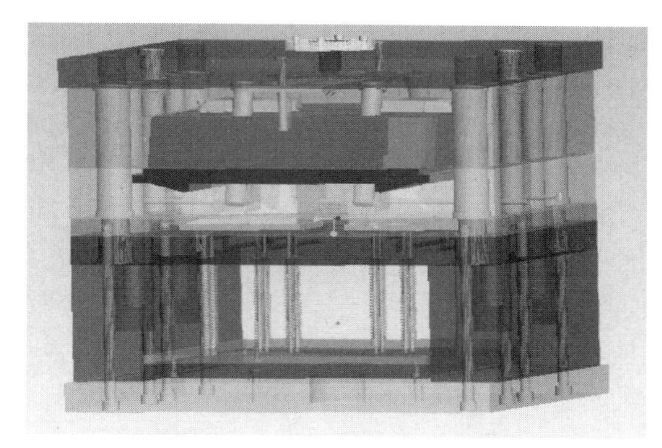

图 6.23　模具三维装配图

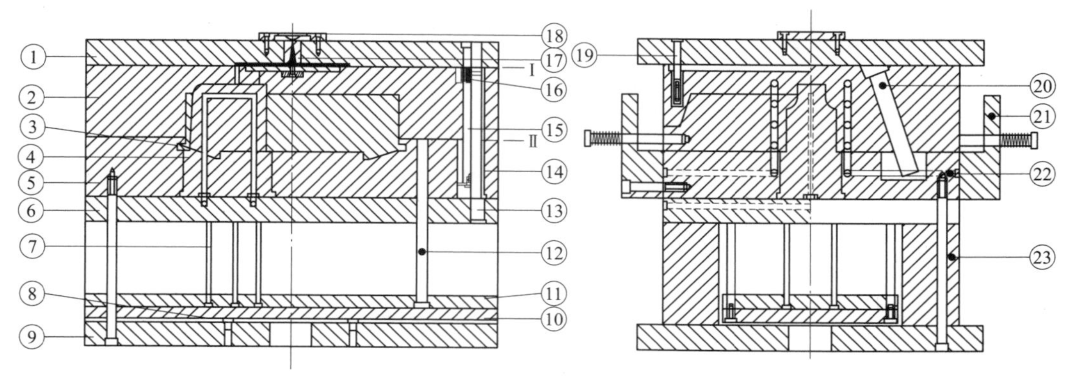

图 6.24　装配示意图

1—定模座板；2—型腔板；3—滑块；4—型芯；5—型芯固定板；6—型芯垫板；7—推杆；8—限位钉；9—动模座板；10—推板；11—推杆固定板；12—复位杆；13—导柱；14—导套；15、19—限位杆；16—弹簧；17—浇口套；18—定位圈；20—斜导柱；21—限位装置；22—冷却水道；23—垫块本模具工作原理如下：模具闭合充填，经过保压冷却后，进入开模阶段，在弹簧16的作用下，模具首先从分型面Ⅰ处打开，定模座板1与型腔板2分离，流道凝料在拉料杆的作用下，随动模部分运动。模具运动一定距离后，脱料板因限位杆19的作用，停止运动，而附在脱料板上凝料也停止运动，凝料在重力的作用下自动脱落。模具继续向动模方向运动，又经过一定距离后，由于限位杆15的作用，分型面Ⅱ处打开，型腔板2与滑块3分离，滑块3在斜导柱20的作用下完成侧抽运动。塑件随型芯离开型腔，向动模方向移动，最后由推出系统的推杆将塑件推出，实现塑件自动脱出，合模时，推出机构由复位杆12先复位。

学习建议

本实例简要介绍了基于注射模具 *CAD/CAE* 的模具开发过程，综合实践应用性比较强，因此，反复加强练习和实践，才能更好地发挥 *CAD/CAE* 在注射模具设计中的作用。

本章小结

模具计算机辅助设计就是利用计算机作为主要的技术手段来生成和运用各种数字和图像信息，以进行模具的设计。对于结构十分复杂的模具设计来说，CAD/CAM/CAE更显示了巨大的优越性。据调查表明，计算机技术的应用，使前期资料收集、调研和设计工作量减少到原来的1/2以下，绘图工作量降低到原来的1/20，而工作效率却提高了3～5倍。随着模具制造业的快速发展，计算机在模具中的应用日趋广泛和深入，计算机技术也成为现代模具设计人员所必须掌握和应用的重要技术手段。本章重点是模具计算机辅助设计的基本过程和综合利用模具设计、分析软件进行模具优化和设计。

关键术语

CAD(Computer Aided Design)、CAM(Computer Aided Manufacturing)、CAE(Computer Aided Engineering)

习　　题

一、填空题

1. CAD/CAE是________和________的英文缩写。

2. 模具CAD的应用可以大大________模具开发周期，________成本，________模具质量。

3. 模具CAD由________、________组成。

4. CAD技术在注射模具中的应用主要表现在________、________、________等几方面。

5. 模具CAD的软件系统有________、________、________。

二、判断题

1. 计算机在CAD/CAM系统中的作用是非常大的，完全可以取代人所完成的工作。(　　)

2. 模具CAD系统必须具备描述物体几何形状的能力。(　　)

3. 模具零件标准化不是实现模具CAD的必要条件。(　　)

4. Pro/E软件可以实现模具三维设计和模拟流动分析。(　　)

5. 注射模具设计前必须进行CAE分析。(　　)

三、问答题

1. 模具CAD的特点?

2. CAD/CAE技术在模具设计中的作用?

3. 塑料注射模具CAD的基本流程?

实 训 项 目

按图6.25所示塑件(手机外壳，材料：PC/ABS表面光洁无瑕疵,)，完成以下要求内容：

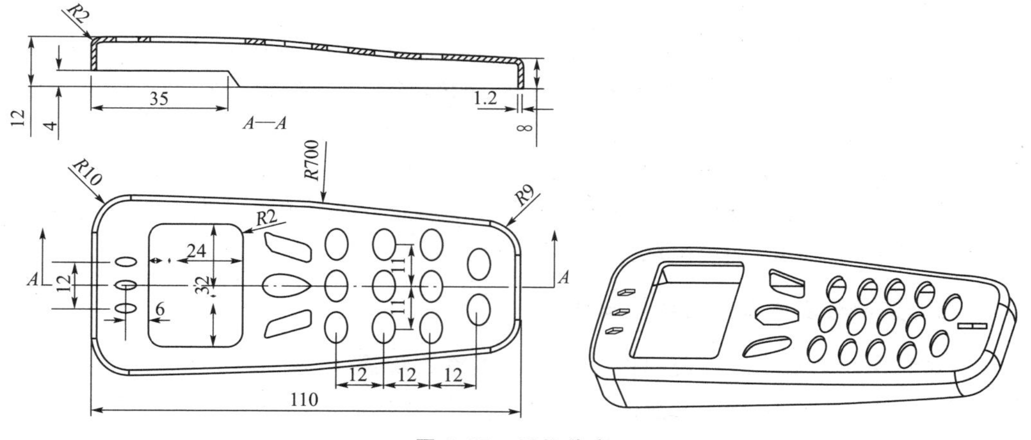

图6.25　手机外壳

1. 对塑件进行三维造型。

2. 对塑件进行最佳浇口位置优化并分析。

3. 正确选择塑件浇口位置，并结合塑件要求确定浇注系统方案。

4. 结合优化结果确定塑件模具设计方案，进行成型零件三维设计。

5. 有条件的进行冷却系统分析，及模具模架等其他零部件的三维设计，并转换成二维图纸。

第7章 注射模具结构图例及分析

本章精选10套来源于生产实践一线的塑料注射成型模具设计方案及结构例图，并进行评析。这些模具均为经过生产实践检验的可靠结构，塑件结构典型，模具结构形式多样，基本涵盖常用的浇注系统及推出机构方案。

7.1 顶盖框架热流道直浇口注射模具

7.1.1 塑件的成型工艺性分析

塑件为框架结构，壁厚尺寸(3mm)均匀，结构工艺性较好。在原注射模具设计中，浇注系统采用的是多点浇口进料形式。注射成型后其表面的熔接痕难以消除，影响了塑件的质量，而且成型周期长。改为热流道直接浇口的形式后，既可缩短成型周期又保证了塑件质量。

成型后塑件表面为装饰面，进料口必须设置在塑件的内表面。因此，塑件的顶出推杆、复位杆等脱模部分的结构部件必须设置在定模部分。注射成型结束并在开模后，再由模具内设置的相应机构驱动推出机构推出塑件。

7.1.2 热流道部分浇注系统的结构设计

浇注系统采用热流道直接浇口的形式后，因流道较长(结构设计长度尺寸为255mm)，为简化制造和便于维修，模具的热流道分3段螺纹连接。加热元件为普通的电阻丝加热圈，更换时只需卸下定位圈(件13)即可。

热流道后端用绝热垫与模具隔热，热流道连接面设置铜垫片(件27)，防止塑料泄漏。

因塑件成型面积较大，直接浇口处的直径尺寸参考有关资料并经多次试模确定：取ϕ6.5mm，浇道锥度2.5°～3.5°。

7.1.3 模具结构与总装设计

模具总装结构如图7.1所示。注射成型结束，开模后的动作过程是：当动、定模板打开，塑件与动模型腔板(件26)先分离。随着模具继续后移，设置在动模座板(件24)上的

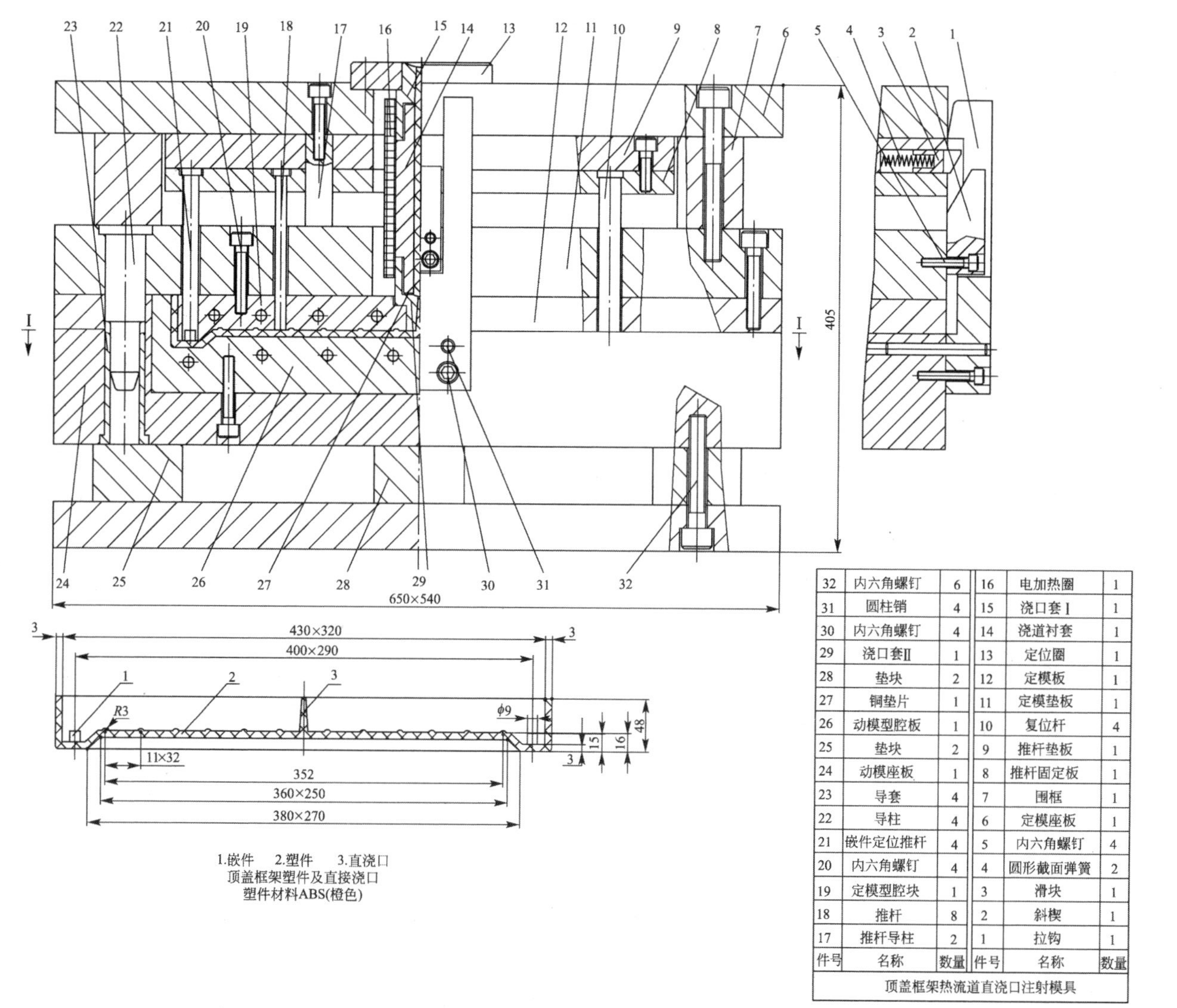

件号	名称	数量	件号	名称	数量
32	内六角螺钉	6	16	电加热圈	1
31	圆柱销	4	15	浇口套Ⅰ	1
30	内六角螺钉	4	14	浇道衬套	1
29	浇口套Ⅱ	1	13	定位圈	1
28	垫块	2	12	定模板	1
27	铜垫片	1	11	定模垫板	1
26	动模型腔板	1	10	复位杆	4
25	垫块	2	9	推杆垫板	1
24	动模座板	1	8	推杆固定板	1
23	导套	4	7	围框	1
22	导柱	4	6	定模座板	1
21	嵌件定位推杆	4	5	内六角螺钉	4
20	内六角螺钉	4	4	圆形截面弹簧	2
19	定模型腔块	1	3	滑块	1
18	推杆	8	2	斜楔	1
17	推杆导柱	2	1	拉钩	1
顶盖框架热流道直浇口注射模具					

图 7.1 顶盖框架热流道直浇口注射模具总装图

拉钩(件 1)勾住滑块(件 3)，从而带动推杆固定板(件 8)，通过推杆(件 18)、嵌件定位推杆(件 21)将塑件从定模型腔块(件 19)中推出。这时由于斜楔(件 2)的作用，使滑块脱离拉钩，动模仍可继续后移至适当位置，取出塑件。合模时通过复位杆(件 10)使推杆固定板复位。同时滑块脱离斜楔，由于弹簧(件 4)的作用，使滑块复位。模具进入下一个注射循环工作过程。

塑件内侧四角处有金属嵌件，该处的模具结构部位设计成兼具嵌件定位和保证推出力平衡两个作用的嵌件定位推杆(件 21)。

为均衡模温的控制和模具的冷却，在定模型腔块和动模型腔板内分别设置了多通道循环水道。

7.2 传动控制棘轮轮片爪浇口注射模具

7.2.1 塑件的成型工艺性分析

塑件外缘周边有 14 处圆弧槽口。虽塑件壁厚较均匀，但外缘处厚度仅为 2.5mm，成型后其平面度要求在 0.08mm 的公差范围内，故选择塑件的上端平面为动、定模分型面。

模具注射后的推出与脱模既要保证其平面度要求，又要防止在脱模过程中可能产生的后变形(如塑件表面出现顶痕、周边有溢料飞边、外缘平面产生翘曲变形等)。

7.2.2 浇注系统的设计

该圆盘形塑件浇注系统如采用多点点浇口的进料方式，若点浇口过小易造成注塑时充填不足；点浇口过大易造成注塑成型后该浇口处分离困难，而且也易形成熔接不良的缺陷。

塑件浇注系统改为 4 点爪式浇口进料的方式。爪式浇口的进料点设置在塑件的 ϕ14mm 柱体的上端面上，“4 点”注射进料时材料充模快，浇口去除方便。

7.2.3 模具结构与总装设计

模具总装结构如图 7.2 所示。

1) 成型部分型腔的结构设计

成型塑件外缘及外形部分的动模型腔，设计分解为两个镶套(件 2、件 3)组合后镶入动模板(件 4)内的结构形式。动模型腔镶套(件 2)设计成能在另一动模型腔镶套(件 3)内上、下移动的结构形式。注射结束，在脱模时，推动整个外缘大平面，塑件被平稳推出动模。

轮片上部的成型采用型腔镶套(件 23)和浇口套(件 24)组合后镶入定模板(件 1)内的结构形式，方便模具的加工和有利模具的排气。

2) 推出机构的设计

在推出机构的设计中，塑件的脱模采用了动模型腔镶套(件 2)和推管(件 19)先后推出塑件的二次推出机构。其动作过程是：注射结束。模具被打开，注射机的液压顶出机构顶动模具内的推杆固定板(件 14)时，由于摆钩(件 30)勾住另一推杆固定板(件 13)，故两推杆固定板同时顶动。通过推杆(件 16)、推管(件 19)和另一兼起推出作用的复位杆(件 6)及动模型腔镶套(件 2)将塑件推出动模板。此时，塑件仍套在动模型芯(件 18)上，留在动模部分。在模具完全打开的过程中，摆钩在楔块(件 35)的作用下，脱开固定在支承板(件 28)上的挡销(件 27)，推杆固定板(件 14)继续移动，塑件最后由推管推出模具。整个推出机构的复位由复位杆(分别为件 6、20、26)完成。

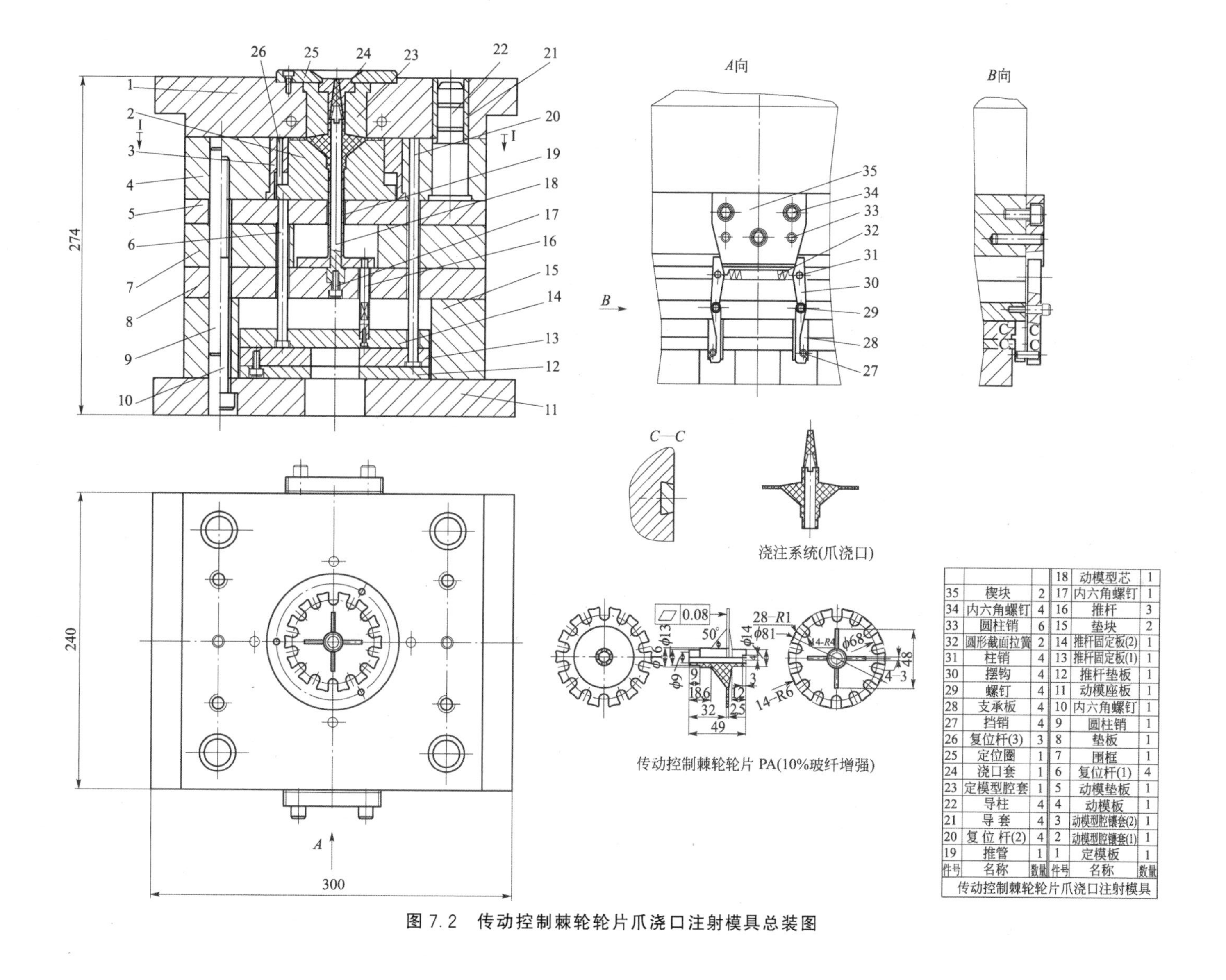

件号	名称	数量	件号	名称	数量
			18	动模型芯	1
35	楔块	2	17	内六角螺钉	1
34	内六角螺钉	4	16	推杆	3
33	圆柱销	6	15	垫块	2
32	圆形截面拉簧	2	14	推杆固定板(2)	1
31	柱销	4	13	推杆固定板(1)	1
30	摆钩	4	12	推杆垫板	1
29	螺钉	4	11	动模座板	1
28	支承板	4	10	内六角螺钉	1
27	挡销	4	9	圆柱销	1
26	复位杆(3)	3	8	垫板	1
25	定位圈	1	7	围框	1
24	浇口套	1	6	复位杆(1)	4
23	定模型腔套	1	5	动模垫板	1
22	导柱	4	4	动模板	1
21	导套	4	3	动模型腔镶套(2)	1
20	复位杆(2)	4	2	动模型腔镶套(1)	1
19	推管	1	1	定模板	1
传动控制棘轮轮片爪浇口注射模具					

图 7.2　传动控制棘轮轮片爪浇口注射模具总装图

7.3 转动遮盖注射模具

7.3.1 塑件的成型工艺性分析

塑件为中空框架结构，结构工艺性较好。其上部为安装透明面板用，65mm×95mm的型腔尺寸有公差配合要求。塑件后端的两内侧有一对称的两个 ϕ3mm×2.5mm 的小圆柱需同时成型，并保证两个小圆柱在同一轴线上，在与其他相关结构件组装后能自由转动。塑件中间外形下端的两个小六角形凸台的中心轴线也左右对称一致。

塑件成型后不可出现扭曲、凹陷、气泡、熔接不良等质量问题。

应以塑件最大轮廓上端面为动、定模间的分型面。对塑件中间外形下端的两个小六角形凸台的成型应采用向外侧向分型的结构形式；对塑件后端对称的两个 ϕ3mm×2.5mm 的小圆柱成型应采用向内侧向分型的结构形式。

7.3.2 浇注系统的设计

因该塑件为框架结构，浇注系统宜采用侧浇口进料的方式。为缩短塑料在模具内的流程和避免料流的不均衡，防止熔接不良与产生熔接痕。

进料口设置在 65mm×95mm 的型腔下部四侧中间轴线部位。

7.3.3 成型部分型腔与推出机构的设计

成型的动、定模主型腔部分分别设计成大镶块的结构形式。中间外形下端的两个小六角形凸台为向外滑动的成型滑块；塑件后端对称的两个 ϕ3mm×2.5mm 的小圆柱为向内滑动的成型滑块。

塑件的框架结构形式在推出机构设计时因空间位置狭小，一般只能在四角采用小直径圆推杆，周边采用多个小矩形截面的推杆相结合的脱模顶出方式。

在注射成型后，左、右大滑块向两侧分型时，可能会产生两个小六角形凸台因距离尺寸收缩而无法顺利脱模或分型时发生扭曲变形甚至断裂。因此，左、右大滑块向两侧分型时，必须考虑塑件这一部分的脱模阻力，即在两个小六角形凸台外侧设置辅助推力。在小六角形凸台完全脱离型腔后辅助推力再消除，滑块在继续外移后完成脱模动作。

在整个塑件脱模时，设置在后侧的内滑块与所有的推杆推出动作应协调一致，以避免塑件在推出过程中产生后变形。

7.3.4 模具结构与总装设计

模具总装结构如图 7.3 所示。

注射结束，其开模后的动作过程是：当动、定模板打开，塑件上平面的分型面首先分离。锁紧大滑块(件 2)的锁紧楔(件 1)压力消除，大滑块在斜导柱(件 10)的作用下向外侧移动，成型塑件侧面的分型面被打开。而设置在内 T 形滑块(件 4)里的侧推杆(件 5)仍紧压住小六角形凸台的端面，使其与成型型腔分离。内 T 形滑块在 Z 形斜楔(件 3)作用下不产生移动(如图示 L 尺寸所起的延时作用)。当大滑块的移距达到或接近 S 时，Z 形斜楔的延时段 L 消除。侧推杆随内 T 形滑块与大滑块一起继续外移完成分型动作。

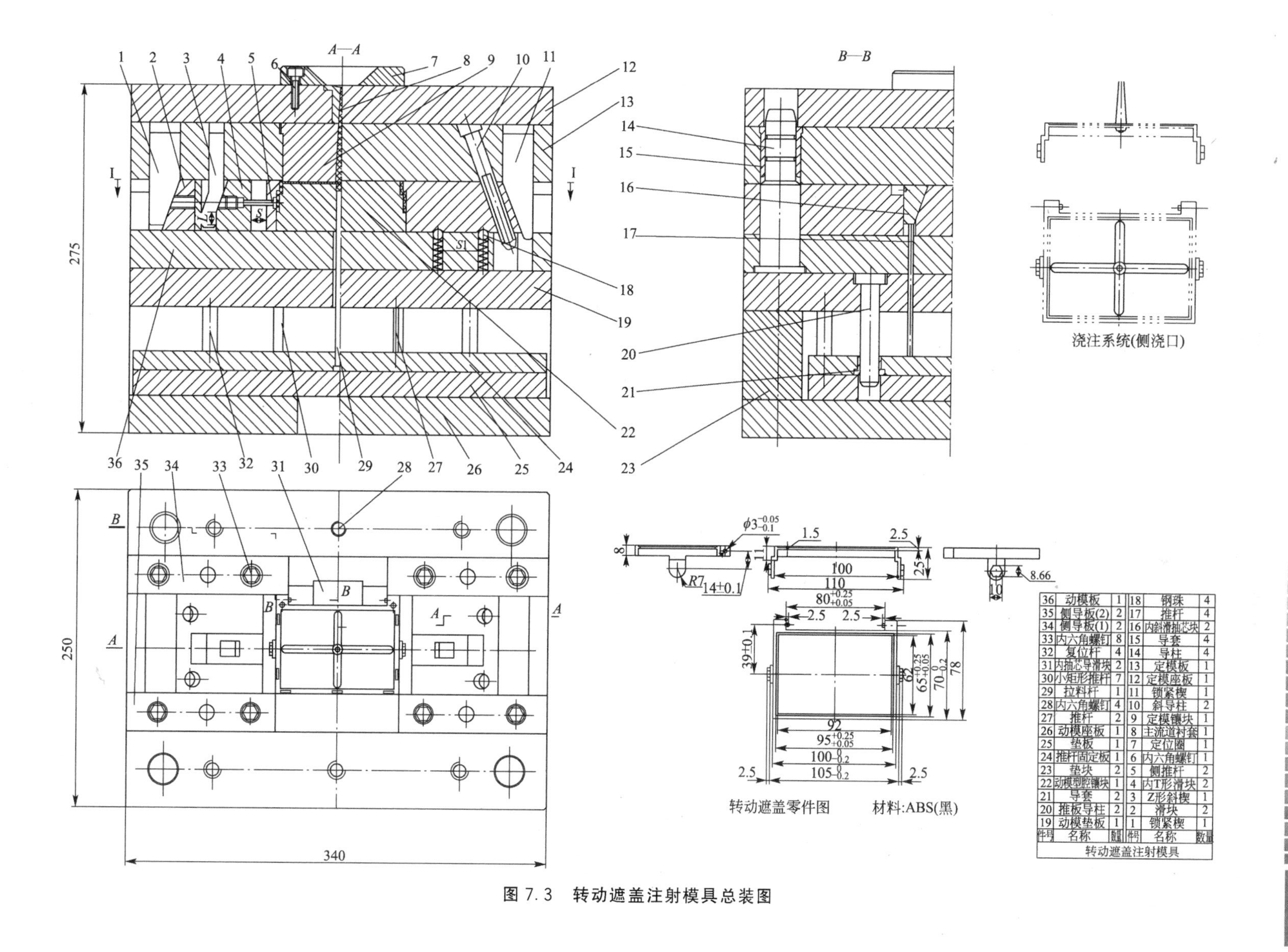

件号	名称	数量	件号	名称	数量
36	动模板	1	18	钢珠	4
35	侧导板(2)	2	17	推杆	4
34	侧导板(1)	2	16	内斜滑抽芯块	2
33	内六角螺钉	8	15	导套	4
32	复位杆	4	14	导柱	4
31	内抽芯导滑块	2	13	定模板	1
30	小矩形推杆	7	12	定模座板	1
29	拉料杆	1	11	锁紧楔	1
28	内六角螺钉	4	10	斜导柱	2
27	推杆	2	9	定模镶块	1
26	动模座板	1	8	主流道衬套	1
25	垫板	1	7	定位圈	1
24	推杆固定板	1	6	内六角螺钉	1
23	垫块	2	5	侧推杆	2
22	动模型腔镶块	1	4	内T形滑块	2
21	导套	2	3	Z形斜楔	1
20	推板导柱	2	2	滑块	2
19	动模垫板	1	1	锁紧楔	1
转动遮盖注射模具					

图7.3 转动遮盖注射模具总装图

在动、定模完全打开后，小圆推杆(件 27)、矩形小推杆(件 30)推动塑件的底平面；推杆(件 17)推动成型塑件后端内侧小圆柱的内斜滑抽芯块(件 16)同时动作，使塑件在推出过程中，内斜滑抽芯块沿内抽芯导滑斜面向外分离，脱离塑件。为防止大滑块与其内的内 T 形滑块产生干涉，应使 $L \leqslant S$。

为保证滑块平稳地移动，在大滑块上设置了两支斜导柱。同时为保证锁紧楔的锁模力，锁紧楔的后侧面应插入动模部分(为 H7/f6 配合)。滑块的抽芯移距 S_1 由钢珠(件 18)推动滑块底面的两凹坑间的间距尺寸来保证。

7.4 护罩壳体注射模具

7.4.1 塑件的成型工艺性分析

1) 塑件材料的选择与确定

塑件为组合电器中的分隔电弧保护罩，应充分考虑所使用的环境温度条件和应具有的阻燃性。分析比较后选用阻燃型 PBT 塑料，为增加壳体强度在材料中加入了 20%的玻璃纤维。选用该塑料材料既能满足产品的使用条件又能减小材料的成型收缩率。

塑件的外形尺寸较大(116mm×108mm×68mm)。熔融后的塑料在注射过程中的流动距离较长，进入型腔后的流动阻力亦相对较大，加入玻璃纤维后的塑料材料流动性又有所降低，在浇注系统设计时应注意这一点。

2) 分型面的选择

塑件上端两外侧为斜线与圆弧连接，如采用该连接处的外形为分型面，将增加模具的加工难度和制造成本。但可以以塑件内侧面的两连接圆弧处的连接斜面为模具的动、定模间的分型面。

7.4.2 浇注系统的设计

因塑件体积较大，为缩短塑料熔体在模具内的流动距离，避免产生熔接不良或充模不足等质量缺陷，浇注系统采用了两侧侧浇口的进料方式。因侧浇口进料的阻力相对较小，可适当增大注射压力，侧浇口进料口的具体尺寸在试模时按实际状态修正。

7.4.3 成型部分型腔与推出机构的设计

成型塑件外形的定模(件 1)设计成一整体结构形式，以保证应有的工作强度。成型塑件内腔的动模型腔镶块(件 3)与动模型腔块(件 7)设计为镶拼的结构形式，可保证大型腔块在模具中的相对位置，避免了型腔块在承受注射压力时可能产生的微量位移，同时也方便了模具的装配。

壳体顶部的成型采用镶块(件 5)镶入定模的形式，有利于模具制作和模具工作中的排气。

壳体一侧的三个长圆孔及一个矩形孔采用侧向抽芯的结构。合模时，锁紧楔(件 21)锁紧固定在滑块组件(件 12、件 14)上的型芯(件 9、件 20)成型。分模时，动模固定板(件 43)与动模垫板(件 42)先分离，滑块在斜导柱(件 15)的作用下向模外移动抽出型芯。为保证抽芯机构的稳定性，滑块座(件 13)采用了整体结构的形式(见 B—B 剖面)。

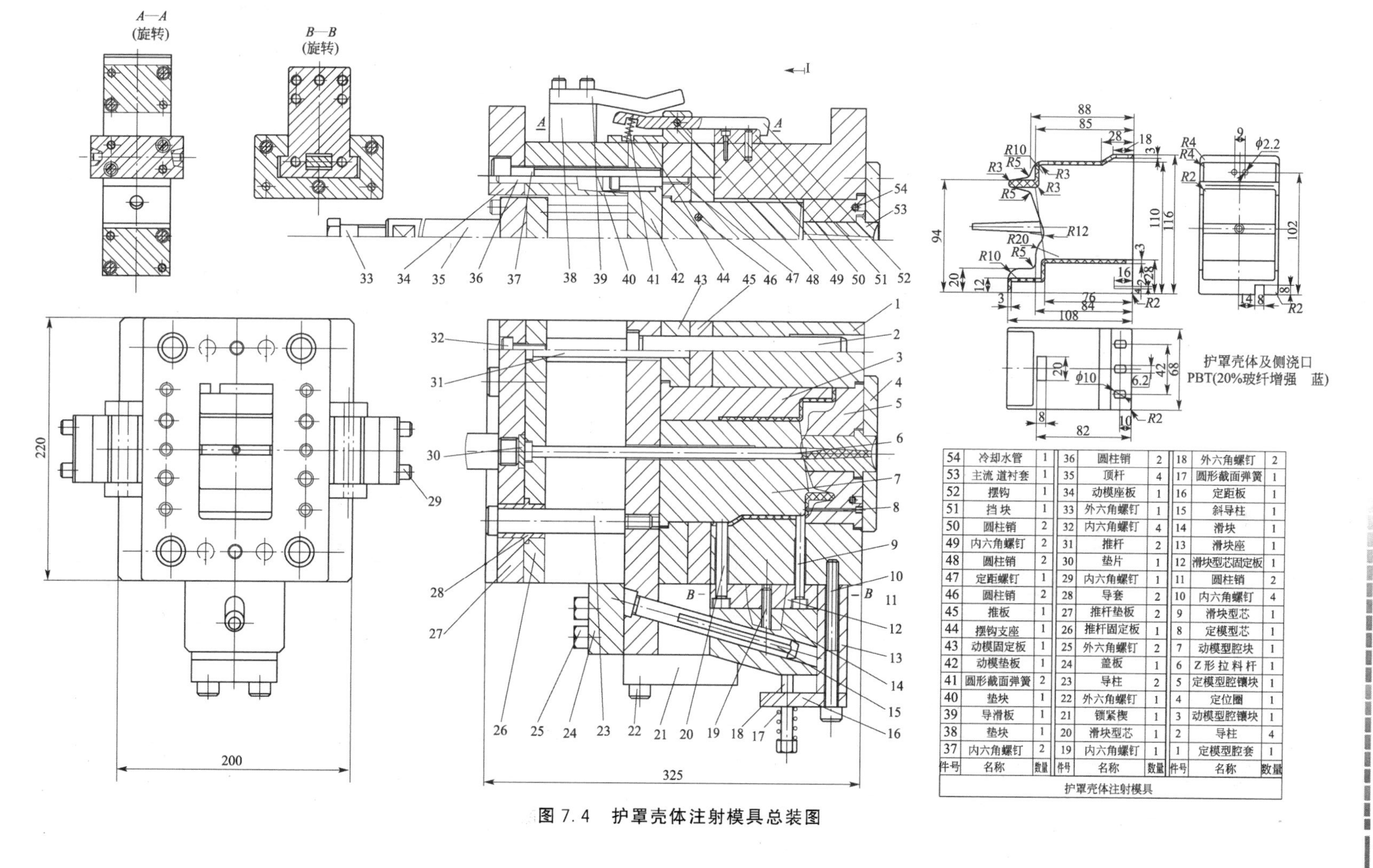

件号	名称	数量	件号	名称	数量	件号	名称	数量
54	冷却水管	1	36	圆柱销	2	18	外六角螺钉	2
53	主流 道衬套	1	35	顶杆	4	17	圆形截面弹簧	1
52	摆钩	1	34	动模座板	1	16	定距板	1
51	挡块	1	33	外六角螺钉	1	15	斜导柱	1
50	圆柱销	2	32	内六角螺钉	4	14	滑块	1
49	内六角螺钉	2	31	推杆	2	13	滑块座	1
48	圆柱销	2	30	垫片	1	12	滑块型芯固定板	1
47	定距螺钉	1	29	内六角螺钉	1	11	圆柱销	2
46	圆柱销	2	28	导套	2	10	内六角螺钉	4
45	推板	1	27	推杆垫板	2	9	滑块型芯	1
44	摆钩支座	1	26	推杆固定板	1	8	定模型芯	1
43	动模固定板	1	25	外六角螺钉	2	7	动模型腔块	1
42	动模垫板	1	24	盖板	1	6	Z形拉料杆	1
41	圆形截面弹簧	2	23	导柱	2	5	定模型腔镶块	1
40	垫块	1	22	外六角螺钉	1	4	定位圈	1
39	导滑板	1	21	锁紧楔	1	3	动模型腔镶块	1
38	垫块	1	20	滑块型芯	1	2	导柱	4
37	内六角螺钉	2	19	内六角螺钉	1	1	定模型腔套	1

护罩壳体注射模具

图 7.4 护罩壳体注射模具总装图

在推出机构的设计中，塑件的脱模选用推件板(件45)推出的形式。推出机构由固定在动模垫板上的推板导柱(件23)和固定在推杆固定板(件26)上的导套(件28)导向。

7.4.4 模具结构与总装设计

模具总装结构如图7.4所示。

由于模具打开后的动、定模间悬空部分尺寸较大(大于150mm)，在模具结构设计时采取了以下措施和结构方案：

(1) 因模具浇注系统设计所采用的是侧浇口进料，单分型注射成型，有利于实现浇口的自动脱落，模具可半自动化及自动化生产。

(2) 为使模具按分型要求实现顺序分型。模具打开时，因摆钩(件52)勾住挡块(件51)使动模固定板与动模垫板先分型，滑块型芯在斜导柱作用下完成抽芯动作。模具继续后移，在导滑板(件39)的斜面作用下，触动摆钩一端使另一端转动而与挡块分离。当模具完全打开时，定模型腔套与推件板分型，最后塑件由推件板从模具中推出。

(3) 模具动模部分型腔的排气由动模型腔块与推件板间的配合间隙排出。排气设置在塑料流动的末端，其间隙值取0.04～0.06mm。

(4) 在定模部分设置了模温控制用的水管(件54)通道。

7.4.5 强度条件校核

因定模模腔侧壁四边均受到拉应力和弯曲应力的联合作用。

计算得：$\sigma_{弯}=143\text{MPa}$，$\sigma_{拉}=28\text{MPa}$，$\sigma_{弯}+\sigma_{拉}=171\text{MPa}$。

所用模具钢 $[\sigma]=200\text{MPa}$。$\sigma_{弯}+\sigma_{拉}<[\sigma]$，故强度合适。

7.5 滑动开门钩注射模具

7.5.1 塑件的结构特点与成型工艺性分析

该塑件为厚度较薄的狭长形、右上端与左下端均为钩状的结构件。需采用水平分型、滑块侧向抽芯的成型结构形式。由于塑件的右上端与左下端均为钩状，其侧向分型分别在两端部，为防止注射成型后开模时侧向抽芯(特别是右上端的侧向抽芯)及推出机构的不协调使塑件产生后变形，模具注射结束，分型面打开，所有抽芯机构完全退出后，推杆才可推出塑件。

7.5.2 浇注系统的设计

为简化设计和保证模具注射时塑料的快速充模，避免产生熔接痕而影响塑件的强度。浇注系统的进料方式采用从塑件上端部纵向进料的侧浇口形式。

7.5.3 模具结构与总装设计

模具总装结构如图7.5所示。

如前所述，该塑件左、右两端均需侧向抽芯成型，而侧向成型机构在模具设计中有简易的弹顶块成型、一般的滑块成型、较复杂的斜滑块抽芯成型等结构形式。经对该塑件的

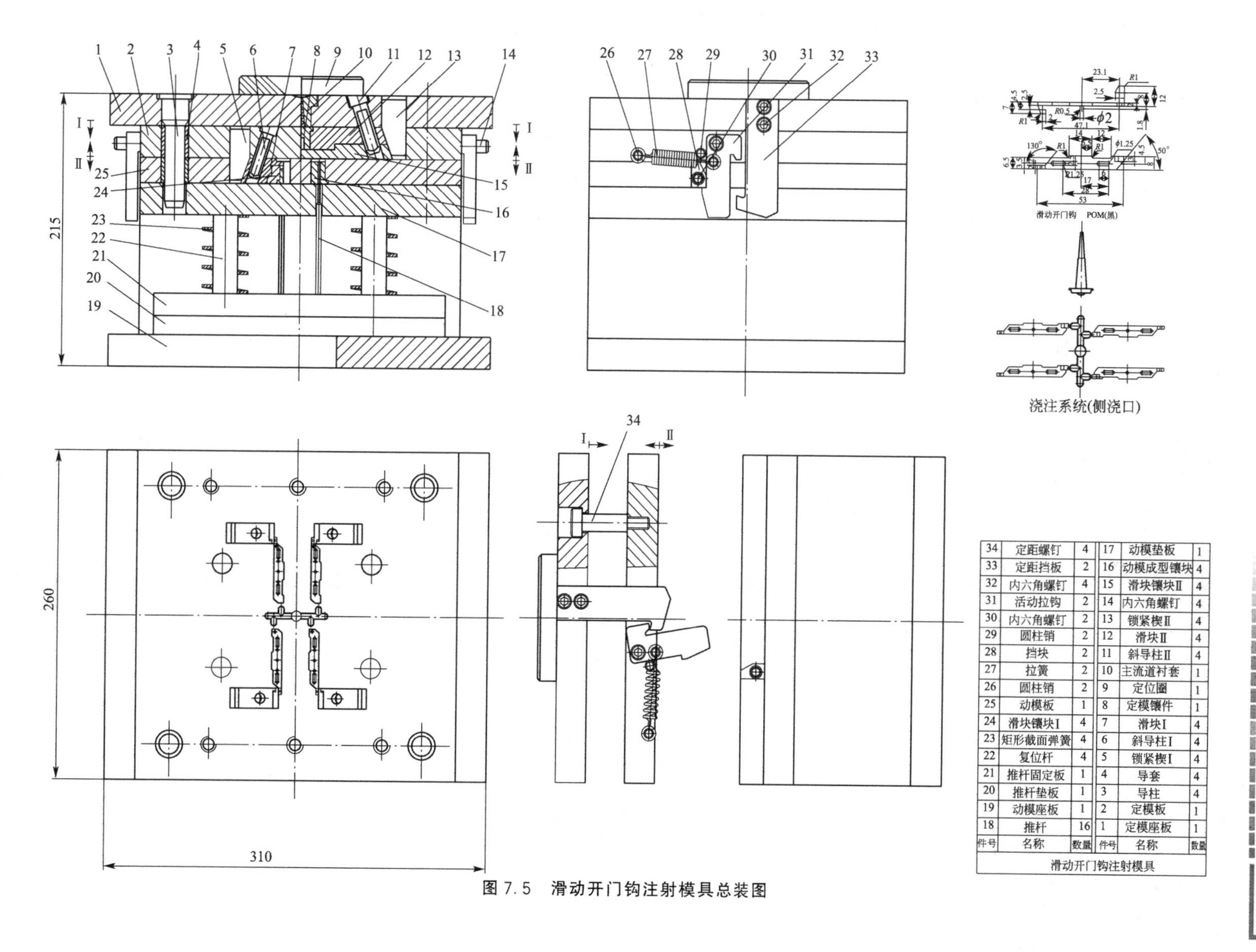

件号	名称	数量	件号	名称	数量
34	定距螺钉	4	17	动模垫板	1
33	定距挡板	2	16	动模成型镶块	4
32	内六角螺钉	4	15	滑块镶块Ⅱ	4
31	活动拉钩	2	14	内六角螺钉	4
30	内六角螺钉	2	13	锁紧楔Ⅱ	4
29	圆柱销	2	12	滑块Ⅱ	4
28	挡块	2	11	斜导柱Ⅱ	4
27	拉簧	2	10	主流道衬套	1
26	圆柱销	2	9	定位圈	1
25	动模板	1	8	定模镶件	1
24	滑块镶块Ⅰ	4	7	滑块Ⅰ	4
23	矩形截面弹簧	4	6	斜导柱Ⅰ	4
22	复位杆	4	5	锁紧楔Ⅰ	4
21	推杆固定板	1	4	导套	4
20	推杆垫板	1	3	导柱	4
19	动模座板	1	2	定模板	1
18	推杆	16	1	定模座板	1

滑动开门钩注射模具

图 7.5 滑动开门钩注射模具总装图

结构形状和尺寸进行分析，虽抽芯距较小，但为保证模具工作的可靠性，确定选用滑块成型、斜导柱分型抽芯、锁紧楔锁紧的侧向成型结构。右上端的滑块抽芯机构设置在定模部分，左下端的滑块抽芯机构设置在动模部分。这样，模具在水平方向就有两个分型面(如图7.5所示Ⅰ、Ⅱ两个分型面)，而Ⅰ、Ⅱ两个分型面绝不可同时打开，为保证模具在分型时能按设计要求(Ⅰ、Ⅱ两个分型面按顺序可靠分型)，在模具的两侧设置了顺序分型机构。同时为保证模具的导向和定位精度，导柱设置在定模部分，以使两组滑块的成型机构始终保持在稳定、可靠的导向状态。滑块采用了滑块主体与滑块成型镶块组合的形式，以便于尺寸的调整和磨损后的维修与更换。

本模具塑件的脱模采用了推杆的结构形式，为避免和防止滑块与推杆在合模时产生干涉而损坏模具，推杆必须先复位。因此，在动模的顶出部位设置了需定期更换的矩形弹簧以使模具在合模前推杆先行复位，然后侧向成型机构复位。矩形弹簧的定期更换(不考虑实际使用期)保证推杆的先复位动作始终处于可靠状态。

7.5.4 拉钩式顺序分型结构

按照塑件的形状结构特点，必须是右上端的成型部位先侧向分型，然后再水平分型与左下端的侧向抽芯分型的顺序分型结构。因此，Ⅰ、Ⅱ两个分型面(见图7.5)必须是Ⅰ分型面先完全打开，然后Ⅱ分型面才能打开，以保证两个侧向抽芯的顺序分型。

本模具采用了拉钩式的顺序分型机构。拉钩式顺序分型机构的工作过程是：

开模时，动模部分随注射机的移动模板向后移动，固定在定模板(件2)上的活动拉钩(件31)勾住固定在动模板(件25)上的挡块(件28)使模具Ⅰ分型面先打开，而模具Ⅱ分型面仍保持合模状态。

模板继续移动，当Ⅰ分型面逐渐接近完全分开状态时，固定在定模座板(件1)上的定距挡板(件33)勾住活动拉钩(件31)，活动拉钩转动，使其逐渐脱离固定在动模板上的挡块。当设置在定模座板内的定距螺钉(件34)拉紧使分型面Ⅰ完全打开时，活动拉钩与挡块完全脱离。

注射机模板继续移动直至模具Ⅱ分型面亦完全打开。在模具Ⅰ分型面打开时已使设置在定模内的滑块在斜导柱的作用下向右移动，完成侧向抽芯动作。而整个塑件仍留在动模部分，当分型面Ⅱ打开使设置在动模内的滑块在斜导柱的作用下向左移动完成侧向抽芯动作。至此，动、定模板完全打开，模具内的推杆推出塑件。

合模时，定距螺钉(件34)逐渐退入定模座板，定距挡板亦与活动拉钩脱离，活动拉钩在拉簧(件27)的作用下回转(由销钉件29限定转动角度)。在动、定模(Ⅱ分型面)板合模时，固定在动模板上的挡块斜面与活动拉钩上的斜面使模具合模时不会产生干涉，当模具完全闭合时拉簧使活动拉钩转动而勾住挡块。定距挡板拉动活动拉钩部位的工作面设计成15°的斜面，斜面角度过小易使活动拉钩转动角度不足而使分型面Ⅱ无法打开，斜面角度过大易使活动拉钩转动过快，形成拉钩与挡块的过早脱离而无法实现顺序分型。

7.6 骨架剪切浇口注射模具

7.6.1 塑件的成型工艺性分析

该塑件所选用的塑料材料为PA，其结构为中空双层绕线形。壁厚较均匀，满足成型工艺要求，但其中空的结构使注射成型时塑料在模腔中流程较长，因而在模具的成型工艺编制与模具结构设计，尤其是在分型面的选择与浇注系统设计时应充分注意到这一点。针对塑件的尺寸及结构特点，本模具采用了一模一腔的结构形式。

塑件上、下端面均为该塑件的最大轮廓。而中间轮廓部分结构成型必须采用侧向分型的模具结构形式。因注射成型模具的分型面选择是否合理对塑件的成型质量有直接影响，把成型骨架中间部分的侧向分型结构，ϕ41.5mm 外轮廓及中空型芯均设置在动模部分，有利于模具的排气和塑料熔体在模具型腔中的充填，故能充分保证成型后的塑件质量。

针对塑件厚度较薄的结构特点，为防止塑件成型后在推出过程中产生后变形，在确定模具总装结构方案时，在考虑推出机构的设计方案时，因成型后的塑件收缩对型芯的包紧力较大，必须先使模具打开并移动一定距离，消除一定的包紧力后，再采用推件板推出的脱模形式。

7.6.2 浇注系统的设计

因该塑件为薄壁形结构，一模一腔，采用的是流动性较好的 PA 塑料，采用均布的六点剪切式浇口进料。有利于提高塑件的熔接强度，减少与避免了熔接痕的产生。剪切浇口的六点进料点在塑件的内壁，开模后，推出浇注系统凝料的同时塑件与浇注系统剪切分离，不影响塑件的外观质量，同时省去了塑件成型后的去浇口工序。

7.6.3 成型部分的型腔设计

塑件上部的结构形状，在定模部分采用定模镶套(件 9)与定模型芯(件 10)的组合形式。并在成型部分的尺寸长度上设计一定的脱模斜度。侧向成型滑块(件 15)的型腔部分设计成整体结构的形式。为保证定位与加工精度，必须有一致的装配基准。以动、定模板的成型型孔作为中间基准孔，组合后在精加工时与成型抽芯的滑块基座孔、推板孔(件 20)在座标磨时一次同时磨出。以此为基准，保证滑块成型型腔与动、定模板间的相对位置精度。

7.6.4 模具结构与总装设计

模具总装结构如图 7.6 所示。

因动模型芯成型尺寸长度上不可设计脱模斜度。成型后的塑件收缩对动模型芯(件 14)的包紧力最大。因此，必须先消除该处的一部分包紧力后，再完全打开模具，推出浇注系统凝料和取出塑件。

为达到这一效果，在推件板(件 20)与动模固定板(件 30)间，对称设置了四只矩形截面弹簧(件 29)。开模时，由于矩形截面弹簧的作用，使推件板与动模固定板先分离一定距离(这一距离尺寸由定距拉杆(件 5)控制)，使塑件脱出动模型芯一定的长度尺寸。模具继续移动，滑块在斜导柱(件 16)的作用下，向外移动分开。同时定模镶套(件 9)与定模型芯(件 10)脱离塑件。最后模具完全打开，塑料与浇注系统凝料分别被推件板和浇道推杆(件 27)推出。塑料与浇注系统凝料在推出时受剪切作用力而分离。

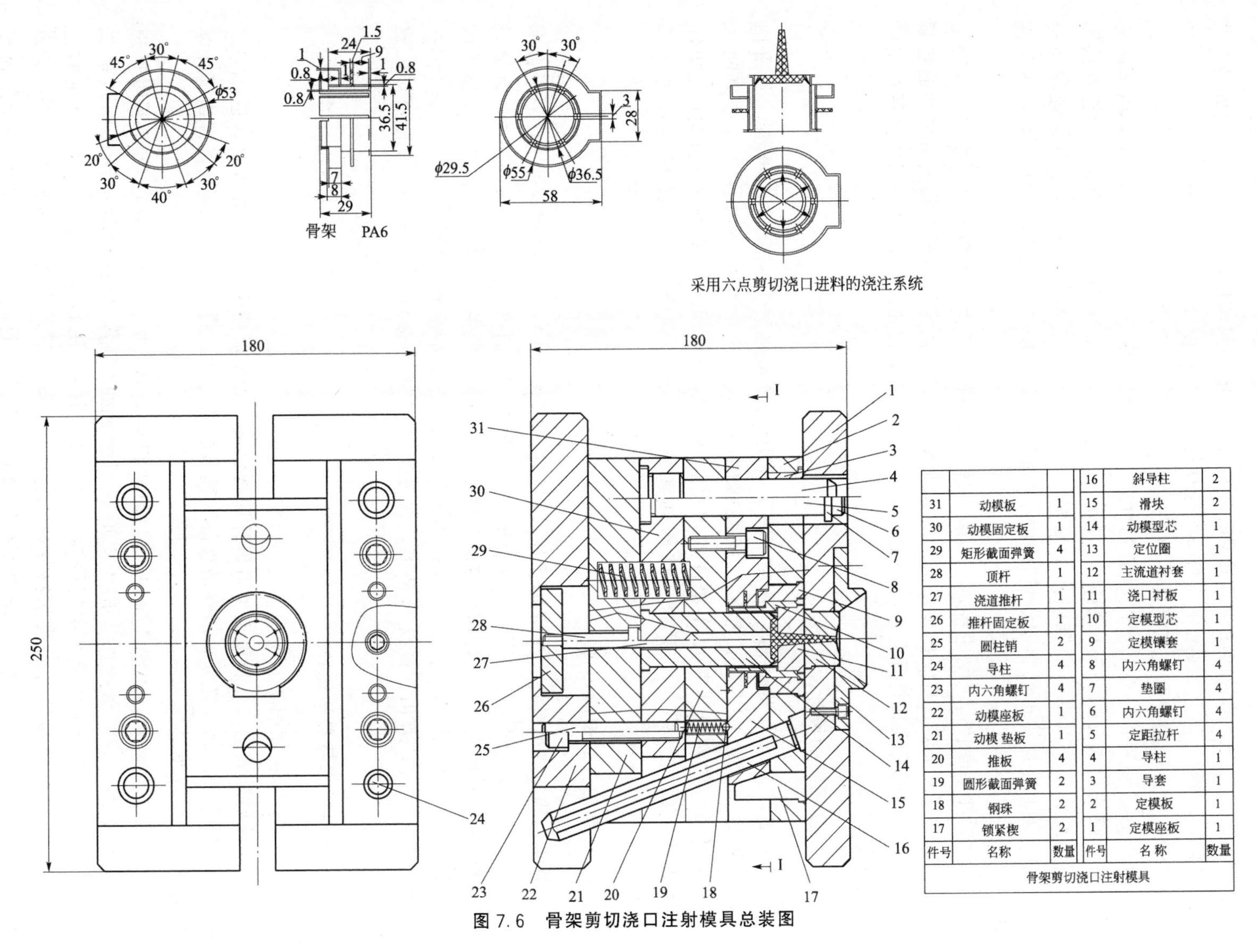

件号	名称	数量	件号	名称	数量
			16	斜导柱	2
31	动模板	1	15	滑块	2
30	动模固定板	1	14	动模型芯	1
29	矩形截面弹簧	4	13	定位圈	1
28	顶杆	1	12	主流道衬套	1
27	浇道推杆	1	11	浇口衬板	1
26	推杆固定板	1	10	定模型芯	1
25	圆柱销	2	9	定模镶套	1
24	导柱	4	8	内六角螺钉	4
23	内六角螺钉	4	7	垫圈	4
22	动模座板	1	6	内六角螺钉	4
21	动模 垫板	1	5	定距拉杆	4
20	推板	4	4	导柱	1
19	圆形截面弹簧	2	3	导套	1
18	钢珠	2	2	定模板	1
17	锁紧楔	2	1	定模座板	1

骨架剪切浇口注射模具

图 7.6 骨架剪切浇口注射模具总装图

7.7 罩壳注射模具

7.7.1 塑件的成型工艺性分析

塑件为一大壳体，外形尺寸210mm×122mm×92mm，壁厚3mm，各壁厚尺寸较均匀，结构工艺性好。以壳体底面为动、定模间的分型面。

7.7.2 浇注系统的设计

因塑件为透明壳体结构形式，且体积较大，浇注系统宜采用点浇口进料的方式。如在中心部位ϕ40mm凹坑处设置一点浇口，还不会影响塑件成型后的外观质量。但由于塑料熔体在模具中的流程较长而易产生熔接痕或充填不足。采用在塑件端面的四角处各设置一个点浇口的进料点形式，即四点浇口进料的浇注系统(图7.7中的浇注系统示意图)。点浇口位置在低于壳体端面6mm的四角小平面上，塑件与浇口分离后，亦不影响塑件的外观。

7.7.3 成型部分型腔及推出机构的设计

塑件因中空、壁薄、体积大，成型塑件内腔的动模型芯与型芯固定板设计为一个整体的结构形式。保证了大型芯在模具中的相对位置，避免了型芯在承受注射压力时产生位移，也增加了模具强度，同时也方便了模具的组装。

壳体顶部的成型采用镶块(件27)镶入动模板(件6)的结构，其配制间隙亦有利模具的排气。

在推出机构的设计中，因透明罩壳只可采用推件板(件8)推出的形式，推出机构由固定在动模垫板(件11)上的推板导柱(件17)导向。

7.7.4 模具结构与总装设计

模具总装结构如图7.7所示。

注射结束，模具完全打开后，动、定模间的悬空部分尺寸较大(大于260mm)，为保证连续、安全的注塑生产，主要采取了以下措施和结构方案：

(1) 模具打开后，动模部分的自重较大，承受重力的4支反向长导柱(件1)设计成ϕ36mm的二阶导柱。避免因模具过重而造成导柱变形，使塑件产生四边壁厚不均匀的质量问题。

(2) 为实现模具的半自动化与自动化生产，浇注系统的自动脱落是关键。本模具由开模定距套(件2)、矩形截面弹簧(件5)、定距拉杆(件12)、倒锥形拉料杆(件28)、浇道弹顶脱料套(件30)组成一浇注系统自动脱落的脱料机构。

(3) 模具动模部分的排气由动模型芯(件7)与推件板(件8)的配合间隙排出，排气在塑料流动的末端。其间隙值取0.05mm。

(4) 模温的控制(冷却)从模具结构可看出，动模型芯是模具散热的主要部分，将控制模温的冷却通道设置在动模型芯上，用聚氨酯密封环(件10)密封。

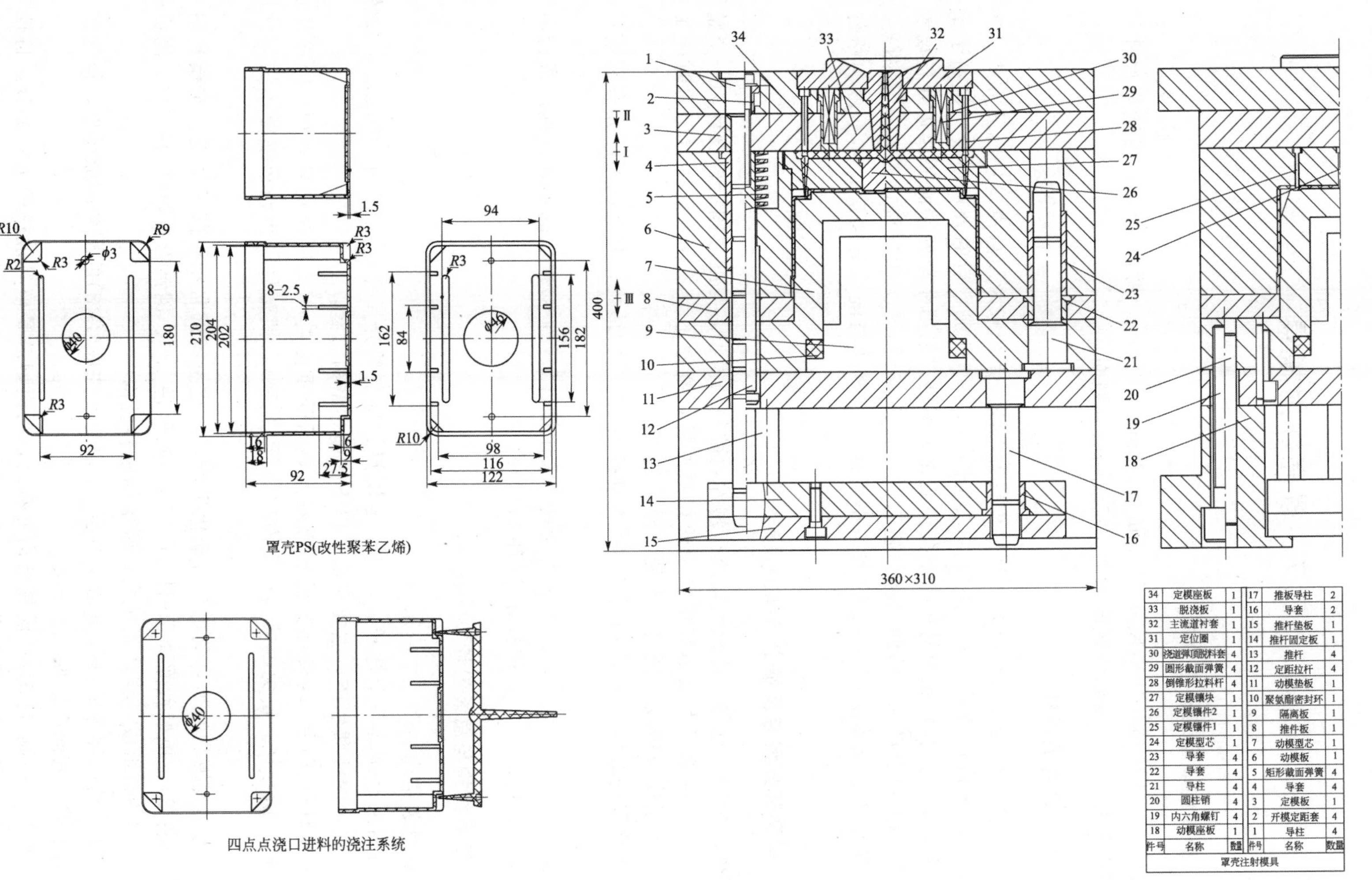

件号	名称	数量	件号	名称	数量
34	定模座板	1	17	推板导柱	2
33	脱浇板	1	16	导套	2
32	主流道衬套	1	15	推杆垫板	1
31	定位圈	1	14	推杆固定板	1
30	浇道弹顶脱料套	4	13	推杆	4
29	圆形截面弹簧	4	12	定距拉杆	4
28	倒锥形拉料杆	4	11	动模垫板	1
27	定模镶块	1	10	聚氨酯密封环	1
26	定模镶件2	1	9	隔离板	1
25	定模镶件1	1	8	推件板	1
24	定模型芯	1	7	动模型芯	1
23	导套	4	6	动模板	1
22	导套	4	5	矩形截面弹簧	4
21	导柱	4	4	导套	4
20	圆柱销	4	3	定模板	1
19	内六角螺钉	4	2	开模定距套	4
18	动模座板	1	1	导柱	4
罩壳注射模具					

图 7.7　罩壳注射模具总装图

7.8 三联齿轮注射模具

7.8.1 塑件的成型工艺性分析

1）塑件材料的选择与确定

一般条件下，两种工程塑料材料：如PA（尼龙）塑料因其突出的耐磨性与自润滑性；POM（聚甲醛）塑料因其优良的减摩、耐磨性、蠕变性小而被作为齿轮制作的首选原材料。

三联齿轮的使用环境条件有噪声指标的环保要求。为最终选用到最合适的塑料原材料，我们采用了PA、POM、聚氨酯等材料加工成齿轮轮片分别进行了比对试验，发现聚氨酯材料所加工的齿轮噪声指标较符合要求。设想采用POM与聚氨酯塑料混炼的材料作为三联齿轮的原材料。我们分别采用了20％、30％、40％的三种比例的聚氨酯与POM混炼后拉丝、造粒再注塑成型的对比试验。结果30％的聚氨酯与70％POM塑料混炼而成的材料基本能满足全部的产品技术要求。因为该材料既保持了POM塑料的原有特性又增添了聚氨酯的降噪效果。

2）塑件的结构工艺性

齿轮中间 ϕ5mm 长轴孔有较高的尺寸公差要求，两端 ϕ14mm 齿轮及中间齿片 ϕ34mm 与 ϕ5mm 轴孔均有较高的同轴度要求（◎/ϕ0.08mm）。

ϕ14mm 齿轮与 ϕ34mm 齿轮的形状结合处为该塑件的最大轮廓。注射成型模具的分型面选择是否合理对塑件的成型质量有直接影响。塑件中间的 ϕ5mm 轴孔一端孔口设计有便于装配的 $C1$ 的倒角，而另一端为平口孔。模具动、定模分型面的选择是以 ϕ34mm 齿轮大端面为分型面。ϕ34mm 齿片与中间环形加强筋及较短的一 ϕ14mm 齿轮的成型型腔设置在动模部分。因中间轴孔成型型芯亦设置在动模部分，塑件在成型后的质量尤其是形位公差的技术要求能得到完全的保证。

针对塑件三联齿轮的结构特点。为防止塑件成型后在推出过程中产生后变形，在确定模具总装结构方案时，对推出机构的设计方案必须采用多推杆推出的脱模形式。

7.8.2 浇注系统的设计

因该塑件精度要求较高，上、下两部分的模具成型结构又不同，且一模四腔，浇注系统进料口只适宜采用点浇口的形式，又因采用30％的聚氨酯与70％POM塑料的混炼体，其在注射成型过程中的流动性有所下降。为保证成型质量，选择了三点均布的点浇口进料形式，使浇注系统的进料压力更趋平衡，同时减少了熔接痕的产生和提高了塑件的熔接强度。

为使点浇口自动脱落机构的设置空间更大，我们在设计时选择采用了点浇口偏转一定角度的结构方式（图7.8）。

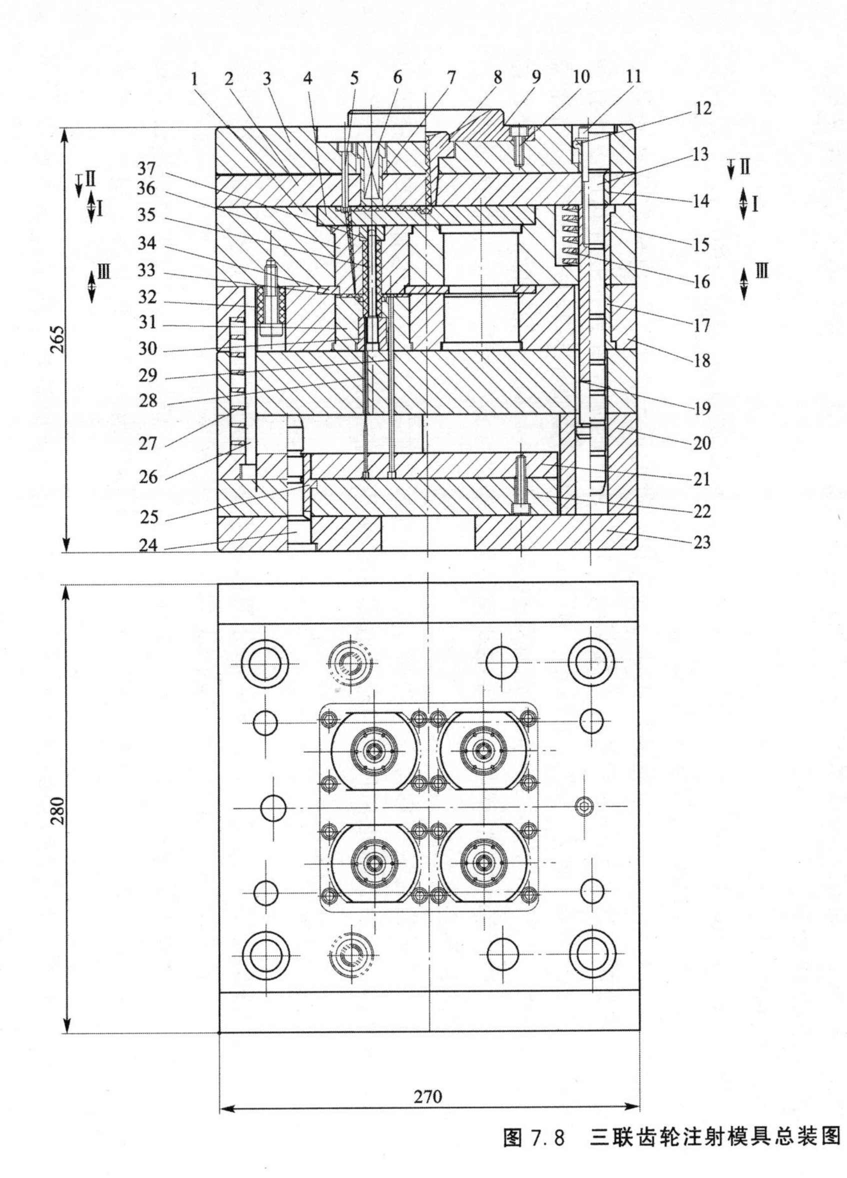

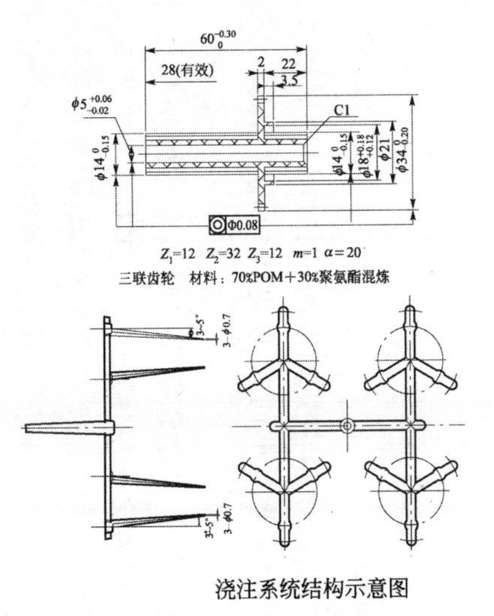

浇注系统结构示意图

38		4	19	定距拉杆	4
37	定模垫套	4	18	动模板	1
36	定模齿圈	4	17	导套Ⅲ	4
35	动模型芯	4	16	矩形截面弹簧	4
34	齿圈型腔压板	1	15	导套Ⅱ	4
33	动模齿片	4	14	导套Ⅰ	4
32	聚氨酯套	2	13	导柱	4
31	动模齿圈	4	12	开模定距套	4
30	动模齿圈内垫套	4	11	内六角螺钉	4
29	推杆Ⅱ	16	10	内六角螺钉	3
28	推杆Ⅰ	16	9	定位圈	1
27	矩形截面弹簧	4	8	主流道衬套	1
26	复位杆	4	7	浇道弹顶脱料柱	4
25	推板导套	4	6	圆形截面弹簧	4
24	推板导柱	4	5	Z型拉料杆	12
23	动模座板	1	4	定模垫板	1
22	推杆垫板	1	3	定模座板	1
21	推杆固定板	1	2	脱浇板	1
20	垫块	2	1	定模板	1
件号	名称	数量	件号	名称	数量
三联齿轮注射模具					

图 7.8　三联齿轮注射模具总装图

7.8.3 成型部分的型腔设计

因三联齿轮与中间轴孔有较高的同轴度要求。为保证定位与加工精度，必须有一致的、统一的装配基准。作为动、定模板的四基准孔，组合后动、定模板在精加工时坐标磨时一次同时磨出，以此为基准，保证各组齿轮的成型齿圈型腔间的相对位置精度。

齿轮成型的结构形式分别为定模垫套(件37)、动模垫套(件30)、动模齿片(件33)、套筒式动模齿圈(件31)、定模齿圈(件36)。其中动模垫套、套筒式动模齿圈、动模齿片与成型轴孔的型芯(件35)均组装在动模板(件18)内。另一ϕ14mm的定模齿圈与成型倒角孔口的定模垫套组装在定模板(件1)内。齿圈成型件与各模板H7/k7配作。

7.8.4 模具结构与总装设计

模具总装结构如图7.8所示。

为减少磨损，在脱浇板及定、动模板上均使用了导套。导柱加工了多道油槽。为实现注塑生产的自动化与半自动化，首先要实现开模后浇注系统的自动脱落。浇道弹顶脱料柱(件7)与倒锥形型拉料杆(件5)、脱浇板(件2)组成浇注系统的自动脱落机构。开模定距套(件12)、矩形截面弹簧(件16)、定距拉杆(件19)、动模板(件18)与聚氨酯套(件32)组成成型后模具按顺序分型开模。实现浇注系统与塑件的自动脱落。

由于模具完全打开后的空间较大，为保证模具动、定模间的导向精度和使用的安全性、可靠性，导柱长度尺寸应尽可能加长，本模具导柱(件13)长度设计成略短于模具总高度5～10mm。

为保证模具的成型精度和防止因采用的脱模方式不合理而产生塑件的后变形，塑件选择多推杆顶出的形式。为缩短点浇口浇道的长度和减小模具的总高度，定模型腔后采用了一小垫板(件4)的结构形式。

中间轴孔的成型型芯采用插入定模垫套的结构，以保证塑件成型的同轴度要求。

在推杆固定板中设置的推板导柱(件24)与推板导套(件25)，保证推杆在每一循环注射成型的往复运动精度。

7.9 中间齿轮注射模具

7.9.1 塑件的成型工艺性分析

该塑件材料为POM，塑件的上部为皮带轮，下部为传动齿轮。中间ϕ4mm轴孔有较高的尺寸公差要求，ϕ30mm齿轮轴线与轴孔有较高的同轴度要求(◎/ϕ0.05mm)：皮带轮与轴孔有跳动误差的要求(0.05)。模具采用了一模四腔的结构形式。

塑件皮带轮ϕ24.6mm外圆与ϕ30mm齿轮的形状结合处为该塑件的最大轮廓。该部分成型必须采用侧向分型的结构形式，注射成型模具的分型面选择是否合理对塑件的成型质量有直接影响。分型形式是使成型皮带轮的侧向分型结构、套筒式齿轮成型齿圈、中间轴孔成型型芯均设置在动模部分，能充分保证成型后的塑件质量。

针对塑件皮带轮与齿轮的结合处厚度较薄的结构特点。为防止塑件成型后在顶出过程中产生后变形，在确定模具总装结构方案时，对推出机构的设计方案必须采用多推杆顶出的脱模形式。

7.9.2 浇注系统的设计

因该塑件精度要求较高，上、下两部分的模具成型结构又不同且一模四腔，浇注系统进料口只适宜采用点浇口的形式。为避免浇道的设置与模具成型零件间的有限空间位置产生干涉，为使点浇口自动脱落机构的设置空间更大，我们选择采用了分流道成Z形偏转一定角度的结构方式设置。为使浇注系统的进料压力平衡，减少熔接痕的产生和提高熔接强度，浇注系统的点浇口分布均设计成三点对称布列的结构形式。

7.9.3 成型部分的型腔设计

如图7.9所示，因塑件的上、下两部分模具成型结构分别为滑块侧向分型和齿形成型型腔。为保证定位与加工精度，必须有一致的统一的装配基准。作为动、定模板的四基准孔，组合后在精加工时与成型抽芯的滑块基座在坐标磨时一次同时磨出。以此为基准，保证各组皮带轮的滑块成型型腔与齿圈成型型腔间的相对位置精度。

成型皮带槽的滑块成型镶片(件14)磨出基准孔后，在专用工装夹具上车加工成型型腔，组装时对列地安装在滑块基座(件33)上。而动模齿圈(件13)同样在磨出基准孔后切割或电火花加工齿形。与齿圈相配的动模镶件(件12)其中间轴孔与外圆一次装夹磨出。而定模镶件(件10)亦采用这一加工工艺。以最大程度保证塑件齿轮的同轴度及皮带槽的轴向跳动误差精度要求。动模部分的齿圈、镶件和定模部分的镶件与各模板H7/k7配作。

7.9.4 模具结构与总装设计

为减少磨损，在脱浇板及定、动模板上均使用了导套。导柱加工了多道油槽。为实现注塑生产的自动化与半自动化，首先要实现开模后浇注系统的自动脱落。浇道弹顶脱料柱(件6)与倒锥形拉料杆(件4)、脱浇板(件2)组成浇注系统的自动脱落机构。开模定距套(件36)、矩形截面弹簧(件40)、定距拉杆(件43)与聚氨酯套(件17)组成成型后模具按顺序分型开模。实现浇注系统与塑件的自动脱落。

由于模具完全打开后的空间较大，为保证模具动、定模间的导向精度和使用的安全性、可靠性，导柱长度尺寸应尽可能加长，本模具导柱(件42)长度设计成略短于模具总高度5～10mm。

为保证模具的成型精度和防止因采用的脱模方式不合理而产生塑件的后变形，塑件选择多推杆顶出的形式。为缩短点浇口浇道的长度和减小模具的总高度，定模型腔后采用了一小垫板(件3)的结构。

中间轴孔的成型型芯(件11)采用插入定模镶件的结构，以保证塑件成型的同轴度要求。

在推杆固定板中设置的导柱(件23)与导套(件24)。为拆装方便，采用了直导柱的结构形式，要注意的是导柱高度尺寸必须与垫块(件44)的厚度尺寸一致。

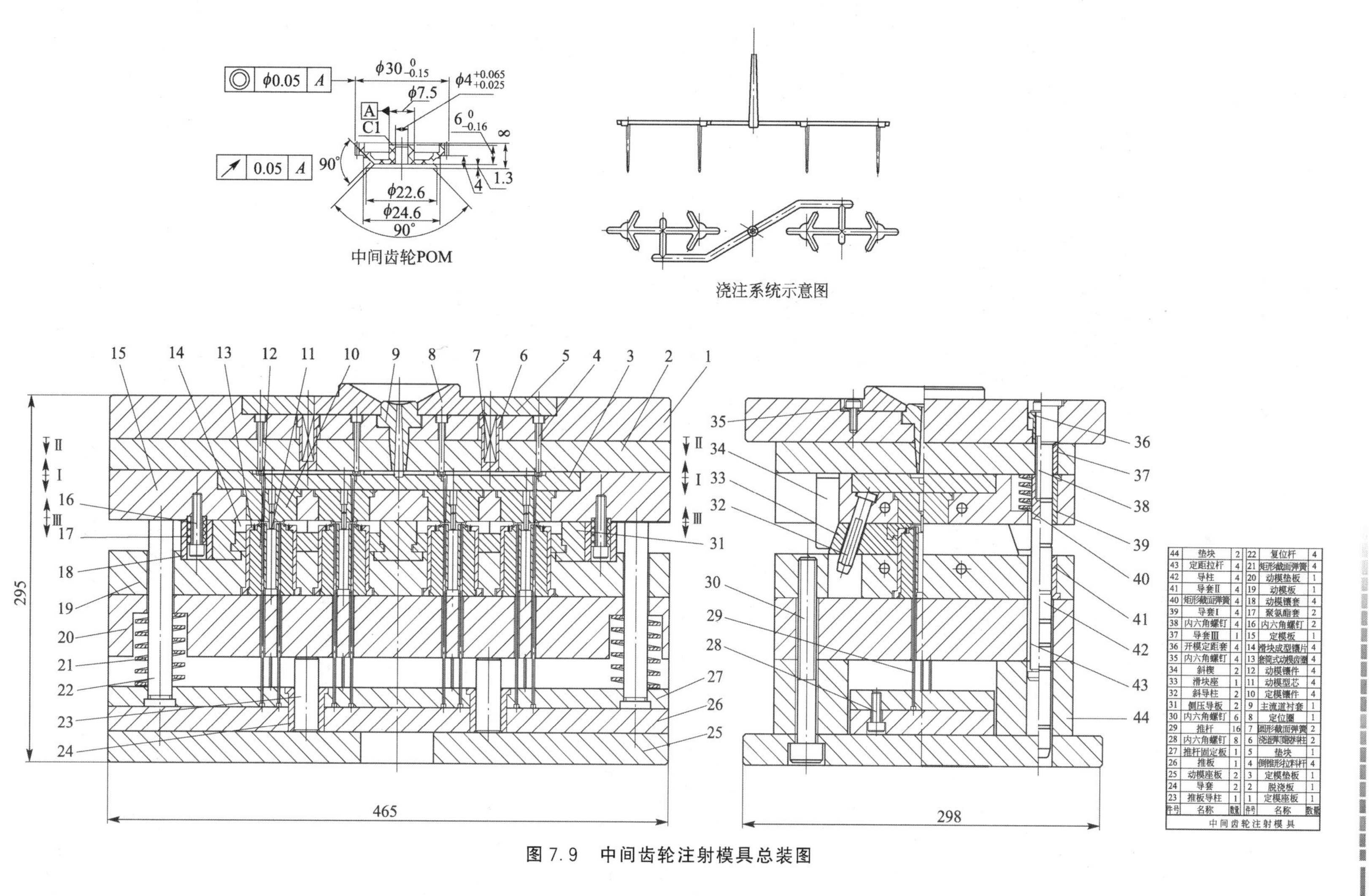

件号	名称	数量	件号	名称	数量
44	垫块	2	22	复位杆	4
43	定距拉杆	4	21	矩形截面弹簧	4
42	导柱	4	20	动模垫板	1
41	导套Ⅱ	4	19	动模板	1
40	矩形截面弹簧	4	18	动模镶套	4
39	导套Ⅰ	4	17	聚氨酯套	2
38	内六角螺钉	4	16	内六角螺钉	2
37	导套Ⅲ	1	15	定模板	1
36	开模定距套	4	14	滑块成型镶片	4
35	内六角螺钉	4	13	套筒式动模齿圈	4
34	斜楔	2	12	动模镶件	4
33	滑块座	1	11	动模型芯	4
32	斜导柱	2	10	定模镶件	4
31	侧压导板	2	9	主流道衬套	1
30	内六角螺钉	6	8	定位圈	1
29	推杆	16	7	圆形截面弹簧	2
28	内六角螺钉	8	6	浇道弹顶脱料柱	2
27	推杆固定板	1	5	垫块	1
26	推板	1	4	倒锥形拉料杆	4
25	动模座板	2	3	定模垫板	1
24	导套	2	2	脱浇板	1
23	推板导柱	1	1	定模座板	1
中间齿轮注射模具					

图 7.9 中间齿轮注射模具总装图

7.10 结构框架注射模具

7.10.1 塑件的成型工艺性分析

该塑件是一电器整件中的结构组件，材料为黑色阻燃型 PBT(20%玻纤增强)。塑件为圆形骨架式带金属嵌件的中空结构件。中间 ϕ22mm 带键槽的轴孔有较高的尺寸公差要求和一定的耐磨损性，故加入了金属嵌套，圆周中空处为 7 等分需安装其他配件的预留空间。该塑件壁厚较均匀(均为 2mm 左右)，满足注射成型工艺要求。但阻燃型 PBT 的流动性较差，在注射成型时，该塑件的结构使塑料在模腔中的流程较长。因而在确定注射成型工艺与模具结构设计，尤其是在分型面选择和浇注系统设计时应充分注意到这一点。

7.10.2 浇注系统的设计

因该塑件有一定的精度要求，又带有金属嵌件。同时其塑料流动性较差，在模腔中的流程又较长，为保证塑件在注射成型过程中的成型质量，经分析比较，浇注系统采用多点(7 点)点浇口的形式。点浇口设置在 7 个抽芯滑块的间隔的中“缝”部位。这样，注射时塑料进料压力一致、流速均衡、流程短，有利塑件的成型，减少了熔接痕的产生和提高了材料的熔接强度，且塑件上留有的浇口痕迹仅为点状。同时为避免浇道的设置与模具成型零件间的有限空间位置产生干涉，对点浇口的浇注系统设计成自动脱落机构的形式，也有利于半自动化生产。

7.10.3 成型部分的型腔设计

结合企业生产实际需求、塑件的结构特点及模具成型零件的加工精度条件等，本模具采用了一模一腔的结构形式。

圆形状中空结构件的外缘为其最大轮廓，故其动、定模间的水平分型面较易选择，而 7 等分需安装其他配件的预留空间处的模具成型必须采用侧向抽芯的模具结构形式。该部分成型必须采用侧向分型的结构形式，注射成型模具的分型面选择是否合理对塑件的成型质量有直接影响。经分析，该塑件的注射模动、定模分型面的选择方案为：上顶端面处为动、定模间的水平分型面，即把主要成型结构设置在动模部分，侧向成型结构部分分解成 7 个均等的成型滑块设置在动模部分。

7.10.4 模具结构与总装设计

模具的总装结构如图 7.10 所示。

倒锥形拉料杆(件 8)、脱浇板(件 4)组成浇注系统的自动脱落机构。定距拉料套(件 17)、圆形截面弹簧(件 20)、定距拉杆(件 21)、动模板(件 22)组成成型后模具按顺序分型开模机构，实现浇注系统与塑件的自动分离。

由于模具完全打开后的空间较大，为保证模具动、定模间的导向精度和使用的安全性、可靠性及浇注系统的去除，导柱长度尺寸应尽可能加长，本模具导柱(件 18)长度设计成略短于模具总高度 5～10mm。

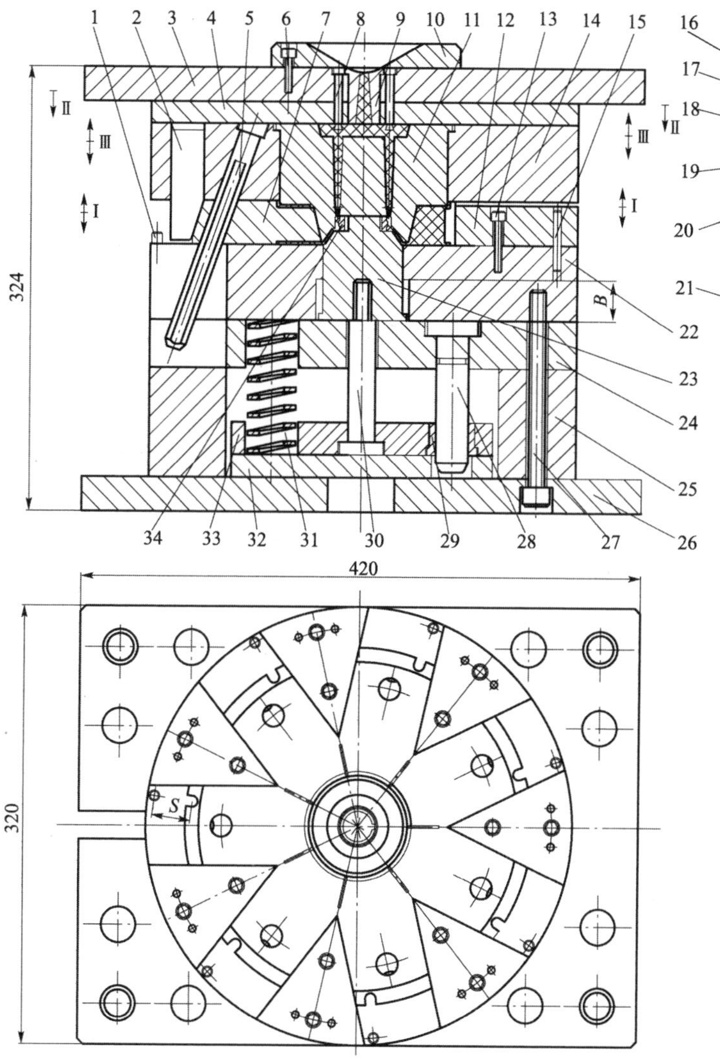

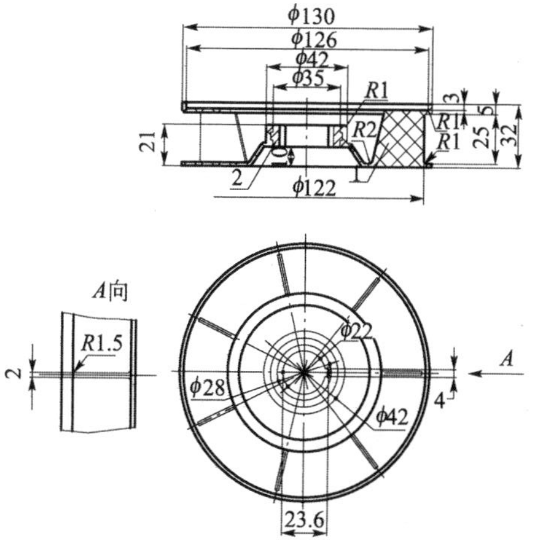

结构框架 PBT 黑色阻燃 (20%玻纤增强)

1.嵌件 2.塑件

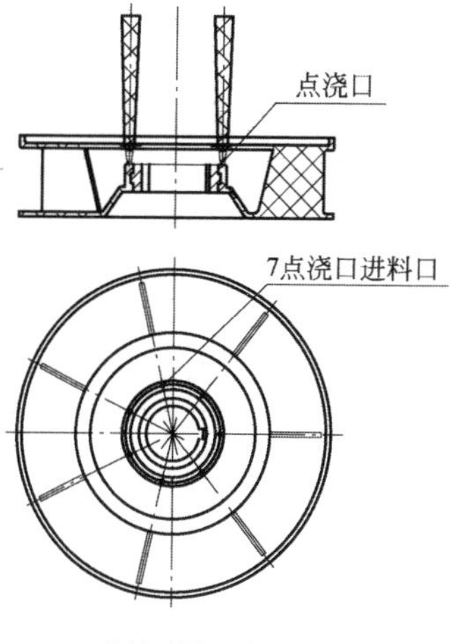

浇注系统示意图

件号	名称	数量	件号	名称	数量
34	金属嵌件	4	17	定距拉料套	4
33	推杆固定板	4	16	内六角螺钉	4
32	推 杆垫板	1	15	圆柱销	14
31	矩形截面弹簧	4	14	定模板	1
30	推杆	1	13	内六角螺钉	14
29	推板导套	4	12	侧面导滑板	7
28	推板导柱	4	11	定模成型镶块	1
27	内六角螺钉	4	10	定位圈	1
26	动模座板	1	9	主流道衬套	1
25	垫块	2	8	倒锥形拉料杆	7
24	动模垫板	1	7	滑块	7
23	活动动模型芯	1	6	内六角螺钉	3
22	动模板	1	5	斜导柱	7
21	定距拉杆	4	4	脱浇板	1
20	圆形截面弹簧	4	3	定模座板	1
19	导套	4	2	锁紧楔	7
18	导柱	4	1	限位销	7
结构框架注射模具					

图 7.10 结构框架注射模具总装图

为简化模具设计，动、定模板设计成圆形板件。7个滑块7等分设置在动模板上，由7块侧面导滑板(件12)导向，斜导柱(件5)开模，合模后由锁紧楔(件2)锁紧。滑块的开、合模移动距离S由限位销(件1)控制(见图7.10中的俯视图)。

针对塑件底部有平整度要求和7等分成型空间无变形的结构特点及为防止塑件成型后在顶出过程中产生后变形。如采用推杆推出，易影响塑件的后变形而使塑件底部平整度达不到质量要求。将中间部位的动模成型型芯设计成可上、下移动的活动型芯的结构形式，塑件在中间部位顶出脱模，可以保证塑件的平稳推出，避免了塑件的后变形。其上、下移距B由加工制作时控制。

嵌件由活动动模型芯(件23)的顶端部圆柱定位，方便装取。在推杆固定板(件33)与动模垫板(件24)间设置了7支矩形截面弹簧(件31)，实现推出机构的快速复位，以利于嵌件的安放。

附录1

注射模具的装配、安装与试模

模具的质量，既取决于模具结构的设计质量和模具零件的加工制造质量，也取决于模具的装配质量，因此提高模具的装配质量是非常重要的。试模是模具制造中的一个重要环节，试模中的修改、补充和调整是对于模具设计的有效补充。

1. 注射模具的装配

模具装配是指把组成模具的零部件按照图样的要求连接或固定起来，使之成为满足一定成型工艺要求的专用工艺装备的工艺过程。模具装配质量的好坏直接影响塑件的质量、模具的技术状态和使用寿命。

模具的装配过程一般包括前期准备、零部件装配、总装配、检验测试四个阶段。模具装配图及验收技术条件是模具装配的依据；而构成模具的所有零件，包括标准件、通用件及成型零件等符合技术要求是模具装配的基础。但是，并不是有了合格的零件就一定能装配出符合设计要求的模具，合理的装配工艺及装配经验也很重要。

1）装配的一般顺序要求

（1）预处理工序在前。如零件的倒角、去毛刺、清洗、防锈、防腐处理应安排在装配前。

（2）先下后上。使模具装配过程中的重心处于最稳定的状态。

（3）先内后外。先装配模具内部的零部件，使先装部分不妨碍后续的装配。

（4）先难后易。在开始装配时，基准件上有较开阔的安装、调整和检测空间，较难装配的零部件应安排在先。

（5）可能损坏前面装配质量的工序应安排在先。如装配中的压力装配、加热装配、补充加工工序等，应安排在装配初期。

（6）及时安排检测工序。在完成对装配质量有较大影响的工序后，应及时进行检测，检测合格后方可进行后续工序的装配。

（7）使用相同设备、工艺装备及具有特殊环境的工序应集中安排。这样可减少产品在装配地的迂回。

（8）处于基准件同一方位的装配工序应尽可能集中连续安排。

（9）电线、油、气管路的安装应与相应工序同时进行，以防零、部件反复拆装。

(10) 易碎、易爆、易燃、有害物质或零部件的安装，尽可能放在最后，以减少安全防护工作量。

2) 装配方法

模具的装配方法是根据模具的产量和装配精度要求等因素来确定的，主要有以下几种。

(1) 互换装配法。根据待装零件能够达到的互换程度，互换装配法可分为完全互换法和不完全互换法。

完全互换法是指装配时，各配合零件不经过选择、修理和调整即可达到装配精度要求的装配方法。采用这种方法时，如果装配精度要求高而且装配尺寸链的组成环较多，容易造成各组成环的公差很小，使零件加工困难。该法的优点是：装配工作简单，质量稳定，易于流水作业，效率高，对装配工人技术水平要求低，模具维修方便，只适用于大批、大量和尺寸链较短的模具零件的装配工作。

不完全互换法是指装配时，各配合零件的制造公差将有部分不能达到完全互换装配的要求。这种方法解决了前述方法计算出来的零件尺寸公差偏高、制造困难的问题，使模具零件的加工变得容易和经济。它充分改善了零件尺寸的分散规律，在保证装配精度要求的情况下降低了零件的加工精度，适用于成批和大量生产的模具的装配。

(2) 分组装配法。分组装配法是将模具各配合零件按实际测量尺寸进行分组，在装配时按组进行互换装配，使其达到装配精度的方法。

(3) 修配装配法。修配装配法是将指定零件的预留修配量修去，达到装配精度要求的方法。

① 指定零件修配法。指定零件修配法是在装配尺寸链的组成环中，指定一个容易修配的零件为修配件(修配环)，并预留一定的加工余量，装配时对该零件根据实测尺寸进行修磨，达到装配精度要求的方法。

② 合并加工修配法。合并加工修配法是将两个或两个以上的配合零件装配后，再进行机械加工使其达到装配要求的方法。

(4) 调整装配法。调整装配法是用改变模具中可调整零件的相对位置或选用合适的调整零件，以达到装配精度的方法。可分为以下两种：

① 可动调整法。可动调整法是在装配时用改变调整件的位置来达到装配精度的方法。此法不用拆卸零件，操作方便，应用广泛。

② 固定调整法。固定调整法是在装配过程中选用合适的调整件，达到装配精度的方法。比如滑块型芯水平位置的调整，可通过更换调整垫的厚度达到装配精度的要求，调整垫可制造成不同厚度，装配时根据预装配时对间隙的测量结果，选择一个适当厚度的调整垫进行装配，达到所要求的型芯位置。

3) 装配连接的方式

如附图 1.1 所示，模具装配连接的主要方式有机械式连接和非机械式连接。机械式连接主要有：紧固件法(定位销与螺栓连接、螺栓连接、定位销连接、斜滑块与螺栓连接等)、压入法、铆接法、挤紧法、焊接法等；非机械式连接主要有热套法、低熔点合金法、粘结法(环氧树脂粘结、无机黏结剂粘结)等。其中粘结法因易老化失效已很少采用。

4) 装配工艺流程

模具装配工艺流程如附图 1.2 所示。

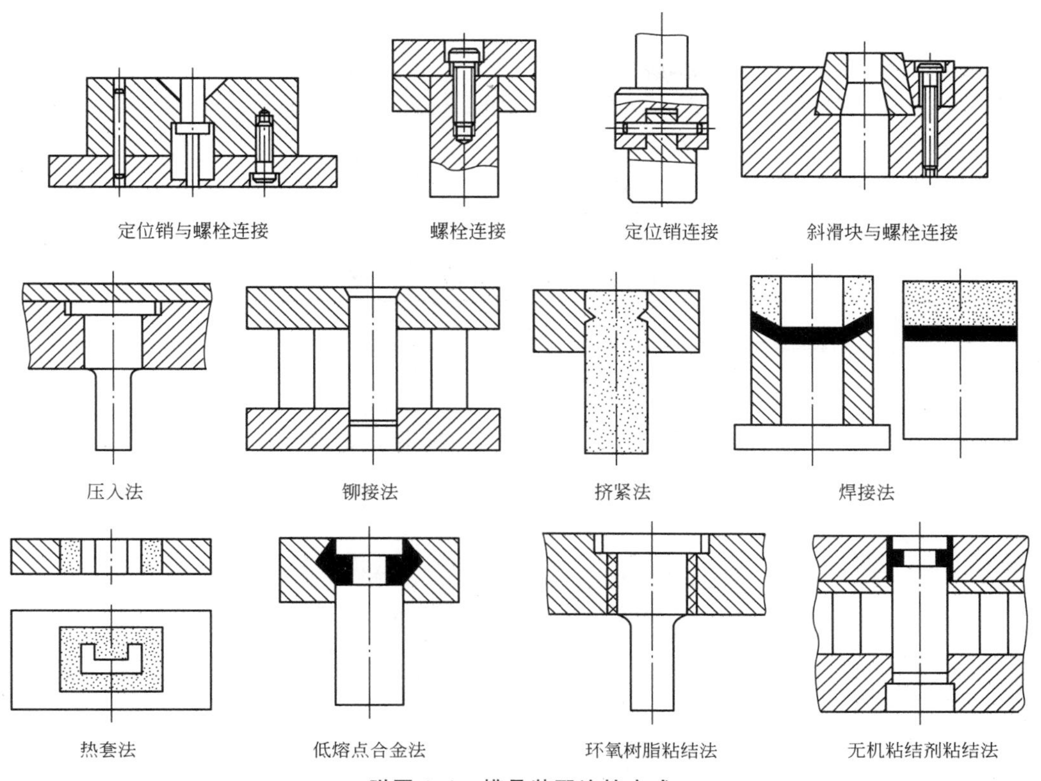

附图 1.1 模具装配连接方式

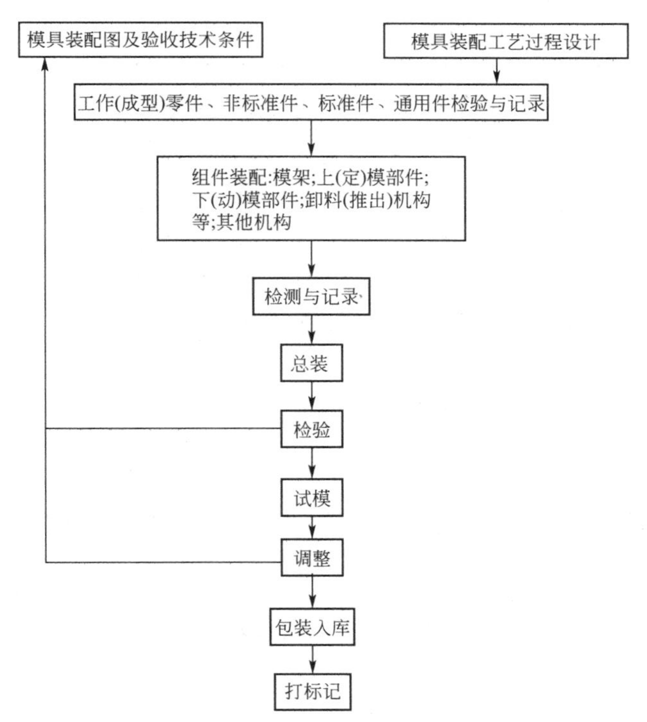

附图 1.2 模具的装配工艺流程

5) 装配技术要求

装配注射模具的主要技术要求如下：

(1) 组成注射模具的所有零件，在材料、加工精度和热处理质量等方面均应符合相应图样的要求。

(2) 组成模架的零件应达到规定的加工要求，见附表 1-1；装配成套的模架应活动自如，并达到规定的平行度和垂直度等要求，见附表 1-2。

附表 1-1　模架零件的加工要求

零件名称	加工部位	条件	要求
动定模板	厚度 基准面 导柱孔	平行度 垂直度 孔径公差 孔距公差 垂直度	300∶0.02 以内 300∶0.02 以内 H7 ±0.02 100∶0.02 以内
导柱	压入部分直径 滑动部分直径 直线度 硬度	精磨 精磨 无弯曲变形 淬火、回火	K6 F7 100∶0.02 以内 55HRC 以上
导套	外径 内径 内外径关系 硬度	磨削加工 削加工 同轴度 淬火、回火	K6 H7 0.012mm 55HRC 以上

附表 1-2　模架组装后的精度要求

项　目	要　求	项　目	要　求
浇口板上平面对底板下平面的平行度 导柱导套轴线对模板的垂直度	300∶0.05 100∶0.02	固定结合面间隙 分型面闭合时的贴合间隙	不允许有 <0.03mm

(3) 装配后的闭合高度和安装部分的配合尺寸要求。

(4) 模具的功能必须达到设计要求：

① 抽芯滑块和推出装置的动作要正常。

② 加热和温度调节部分能正常工作。

③ 冷却水路畅通且无漏水现象。

④ 推出形式、开模距离等均应符合设计要求及使用设备的技术条件，分型面配合严密。

2. 注射模具的安装

注射模具所使用的注射机，有立式、卧式、角式三种类型，现以卧式注射机为例，介绍注射模具的安装、准备和方法。

1) 模具安装前的准备工作

模具安装前的准备工作主要涉及的项目参见附表 1-3。

附表 1-3 模具安装前的准备工作

序号	项目	说明
1	熟悉有关工艺文件资料	根据图样弄清模具的结构、特性及其工作原理 熟悉有关的工艺文件以及所用注射机的主要技术规格
2	检查模具	检查模具成型零件、浇注系统的表面粗糙度及有无伤痕和塌陷等缺陷 检查各运动零件的配合、起止位置是否正确，运动是否灵活 检查模具联结紧固是否可靠，有无松动现象 模具固定模板和移动模板分开检查时，要注意方向记号
3	检查安装条件	检查核对模具的闭合高度及脱模距离是否合适，安装槽(孔)位置是否合理并与注射机是否相适应
4	检查设备	检查设备的油路、水路以及电器是否能正常工作 把注射机的操作开关调到点动或手动位置上，把液压系统的压力调到低压，调整好所有行程开关的位置，使动模板运行畅通 调整动模板与定模板的距离，使其在闭合状态下大于模具的闭合高度 1～2mm
5	检查吊装设备	检查吊装模具的设备是否安全可靠，工作范围是否满足要求

2）安装方法

注射模具的安装方法见附表 1-4。

附表 1-4 注射模具的安装方法

序号	安装方法	注意事项
1	清理模板平面及定位孔、模具安装面上的污物、毛刺	—
2	小型模具的安装：先在机器下面两根导柱上垫好木板，模具从侧面进入机架间，定模入定位孔并放正位置，慢速闭合模板、压紧模具。然后用压板及螺钉压紧定模，初步固定动模。再慢速开启模具，找准动模位置，在保证开闭模具时平稳、灵活、无卡紧现象再固定动模	模具压紧应平稳可靠，压紧面积要大，压板不得倾斜，要对角压紧，压板尽量靠近模脚。注意合模时，动、定模压板不能相撞
3	大型模具的安装常用分体安装法：先把定模从机器上方吊入机架间，模具定位圈进入定位孔，并找正位置、压紧。动模吊入机架间与定模相配合，合模后初步压紧动模。开启模具，配合合适后，紧固动模	安装模具时，注意安全，防止模具落下
4	调节锁模机构，保证有足够的开模距和锁模力，使模具闭合适当	曲肘伸直时，应先快后慢，即不轻松又不勉强；对于要求模温的模具，应在模具提升模温后，再校闭模松紧度
5	慢速开启模板，直至模板停止后退为止。调节推出装置，保证推出距离	开闭模具后，推出机构应动作平稳、灵活，复位机构应协调可靠

(续)

序号	安装方法	注意事项
6	校正喷嘴与浇口套的相对位置及弧面接触情况。可用一纸层放在喷嘴及浇口套之间，观察两者接触情况。校正后拧紧注射座定位螺钉，紧固定位	松紧要合适。一般保持间隙在0.02～0.04mm
7	接通冷却水路及加热系统。水路应通畅电加热器应按额定电流接通	安装调温、控温装置以控制温度；电路系统要严防漏电
8	先开空车运转，观察模具各部分运行是否正常，然后进行试模调节	注意安全，试车前一定要将工作场地清理干净

3. 注射模具的调试

模具的调整与试模称为调试，是模具制造中的最后工序。它的主要工作是弥补模具在设计和制造上所存在的缺陷以及制出合格零件的试验性生产。因此，模具按图样加工和装配后，在试模与调整的最后工序中，设计、制造、检验及工艺各部门必须共同分析试模与调整中所发现的缺陷、找出解决办法和措施，以使其不仅能生产出合格的制品来，而且能安全稳定地投入生产使用，达到预期的使用效果及经济效益。在模具专业工厂及大中型模具生产厂，均设有专门负责调整模具的工段或班组。而小型工厂，则一般由模具制造者与设计、检验部门一起对模具试模与调整，根据试模情况，共同决定模具质量。

1）试模与调整前的检查

注射模具试模前的检查内容见附表1-5。

附表1-5　注射模具试模前检查内容

检查项目	检　查　内　容
模具外观检查	1. 模具闭合高度、安装于机床的各配合尺寸、顶出形式、开模距、模具工作要求等要符合所选定设备的技术条件 2. 大中型模具要便于安装及搬运，应有起重孔或吊环，模具外露部分锐角要倒钝 3. 各种接头、阀门、附件、备件是否齐备，模具要有合模标记 4. 成型零件、浇注系统表面应光洁，无塌坑及明显伤痕 5. 各滑动零件配合间隙要适当，无卡住及紧涩现象；活动要灵活、可靠，起止位置的定位要正确，各镶嵌件、紧固件要牢固，无松动现象 6. 模具要有足够的强度，工作时受力要均匀，模具稳定性要良好 对于压缩成型模具，加料腔和柱塞高度要适当，凸模(或柱塞)与加料腔的配合间隙是否合适；工作时互相接触的承压零件(如互相接触的型芯、凸模与挤压环、柱塞与加料腔)之间应用适当的间隙和合理的承压面积及承压形式、以防工作时零件的直接挤压
模具空运转检查	1. 合模后各承压面(分型面)之间不得有间隙，接合要严密 2. 活动型芯、推出及导向部位运动及滑动要平稳，动作要灵活，定位导向要正确 3. 锁紧零件要安全可靠，紧固件不松动 4. 开模时，推出部分应保证顺利脱模，以方便取出浇注系统凝料 5. 冷却水要通畅、不漏水、阀门控制要正常 6. 电加热系统无漏电现象、安全可靠 7. 各气动液压控制机构动作要正常 8. 各附件齐全、使用良好

2）试模前的准备工作

注射模具试模前的准备工作见附表 1－6。

附表 1－6 注射模具试模前的准备工作

序号	准备项目	准备内容
1	试模材料的准备	1. 检查试模材料，是否符合图样规定的技术要求 2. 材料应进行预热与烘干
2	熟悉图样及工艺	1. 熟悉塑件产品图 2. 掌握塑料成型特性、塑件特点 3. 熟悉模具结构、动作原理及操作方法 4. 掌握试模工艺要求、成型条件及正确的操作方法 5. 熟悉各项成型条件的作用及相互关系
3	检查模具结构	按图样依据附表 1－5 检查方法，对模具进行仔细检查，无误后，才能安装模具，开始试模
4	熟悉设备使用	1. 熟悉设备结构及操作方法、使用保养知识 2. 检查设备成型条件是否符合模具应用条件及能力
5	工具及辅助工艺配件准备	1. 准备好试模用的工具、量具、卡具 2. 准备一本记录本，以记录在试模过程中出现的异常现象及成型条件变化状况

3）模具调整要点

注射模具调整要点见附表 1－7。

附表 1－7 注射模具调整要点

调整项目	要点说明
选择喷嘴及螺杆	1. 根据不同塑料、按设备要求选用螺杆 2. 按塑料品种及成型工艺要求选用喷嘴
调节加料量，确定加料方式	1. 按制件质量(包括浇注系统耗用量，但不计嵌件)决定加料量，并调节定量加料装置，最后以试模为准 2. 按成型要求调节加料方式 3. 注射座要来回移动的注射模，则应调节定位螺钉，以保证正确复位，喷嘴与模具要紧密配合
调节锁模系统	装上模具，按模具闭合高度、开模距离调节锁模系统及缓冲装置，应保证开模距离要求。锁模力松紧要适当，开闭模具时要平稳缓慢
调整推出装置与抽芯系统	1. 调节推出距离，以保证正常推出塑件 2. 对设有抽芯系统的设备，应将装置与模具连接，调节控制系统，以保证起止动作协调，定位及行程正确
调整塑化能力	1. 按成型的具体条件进行调节 2. 调节料筒及喷嘴温度，塑化能力应按试模时塑化情况酌情增减

（续）

调整项目	要点说明
调节注射压力和注射速度	1. 按成型要求调节注射压力 2. 按塑件及壁厚调节流量阀，以调节注射速度
调节成型时间	按成型要求来控制注射、保压、冷却时间及整个成型周期。试模时，应手动控制，酌情调整各程序时间，也可以调节时间继电器自动控制成型时间
调节模温及水冷系统	1. 按成型条件调节水流量和电加热电压，以控制模温及冷却速度 2. 开机前，应打开油泵、料斗及冷却水系统
确定操作次序	装料、注射、闭模、开模等工序应按成型要求调节。试模时必须采用人工控制，生产时方可采用自动及半自动控制

4）试模过程中易产生的缺陷及原因

注射模具试模过程中易产生的缺陷及原因见附表1-8。

附表1-8　试模过程中易产生的缺陷及原因

缺陷 原因	制件不足	溢边	凹痕	银丝	熔接痕	气泡	裂纹	翘曲变形
料筒温度太高		√	√	√		√		√
料筒温度太低	√				√		√	
注射压力太高		√					√	√
注射压力太低	√		√		√	√		
模具温度太高			√					√
模具温度太低	√		√		√	√	√	
注射速度太慢	√							
注射时间太长				√	√		√	
注射时间太短	√		√		√			
成型周期太长		√		√				
加料太多		√						
加料太少	√		√					
原料含水分过多			√					
分流道/浇口太小	√		√	√	√			
模穴排气不好	√			√		√		
制件太薄	√							
制件太厚或薄厚变化大			√			√		√
成型机能力不足	√		√	√				
成型机锁模力不足		√						

4. 注射模具的验收、使用

1）验收

模具在试模后，应按模具的技术条件及合同内容进行验收。其验收范围包括：

(1) 模具的外观检查。

(2) 尺寸检查。

(3) 试模和制件检查。

(4) 质量稳定性的检查。

(5) 模具材质及热处理要求检查。

检查部门应按模具图样和技术条件进行全面检查验收，并将检查部位、检查项目、检查方法等内容逐项填入模具验收卡，以便交付用户使用。

试模后模具的验收项目见附表1-9。

附表1-9 试模后模具的验收项目

验收项目	验收说明
模具性能	各工作系统坚固可靠，活动部分灵活平稳、动作协调，定位起止正确，保证能稳定正常工作，满足成型要求及生产效率 脱模良好，嵌件安放方便、可靠 各主要零件受力均匀，有足够的强度及刚性 对成型条件及操作不要苛刻，便于投入生产 模具安装平稳性好，调整方便，工作安全可靠 加料、取料、浇注及取件方便，消耗材料少 配件、附件齐全，使用性能良好
塑件质量	尺寸、表面粗糙度符合图样要求 形状完整无缺，表面光洁平滑，无缺陷及弊病 推杆残留凹痕不得太深 飞边不得超过规定要求 成批生产时，能保证质量稳定，性能良好

2）验收标准

塑料注射模相关标准有：

(1)《塑料注射模技术条件》(GB/T 12554—2006)；

(2)《塑料注射模零件》(GB/T 4169.1—2006～GB/T 4169.23—2006)；

(3)《塑料注射模模架技术条件》(GB/T 12556—2006)；

(4)《塑料注射模模架》(GB/T 12555—2006)；

(5)《塑料注射模零件技术条件》(GB/T4170—2006)。

3）使用与维护

塑料模具的精度和寿命依靠的是在使用中对塑料模的养护，维修是迫不得已才采取的措施。资料显示，使用与保养在模具使用寿命影响因素中占15%～20%，注塑模具使用寿命一般能达到80万次，使用中保养完好的模具甚至能再延长2～3倍。因此，在使用中对模具的维护非常重要。

(1) 塑料模具维护和保养的要求

① 规范地进行成型生产。成型生产人员必须充分了解模具结构、塑料的特性，正确选择与之相对应的成型设备并合理地调节低压闭模(目的是使模具在闭模时得到低压保护)、高压锁模以及成型工艺条件(压力、温度、时间等)，对成型模、成型设备和成型操作工艺进行必要的管理。

② 及时、正确、规范地进行模具的保养和修理。一旦发现塑料模有故障，就应及时修理，小问题不解决，往往会引起大问题。首先应寻找产生故障的原因，然后经全面考虑后制订正确的修模方案。修模方案不是唯一的，应选择优质、高效、经济的综合方案进行模具的保养和修理。修理过程中，应遵循规范的修模作业规程。

③ 进行必要的模具日常、定期保养。在生产过程中对模具的维护，包括上班前的维护和下班后的维护。在塑料模的保养过程中，最为重要的部位应为型腔表面，必须保证型腔表面的表面粗糙度要求，以满足脱模需要。同时不能出现刮伤，要定期清理并作防锈处理，对模具中的滑动部位应加适量润滑油脂，保证启动灵活，模具的易损件也应适时更换。上班前对模具进行检查，如导柱、导套、凸凹模是否有损坏和异常声音，下班后要对模具进行维护与保养。

(2) 塑料模具维护保养的周期

模具的保养是每天必须的，每天生产前的开合模检查（空行程5次以上)，导柱、型芯、滑动件的润滑每天必须进行。塑料模具维护保养的周期见附表1-10。

附表1-10　塑料模具各部件的维护保养周期

序号	检查项目	每天	15天	1个月	3个月	6个月至1年
1	喷嘴的松动					○
2	模具型腔面渗水	○				
3	紧定螺钉是否松动			○		
4	顶杆弯曲、磨损、咬死		○			
5	滑动型芯动作及导柱、导套加油			○		
6	脱模的动作是否协调	○				
7	模具表面质量				○	
8	模具拆卸检查(检查内容有：除锈、除油、润滑，型腔磨损、密封件、孔销的溢料及其他多余物、冷却水垢的清除等)					○

附录2

塑料模具设计相关标准目录

<table>
<tr><th>序号</th><th>标准代号</th><th colspan="3">标准内容</th></tr>
<tr><td>01</td><td>GB/T 14486—2008</td><td>塑料模塑件尺寸公差</td><td colspan="2">Dimensional tolerances for moulded plastic parts</td></tr>
<tr><td>02</td><td>GB/T 14234—93</td><td>塑料件表面粗糙度</td><td colspan="2">Surface roughness of plastic parts</td></tr>
<tr><td>03</td><td>GB/T 8846—2005</td><td>塑料成型模术语</td><td colspan="2">Terminology of moulds for plastics</td></tr>
<tr><td>04</td><td>GB/T 12554—2006</td><td>塑料注射模技术条件</td><td colspan="2">Specification of injection moulds for plastics</td></tr>
<tr><td>05</td><td>GB/T 12555—2006</td><td>塑料注射模模架</td><td colspan="2">Injection mould bases for plastics</td></tr>
<tr><td>06</td><td>GB/T 12556—2006</td><td>塑料注射模模架技术条件</td><td colspan="2">Specification of injection mould bases for plastics</td></tr>
<tr><td>07</td><td>GB/T 4170—2006</td><td>塑料注射模零件技术条件</td><td colspan="2">Specification of components of injection moulds for plastics</td></tr>
<tr><td>08</td><td>GB/T 4169.1—2006</td><td>塑料注射模零件 第1部分：推杆</td><td rowspan="8">Components of injection moulds for plastics</td><td>Part 1：Ejector pin</td></tr>
<tr><td>09</td><td>GB/T 4169.2—2006</td><td>塑料注射模零件 第2部分：直导套</td><td>Part 2：Straight guide bush</td></tr>
<tr><td>10</td><td>GB/T 4169.3—2006</td><td>塑料注射模零件 第3部分：带头导套</td><td>Part 3：Headed guide bush</td></tr>
<tr><td>11</td><td>GB/T 4169.4—2006</td><td>塑料注射模零件 第4部分：带头导柱</td><td>Part 4：Headed guide pillar</td></tr>
<tr><td>12</td><td>GB/T 4169.5—2006</td><td>塑料注射模零件 第5部分：带肩导柱</td><td>Part 5：Shouldered guide pillar</td></tr>
<tr><td>13</td><td>GB/T 4169.6—2006</td><td>塑料注射模零件 第6部分：垫块</td><td>Part 6：Spacer block</td></tr>
<tr><td>14</td><td>GB/T 4169.7—2006</td><td>塑料注射模零件 第7部分：推板</td><td>Part 7：Ejector plate</td></tr>
<tr><td>15</td><td>GB/T 4169.8—2006</td><td>塑料注射模零件 第8部分：模板</td><td>Part 8：Mould plate</td></tr>
</table>

(续)

<table>
<tr><th>序号</th><th>标准代号</th><th colspan="3">标准内容</th></tr>
<tr><td>16</td><td>GB/T 4169.9—2006</td><td>塑料注射模零件 第9部分：限位钉</td><td rowspan="15">Components of injection moulds for plastics</td><td>Part 9：Stop pin</td></tr>
<tr><td>17</td><td>GB/T 4169.10—2006</td><td>塑料注射模零件 第10部分：支承柱</td><td>Part 10：Support pillar</td></tr>
<tr><td>18</td><td>GB/T 4169.11—2006</td><td>塑料注射模零件 第11部分：圆形定位元件</td><td>Part 11：Round locating element</td></tr>
<tr><td>19</td><td>GB/T 4169.12—2006</td><td>塑料注射模零件 第12部分：推板导套</td><td>Part 12：Ejector guide bush</td></tr>
<tr><td>20</td><td>GB/T 4169.13—2006</td><td>塑料注射模零件 第13部分：复位杆</td><td>Part 13：Return pin</td></tr>
<tr><td>21</td><td>GB/T 4169.14—2006</td><td>塑料注射模零件 第14部分：推板导柱</td><td>Part 14：Ejector guide pillar</td></tr>
<tr><td>22</td><td>GB/T 4169.15—2006</td><td>塑料注射模零件 第15部分：扁推杆</td><td>Part 15：Flat ejector pin</td></tr>
<tr><td>23</td><td>GB/T 4169.16—2006</td><td>塑料注射模零件 第16部分：带肩推杆</td><td>Part 16：Shouldered ejector pin</td></tr>
<tr><td>24</td><td>GB/T 4169.17—2006</td><td>塑料注射模零件 第17部分：推管</td><td>Part 17：Ejector sleeve</td></tr>
<tr><td>25</td><td>GB/T 4169.18—2006</td><td>塑料注射模零件 第18部分：定位圈</td><td>Part 18：Locating ring</td></tr>
<tr><td>26</td><td>GB/T 4169.19—2006</td><td>塑料注射模零件 第19部分：浇口套</td><td>Part 19：Sprue bush</td></tr>
<tr><td>27</td><td>GB/T 4169.20—2006</td><td>塑料注射模零件 第20部分：拉杆导柱</td><td>Part 20：Limit pin</td></tr>
<tr><td>28</td><td>GB/T 4169.21—2006</td><td>塑料注射模零件 第21部分：矩形定位元件</td><td>Part 21：Rectangular locating element</td></tr>
<tr><td>29</td><td>GB/T 4169.22—2006</td><td>塑料注射模零件 第22部分：圆形拉模扣</td><td>Part 22：Round mould opening delayer</td></tr>
<tr><td>30</td><td>GB/T 4169.23—2006</td><td>塑料注射模零件 第23部分：矩形拉模扣</td><td>Part 23：Rectangular mould opening delayer</td></tr>
</table>

附录3

与课程内容相关的部分网络资源站点

序号	网站名称	网　　址	简　　介
01	中国模具工业协会	http：//www. cdmia. com. cn	中国模具工业协会主办唯一官方网站
02	中国塑料模具网	http：//www. mouldsnet. cn	最早专业从事模具行业大型B2B电子商务网站之一。领先的中国模具行业网上贸易市场，模具厂家行业B2B门户网站
03	中国模具论坛	http：//www. mouldbbs. com	全面的模具技术人才交流网站，包含：模具技术中心、机械技术中心、软件学习中心
04	精英注塑网	http：//www. CNmolding. com	精英注塑网是一个为注塑行业用户提供信息服务的开放性网站，是国内领先的注塑行业信息化平台。服务理念：信息共享，技术共享，资料共享
05	中国注塑网	http：//www. yxx. cn	专业提供注塑及注塑机技术资料、注塑相关人才求职招聘、注塑及注塑机行业资讯、注塑网络商场、注塑市场动态、供求信息、产品展示以及自助建站、注塑书店、注塑博客、注塑之家的塑料行业门户网站
06	国际模具网	http：//www. 2mould. com	面向全球的国内模具产业链贸易平台，为模具采购商、供应商、配套商提供贸易机会
07	模具技术网	http：//www. szmolds. com	中国模具高端技术交流平台，制造业门户网站。模具制造立体传媒电子商务平台，深圳市模具技术学会官方网站

(续)

序号	网站名称	网　址	简　介
08	柏霖作坊	http：//www.moldshow.com	专注塑料模具教学，提供大量原创塑料模具动画、软件模块等资源下载
09	燕秀模具技术论坛	http：//bbs.yxcax.com	很好的模具学习论坛，免费提供原创的模具设计外挂《燕秀工具箱》等资源下载
10	模具设计与制造资料网	http：//www.aimuju.com	模具设计与制造资料网-爱模具，为模具设计与制造技术人员提供丰富的模具设计软件学习教程资料，在这里可以找到需要的模具设计案例、模具设计方法、模具加工教程等
11	中国轻工模具网	http：//www.mouldscity.com	包括模具生产、模具机械、模具材料、模具辅助机构、模具资讯等栏目内容
12	中华塑料网	http：//www.zhslw.cn	知名塑料行业门户网站，专业提供塑料供求信息、塑胶化工资讯、塑料行情价格、塑胶会展策划等优质服务
13	世界模具协会(ISTMA)	http：//www.istma.org	国际特殊模具及加工协会(ISTMA)是一个国际组织，提供其成员之间的沟通渠道
14	亚洲模具网	http：//mj.liuti.cn	亚洲流体网(www.liuti.cn)旗下21个行业细分网站之一，立足于中国并面向全球，为广大模具行业的从业人士提供一个及时了解行业市场动态、技术革新、新品展示的专业平台
15	中国国际模具网	http：//www.mouldintl.com	一个基于网络的、全新的国际模具产业的资讯、电子商务传播服务平台，是为模具产业的设计、制造、使用、交易、交流全程服务的平台
16	长三角模具网	http：//www.deltamould.com	模具行业专业交易平台及技术交流与服务平台。以促进企业及专业人士间交流为目的，服务于模具行业领域的上下游企业及专业人士
17	中国模具资料网	http：//www.mjzl.cn	包括UG论坛、Pro/E论坛、SolidWK、Caxa论坛、设计论坛、数控论坛、模具培训、机械论坛等栏目
18	模具视频网	http：//v.uggd.com	模具联盟网 www.uggd.com 旗下的模具视频网站，专业免费提供模具设计领域的视频，NX视频，UG视频，努力打造国内最大的模具视频网

（续）

序号	网站名称	网　　址	简　　介
19	iCAx 开思网	http：//www. icax. org	CAD/CAM/CAE/PLM/ERP/机械/模具行业专业门户网站
20	Moldflow	http：//usa. autodesk. com/moldflow	（英文）塑料成型计算机辅助工程分析（CAE）软件 Moldflow 是塑料分析软件的创造者及主导者
21	MoldMaking Technology Online	http：//www. moldmakingtechnology. com	（英文）提供模具加工方面的技术资料
22	Plastics Technology	http：//www. ptonline. com	（英文）塑料及模具方面综合性资讯网站，同时有数据中心及技术资源中心
23	PlasticsToday	http：//www. plasticstoday. com	（英文）综合性塑料网站，提供：塑料行情、论坛、参考资料等
24	Material Data Center	http：//www. materialdatacenter. com/mb/	（英文）非常全的各种塑料性能数据库
25	塑料成型工艺与模具	http：//jingpin. szu. edu. cn/moju	深圳大学，广东省精品课程
26	塑料成型工艺及模具	http：//jpkc. sust. edu. cn/ec/C11/Course/Index. htm	陕西科技大学精品课程
27	塑料成型工艺及注射模具设计	http：//218. 87. 136. 37/main/yzkc/slcx-gy/slcxgy. htm	江西理工大学精品课程

附录4 注射模具课程设计范例及课题汇编

1. 注射模具的设计流程

由于塑件品种繁多，模具的结构特征和要求也各不相同，注射模具的设计流程会因设计人员的技术熟练程度和习惯而异。附表4－1列出了注射模具设计的主要流程，

附表4－1　注射模具的设计流程

序号	设计阶段	主要内容及要求
1	明确任务	模具设计人员以“模具设计任务书”为依据进行模具设计。其内容一般包括：①经过审签的正规塑件生产图样，并注明所用塑料的牌号与要求(如色泽、透明度等)；②塑件的说明书(使用要求)或技术要求；③成型工艺方法；④生产数量；⑤完成的时间要求；⑥塑件样品(可能时)
2	设计准备	① 消化塑件图样，了解塑件的使用要求，分析塑件的结构工艺性和尺寸工艺性等技术要求，若发现问题，可对塑件图样提出修改意见 ② 分析工艺资料，了解所用塑料的物化性能、成型特性以及工艺参数，收集整理与模具设计计算有关的资料与参数 ③ 通过调研，研究同类型塑件成型模具的设计经验，进行设计可行性分析 ④ 熟悉工厂实际情况，如成型设备及相关技术规范、模具制造车间的加工能力与水平、其他有关辅助设备等，以便结合工厂实际，既方便又经济地进行模具设计工作 ⑤ 准备设计需要的标准、手册、图册等技术资料，拟订设计计划
3	选择成型设备	① 根据“模具设计任务书”确定成型工艺及主要参数 ② 计算塑件体积和重量 ③ 选择成型设备，了解其性能、规格和特点，校核有关参数，以便模具设计时有关技术规范能与之相匹配

（续）

序号	设计阶段	主要内容及要求
4	拟定模具结构总体方案	① 确定塑件在模具中的位置，包括分型面的选择、型腔的数目及分布 ② 确定浇注系统的形式，包括主流道、分流道、冷料井以及浇口的位置、形状、大小，还有排气方式等 ③ 选择塑件脱模方式，考虑模具打开的方法和顺序，推出机构的选择与设计等 ④ 确定主要零件的结构与尺寸以及所需要的安装配合关系 ⑤ 模架的选择、支承与连接零件的组合设计 ⑥ 模温调节系统的设计，确定冷却加热方式
5	方案的讨论与论证	模具结构总体方案的拟定，是设计工作的基本环节。通过征询、分析论证与权衡，并经过模具制造工艺、成型工艺及成本等方面的可行性分析，选出最合理的方案
6	绘制模具装配草图	草图设计过程是一个“边设计(计算)、边绘图、边修改”的过程，其基本做法是先从型腔开始，由里向外，主视图、俯视图、侧视图同时进行： ①型芯、型腔的结构；②浇注系统、排气系统的结构形式；③分型面及分型、脱模机构；④合模导向与复位机构；⑤模具冷却或加热系统的结构与部位；⑥安装、支承、连接、定位等零件的结构、数量及安装位置；⑦确定装配图的图幅、绘图比例、视图数量布置及方式
7	绘制零件图	① 凡需自制的模具零件都应单独绘制符合机械制图规范的零件图，以满足交付加工的要求 ② 零件图的图号应与装配图中的零件图号一致，便于查对
8	绘制模具总装图	要求符合设计规范，准确地表达所设计的模具结构，包括分型面、明细标题栏、技术要求和使用说明、浇注系统示意图等，并在图纸的右上角附上塑件图
9	编写设计说明书	设计说明书主要包括的内容参见本附录的第2部分。 要求叙述简练，详略得当，准确表达设计思路，设计计算正确完整，并画出与设计计算有关的结构简图。计算部分只需列出公式、代入数据，求出结果即可，运算过程可以省略
10	模具的制造、试模与图样的修改	模具图样交付加工后，还需关注跟踪模具加工制造全过程及试模修模过程，及时更改设计不合理之处或增补设计疏漏之处，对模具加工厂方不能满足模具零件局部加工要求之处进行变通，直到试模完毕能生产出合格的塑件。 图样的修改应注意手续和责任

2. 注射模具的设计范例

如附图4.1所示为塑料传动轮，是一传动结构部件中的电机带轮，塑件原材料：POM(聚甲醛)；成型方式：注射；成型设备：50EP(日本，东芝)。

1) 塑件的成型工艺性分析

(1) 塑料成型特性。POM(聚甲醛)有较高的机械强度和抗拉、抗压性能，尤其是耐疲劳强度在所有塑料材料中是最好的。聚甲醛的蠕变性小、自润性好，长期工作状态下尺寸稳定；具有良好的减摩、耐磨性能。特别适合使用于在长时间承受外力的齿轮、传动轮等类别的塑件材料。

因聚甲醛的成型收缩率范围较大(0.8%～3.5%)，及其在成型温度下的热稳定性差等是我们在理论计算、模具结构设计及选用、设定注塑工艺参数时必须充分注意的。

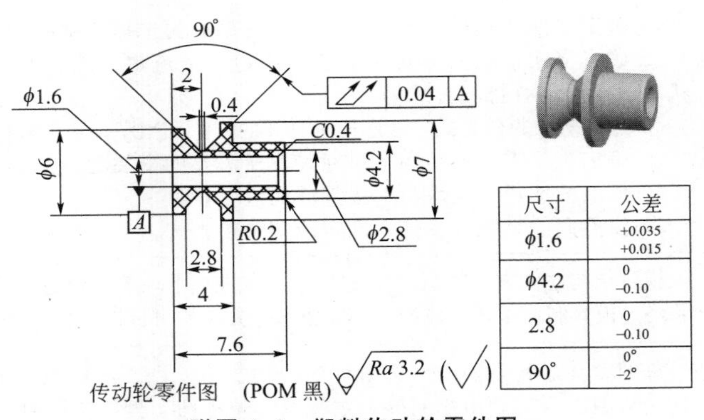

尺寸	公差
φ1.6	+0.035 +0.015
φ4.2	0 −0.10
2.8	0 −0.10
90°	0° −2°

附图 4.1 塑料传动轮零件图

(2) 塑件的结构工艺性：

① 塑件的尺寸精度与形位公差精度分析。塑件为结构传动件。除中间小轴孔(ϕ1.6mm)有较高的尺寸精度要求外，ϕ4.2mm 和 2.8mm(−0.10)两处尺寸亦有一定的公差要求。且传动带槽两侧面与轴孔有全跳动的形位公差要求(≥0.04)。因此，对有形位公差和尺寸公差精度要求的部位在模具结构设计及工艺计算时应提高 1～2 个精度等级来考虑与确定。对自由尺寸可按 MT7 查取公差值。

② 塑件表面质量分析。塑件的轴孔及传动带槽两侧面的表面粗糙度为 Ra0.8μm，而塑件其余部分表面则没有较高的粗糙度要求。

③ 塑件的结构工艺性分析。塑件外形为回转体，壁厚尺寸较均匀，符合成型要求。

2) 分型面与浇注系统的设计

(1) 分型面的选择。选择分型面时，根据分型面的选择原则，应以塑件的最大轮廓为动、定模的分型界面，同时有利于模具型腔内的排气并尽可能地使塑件留在动模部分。在本注射模具设计时，塑件的上部(ϕ6mm)端面，为模具动、定模间的水平分型面，而皮带槽部位的成型必须采用滑块垂直分型的结构形式。即既需水平分型又需垂直分型。

该分型方式使塑件全部在动模型腔内注塑成型。有利于保证在模具结构设计时，对塑件的尺寸精度和形位公差精度要求所应采用的对应工艺措施更为恰当、合理。

(2) 浇注系统的设计。因塑件体积较小，精度要求较高且成型时又确定为一模多腔，进料口适宜采用点浇口的形式，为避免分流道的设置与模具成型零件之间的有限空间位置产生干涉，选择使用了点浇口与分流道偏转一定角度的结构方式，如附图 4.2 所示。

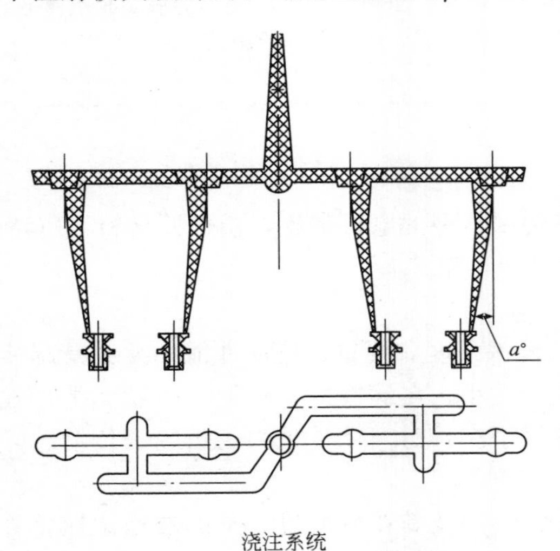

附图 4.2 浇注系统图

针对不同材料、不同结构的小型塑件采用点浇口与分流道偏转不同角度的方式，既能达到避免浇注系统与模具成型零件间的干涉又不影响分流道的自动与半自动脱落。点浇口与分流道偏转角度(附图 2 中所示的 α)，对 PA 等塑件材料，α 可取 8°～12°；对 PP、PE、POM 等塑件材料，α 可取 5°～9°；对 ABS 等塑件材料，α 可取 3°～5°；对 PS、有机玻璃等塑件材料，因其脆性不宜采用此浇口偏转的结构形式(因其在脱模时，分流道与点浇口连接处易断裂而影响生产的连续性)，为在注塑时使浇注系统的进料压力平衡，本模具浇注系统的分流道设计成 Z 形分流流向的形式，成对称分流至点浇口流道(见附图 4.2 中俯视图)。

3) 注射设备参数的选择与校核

本注射模具所确定的使用注射机为 50EP(日本，东芝)。其设备的各主要技术参数：一次额定注射量：84g；螺杆直径：ϕ40mm；注射压力：100MPa；注射行程：110mm；注射时间：1.5s；锁模力：900kN；最大成型面积：300mm；最大开、合模行程：280mm；模具最大厚度：300mm；模具最小厚度；180mm。

初选为一模四腔的模具结构形式，因塑件体积较小，单件质量仅为 3.7g，点浇口的浇注系统质量为 19.6g，一次注射量(4×3.7g＋19.6g＝34.4g)远小于注射机的额定注射量(84g)；模具的总装草图中最大厚度尺寸为 265mm，满足所定注射设备的技术要求。

草图中分型面Ⅰ的分型距为 6mm(此分型距尺寸能满足主流道与浇口套的完全分离即可)；分型面Ⅱ的分型距为 80mm (此分型距尺寸要满足整个浇注系统的完全、自由脱落)；分型面Ⅲ分型距为 45mm(此分型距尺寸要保证被顶出动模后塑件的自由脱落)。三分型距的总行程尺寸为 6mm＋80mm＋45mm＝131mm＜280mm(最大开、合模行程)。

其他相对应的使用条件均与注射设备参数要求符合。

4) 成型部分的型腔设计

(1) 型腔数目与布局。传动轮塑件体积较小，单件质量仅为 3.7g。所选用注射机(50EP)的一次最大注射量为 84g，远大于塑件与浇注系统的质量总和，故最终确定为一模四腔的生产方式。因塑件须垂直分型，所以型腔的排列方式只有一种，即一模四腔成直线排列在模具的中心轴线上。

(2) 成型部分零件的结构。模具成型部分的结构设计必须保证能达到塑件的最终质量要求。

① 塑件的上、下成型部分设计成镶套的形式固定在动、定模板上，中间部分的传动带槽成型采用滑块分型的结构，中间轴孔的成型型芯固定在动模座板部分。动、定模的固定型腔孔在模板组合定位预加工孔后，同时用坐标磨床一次组列磨出，以此为基准保证各型腔间的相对位置精度。

② 在滑块成型部位的结构设计时，既要考虑保证单个模腔的成型质量，又要保证四个型腔间的相对位置精度。因此，每一成型单元应设计成既相互独立、又可以互换调整而不影响各个成型型腔间的位置精度。为使各成型型腔既相互独立又能互换调整，传动带槽的成型采用了如附图 4.3 所示的滑块型腔成型镶块的结构形式，即大滑块只作为一个基体，每一单元的成型镶块在分别加工后，组列固定在大滑块上。皮带槽的成型型腔在所有镶块外形统一精加工后用专用工装装夹后一次加工成型。

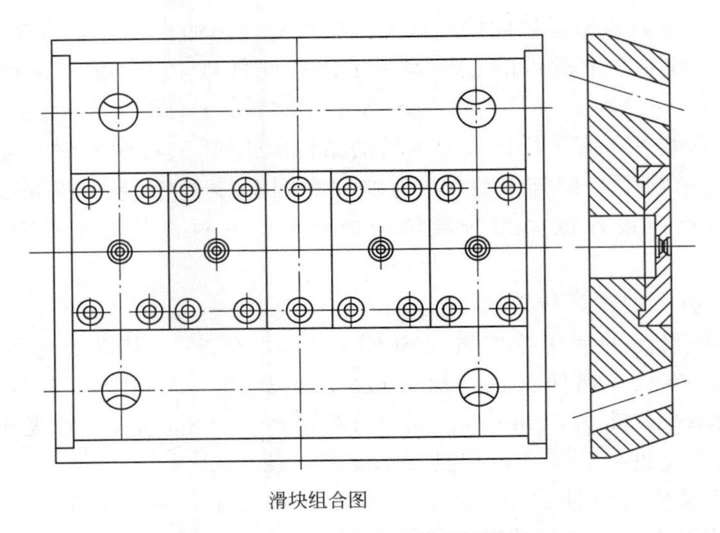
滑块组合图

附图 4.3 滑块与四型腔成型镶块组合图

(3) 推出机构的确定。因该塑件的结构特点所限制，注射成型后不能采用推杆推出的脱模结构方式，只能考虑选用推管推出或推件板推出及其他结构形式的脱模方式。结合生产实际需求及模具成型零件的加工精度条件，本模具采用了一模四腔，注射成型后采用推管顶出脱模的结构形式。为防止模具在复位时滑块与推管产生干涉，采用在复位杆(件 21)的行程空间中加装 4 支重载荷矩形截面弹簧(件 20)，使其能产生先复位的结构形式。

5) 主要模具零部件尺寸的设计计算与确定

传动轮塑件与对应成型零部件的成型尺寸及精度见有关零件图(计算过程略)。

6) 模具总装结构设计

模具总装结构如附图 4.4 所示。为保证模具完全打开所需的空间尺寸在注射机行程距离范围内，必须控制模具的总厚度，定模型腔套(件 5)镶入定模板(件 1)后，在其后部加了一兼具浇口分流道的小定模垫板(件 4)。成型轴孔的动模型芯(件 22)固定在动模座板上后也采用加设一小垫板(件 25)的方式。

由于模具完全打开后的空间较大，为保证动、定模间的导向精度和模具使用的安全性、可靠性，导柱长度尺寸应尽可能加长。本模具所使用的导柱(件 29)，其长度尺寸设计成略短于模具总厚度尺寸 5～8mm。

为保证模具的成型精度和防止因所采用的脱模方式不合理而可能产生塑件的后变形，塑件采用推管顶出的脱模方式，由于推管(件 19)的加工精度对塑件注射成型后的形位公差精度有直接影响，在协作加工中必须提高 1～2 个精度等级来保证。

为使模具拆装方便和防止过定位，推管固定板的导向导柱采用直通大圆柱体(件 24)加导套(件 23)的形式，而非采用一般常用的固定在垫板或动模座板上的带台阶导柱。直通大圆柱体的高度尺寸应比安装空间高度尺寸增加过盈量 0.01～0.02mm。

由于模具在注射时滑块分型面的密合精度直接影响塑件的成型质量。模具在总装设计时采用了锁紧楔(件 11)插入动模板(件 32)的结构形式，以增加支点，从而加强注射时锁紧楔对滑块(件 10)的锁紧力，保证滑块成型皮带槽时的工作质量(主要为保证形位公差的

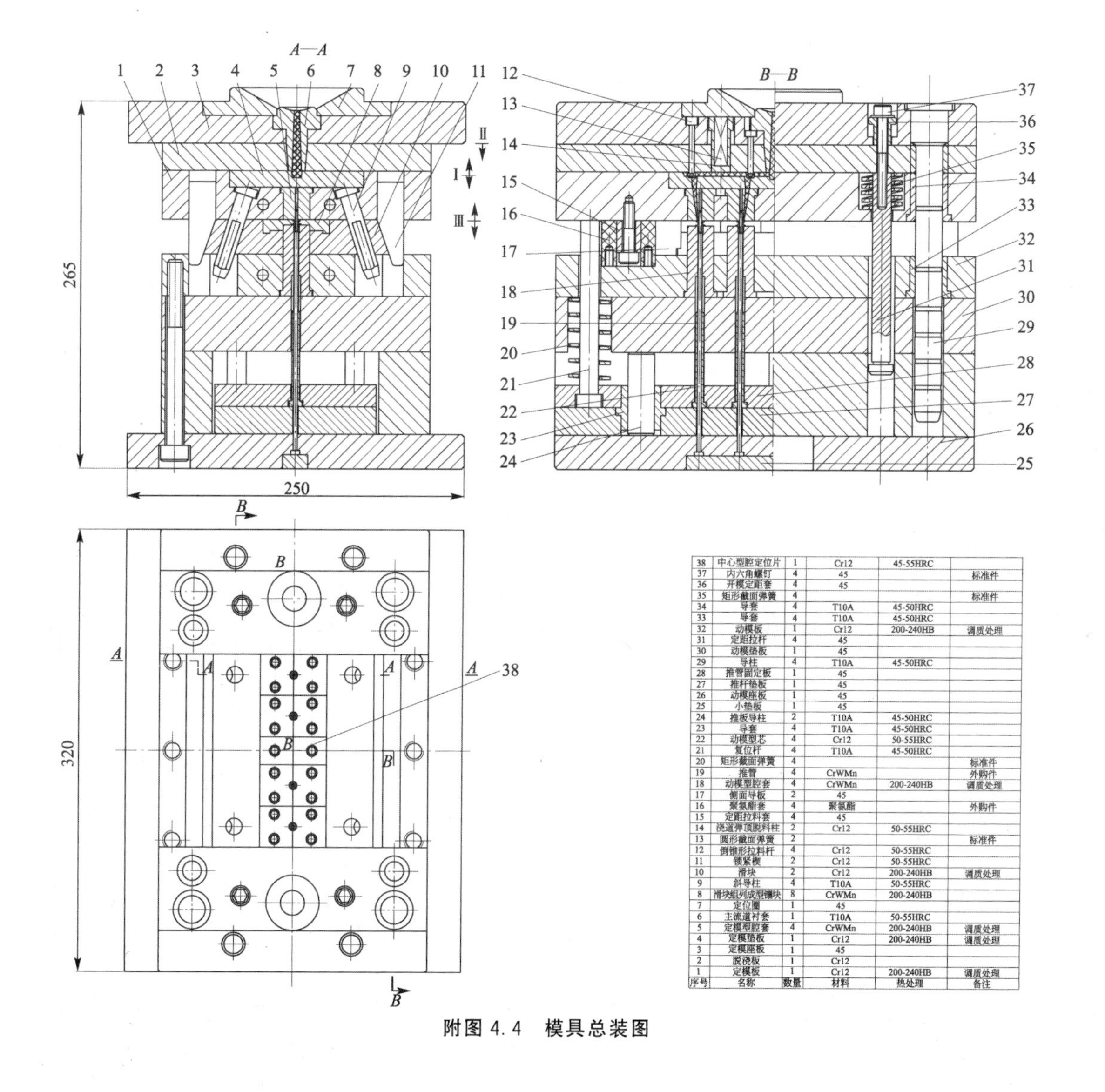

序号	名称	数量	材料	热处理	备注
38	中心型腔定位片	1	Cr12	45-55HRC	
37	内六角螺钉	4	45		标准件
36	开模定距套	4	45		
35	矩形截面弹簧	4			标准件
34	导套	4	T10A	45-50HRC	
33	导套	4	T10A	45-50HRC	
32	动模板	1	Cr12	200-240HB	调质处理
31	定距拉杆	4	45		
30	动模垫板	1	45		
29	导柱	4	T10A	45-50HRC	
28	推管固定板	1	45		
27	推杆垫板	1	45		
26	动模座板	1	45		
25	小垫板	1	45		
24	推板导柱	2	T10A	45-50HRC	
23	导套	4	T10A	45-50HRC	
22	动模型芯	4	Cr12	50-55HRC	
21	复位杆	4	T10A	45-50HRC	
20	矩形截面弹簧	4			标准件
19	推管	4	CrWMn		外购件
18	动模型腔套	4	CrWMn	200-240HB	调质处理
17	侧面导板	2	45		
16	聚氨酯套	4	聚氨酯		外购件
15	定距拉料套	4	45		
14	浇道弹顶脱料柱	2	Cr12	50-55HRC	
13	圆形截面弹簧	2			标准件
12	倒锥形拉料杆	4	Cr12	50-55HRC	
11	锁紧楔	2	Cr12	50-55HRC	
10	滑块	2	Cr12	200-240HB	调质处理
9	斜导柱	4	T10A	50-55HRC	
8	滑块组列成型镶块	8	CrWMn	200-240HB	
7	定位圈	1	45		
6	主流道衬套	1	T10A	50-55HRC	
5	定模型腔套	4	CrWMn	200-240HB	调质处理
4	定模垫板	1	Cr12	200-240HB	调质处理
3	定模座板	1	45		
2	脱浇板	1	Cr12		
1	定模板	1	Cr12	200-240HB	调质处理

附图 4.4　模具总装图

精度要求)。

中间轴孔的成型动模型芯(件 22)采用插入定模型腔套(件 5)的结构，以保证塑件成型的同轴度要求。

实现注塑生产的自动化与半自动化，首先是浇注系统的自动脱落。本模具的注射成型工作过程是：注射结束，固定在注射机移动模板上的动模部分，因固定在定模板(件 1)上的定距拉料套(件 15)与固定在动模板(件 32)上的聚氨酯套(件 16)间的摩擦力矩作用，动、定模板不产生分离。在矩形截面弹簧(件 35)的作用下，分型面Ⅰ先打开，设置在定模座板(件 3)内的倒锥形拉料杆(件 12)在动、定模的闭合状态下使点浇口与塑件分离(保证塑件与浇口在分离时不产生变形)。动模部分继续后移，当开模定距套(件 36)台阶拉住定模座板后，分型面Ⅱ被打开，在注射机移动模板继续后移中，当定距拉杆(件 31)台阶与定模板拉紧后，分型面Ⅱ完全打开，由于中空浇道弹顶脱料柱(件 14)内圆形截面弹簧的复位作用，使主流道与主流道衬套(件 6)分离、分流道部分与倒锥形拉料杆分离，整个浇注系统脱落。注射机移动模板继续后移，定距拉料套与聚氨酯套的摩擦力矩消除，直至动、定模打开(分型面Ⅲ)。最后由注射机的液压顶出机构推动模具内设置的推管从动模内推出塑件。

附图 4.4 为模具总装图。

模具主要工作零件图如附图 4.5～附图 4.12 所示。

3. 注射模具课程设计课题

(1) 第一课题——旋钮注射模具设计(塑件图如附图 4.13 所示)。

(2) 第二课题——按键注射模具设计(塑件图如附图 4.14 所示)。

(3) 第三课题——棘轮片注射模具设计(塑件图如附图 4.15 所示)。

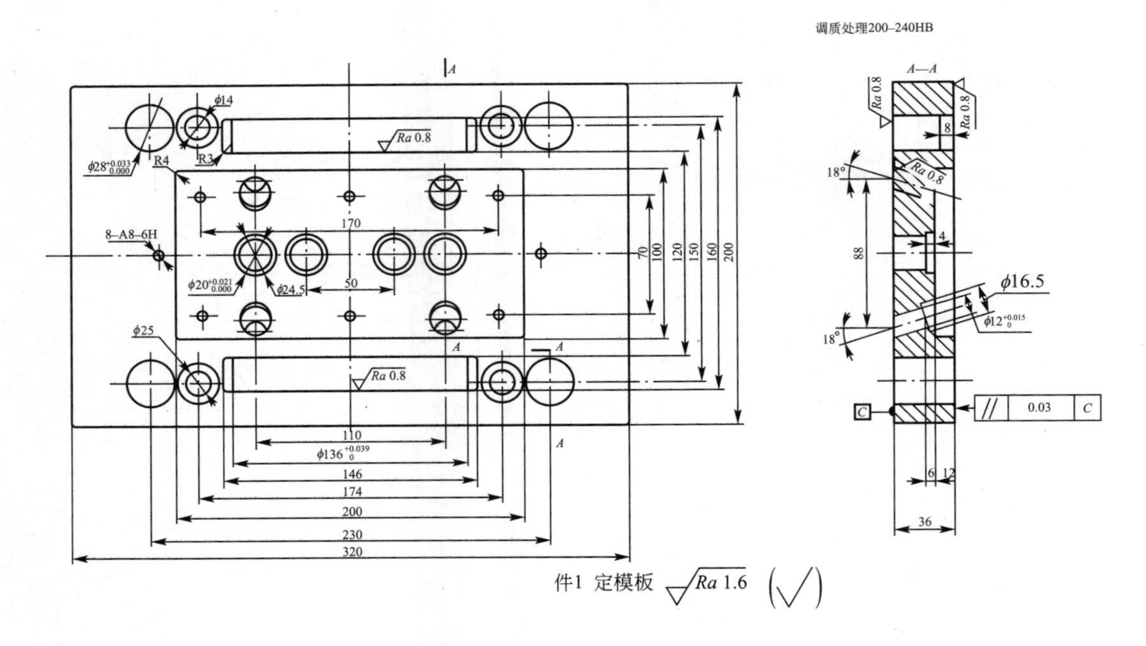

附图 4.5　定模板(件 1)零件图

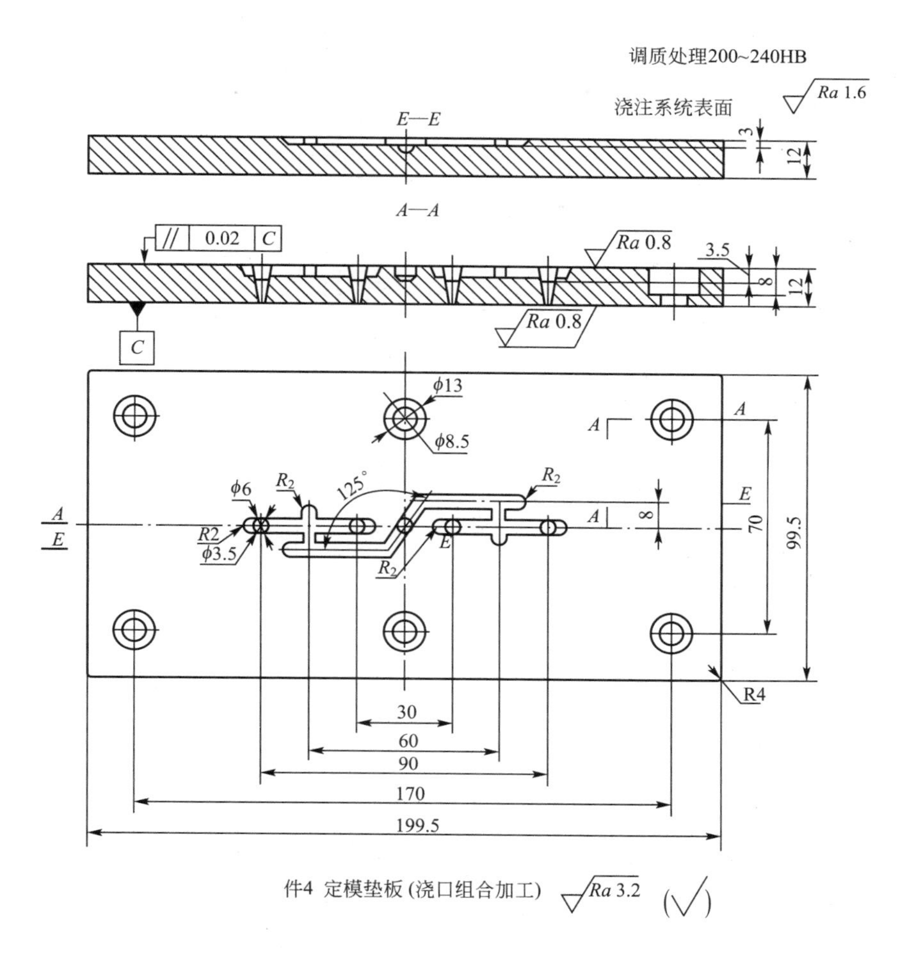

附图 4.6 定模垫板(件 4)零件图

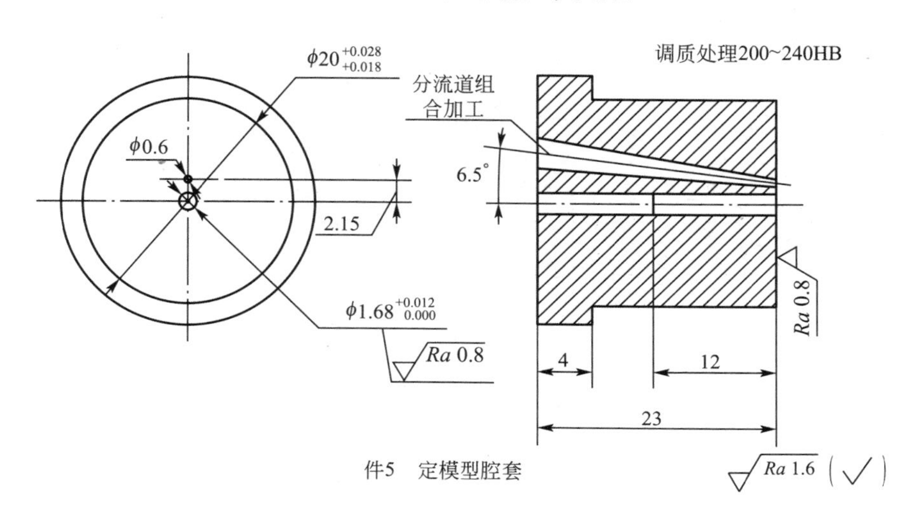

附图 4.7 定模型腔套(件 5)零件图

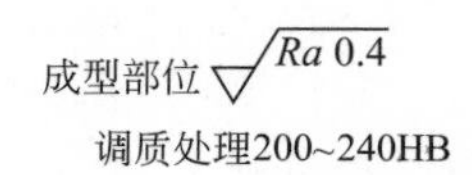

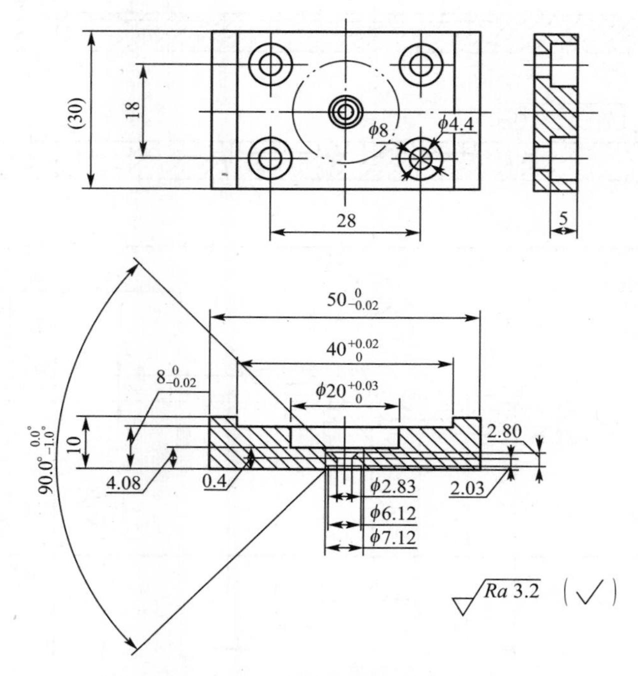

件8 滑块组列成型镶块

附图 4.8 滑块组列成型镶块(件 8)零件图

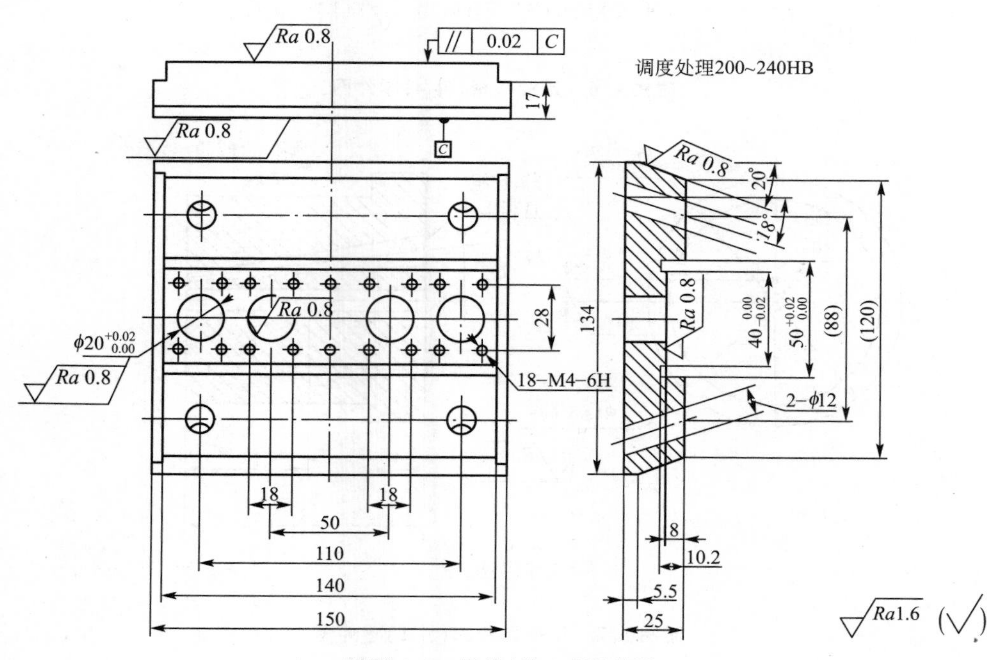

附图 4.9 滑块(件 10)零件图

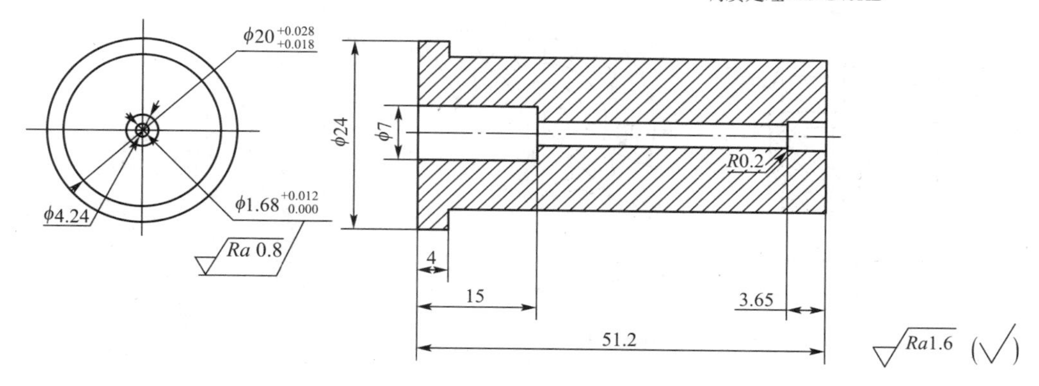

附图 4.10 动模型腔套(件 18)零件图

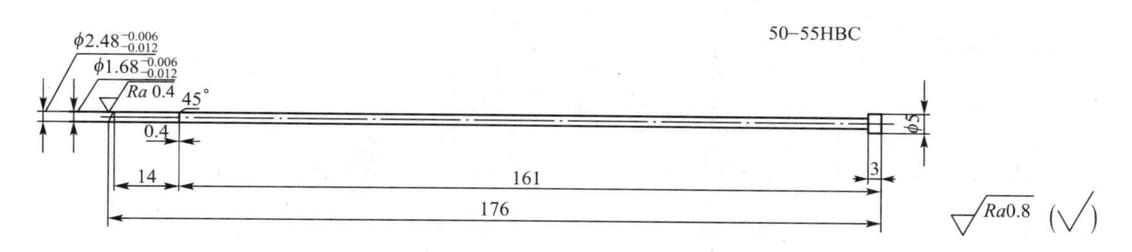

附图 4.11 动模型芯(件 22)零件图

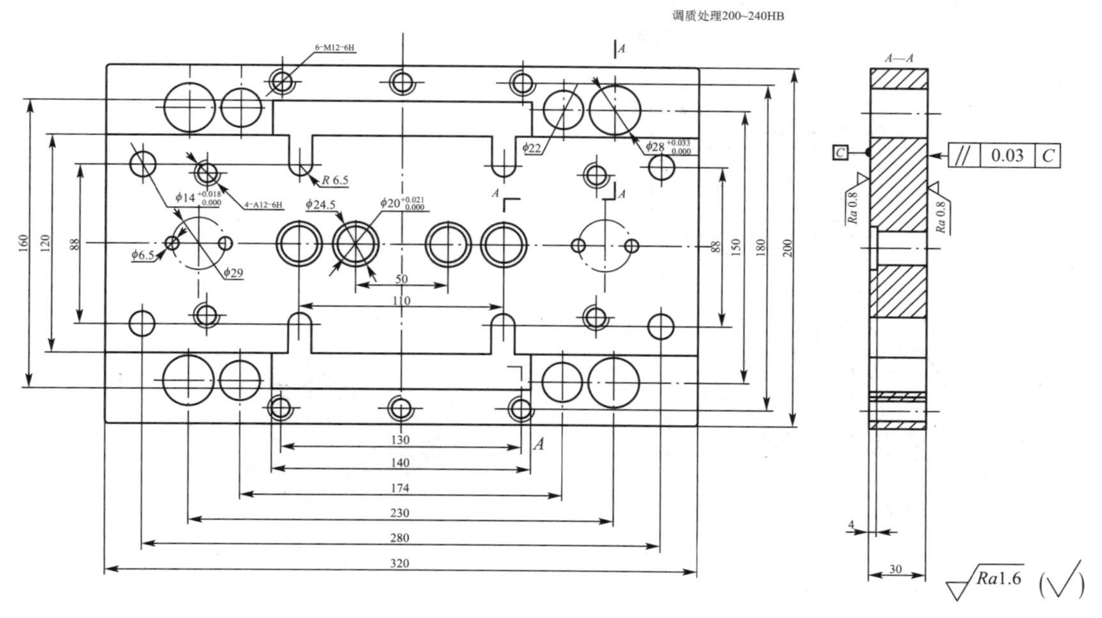

附图 4.12 动模板(件 32)零件图

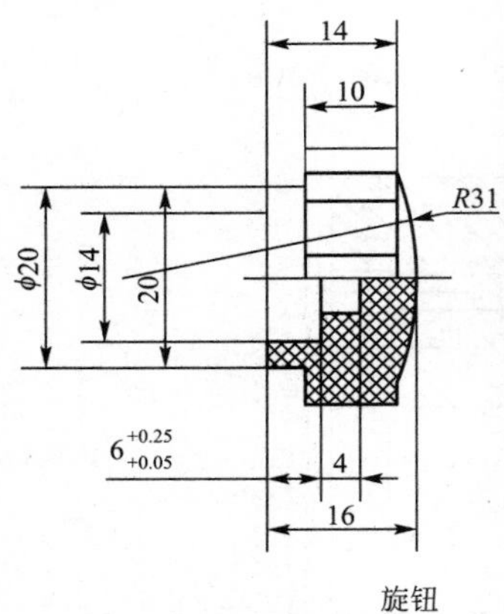

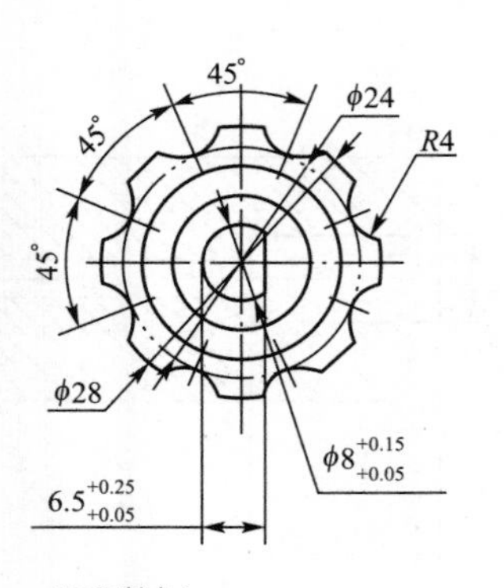

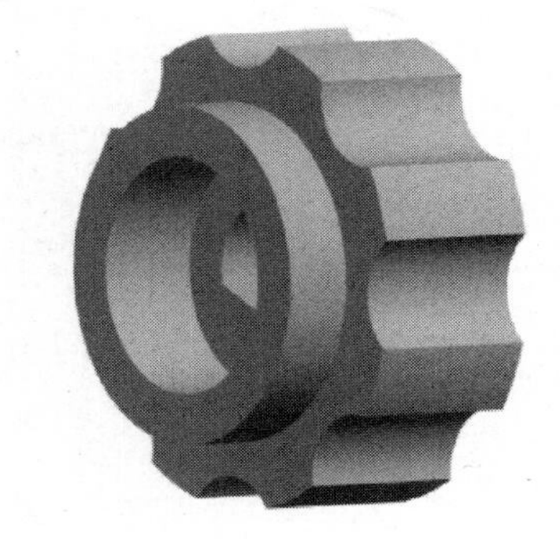

旋钮　　ABS(赫色)

浇注系统:侧浇口　　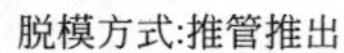脱模方式:推管推出

附图 4.13　旋钮塑件图

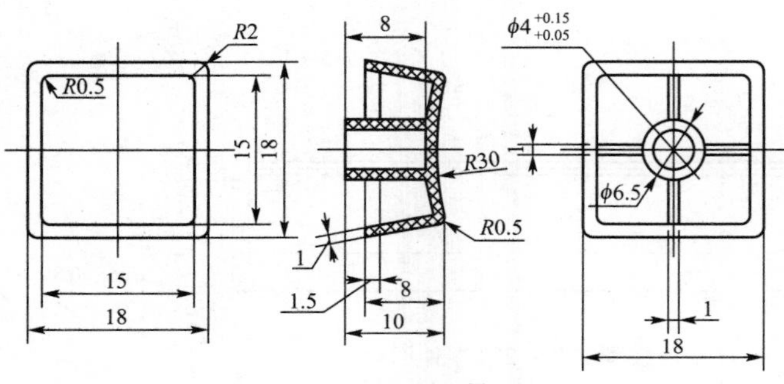

按键　　ABS(黑)

浇注系统:侧浇口　　脱模方式:推杆

附图 4.14　按键塑件图

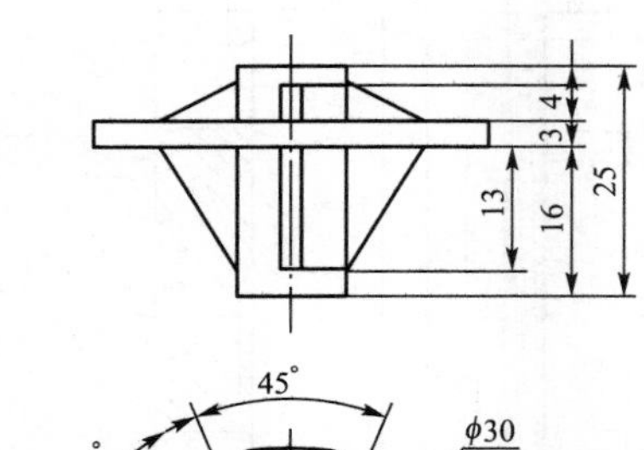

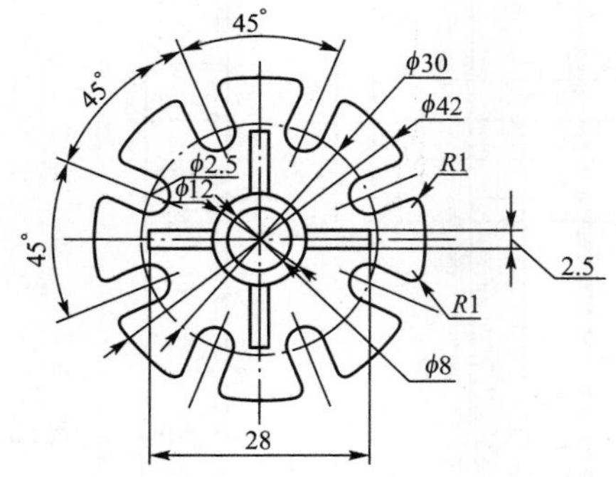

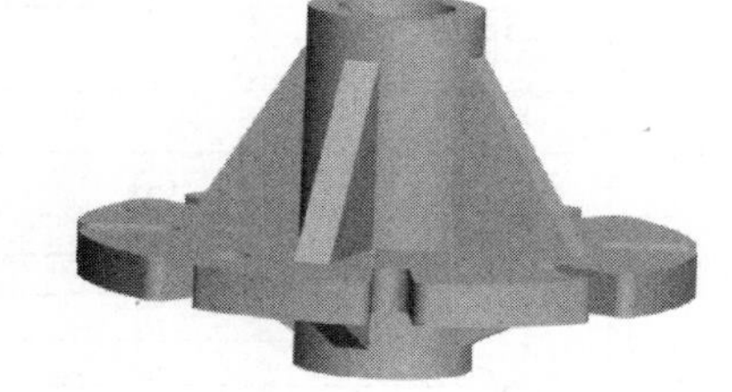

棘轮轮片　　PSF(聚砜)

浇注系统:爪浇口(或环形浇口)　　脱模方式:推杆

附图 4.15　棘轮片塑件图

(4) 第四课题——线圈骨架注射模具设计(塑件图如附图 4.16 所示)。
(5) 第五课题——牵引机壳盖板注射模具设计(塑件图如附图 4.17 所示)。
(6) 第六课题——窗口面板注射模具设计(塑件图如附图 4.18 所示)。
(7) 第七课题——护套罩壳注射模具设计(塑件图如附图 4.19 所示)。
(8) 第八课题——罩壳注射模具设计(塑件图如附图 4.20 所示)。
(9) 第九课题——摩擦轮注射模具设计(塑件图如附图 4.21 所示)。
(10) 第十课题——传动齿轮注射模具设计(塑件图如附图 4.22 所示)。
(11) 第十一课题——双联齿轮注射模具设计(塑件图如附图 4.23 所示)。
(13) 第十二课题——电机带轮注射模具设计(塑件图如附图 4.24 所示)。

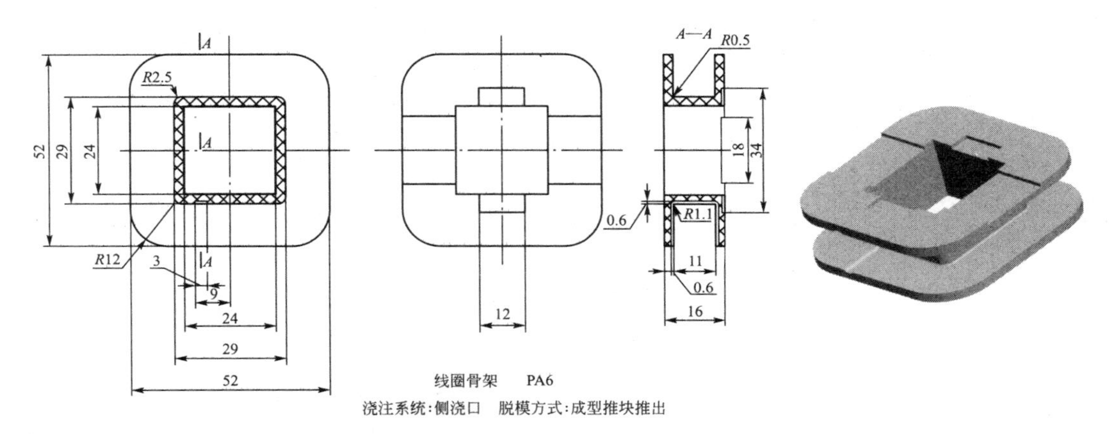

附图 4.16 线圈骨架塑件图

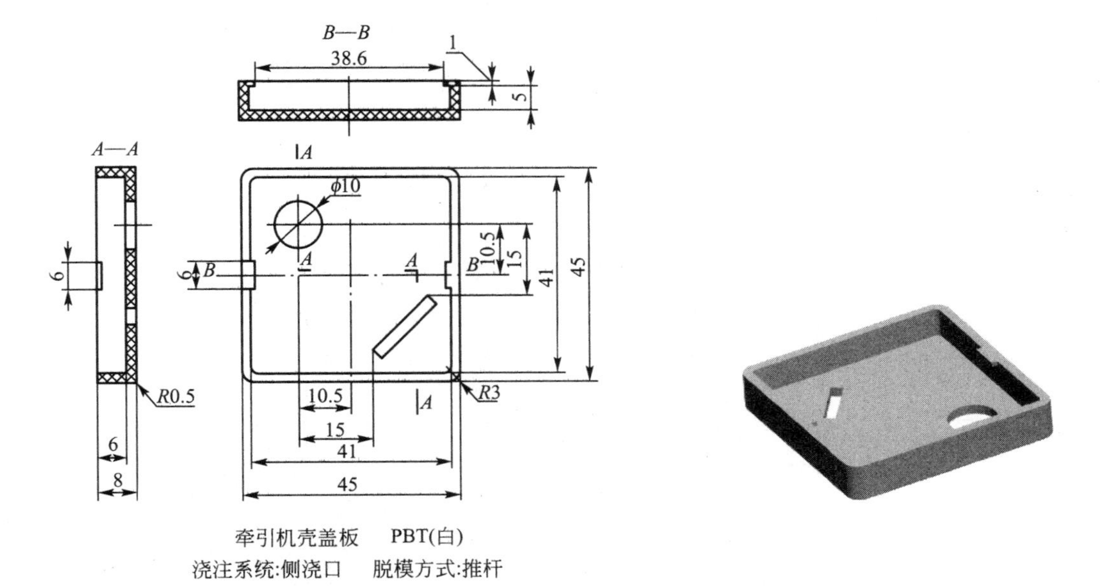

附图 4.17 牵引机壳盖板塑件图

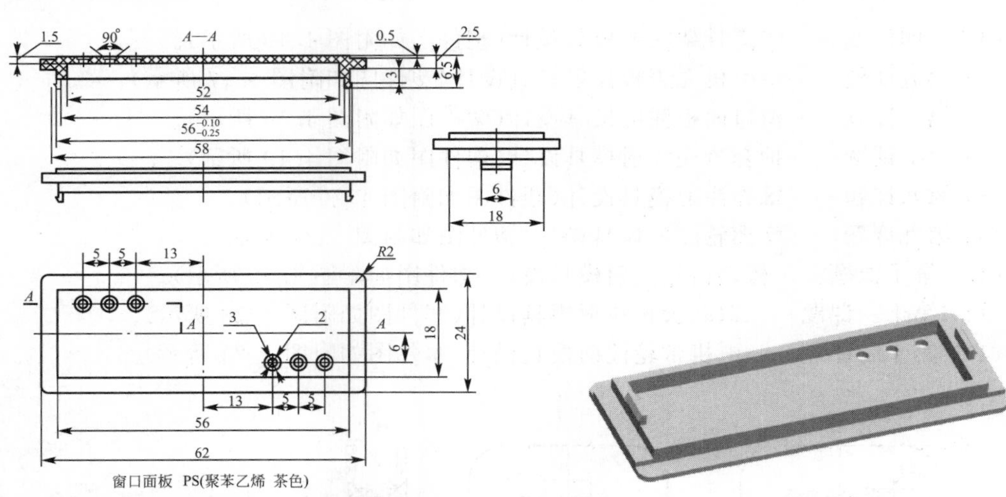

附图 4.18 窗口面板塑件图

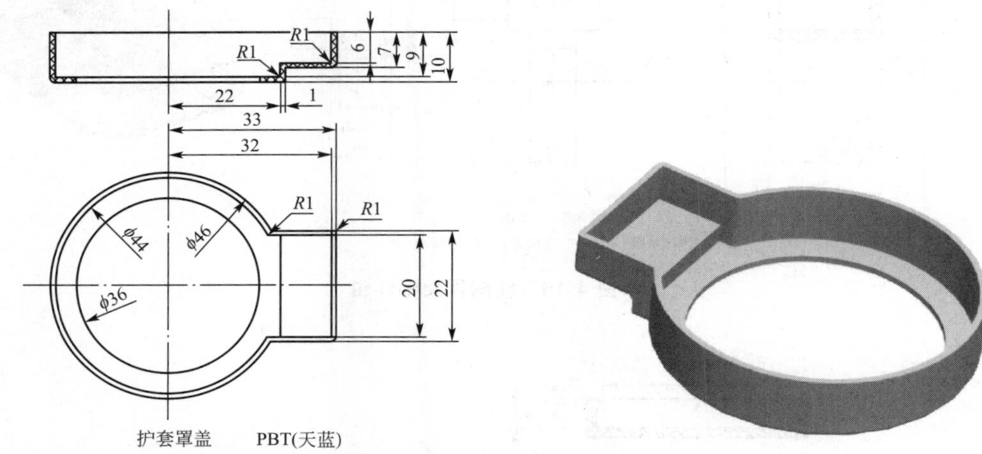

附图 4.19 护套罩壳塑件图

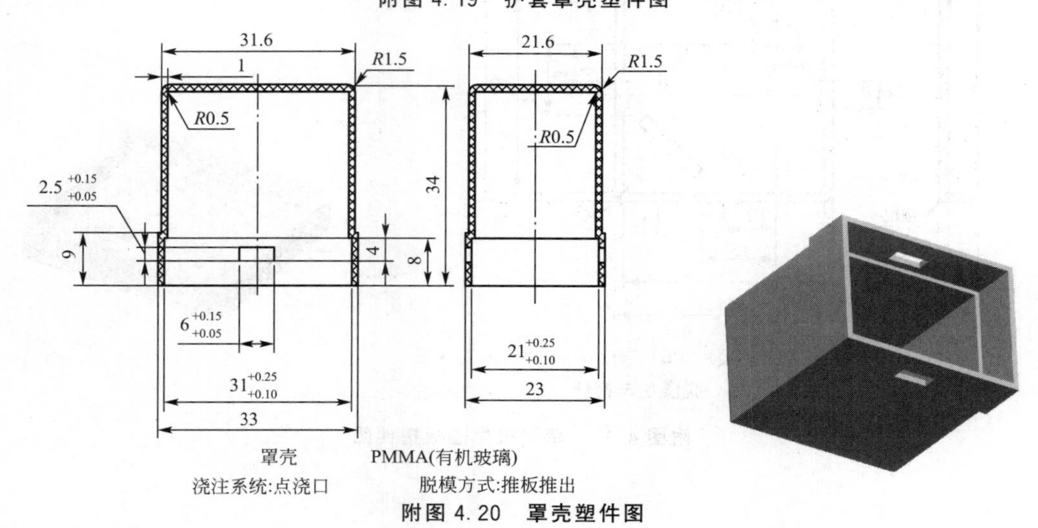

附图 4.20 罩壳塑件图

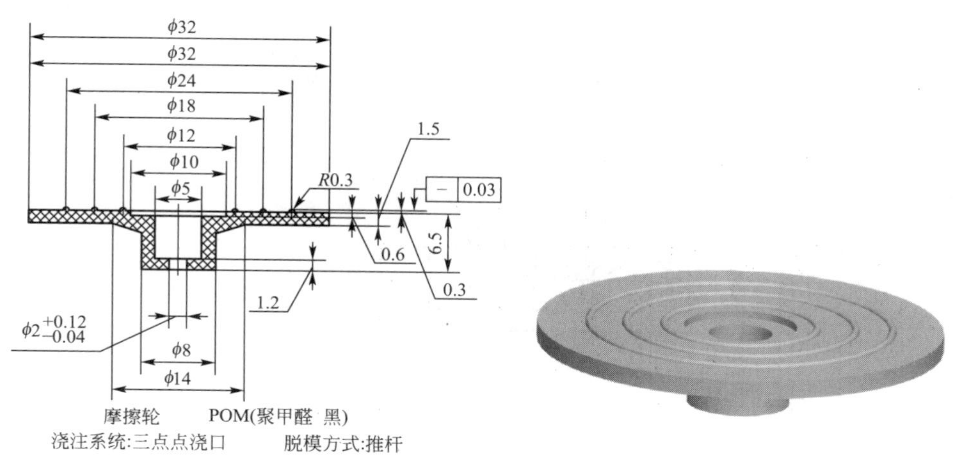

附图 4.21 摩擦轮塑件图

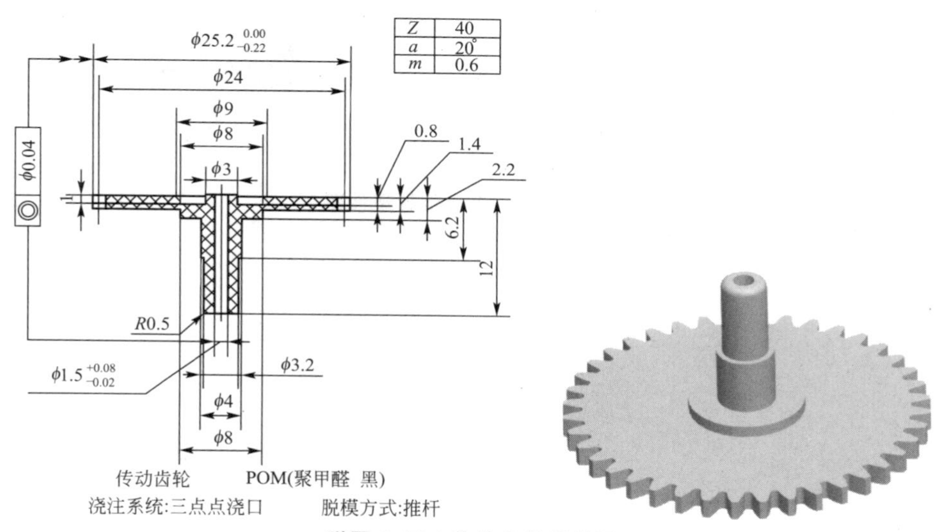

Z	40
a	20°
m	0.6

附图 4.22 传动齿轮塑件图

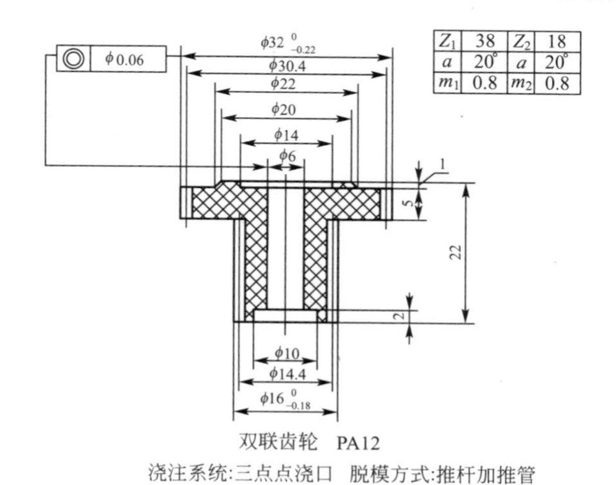

Z_1	38	Z_2	18
a	20°	a	20°
m_1	0.8	m_2	0.8

附图 4.23 双联齿轮塑件图

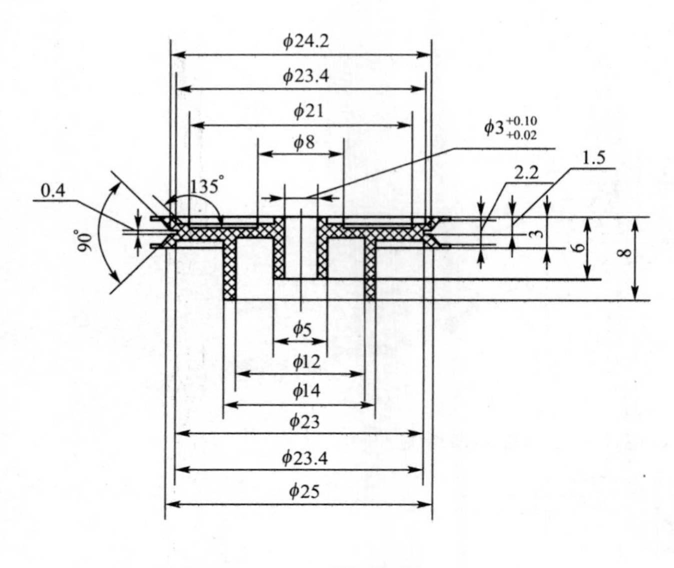

电机带轮　　POM(聚甲醛 黑)

浇注系统:三点点浇口　　脱模方式:推杆加推管

附图 4.24　电机带轮塑件图

参考文献

[1] 屈华昌. 塑料成型工艺与模具设计 [M]. 2版. 北京：机械工业出版社，2007.
[2] 申开智. 塑料成型模具 [M]. 3版. 北京：中国轻工业出版社，2013.
[3] 洪慎章. 注塑成型设计数据速查手册 [M]. 北京：化学工业出版社，2014.
[4] 池成忠，沈洪雷. 注塑成型工艺与模具设计 [M]. 北京：化学工业出版社，2010.
[5] 冯爱新. 塑料模具工程师手册 [M]. 北京：机械工业出版社，2009.
[6] 叶久新，王群. 塑料制品成型及模具设计 [M]. 长沙：湖南科学技术出版社，2004.
[7] 杨占尧，王高平. 塑料注射模结构与设计 [M]. 北京：高等教育出版社，2008.
[8] 田光辉，林红旗. 模具设计与制造 [M]. 2版. 北京：北京大学出版社，2015.
[9] 徐琳. 塑料成型工艺与模具设计 [M]. 北京：清华大学出版社，2008.
[10] 王栓虎. 塑料模具设计与制造 [M]. 南京：东南大学出版社，2008.
[11] 塑料模具设计编写组. 塑料模设计手册 [M]. 北京：机械工业出版社，2002.
[12] 屈华昌. 塑料成型工艺与模具设计（修订版）[M]. 北京：高等教育出版社，2007.
[13] 洪慎章. 注塑加工速查手册 [M]. 北京：机械工业出版社，2009.
[14] 阎亚林. 塑料模具图册 [M]. 北京：高等教育出版社，2009.
[15] 齐卫东. 简明塑料模具设计手册 [M]. 北京：北京理工大学出版社，2008.
[16] 叶久新，王群. 塑料成型工艺及模具设计 [M]. 北京：机械工业出版社，2008.
[17] 张荣清. 模具设计与制造（第二版）[M]. 北京：高等教育出版社，2008.
[18] 颜智伟. 塑料模具设计与机构设计 [M]. 北京：国防工业出版社，2006.
[19] 陈建荣，张洪涛. 塑料成型工艺及模具设计 [M]. 北京：北京理工大学出版社，2010.
[20] 齐晓杰. 塑料成型工艺与模具设计 [M]. 2版. 北京：机械工业出版社，2012.
[21] 夏江梅. 塑料成型模具与设备 [M]. 北京：机械工业出版社，2005.
[22] 齐卫东. 塑料模具设计与制造 [M]. 2版. 北京：高等教育出版社，2008.
[23] 田文彤，刘峰，韦红余. 模具 CAD/CAM [M]. 北京：化学工业出版社，2010.
[24] 柏霖作坊. 塑料模具动画集 [DB/OL]. www. moldshow. com.

北京大学出版社材料类相关教材书目

序号	书　　名	标准书号	主　　编	定价	出版日期
1	材料成型设备控制基础	978-7-301-13169-5	刘立君	34	2008.1
2	锻造工艺过程及模具设计	978-7-5038-4453-5	胡亚民，华　林	30	2016.8
3	材料成形 CAD/CAE/CAM 基础	978-7-301-14106-9	余世浩，朱春东	35	2014.12
4	材料成型控制工程基础	978-7-301-14456-5	刘立君	35	2017.1
5	铸造工程基础	978-7-301-15543-1	范金辉，华　勤	40	2009.8
6	铸造金属凝固原理	978-7-301-23469-3	陈宗民，于文强	43	2016.4
7	材料科学基础（第 2 版）	978-7-301-24221-6	张晓燕	44	2015.5
8	无机非金属材料科学基础	978-7-301-22674-2	罗绍华	53	2016.6
9	模具设计与制造(第 2 版)	978-7-301-24801-0	田光辉，林红旗	56	2017.5
10	造型材料(第 2 版)	978-7-301-27585-6	石德全	38	2016.10
11	材料物理与性能学	978-7-301-16321-4	耿桂宏	39	2012.5
12	金属材料成形工艺及控制	978-7-301-16125-8	孙玉福，张春香	40	2013.2
13	冲压工艺与模具设计(第 2 版)	978-7-301-16872-1	牟　林，胡建华	34	2016.1
14	材料腐蚀及控制工程	978-7-301-16600-0	刘敬福	32	2014.8
15	摩擦材料及其制品生产技术	978-7-301-17463-0	申荣华，何　林	45	2015.3
16	纳米材料基础与应用	978-7-301-17580-4	林志东	35	2017.12
17	热加工测控技术	978-7-301-17638-2	石德全，高桂丽	40	2018.1
18	智能材料与结构系统	978-7-301-17661-0	张光磊，杜彦良	28	2010.8
19	材料力学性能（第 2 版）	978-7-301-25634-3	时海芳，任　鑫	40	2016.12
20	材料性能学（第 2 版）	978-7-301-28180-2	付　华，张光磊	48	2017.4
21	金属学与热处理	978-7-301-17687-0	崔占全，王昆林等	50	2012.5
22	特种塑性成形理论及技术	978-7-301-18345-8	李　峰	30	2015.8
23	材料科学基础	978-7-301-18350-2	张代东，吴　润	36	2017.6
24	材料科学概论	978-7-301-23682-6	雷源源，张晓燕	36	2015.5
25	DEFORM-3D 塑性成形 CAE 应用教程	978-7-301-18392-2	胡建军，李小平	34	2017.7
26	原子物理与量子力学	978-7-301-18498-1	唐敬友	28	2012.5
27	模具 CAD 实用教程	978-7-301-18657-2	许树勤	28	2011.4
28	金属材料学	978-7-301-19296-2	伍玉娇	38	2013.6
29	材料科学与工程专业实验教程	978-7-301-19437-9	向　嵩，张晓燕	25	2011.9
30	金属液态成型原理	978-7-301-15600-1	贾志宏	35	2016.3
31	材料成形原理	978-7-301-19430-0	周志明，张　弛	49	2011.9
32	金属组织控制技术与设备	978-7-301-16331-3	邵红红，纪嘉明	38	2011.9
33	材料工艺及设备	978-7-301-19454-6	马泉山	45	2017.7
34	材料分析测试技术	978-7-301-19533-8	齐海群	28	2018.7
35	特种连接方法及工艺	978-7-301-19707-3	李志勇，吴志生	45	2012.1
36	材料腐蚀与防护	978-7-301-20040-7	王保成	38	2018.8
37	金属精密液态成形技术	978-7-301-20130-5	戴斌煜	32	2012.2
38	模具激光强化及修复再造技术	978-7-301-20803-8	刘立君，李继强	40	2012.8
39	高分子材料与工程实验教程	978-7-301-21001-7	刘丽丽	28	2012.8
40	材料化学	978-7-301-21071-0	宿　辉	32	2017.7
41	塑料成型模具设计(第 2 版)	978-7-301-27673-0	江昌勇，沈洪雷	57	2019.1
42	压铸成形工艺与模具设计(第 2 版)	978-7-301-28941-9	江昌勇	52	2019.1
43	工程材料力学性能	978-7-301-21116-8	莫淑华，于久灏等	32	2013.3
44	金属材料学	978-7-301-21292-9	赵莉萍	43	2012.10
45	金属成型理论基础	978-7-301-21372-8	刘瑞玲，王　军	38	2012.10
46	高分子材料分析技术	978-7-301-21340-7	任　鑫，胡文全	42	2012.10
47	金属学与热处理实验教程	978-7-301-21576-0	高聿为，刘　永	35	2013.1
48	无机材料生产设备	978-7-301-22065-8	单连伟	36	2013.2
49	材料表面处理技术与工程实训	978-7-301-22064-1	柏云杉	30	2014.12
50	腐蚀科学与工程实验教程	978-7-301-23030-5	王吉会	32	2013.9
51	现代材料分析测试方法	978-7-301-23499-0	郭立伟，朱　艳等	36	2019.1
52	UG NX 8.0+Moldflow 2012 模具设计模流分析	978-7-301-24361-9	程　钢，王忠雷等	45	2014.8
53	Pro/Engineer Wildfire 5.0 模具设计	978-7-301-26195-8	孙树峰，孙术彬等	45	2015.9
54	金属塑性成形原理	978-7-301-26849-0	施于庆，祝邦文	32	2016.3
55	工程化学(第 2 版)	978-7-301-29160-3	宿辉 白云起	39	2018.5
56	砂型铸造设备及自动化	978-7-301-28230-4	石德全，高桂丽	35	2017.5
57	锻造成形工艺与模具	978-7-301-28239-7	伍太宾，彭树杰	69	2017.5
58	材料科学基础	978-7-301-28510-7	付华　张光磊	59	2018.1
59	功能材料专业教育教学实践	978-7-301-28969-3	梁金生	45	2018.2
60	复合材料导论	978-7-301-29486-4	王春艳	35	2018.9